2021—2022

中国建築藝術年鑑

冯其庸题

中国艺术研究院建筑与公共艺术研究所　编

时代出版传媒股份有限公司
安 徽 科 学 技 术 出 版 社

图书在版编目(CIP)数据

2021—2022 中国建筑艺术年鉴 / 中国艺术研究院建筑与公共艺术研究所编. --合肥:安徽科学技术出版社, 2023.12
ISBN 978-7-5337-8911-4

Ⅰ.①2… Ⅱ.①中… Ⅲ.①建筑艺术-中国-2021-2022-年鉴 Ⅳ.①TU-862

中国国家版本馆 CIP 数据核字(2023)第 235393 号

2021-2022 ZHONGGUO JIANZHU YISHU NIANJIAN
2021—2022 中国建筑艺术年鉴　　中国艺术研究院建筑与公共艺术研究所 编
主编:杨养华　副主编:程霏 黄续　特约编辑:黄续 程霏 张欣

出 版 人:王筱文　　责任编辑:翟巧燕　　责任校对:沙莹
责任印制:李伦洲　　装帧设计:冯劲
出版发行:安徽科学技术出版社　　http://www.ahstp.net
(合肥市政务文化新区翡翠路 1118 号出版传媒广场,邮编:230071)
电话:(0551)63533330
印　　制:安徽新华印刷股份有限公司　　电话:(0551)65859178
(如发现印装质量问题,影响阅读,请与印刷厂商联系调换)

开本:889×1194　1/16　　印张:彩色 13　黑白 12.5　字数:900 千
版次:2023 年 12 月第 1 版　　印次:2023 年 12 月第 1 次印刷

ISBN 978-7-5337-8911-4　　定价:468.00 元

《中国建筑艺术年鉴》顾问/编辑委员会

目 录

特 载

传统与创造——反思历史建成环境再生的理念与途径

常青

摘　要：文章从当前历史建成环境所面临的问题和挑战出发，对其关键要素的基本概念及其逻辑关系作了系统的溯源、梳理和会通，包括传统的本源、遗产的真伪、历史修辞的广狭、再生与更新的辨异，以及拼贴思维与多元共生的趋同等议题。文中讨论了有关传统与创造关系的理论范式，分析其适用范围和应用前景，以及与国际话语体系的语境关联。作者的主要意图是尝试从理念到途径对历史建成环境再生进行批判性反思，以达到对其发展走向的再认识。

关键词：传统；遗产；历史建成环境；再生；拼贴；共生

引子

本文基于传统与创造的相反相成乃是文明进化动力源的历史观点，以中外比较的视角，对有关传统与创造的几个概念范畴及其关联域，作了系统的溯源、梳理和会通。笔者的主要意图，是尝试对历史建成环境再生，从理念到途径进行批判性反思，以达到对其发展走向的再认识。全文可归纳为五个要点：

其一，现代社会在创造中不断演进的传统，与前现代社会代际延承的固化传统，已不可同日而语。而传统的本源，可以从原发天性和继发习性的关系来认识。若将之代入社会行为，便可知天赋创造与惯例习俗是互动相成的。任何创造只有触动习惯或习俗的定式才会沉淀下来，产生移风易俗的“现行习俗”（present convention），即新的传统。因而传统与创造可以通过转化习俗达到有限的交融。

其二，现代社会充斥了对遗产本体（如“built heritage”）的真实性诉求和对其话语体系（heritage discourse）的虚构性想象，从而使二者在互动中持续扩张，成为可被批判性解读的传统变体。而遗产之于传统的真正挑战，是究竟如何看待和处理传统的转化创新与遗产本体的关系。

其三，“历史”应是比“传统”更精确，又比“遗产”更真实的概念。历史修辞的对象属性，应分为特指的历史标志性（historic）和泛指的历史相关性（historical）两大类。在当今城市更新的语境中，历史保护区属前者，应合法严控，合理活化；历史旧城区属后者，需借助类型学等理论范式进行新旧类比的创新，而不是刻意仿旧或随意“更新”，以尽可能保留城市的历史记忆。

其四，“再生”（regeneration）的本义是“修旧利废”，指对残缺造物（built artifact）进行可识别的原样复位（anastylosis），或对合适造物进行合法合理的翻建提质（renovation），并对其废弃空间进行适应性活化复兴（revitalization）。而“更新”（renewal）比再生更广义，并不侧重于保留和利用旧的造物。因此，历史建成环境再生如今已成为传统载体延续及创造的主要途径。

其五，在20世纪后半叶对建筑现代性的批判性反思中，以两分法和多元论为特征的“拼贴城市”（collage city）学说独树一帜，但长期被束之理论高阁。实际上，其“拼贴意匠”（bricolage）的权宜思维，对历史建成环境再生的理念与途径，以及传统与创造的关系议题都颇具启发价值。用今天的话来说，就是整旧创新，兼收并蓄，以获得空间和社会双重意义上的共生（symbiosis）。

1　传统：天性与习性

1.1　传统的本源

从社会进化史的角度看，天性（nature）与习性（custom）的相生关系是传统（tradition，convention）产生的根源，也是创造与传承关系的深层缘由。西方近代思想史上对传统问题的思辨，始于17—18世纪启蒙运动时期对人的天性与习性关系的讨论。对此，法国思想家布莱斯·帕斯卡尔（Blaise Pascal）有段寓言式的推论：“究竟何为天性？难道习性就不是天生？恐怕所谓天性，本身就是原发的习性，而习性也就是继发的天性”。[1]2 在同时期意大利哲学家詹巴蒂斯塔·柯（Giovanni Battista Vico）的《新科学》中，以发生学推测史前人基于本能的创造，认为其天生具有模仿和类比自然的想象力，在理性抽象的形上概念出现之前，这种诗性想象力可萌生形下的意象，并催生早期的习俗及其制度，以及顺应自然机制的人造物[2]。无独有偶，东方的中国早在上古时期就有类似的思想。如《论语·雍也》中的“质胜文则野，文胜质则史”，这里的“质”即禀性或天赋，“文”即涵养或礼俗①；又如《汉书·贾谊传》中的“少成若天性，习惯成自然”，亦是在说天性在先，习性源于天性，是前者的惯常化，与西方近代学说不谋而合。将天性和习性的关系代入社会层面，就是天赋创造与惯例习俗的相辅相成，二者的关系接近于中国古人所说的“与古为新”。

1.2 传统与习俗

所谓“传统”，是一个内涵深邃、外延宽泛的大词，在客观理念上可对应“现代”或“时尚”，在主观行为上则可对应“变革”或“创新”。因而，“传统”也常与“陈旧”或“过时”等负面词汇相关联。如果说传统源于习俗，那么是否改变习俗就可超越传统？英国历史学者埃里克·霍布斯鲍姆（Eric Hobsbawm）和特伦斯·伦杰尔（Terence Ranger）等人在《传统的创造》（*The Invention of Tradition*）②一书中分析了英国和欧洲在近代从传统社会向现代社会过渡时期，从皇室仪式、英伦三岛习俗、印度和非洲殖民威权象征，到整个欧洲的传统生产典型事例，作者认为这些脍炙人口的历史传统，其实都是不早于19世纪的创造或虚构（invention）。值得注意的是，这本书开篇就区别了“传统”与“习俗”的概念，认为西方近代以来持续的变革与创新，与至少结构化一部分社会生活、使之保持恒常不变的企图南辕北辙。于是，两个世纪以来，历史学家一直都对“创造传统”津津乐道。但他指出，“传统”应与支配其的“传统”社会“习俗”（custom）区分开来，因为传统无论是固有还是虚构，其特质都是要保持恒常定式；而“习俗”则不同，对传统社会具有“引擎和飞轮的双重作用”，它并非一概地阻碍创新和变化，“即使表面上须与惯例的繁文缛节保持共存甚或一致”[3]。确实，对于人性而言，没有进入个人习惯和集体习俗的文化因子很难沉淀下来，成为传统的一部分，而传统转化的前提是移风易俗（并非灭绝传统），进而形成“现行习俗”（present convention），即新的传统，与“习性为继发的天性”是同一道理。

1.3 传统的进化

现代性（modernity）笃信世间万物的合理进化，更趋向以天赋想象力摒弃对传统的模仿或类似，对建成环境领域也是如此。美国建筑理论家柯林·罗（Colin Rowe）认为，总体上20世纪的建筑师完全无视帕斯卡尔关于现代与传统可以交融的预言，因为建筑现代性主张天赋创造与习俗传承不相干系。但在现代乌托邦破灭之后，城市演进需要某种二元博弈的系列态势，比如秩序与混乱、简约与繁复、常态与随机、私人与公众、创新与传统、瞻前与顾后的博弈和共存状态③[1]8。在这个意义上，也可以说是在日常的习俗和惯例中，找到传统及其载体适应性演绎和活化的途径。对此，阿摩斯·拉普卜特（Amos Rapoport）认为，传统文化不应简单以进步和落后相区分，对之既要尊重，又应顺其自然演进，而不宜人为加以阻断，将文化差异鲁莽消除。即使由旧变新是必要的，也要考虑有一个渐变的适应过程，特别要防止局部突变带来整体上的失序、断裂和解体[4]。这种文化保守主义的论断，有许多前工业文明向现代进化的案例可资佐证，在国内当下的新型城镇化和“城中村”改造中，快速社会结构转型和文化传统丧失所带来的负面问题及解决对策值得深思和考量。总之，传统话语的叠合及概念混用，导致建成环境的新旧关系时常发生错接，如城市更新中的“留、改、拆、添”举步维艰。究其原因，常常是由于价值判断的认知和原则，与付诸实践操作的规则和策略在相互掣肘和博弈中发生概念误解和前提混淆，从而使偏激主张和无谓争议层出不穷。因此，讨论传统的本源与演化，思考创造与习俗的关系，对中国当下的传统与现代之辩也是非常必要的。

2 遗产：真实与虚构

2.1 遗产热的缘由

“遗产”（heritage，legacy）是具有价值认定和法律身份的传统载体。1972年联合国教科文组织发布《保护世界文化和自然遗产公约》以来，遗产话语及冠名热在西方兴起，并迅即传遍全球，形成了由欧美主导和支配的遗产话语体系。英国著名历史学家大卫·洛温塔尔（David Lowenthal）指出，在我们这个技术和文化飞速演进的时代，凡事方兴即废，过往陌若异邦，所以，“在失去和变化的恐惧中，唯有紧紧抓住残剩的定力，方能从容应对，不乱方寸”④[5]6。他所说的“定力”，寄望于价值相对稳定的遗产。

然而，遗产的价值属性和身份认定既取决于其本体的固有特质和价值，如历史纪念、艺术鉴赏、岁月印痕和文化记忆等，也附带着话语外延的现实诉求，如价值放大和内涵演绎，由此遗产已然成为权益博弈和文化消费的“高尚”筹码。法国著名建筑史学者弗朗索瓦丝·萧伊（Francoise Choay）认为，对历史纪念性建筑的崇拜，由于国家管控的介入而走向正统化，已转换成了遗产的“普世宗教”，并通过全球化普及到世界各国。即使在非历史纪念性且平淡无奇的城乡传统建成区，也借助人类学、技术史和考古发掘找出其历史价值。进一步，遗产在当代经过制作、包装和传播，成为“知识和娱乐的配送品”及付诸消费的“文化产品”和“文化工程”⑤[6]。

2.2 虚构的遗产

确实，尽管建成遗产保护的原真性和最小干预是一种价值坚守，也是该领域的理想原则和干预约束，但在实际运作中从来都不是铁板一块，而是会在某种因素触发下，出现叠加、变形、衍生，甚至演绎、虚构的现象。无论是中国国内还是国外，在遗产话语影响力持续增长的同时，趋利性的遗产开发也导致了一些价值属性和身份认定的模糊化、低质化，甚至虚名化。这种现代社会真实与虚构相混合的传统，与前现代社会以代际传承为主流的传统已不可同日而语。如果说霍布斯鲍姆们对近代创造传统的兴趣，仅在于虚构的过程——从蓄意生造到普遍适从，那么洛温塔尔在《遗产圣战与历史易帜》中对创造遗产的嘲讽，却在于对虚构结果的无奈——从操弄遗产到改动历史。他在书尾的总结隐含着反讽："正视遗产和历史的泾渭分明，使我们对二者倍感虔诚。我们无须为遗产变异而担忧和愧疚，看来它命该如此。遗产因我们的所为而走红社会，也烙下了痕迹斑斑。如此的运作和虚构，取悦和普惠了大众，说明遗产并非一成不改，而是应需而变，甚至被创意性地整合进了历史。"[5]250 放眼当今中国的遗产热，又何尝不是如此呢？问题是，我们究竟如何看待和处理传统的转化创新与遗产的关系，这才是真正的挑战。

几年前，美国学者奈扎・阿尔萨耶（Nezar AlSayyad）著书，以10个议题讨论了建成环境中传统的三种当代表征及其缘由[7]。其一是作为代际延续、身份认同及价值依托的"真实"传统（"real" tradition），在全球化和城市化所带来的"文化霸权"支配和"消费传统"浪潮冲击下，即便其载体尚存，传统已经走向了退萎、失忆和转化，因而书中将"真实"二字打上了引号。其二是以超现实和虚构的强势再现为特征的超级传统（hyper-tradition），举证为仿造的拉斯维加斯历史地标群、巨构的迪拜阿拉伯风格建筑群、梦幻意象的迪士尼景观乐园等，以及"后全球化""全球交集""文明冲突""乌托邦"等话语背景。其三是以虚拟现实技术和遗产话语扩张所助推的虚拟传统（virtual-tradition），正在以前所未有的撼人方式，颠覆着主观体验和客观对象之间原本毋庸置疑的互动与体验方式及效果。上述的第二和第三种传统，都属于创造或虚构传统的范畴，似乎是要在文明的转型中，千方百计地留住过往可唤起认同的"魅"或幽灵，以寻求进化所需心理定力的必然现象，而不仅仅是为了消费历史。全书尝试回答了"传统在本质上何以是一种空间工程及其流程的核心命题"⑥[8]，这一空间工程的直接对象就是"建成遗产"（built heritage）。

2.3 建成遗产的属性分类

"建成遗产"是经由建造等人工方式形成的文化遗产。狭义的建成遗产本指国际古迹遗址理事会（ICOMOS）定义的"历史纪念物与遗址"（monument and site），属文物古迹范畴，如今内涵和外延已大大扩展。仅就狭义而言，所有取得各种保护身份的历史建成物都属建成遗产范畴，不仅包括物态的实体空间及其环境，也关联着非物态的集体记忆、文化习俗、节庆仪式、匠作技艺等"文化空间"。二者水乳交融，聚风物于一地，被称为"文化场所"（cultural place），《巴拉宪章》称"文化属地"（places of cultural significance）。这种由"实体空间"和"文化空间"交融形成的历史空间称为"历史建成环境"（historic built environment）或简称的"历史环境"。建成遗产可分为三大类。其一为建筑遗产（architectural heritage），中国大陆将之分为文物建筑和历史建筑两大类（许多已具备双重身份），台湾地区将这两类及非物质文化遗产统作为"文化资产"。其二为聚落遗产（settlement heritage），可分为城镇聚落和乡村聚落两大类。中国国内除了文物身份的聚落遗产，还包括历史文化名城、名镇、名村，历史文化街区、历史地段，以及古代聚落遗址、传统村落（无法律身份）等。其三为景观遗产（landscape heritage），也称"文化景观"（cultural landscape），包括广狭两义。广义可指"特定文化族群所塑造，受到土地、气候、植物等自然生态因素影响的文化区域"[9]；狭义则指联合国教科文组织（UNESCO）世界文化遗产的特殊类型——人工嵌入天工的"文化地景"，如西湖、庐山、五台山、广西花山摩崖刻画和云南红河哈尼梯田等以山水地景命名的对象。

中国的建成遗产可分为古代和近现代两种属性的遗产。第一种是前工业时代以本土传统方式形成的，包括官式古典的和民间风土的两大部分：前者为等级森严、秩序井然的"风雅建筑"（high style）；后者为因应环境、随宜而生的"风土建筑"（vernacular），在所有建筑中占大多数。风土建筑以适地的材料、技艺和文化风习，铸就了自然、自明的地域建筑文化，滋生了自洽、自如的风土营造意匠。第二种是以近现代建造方式形成的，包括西式新古典、中式新古典、中西混交和新中式等。经过半个世纪的认定积累，中国的建成遗产已形成庞大的保护体系⑦。

一方面，上述所有建成遗产及其历史环境，都需要活在当下，传给未来，探索不可回避的生存策略和再生之道，包括视同历史标本的重点文物在内，也都需要活化再生。另一方面，这些建成遗产除了拥有文物身份的部分，其余冠名多有"历史"修辞的前缀，面临着适合其遗产身份和保护等级的活化利用挑战。比如，城市更新中有关历史环境的争议，不少都与价值评估失当或名实匹配失洽有关，从而造成认知和应用中的矛盾和困惑[10]。篇幅所限，本文对此议题不作展开。对于农耕时代延续下来的乡村风土建筑，除有重点保护身份的对象之外，大部分应作为大地景观的风土再生部分进行改良提质，保留可识别的文化记忆[11-12]。

3 历史：标志性与相关性

"历史"（history）是比"传统"更为具体持重的相关大词。汉字的"史"，本是以文字记事的意思，前加"历"字就有了时间维度。近代日本将"历史"与"history"（源自希腊语

（a）平坦的城市肌理和突兀的蒙巴纳斯大楼

（b）新旧城区对望（近景为夏约宫及特罗卡德罗花园，远景为拉德芳斯 CBD）

图 1　巴黎城鸟瞰

图 2　苏州姑苏区鸟瞰（拼贴的姑苏图景）

“historia”）互译，并沿用至今。对建成环境而言，许多冠之以“历史”的修辞，实际上有两层含义：“历史标志性”（historic，memorable）和“历史相关性”（historical，old），所指各有不同。前者是狭义的，主要针对历史标志性意义的保护对象，如“历史建筑”和“历史（文化）街区”关乎法律法规意义上的保护；而后者是广义的，面向除前者之外的所有历史相关对象，如“旧建筑”、“旧街区”和“旧城区”，涉及风貌意义上的管控。二者在中文语境中常常语义含糊，以致造成所指建成环境的理解错位及实践矛盾。

3.1　历史标志区

“历史”第一个词义的修饰对象比较清晰明了，即包含历史纪念性或标志性的区域，为狭义的“历史环境”。1925 年，勒·柯布西耶（Le Corbusier）在他的《都市规划》中认为，城市的现代结构与历史结构应当完全分开，前者是大范围拆除旧城区后的新建城区，后者是作为“历史中心”隔离式保护的小片历史保护区。而所谓“历史中心”，其实就是代表国家或城市身份和特性的历史纪念地标及其环境。这一理念也体现在 1933 年由他主导的《雅典宪章》中，如保护历史纪念建筑及其环境，使其不被城市干道穿行，不阻碍新城区发展，拆改其周边的贫民窟，等等。这样的历史环境概念虽受到时代局限，但意涵却是明晰的[13]。

法国 1943 年颁布《历史纪念物周边环境法》，对《历史纪念物法》（1913 年颁布）保护的对象周边 500 m 范围区域严加管控，包括保持空间特性、修缮相邻建筑和整饬植被景观等[14]139。这可说是“历史中心”保护的法律化，涉及以历史纪念物为硬核的历史环境、塞纳河两岸的历史纪念性地标群及其环境保护，对周边新建成物有极其严苛的限制。当然也有例外，如建于 1973 年高 209 m 的蒙巴纳斯大楼（Montparnasse），其突兀和孑立的窘态，一直遭到各界的诟病（图 1）。

美国 1906 年颁布的《古物法》主要涉及文物古迹保护。1963 年，纽约市发生了拆除让美国人引以为豪的宏伟城市地标——宾州火车站地面建筑事件，在此前后曾引发影响深远的社会抗议运动，成为立法保护古迹之外城市地标的直接动因，以 1965 年出台的《纽约市地标保护法》最具代表性[15]77。自 1966 年出台《国家历史保护法》后，整整半个世纪，美国才在 2006 年颁布了对历史环境立法保护的《国家遗产区法》[14]149-151。

中国的历史文化名城是以国家法规形式认定的历史环境最大单位，虽在 40 年前已首批颁布，多包含两个以上的历史文化街区，但有一部分却达不到这个基本要求，甚至竟有老城区内历史文化街区无一幸存的“历史文化名城”，其历史地望意义远大于历史环境价值，成为“后名城时代”的尴尬现象[16]。无论是出自被动还是主动，政策法规还是价值坚守，公众利益还是市场谋划，各地正在古城格局与功能提升、保护修复与活化利用、古迹存真与新旧共生诸方面艰难摸索，积累了一些新旧共生的有益经验。以苏州古城为例，经过半个多世纪的数次除旧布新，如 20 世纪 50 年代的拆城填壕，60 至 90 年代的几次街区拆迁改造，已今非昔比，但仍完整保留了城郊可观的山水格局和城中经典的古建园林，以及部分古城街区的历史结构，有效管控了肌理、尺度、高度等街区构成要素的变化。从姑苏区的历史街区现况看，古迹、仿古和新中式的新旧共生，呈现了另一种保留文化记忆的拼贴风貌（图 2）。

3.2　历史旧城区

“历史”第二个词义的修饰对象在中文语境中相对就比较含混，因为“历史相关性”可以扩大到所有与见证历史进程相关的老旧建筑及其环境，或广义的“历史环境”。在 20 世纪 50 至 60 年代的西方，借助战后重建需求，改造和拆除了大片的旧街区和旧建筑。这样的城市更新（urban renewal）虽然不可避免，但拆迁改造要看对象，拆除大量贫民窟，代之以中产居住区、办公楼、高速路和停车场，这改善了民生，无可厚非。但大量拆除有特色的旧建筑，破坏了旧街区的空间肌理，也就去除了历史城市的多样性和整体风貌。与此同时，还造成了大量土地因开发条件所限长期空置，半郊区化基本范型的普世趋同，以美国尤甚。不但如此，历史大城市的场所内涵也发生了现代蜕变，简·雅各布斯（Jane Jacobs）以记者的敏感性揭示了其种种弊端，指出其要害是城市“多样性”在发达表象下趋于消亡，最集中表现在

（a）主立面　（b）翻建鸟瞰　（c）徽式墙厦戏台　（d）翻建前旧貌

图 3　黄山黟县关麓书院实施方案（由废弃小学和茶厂改建的徽韵新风土建筑）

交往纽带的断裂、集体文化的失忆和人性化空间细节的消失。所以，她认为从现代城市空间生命体角度看，美国大城市已在走向死亡。而要使其复兴，就要纠偏正向，恢复城市人性化的功能要素，唤醒文化记忆，保留和活化历史环境要素，这其实就是对历史城市再生的理想期待[17]。到了 20 世纪 70 至 80 年代，偏重功能问题即物尽其用的旧建筑活化论或再生论（revived argument for the old）和偏重外观形式问题即可识别理解的价值论成为热点。

此后，欧美有城市记忆和观光体验价值的旧建筑和其他人造物也成了地方保护的对象，如法国里昂从文艺复兴以来的老宅，到 20 世纪初建的工人住宅，都是历史保护街区的组成部分。美国对此的说法是“需要保存对地标所示环境状况演变的认知”，因为“认知作用比公共地标的审美价值更为重要”。这就是说，并非只有重要历史纪念物才值得保护，一切与城市变化过程相关联的建造物都可能受到保护，包括“任何建成 30 年及以上品质良好者，具有显著特征、关乎历史（historical）或美学意趣者，拥有市、州和国家遗产或文化特征者，以及已被设计为地标者，都会被依章纳入保护清单”。虽然这样的法规有利于保护整座城市的结构和特质，但并未像历史纪念物周边那样划出控制地带，所以地标保护委员会无权对规划委员会管控的周边建筑之“功用”、“体量”和“高度”这些具体事务作出规定⑧[15]77-79。与之类似，日本《景观法》将文化财⑨以外的建成环境保护对象称为景观范畴的“重要建造物”。显然，这种具有历史相关性的保护对象，并不能与历史标志性的对象相提并论，存在更大的保留更新余地。

20 世纪 80 年代开始的中国旧城改造运动，与西方二战后到 60 年代的所为在改造对象上有很大不同，主要差别是西方改造的主要是工业化前期的旧城，而中国改造的则是以农耕时代遗留为主的古城和少部分早期工业化时期建造的旧城，因此规模、力度和难度都不可同日而语。受限于当时的认知水平和经济社会条件，大部分古城的历史风貌已被品质不高的现代城市形态所替代，所遗留的问题，如棚改、城中村改造、低质现代建筑的改良等，成为当下城市更新的焦点，甚至瓶颈问题。

3.3　传统转化与类型学范式

历史城市的“更新”，可以说是西方战后恢复期城市重建浪潮的写照，但欧洲历史城市遍布受到保护的文物古迹（historic artifact）和集体记忆的文化属地，更新必须有可作为分析和操作工具的范式（paradigm），这已成为城市更新领域不可忽视的能量。半个多世纪以来，欧洲以类型学范式（typology）最受青睐。这一范式源自法国新古典主义代表人物德·昆西（Quatremère de Quincy）的学说，他从早期人类建筑形态构成特征中，归纳出了几种代表文明可识别的“类型”（type）——形态法则。他明确指出类型只是形态法则的意象提示，而不是用来仿造的“模型”（model）[18]。不难理解的是，类型可能因形态创新中的意象再现而引起情感和精神的共鸣。

这种类型（或祖型，prototype），可类比瑞士结构主义语言学的深层结构，也可与心理学家荣格（Carl G. Jung）集体无意识的原型意象（archetypal image）相关联，因为都表示内在的深层结构。总之，类型学范式应用的目的，并不是以先验的模型为参照对象，寻求对历史城市的形式模仿或与之类似，而是将类型看作建筑的本质，通过新旧形态——形式和功能的类比，提炼出可被识读的历史类型，作为创作的参考，以因应社会文化和技术进步的新需求，在提升生活空间质量、留住城市集体记忆的同时，寻求传统的转化与创新（transformation）。借用现代建筑类型学理论鼻祖阿尔甘（Giulio Carlo Argan）的话来说就是：“创作过程中的类型学和创新性是持续交织的，创新仅在于通过批判和超越‘类型’中从前图式化的约定俗成，来满足特定历史环境对设计的期待。”[19] 阿尔多·罗西（Aldo Rossi）和利昂·克里尔（Leon Krier）等人的类型学理论范式有着耀眼光芒，但落成的经典却不多。

在当代中国城市更新的语境中，对传统文化的创造性转化与创新性发展，似也应包括历史环境中新建筑的形态创造。不言而喻，中国城乡历史环境也需要建构适合地域特征的类型学范式。从整体上看，应该说我们与国际上的认知和实践还存在一定差距，中国风或新中式怎样聚焦于特定地域的形态创造，是各地建筑师正在探索的方向（图 3）。

图 4　巴黎 104 艺术中心（保留原历史建筑群扩展地下空间的再生）

（a）老旧厂房的别样再生　（b）工业“包浆”的魅力

图 5　内蒙古工业大学建筑馆

4　再生：修旧利废与活化复兴

4.1　再生还是更新？

如上文所述，在 20 世纪后半叶对历史城市和传统空间进化的批判性反思中，除了类型学的类比式转化创新，更新的目的及内涵更倾向于再生，包括实体空间和功能经济两个层面。所谓“再生”（regeneration），中文本义是“修旧利废”，指对残缺物本体进行修复完形（restoration）或翻建提质（renovation），及功能废弃后的活化复兴（revitalization）。虽然再生与更新可有部分互涵，但更新也可能导致旧区摧枯拉朽式的大拆大建，其后果是使历史城市的可识别性和文化记忆发生断裂，甚至灭失。1977 年《马丘比丘宪章》对《雅典宪章》隔离式保护建成遗产的条文作了修正和延展，提出了兼顾价值与活力的再生途径，为确保这些遗产具有经济价值并真正活起来，就要与城市建设同步推进，主张适应历史进化过程，促使新旧建筑共生[20]。世纪之交以来，美国的斯蒂文·莫尔（Steven A. Moore）从质疑“批判的地域主义”过于注重“陌生化”的形态塑造出发，提出了“再生的地域主义”思考（regenerative regionalism），即在对地方场所的日常性感知和实践基础上，探索文化生态的可持续进化和新旧技术互补式整合的途径。总之，历史城市演进中的更新，其实质是以再生为主，从国际上看，“renewal”早已被“regeneration”所取代，事实上国内在一些相关场合，“城市更新”也已注明再生的英文[21]。

4.2　循环利用与翻建提质

国际上对 19—20 世纪建成环境再生的思考和实践萌芽于 20 世纪 60 年代。美国景观设计师劳伦斯·哈普林（Lawrence Halprin）提出了对旧建筑的循环再生途径（building recycling），即在保留建筑形态的前提下，置换活化空间功能，改良提升环境品质，以旧金山渔人码头完整保留吉拉德里巧克力工厂区（Ghirardelli Square），并成功使其获得再生为标志。而翻建是循环再生的重要手段，这是对旧建筑提升品质的设计探索。每个翻建工程均应一例一议，疑难杂症尽在其中，各有各的特点、问题、挑战，务求得体的解决策略。对于翻建对象，哪些部分应当保留，哪些部分应当改良，新旧材料和技术如何兼容，等等，还仅仅是翻建中难以绕过的一部分问题[22]。

20 世纪 70—80 年代历史旧建筑的循环再生和翻新提质风行欧美，涌现出旧金山的苏荷老厂区、巴黎左岸的旧火车站（奥赛博物馆）、维也纳的煤气罐社区、巴塞罗那的卡萨拉蒙纳（Casaramona）工厂改扩建，以及意大利特雷维索的贝纳通（Benetton）研究中心等一大批再生经典案例。晚近的一个循环再生例子是法国巴黎的 104 艺术中心（Le Centquatre），近年来已成为历史环境再生的一大热点。该项目对一座由屠宰场改为殡仪馆的百年建筑群进行了原址保留的再生设计，关键难点是如何在保留地面建筑的同时开发地下空间。一般有两种方式：一种是先对历史建成物进行拆除，待地下部分造好后再原址复建；另一种是将其顶升平移，待地下部分完工后再原址复位。此外，其实还存在第三种可能，就是原地保留既有建筑，通过结构托换技术扩大地下空间。该项目采用了第三种方式，成功将这座殡仪馆改造成了一个充满活力的市民艺术中心（图 4）。

中国自 20 世纪末以来，也有很多各界耳熟能详的此类工程案例。例如，上海以石库门里弄改造为“新天地”酒吧街和黄浦江沿岸旧工业区的转型活化，北京 798 电子工业区、景德镇陶溪川和深圳华侨城的文化创意园项目的化腐朽为神奇，都是修旧利废和活化再生的典型案例。内蒙古工业大学以旧校办工厂改造的建筑馆，保留了旧厂房所携带的岁月斑驳“包浆”和早期工业化建造气息，以钢、砖、木和特型玻璃等新材料对内部空间进行二次塑造，设计手法内敛、简拙、朴直、自如，新旧空间界面的分合痕迹若隐若现，浑然一体，给人以醇厚质感和美学体验[23]（图 5）。

4.3　废墟复建与加建完形

复建的前提是掌握原物遗址、文献和图像等翔实依据。具

图6　德勒斯顿圣母大教堂（废墟复原的经典）

图7　科隆科伦巴艺术博物馆（废墟在新建博物馆中的存在感）

（a）修前原状　　（b）竣工后

图8　外滩轮船招商总局大楼（复原前后对比）

（a）废墟原状　　（b）竣工后

图9　日喀则桑珠孜宗宫（废墟保存与宗宫完形）

有特殊历史意义的复建工程，当首推德国德勒斯顿圣母大教堂（Dresdener Frauenkirche）。这座著名的地标建筑在二战结束前被炸为废墟。21世纪之初，作为欧洲和解的象征，这座建筑奇迹般地实现了保留废墟的原址原貌重建，墙体和圣坛的每一块残存石构件和石雕装饰均被原样复位（anastylosis），成为可识别的历史遗存信息载体，新旧相嵌，既区分明显，又天衣无缝，获得了近乎完美的再生（图6）。

同时期法国科隆的科伦巴艺术博物馆（Kolumba Art Museum），原本也是一处二战中被炸毁的哥特教堂废墟，还包括从罗马到中世纪的遗留物。与德勒斯顿圣母大教堂的原样重建不同，建筑师在废墟之上设计了一座可让人联想到教堂意象的新博物馆，原来的教堂废墟轮廓则在博物馆墙面上若隐若现，成为其突出的组成部分。这种古今相融的再生效果给人以时光穿越的震撼感（图7）。显然，这两个复建与加建的废墟再生工程案例，对象和实施条件非常特殊，并非可以推而广之的再生范式。只有在满足合法合规并兼顾公众利益的条件下，这类工程方有落地实现的可能。上海外滩轮船招商总局大楼（主体修复及屋顶复原）和日喀则桑珠孜宗宫（主体复原）再生工程就是在上述限定条件下完成的[24-25]（图8、图9）。

5 拼贴：辩证思维与策略思考

5.1 传统价值与两分法

从历史城市进化的角度可以认为，除了环境的适宜，管理的先进，设施和服务的齐全、便利，一座城市的个性魅力，还来自其承载着历史底蕴与文化多样性的传统及其载体，并在不同历史时期、不同形态构成的城市"文化层"中呈现出来。从这个意义上说，真正具有持久魅力和生命力的城市，就应是适应文化与社会演进，既"延"又"续"，不断获得再生的"拼贴"城市[10]。在新与旧延续的演进设计中，"新的都市空间是可以被整合到传统的环境肌理之中，从而使二者融为一体的"[10]。

柯林·罗针对历史城市进化，分别从认识论和方法论层面，以多元思维和策略思考，提出了历史城市演进的"拼贴"范式（collage），重在探讨城市异类及新旧元素之间的叠合及共存方式，具有划时代的思想影响力。他引用科学哲学家卡尔·波普尔（Karl Popper）的话说："我们期望在科学中进步，这意味着必须站在前人的肩膀上，我们必须延续某种传统。"他还认为，传统同样具有双重功能，不仅创造某种秩序或者社会结构之类的事体，而且提供可操作的途径，我们借此批判和求变，就像神话的寓言或者自然科学领域理论的发明，有助于我们将自然事件秩序化，社会领域的传统发明也是如此[1]118–122。由此他以思维的两分法，对天性与习性、自然与历史、记忆与现实、肌理与实体、规则与自由、传统与乌托邦、科学与民粹等矛盾范畴及其关系作了基于大量案例比较的解析。这种两分法的思考，用今天的话来说，就是历史城市需要整旧续新、兼收并蓄，以获得空间和社会双重意义上的再生。

5.2 "肌理－实体"与"图－底"关系

问题是，从方法论上如何诠释"拼贴"？为了说明这一点，柯林·罗首先对传统城市与现代城市作了形态比较。他认为传统城市尽管缺憾明显，但依然优点突出，主要表现在："实体（solid）

图 10 宁波月湖西区地面铺装的拼贴意匠

图 11 拼贴思维的上海松江方塔园何陋轩（竣工不久所摄）

与连续的网络或肌理（matrix or texture），为相互关联的独特空间赋能，由此形成的广场和街道让人放松心情，感受到整体可识读的环境，其要点就在于维系着城市肌理或图底的精彩绝伦。”而新城和旧城的“图－底”（figure-ground）实际上是反转关系，新城的底（肌理）大于图（实体），而旧城的图却大于底。在由旧到新的城市演进中，旧的城市肌理在解体，新的建造实体却在膨胀，这难道就是历史城市的宿命吗？柯林·罗无意从现代主义或历史主义的立场出发，在新旧两种城市形态之间选边站，而是憧憬某种新旧城市图底关系的混融状态[1]63-65。调适实体和肌理的图底关系，可看作虚实相生的两分法，包含了规划和自生、惯常和偶发、公共和私有、国有和个人等的共生关系。其中，调适策略可灵活多样，比如混交、吸纳、变形、质疑、因应、施与、叠加、调和等[1]83。

5.3 多元共生与拼贴意匠

柯林·罗习惯于引经据典，开口话里有话，这也使其充满了睿智和学术分量的著作显得有些形上和晦涩。他的《拼贴城市》自然聚焦于“拼贴”二字。借着英国哲学家以赛亚·伯林（Isaiah Berlin）引用古希腊诗人阿尔克洛凯斯（Archilochus）“狐狸多心机，刺猬唯一绝”的名句，来隐喻随机权宜的“拼贴意匠”（bricolage）。如将罗马的哈德良宫与法国的凡尔赛宫作对比，认为前者是拼贴策略，后者为单一秩序。接着他又将之与结构人类学家列维－斯特劳斯（Lévi-Strauss）在《野性的思维》（*The Savage Mind*）里对“拼贴师”（bricoleur）的描述相关联：“拼贴师擅长做大量各种各样的活计，但不同于工程师，为了完成一个工程，他并不局限于机械地把原材料及工具与每项活计一一对号入座使用”，而是善于用随手可得的多种材料和工具，来达到同一个多维度的拼贴目标。柯林·罗为此对拼贴师与建筑师的关系作了类比，他认为：“如果我们能剥去职业自恋的面具，从学术的观点看，‘拼贴师’之于‘真实生活’的名号，比建筑师和城市规划师要高得多。”[1]91-104 尽管如此，对于历史城市进化而言，“拼贴意匠”作为一种辩证思维和策略思考，还需要借助诸如隐喻、类型学、不确定性等认知范式和实践策略，才能助推城市的合理进化，真正“使设计成为生存的依托”[1]117（图 10）。

5.4 拼贴思维与方塔园

上海松江方塔园比较典型，将北宋兴圣教寺方塔、明朝城隍庙砖雕影壁和异地搬迁来的清代天后宫大殿、民居楠木厅等，与钢架瓦顶的园北门、山谷意象的石砌堑道、砖砌曲面的花隔墙等，以及作为园中主厅堂的茶室——“何陋轩”，以古今元素的共生方式，“萧散”地同置一园。水体是中式园池的蜿蜒平面和西式草坡的水岸浑然，一望可知是中西交融的意味。

何陋轩外观乍看像是一座四面无壁的草棚，以竹材模拟现代钢结构的空间桁架，承托旧时沪上乡间常见的大曲率“落厍屋”稻草顶，前后屋面的凹曲与悬山侧坡的凸曲阴阳相衬。特别的是，何陋轩竹桁架的构法（tectonic）因造价欠缺以竹代钢，并有乡村竹匠介入建造过程，给新风土的质感注入了在地的固有风土气息。曲高一筹的是，冯纪忠的创意用“今”与“古”相和以为“新”，而不是变古为新，诠释唐代文学家司空图的“与古为新”意涵，并在方塔园的设计构思中随处呈现[26-27]。其实，宁波博物馆砖瓦幕墙的风土构法和砖瓦匠的介入，在策略思考上与之也是趋同的。

显然，方塔园从总体规划到建筑和景观设计，都流露出多元共生的拼贴意味，与上述的拼贴思维可以说异曲同工，与“拼贴师”的作为也依稀仿佛。或许还可以说，“与古为新”本身就是一种拼贴思想。从形上的层面看，古今和中外都会有一些哲学思辨灵犀相通（图 11）。

6 结语

总体而言，西方经过 18—19 世纪的大规模旧城改造，许多古城的原有风貌早已大变。如今日所见，巴黎城的大部分都是 19 世纪中叶奥斯曼计划改造后，披着新古典外衣的现代早期城市风貌，以今天的遗产价值取向，也经历过那个时期的“大拆大建”，但我们不能苛求前人，而是要在其留下的历史经典、经验和教训中思考今天与未来的问题与对策。相比之下，中国的工业化和城市化起步，比西方晚了百年以上，因此中西存在着文明演化进程的阶差。而一个多世纪后的中国历史城市更新，如何超越这个“阶差”？在当代水准上既能保护遗产脉系，又能实现更新目标，是一项难度极高的再生挑战。

至于建成遗产及历史环境的现状问题，目前古城遗产的分类保护就有文保建筑类、历史建筑类、历史景观类、规划保留建筑类，以及难以与载体完全分割的所谓“非遗”类的复杂分类和分级，加之保护的法律法规、管控机制、资源整合等尚待优化整合，就形成了由分类、分部门管控和“级差”带来的结构性问题。

因此，有必要通过系统比照国际传统问题及遗产话语的来龙去脉，以及同类难点的解决途径，探讨该领域在中国国情和地情下的改进和提升方向，本文的立意和出发点即在于此。文中讨论的第五个概念——“拼贴”，无论从认识论还是方法论看，都是内涵和外延最为深广的一个，与其余四个均有不同程度的关联。

（本文成稿后得到了刘东洋、赖德霖、张松、李振宇等学界朋友的指正，谨在此一并致谢！）

（原载于《时代建筑》2022年第3期）

注释：

①关于“质”与“文”的关系，笔者在《中国建筑教育》2017年第3期中的《以文养质，知恒通变》一文中谈到了其对建筑教育的启发。

② *The Invention of Tradition* 是一本论文集，为英国学者霍布斯鲍姆和伦杰尔等6位作者合著，其核心观点出自第一位。2004年，译林出版社出版了顾航、庞冠群的中译本《传统的发明》。

③ *Collage City* 一书由英国著名建筑史家柯林·罗与弗瑞德·科特（Fred Koetter）合著，书中核心思想之一来自科学哲学家卡尔·波普尔的科学证伪主义和托马斯·库恩（Thomas Samuel Kuhn）的历史主义范式批判论影响，即真理是相对的，未来是不确定的，科学进步只有证伪定理，科学革命需要更换范式，但证伪和更换不是对之完全抛弃，而是在创造中吸收。全书推崇的多元共生和拼贴策略，均体现了这种批判性思维的影响。2003年，中国建筑工业出版社出版了童明的中译本《拼贴城市》。

④ 2018年辞世的大卫·洛温塔尔是英国著名历史学家，他在20世纪90年代后期出版的两部著作 *The Heritage Crusade and the Spils of History*（《遗产圣战与历史易帜》）和 *The Pastisa Foreign Country*（《往昔若异邦》），在遗产话语领域掀起了批判的遗产叙事浪头。

⑤该书法文原版为 *L'ALLÉGORIE DU PATRIMOINE*，Éditions du Seuil，1992年出版。英文版为 *The Invention of the Historic Monument*（《历史纪念物的创造》），2001年由Cambridge University Press出版。

⑥美国伯克利加州大学原中东建筑研究所所长奈扎·阿尔萨耶教授，专注于后全球化时代建成环境中的传统现象，2014年出版 *Traditions:The “Real”, the Hyper, and the Virtual in the Built Environment*。

⑦根据国家文物局和住建部发布的保护清单，自1961年颁布国家《文物保护法》（2002年修订）以来，迄今被认定的国家级建成遗产及其历史环境包括：全国重点文物保护单位5 058处，国家历史文化名城（1982年开始认定，2008年颁布国家《历史文化名城、名镇、名村保护条例》）141座，名镇312个，名村487个，全国历史文化街区970片，历史建筑4.27万处。国家有关部门助推的“传统村落”6 819个，20世纪建筑遗产298处（此两类名称尚未有正式法律身份），56项建成遗产进入联合国教科文组织具有“显著普适价值”（outstanding universal values）的世界遗产名录，数量仅次于意大利，居全球第二。除了上述国家级清单，还有省、自治区和直辖市及以下的各层级、各类型数量庞大的建成遗产。第三次全国文物普查后，登记的不可移动文物数量翻倍，猛增至逾77万处。

⑧相关规定参见：《纽约市宪章与管理规程》。

⑨编者注：文化财是日本为保护文化、自然遗产所建立的标准，其资格依日本《文化财保护法》订立。

⑩引自瑞士首届Holcim国际可持续建筑大赛亚太区评委会金奖评语（Comment of the Holcim Awards 2005 Jury for Gold Asia Pacific）。

图片来源：

图1：刘磊拍摄；

图2：邱晓翔拍摄；

图3：常青研究室提供；

图4、图10：常青拍摄；

图5：引自参考文献[23]；

图6：引自参考文献[25]；

图7：引自《时代建筑》2008年第3期106页；

图8：引自参考文献[24]；

图9：引自常青的《西藏山巅宫堡的变迁——桑珠孜宗宫的复生及宗山博物馆设计研究》，同济大学出版社，2015年，图34、图版6；

图11：引自萧默的《八十年代建筑艺术》，香港建筑与城市出版社，1990年。

参考文献：

[1] ROWE C, KOETTER F.Collage city[M].Cambridge, Mass.: MIT Press, 1978.

[2] 利昂·庞帕．维柯著作选 [M]. 陆晓禾，译．北京：商务印书馆，1997：46-48.

[3] HOBSBAWM E J, RANGER T O.The Invention of tradition[M].Cambridge: Cambridge University Press, 1992: 2.

[4] 阿摩斯·拉普卜特．文化特性与建筑设计 [M]. 常青，张昕，张鹏，译．北京：中国建筑工业出版社，2004：译者的话 2-7.

[5] LOWENTHAL D.The heritage crusade and the spoils of history[M].Cambridge, UK: Cambridge University Press, 1998.

[6] 弗朗索瓦丝·萧伊．建筑遗产的寓意 [M]. 寇庆民，译．北京：清华大学出版社，2013：125-128.

[7] ALSAYYAD N.Traditions: the "real", the hyper, and the virtual in the built environment[M].New York: Routledge, 2014.

[8] 奈扎·阿尔萨耶．建成环境中的传统："真实"、超真和拟真 [M]. 黄华青，梁宇舒，译．北京：清华大学出版社，2021.

[9] SAUER C O.The morphology of landscape[J].University of California Publication in Geography, 1925, 2(2): 19-53.

[10] 常青．对建筑遗产基本问题的认知 [J]. 建筑遗产，2016(1)：44-61.

[11] 常青．我国风土建筑的谱系构成及传承前景概观：基于体系化的标本保存与整体再生目标 [J]. 建筑学报，2016(10)：1-9.

[12] 常青．传统聚落古今观：纪念中国营造学社成立九十周年 [J]. 建筑学报，2019(12)：14-19.

[13] 常青．思考与探索：旧城改造中的历史空间存续方式 [J]. 建筑师，2014(4)：27-34.

[14] 张松．历史城市保护学导论：文化遗产和历史环境保护的一种整体性方法 [M]. 上海：上海科学技术出版社，2001.

[15] BYARD P S.The architecture of additions: design and regulation[M].New York: W. W. Norton & Company, 1998.

[16] 何依．走向"后名城时代"：历史城区的建构性探索 [J]. 建筑遗产，2017(3)：24-33.

[17] JACOBS J.The death and life of great American cities[M].Vintage Books ed.New York: Vintage Books, 1992: 143-291.

[18] ROSSI A, EISENMAN P.The architecture of the city[M]. Cambridge, Mass.: MIT Press, 1982: 40.

[19] ARGAN G C.On the typology of architecture[M]//NESBITTK.Theoring a new agenda for architecture.New York: Princeton Architectural Press, 1996: 240-241.

[20] 国际建筑协会．马丘比丘宪章 [J]. 陈占祥，译．国外城市规划，1979(1)：1-14.

[21] MOORE S A.Technology, place, and non-modern regionalism[M]//CANIZAROVB.Architectural regionalism: collected writings on place, identity, modernity, and tradition.New York: Princeton Architectural Press, 2007: 441-442.

[22] BROTO C.New concepts in renovation[M].Barcelona: Arian Mostaedi, 2005: 9.

[23] 王志强，张鹏举．"不确定"的遗产再生策略：内蒙古工业大学建筑馆改造设计再思考 [J]. 建筑遗产，2021(2)：112-121.

[24] 常青，王方，王红军．百年残楼的复生：外滩九号"轮船招商总局大楼"外观复原与内部整饬设计 [J]. 建筑学报，2005(5)：60-62.

[25] 常青．桑珠孜宗堡历史变迁及修复工程辑要 [J]. 建筑学报，2011(5)：1-8.

[26] 冯纪忠．方塔园规划 [J]. 建筑学报，1981(7)：4-13.

[27] 冯纪忠．与古为新：方塔园规划 [M]. 北京：东方出版社，2010.

作者简介：

常青，同济大学建筑与城市规划学院教授，学术委员会主任，中国科学院院士，中国建筑学会副理事长。

回归自然——建筑与现代性的哲学反思

程泰宁　费移山

世界进入现代社会以来，“现代性”所蕴含的科学理性思想和“以人为本”①[1]的价值取向，已经在全世界深入人心。人所共见的是，数百年来，人的主体性地位的确立、科学发展和理性精神的弘扬，使人类的生活环境、生活方式发生了天翻地覆的改变。很多人都曾经相信，世界的未来一定会比现在更好。

但是，随着现代社会的发展，人们却越来越感受到了一种深刻的断裂。马克思在《共产主义宣言》中说：“一切坚固的东西都烟消云散了。”他用这句话来描述西方社会进入现代之后所发生的剧烈变化。

最早对现代性危机进行剖析的德国学者马克斯·韦伯（Max Webber）在1919年的两篇演讲中，将这种危机的出现归结为人类社会的理性化与人们对现代科学的笃信[2]。他认为，进入现代社会后，人们从蒙昧中走出，并试图以科学理性来建立对世界的一种确凿认识，即世界的“除魅”（Entzauberung）②。但随着世界的发展，人主体性的确立与科学理性的发展并没有带领人们寻找到世界的本质意义；相反，现代科学的发展似乎还压抑了人们从不同方向探索世界未来的动力，从根底上窒息了人们对于意义与诗性的追问③[2]29-30，33-36，人类社会似乎进入了一个由理性所编织的现代性“铁笼”。韦伯在这两篇演讲中，深刻地指出了“科学、理性”是人类走向现代社会的动力，同时也是现代性危机产生的深层原因，但是却并没有给出解决这一危机的方案。

中国人对世界的这种变化与断裂也有着自己的感受。我们的祖辈曾经生活在一个绵延而笃定的文明世界中，人们的生活世界曾经与整个自然世界之间有着深刻而广泛的联系，或者说我们就是自然世界的一部分。而在100多年前，就在走向现代的那一刻，那种绵延在时间与空间之间的普遍联系被切断了。我们与自己的文化、与身处的外部世界之间产生了一种隔膜。

韦伯发表这两篇演讲的时候，也正是中国开始标举“德先生”“赛先生”的“新文化运动”开始的那一年。而在4年之后（1923年）的中国也发生了一场著名的“科玄之战”，梁启超、陈独秀、胡适、张君劢、丁文江等在内的许多学者纷纷就“科学是否能解决所有问题”这一议题发表了自己的观点④[3]。这场发生于中国的论战表明，当时的一些中国学者对现代性的困境已经有所察觉，但没能对其作出清晰、明确的表述。在此后的很长时间，由于种种原因，中国学术界没有机会对这些问题进行深入的思考，这也导致了我们对于现代性的认知缺失了重要的一课。

21世纪初，现代性的研究重新进入国人（包括中国建筑界）的视野。但总体上说，建筑领域方面的研究大多还停留在对西方已有观点的引介上，注意力主要集中在方法论层面的讨论，缺少针对本土文化环境的具体研究，更缺少对我们所面临现代性困境哲学层面的反思。今天我们总是在讲现代、现代化、现代性，但现代性的内涵是什么？两百年来关于现代性的“诸神之争”⑤症结究竟在哪里？它和我们经常讨论的建筑问题又有什么内在关系？这些问题一直处在一种模糊甚至懵懂的状态。我想，如果要真正理解当代中国建筑，就必须将它放到现代性的脉络之中去考察。唯此，才能认识到当代中国建筑所面临的真正问题以及其未来的走向。

实际上，今天建筑学发展的许多问题，都与现代性的危机相关。

进入现代社会以后，在科学理性不断发展以及人的主体性地位确立的前提下，人们拥有了对外部世界，尤其是对自然界进行征服与改造的强大能力。但这也造成了人与自然之间关系的紧张，带来了影响可持续发展等一系列问题。更加不容忽视的是，科学理性（工具理性）的扩张，使得人们产生了意义与情感上的失落与压抑，这在现代主义后期表现得十分突出。特别在近几十年来，由于后现代主义对于建筑学基本原则的冲击，一些人开始通过“反理性”来对抗理性对人性的压抑；以“张扬个性”的方式寻找意义与感情的出口，从而导致价值判断陷入迷惘与混乱，并由此带来建筑理论和创作的碎片化。由于缺乏共识，建筑往往成为个人意志的独白，对物质生活无止境的追求也使得人与自然之间的对立更为尖锐。如果说，现代主义对绝对理性的强调带来的是建筑设计理念的片面僵化，那么后现代主义矫枉过正的“反理性”，又将世界建筑推向了支离破碎、片面无解的“死胡同”中。

当前，现代性危机所造成的一个普遍现象是：人们正在失去对生活世界进行整体体验与表述的能力。我认为，这正与我们对“科学理性”的过度依赖密切相关。现代科学研究的一个重要特

图 1　弘一大师（李叔同）纪念馆（浙江平湖，2004 年）

图 2　杭州西站“云门”（施工中）

图 3　南京美术馆（2022 年）

图 4　北京副中心大剧院（2019 年投标入围方案）

图 5　徐州 · 宕口酒店（2022 年）

图 6　南京雨花华邑酒店（施工中）

征就是“还原”，即通过将研究对象不断地进行分解，把复杂的问题分解为一个个相对简单的部分，从而获得对局部性问题的准确认知，再将这些局部性的认知拼合起来，形成对复杂对象的完整认识[4]。这种“还原”方法的一个重要缺陷就在于不断地分解，这使得我们成为各个领域的“专家”，但失去了从整体去观察、认知世界的视野与能力。我们常常将建筑归结为各种范式、类型、模式，在规划中不断提出诸如海绵城市、智慧城市、韧性城市等术语、概念进行描述，并针对其中的某一层面展开研究分析。应该肯定，以上这些研究对于规划建筑理论与实践具有重要意义（也许对于中国建筑师而言更是如此）。但经常被忽视的是，无论是建筑设计还是城市设计，最需要的恰恰是将各种元素、各个角度整合起来的思维能力。所谓整合，并不是简单地拼合，它需要我们创造性地理解并找出不同元素之间复杂的内在关系，使之成为一个有机整体。例如，近年大家非常关注的参数化设计，其本质是将各种要素抽象为参数，用算法来描述各种参数之间的关系。但是，建筑师的文化感悟、未来管理者的运营思路是无法抽象为参数加以量化整合的。而对建筑创作而言，所需要的恰恰是将种种可以量化和不可量化的复杂因素创造性地加以整合，这是一个充满想象力并需要丰富感知力的思考过程。无论科学技术如何发展，这样的工作是无法被任何程序、算法所取代的。

由此，本文将当代建筑发展中的许多问题的深层原因归结为一种现代性困境，它与理性和人性的异化密切相关。而要找到这些问题的解决之道，就必须从一个新的视角重新解读现代性，以寻找重构现代性的道路。

当代哲学家齐格蒙特·鲍曼（Zygmunt Bauman）在谈到“现代性”的种种问题时说：“人们需要反思世界的秩序、反思人类生存环境的秩序、反思人类自身的秩序，以及这三方面相关联的秩序”[5]。当下中国的建筑师也迫切需要进入这样一种“反思”的时刻：去重新思考建筑的本体性问题，辨析建筑的本体论与方法论之间的关系，以寻找世界建筑，包括中国建筑发展的立足点与未来发展的方向。

我们说，人类文化一直在交流互鉴中得以发展壮大。在世界文化正面临重构的今天，很多学者都将目光投向了中国，认为中国文化在解决“现代性”问题上蕴含巨大的潜力。著名历史学家汤因比（Tynbee A. J.）就认为中国文化在塑造世界新文化时将发挥重要作用[6]。20 世纪 80 年代，印度哲学家田缅尼卡（Tyminnecka）提出“崇尚自然”、“体证生生”与“德行实践”是中国文化中真正值得世界重视的三个方面⑥。其中，“崇尚自然”和“体证生生”正是要人们充分认识并适应宇宙万物生生不息的变化[7]。这些观点都不约而同地指向了“自然”这一中国哲学与文化中的重要观念，对于世界文化重构的重要意义。

应特别指出的是，在中国文化中的“自然”，指的并不只是自然界（nature），它首先是一种观念：所谓“人法地，地法天，天法道，道法自然”，自然即“道”，它有着复杂而丰富的内涵[8]。与西方人将“自然”视为外在于人与事物本身而存在的物质世界相比，中国人认为“自然”是包括“人”在内的万事万物的一个整体，是世间万物生长和发展的规律。在这种自然观的影响下，就产生了一种天地万物之间存在普遍联系的观念——强调自我调节、中和的思想以及“机发矢直，涧曲湍回”的自然主义。正因为“自然”的复杂性和动态发展的特点，自然观也指向了一种对于不确定性以及模糊性的开放态度，鼓励对未知的不断探索。我认为，这样一种对于“自然”的理解，对于解决现代性的危机以及由片面强调人的主体性和科学理性带来的危害都具有重要意义。

由此，我个人将对现代性反思与重构的立足点放在了对“自然”的思考之上（图 1—图 6）。自然与道是我们对一切事物，包括建筑终极价值的探索与追问。作为建筑师，我希望回归到这样一种自然观念：以“人—自然—建筑”之间的关系为建筑的本体，重构对于建筑学的认识；以“自然而然”的思维模式，更真实地呈现建筑创作的本真状态，推动建筑的不断创新；通过对“自然”的思考，接续我们自身文化血脉，以此作为中国建筑话语体系的生长点。

建构这种新的话语体系，其内涵至少包含现代性反思基础上的几点思考：

（1）世界的复杂性远超人类现有的认知，仅按照现有研究中常用的“还原”和分析方法不仅难以窥得全貌，还会陷入机械与僵化。作为一个建筑师，我更愿意从“视天地万物为一体”的整体性认知中去思考世界、思考建筑；从“究天人之际”的角度，不断探究人与建筑、城市、自然之间的关系，从互相对立到和谐共生的不断演进中寻找建筑、城市可持续发展的道路。

（2）我们还应该明确，面对变化万端的世界，要对世间万物，包括城市、建筑作出确定的、唯一的解释是不切实际的。对于确定性、唯一解的追求，恰恰会使得我们对世界、对建筑的认识产生偏离。“模式”“句法”“参数”等方法，虽然有助于我们厘清设计思路，大数据、云计算也会大大提高我们的工作效率和准确度，但建筑设计还需要在理解并把握好建筑整体的基础上，承认其具有的不确定性和模糊性。这里所说的不确定性、模糊性，并不是说建筑设计的过程不可捉摸，而是认识到它是建筑创作中一种十分重要的创造性思维活动。以“人—自然—建筑”之间的关系为建筑设计的本体，“外师造化，中得心源”⑦，我们的建筑才不致流于“程式化”“图像化”，实现建筑意象的不断创新，而又有其内在逻辑的“自然生成”。

（3）在建筑创作中，我不主张对影响建筑创作的诸多因素列出主次、加权量化，而是愿意将影响建筑创作的种种复杂因素，看成由无数节点构成的动态多维网络。建筑创作的过程，就是建筑师在这个网络中不断游走的过程。不同的人可以根据自己的经验和素养，依赖直觉、通感、顿悟来选择适当的切入点，以激活整个网络，在各个问题都能得到相应解决的同时，生成丰富多变的建筑意象来[9]。所谓“惚兮恍兮，其中有象，恍兮惚兮，其中有物”“玄之又玄，众妙之门”，在我看来，这种模糊的、纳万端之变于胸臆的状态与建筑创作的过程是共通的。爱因斯坦说过，“人所能体验的最美和最深刻的东西是充满神秘的感觉”⑧。无论是“惚兮恍兮”，还是“神秘”，它们都揭示了创新性思维的奥义，建筑创作是一个在混沌一体的世界中去体悟、去辨识、去创造的过程。这个过程在最初肯定是模糊的、不确定的，答案也不可能只有一个。随着思考的深入，各种要素、想法在不断复合、碰撞之后，逐渐显露出其内在的秩序来。

早在十多年前，李泽厚先生就曾提出“该中国哲学登场了”，希望以中国哲学思想来克服西方近现代哲学发展遇到的困境[10]，这个观点对今天的建筑学发展有重要启发。基于对自身所处时代的理解与反思，同时也是基于自身所处的文化背景，我提出“回归自然”——希望以人、建筑与自然的有机契合为哲学本体，以整体性、模糊性和科学理性有机结合的“自然而然”的思维模式来诠释世界、诠释建筑。这是我希望建构的一种新的建筑“现代性”，一种符合建筑本质和它的内在发展规律的、可持续发展的现代性。这也是一种哲学境界，一种建筑与万物“浑然天成、和谐共生”的境界，一种以“自然而然”的思维模式，让建筑作品“自然生成”的创作境界。

我认为这种对自然的认知，对“人—自然—建筑”关系的哲学认知，可能更加接近建筑学的本体要义，在个体与整体之间、科学与人文之间找到某种平衡，重构对建筑学的现代性认知。有了这样的哲学认知，我们的建筑理论就不会总是停留在方法论层面而难以深入，我们的建筑教育也将会正确看待SCI等指标的权重，从而探索出一种较为合理的评估体系。而对于建筑作品的评价，也更有可能在价值取向上找到某种共识，这对当代中国建筑发展有着重要意义。特别是，在现代性重构基础上形成的话语体系，有可能成为为世界所理解、所共享，并具有普适性的价值理念，为世界建筑提供一种中国思考，具有跨文化发展的重要意义。

“科学为术，自然为道”，“人类因为科学理性而聪明，因为知道科学理性的局限而智慧”⑨。我期望，我们在对现代性进行哲学反思的基础上构建新的现代性，能够使建筑学走出“理性的铁笼”，进入一个融境界、意境、语言为一体的，诗与远方的新境界。

（根据程泰宁院士在2021年第十九届亚洲建筑师大会上的主旨报告整理。）

（原载于《时代建筑》2020年第1期）

注释：

①西方在进入现代文明之后，“以人为本”是现代性的核心，表现在思想文化领域，现代社会的一个显著特征就是个人意识的觉醒，尤尔根·哈贝马斯（Jürgen Habermas）认为现代性“深深地打上了个人自由的烙印”。

②“除魅”引自德国著名诗人席勒的《希腊的群神》，这首诗反映了世界宗教一体性统治的解体，以及从宗教社会向世俗社会的现代性转型。韦伯用“除魅”表达了把魔力（magic）从世界中排除出去，并使世界理性化的过程。

③科学的“进步”是无限的，这就使得人无法再获得“享尽天年之感”。对于精神生活无休止生产出的一切，人只能捕捉到细枝末节，而非终极产品。于是死亡失去了意义，文明生活也失去了意义。“自然科学家总是倾向于从根底上窒息这样的信念，

即相信存在着世界的‘意义’这种东西”，“科学又进一步假设，科学研究所产生的成果，从‘值得知道’这个角度说，应当是重要的……但这假设不能用科学方法来证实，只能诉诸终极意义进行解释”。

④“科玄之战”缘起于1923年2月张君劢发表“人生观”讲演，并在同年发表长文反击丁文江的驳斥，就此拉开了科学玄学论战的序幕；1923年5月，梁启超作《关于玄学科学论战之“战时国际公法”》，它是正式展开论战的宣言，其间科学派、玄学派双方人物纷纷登场，论战愈演愈烈。后有主张科学派的《科学与人生观》和主张玄学派的《人生观之论战》两本文集发表。论战直至1924年末，其间“科玄之战”发展为科学派、玄学派和唯物史观派三大派的思想论争。

⑤“诸神之争”是马克斯·韦伯用来指称现代西方走出一神统治之后的价值多元局面的一个命题。

⑥这些观点为田缅尼卡在1983年举行的第十七届世界哲学大会第一次开设的中国哲学圆桌会议上发言提出，由汤一介先生回忆并转述。

⑦唐代画家张璪所提出的艺术创作理论，强调艺术创作来源于对大自然的师法，这一转化过程需要依靠艺术家内心的情思和构设。

⑧语出爱因斯坦《信仰自白》，原文为：“The most beautiful thing we can experience is themysterious.”

⑨改述自《刘擎西方现代思想讲义》中：“人类因为理性而伟大，因为知道理性的局限而成熟。”

图片来源：

均由筑境设计提供。

参考文献：

[1] 哈贝马斯．现代性的地平线：哈贝马斯访谈录[M]．李安东，段怀清，译．上海：上海人民出版社，1997.

[2] 马克斯·韦伯．学术与政治[M]．冯克利，译．北京：生活·读书·新知三联书店，2005.

[3] 张君劢，丁文江，等．科学与人生观[M]．长沙：岳麓书社，2012.

[4] 弗里乔夫·卡普拉．转折点：科学、社会和正在兴起的文化[M]．卫飒英，李四南，译．成都：四川科学技术出版社，1988.

[5] 齐格蒙特·鲍曼．现代性与矛盾性[M]．邵迎生，译．北京：商务印书馆，2003：7-8.

[6] 汤因比，池田大作．展望二十一世纪：汤因比与池田大作对话录[M]．荀春生，朱继征，陈国梁，译．北京：国际文化出版公司，1985.

[7] 汤一介．中国传统文化的特质[M]．乐黛云，杨浩，编．上海：上海教育出版社，2019.

[8] 王中江．中国“自然”概念的源流和特性考论[J]．学术月刊，2018，50(9)：15-34.

[9] 费移山，程泰宁．语言·意境·境界：程泰宁院士建筑思想访谈录[J]．建筑学报，2018(10)：1-11.

[10] 李泽厚，刘绪源．该中国哲学登场了？：李泽厚2010年谈话录[M]．上海：上海译文出版社，2011.

作者简介：

程泰宁，中国工程院院士，东南大学建筑设计与理论研究中心主任，教授、博士生导师，筑境设计主持人；

费移山，现为东南大学建筑设计与理论研究中心讲师。

城市更新中设计的转变

崔愷

摘　要：针对城市更新的复杂性、渐进性、不确定性等特点，提出建筑师应该主动适应这些特性，通过改变站位和角色、扩大视野、介入或承担部分策划责任、推动和协调各专项设计等方法，保证城市更新的整体性，在未来的城市存量发展中发挥作用。通过介绍位于几个城市中的实际案例，探讨城市更新的重点思路与对策，并总结出城市更新的七要律。

关键词：城市更新；城市设计；转变

2020 年底，我在北京隆福大厦和团队一起办了一个展览，叫“城市进化”（图 1），内容是介绍隆福大厦街区改造、前门 H 地块城市更新设计和常德老西门城市街区更新。三个项目状态不一样，有成功的，有进行中的，也有困难重重进展缓慢的。那是我第一次以这个主题办展览，它不像建筑作品展，有了想法，完成了，有头有尾，展出来一个是一个，很清楚；如果办个城市设计竞赛展也很好办，理念和畅想的设计丰富多彩，但大家心里都清楚，离落地实施相距很远，只是个思路而已；如果办“城市更新实践案例展”也还好，在总体构思和规划框架下，展示一些过程的节点，阶段性完成的片段照片，说明一个过程。比较难的是办比较完整的城市更新展。所谓完整，应该包括初期的策划、规划、逐渐发展的过程、阶段性成果，以及完成后投入运营的状况。难在时间长、变化大、结果难料，甚至事与愿违、虎头蛇尾、

图 1　“城市进化”展览现场

初心不在，很伤设计师的情绪，自然就很难拿出来办展览与同行们分享。其实，这恰恰说明了城市更新的特点：复杂性、渐进性、不确定性。也许规划师比较适应这种情况，也能享受这个过程，但建筑师往往就有点儿受不了，如果是追求完美的建筑师就更难以接受。所以能够耐着性子，陪伴很多年，把一个片区的城市更新盯下来的不多，除非碰到好甲方、好投资，一鼓作气干下来。但这种情况如今并不多见，所以建筑师应该调整心态，主动适应这种复杂性和不确定性，否则难以在未来的城市存量发展中发挥作用，也不容易找到自我的位置。

建筑师参与城市更新不仅要有思想准备，也要改变站位和角色，扩大视野，担负起更大的责任。以往我们习惯于等着拿到甲方的任务书再开始设计，但在城市更新中不可能有准确的任务书，即便有策划团队在前面提个设想，靠谱的也不多。所以建筑师要介入或承担部分的策划责任，主动分析和提出城市更新要解决的问题和可能的需求。以往我们做设计，红线是清楚的，出了红线还审批不了。但在城市更新中就要从城市片区的整体出发考虑问题，即便对具体的启动项目有红线要求也不能只考虑红线以内，一定要主动地把城市环境的整体提升当作第一要务。以往我们设计只关注建筑，其他相关市政条件靠政府或业主协调，互提资料，而在城市更新中往往会有各专项设计之间的互动，不主动协调就做不下去，或者让建筑设计的前置条件变得不合理，整体环境质量也难以保证。以往我们在设计中只是关注建筑设计的方法，不管什么情况都是靠盖房子来解决。在城市更新中，什么情况下用建筑，什么情况下用景观抑或公共艺术去解决更有效是要我们作出判断的。换句话说，建筑师对景观、艺术设计也要有一定的创作和把控能力，要善于出点子、提想法，要学会推动和协调各专项设计工作，城市更新才能保持整体性。以往，我们对文化遗产保护和历史风貌管控都持被动的服从态度，以不违规或化妆式应对。但在历史文化街区的更新中如何找到历史风貌和现代生活的结合点是有许多可能性的，应该结合具体情况因地制宜找到破题点，否则古城更新就无新可谈，很难发展了。这两年，我和团队陆续承接了一些城市更新的项目，我想结合案例介绍一下重点思路和对策，与同行们分享。

图 2　德州东站城市设计鸟瞰效果图

图 3　昆山玉山广场站城市设计鸟瞰效果图

图 4　平安里地铁站街景效果图

2021 年初，我们应邀在德州做城市更新的研究和规划工作。乘高铁从北京南出发，一个小时就到了德州东站。冷清的车站、空旷的广场、无人少车的交通中心，以及停工的几座高层塔楼，十分萧条，与每天往返在京沪高铁上的繁忙客流形成了强烈的反差。乘车向外驰去，宽阔的马路两侧都是密林，一问才知规划了多年的新区建设地块许多一直处于闲置状态，这么好的基础条件却缺乏吸引力，很可惜。于是我们提出打造高铁上的德州的策略，将吸引京、津、冀、鲁等铁路沿线城市的产业和创业者作为目标，在车站周边营造混合功能的步行活力圈。我们建议将原本在几公里之外准备建设的会展中心改到车站边上，与闲置的交通中心改造相结合，让参展客流下了高铁就进展厅；我们建议将空旷的广场改成年轻人可以踢球的体育公园，在城市的窗口展示青春的活力；我们建议在车站广场旁边建设青年公寓和配套商街，让在高铁上通勤的年轻人下了车就到家消费，打造高铁上的生活圈。希望以此大幅度提升车站片区的活力，吸引外地企业落户，带动德州的发展（图 2）。

昆山是我们团队设计作品比较多的地方，从文化中心到乡村振兴，十几年来得到了政府和甲方的信任。一年前，苏州地铁 S1 号线修到昆山，引起了沿前进路地铁站周边的城市更新。虽然之前有国外事务所做了城市设计方案，但政府认为这个以高层为主和大规模地下商业空间的高强度开发模式既不适合老城的风貌，也不符合当今市场的经济形势。于是，我们从梳理老城历史文脉入手，结合地铁站恢复了清代衙署的轴线格局和景观水系；我们从延续老城街区尺度入手，营造了步行的街坊式商业多层建筑群落；我们从既有零散分布的几栋高层建筑的布局问题入手，将新的高层建筑与之凑“堆儿”，形成规模适度的几处组团；我们从当地知名的艺术家侯北人美术馆改造入手，将艺术引向商业广场，形成有特色的城市空间；我们从调整昆山宾馆的入口停车场入手，增加了园林空间，提升了酒店和街区的品质。在这个过程中，我们与地铁设计团队主动沟通协作，调整出口及风井的位置，融入景观墙中；在站场上方用轻结构做一处立体的街头园林，既延续了街墙界面，又丰富了街区体验空间。现在一部分已在施工，一部分还在深化，珠江路站的城市更新设计也在推进中，真有一种穿针引线、逐渐织补的感觉（图 3）。

另一处地铁口上盖开发的案例是在北京的平安里地铁站，地上严苛的古城风貌保护要求和地下的现代轨道交通的人流集散需求形成了对比。我们将传统四合院平房的复建与地下集散大厅的天窗设计结合起来，房子“无底儿”，成了采光通风的构筑物，不仅修补了地上风貌，也使地下车站有了文化的特色。打破了原来古城地铁站用大量装修诠释文化的套路（图 4）。

前不久，我们在陕北榆林古城梅花楼片区（图 5—图 7）的大师赛中获胜：我们提出不仅要把国保文物梅花楼保护好，还要将沟底原本封闭的一处古泉开放，打造夏凉冬蒸的水院景观；我们还计划将山坡上破损的窑洞整修扩建，形成以梅花楼为“芯”的极具特色的城市空间，既提供了文旅生活服务，还形成了巨大的实景剧场，上演黄土高原的文化大戏，让古城的“花朵”重新绽放。

我前两年在文章中说过，“城市设计从脚下做起”，所以一

图 5　梅花楼片区设计鸟瞰效果图

图 6　梅花楼片区设计效果图

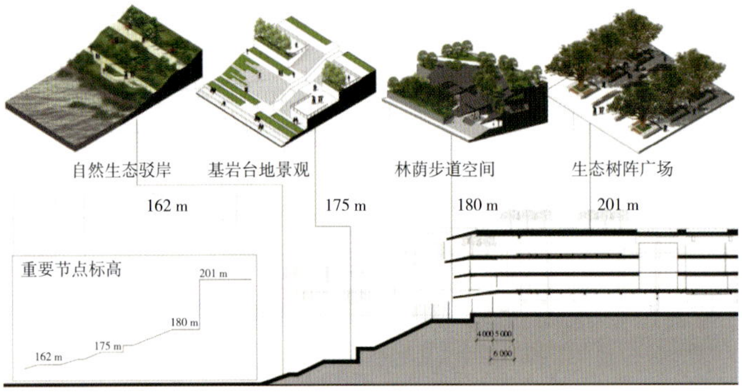

图 7　梅花楼片区设计

图 8　广船变电站改造设计效果图

直也十分关注城市小微更新的活动。2021 年，也应邀参加了广州供电局组织的“小建筑大师做”活动。供电局拿出十几个在建或将建的变电所让大师领衔或优秀设计师参与，大家都利用这个机会把原本作为邻避设施的变电所设计成周边城市街区的核心空间（图 8），将来一定能起到很好的激发城市活力、普及科技知识的社会作用。广州带了个好头！

其实，我们这两年花的功夫最大、最具挑战性的城市更新项目是重庆的“两江四岸”：高密度的建筑群紧邻江堤路，空间紧迫；江堤每年 5 个多月的低水位期露出的消落带造成了严重的景观问题；著名的朝天门广场几经改造，历史痕迹遗失，设施陈旧，常年处于脏乱差的状态，与赫赫的名声相去甚远；近几年巨大的来福士广场建设又如同将它踩在脚下，社会反响很差。“两江四岸”的景观整治国际竞赛虽然搞得轰轰烈烈，花费不低，但能落地的方案很少，难题还在。我们的设计策略是改变以往顺江而做的横向模式，采取从上至下的纵向模式，把江岸空间与城市街区统筹考虑，一地一策，具体分析每一段江堤的现状条件和历史文化遗存，找到相应的解题方法。比如对朝天门广场，我们以增加广场大树种植来缓解来福士广场的压迫感，以恢复河街的烟火巷来激活广场下的空间，以修建古城墙博物馆重构朝天门城墙和大门洞，以铺条石、垒树池改变现状混凝土水工台阶来恢复码头文化的氛围。另外，还重新修复登船栈道和运货索道，修建宋城墙遗址展示厅，让被压在高楼之下的历史遗址重新恢复文化的尊严，成为现代大都市得以立足的深厚积淀。在朝天门两翼，我们结合千厮门遗址公园整治，将城市绿道延伸到洪崖洞；结合长江段的江堤格构墙改造成立体的城市文化墙与湖广会馆衔接，并将渐次延伸到菜园坝，不仅让绿道贯通，还要综合考虑道路交通，防洪排涝，建筑风貌的改造提升，等等。设计手法也以景观先行、建筑嵌入、艺术点题的综合治理策略，让近 10 km 长的江岸绿起来、通起来、

图 9　重庆规划展览馆——城市更新专题展览

亮起来。至于每年露出的消落带难以做永久种植的问题，建议采用每年播撒速生草种的办法覆绿，不仅可以有效地改善城市江岸景观，还可以起到减少水土流失的作用，增绿降碳，成本不高，有长久的生态意义。

重庆的城市更新任务很繁重，市区领导高度重视，每个方案都反复推敲并多次汇报修改，这个过程也让我们团队找到和适应了城市更新的节奏与脉络，更重要的是提高了站位和扩大了视野，每次都是调研、分析、设计，调整、延伸、整合，织补的线越拉越长。

结语：城市更新中设计七要律

2021 年底，在我们改造设计的重庆规划馆开馆之际，应馆方和市自然资源和规划局的邀请，我们在临时展厅布置了一个城市更新专题展（图 9），主要想介绍几年来在各地城市更新实践中的一些思考和成果，得到当地领导和同行们的支持和关注。但由于不断发生的疫情，开展时间一推再推，转眼半年就过去了。这期间也有专家朋友偶尔路过，都发微信表示赞赏和肯定。在此，我便用这个展览的前言作为这篇文章的结束语。

要律一：城市更新是一个城市进化的过程。

要律二：城市更新应该是有机的、持续的、长期的——而不是三年大变样。

要律三：城市有机更新是对既有城市肌理的织补，新旧建筑和城市空间的混搭、融合、提升、再利用——而不是一味地拆旧建新。

要律四：城市有机更新下手要轻。要用绣花功夫，要统筹规划，景观和市政设计形成跨界合作画好一张蓝图——而不宜用传统规划模式。

要律五：城市更新要一地一策，各具特色。城市更新面对的问题复杂多变，应该一地一策，各具特色——而不应盲目照搬，避免模式化、套路化。

要律六：城市更新永远在路上，没有完成时。但设计中的探索、阶段性的总结和分享仍然很有意义。可以说，它不仅是城市建筑环境的持续更新，也是建筑师与相关合作者们社会认知和专业水平的更新，是建筑师成长的过程——而不仅是一个工程。

要律七：城市更新就是要建筑师与城市为友，长久陪伴，共同成长。

与各位同行共勉。

（原载于《城市规划学刊》2022 年第 6 期）

作者简介：

崔愷，中国工程院院士，中国建筑设计研究院有限公司名誉院长、总建筑师，本土设计研究中心创始人及主持建筑师，天津大学教授，清华大学双聘教授，中国科学院大学教授。

2021—2022年度中国建筑艺术发展聚焦

黄续　程霏　杨荞华

摘　要：伴随着中国经济的多年快速增长，中国建筑业逐渐从粗放增长向精细发展转变，人们更加讲究建筑的质量和生活的品质，健康城市和绿色智能成为当前建筑设计的主流。中国当代建筑师面对当前新的形势，积极运用新技术和设计理念，对建筑的形式和内容不断地进行推敲和探索，同时关注建筑与环境、文脉的关系，使得2022年中国建筑创作呈现多元与创新发展的趋势。本文聚焦2021—2022年度中国建筑艺术发展的热点问题，探讨年度建筑艺术的主要特点和发展趋向。

关键词：建筑艺术；新城镇建设；建筑创作

2021—2022年是至关重要的两年，2021年是中国共产党建党100周年，也是国家“十四五”规划开局之年。2022年党的二十大胜利召开，也是“十四五”规划实施的关键之年。中国建筑业继续稳步发展，虽然受到疫情和社会环境的影响，建筑业企业利润总量增速放缓，困难与挑战明显逐渐增多，但同时也推动了建筑业的转型升级，逐渐向数字化、精细化方向转变。2021年，国家聚焦“两新一重”，即新型基础设施建设，新型城镇化建设，交通、水利等重大工程建设，扩大有效投资，加强系统化的布局，加快5G、工业互联网、大数据中心等建设，实施城市更新行动，推进城镇老旧小区改造，加强了城市防洪排涝设施建设，推进一批重大工程建设，为建筑业发展注入新动能。同时，中国继续推动碳中和战略，大力发展绿色建筑和装配式建筑，加快数字技术的深度应用，开启经济发展的新篇章。2022年1月25日，住房和城乡建设部印发《“十四五”建筑业发展规划》，阐明“十四五”时期建筑业发展的战略方向，明确发展目标和主要任务，提出了加快智能建造与新型建筑工业化协同发展等任务。

2021—2022年，建筑学界围绕“城市有机更新与健康城市”“乡村振兴”“智慧城市与数字化设计”“绿色生态建筑”“中国建筑的本土化”“建筑历史与遗产保护”等主题，对当前城市化背景下中国建筑和城市出现的问题和发展策略进行了讨论和研究。2021—2022年，人们对人居环境以及生活品质提出更高的要求，提供高品质、健康的生活工作环境成为当前建筑和空间规划设计的新挑战和新契机。建筑历史与理论研究的很多成果对中国的建筑文化进行了深入的研究和探索，反思中国建筑文化的特质，探索当代建筑的价值及未来发展方向。中国当代建筑师不断进行本土化探索和新技术实践，中国建筑师的作品多次在国际建筑界获奖，逐渐成为国际上不可忽视的设计力量。本文选取2021—2022年中国建筑界具有代表性的主要成就与事件，分析年度建筑艺术创作的发展脉络与趋向，以期为今后的学术研究与创作实践提供借鉴。

1　城市有机更新与健康城市

党的二十大报告提出“打造宜居、韧性、智慧城市”。“宜居”“韧性”“智慧”是对高质量城市品质的高度概括，是人民对城市人居环境的集体诉求。2022年，中国新型城镇化进程继续在广度和深度上不断扩展，人口结构逐渐发生改变、需求更加多元化。城市规划相关论坛聚焦当前城乡人居环境发展、国土空间规划领域的新挑战，城市存量更新和城乡双向融合逐渐成为城镇化发展的主流，城市规划和建设的理念也向健康城市、生态发展、文化引领、品质生活等方向演进。

当前，城市更新更强调以人为本，城市空间的有机更新在城市存量空间优化的过程中起到关键性作用，而在具体的实践过程中往往以社区为行动单元，从空间和社会两个方面提升建成品质，探索综合性的场所营造策略，重新塑造公共领域来最大限度地实现场所价值。阳建强、朱雨溪、张倩等的论文《面向空间品质提升的城市更新》[1]提出应建立“以人为本”的更新目标价值体系，倡导渐进地“针灸激活式”更新与修补，关注日常的人性化空间营造与品质提升，以及建立社会广泛参与和多方合作长效机制等路径与建议，具有一定的实践意义。童明、白雪燕的论文《社区规划中的边界因素——以上海社区更新实践为例》[2]结合上海社区工作中所开展的相关实践，通过边界因素分析形成物质性操作策略，为社区空间构建稳定的环境秩序，激发人与空间结构性的互动效应。刘佳燕的论文《基于场所营造的社区规划：北京“新清河实验”的实践探索》[3]结合北京“新清河实验”中的社区规划实践，探讨在地化的场所营造策略，提出主要实施路径，包括提升宜居性、增进场所感、开展跨域协作和推动社区参与等方面。刘悦来、尹科娈等学者的论文《共治的景观——上海社区花园公共空间更新与社会治理融合实验》[4]以上海社区花园空间更新为起点来探索公共空间中的公共精神创设之价值，从大尺度空间生产到多元主体参与共建的小微空间改善，着重阐释以空间更新作为载体如何营造社会关系和实现在地自我更新，实现人民主体性的在地社区营造与地方创生，对当前的城市公共空间营造具有重要的实践意义。万路设计的南头古城活化与更新项目获得2021世界建筑节总体规划类优胜奖，建筑师根据南头古城实际情况提出了“城村共生”的文化理念设计，从空间共生、文化共生、社会共生等三个层面探讨城市更新策略，如尊重历史层积、轻改造微循环、古建活化保育、文化遗产新式复兴等。上海黄浦江两岸的有机更新和环境提升工程是比较成功的空间设计项目。规划在新增成片公共空间的同时，注重小微空间的发掘，如打开封闭单位场地，开放为公众活动场所；改造废弃码头、零星闲置用地等。整个项目着力打通断点，多路径激活空间，提供多层次的开放空间体验。

同时，城市当中也存在有大量的历史街区，是城市文脉与历史遗产的主要载体，与民生关系密切，环境多样复杂。针对历史街区的具体特点，有必要对其进行功能提升和适应性保护利用的研究和实践探索，探索将历史基因与创新活力有机融合的城市建筑可持续发展模式。当前，旧城改造不再是单一地拆迁重建或设施更迭，更多的是向既有环境注入新的活力，从技术手段上讨论旧改的可能性，用设计唤醒一个城市。吴翔华、冯洁玉的论文《社区营造视角下居住性历史街区更新治理探索——以南京小西湖项目为例》[5]以江苏省南京小西湖项目为例，提出社区营造视角下居住性历史街区的更新治理路径：完善城市更新制度，增强空间资源保障，加强社区的活力塑造，以此探索更新的可持续价值，为城市更新项目的推进提供借鉴。刘建阳、谭春华等学者的论文《不同而“和”：共生理论下历史文化街区保护与更新规划实践》[6]以永州江永潇浦街历史文化街区为例，从空间、功能和文化三个维度探索历史街区保护更新的整体性共生规划策略应用，以期达到历史文化街区场所精神的保护复兴，实现历史文化、物质功能、经济社会“再生产”的目标。姚存卓《城市公共空间的日常公共生活——以上海市杨浦创意市集、徐汇滨江和虹口市民驿站为例》[7]选取上海几处公共空间引入日常生活理论，从匠人劳动、日常公共消费、日常公共交往、日常政治四个方面拓展了城市公共空间设计的内容，颇具启发性。

旧工业区复兴、老旧厂房改造等内容成为提高人们生活品质和激发城市活力的关键。上海杨树浦六厂滨江公共空间更新项目的场地原本是为运送生产煤气的原料而设的煤炭卸载码头。在项目改造过程中，保持住了既有的风景特质，通过低扰动介入的方式，保留现场香樟林，并改造原有一座仓库成为开放式的共生构架。大舍建筑的柳亦春先生把改造后的建筑称为边园，认为边园的建造就像是一次织补，原有的厚实的混凝土墙和老白渡的运煤构架，它们通过“织补”再度发挥出作为一个结构物的结构性能量，同时成为新的物体或者说整体的一部分，促进了新旧文化的交融和对话。郑州二砂文创公园的景观设计理念是“开放融合与多元重生”，对这座工业遗址改造的文创园公共空间进行梳理，通过历史文脉研究，保留场地内的工业器械，以现代的设计手法合理利用，将工业记忆转化为不同类型的公共活动场所。郑州二砂厂文创园建成后，成为郑州老城区核心的城市活力新地标，提升了原本萧条的旧工业区的公共空间品质，同时建立起更为积极的周边社区关系。

文化创意产业、装置艺术等正通过文化、艺术、时尚、购物等新元素反哺城市更新，激活着城市的历史文脉底蕴，试验着城市更新产业化的探索。浙江大学建筑设计研究院的徐渭艺术馆及青藤广场，是成功的绍兴古城更新实践项目。徐渭艺术馆选址于昔日的绍兴机床厂旧址，场地位于徐渭故居——青藤书屋以北、后观巷中部。艺术馆吸取青藤书屋建屋造园之精髓，探讨“历史语境中的现代性”话题，尝试建立一种新的空间表达，既联结以传统民居小尺度为主的周边建成环境，又可以满足当代艺术展览对大空间的需求。青藤广场和周围片区相互融合，营造了社区里的公共艺术空间，探讨了当代公共艺术空间如何介入古城文化脉络，融入并影响市民生活，赋予其新的活力。

12月10日，第九届深港城市\建筑双城双年展（深圳）开幕，主题为“城市生息”（Urban Cosmologies）。本届深双主展场首次选址罗湖，以主展场深圳粤海城·金啤坊文化艺术街区（原金威啤酒厂）为载体，延续深双“城市即展场，展览是实践”的原则，设置“何以共栖”“物灵之旅”“寰宇对话”“未来聚居”“共同行动”五大主板块，将深圳奋斗精神与罗湖生活记忆串联，向各界展示未来文化艺术生产地的全新面貌。展馆“金啤坊”由过去的啤酒厂改造而成，是深圳工业遗存转型文化艺术场所的案例，罗湖原为改革开放策源地，通过双年展这样的城市文化艺术事件激活了人们对于城市生活的探索。

2 乡村振兴与乡村营建

党的十九大作出乡村振兴的重大战略部署，实施乡村振兴战略成为具有挑战性的长期系统工程。2022年2月22日，《中共中央 国务院关于做好2022年全面推进乡村振兴重点工作的意见》，即2022年中央一号文件发布。文件要求扎实稳妥推进乡村建设，接续实施农村人居环境整治提升五年行动，扎实开展重点领域农村基础设施建设。5月23日，中办、国办印发的《乡村建设行动实施方案》对外公布。方案围绕加强农村基础设施和公共服务体系建设，提出了12项重点任务，并在道路、供水、农房、农村人居环境等方面的重点任务中实施八大工程，加强农村重点领域基础设施建设，确保乡村振兴各项工作持续开展。

当前，建筑学界就乡村振兴与乡土营建问题进行了多方面的研究，乡村规划的“在地性”与“协调性”一再被强调，“美丽乡愁”“生态宜居”“田园综合体”也是近年来提出的新的概念。王宇等学者的论文《“最美田园”理念下的美丽乡村营建模式研究——以枣庄徐庄镇山亭区石嘴子村规划为例》[8]在“最美田园”视角下，基于石嘴子村的实际情况及特有资源与优势，提炼出空间格局、建筑风貌、景观绿化、民俗文化四类要素，打造最美田园综合体，探索一种具有全国示范意义以旅游为导向的村庄发展模式，对构建美丽乡村营建体系颇具启发意义。蒋姣龙等学者的论文《上海大都市乡村意象设计研究——构建乡村空间意象五要素技术框架》[9]中引入凯文·林奇的城市意象理论，从道路、边界、区域、节点、标志五个方面构建大都市乡村意象技术框架，对于美丽乡村建设中的乡村空间更新和环境营造具有重要意义。

近年来，越来越多的当代建筑师从事乡土营建实践活动，参与当地农民的生活，摸索建筑设计策略和方法，已经成为乡村建设的重要推动力。营造良好的乡村公共空间逐渐成为当前乡村营建的重要内容，很多建筑师以公共空间作为着力点来激发乡村空间的活力，促使村落的有机更新。计雨晨的论文《公共艺术介入乡村空间的双向赋能研究——以地域型艺术节“艺术在浮梁2021”为例》[10]通过地域型艺术节“艺术在浮梁2021”，讨论了公共艺术介入乡村空间，通过多位艺术家设计公共艺术装置举办艺术节，为“乡村振兴”这一命题与艺术赋能乡村的实践之间建立了有效连接，从而提升了村落的活力。罗德胤、唐文的论文《从村中小路到公共空间——松阳平田村三角地的空间演变》[11]以平田村的建筑改造为线索，探讨三角地如何自下而上地从村中小路发展成平田村最重要的公共空间。三角地位置特殊，随着周边民宿和餐厅的不断改造，逐渐成为爷爷家青旅、云海间民宿大堂以及茶室三栋建筑共同的入口空间，也是进出村的重要交通空间，周围兼具餐饮、住宿、展览等多项功能，逐步变成村内最具人气的公共空间，这种积极的变化证明了小型空间在乡村振兴中的重要意义。西涛设计工作室的青龙坞言几又乡村胶囊旅社书店，建筑师在空间中置入了两个“漂浮”的独立结构，共有20间胶囊客房和公共卫浴，跌宕错落的平台内交织着层次丰富的视线关系，错层的平台之间用金属楼梯相连，营造出流动的丰富的空间氛围。入围2022WA中国建筑奖社会公平奖项目的松阳平田界首公共空间及民宿改造，由王维仁建筑设计研究室主持设计。建筑师在松阳村落进行了一系列由点到线的改造，界首会堂打开前后立面反转前廊，卓庐民宿在改造中引入水体，平田四合院强调梁柱间架体系的结构空间，把建筑的设计与周边乡村的环境相结合，在重建社区日常公共空间的同时，带动叙事空间的文化生态旅游，为当前村落改造提供了一种可行且有效的思路。

3　建筑创作的多元化发展

2021—2022年建筑创作作品继续呈现出丰富、多元、深入的特点，中国建筑师们对建筑的形式和空间深入探究，关注数字化、生态等新技术实践，探索建筑与环境、地域、文脉的关系，各式展览、会议、评选此起彼伏，促使设计实践往更深入的层面发展。

2021—2022年建筑创作仍然全面发展，关于建筑本体的研究和探索逐渐深入。建筑本体包括建筑材料、结构技术及功能空间等多方面内容，很多有才华的建筑师实际上将大部分精力投入形式的推敲和空间的研究中。北京798CUBE美术馆是朱锫建筑的工业遗产改造设计的新作。美术馆的设计遵循原有工业遗产的肌理，保留了原有的红砖厂房，采用一系列的“盒子”空间，塑造正交几何形体的秩序。新建造的两个展厅都采用无柱大跨现浇混凝土结构，显示出钢筋混凝土结构和材料特性，探索了无柱、水平延伸的结构形式和材料的表现力。混凝土、红砖等本地材料具有工业遗产的特点，很朴素但是颇具震撼性。新旧建筑之间结合光影设计了连接的空间，与周边环境形成了对比。OPEN设计的坪山大剧院，整个建筑外形是一个“戏剧方盒”，核心是歌舞剧院，围绕核心设计了一个公共步道系统，引导市民游走于一系列丰富的公共空间序列里，成为真正具有吸引力的城市空间。

建筑创作过程中，随着建筑表皮概念的不断改变，建筑师也越来越重视对于建筑表皮的研究和实践。建筑表皮是建筑灵魂的外壳，也是建筑师灵感、意图的显著外在表达，同时也是视觉艺术与当代技术的平衡点，是人们认识建筑的首要因素。当前，建筑表皮呈现出多元化的形态特征和建构方式，有的建筑师关注绿色节能、数字化技术等，并应用于表皮的实践。如建筑师使用天然材料和可自然降解、可循环使用的材料来建造建筑表皮，以节省不可再生的材料资源，减少不可降解材料对环境的负面影响。气候适应性建筑表皮对建筑节能减碳以及室内舒适性的提升均有着积极的作用，成为近年来的研究热点之一。可变表皮研究是建筑学前沿课题，也是绿色建筑领域的重要方向。

当前，建筑师在设计中往往更加关注建筑与环境的联系，探讨建筑与文化之间的关系，认为建筑设计尤其需要尊重历史文化，尊重城市环境。郎酒集团+道辰建筑设计的郎酒庄园之二郎陶坛酒库选址在地形高差较大的沟谷之中，整个建筑的布局循应地形，顺应高差跌落而下，成为场所的一部分，与山体和环境有机融合。建筑外立面采用了陶砖，其材料质感和铺砌方式与陶坛酒库相互呼应，传承了当地以酒文化为代表的地域文化。该项目获得 2021 年 ArchDaily 全球年度建筑大奖工业建筑类大奖。大舍建筑设计的琴台美术馆，位于武汉市汉阳区的月湖湖畔，南面隔湖相望的是梅子山。建筑设计的时候充分考虑了地形和环境的因素，为了减轻建筑体量对自然湖面的压迫，向湖的方向采用了起伏的自然地形造型，将部分展览空间压入地下，既充分利用地下空间，又减小了地面建筑体量。而面对城市道路这一侧则仍以垂直的建筑立面建立了建筑的城市性，这两个方向的形态处理定义了这个基地内建筑与场地的关系。大厅的空间和起伏的屋顶造型结合，塑造了独一无二的展览空间。同济大学设计的李庄文化抗战博物馆，位于李庄古镇，毗邻中国营造学社旧址。整个设计采用环院相望的多层次空间，立面有传统出挑的檐角，外墙用新型的嵌瓦预制混凝土构件嵌入瓦片，是对地域文化和传统形式的现代演绎。由马岩松带领的 MAD 建筑事务所与中国建筑科学研究院有限公司（联合体）赢得了重庆寸滩国际邮轮中心项目国际设计竞赛。对于这次整体改造的愿景，马岩松认为："重庆有山水。长江在重庆不止是自然景观，同时也因为船舶交通、工业运输等人类活动，让这座山城也充满了运动的能量。我们希望将重庆的这种能量从工业痕迹转化成激发想象力的能量。人们在这里能感受到城市的动能，同时也会对未来的公共空间产生想象。"因此，该方案将曾经遍布寸滩港的"龙门吊"作为设计构思，体现城市发展的痕迹，延续历史记忆，形成重庆独具特色的标志性建筑。

2021—2022 年建筑创作的评奖也精彩纷呈。2022 年 9 月 23 日，第十一届梁思成建筑评奖活动在上海举行，因为疫情影响，与第十届（2020 年）评奖活动合并进行。日本建筑师矶崎新（Arata Isozaki）、中国建筑师李兴钢荣获第十届（2020 年）梁思成建筑奖，中国建筑师张利和胡越荣获第十一届（2022 年）梁思成建筑奖。2021 年 ArchDaily 全球年度建筑大奖，郎酒集团 + 道辰建筑设计的郎酒庄园之二郎陶坛酒库获得工业建筑类大奖，IILab. 叙向建筑设计的阳朔竹林亭台楼阁获得构筑物类大奖。CCTN 筑境设计的首钢三高炉博物馆、MAD Architects 的北京乐成四合院幼儿园、gad 的昆明山海美术馆获得 2021 年中国年度建筑大奖前三名。2022 年 ArchDaily 全球年度建筑大奖，四个中国项目入围获奖：罗旭 +CCD 香港郑中设计事务所的半朵云艺术家会客厅获得服务建筑类大奖，来建筑设计工作室的桥廊：上海三联书店·黄山桃源店获得商业建筑类大奖，OPEN 建筑事务所的山谷音乐厅获得文化建筑类大奖，源计划建筑师事务所的高明对川茶庄园重建获得工业建筑类大奖。2022 年 3 月 31 日，ArchDaily 公布了 2022 年中国年度建筑大奖的获奖名单，令人感兴趣的是，三个获奖项目都聚焦于公共空间与城市更新，LLA 建筑设计公司的深圳宝安欢乐港湾东岸、浙江大学建筑设计研究院的徐渭艺术馆及青藤广场、刘宇扬建筑事务所的上海杨树浦六厂滨江公共空间更新获得前三名。中国建筑师的作品多次在国际建筑界获奖，展现出中国建筑的国际影响力，中国本土的原创设计逐渐站上世界的建筑舞台。与这些主流评奖相互对应，"中国十大丑陋建筑"评奖也受到了广泛的关注。12 月 27 日，由民间机构发起、大众投票参与、行业专家评审的 2022 年"第十三届中国十大丑陋建筑"评选结果揭晓，托马斯·赫斯维克设计的上海"天安千树"购物中心被评为第一名。评委们给出的上榜理由是"片面追求城市消费性的视觉奇观，但建筑师缺乏对中国文化常识的基本理解，导致整体设计意象难以与本土社会习俗和审美心理形成适配"。

4　智慧城市与数字化设计的不断深化

智慧城市已成为当前中国新型城镇化的重要战略方向。智慧城市的研究延伸拓展到新一代人工智能、元宇宙、数字孪生、区块链、碳中和、数字乡村、未来产业、数字人才发展等前沿热点议题，进行了很多有价值的探索。《城市规划学刊》2022 年第 2 期策划了以"智慧城市热潮下的'冷'思考"为主题的学术笔谈，邀请各领域的专家学者共同探讨。其中，清华大学教授党安荣认为应用场景和数字孪生是新型智慧城市发展的双轮驱动，面向城市智慧化应用发展包括智慧社区、智慧园区、智慧康养等应用场景，这些场景的构建需要研发城市信息模型和数字孪生技术。华中科技大学建筑与城市规划学院教授刘合林强调需要回归"以人为本"的价值导向，促进智慧城市建设对"人"全面赋能，通过智慧城市建设增强人的信息感知能力和决策行动能力。同济大学建筑与城市规划学院教授潘海啸认为，智慧城市建设应该从技术导向回归到经济、社会、环境和治理四重底线的可持续城市发展框架中。由此可见，新型智慧城市更加强调以人为本、成效导向、统筹集约、协同创新的发展方向，城乡一体，绿色共享，成为推动我国经济改革、产业升级，提升城市综合竞争力的重要驱动力。

随着互联网、物联网、大数据、人工智能、5G 等数字技术的迅猛发展，"建筑数字技术"在当今的建筑设计、建造、管理等方面已经有了广泛的应用，数字技术赋予建筑师更多的创作空间，各种"数字化"思路与手段已成为设计界发展的趋势之一。中国当代建筑师积极探讨数字建筑设计及建造的理论和实践，有关学者就数字技术与设计方法的结合、数字技术与建筑产业的链接、数字技术对人性环境的支撑和数字技术的应用与实践等展开积极的讨论。11 月 26—27 日，2022 计算性设计学术论坛暨中国建筑学会计算性设计学术委员会年会在东南大学无锡校区举办，论坛以"智能设计·数字建造·智慧运维"为主题。会上多位专家学者作了主旨报告。其中，清华大学建筑学院徐卫国教授发表了题为“数字建构思想与方法”的主旨报告，认为数字建构是智能建造、数字建造最为核心的理论基础。东南大学建筑学院李飚教授发表了题为“场、域与类型的数字解读”的主旨报告，通过近年来相关研究的分享，展示了对空间场、域和类型三个建筑学概念的数字化转译方法。南京大学建筑与城规学院吉国华教授发表了题为“AI+ 性能化建筑设计”的主旨报告，从性能化建筑设计和人工智能技术的背景，对近年来智能合成、智能评价、智能优化的相关研究进行了综述。这些最新的研究成果展示了中国当前在生成设计、数字建造、智慧运维及建筑设计实践领域的最新动态，推动了计算性设计理论体系、方法策略、技术工具和工程实践的可持续发展。

数字建筑的应用实践方面也获得不错的进展。许多建筑的空间、形态、表皮设计与数字化技术结合，突破原有范式和设计方法的束缚，呈现出复杂性及多样性趋势。哈工大建筑学院孙澄教授主持的《建筑自适应表皮形态计算性设计研究与实践》[12] 提出建筑自适应表皮计算性设计方法并应用于实践，有效提高了建筑自适应表皮运行能效。袁烽教授在《建筑智能——走向后人文主义时代的建筑数字未来》[13] 一文中探讨了建筑智能融入建筑学的思维方法、工具平台以及设计流程等，认为机器建构重塑人们对建筑产业化发展模式的认知，以人机协作为核心的一体化建造方式实现了面向性能与材料的精确制造，需要在后人文时代重建人文主义精神。面对当下技术文化与科学的变革，建筑师需要突破传统思维，从设计建筑延伸到设计数字工具，从而引导建筑产业的健康发展。袁烽教授近年来主持设计的一系列数字化建筑设计实践正是这些思辨和研究的设计成果。袁烽教授设计的“乌镇互联网之光博览中心”，围绕从生形、模拟、优化到建造的设计过程控制，形成了数字建造的一体化方法，获得 2022 美国建筑师协会 AIA 国际设计荣誉奖。袁烽教授团队牵头研发的元宇宙 3D 打印机亮相 2022 世界机器人大会，融入虚实共生理念，实现“可想即可造”，成为元宇宙时代智能建造的重要设施。

5　建筑历史与遗产保护研究的持续推进

2021—2022 年建筑历史与理论方面的研究也有持续的进展。2021 年是两位建筑大师梁思成先生、杨廷宝先生 120 周年诞辰，建筑界进行相关的学术讨论和作品展览。7 月 15—17 日，2021—2022 年中国建筑学会建筑史学分会年会暨学术研讨会在厦门召开，研讨会主题为“发展中的建筑史研究与遗产保护”，会议以线上线下结合的方式召开，从不同的角度观察和认识建筑史学的发展演变，以期为未来中国建筑史学研究的深化与拓展提供借鉴，相关研究成果汇集成《发展中的建筑史研究与遗产保护——中国建筑学会建筑史学分会年会暨学术研讨会 2022 论文集》。论文集收录文章的研究方向呈现三大特点：中国建筑理论研究的经典话题进入专深研究；近现代建筑遗产，包括遗产保护和乡村建设逐渐成为主流；开始展开跨国建筑交流研究。论文研究的重点也可以反映出当前建筑学界研究的特点和发展趋势。

2021—2022 年建筑历史与理论研究成果丰厚，包括学术论著、文集、传记、论文等多种类型。《中国建筑史论汇刊》《建筑史》保持了以往的学术水准，收录了年度建筑史的最新研究成果，具有重要的学术参考价值。常青院士的论文《传统与创造——反思历史建成环境再生的理念与途径》[14] 从当前历史建成环境所面临的问题和挑战出发，对历史建成环境再生，从理念到途径进行批判性反思。西安建筑科技大学建筑学院喻梦哲教授在论文《唐宋木构建筑材架构成的数理原型与操作方法探赜》[15] 中认为，现存唐宋木构实例的用材模式并不统一，通过梳理三类材的演变脉络和操作模式，探索其数理原型。韦自力的专著《广西壮族干栏木构建筑技艺再造价值研究》[16] 包括了广西壮族传统村落主要分布区域的自然环境和人文环境特点、广西壮族干栏木构建筑的形制、广西壮族干栏木构建筑的发展过程以及广西壮族干栏木构建筑技艺传承与创新等四个部分，从多角度分析壮族传统村落现阶段存在的问题以及未来创新发展的手段和模式。王飒的专著《中国传统聚落空间层次结构解析》[17] 以传统聚落（城市和乡村）体系为研究对象，通过体系的层次结构进行空间特征的研究，对传统聚落体系的构成进行研究。书中对于中国传统空间特征的提炼具有一定的现实意义。徐峰的专著《传统村落的适应性保护与发展》[18] 描述了传统村落的分布、分类，提出了传统村落价值综合评估方法，针对传统村落的生态系统、产业结构、社会组织、空间形态以及传统民居的建筑风貌、保护与修复、综合功能提升作了详细解析。

2021—2022 年中国的文化遗产保护理论在价值认识、保护原则、合理利用等多个方面都有了很大的发展。2021 年 10 月 17 日，仰韶文化发现暨中国现代考古学诞生 100 周年纪念大会在河南省三门峡市开幕，北京周口店遗址、河北阳原泥河湾遗址群等 100 项发现入选“百年百大考古发现”。2022 年 9 月，河南开封州桥及汴河遗址重现古城千年繁华盛景，考古发现不同时期各类遗存遗迹 117 处，清理出的明代州桥结构基本完整，发现了北宋体量最大的石刻壁画，对于探讨北宋东京城的布局结构、展现中国古代文明高度有重大价值。11 月，殷墟考古与甲骨文研究取得新进展，相关部门首次公布的殷墟外围的辛店、陶家营、邵家棚遗址三项聚落考古新成果，揭示出中华文明早期发展阶段辉煌的殷商时代。在当代遗产保护的观念中，文化与自然的融合，物质与非物质文化遗产保护的融合，以及强调以人为中心的保护方法，已经成为基本的共识。

党的二十大报告提出“建好用好国家文化公园”，国家文化公园是国家推进实施的重大文化工程，国家文化公园的建设成为当前文化遗产保护的热点问题。2021 年 8 月 8 日，国家文化公园建设工作领导小组印发《长城国家文化公园建设保护规划》《大运河国家文化公园建设保护规划》《长征国家文化公园建设保护规划》，国家文化公园建设不断推进。在国家文化公园建设中，强调其文化属性，突出各类文化资源与自然资源综合保护，并将利用与传承作为重要的内容加以凸显，其目标是形成具有特定开放空间的公共文化载体，彰显中华文化的引领和标志作用。中国艺术研究院建筑与公共艺术研究所 2021—2022 年继续举办“中国建筑艺术与遗产保护论坛”，先后主办了“长城遗产保护”“中国传统营造技艺”“大运河国家文化公园保护与建设论坛”等多个主题论坛，在业界广受好评。论坛主要围绕文化遗产保护和国家文化公园建设等议题展开，讨论当前国家文化公园建设存在的问题与不足，探讨文化遗产保护的建设模式、体制机制与开放利用程度模式等问题，助力国家文化自信和话语体系的建设。

我国在传统建筑营造技艺的保护与传承方面取得很大进展，成立了很多相关组织机构和研究机构，开展一系列学术探讨和培训工作。近年来，持续开展中国非物质文化遗产传承人群研习培训计划，相继开办传统建筑营造技艺普及培训班。2022 年 6 月 10 日，国家图书馆在官网发布了第四批国家级非物质文化遗产代表性传承人记录工作优秀成果纪录片，展示了国家级非遗代表性传承人的人生经历与技艺水平。2022 年，中国传统工艺振兴计划深入实施，各地建立非遗工坊近 1 100 家，对非物质文化遗产的保护与传承进行了探索。

6 中国建筑艺术的本土化探索

中国当代建筑师一直致力于研究中国建筑的现代性和本土化问题，重新审视自身的文化传统，试图从空间、结构、材料，甚至建造来呈现中国本土建筑的特点，寻找一种它既在当地是现实可行、符合文化传统的，又能够真实地接近当代的建筑美学理想。

2021—2022 年，很多建筑师持续关注中国建筑“现代性”和“本土化”的思考，关注的焦点不仅包括形式创新，也包括模式创新。2022 年 4 月 23 日，第 59 届国际艺术展威尼斯双年展开幕，其中，中国馆以“元境”（Meta-Scape）为主题，从中国文艺传统中的“境（jing）”出发，以这种生态或系统形象，讨论当下的“人—技术—自然”的境况，回应威尼斯双年展的主题。9 月 17—18 日，中国建筑文化论坛 2022 暨中国建筑学会建筑文化学术委员会学术年会在南京以线上线下结合的方式召开。中国工程院程泰宁院士发表了题为《是建构中国建筑文化体系的时候了——“现代性”的反思和新构》的演讲，指出应该从“道法自然”的思想出发探索建筑的规律性，以模糊性和科学理性有机结合的思维模式来诠释建筑。程院士期望建筑学能够走出“理性的铁笼”，进入融境界、意境、语言为一体的“诗与远方”，从而构建一个既承载着中国文化精神，同时又能为世界建筑提供一套具有普适性的理论体系。非常建筑事务所主持建筑师张永和的演讲题目是《形式与内容》。他指出形式赋予建筑的更是组织结构和空间的方式与诗意，而不仅仅是形象，形式有可能把结构、空间及内容整合为一个建筑整体。建筑师刘家琨发表题为《两个红房子》的演讲，他以近年完成的两个建筑项目，阐释他如何以当代建筑介入传统社区，构筑传统意蕴与当代生活相互融合的人居环境。东南大学建筑学院院长张彤教授的演讲题目是《绿色设计创新与建筑文化当代发展——以海昏侯遗址博物馆与展示服务中心创作为例》，以海昏侯遗址博物馆与展示服务中心设计为例，探讨建筑如何在环境性能实现中获得形式特征与文化表征。清华大学建筑学院院长张利教授发表了题为《由物及人——简析一种方法论演进的心得》的演讲，通过一系列实践简析在不变的文化诠释目标下，设计问题从物端向人端、设计操作过程从类比向分析的转变。同济大学建筑与城市规划学院院长李翔宁教授的演讲题目是《全球视野下当代中国建筑理论建构之路径初探》。结合当代建筑的全球议题和中国建筑的发展特征，探讨当代中国建筑文化的理论基础与价值建构，展望未来发展的图景。

中国建筑师在实践中尝试将传统建筑语汇同现代建筑结合，其中一些富有探索精神的当代建筑师尝试把园林意境在现代建筑中进行表达，尝试用一种东方的自然观来指导建筑实践，从而创作出新的中国建筑。王澍提出“重建一种当代中国本土建筑学”的主张，追求建筑设计的“自然之道”。他在 2020 年底“自然建造·Architecture China Award”颁奖会上将“自然建造”这一主题解释为“通过寻找建造诗意重返自然之道，探寻中国本土当代建筑中的相似及相关理念”。李翔宁认为自然建造应该是一种符合逻辑和常识、顺应时代、顺势而为的建造态度。董豫赣的建筑思想与他多年对中国古典园林的潜心研究密不可分，他设计的清水会馆在设计中融入了研究中国园林乃至中国传统文化的体会，但各个建筑单体又具有西方建筑精准造型的特征。葛明则直接提出“园林六则”的园林方法设计建筑，他的微园的设计通过对房中“空”的追求带来不同的想象空间。

近年来，中国当代建筑师不断进行中国建筑的本土化实践，创作出了不少富有创意的建筑作品。他们不断地加强对中国文化传统的理解和实践，从实际出发，注重新技术实践，把本土设计与地方材料、适用技术结合。李兴钢设计的安徽绩溪博物馆是他在地域历史文化和现代技艺之间的思索和尝试。建筑师朱锫设计的景德镇御窑博物馆，是他最近对“自然建筑”的一次尝试。朱锫认为自然是一种态度，建筑应该回应自然，而不是模仿自然。

张轲则更加关注当代建筑与自然的关系，试图使人的生活恢复到中国传统的人与自然和谐的栖居关系。他设计的都市空间项目香港西九龙梯田摩天楼，是一件同时结合了建筑和景观的诗意作品。马岩松设计的亚布力企业家论坛永久会址，建筑充分结合地形，如同一顶雪白的大帐篷，顺势匍匐在山坡上。功能布局和流线也充分利用高差，整个屋面曲线一气呵成，以白色铝板为材料，挑檐而出，最远端达 20 m，起伏的屋脊线呼应着远处雪山轮廓，建筑与环境完美融合。建筑师华黎设计的先锋厦地水田书店，基于对场地历史以及村落整体景观的尊重，新建部分基本隐匿于老墙之内，残存的老墙内包裹了混凝土和钢结构建造的新建筑，形成当代与传统的对话，形成自己独具特色的中国本土设计语言。如恩设计的新加坡私宅，则是通过创造一系列空间，来探索共同居住和集体记忆的概念，在传统的四合院建筑形式中表达了建筑师的现代思考。新加坡私宅被命名为怀想之家，是为了回应业主对逝去亲人的怀念。建筑中央为业主先母的纪念花园，一楼充分强调了视觉通透性，采用通透的玻璃把内外花园连接起来，二楼则为个人的居住空间。在设计中将坡屋顶的意象与四合院的建筑形式融合，把自然景观和人造景观相结合，为传统建筑带来新的诠释与解读。Gad 设计的昆明山海美术馆位于昆明市西翠峰生态公园，景观资源极佳。建筑师把美术馆进行了拆解设计，将美术馆各空间随形就势散布，与石林共舞，形成多重关系的聚落，塑造具有雕塑形态的艺术馆。并且通过塑造不同点位的框景，使展陈与环境叠加相融，营造了丰富的空间体验与艺术美感。

7　绿色建筑与可持续发展战略

随着城市建设发展日渐成熟，我国城镇化进入绿色低碳发展的新时代，绿色建筑已经成为未来建筑发展的主要方向，各种类型的绿色建筑不断涌现出来。2022 年绿色生态建筑更加关注人的需求，在建筑设计、建造和使用中充分考虑环境保护和节能的要求，遵循可持续发展理念，将建筑物与环保、高新技术、能源等结合起来，在有效满足各种使用功能的同时，有益于使用者的身心健康，塑造舒适、健康的居住体验。

受此次疫情影响，人们更加关注建筑的舒适、健康和安全，对居住环境和生活方式开始了新的审视。未来发展的重点应该是零碳建筑科技和既有建筑的升级改造，如提升低排放建筑的标准和运营水平，加快建设超低能耗、近零能耗和零能耗建筑等。2022 年 2 月，国家发展改革委、国家能源局发布《关于完善能源绿色低碳转型体制机制和政策措施的意见》，重点强调大力推动能源领域的碳减排是做好碳达峰、碳中和工作，以及加快构建现代能源体系的重要举措。10 月 18 日，由上海市绿色建筑协会主办的“2022 上海绿色建筑国际论坛”在上海召开，来自政府主管部门以及国内外知名专家学者、企业家围绕“城市更新、绿色智慧”主题，分享了城市更新的绿色案例，探讨城市更新改造中的绿色智慧。12 月 17 日，2022 年中国城市规划学会城市生态规划学术委员会年会在线上成功召开，会议主题聚焦“双碳引领·生态规划”。双碳引领是当下实现可持续发展一个重要路径。孙娟在论文《城市街区减碳规划方法集成体系》[19] 中提出了高效可再生的能源系统、绿色低碳的建筑建造、绿色出行的低碳交通、低碳化的布局形态、高碳汇的公共空间环境、绿色韧性的市政基础设施、便捷互联的智慧管制系统等 7 个维度的城市街区减碳规划方法集成体系。匡晓明、陈君等学者在论文《碳中和导向下的城市设计实践——以中新天津生态城临海新城生态岛为例》[20] 中以中新天津生态城临海新城生态岛为例，探讨了定量化评估规划设计的减碳贡献度以及城区碳中和目标实现的可能性及实现路径。中国建筑设计研究院的建筑师王庆国、朱巍从 3 个不同的城市更新方案出发，通过织补缝合、有机衔接和融合延续等设计策略，为低碳背景下新老城区中的城市存量更新提供更多思路。[21] 刘科、冷嘉伟的专著《大型公共空间建筑的低碳设计原理与方法》[22] 基于地域性特征，针对夏热冬冷地区大型公共空间建筑展开了具体的低碳设计研究，为大型公共空间建筑的低碳化发展提供了包含设计策略与技术措施的低碳设计指导。俞天琦的专著《绿色建筑设计原理》[23] 包括可持续发展路径、绿色建筑风环境、光环境、热环境优化、遮阳系统、节水系统设计，以及绿色建筑材料应用等，内容翔实，具有一定的理论价值。

2022 年初，北京冬奥会成功举办。北京冬奥会场馆的规划与设计建造采用了可持续发展策略，在绿色低碳、生态环境、基础设施、城市更新等方面都提出了具体措施。筑境设计的北京首钢西十冬奥广场项目改造中应用多项节能减排技术，采用光伏发电、无负压供水技术、一体化污水处理技术、雨水收集再利用技术等多项最新减排技术。一些建筑小品和材料由原有设备和旧材料改造重新利用，景观道路硬铺装用砖由园区拆除建筑垃圾制成，是“城市矿产”资源可持续利用的有益尝试。LLA 建筑设计公司的深圳宝安欢乐港湾将优美的生态环境和具有高度体验感的城市空间相互融合，对传统的公园概念赋予新的诠释和内涵，通过对公园游览流线、景观元素及公共空间的精心规划，运用交织的流体层创造出流动的新景观，带给人们全新的空间体验。上海浦东昌里园项目将中国园林的造园策略引入到城市公共空间的更新之中，在高密度住区的边缘地带创造出了新的社区交往中心，[24] 探索了园林介入城市的可能路径。

绿色生态建筑不仅要节能，满足人的生理需要和身体舒适度要求，还需要满足更深层的精神需求，即注重重塑建筑的精神，寻找支撑建筑自然性的文化渊源和情感归属，把城市和自然有机融合起来。都市实践的沈阳东贸库改造设计，项目位于沈阳东站南侧，是1950年抗美援朝时期开始建设的共和国第一代仓储园区——“东贸库”，体现了20世纪50年代仓储建筑的典型特征。最终2#仓库改造为社区图书馆，4#仓库改造为营销展示中心。这个改造设计最特别的是每个仓库都是从山墙一端进入的三进空间，而第一进入口空间就设计为温室，这是针对东北严寒气候量身定制的，使得原有的仓库空间焕发了蓬勃生机。直向建筑的成都麓湖漂浮总部办公楼，项目由11座独栋办公楼宇和它们围合出的3个院子构成。项目主要从水平和垂直两个方向进行系统性规划设计，在水平方向上采用围合状的院落式布局，为使用者创造出具有归属感的内向型空间，立面采用统一的“格构系统”，建立起建筑群在城市中的结构基调和风貌。3个院子为开放绿色空间，尤其是中部的“树院子”，立面主要采用木质板材，结合幕墙垂直绿化与更为自然的空间氛围相呼应。整个设计在高密度办公建筑中获得更多的自然与公共空间，使人们在繁忙的办公生活中获得情感的放松和精神的愉悦。

2021—2022年中国城市继续在向存量发展的转型过程中，绿色健康城市逐渐成为城市发展的主流，新基建的大力发展为智慧城市注入了新的活力，同时乡村振兴与乡村营建实践也得到蓬勃发展。中国建筑的各个领域逐渐深入发展，各种类型的建筑和技术层出不穷。建筑创作整体上还呈现多元发展的局面，相关学者针对当前建筑热点问题作出既具有国际视野又注重本土实际的理想探索，中国当代建筑师在建筑实践上也在不断进行本土化探索和新技术创新，遵从文脉、场所精神以及文化性、生态多样等原则，深入地探索现代建筑的中国性，思考中国建筑的文化渊源和情感归属，出现了不少富有创意的建筑设计作品。

参考文献：

[1] 阳建强，朱雨溪，张倩．面向空间品质提升的城市更新[J]．时代建筑，2021(4)：12-15.

[2] 童明，白雪燕．社区规划中的边界因素：以上海社区更新实践为例[J]．上海城市规划，2022(2)：8-15.

[3] 刘佳燕．基于场所营造的社区规划：北京“新清河实验”的实践探索[J]．上海城市规划，2021，160(5)：1-8.

[4] 刘悦来，尹科娈，孙哲，等．共治的景观：上海社区花园公共空间更新与社会治理融合实验[J]．建筑学报，2022(3)：12-19.

[5] 吴翔华，冯洁玉．社区营造视角下居住性历史街区更新治理探索：以南京小西湖项目为例[J]．上海城市规划，2022(5)：125-130.

[6] 刘建阳，谭春华，费浩哲，等．不同而“和”：共生理论下历史文化街区保护与更新规划实践[J]．中外建筑，2022(5)：42-50.

[7] 姚存卓．城市公共空间的日常公共生活：以上海市杨浦创意市集、徐汇滨江和虹口市民驿站为例[J]．城市规划，2021，45(6)：30-37，62.

[8] 王宇，郭佩艳，王亚平．“最美田园”理念下的美丽乡村营建模式研究：以枣庄徐庄镇山亭区石嘴子村规划为例[J]．华中建筑，2022，40(12)：115-118.

[9] 蒋姣龙，周晓娟，范佳慧，等．上海大都市乡村意象设计研究：构建乡村空间意象五要素技术框架[J]．上海城市规划，2022(5)：80-87.

[10] 计雨晨．公共艺术介入乡村空间的双向赋能研究：以地域型艺术节“艺术在浮梁2021”为例[J]．建筑与文化，2022(8)：263-265.

[11] 罗德胤，唐文．从村中小路到公共空间：松阳平田村三角地的空间演变[J]．新建筑，2022(4)：130-135.

[12] 孙澄，韩昀松，王加彪．建筑自适应表皮形态计算性设计研究与实践[J]．建筑学报，2022(2)：1-8.

[13] 袁烽．建筑智能：走向后人文主义时代的建筑数字未来[J]．世界建筑，2022(11)：56-57.

[14] 常青．传统与创造：反思历史建成环境再生的理念与途径[J]．世界建筑，2022(10)：6-17.

[15] 喻梦哲．唐宋木构建筑材架构成的数理原型与操作方法探赜[J]．建筑学报，2022(2)：60-67.

[16] 韦自力．广西壮族干栏木构建筑技艺再造价值研究[M]．北京：中国建筑工业出版社，2022.

[17] 王飒．中国传统聚落空间层次结构解析[M]．北京：中国建筑工业出版社，2022.

[18] 徐峰．传统村落的适应性保护与发展[M]．北京：中国建筑工业出版社，2022.

[19] 孙娟．城市街区减碳规划方法集成体系[J]．城市规划学刊，2022(6)：102-108.

[20] 匡晓明，陈君，徐进，等．碳中和导向下的城市设计实践：以中新天津生态城临海新城生态岛为例[J]．城市规划学刊，2022(6)：110-118.

[21] 王庆国，朱巍．织补·衔接·融合：低碳背景下新旧建筑的共存方式[J]．世界建筑，2022(8)：76-80.

[22] 刘科，冷嘉伟．大型公共空间建筑的低碳设计原理与方法[M]．北京：中国建筑工业出版社，2022.

[23] 俞天琦．绿色建筑设计原理[M]．北京：中国建筑工业出版社，2022.

[24] 朱琳．以园林介入城市从园林视角解读上海昌里园的适应性更新策略[J]．时代建筑，2022(2)：102-109.

作者简介：
黄续，中国艺术研究院建筑与公共艺术研究所副研究员；
程霏，中国艺术研究院建筑与公共艺术研究所副研究员；
杨莽华，中国艺术研究院建筑与公共艺术研究所研究员。

优秀建筑作品

优秀建筑作品目录

建筑隐藏在屋顶水池下面

惠州双月湾一滴水图书馆

项目地点：惠州市平海镇双月湾

建筑面积：450 m²

建筑设计：三文建筑

主持建筑师：何崴、陈龙

项目建筑师：王梓亦、孟祥婷（室内）

设计团队：周俊杰、万月潇、刘松、桑婉晨、刘泳、朱艳明、闫子明（实习）

设计与竣工时间：2020—2022 年

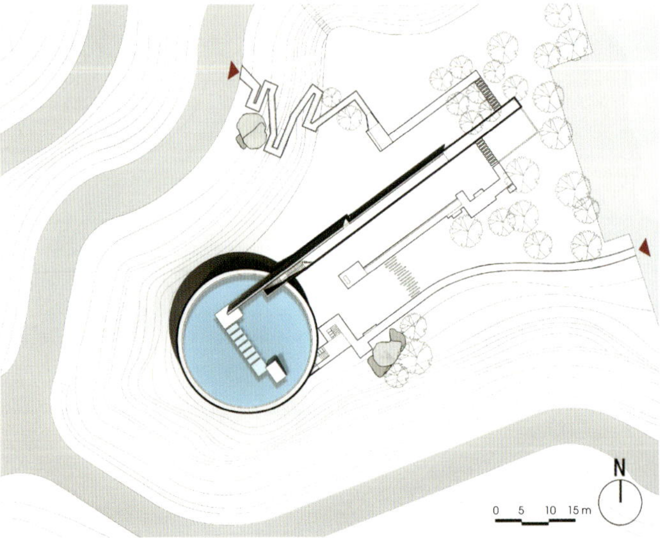

总平面图

1 场地条件：优势与挑战并存

这座建筑位于广东惠州市平海镇双月湾中央公园内，该公园在平海古镇和大海之间，距离著名的双月湾海龟保护区不远。公园整体地形北高南低，北侧有丘陵和谷地，向南是大海。项目基地靠近公园中心，是一座独立突出的“半岛形”小山。山的走向从东北向西南，因此北面的视野以山丘和谷地为主，向南则是270° 的海景，视线绝佳。公园内的山丘形态柔和，并不奇峻，但有若干巨石，为景观的塑造提供了重要的依托。

基地对建筑设计来说也存在挑战：基地东侧和东南侧有若干幢住宅楼，住宅高大的体量对建筑视线有一定的遮挡。此外，图书馆的高度必须严格控制，避免遮挡北侧住宅低层住户观看大海的视线。公园外围的西南方向有一栋多层建筑，外观并不理想，它也对图书馆的观海视线产生了负面的影响。

2 选址和造型：一座白色的图书馆，它在池水之下

设计力求将图书馆的文化属性、场地的环境属性，及当代社会的公众属性融为一体。

建筑的位置被规划在山顶的端头，根据地形高差布置在崖口

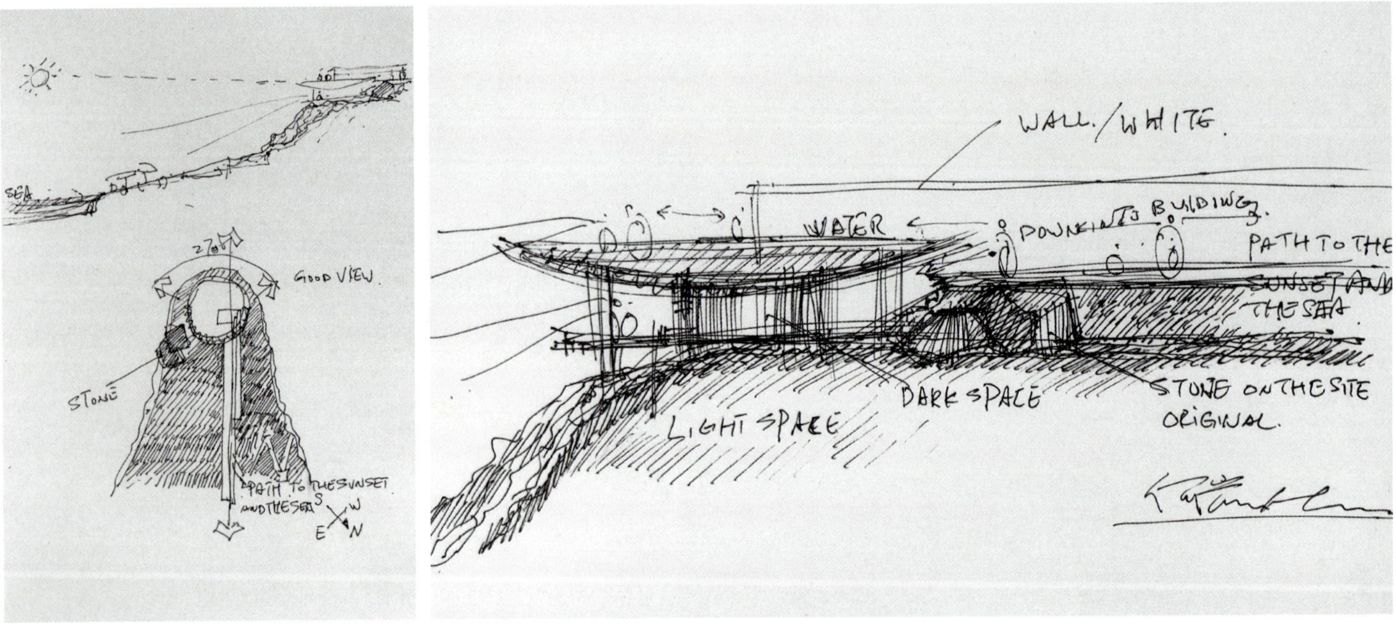

草图

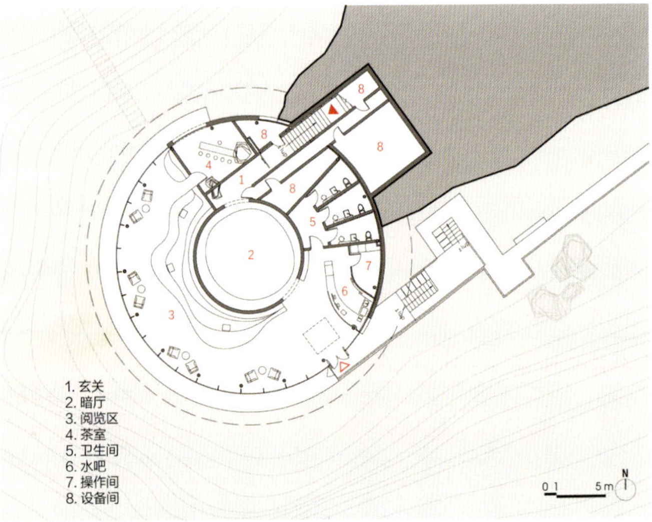

平面图

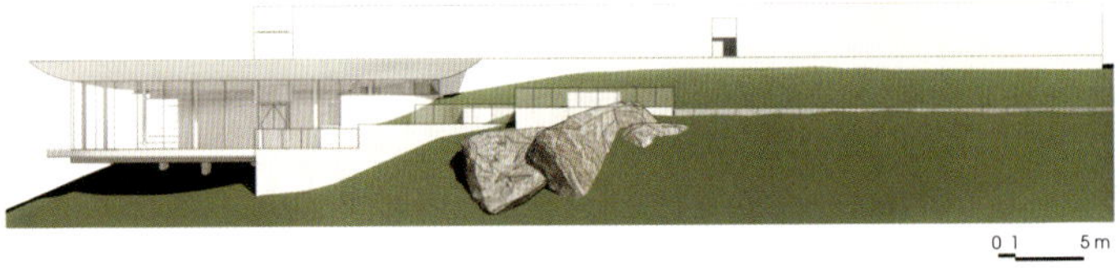

南立面图

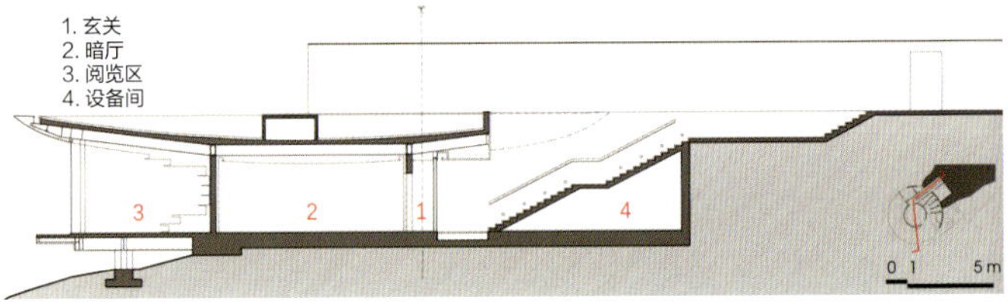

剖面图

处。建筑与山体融为一体，成为场地的一部分。这样的处理既可以使图书馆具有最大的观景面，又在减少土方量的前提下最大限度地控制建筑的高度，不遮挡住宅的观海视线。

图书馆造型力求具有诗意的张力：从高处俯瞰，建筑很几何化——一个正圆 + 一条直线。建筑主体部分平面形状为圆形，直线是室外走廊和长墙，它将人从山顶引入建筑。图书馆整体为白色，走廊、长墙和屋顶的边缘强化了几何构成感。建筑屋顶剖面呈碗形，阅读区的透明玻璃使屋顶具有悬浮感。碗状的屋顶内是水池，它给予了建筑一种戏剧性——一座位于水下的图书馆。

长墙的设置除了屏蔽掉场地西南方位的不利因素，还起到了导引的作用。它将人的视线导向水池和大海，并引导读者沿着这条特定的线路走近和走进建筑。在日落时分，会有那么几分钟，太阳在落入大海之前，夕阳会顺着长墙和走廊将人影拉长，这为建筑平添了浪漫的色彩。

3 空间序列：亮暗、开闭、曲直的交叠

进入图书馆的过程并不简单。因为建筑位于一座小山上，建筑师在山的北坡设计了一条曲折的路径。读者需要拾级而上，在身体略显疲惫中体悟求学之苦，因此这里也称为“书山有径”。到达山顶，映入眼帘的是笔直的走廊和长墙，它们以一种“强硬”的态度引导人朝向大海和建筑的方向。读者需要做的是遵从这个安排，被引导进入位于水下的图书馆。

建筑主要的使用空间位于水池的下方，人进入建筑的过程是一次重新认识自然与自己的旅程。进入建筑需要沿着室外长走廊下行，从水池下“潜入”。

建筑师希望将室内营造为一个具有序列感的，亮与暗、开与闭交叠的戏剧性空间。人进入建筑的第一个场景是玄关，它位于室外走廊的尽头，这是一个相对狭小的过渡空间。从玄关左转，进入位于建筑中部的圆形空间，空间的界面朴素，具有禅意。建

筑师希望这里是神秘的、暗的，它为进入阅读区域提供了前导，也可以在此举办一些小型的展览或者聚会。暗空间有“洞口”与阅读空间相连，后者位于建筑的外圈，是一个明亮的半环形空间。它具有近270° 的落地玻璃，透明且开放，可以看到碧空和大海。

建筑的另一个出入口位于东南位置，人可以从这里离开图书馆，然后曲折地绕过场地中特意留下的巨石，回到山顶。

4 室内气氛：光、色、材料演绎空间主题

阅读区的室内基调以白、浅灰等亮色为主，利用曲线的造型营造轻松、时尚的氛围。座椅和小桌沿着外围的玻璃幕墙摆放，读者可以在此安静地边阅读，边远眺风景。书架沿内壁呈环形布置，并在天花和地面区域向外延伸，形成类似云状的造型。延伸到地面部分也成为自由阅读的区域，一些不愿意正襟危坐的读者可以在这里或倚或靠，享受与书籍在一起的下午时光。

阅读区的两侧分别布置有两个独立的空间——VIP 茶室和卫生间。VIP 茶室是一个内省的空间。室内延续了朴素的风格，布置有茶桌和座椅，可以独处，也可用于会谈。房间中特别布置了一块原石，人面石而坐，在看书品茗之余，也可近观山石之美。卫生间则特意营造了戏剧性的效果，对比色和光纤装置都给人身体性的暗示。

水吧台位于卫生间和读书区之间，既分割了动静区域，又起到了过渡作用。吧台区域的天花部分有一个采光口，通往屋顶的水池。建筑师刻意在采光口朝向南侧的立面上设计了一个色彩装置。透过它，阳光被渲染为彩色光，以迷离的形式撒入空间，为建筑平添了几分妩媚。

5 水池与景观：人与大海、碧空的一次对话

项目的景观力求纯净。作为建筑的基底，山顶的植被以低矮的芒草和绿植为主，它们衬托出建筑干净的形体。场地中的几

块巨石被小心地保留，并与路径结合在一起，成为观看建筑时的前景。

在山顶，白色的走廊和长墙成为自然景观中的人工物，纯粹的几何形体很好地吸引了使用者的注意力，并将人引向屋顶水池和大海的方向。

屋顶水池多少带有点乌托邦的成分。建筑师和业主都希望给使用者，乃至这个南方的小城市一些惊喜。客人可以沿着长墙北侧被隐藏的路径到达水池中的小平台，并通过汀步抵达同样位于水池中间的采光口及平台。水池边缘没有设置围栏，这确保了建筑的完整性和纯粹性。但建筑师利用汀步和平台周边的水深限制人进入水池，保证了安全。从山顶的特定位置望去，视线可以掠过水面看到远处的海平面。水、天、海在此时此地得以融为一体。

6 结语：兼具身体体验和视觉传播的建筑

这个图书馆的设计延续了三文建筑团队对景观性建筑一贯的设计理念。设计的起点从场地出发，建筑恰当地嵌入场地，但又具有存在感，并成为人与环境之间的连接点。建筑并不刻意追求自然拟形，简练的几何形彰显了作为人工物的抽象性，以及对环境的尊重。同时，这个建筑又是富于戏剧性和叙事性的，它并不刻意回避图像化和被传播。建筑师希望在现场身体体验和视觉传播两端，建筑都能胜任。

主入口

798CUBE 美术馆

项目地点：北京市朝阳区

建筑面积：3 541 m^2

建筑设计：朱锫建筑设计事务所

设计主持：朱锫

设计团队：Shuhei Nakamura、由昌臣、张顺、刘伶、王立言、贾彬、丁新月、常江

设计与竣工时间：2015—2021 年

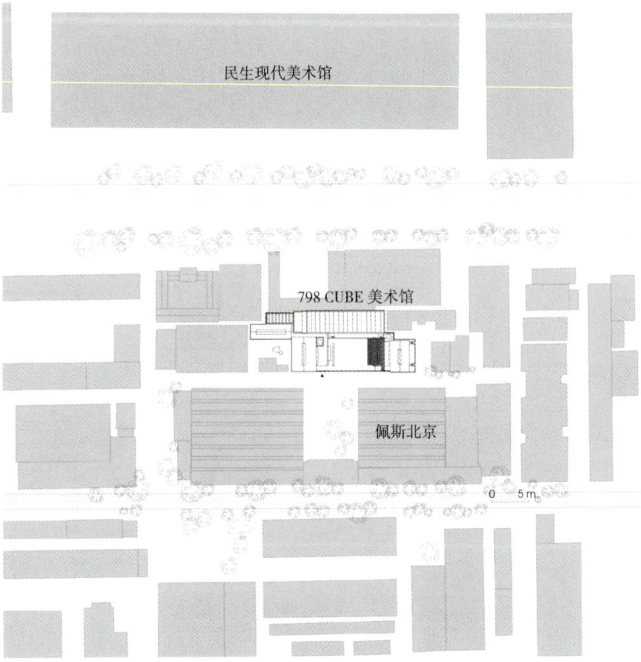

总平面图

CUBE 美术馆是一个改造项目，位于798艺术区内，与毗邻的佩斯北京和民生现代美术馆一道，是朱锫建筑近些年来以工业遗产为主题的一系列实验性的创作实践。

美术馆的构思始于对特定地段环境敏感深入地观察，尽最大的可能保留原有老的工业厂房，在此基础上，再注入新的建筑，

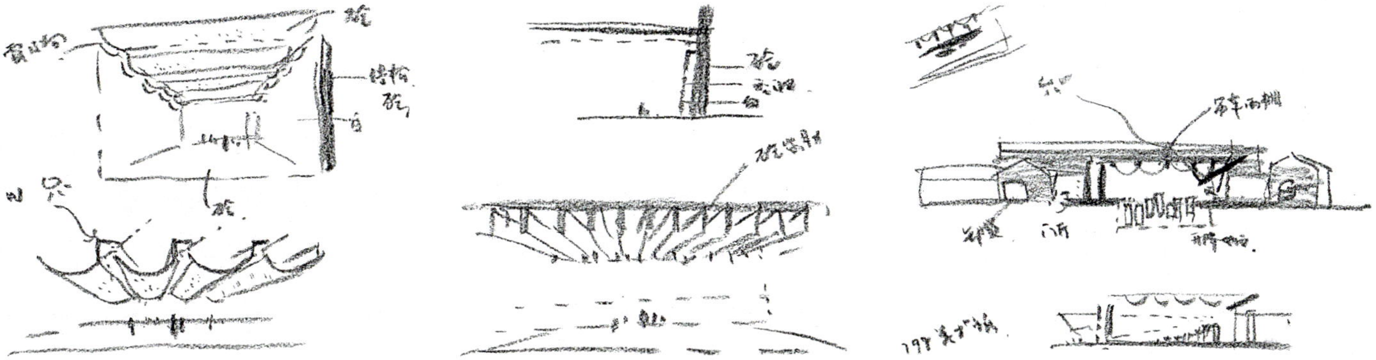

草图

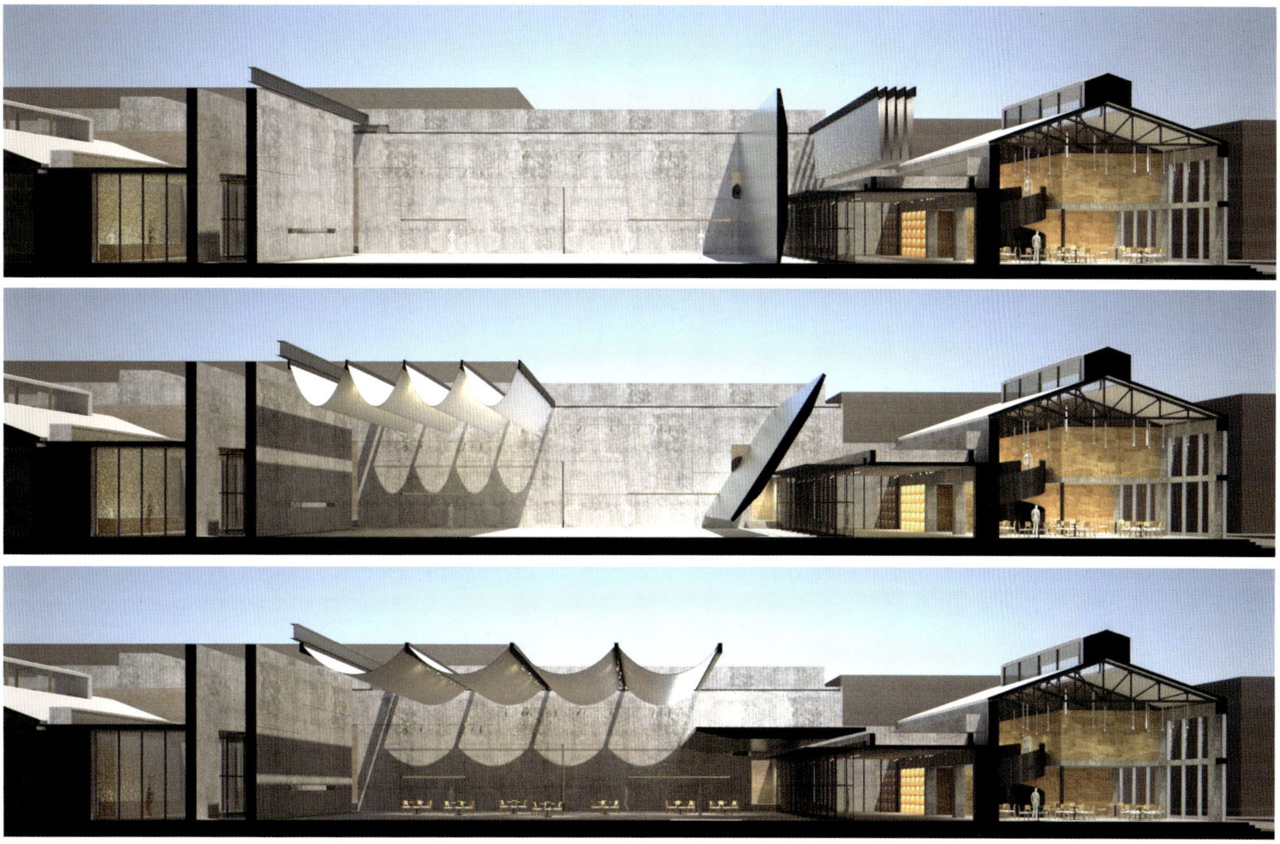

剖面效果图

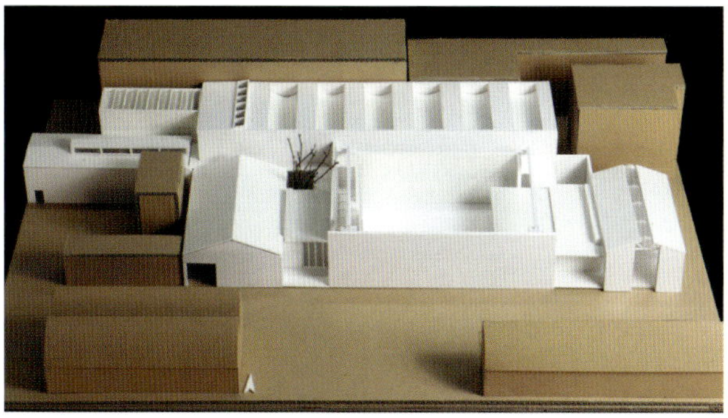

研究模型

入口与前厅模型

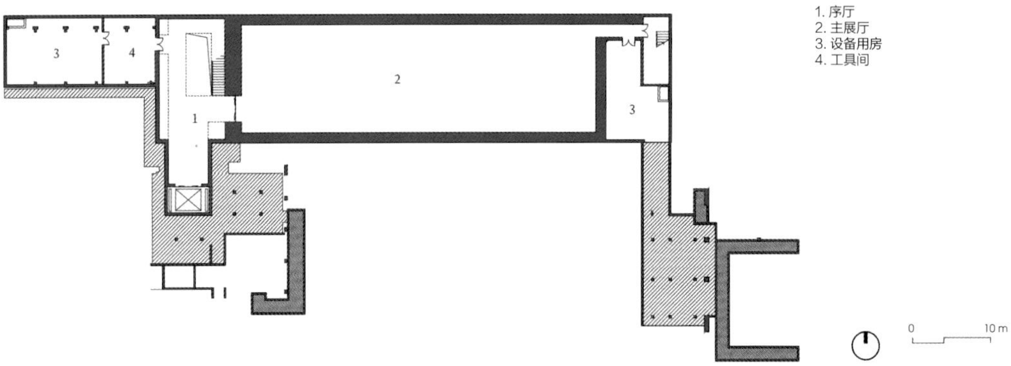

地下一层平面图

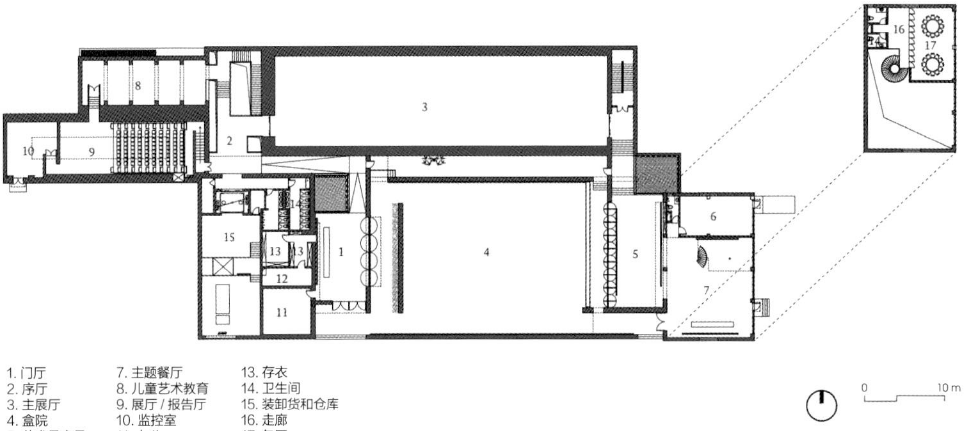

1. 门厅
2. 序厅
3. 主展厅
4. 盒院
5. 艺术品商品
6. 厨房
7. 主题餐厅
8. 儿童艺术教育
9. 展厅 / 报告厅
10. 监控室
11. 办公
12. 设备用房
13. 存衣
14. 卫生间
15. 装卸货和仓库
16. 走廊
17. 包厢

首层平面图

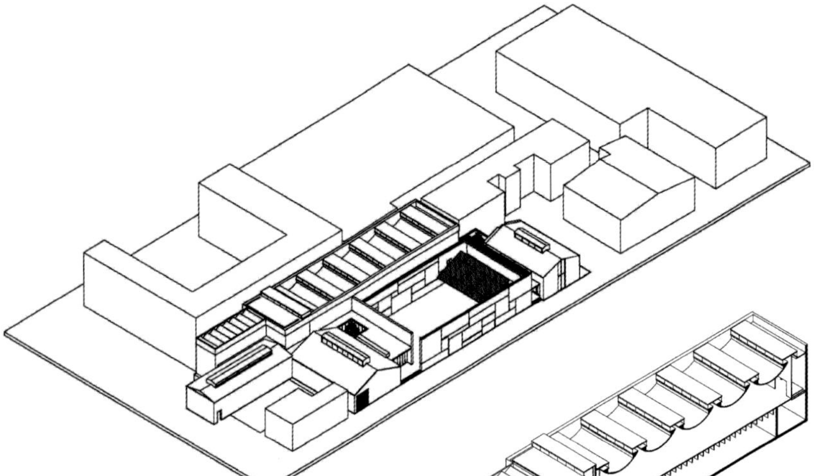

轴测图

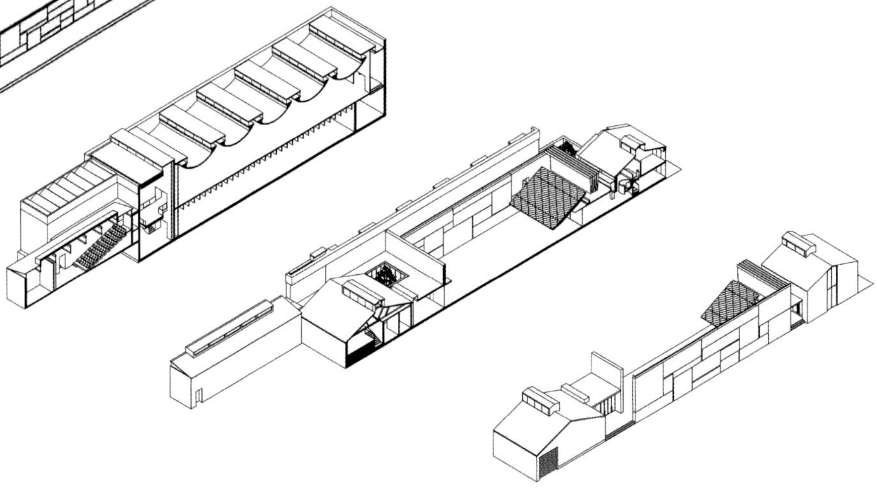

剖轴测图

从而塑造出新老建筑之间的张力，并与周边工业建筑，如佩斯美术馆、民生美术馆等建筑，彼此缝合，相互补充。

美术馆的设计遵循原有工业遗产的肌理，采用一系列的“盒子”空间，塑造正交几何形体的秩序。一方面，这些盒子空间严格地按照原有老厂房建筑的基础和轮廓；另一方面，它们也映射了798地区工业厂房平铺直叙的规划思想与朴素的建造逻辑。特别值得一提的是有着魔术般可变的中心院落，它的轮廓也是按照原有装卸货空场而界定的，南侧是借助一道独立的现浇混凝土高墙，将佩斯美术馆西侧的广场区隔开了，在强化了自身内向的领域感的同时，也将原有的被厂房三面围合的装卸货空场转换成相对封闭的中心院落。巨大的钢梁式滑动吊车横跨在南北的混凝土墙上，它不仅可以悬挂艺术装置，也是张拉一个个自然下垂、近似反拱、形态可变的帆布的机械牵引装置。根据天气、阳光角度，这些反拱形态的帆布可以任意开合，遮阳避雨。独立混凝土墙体上藏有可以水平移动的大门，以利于将超大艺术装置运输到院落中。中心院落是人流聚集的场所、开幕式的场地，也是户外展场。

美术馆的设计再次探索了无柱、水平延伸的结构形式和材料的表现力。新建造的两个展厅都采用无柱大跨现浇混凝土结构，一个是采用巨大的倒拱式曲面横梁，伴随着自然天光从比邻的两个拱之间漫射下来，也和中心院落的形似倒拱的帆布的机械装置相呼应。从结构角度上看，倒拱式曲面横梁被两侧的混凝土结构剪力墙体所支撑，展厅内部的白色美术馆墙与倒拱式曲面横梁间留有一定宽度的缝隙，可以清晰地表达结构体系和受力关系。另一个是混凝土密肋式大跨横梁结构体系，密肋横梁薄而高，凸显钢筋混凝土结构和材料特性。

在新建造的两个展厅与老的红砖厂房之间，插入了一个近 14 m 高有着自然天光的垂直竖向的立方柱体空间，东侧是中性的白色墙体，北侧和西侧是老的红砖砌筑墙体，南侧是宽大透明的客货两用电梯，它近似美术馆内部空间的中枢，连接着位于不同标高的空间。它又像一个光井，直接插在建筑最深暗的部位。当人们置身于此，可以清晰地感知新旧建筑之间的关系，以及各个空间的标高变化。一个薄薄清水混凝土“天桥”伴随着高低变

化的踏步，游离于四面的墙体，蜿蜒螺旋而下，逐渐演变成楼梯，把门厅、上层展厅、报告厅前厅、下层展厅自然地连接在一起。

视线穿越透明玻璃的客货两用电梯，可以看到艺术品在装卸货区域的工作状态，是一次将美术馆背后神秘的工作场景融入公共空间的尝试。

美术馆的设计也捕捉了798工业厂房的材料特点，以朴素的现浇混凝土、红砖为主要材料，着力突出这两种材料在结构形式与围护墙体之间的交接、转换的建造特点，蕴含着798工业建筑所特有的建构文化。

博物馆与建设中的大运河遗址公园

隋唐大运河文化博物馆

项目地点：洛阳市老城区

建筑面积：32 986 m^2

建筑设计：同济大学建筑设计研究院有限公司若本建筑工作室

设计主持：李立、高山

设计团队：王文胜、肖蕴峰、周峻、胡海宁、叶雯、郝竞、李飒、申银珠、李霁原、张溯之、黎彦希

设计与竣工时间：2019—2022 年

隋唐大运河是世界上开凿最早、规模最大的运河。大运河的开通产生了久远而积极的影响，对中国经济文化的发展起到了巨大的促进作用。隋唐大运河文化博物馆是新时期国家运河文化战略的重要节点工程，也是国家“十三五”重点文化工程。博物馆坐落于洛阳市主城区瀍河入洛河口的西北角，内设展览陈列、公

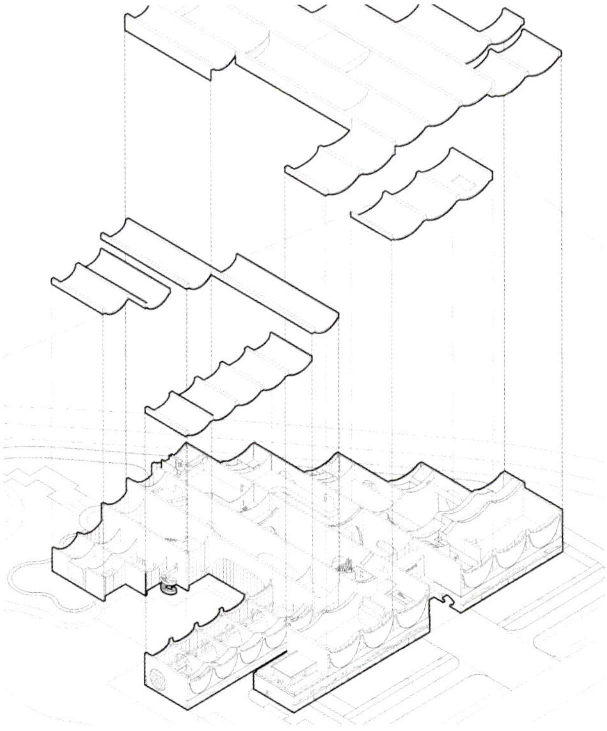

轴测图

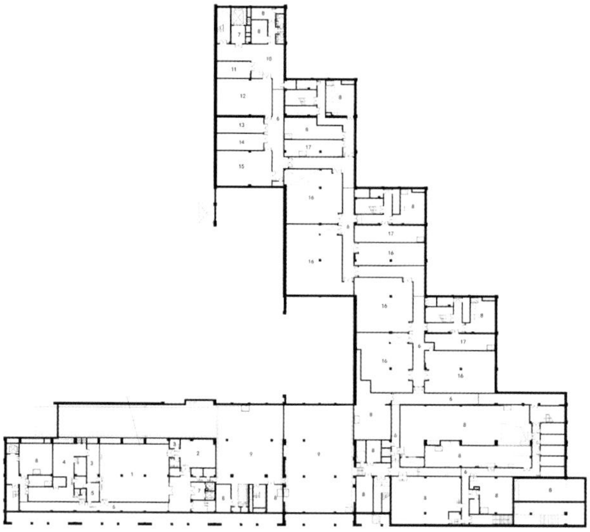

地下一层平面图

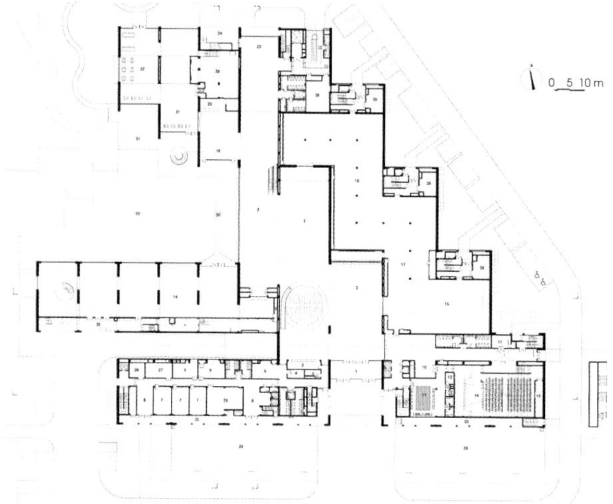

一层平面图

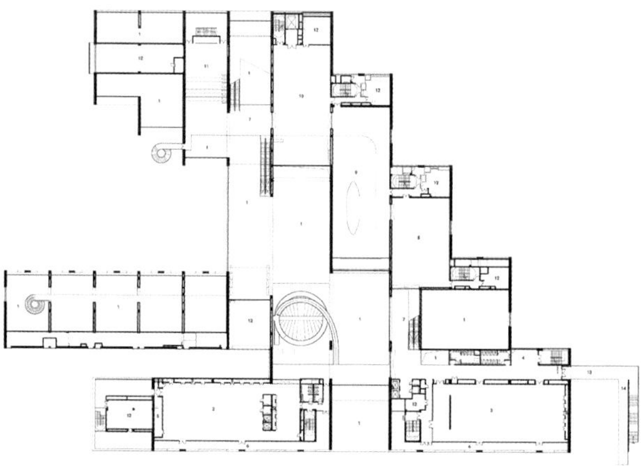

二层平面图

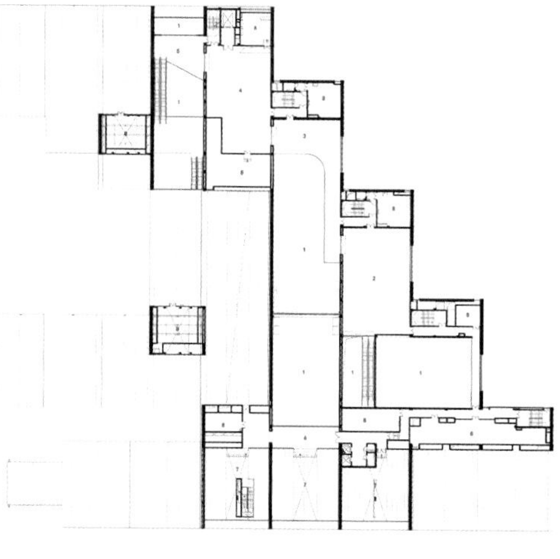

三层平面图

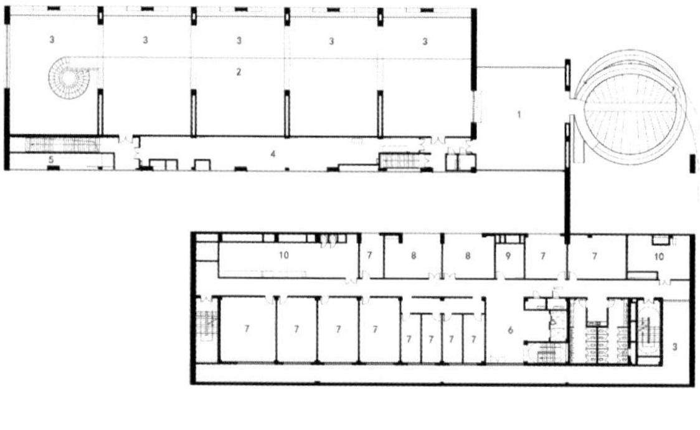

夹层平面图

共休闲、研学会议、文物储藏等多个功能区，是集文物保护、科研展陈、社会教育于一体的综合性运河主题博物馆。

场地是位于洛河与瀍河交汇处的三角形用地，空间组织先天比较局促。博物馆建筑布局一方面尊重并呼应洛河大堤上已经形成的仿唐建筑群“瀍壑朱樱”的中轴线，另一方面在内部空间组织上用层层递进的功能空间布局规避不利的地形影响，形成了完整连续的展厅单元和富于变化的内部空间体验。

建筑风格方面，博物馆所在的隋唐大运河国家文化公园正处于隋唐洛阳城遗址的范围，周边规划了大量的仿唐风格景观建筑。我们的设计试图跳脱出仿唐风格的包围和束缚，寻找对隋唐历史文化的不同切入视角。我们抓住隋唐大运河这一古代水利工程的技术特征，以洛河上架设的拱桥结构为原型，用现代建造技术的自然呈现来取代对传统风格的具象模仿，从而实现古今文明

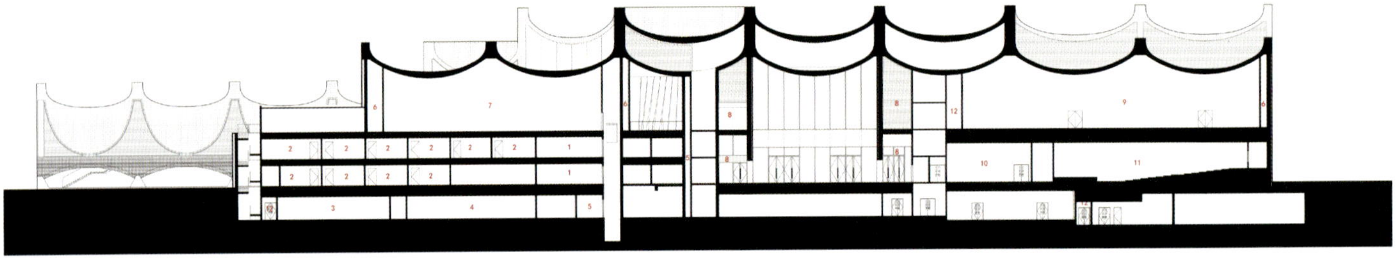

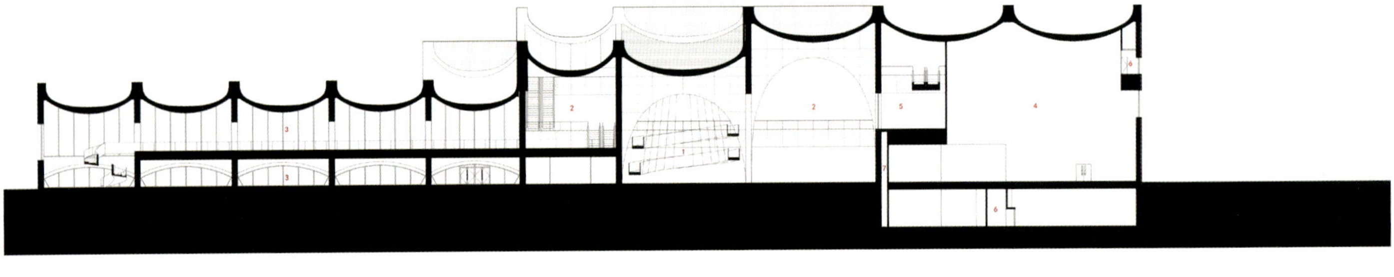

| 剖面图

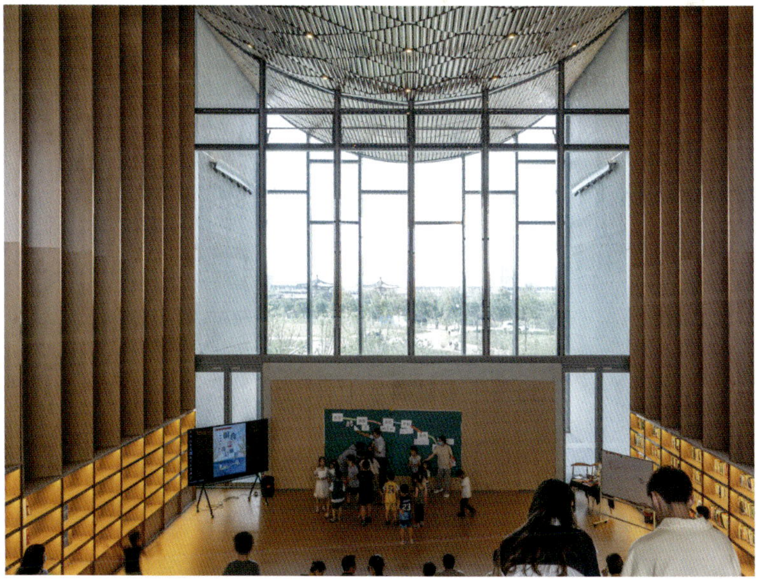

的对话。

结构的对偶运用，在平面组织上采用横向与纵向交织的拱形剪力墙形成有效的双向抗震结构体系，在剖面组织上，上部屋面采用预应力混凝土悬垂板 + 端部混凝土“唐瓦当”与下部基座的拱形剪力墙共同组成闭合的剪力墙传力体系。平面对偶的结构特征通过大模板的清水混凝土浇筑形成清晰的室内空间架构，而剖面对偶的结构关系则通过陶瓷和青砖的材料组合赋予特定的历史记忆和文化内涵。

展陈空间的布局突破传统博物馆的封闭展陈模式，除对温湿度影响敏感的展品外，大部分展厅采取开放格局，与公共空间和公园景观融为一体。功能组织上特别强化南面向洛河开放的公共会议区，以及北面向大运河公园开放的文创展示和教育体验区，使博物馆成为名副其实的城市客厅。

建筑主材的选用强调在地性的原则，即“洛阳造”。室内外大量采用改良后的洛阳三彩陶瓷挂板饰面，较好地缓解了清水混凝土建筑易给人带来的疏离感以及内部空间声学方面的缺陷，其中的吊顶《云帆》由 126 986 个三彩陶瓷单元组成了迄今世界最大的陶瓷吊顶艺术作品。我们在设计过程中，与洛阳当地的工艺美术家郭爱和、高水旺反复讨论试样，把传统手工陶艺与现代设计、加工技艺相结合，助推洛阳传统陶瓷产业的创新发展。

蒙自西南联大先锋书店

项目地点：红河哈尼族彝族自治州蒙自市
建筑面积：894 m^2
建筑设计：北京市标准营造规划设计有限公司
设计主持：张轲
设计团队：宋宇宁、华远思、张业瀚、于舸、孙青峰、周曦
设计时间：2022 年

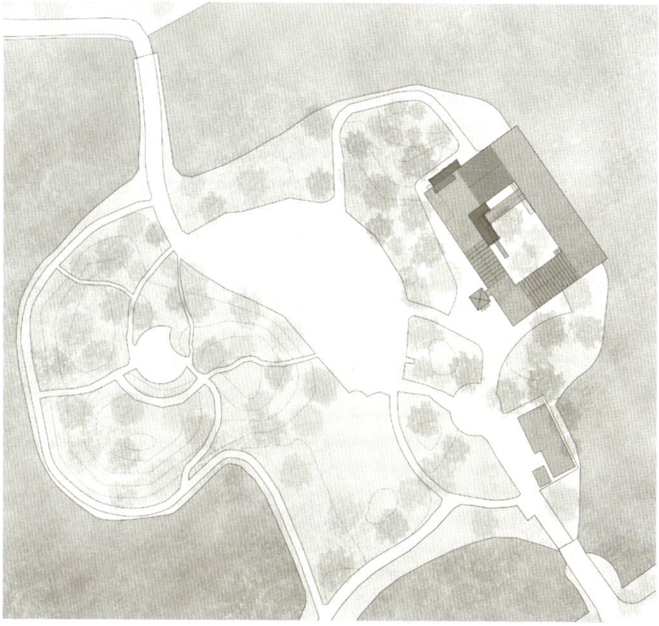

总平面图

西南联大先锋书店位于云南省红河哈尼族彝族自治州蒙自市南湖公园内，是“标准营造”在云南落地的第一个建筑。蒙自市位于昆明市东南方，是云南省最早开埠的海关城市，曾在抗日战争期间为西南联大文法学院提供庇护，其校舍旧址与先锋书店隔

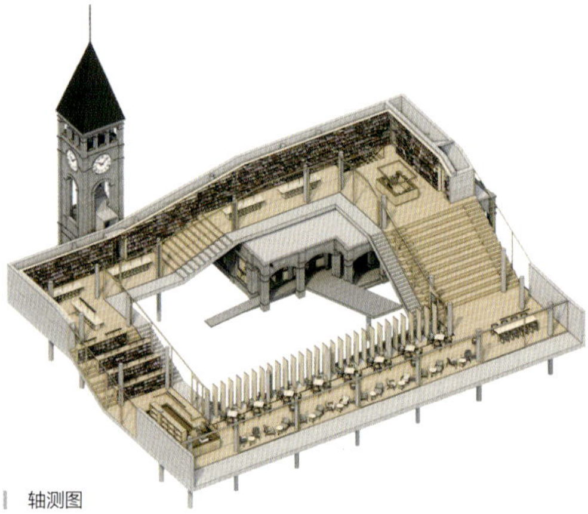

轴测图

剖面图

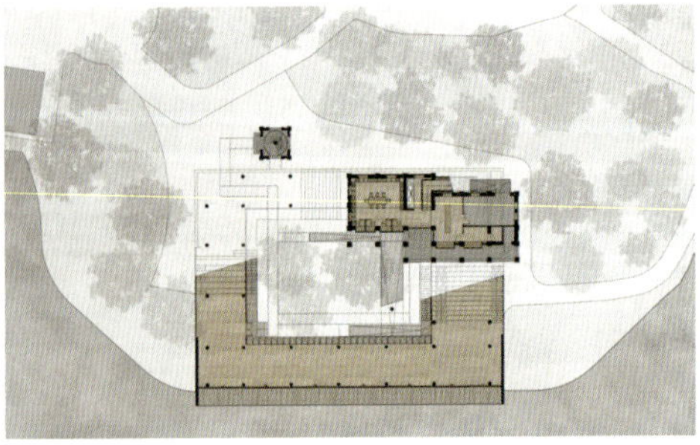

一层平面图

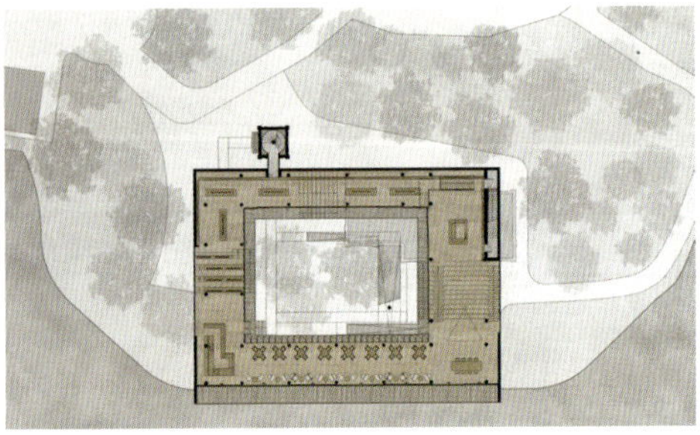

二层平面图

立面图

湖相望。书店原址是个2006年建成、已废弃的酒馆，几栋钢混结构的法式建筑向湖水挑出一片平台，背后的钟楼为公园地标。

多轮推敲后，“标准营造”最终决定只保留部分旧建筑，其中着重保留钟楼。其历史不过十几年，但作为南湖制高点，钟楼已然成为蒙自市民集体记忆中的城市地标。在设计方案中，一个回环起伏的混凝土结构向湖面延展开来，连接起旧建筑与亲水平台，却与两者脱开。漂浮的屋顶平台背靠钟楼，面向湖水，为蒙自市民创造出真正开放的城市公共空间。

通过建筑在钟楼旁抬起的一角，即进入了中心庭院。一条缓缓升起的混凝土坡道在穿过旧建筑拱廊后转折抬升，倏然宽阔起来。市民可自由走上屋顶，将湖面与联大旧址尽收眼底。起伏的屋顶平台为瞭望城市建立出不同高度与角度的独特视框，从而引

发人们从特定角度对于城市景观的凝视与思考。

三十扇木隔扇在建筑临湖段的内庭立面上一字排开，连通了室内外空间。该段亦是建筑最低点，入口因而被设置在两端，也即回廊转折处。朝湖一侧是巨幅的落地玻璃推拉门及亲水平台，其间容纳休闲区和吧台功能。从吧台向西南拾级而上，穿过四排书籍展架，即可顺着一面巨幅书墙走向室内最高处。多条垂直交通流线也自然地设置于此：可向上攀登直达屋面，或向下进入旧建筑改造成的儿童书屋。顺建筑向下的陡峭阶梯可供读者平时阅读歇脚，开展活动时便作为报告厅使用。打开玻璃滑轨门，攀升跌落的内廊将安静的庭院与远处的自然景观连接到一起。

新建筑为钢筋混凝土框架结构，表面采用木纹混凝土，以消除当地工艺水平的不利条件，最终呈现出的立面效果粗犷而朴素。屋顶的红色巴劳木也从南湖的树冠中跳脱出来，与联大的红屋顶遥相呼应。木纹得以在室内外于不同材料上被连续地感知，进一步模糊了内与外、城市与建筑的界限。

旧建筑用本地灰砖重做面层，传统砌法使拱券、柱头和拱廊等细节得以重现。在钟楼内部新置入的旋转楼梯连接公园与书店，并直通塔顶瞭望台，真正从体验上实现了历史和当代的连接与并置。首层旧建筑的儿童书屋中，阅读设施被集成在一系列人体尺度的“阅读盒子”里，与建筑原有洞口结合，令窗在观景通风之外，也成为一种复合的功能模块装置。

福州马尾船政书局

项目地点：福州市马尾区
建筑面积：1 200 m²
建筑设计：万境设计
设计主持：胡之乐
设计团队：徐业友、苏白雪、张永慧
灯光设计：方方、易宗辉
软装设计：深圳市布鲁盟室内设计有限公司
设计时间：2020—2021 年

鸟瞰图

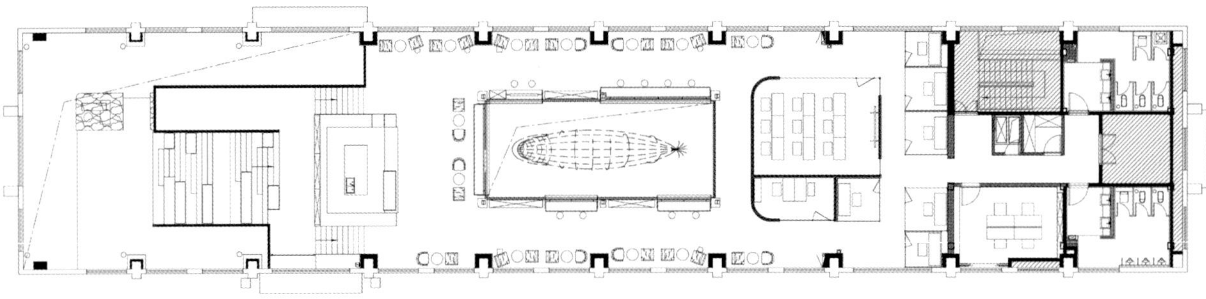

夹层平面图

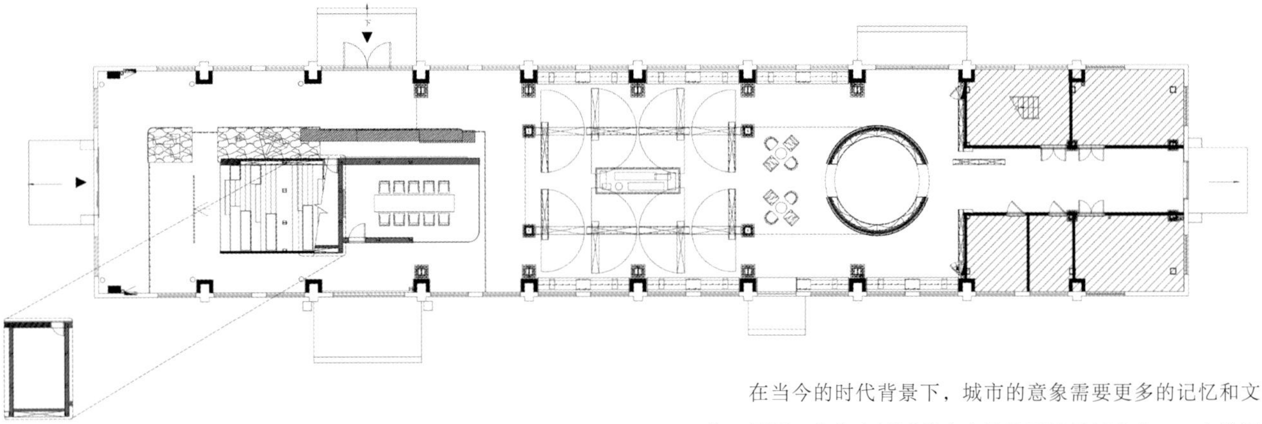

一层平面图

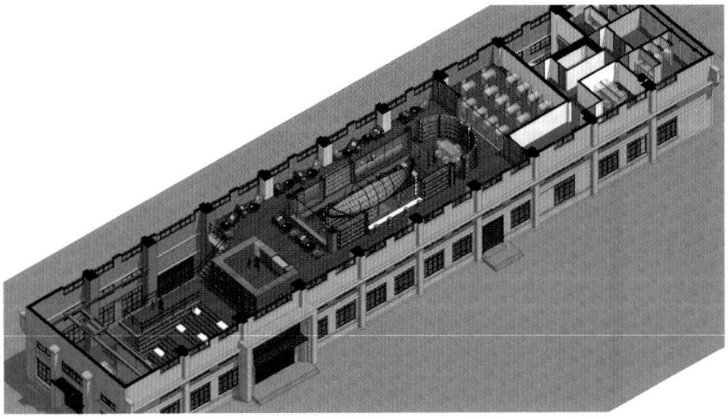

夹层轴测图

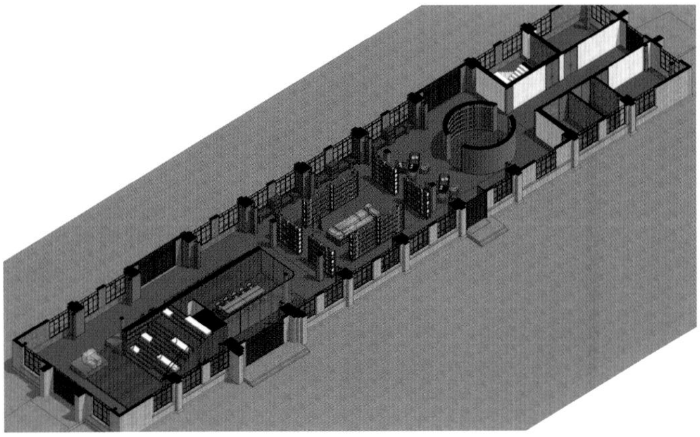

一层轴测图

在当今的时代背景下，城市的意象需要更多的记忆和文化。福州，作为中国近代史上最为重要的城市之一，它的记忆与文化一定离不开“船政”。

船政书局是福州马尾船政文化的输出点，也是它的落脚点。通过设计，这个空间可以拥有更完善的文化表达。它不仅是一个书局，更是一处精神空间。

自古以来，闽越之地——福州，便因善于造船和用船而闻名遐迩。行舟千年的它，也是中国船政文化的发源地。

1866 年，左宗棠创办了中国的第一所海军学校——马尾船政学堂，福州马尾因此成为近代中国海军的摇篮，船政文化由此萌生。

而如今，位于船政学堂旧址的船政书局以“船舱和书局”，呼应百余年前的“造船与造才”。它尝试用一种新的隐喻，来传承和表达船政文化，并将它的精神内涵融入人们的生活。

船政书局，位于福州市马尾区船政文化广场内，原建筑为当地船厂的仓库。作为该区域文化精神的聚合点，它汇集了船政文化的宣传、教育以及学术研究等多种功能。

它的设计，以“造船”回顾历史，以“营书”望向未来——它通过抽象而现代的语言，在室内构建起船舶；同时也以图书馆式的服务与体验，探索文化传播的新模式。

设计以“船”为元素，将整个书局想象为一艘在文化浪潮中航行的方舟。

借由传统船舶的空间布局，书局中形成了多元而丰富的空间组合。船首、船舱、船尾，都被抽象化为不同的室内空

间，而开放的甲板、半开放的舱室等象征性的船舶空间，也以现代化的方式，在这艘方舟上被重新演绎。

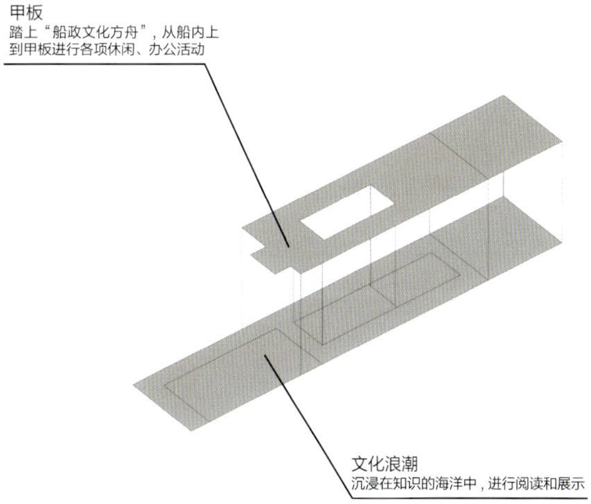

1 浪潮与甲板

更新改造后的书局，由原来的一层空间变为了带夹层的两层空间，通过方舟船首的巨大台阶相连。

首层作为阅读与展示的区域，以书为主，似是掀起文化浪潮，引人进入知识的海洋。

二层则作为休闲与活动的区域，被设计为甲板，邀人登上船首，继而可以在一个开放性的空间中停留与思考。

而两层之间的大台阶，不仅成为连贯上下的通道，也将船首变为了一处阶梯状的活动空间，丰富了室内的使用功能。

2 精神的船舱

方舟中部的中庭，是整个书局的核心。

设计以船舱为喻，将它营造成了一处让人沉浸其中的精神空间。中庭之下，可移动的书架提供了灵活的空间布局，构建出了一个满足阅读、展示等多种使用场景的复合型图书室。

而中庭之上，巨大的船舶骨架高悬，回溯着船政的历史。顶面的黑色镜面像水面一般，将一切倒映其中，仿佛时空在此映射，时间在此沉淀。

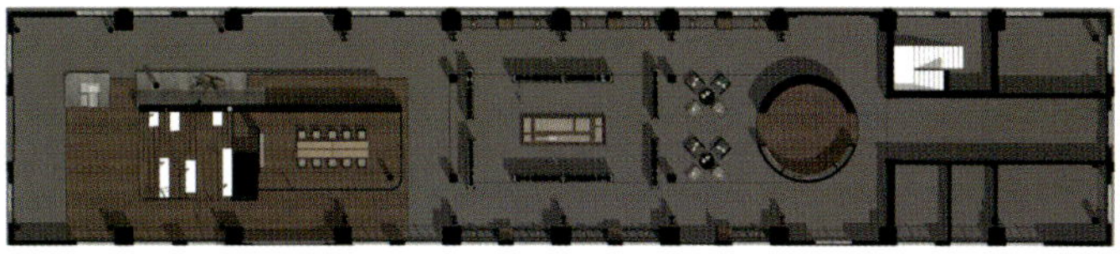

一层平面布置图

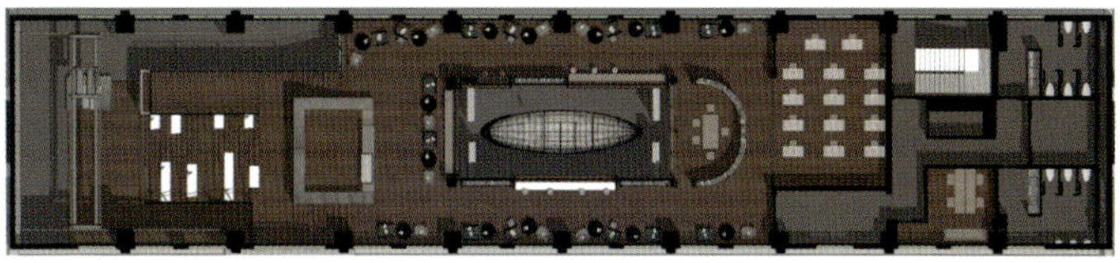

夹层平面布置图

平面布置图

3 阅读的船室

方舟的船尾还呈现出了另一种形态的舱室。

这个圆形的阅览区，呼应着船舶中较为封闭的船室，因而被设计为书局中更加安静与独立的一处阅读空间。

4 船舶的零件

除对船舶抽象的空间表达外，设计还将造船的零件作为装饰元素，为许多细节赋予了船的意象。

船舶上的栏杆、钢梯以及货箱，都以现代化的手法被重现。新的设计语言、新的材料，与旧的空间、旧的形制，在对比中融为一体。

新旧结合，呈现出书局文化内容的时间跨度，而这些碎片化的设计，也将船政文化的精神渗透到空间的每一个角落。

日照社区艺术中心

项目地点：日照市五莲县

建筑面积：2 525 m^2

建筑设计：北京市标准营造规划设计有限公司

设计主持：张轲

设计团队：张明明、Paola Failla、华远思、张业瀚、
Luciano Ricci、Nelly Vitielly、Ana Paisano

设计与竣工时间：2019—2022 年

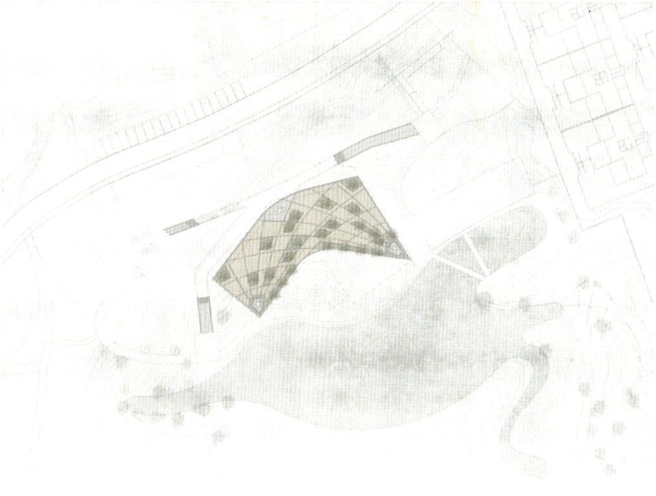

总平面图

鸟瞰图

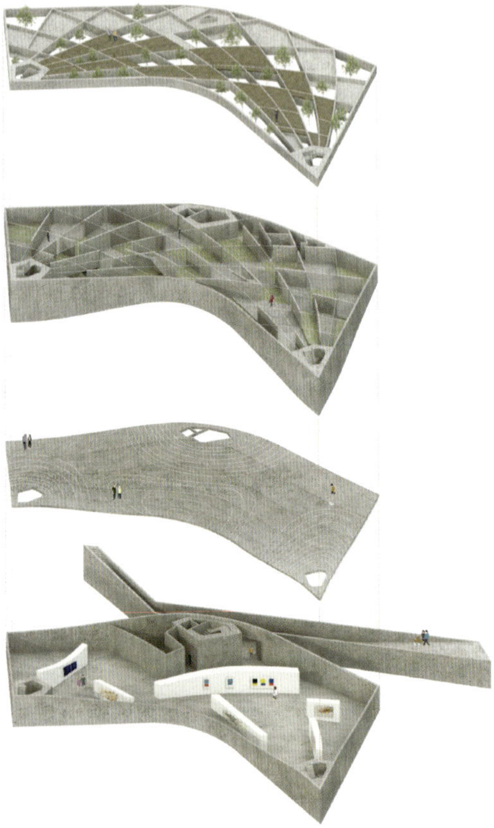

轴测图

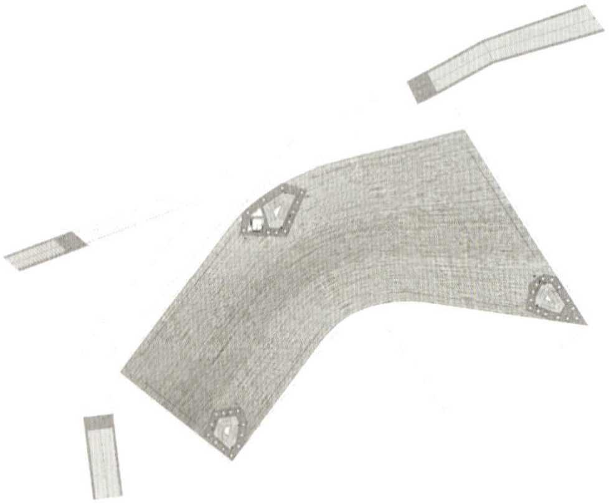

一层平面图

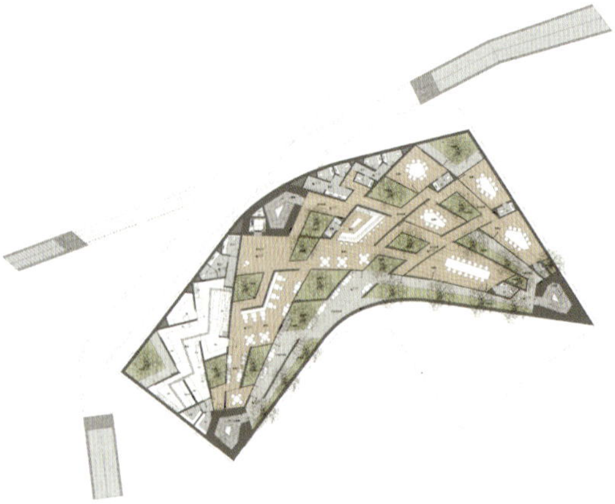

二层平面图

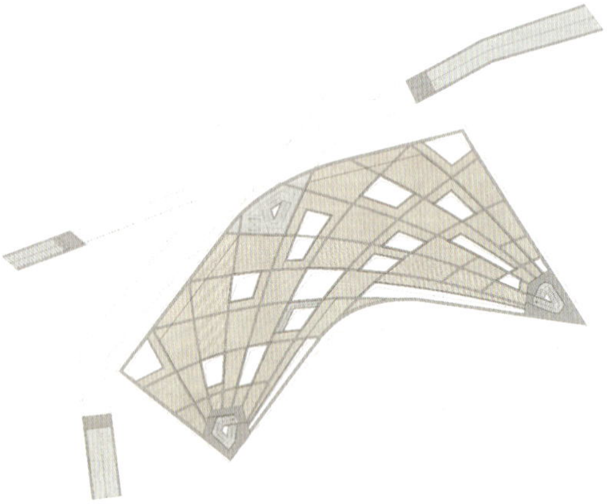

屋顶层平面图

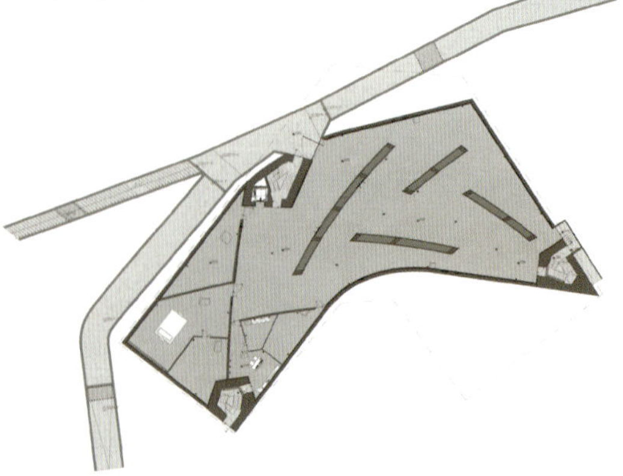

地下层平面图

日照社区艺术中心位于日照市白鹭湾小镇，建成后将为当地社区提供一个文化场所，作为白鹭湾度假村住宅区的新公共基础设施的一部分。

社区艺术中心镶嵌在一片坡地景观中，旁边有一个小湖，建筑在剖面上以起伏的姿态呼应了周围的大地形态。建筑的结构系统由弯曲的混凝土梁网组成，建筑物的上层部分由平面上三个角

落的结构锚固于底层的混凝土坡上。上层与外界封闭，其交叉的混凝土梁网将空间自然分割成梯形的小空间，室内与室外交错，形成迷宫般的园林景观空间。在无障碍屋顶上可欣赏风景。

建筑的上层和下层空间之间是三维形态的室外空间，通过透镜状的切口向四面开放，延伸到舒缓的草坡景观之中。此空间将用于室外电影放映或戏剧表演。社区艺术中心的展览职能由建筑

底层的室内空间承担，该空间埋入草坡之下，空间中仅由必要的结构元素相互分隔，由建筑周边草坪中的混凝土缓坡向下进入。

建筑的上层和下层的连接部分为楼梯空间，在结构上，上下相交的部分留出了一条窄缝，进一步暗示了建筑形体的上下两个独立部分，同时在混凝土浇筑的楼梯间内渗透进了一抹草地的亮色。

开放与封闭空间的交错，以及视角的界定和开放所产生的集中，在建筑和景观之间产生了令人着迷的组合。

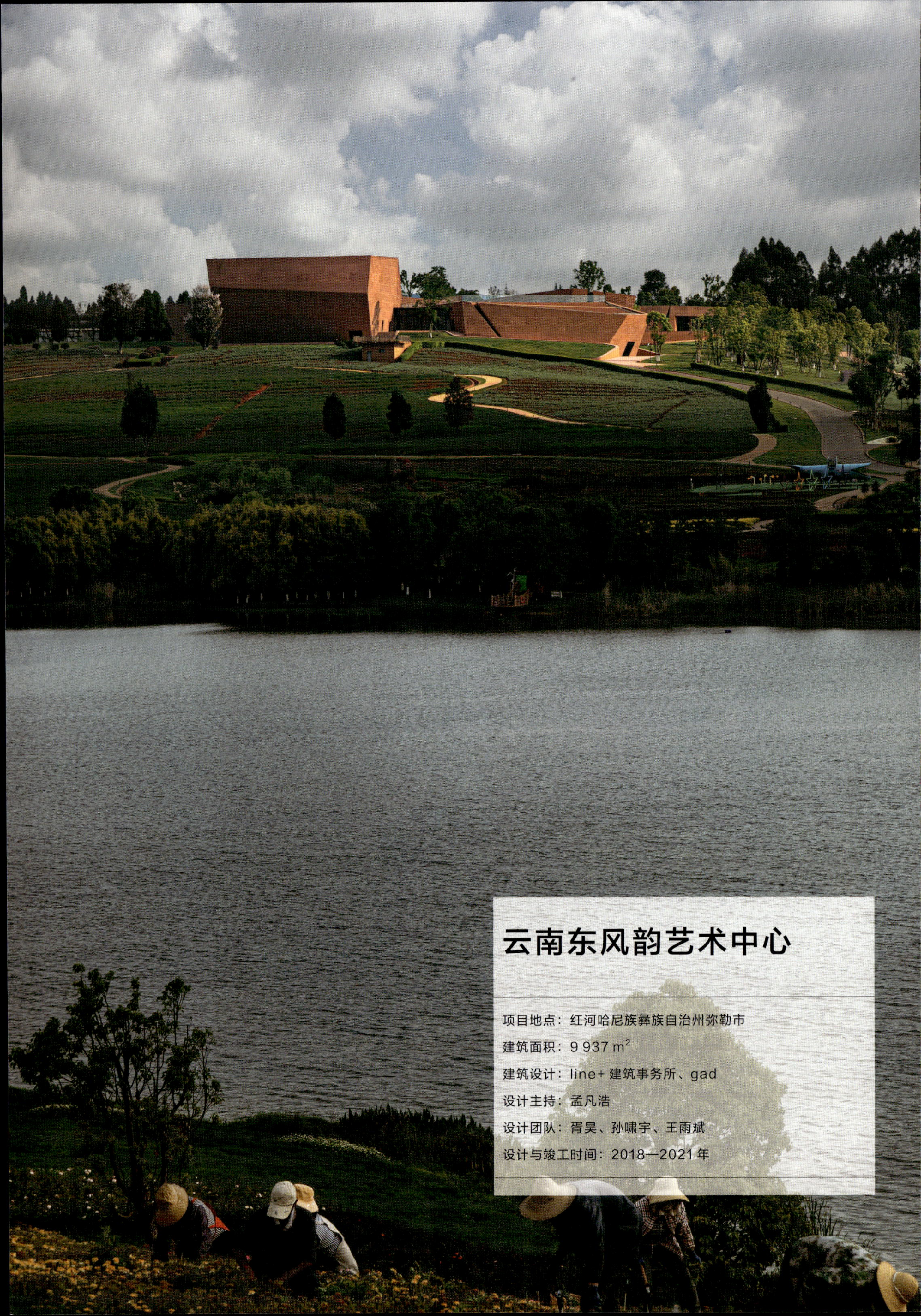

云南东风韵艺术中心

项目地点：红河哈尼族彝族自治州弥勒市

建筑面积：9 937 m^2

建筑设计：line+ 建筑事务所、gad

设计主持：孟凡浩

设计团队：胥昊、孙啸宇、王雨斌

设计与竣工时间：2018—2021 年

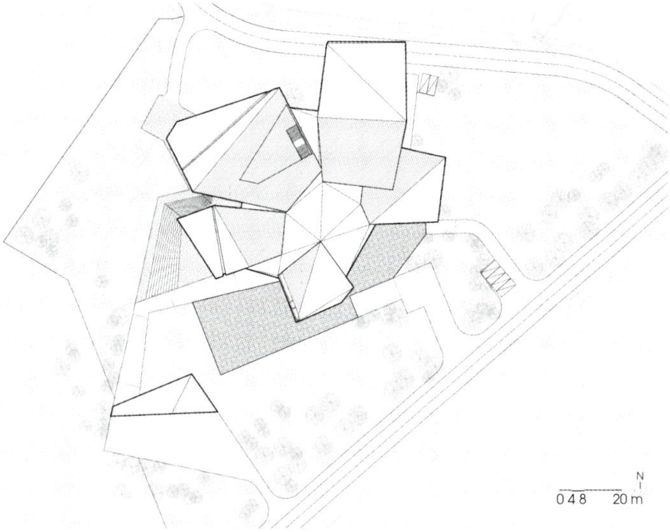

总平面图

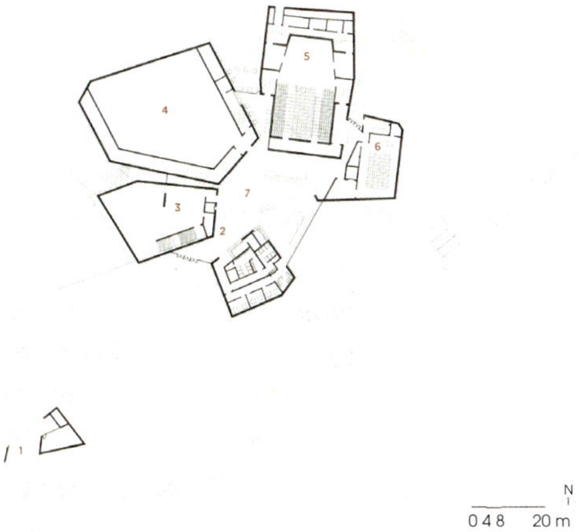

一层平面图

剖面图

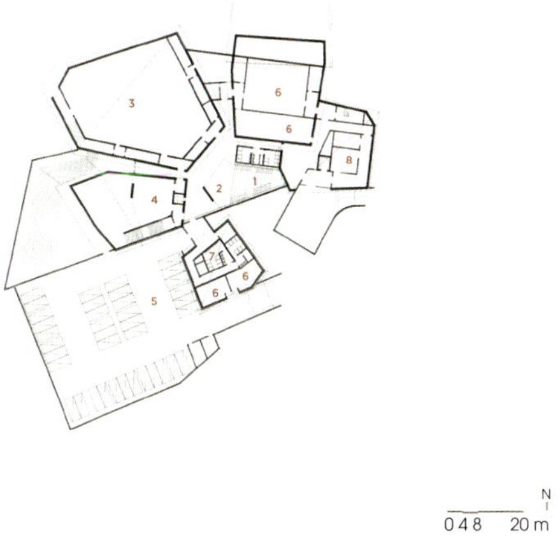

地下一层平面图

艺术中心所处的东风韵艺术小镇，位于云南省弥勒市市郊，距省会昆明约一小时车程。自2014年起，云南艺术家罗旭在此创作了“万花筒”“半朵云”等一系列类雕塑装置的建筑群落，红砖砌筑而成的大大小小的簇生瓦窑，与赤红无垠的云贵高原、粗犷的山体，构成了一个天马行空的异域世界，这一面积约1.6 km^2 的艺术特色小镇由此为人们所熟知。

面对一片绵延的红色土地与超尺度的类雕塑建筑群落，艺术中心的介入将不得不考量场地的原有秩序。建筑设计选择回归土地的自然性，在红色的高坡场地上置入一组生长的“红色石阵”，自由切削的形体与粗犷的肌理，削弱了建筑自有的人工感，使其犹如五块天外来石，经岁月风化仍伫立于此。

“石阵”的策略实现了建筑功能的化整为零，而玻璃中庭将五块独立的“红石”串联起来，将建筑形态化零为整。中庭由此成为内部空间的核心，所有活动围绕中庭展开，与此同时，各空间也均能独立运营，艺术中心实现分散式布局与整体性功能的统一。在纵向上，顺应场地南北向自然高差的中庭大台阶，衔接起了首层与负一层空间，并形成了就势而建的公共演艺与书吧空间，观者在这里可以充分享受阳光，感受内外间的自然渗透。

每个体块内部根据各自功能呈现出与外观截然不同的空间氛围。1号展厅内的楼梯宛如山岩内凿刻而成的栈道，条形灯带进一步强化空间内的线性要素；2号展厅内深灰色的楼梯扶手体量感十足，成为白色室内的视觉焦点。石头、峡谷、栈道等看似多样形式全部统筹在自然意象当中，丰富而和谐。

在技术规范、施工精度与结构安全性等多重要求下，艺术中心的建造选择通过现代材料的工业化运用，实现在地性的文化表达。非正交的主体骨架选择钢结构体系，外立面则采用赤色混凝土干挂幕墙体系，形成了如“红石”般的切削形体与质朴肌理。

云南东风韵艺术中心是一次基于对项目所在地的自然气候、地形等条件和现存的人工建筑环境的地域性实践。通过关注建筑本身及其与周边的关系，专注于具有新意和品质的空间体验的创造，寻求与自然和文脉的融合，并以探索性的建造方式更好地适应高原山地的建造环境，为当地建筑工业化发展提供先行经验。

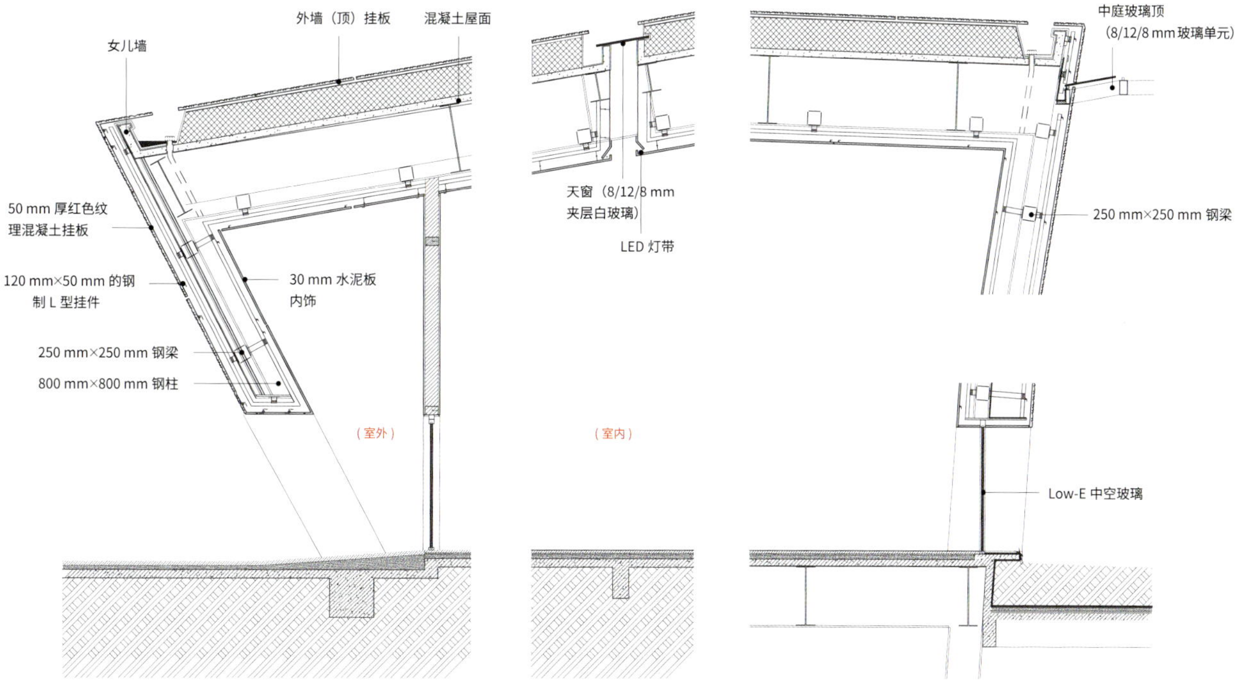

女儿墙
外墙（顶）挂板
混凝土屋面
50 mm 厚红色纹理混凝土挂板
120 mm×50 mm 的钢制 L 型挂件
30 mm 水泥板内饰
250 mm×250 mm 钢梁
800 mm×800 mm 钢柱
（室外）
天窗（8/12/8 mm 夹层白玻璃）
LED 灯带
（室内）
中庭玻璃顶（8/12/8 mm 玻璃单元）
250 mm×250 mm 钢梁
Low-E 中空玻璃

墙身大样图

杭州国际学校

项目地点：杭州市滨江区

建筑面积：49 084 m²

建筑设计：line+ 建筑事务所、gad

设计主持：朱培栋

设计团队：孙啸宇、吴海文、黄芸婷、杜梦颖、杨霄御

设计与竣工时间：2018—2022 年

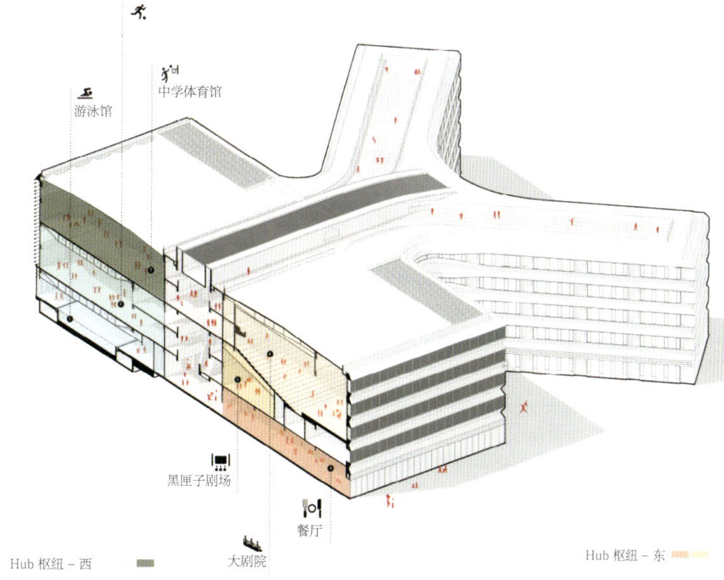

剖面分析

杭州国际学校是最早进驻杭州的 K-15 国际学校，2018 年于钱塘江南麓的白马湖畔建设新校区，包含小学、初中、高中三个学部和独立的 ECE 幼教。基于来自校方的非传统教育理念的诉求、场地的客观条件限制和建筑师的自我反思，设计通过重新理解教育意义，实现以集约型用地和高效能空间为主要特征的、以共享与交流为空间主导的新教学场景构型。

项目场地呈“L”形，与南北朝向呈约 45° 夹角，业主方要求主教学楼和幼儿园在地块内分开设置。考虑到学校采用“走班制”教学模式，在赋予学生自主权的同时，也会因走班择课而产生大量的时间损耗。因此，如何围绕“效率”留出更多时间供学生进行课余的交流与活动成为设计的出发点。

“Education Hub（教育枢纽）”是以非线性、平台化的方式统筹整合教学空间要素，从而创造更为高效、共享、平等的学习体验；而综合体的形体策略则以最紧凑的方式组织校园动线，满足国际学校全天候、全气候的教学空间使用需求，并最大限度释放户外场地。

设计将全校师生共享的活动空间置于建筑中心作为 Hub 枢纽，包括餐厅、黑匣子剧场、大剧院、游泳馆、小学生体育馆、中学生体育馆等。在满足日照、排除遮挡、各年级独立划分的前提下，四支等长的教学组团与 Hub 枢纽呈 45° 斜角接驳相连，形成了功能场室围绕共享空间的向心集中式组合，更有利于公共活动的开展，鼓励聚集，促进交流。

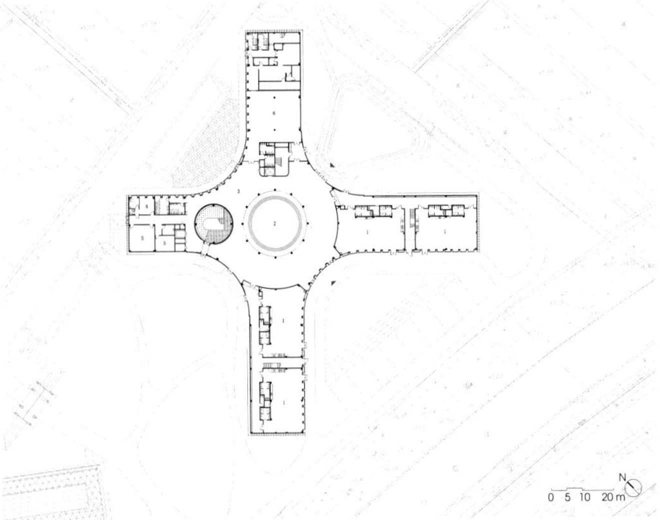

ECE 校区一层平面图

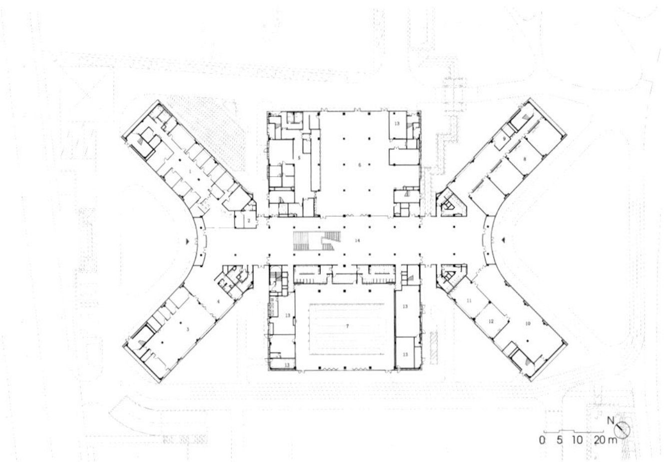

主教学楼一层平面图

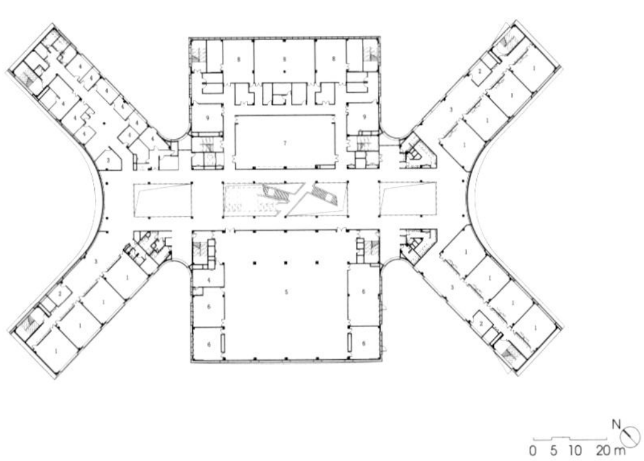

主教学楼二层平面图

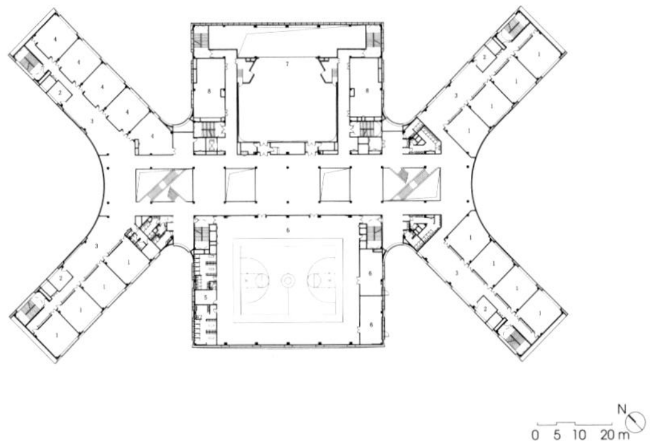

主教学楼四层平面图

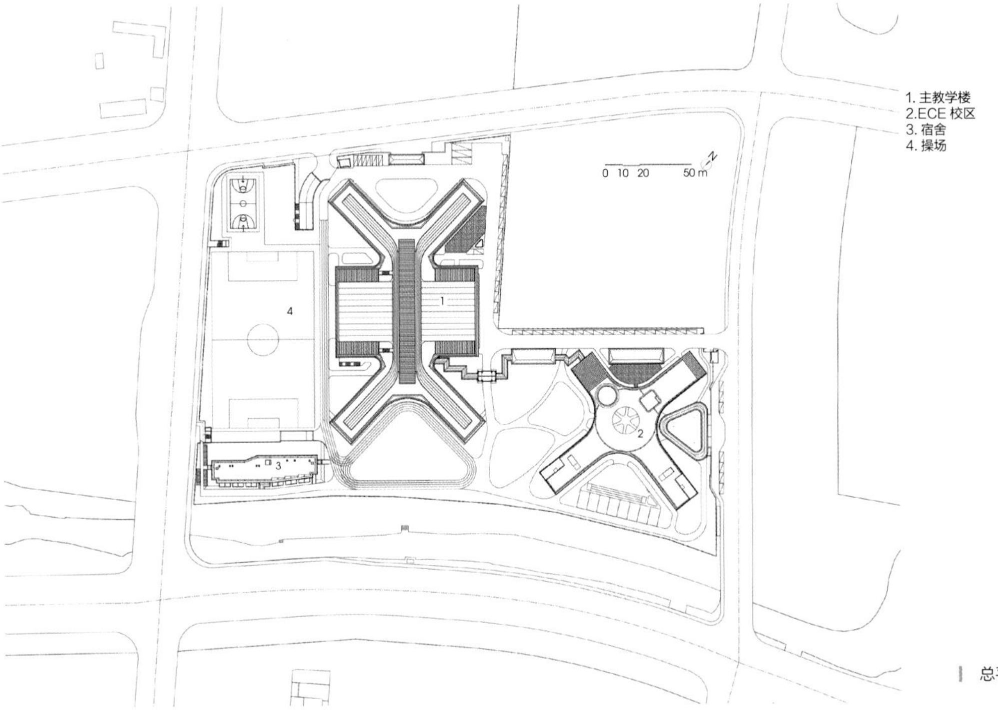

总平面图

中庭楼梯是Hub枢纽的空间引导和组织者，同时与门厅大阶梯、教学组团内的廊道等串联成连贯的社交平台。在矩形规整的方盒子体量中，通过交错、对话等形体变化，其结构本身也是具有趣味性的空间景观，打破冗长的流线，融入共享枢纽。在主教学楼的四支教学组团中，设计仅在廊道单侧设置教室，另一侧则留出4.2 m宽的非结构化交往空间，创造出多个可以停留、发生活动的空间节点，以此激发偶遇和即兴的讨论。正式与非正式的功能混合，催化出一系列教学行为的多样性，回应非线性教育理念的初衷。

一方面，Education Hub所形成的中心放射式平面构型借鉴了现代枢纽类建筑灵活分区、配套共享等优势，以提高集约型用地的空间利用率和灵活度。另一方面，通过用非传统教学主体的活动空间取代通常的视觉或权力的中心，转而创造一种去中心化的更为平等的校园师生关系。Education Hub不仅是对未来教学场景的构想，同时也可以是一种适用于广泛集约型用地的教学空间原型——以有限的用地释放最大的开放活动空间，并创造更为高效、共享的校园新体验。

2F

泊心域社区邻里中心

项目地点：黄冈市红安县

建筑面积：2 284 m²

建筑设计：line+ 建筑事务所

设计主持：孟凡浩

设计团队：苏可伦、杨含悦、沈瑞

设计时间：2022 年 1 月

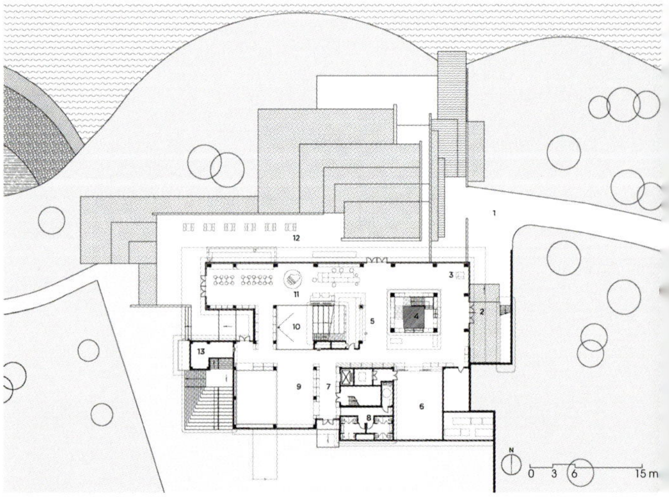

1. 落客区
2. 主入口
3. 服务台
4. 书塔
5. 综合服务 / 水吧
6. 多功能室
7. 电梯厅
8. 卫生间
9. 展示空间
10. 舞台
11. 落日书吧
12. 户外休闲区
13. 设备间

总平面 + 首层平面图

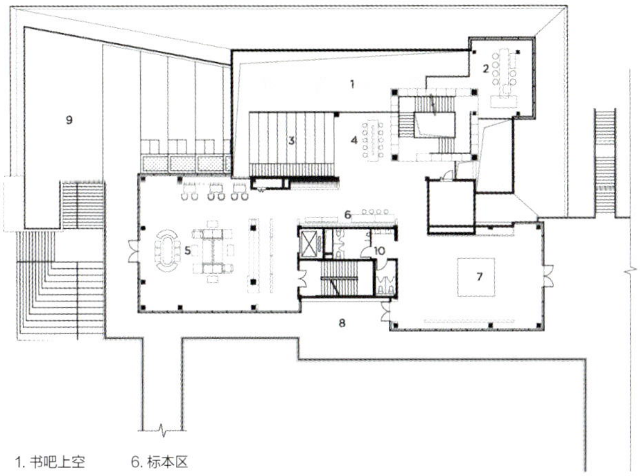

1. 书吧上空
2. VIP 室
3. 楼梯剧场
4. 休闲平台
5. 交流区
6. 标本区
7. 展示空间
8. 户外平台
9. 屋顶剧场
10. 卫生间

二层平面图

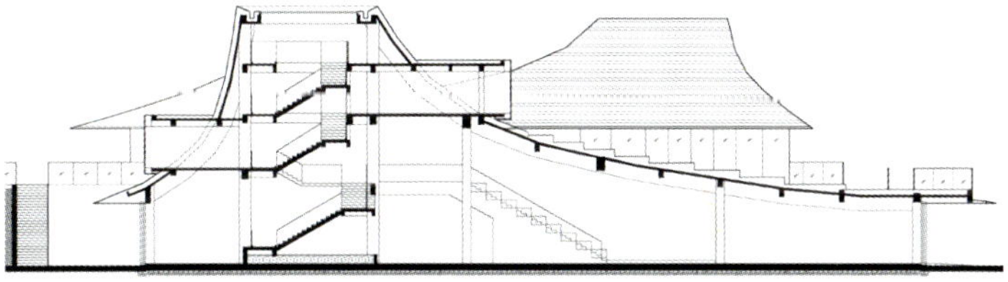

剖面图

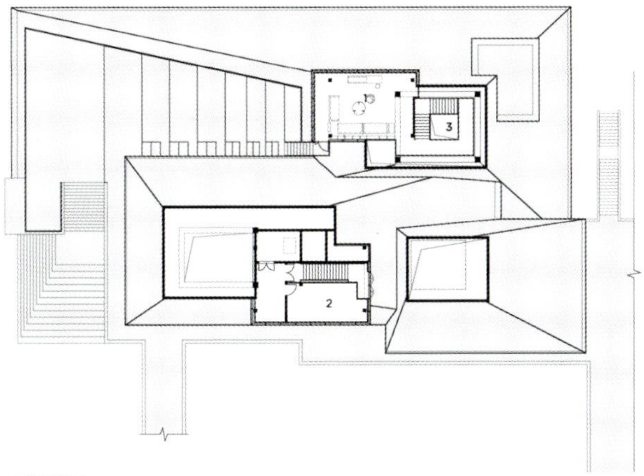

1. 观景盒子
2. 资料室
3. 书塔

三层平面图

泊心域是坐落于武汉城区以北的文旅度假社区，以旷野、湖泊为原生自然的社区环境。泊心域社区邻里中心旨在承载社区的公共生活，不仅满足多元丰富的活动需求，还包括精神重塑的目标。建筑设计以“光”为媒介，在扁平化、去中心化的时代趋势中回归“日常的中心性”，以此重新建立人与人、人与自然的亲密关系。

场地的自然属性首先决定了建筑布局的朝向——直面西北，向自然过渡延展；背靠东南，为社区提供方向指引。设计将阅读、交流、展示、剧场等功能模块进行组织，并覆盖连续的大坡屋顶，向内集聚，向外延伸。设计着重对黄鹤楼和当地传统建筑的檐口形式、色彩色调等关键要素进行类型提炼和抽象演变，生成以飘檐与观景挑台相嵌的屋面形式，暗含磅礴深远的在地建筑文化。巨构屋面不仅在形式上构成了社区坐标的中心意义，对内部空间而言，屋顶和天光还具备了更深层次的精神性和媒介的可塑性。

建筑整体采用钢筋混凝土结构基座＋局部钢结构屋面的结构形式。三个耸起的屋顶，既是结构的中心，又是空间的中心。因此，设计构想了“书塔”和“光庭”的概念，将尺寸较大的构件整合其中，在此基础上搭建屋面的弧形框架梁，而竖向挑空的中庭在自然光线的作用下将形成独特内向的场所氛围，以此寻求结构与建筑的中心性耦合。北侧的“书塔”强调“内”，在螺旋向上的路径中，

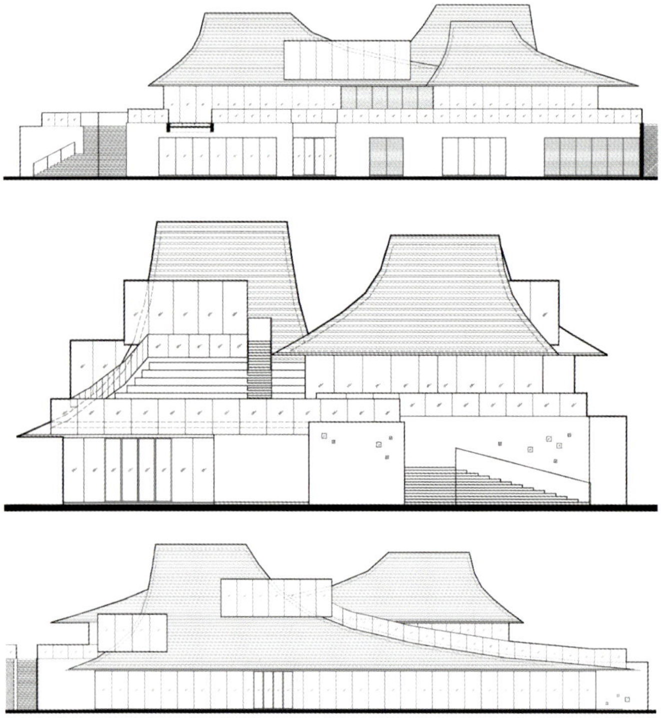

立面图

只通过天窗与外部对话，将视线与身体知觉更向内聚焦。西侧的“光庭”强调“外”，支撑结构为底部创造了充分的流动空间，无遮挡的天光倾泻而下，通透而舒展。

屋面以下，主要的室内空间取消了明确的墙体界限，而是由缓坡屋面直接产生限定，使得空间流动统一、场景自由切换。屋面以上，通过隆起和延伸产生活动界面，并置入采光天窗、湖景视窗等小尺度体量，将自然光线、湖泊风景向内收拢，其中西面缓坡与二层户外平台衔接作屋顶剧场，构成内外互通、开放多元的活动场所。

屋面采用阶梯板金属屋面系统，立边线条明显，在阳光下显现温润的光泽质感。屋面檐口的收边处理沿用同种金属屋面板，使屋面和吊顶连续完整，轻盈纤细的檐口与大面积的隐框超白玻璃幕墙共同产生深邃的无边界感，消融于旷野山林中。

长三角一体化示范区：
丁栅水乡 SOHO 智慧粮仓

项目地点：嘉兴市嘉善县

建筑面积：1 370 m^2

建筑设计：line+ 建筑事务所、MLA+

设计主持：朱培栋

设计团队：邢明泉、包望韬、赵胜耀、高科、梁仕秋、刘相均、周文煜

设计时间：2022 年 1 月

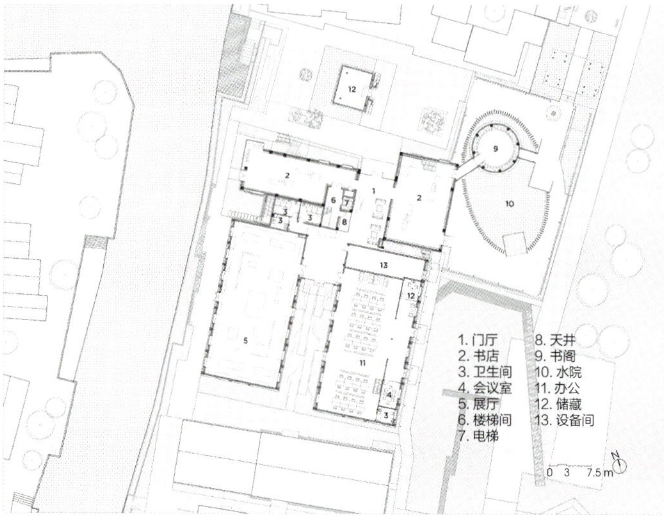

总平面 + 首层平面图

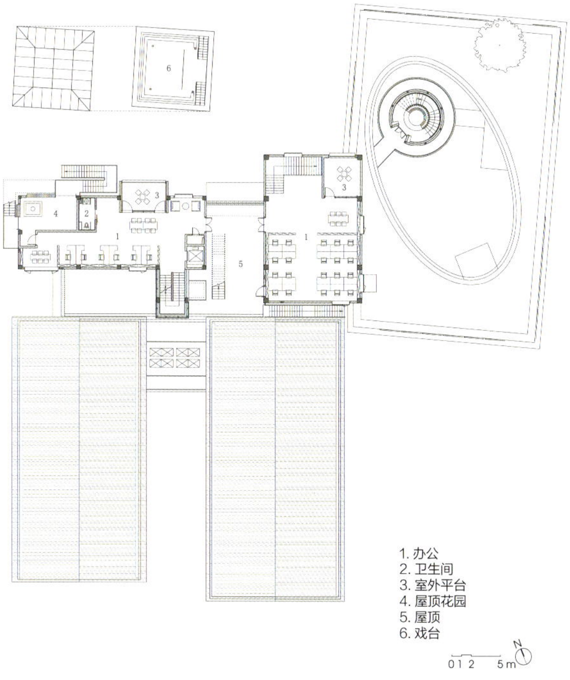

二层平面图

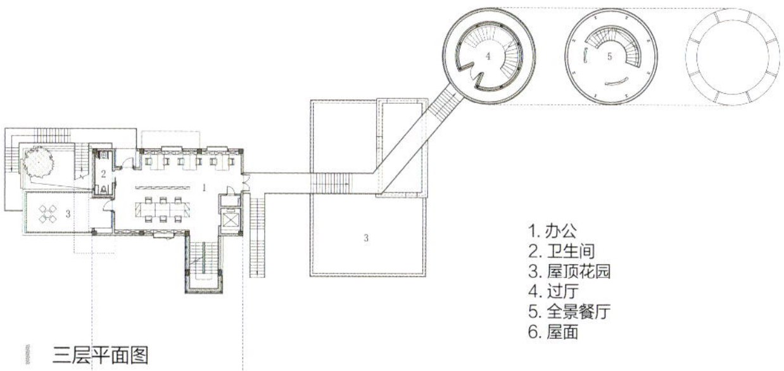

三层平面图

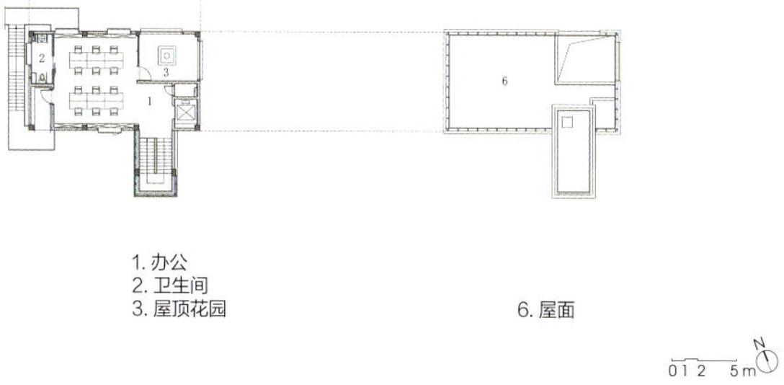

屋顶层平面图

丁栅，地处沪苏浙三地交界，在经历城市发展要素单向虹吸后成为空心化乡镇。在“长三角一体化示范区”发展机遇中，设计尝试寻找一条新的路径，集研究、策划、设计于一体，对城镇历史生产遗存进行价值认知、内容置入与空间改造，并以产业更新为触点，促使生产要素向乡镇流动，渐进式地实现生活与生态场景的重建。在焕新丁栅生活、重塑丁栅精神的同时，为从前的乡镇居住者找到情绪共鸣，也为未来的内容生产者提供体验与实践空间。

在建筑的历史价值、使用价值和结构安全性等一系列甄别研究的基础上，根据既存的空间格局与粮仓的原有功能，我们将“圆筒粮仓”定位为“知识共享会客厅”，“房式仓”粮仓组团则定位为“创业办公空间”，激活粮仓由“农业生产”向“智慧生产”的转型，以及由“物质坐标”向“精神坐标”的迭代。

以“圆筒粮仓”为公共中心，设计将位于场地中部的零散的

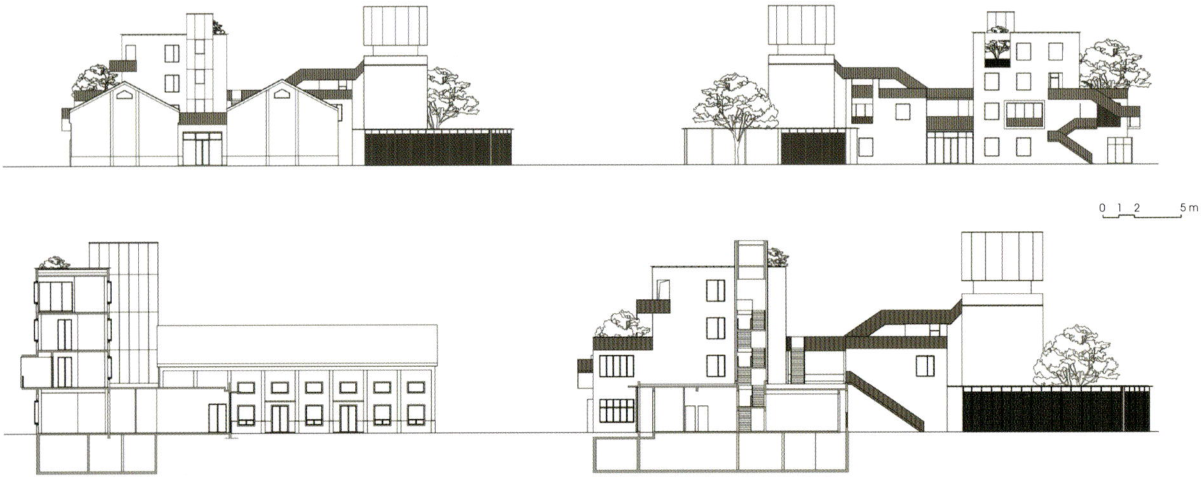

立面图

遗存建筑单体整合为厅、院、亭、径、台等完整的空间序列，形成承载阅读、休憩、观览等功能的立体园林。位于场地南部的房式仓办公区为原有粮仓复建，建筑与室内设计摒弃修旧如旧的传统思维，转为新旧元素并置。窗洞更新在沿袭原有预制拱的基础上进行开洞，内部结构构件作为装饰元素保留。建筑内局部增建二层，为创业群体所需的办公、交流共享与休闲场景提供并置与改造条件，形成多元融合的试验场。

通过对粮仓遗存空间中层叠的时间与空间信息的再组织，封闭的粮仓转化为集合多元文化功能的创意场所，由此吸引注重环境与空间品质、交流体验的产业要素的持续植入，将促使粮仓单一生产结构的转变，使丁栅融入共享城乡发展资源的试验场，与周边水乡集镇共同构成缝合长三角都市边缘的跨界发展地。

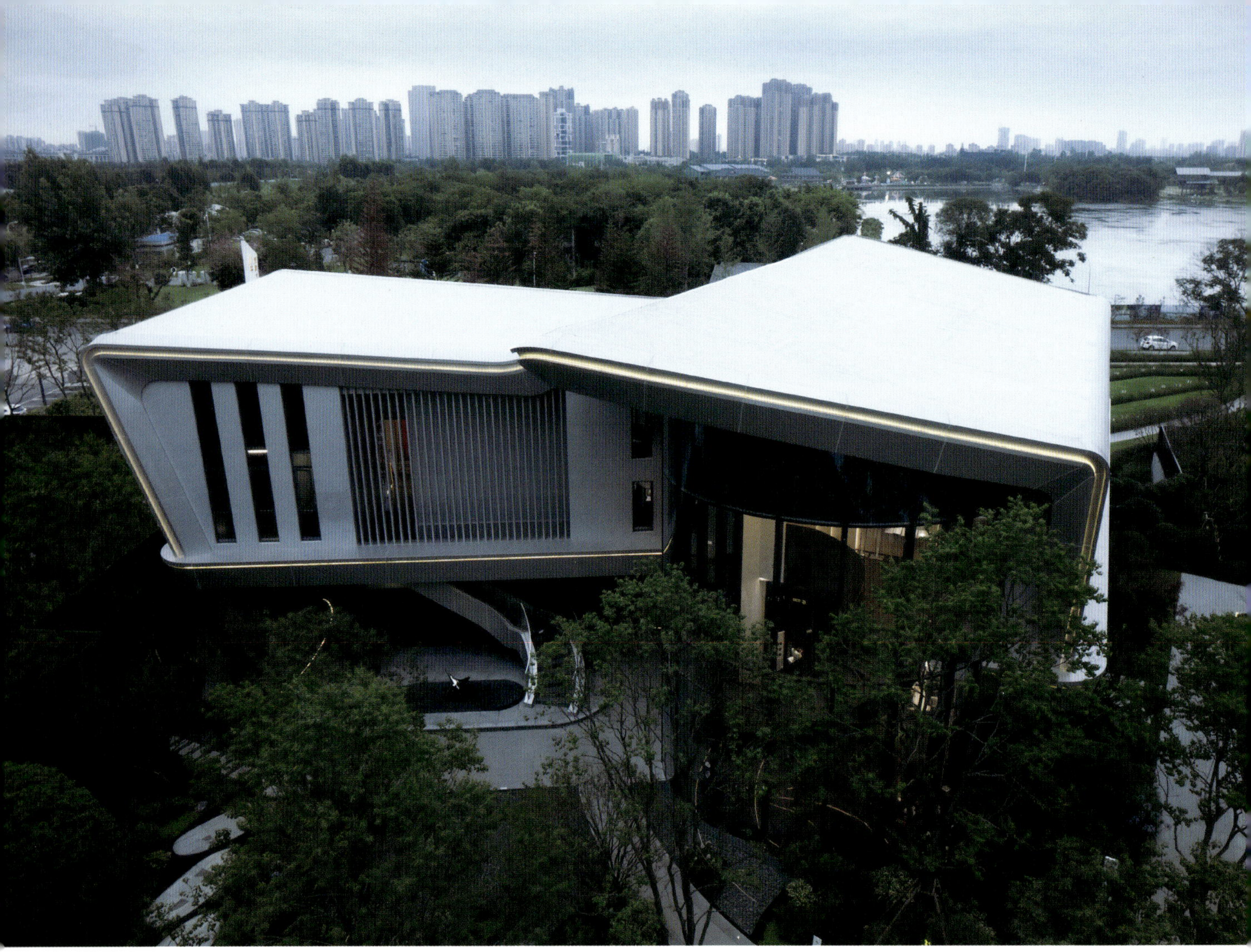

成都首开金地：鹭鸣北湖社区中心

项目地点：成都市成华区

建筑面积：1 178 m^2

建筑设计：上海成执建筑设计有限公司

设计主持：徐鹏

设计团队：陈首都、余快、徐子昂、彭思明、李海洋、陈凡、肖睿、梁洪艳、熊健、赵天龙

设计与竣工时间：2021—2022 年

总平面图

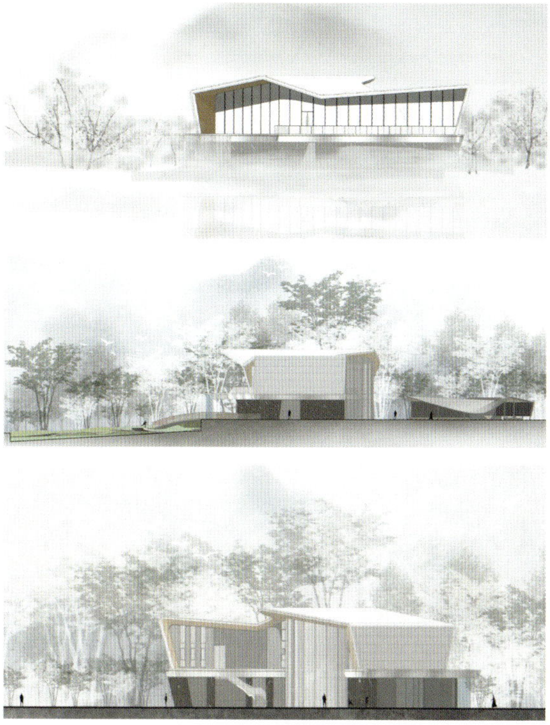

立面图

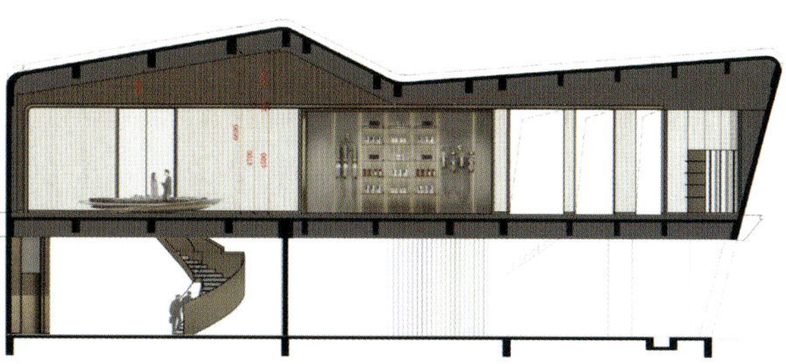

剖面图

一层平面图

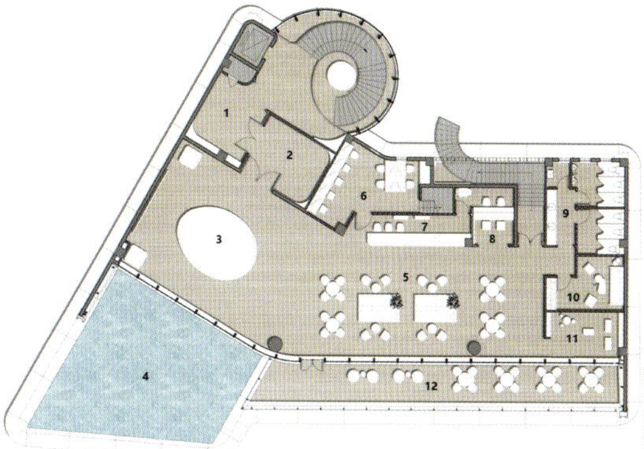

1. 接待
2. 品牌展示
3. 沙盘展示
4. 无边界水池
5. 洽谈区
6. 营销办公
7. 水吧台
8. 财务室
9. 公厕
10.VIP 室
11. 儿童活动区
12. 露台

二层平面图

1 临水而设

本案位于成都市成华区北湖公园中，周边被湖水和植被包围，仿佛在一座小岛之上，每当清晨或者雨天，整个基地都被烟雾所笼罩，示范区犹如一条停靠在岸边的小船，静候“佳人”。

穿过绿地，我们结合景观打造了一条毫无遮挡的视线通廊越过建筑周边的水景，引入人流，通廊周边不设高大树木，穿行在自然中，水雾缥缈，富有趣味。

2 舟泊烟渚

以景观为底，通过大面积的水景，托起建筑这艘船；以深色的弧形墙面，消解架空层原始结构的刻板，同时整个架空层采用下小上大的维护装饰，让整个一层“消失”在环境中，进而让二层的建筑仿佛飘在空中；配合景观雾气的设置，真正实现了“舟泊烟渚”的意境。

建筑一层与景致共融的灰空间，提供了一处赏景休憩之所，铺地、屋面、柱子等建筑元素与自外延伸而入的水景模糊了建筑内外部的界限，使两者成为一个有机的整体。

设计通过无人机对视线高度的现场模拟求得最理想的视线高度，二层沙盘区前设置了无边界水池（平均出挑至少 6 m，最大出挑超过 8 m），达到人造景观和自然景观的无缝连接。

为了不让一、二层的表现过于脱节，二层无边界水池边缘暗藏一道水幕，潺潺水流自上而下，营造出小桥流水人家的意趣。

示范区的主要功能置于二层，在这样的视线高度观望，将享受更多更远的湖景资源。

步入接待前厅，整个空间以弧线开篇，云石灯片的弧形背景墙结合金属材质，使得柔和的暖白光与金属质感的精致色调相互交融，形成空间中截然不同的交界感。

驰骋的游艇激起翻滚的海浪形成漩涡，演变成旋转楼梯的灵感来源，极简线条结合金属涂料，勾勒出漩涡之形。10 m 通高的超白玻璃正对中心庭院，给人以丰富的视觉及空间体验。

3 匠心精筑

建筑立面取意“舟泊烟渚”之“舟”，以玻璃幕墙与金属线条共同勾勒出建筑的整体形象，流线型的形体关系流畅舒展。

建筑首层架空，利用深色仿石铝板装饰结构柱，弱化其存在，同时采用下小上大的倒锥形结构，让整个建筑呈现一种飘浮感、失重感。

二层主体空间以大面积超白玻璃和香槟金、香槟银铝板为主，打造一艘极具动感的“舟”。自上而下看，香槟金色格栅天花板增强视觉效果，香槟银铝板与灯带勾勒出波浪般起伏的屋面。

后场的设计偏向内敛克制，以实景中庭景观及样板房为主，重在环境的体验，建筑退居二线，把一些辅助的功能房间置于临近后场的区域。

后场的庭院中，设计更加活泼，极具流动感的铺地点缀花草，场地角落依地形设计一处小亭，波浪形的屋面与展示区主体照应。

渡渡美术馆——峪口国际艺术小镇艺术交流中心

项目地点：榆林市佳县

建筑面积：6 684 m^2

建筑设计：北京主题纬度城市规划设计院有限公司王永刚工作室

设计主持：王永刚

设计时间：2021 年 2 月

项目位于陕西省榆林市佳县南部峪口村，黄河岸边，沿佳吴线，有着沧桑磅礴的自然景观和厚重深远的人文精神。

本项目是整个艺术园区的功能完善和补充，将艺术创作、交流、生产、培训融为一体，形成园区完整艺术创作体系的空间支撑。

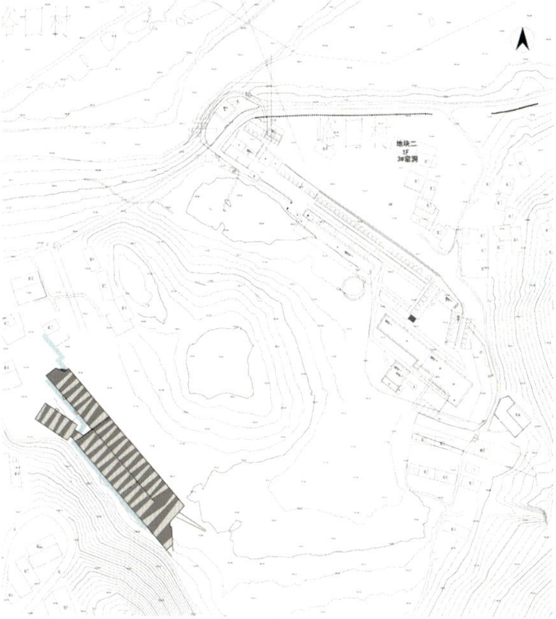

总平面图

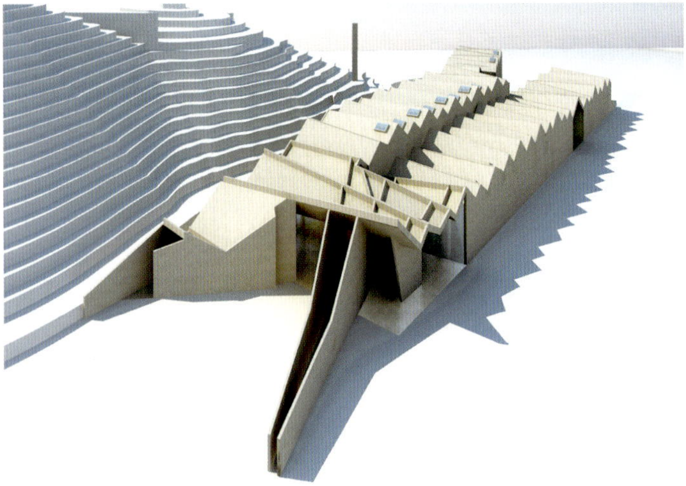

建筑方案效果图

入口空间效果图

北侧生活区内庭园效果图

艺术工作区立面效果图

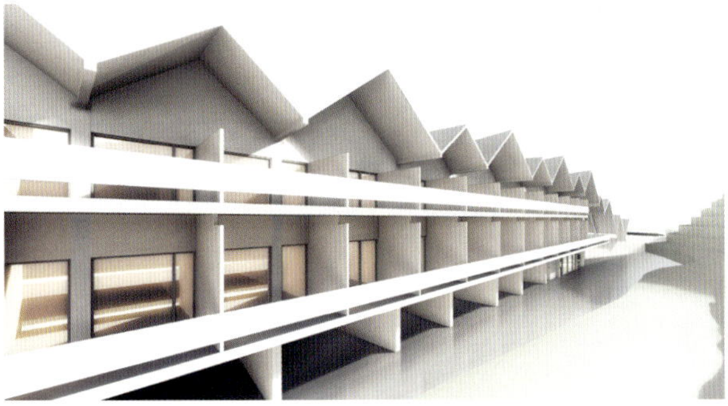

艺术驻留区立面效果图

北侧生活区立面效果图

艺术工作区效果图

艺术驻留区效果图

建筑整体形象呼应现场地势地貌。以园区主创艺术家刘若望的艺术作品为展示环境的需求并形成对话，同时也以其作品的张力作为建筑空间精神。建筑整体与现场环境相呼应，空间布局以现场最佳的空间展览活动为依据，以现场留下的空间为主，不以建筑本身为主，从而让来这里的各种文化背景的人们体验到现场环境的力量。突出陕北高原、黄河岸边普遍的地势地貌在全国以及世界范围的独特性。建筑在某种意义上也是一件体现现场人文精神的雕塑。空间设计基于艺术工作需求，让建筑和艺术工作中

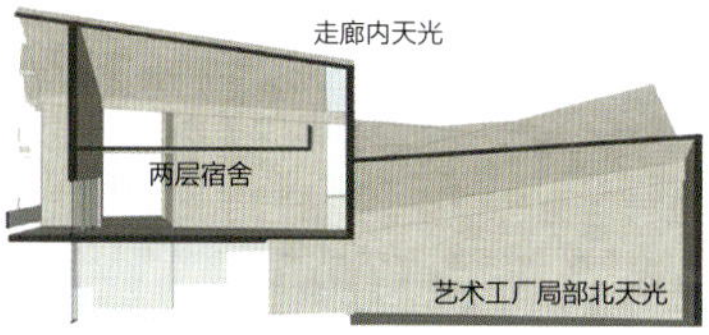

首层架空形成沿山体庭园空间
将艺术工厂的配套空间推至外侧

3-3 剖面图

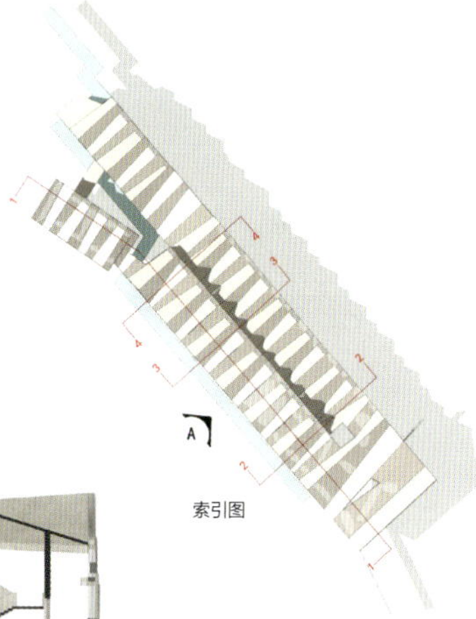

索引图

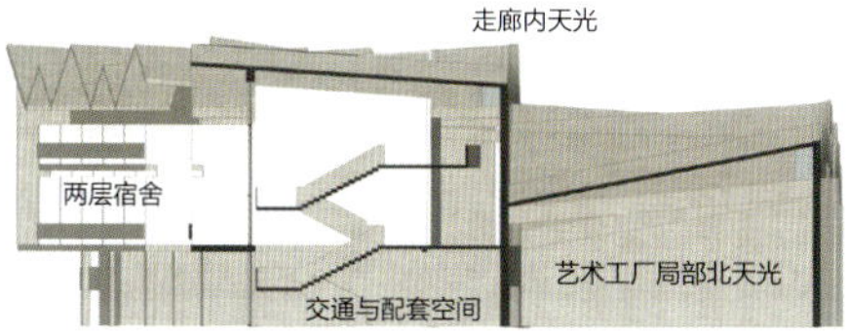

2-2 剖面图

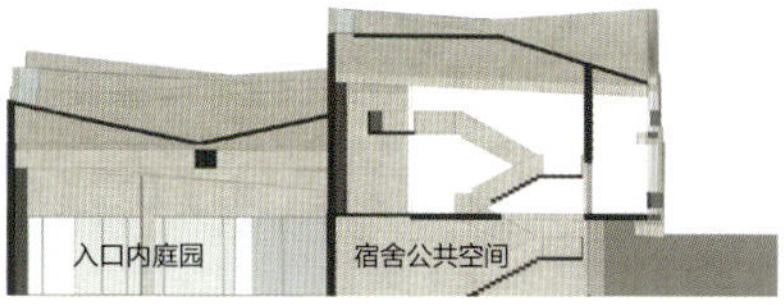

4-4 剖面图

1-1 剖面图

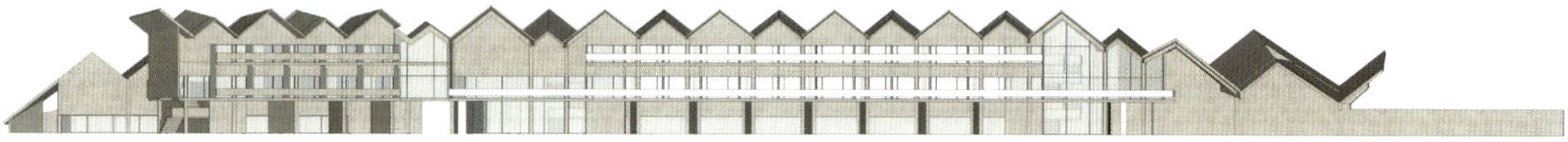

A 立面图

剖面图和立面图

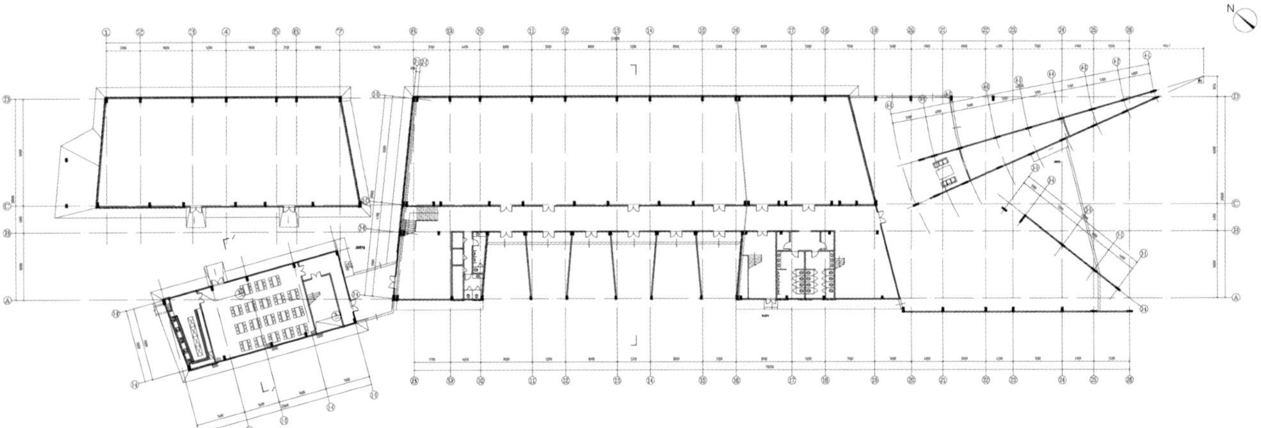

首层平面图

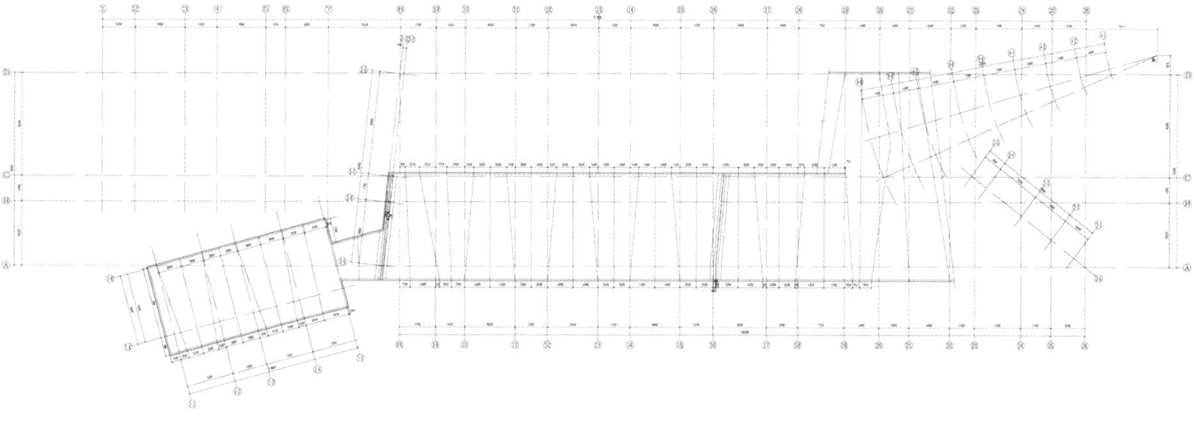

屋顶层平面图

的论坛、交流、展览、创作等行为紧密互动，起到支撑和促进交流作用。

项目总建筑面积 6 684 m^2，共三层：一层为艺术铸造厂、展厅、食堂，以及室外庭园；二、三层为宿舍。建筑设计理念源于对地域文化特征与艺术家作品精神气质的转换。

通过连绵起伏的折面屋顶呼应黄河地貌蜿蜒的趋势。将台地窑洞的空间特点转换为建筑前后两层连续折顶，同时结合艺术家创作功能需要，前部折顶为艺术创作与展厅的两层高挑空空间，满足艺术创作的大空间尺度需求，并通过天窗采光通风，保证外立面墙体完整、厚重形象。后部折顶为三层空间，首层架空，将其后山水系景观引入建筑空间，形成艺术工厂的室外庭园，更好地激发艺术创作灵感。二、三层为宿舍，面向山景侧设置外阳台，临山借景。

折顶在建筑南侧主入口处合二为一，形成入口精神空间。通过墙顶的一体结构形成光院、活动广场、水景以及户外围炉区。通过反梁悬挑形成力量感，呼应艺术家作品精神。

锐驰北京园区更新

项目地点：北京市通州区

建筑面积：6 626 m^2

建筑设计：北京市标准营造规划设计有限公司

设计主持：张轲

设计团队：Jiyoon Gu、于舸、孙青峰、周曦、张业瀚等

设计与竣工时间：2012—2022 年

锐驰公司委托标准营造将北京通州郊区的一个前工业区改造成一个新园区。园区以开放的自然景观为中心，将场地上原有的建筑物进行重新梳理和改造，赋予了办公区、生产区、生活区等多样化的新职能。

场地西侧长条形的前厂房被改造成一个综合性的办公空间，包含办公区域、会议室、工作营和一个与之相连的图书咖啡厅。改造在保持原建筑方正体量的基础上，在入口区域设计了一个令人惊喜的空间。从压低的挑檐进入南入口，两层楼高的混凝土弯曲屋面形成雕塑空间，光顺着曲面顶端的细缝落下来，营造场所的精神性。

办公区域本是一个纺织厂，现从原体量中减去一个条状的庭院，将空间一分为二。内敛而开放的空间和均质弥漫的光线让人想起北京老城区传统的庭院空间。办公区域的屋顶上设计了一系列圆形天窗，使空间在一天当中都拥有亲近的自然光。

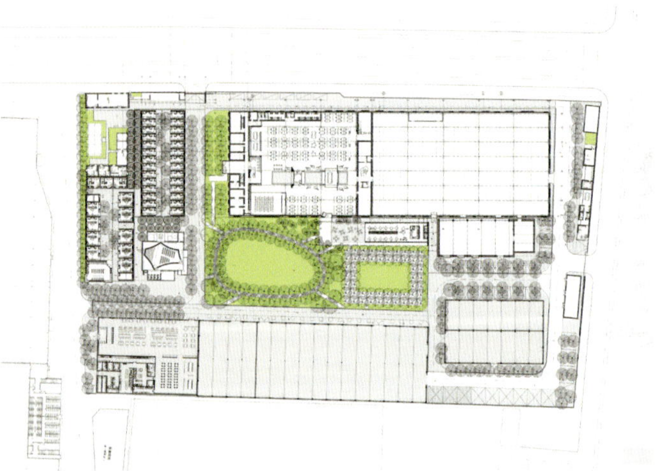

总平面图

在办公区域的北部，一个雕塑般的三折楼梯通向二楼的行政休闲区，一行行巨大的混凝土天窗照亮了整个空间。这里直通东侧的图书咖啡厅屋顶，拥有俯瞰整个园区的开阔视野。

建筑的最北端作为锐驰的工作营，在这里进行各种实验性的设计和工艺探索。空间中保留了原建筑的结构，将原有的双坡屋顶改造为一系列线性朝北的天窗，创造了一个均匀平静的空间。

新园区流动而开放的设计理念反映了锐驰的企业文化。

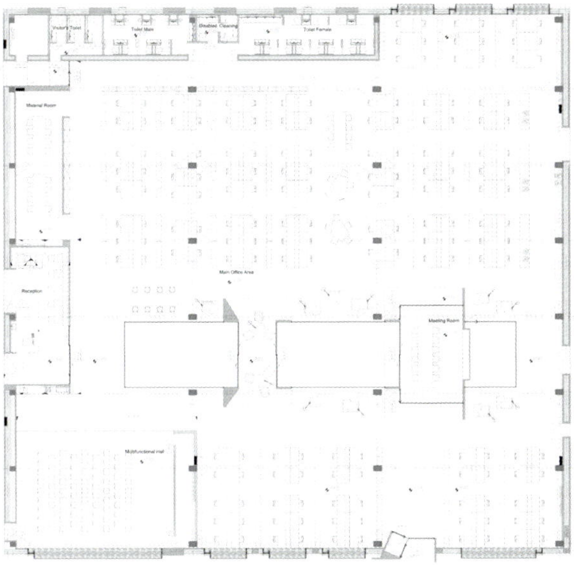

办公区平面图

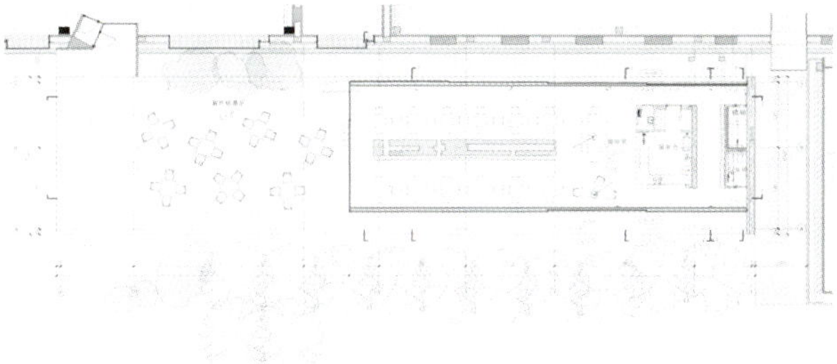

图书咖啡厅平面图

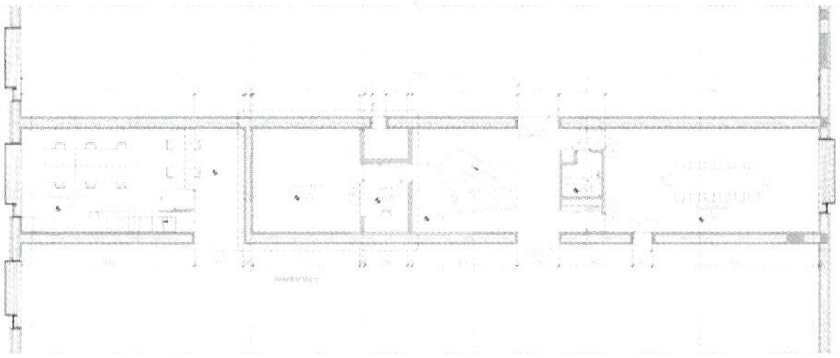

行政区一层平面图

万州雍江上境展示中心

项目地点：重庆市万州区

建筑面积：3 357 m^2

建筑设计：aoe 事建组

主持建筑师：温群

项目团队：马剑宁、卢建、李建新、张璐、汤啸

竣工时间：2021 年

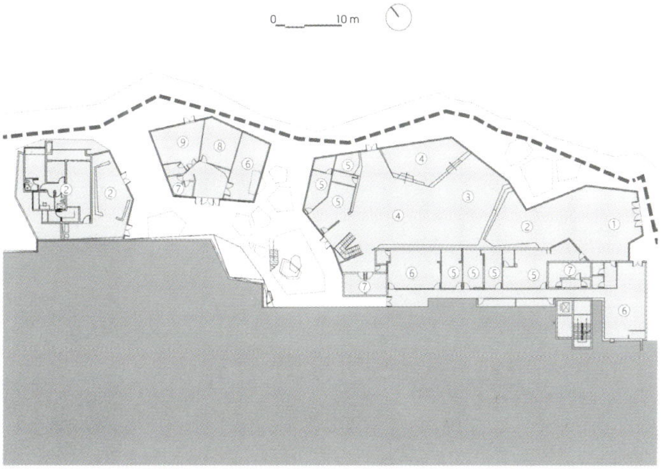

一层平面图

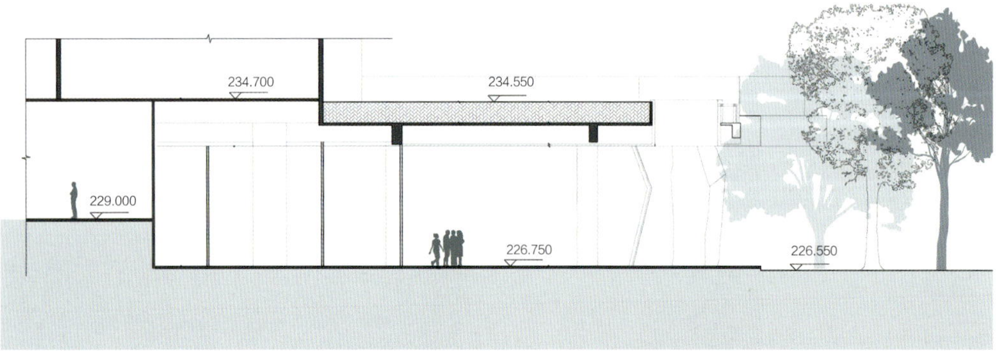

剖面图

项目位于重庆万州，坐落于紧邻长江、垂直高度约 30 m 的悬崖边上，得天独厚的场地为项目提供了独一无二的体验，同时也为设计带来了不小的挑战。项目总建筑面积约 2 000 m^2，包括联系悬崖高差的景观电梯、体验馆建筑主体，以及观赏江景的观景塔。

由于建筑位于山崖顶部，如何实现建筑的昭示性以及通达性成为设计需要重点考虑的问题，同时建筑需要与整体环境相融合，不能对环境造成破坏。于是设计灵感自然从山体而来，折面的建筑体量、折线的平面划分，曲折多变的内部路径，形成体量丰富、空间多变的模拟自然山洞的空间关系。

建筑的功能主体为玻璃多面体，根据功能形成几个离散的玻璃体量，柱子与玻璃体量完全脱开，柱子亦采用多面体石柱形式，与主体的玻璃多面体形成体量与材质上的对比。玻璃多面体被石柱撑起的屋顶所覆盖，屋顶同样采用折线形的建筑语汇，屋顶下

雍江上境

被石柱与玻璃多面体挤压出大量的缝隙，成为项目中丰富的灰空间，同时部分灰空间的屋顶被掏出大小不一的孔洞，同样采用多边形的形式，模拟自然岩洞的形态，阳光透过孔洞洒下来，更加丰富了灰空间的空间体验。

景观电梯作为联系 30 m 高差的重要交通空间，在体量上相对更具昭示性，但同时也会显得比较突兀。设计时如何在保证昭示性的前提下避免高大体量的突兀感？我们进行了多方案的比较，最终设计同样采用折线多面体的形式，电梯整体更像是一根石柱耸立在山体之间。电梯顶部休息平台处采用相对夸张的处理方式，形成冲突感强烈的体量关系，昭示入口形象的同时形成一处绝佳的观景处。

为了更好地欣赏江景与万州的城市风貌，设计增加了一处观景塔，观景塔突出于崖体之外，视野更加开阔，同时在刚进入观景塔时，设计通过两片墙框定了一处景观，借鉴园林设计中框景与借景的设计手法，形成步移景异的观景效果。

海口市国际免税城接待中心

项目地点：海口市秀英区

建筑面积：1 800 m^2

建筑设计：aoe 事建组

主持建筑师：温群

项目团队：马剑宁、卢建、李建新、张璐、汤啸

竣工时间：2021 年

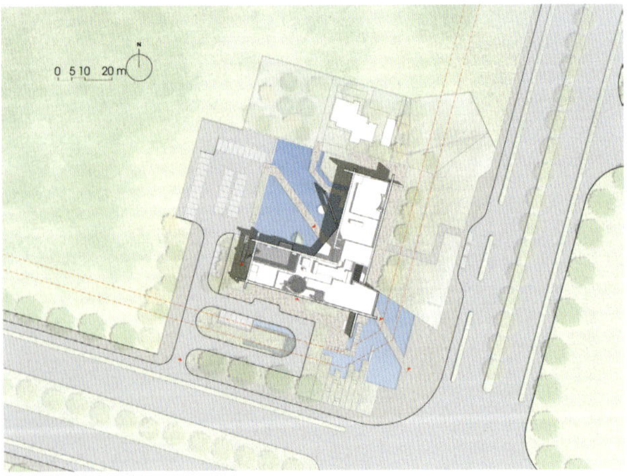

总平面图

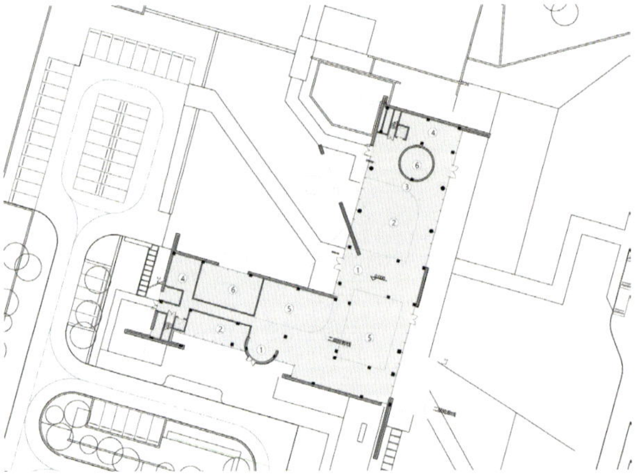

一层平面图

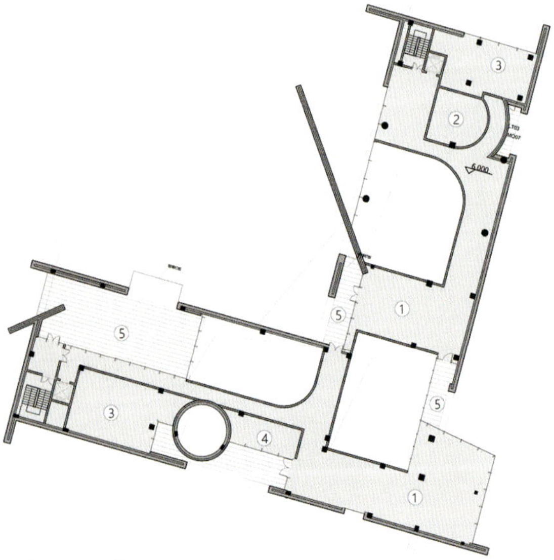

二层平面图

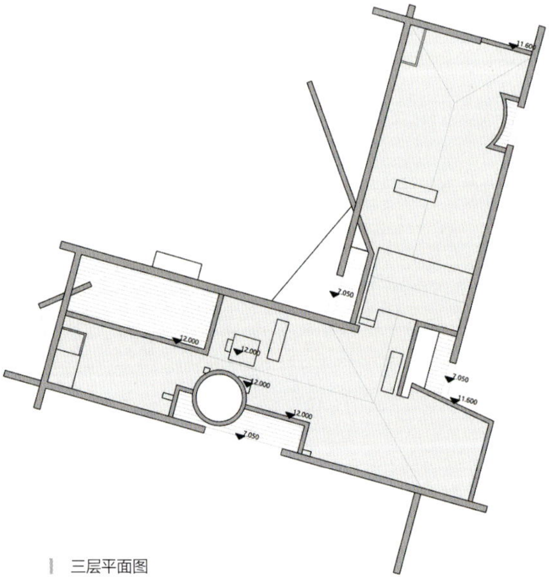

三层平面图

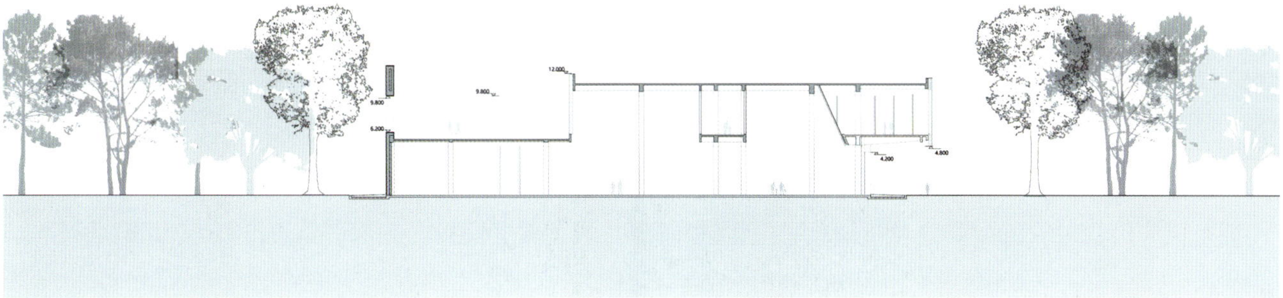

剖面图

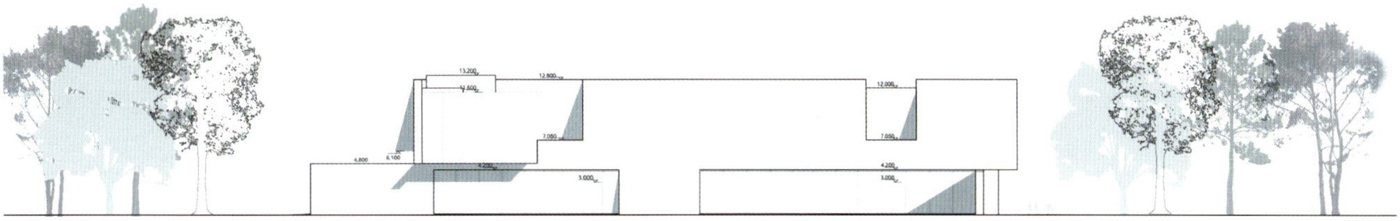

东立面图

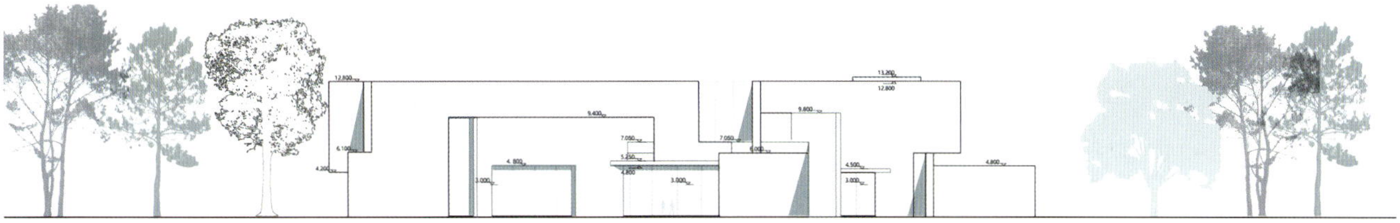

西立面图

建筑，最早在石器时代就已经出现，利用最基本的维护结构，为人们提供遮风避雨的场所。随着生产力的逐渐发展，建筑的功能不再仅仅是满足居住的基本需求，而是在功能性的基础上，注入了更多精神层面的追求。而这座坐落在海口滨海新区的建筑，不仅仅是一处售楼中心，更是一个现代化的艺术馆，是西海岸城市的门户，也是这片区域的精神堡垒。

在设计中，我们运用解构主义的手法，将建筑墙体进行拆解、重组，释放其形式和体量，再通过体块的穿插，来实现空间的无限可能性。而风格派的融入，又将建筑抽象、简化，使其本身成为一种艺术元素。

我们增加了外墙的厚度，以对其进行强调，形成强烈的建筑符号。同时在墙面插入窗与平台，让封闭的建筑对城市打开，同时也将城市事件引入建筑，成为公众创造事件的场所。

圆形元素的加入则更多地强调了建筑的几何感，弧形的墙面在外墙开洞处被展示出来，并使用截然不同的材料，在立面形成视觉的焦点。室内也在不同形状体块的穿插中，形成了丰富而变化多端的空间。

在立面色彩的选择上，我们考虑了海口全年温暖舒适、日照充足的气候特点，选择了白色作为主色调，使建筑在视觉上更加明亮清爽。大面积的白色墙体像一块纯洁的画布，光影就像笔墨，在墙面作画，如同国画中的留白。

立面材料选择了横纹板作为主立面，在突出建筑的墙体和弧形墙面处，使用钛锌板作为点缀。横纹板的白色与钛锌板的灰色相互碰撞，形成强烈对比。而两种材料的肌理都来源于棕榈干的表皮，在使建筑更显质感的同时与周边的自然环境形成呼应。

项目在功能上分为两大区域：营销区和招商区。为了实现两个功能区的相对独立和建筑的整体性，我们将体块布置为“L”形。营销区域沿主干道布置，更具开放性。首层的洽谈区域使用了大面积的玻璃，空间明亮通透，内部的情景被展示给行人。而良好的可达性让行人也能很便利地参与到建筑内部的活动中。

与营销区相比，招商区整体则相对封闭，以保护访客的隐私。招商部分的功能沿城市次干道展开，在临街街面一侧，以实墙面隔绝喧嚣，视野在面对内庭院的一侧打开。访客通过钛锌板的圆筒进入建筑内部，二层对内设置了露台，可以欣赏内庭院的景色以及远眺整个片区。

紫晶国际会舍

项目地点：景德镇市

建筑面积：40 107 m²

建筑设计：朱锫建筑设计事务所

设计主持：朱锫

设计团队：Mauro Pagliaretti、张顺、刘亦安、由昌臣、刘伶、纪明、陈艳红、韩默、丛啸宇

设计与竣工时间：2018—2022 年

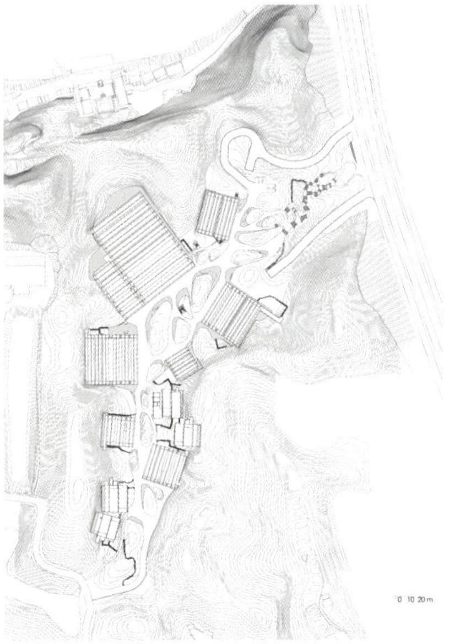

屋顶平面图

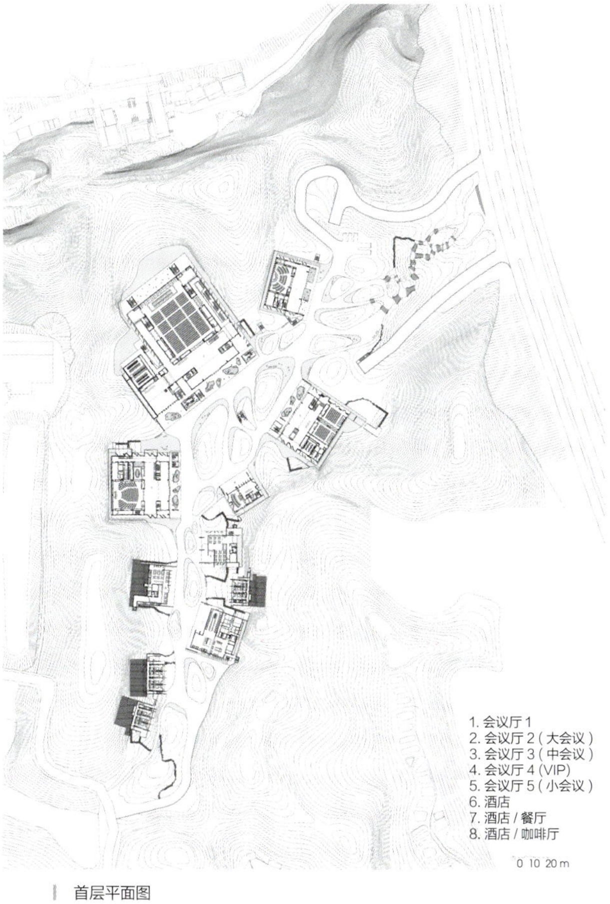

首层平面图

紫晶国际会舍坐落于江西省景德镇市区西侧的山峦溪壑之中，场地最初是一片原始自然、丛林密布的山间谷地，其后被人削山填壑，平整出一大片狭长的空场，作为汽车驾校的训练场地使用。山体的疤痕清晰地记录了城市化的鲁莽、贪婪。紫晶国际会舍是否可以是机会？让我们尝试一种新的态度、方法，去重新建立自然环境与人工造物之间和谐友善的关系。

与我们的传统建造文化不同，今天的城市建设不再从节能和人体舒适度的角度去探寻建筑智慧性的建造。所以，我们更希望这组建筑能充分尊重当地文化和当地人的生存智慧，并从中获得启发，这也是我们一直以来在不同地域的建筑实践中所寻求的根源之道。坐上婺源到景德镇的高铁，经常可以看到一个个村落自然地镶嵌在山谷溪流之间，它们大多背山面阔、坐北朝南。简单朴素的民宅彼此簇拥，散落在山脚下，节省出山谷间相对平整的土地留给农耕。远远望去，这些村落建筑就如同一个个小方块扎堆在一起，展现了人造物与自然环境之间的完美结合。村落、农田与山体所映射出的建筑和环境的大关系，既是当地人对自然风水观念的传承，也是对地理气候条件的积极应对。古人栖居在这片土地，思考的是如何从自然中获取生存资源，同时保持大地一直处于生机和稳定的状态。他们用最简单却又最智慧的筑造方式扎根于此，在日复一日的生活中，滋养、保护着脚下的生存空间，造就了人、自然、建筑之间的血缘关系。

思考如何在自然环境中建造原本属于城市的“会议中心”这一命题，就成为我们构想这幢建筑的关键。受到当地古村落与山水自然之间关系的启发，我们采用聚落的概念，把“会议中心”

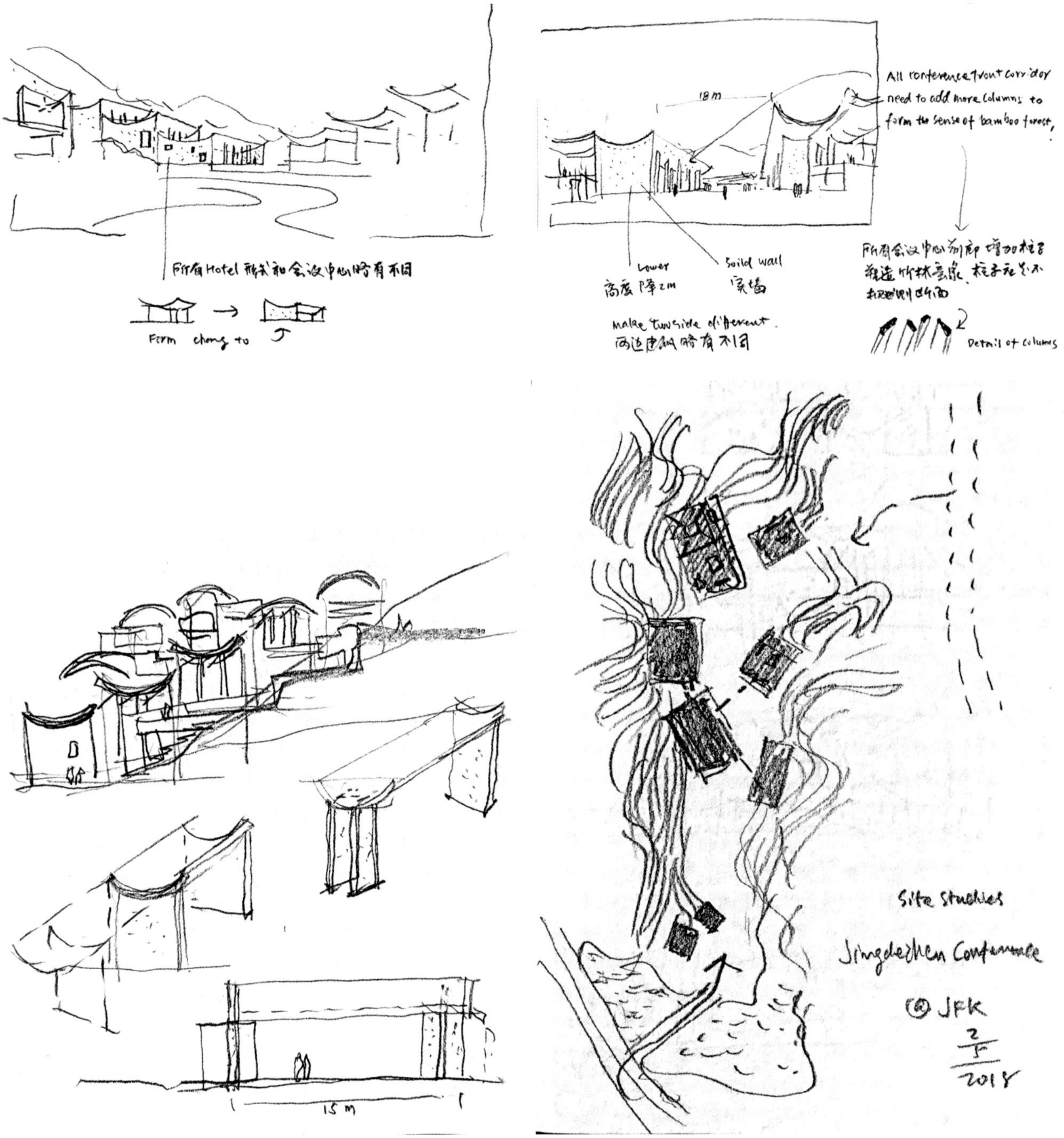

草图

转译为“会舍”，将所有功能居于一体的“会议中心”超尺度建筑转化为功能分散的单元式聚落“会舍”建筑，使其被消解在群山之中。每座单体都被推向山脚两侧，中间平坦开阔的地面被空出来，作为交往的公共场所。整组建筑伴随山势的走向水平展开，宛若江西古村落一般，联结现状山体，织补起已被人工破坏的场地。

在构想聚落式布局的同时，我们也对人们脑海中惯有的会议中心空间模式提出了质疑，早年建设的大量会议中心建筑，四周是围合的玻璃幕墙，中间是层层包裹下的“黑盒子”，人一旦进入这个封闭的会议空间，就切断了与外部的一切联系。而这个闭塞体系的维系，需要依赖众多大型的空调、新风、照明设备，无论阴晴寒暑都不间断地运行。这种做法在今天气候变化的大环境下，也愈发凸显其对人类生存的危害。

回望人类建造的历史，首先是一种基于生存本能和生活经验的行为，是当地的环境“压力”养成了人们的建造方式，民居的建筑特征也直接反映出本土的生存智慧。江西地域民居独特的

研究模型

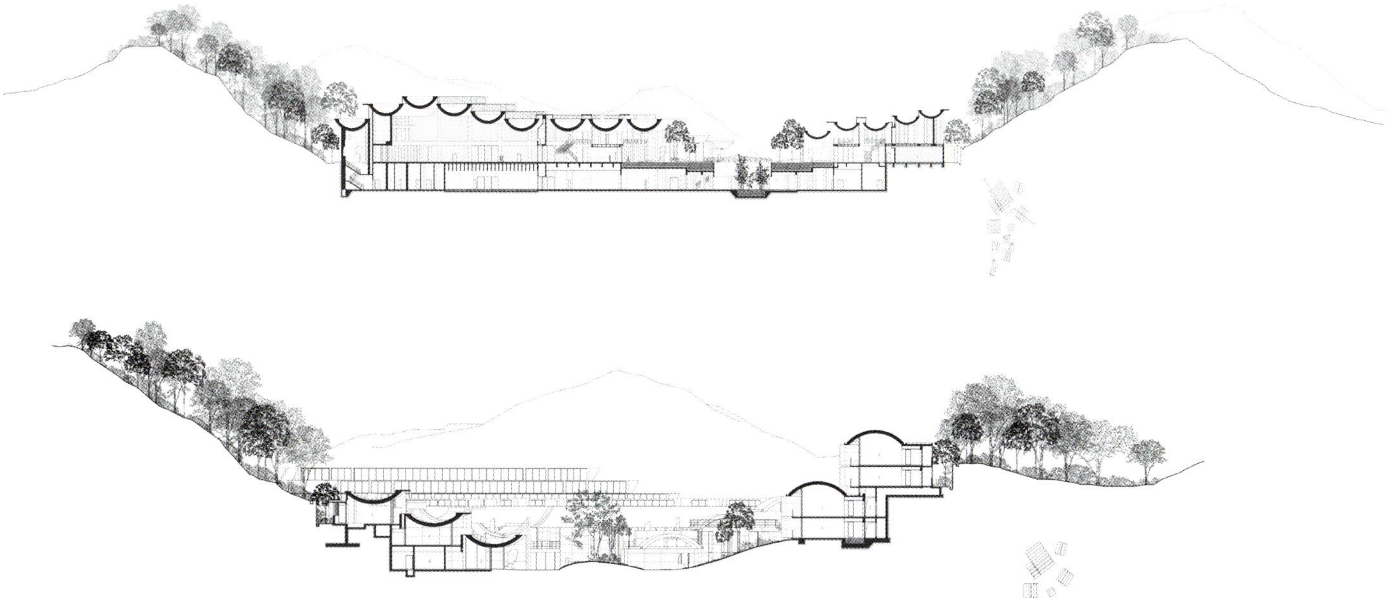

剖面图

地域文化特征很好地体现了自然和人文环境对当地建筑的双重影响。景德镇四季分明，夏季潮湿多雨，冬季寒冷多风。为适应残酷的环境，当地民居很注重遮阳避雨和自然通风，建筑充满了智慧。紫晶国际会舍，这组藏匿于群山之中的会舍聚落，应当继承当地的传统智慧，如同海绵一般兼收并蓄，灵活且策略性地吸纳自然的空气、光线，容纳人的活动。塑造一种自然开放、多孔流动的会议中心形式，它更接近“会”与“舍”的概念，既能拥有使身体流动向外的会晤场所，也能够塑造使思考汇聚向内的栖息之舍。

想要实现这样一组建筑，结合场地的复杂性，探索一种既简单、朴素、真实，又易于建造的结构形式就成为关键。在富有表现力的结构与材料中体现人、活动和建筑空间三者之间的血缘关系。在我脑海中最早构想的是这样一个结构单元（草图 1），一个单向大跨度的拱梁和两端支撑拱梁的钢筋混凝土结构墙体，构

成其结构体系的基本单元。拱梁结构单元可以复制叠加，这样的单元结构形式非常灵活，拱梁结构单元在高度上可以随山体不断变化。而且结构与结构之间也自然塑造了很多孔洞与缝隙，自然光线可以渗透进建筑内部，从而彻底打破了常规的黑空间会议模式。从建构的角度上思考，建筑形式即结构形式本身，几乎没有维护结构。我们试图通过结构的真实性与诗意化表达，找寻结构形式与建筑形式的同构和血缘关系，重拾其中蕴含的生存智慧和文化意义，以此来塑造一组朴素又充满诗意感受的“会舍”建筑。

大量向下倒垂、充满结构张力的反向单曲拱形作为屋顶单元反复组合变化，隐喻经过变异的中国重檐建筑形式。古代建筑中特有的富有弹性的屋檐曲线、由举架形成的略有反曲的屋面语言，都被充分捕捉在紫晶国际会舍层层叠叠富有变化韵律的巨大弧面中。错落的拱体调动光的折射与漫射以调节自然光线，结合天窗的开合与窗帘的控制，使室内空间实现了自然采光和自然通风的最大可能。能够容纳 1 100 人举行活动的国际会议厅的演讲台背后，安装有十几道高大的实木旋转门。根据会议的需要，这些木门可以闭合以塑造暗环境，而全部垂直打开时，在座位席瞬间即可欣赏建筑背后苍翠的山体与古木。置身其中，人们宛若在大自然中开会，窗户开启，清风袭来，或听雨声鸟鸣，疏朗通透，或观群山竹影，悠然惬意。

紫晶国际会舍在创作理念中，强烈地体现出了“自然建筑”理论中“不完整的完整性”的观念，从三个维度上实现建筑和山体自然环境的充分融合。首先从水平维度上，紫晶国际会舍的聚落形态在与自然交界的边界上呈现出里出外进、参差不齐的轮廓边缘，就像人的两只手十指彼此交叉，建筑借助自身形式的不完整，使其与自然环境形成有机的编织、缝合，融为一体，消除建筑与自然环境之间的边界。其次，在垂直维度上，单元式的结构体系也最大限度地展现了山地建筑的优势，可以随着山体走势高低叠落，看似简单的单元组合，却表现出富有力量的节奏感与创造惊喜的丰富性。舞动、升起的众多道拱形屋顶紧紧拥抱陡然升起的山体，在它们之间生成了巨大张力，也限定了在它们之间的建筑空间。自然地形、建筑、人的活动共同构成了生动、和谐的交响乐章。再有，在空间维度上，建筑与自然环境虚实相涵、内外相生。大量的半户外空间和联系山谷的平台将建筑与山体织补起来，几何性的消解，在建筑的边缘形成更加丰富的空间感知。为了适应南方气候，紫晶国际会舍布置有一系列灰空间，不同空间尺度的会议室之间，都连接有多处檐下的回廊、步道与平台，宽阔的出檐遮阳且避雨，在景德镇炎热的夏季创造阴影下的漫步空间。人们从每间会议室走出来，都有接触到山体、接触到自然的机会。在没有会议使用的时间段，这里依然是一个群山中可以闲适漫步的场所，缓步拾级而上，转角处可以发现藏于建筑之中植有翠竹的庭院，沿坡道下行，可以透过斜墙之间的缝隙远望会议室中发生的场景。与惯有的会议中心平面组织方式不同，使用者既可以从每座建筑的主入口进入前厅，再走向不同的会议室、休息室、宴会厅，也可以穿过各个衔接山体的步道、回廊、庭院，直接进入不同功能区的内部。六座客房单体亦是如此，从不同层高的房间走向室外，都能拥有驻足停靠的观景平台，或曲折进入林中的小径。这些经历都彻底颠覆了常规会议建筑与酒店建筑能带给人的体验，把会议活动的严肃与人的闲暇通过环境的塑造关联在一起。正如海德格尔在那篇具有深远影响力的《筑、居、思》中写到的那样：“希腊人所谓的边界并非事物的终结之处，相反，它是事物开始呈现的起点。”

几座大中型会议单体的第一个单元拱体屋面下，是若干横截面不尽相同的混凝土异形柱，以看似随机的方式林立在主入口前。层叠交错的异形柱随着视角的移动宽窄形态不断变化，倾斜射下的光线擦过坚硬且圆润的柱体，被捕捉为混凝土表层温润的釉面光泽和交织流转的光影。穿梭在其间，有宛若走入竹林的感受，又会渐渐体会到当代建筑收敛、抽象却富有诗意的艺术再现。人们可以在承载拱体屋面的混凝土山墙下久坐，透过墙面的异形孔洞，瞥见墙后悬挂的楼梯一隅。这样海绵式的“多孔”建筑，不仅可以包容阳光、空气、声音，实现空气的穿越流动、阴影的塑造和自然光线的引入。更重要的是，可以吸纳人的活动与情感。

清晨的朝阳薄雾，缠绵的阴雨虫鸣，任何时候，紫晶国际会舍都给人一种宁静、朴素、舒缓的栖居感受。

麓湖漂浮总部办公楼

项目地点：成都市天府新区麓湖生态城

建筑面积：70 463 m^2

建筑 / 景观设计：直向建筑

主持建筑师：董功

项目建筑师：冯超颖

设计团队：刘晨、张恺、王楠、孙栋平、马小凯、张益修、涂单、艾心、王艺祺、张菡、陈周杰、张钊、赵丹、滕晓彤

设计与竣工时间：2016—2021 年

漂浮总部位于成都麓湖生态城的北部湖岸半岛，由十一座独栋办公楼宇和它们围合出的三个院子构成。在这个项目中，我们希望用空间的方式向人们发出邀请，让更多的自然与公共空间为

一层平面图

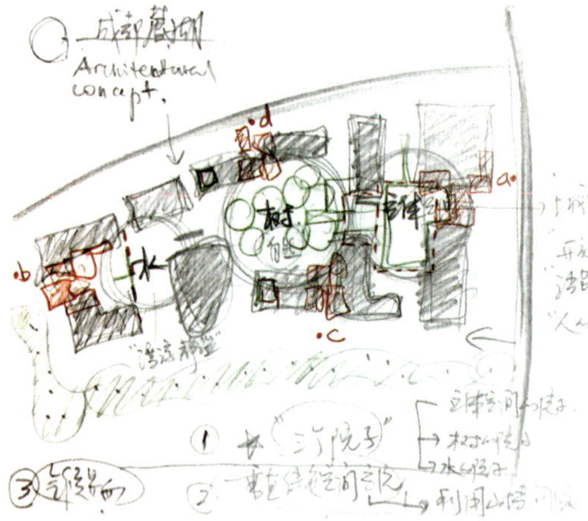

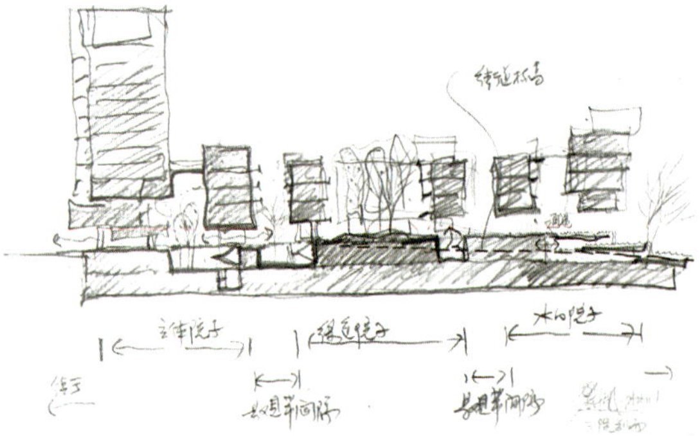

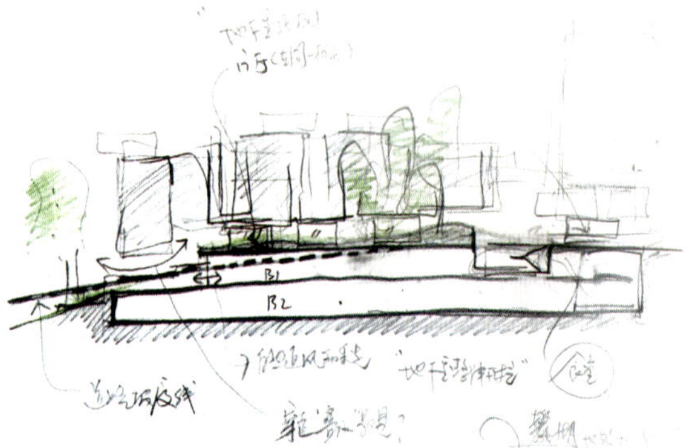

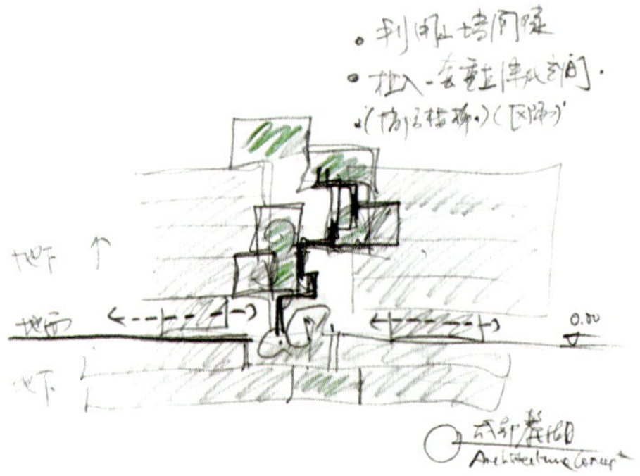

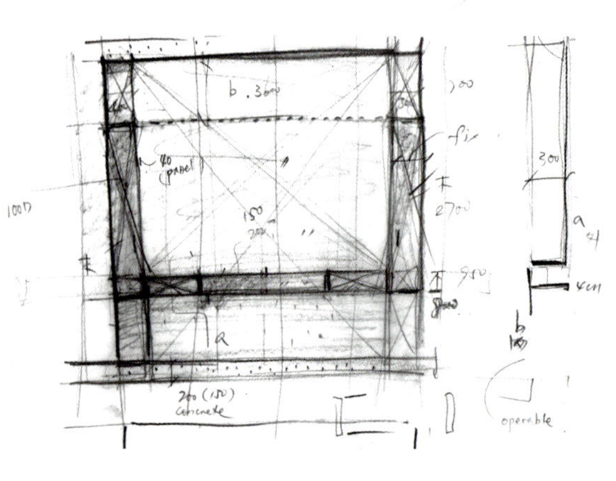

草图

高密度办公建筑及它所承载的生活方式带来新的可能。我们认为，城市街区最生动的地方在于公共空间里人与人的相遇或交流——这种真实而偶然的际遇，正是当代城市生活最重要的迷人特征。

在空间操作上，方案主要从水平和垂直两个方向进行系统性的规划设计。在水平方向上，我们采用围合状的院落式布局，为使用者创造出具有归属感的内向型空间。三个院子由北向南依次展开并相互贯通，立面采用统一的“格构系统”，建立起建筑群在城市中的结构基调和风貌。我们进一步根据每个建筑立面所面向的具体城市空间属性，在“格构系统”内定义不同的立面单元类型。北侧邻接城市的“立体院子”采用更为工业化的铝幕墙和混凝土砌块作为城市街道空间界面的主要材料，并设置丰富的垂直交通与下沉庭院空间，将城市的活力与多样性引入，完成从城市公共街区到相对私密的办公空间的过渡。中部的“树院子”是建筑群落中面积最大的开放绿色空间，立面主要采用木质板材，

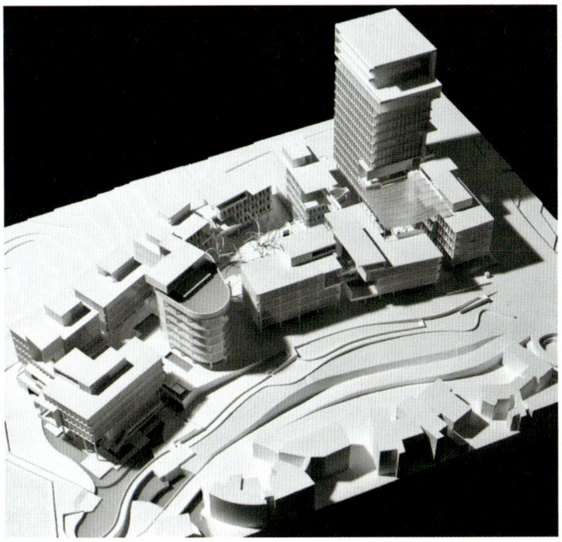

研究模型

结合幕墙垂直绿化，与更为自然的空间氛围相呼应。场地南侧是依循地势向下叠落的“水院子”，属性更为静谧，因此我们选择了对光线更为敏感、灵透的玻璃砖回应水的意象。架空层底部是大面积的开放水域，建筑漂浮于不同标高的水面之上，微风带起涟漪的同时，也有助于调节建筑空间的微气候。

在垂直方向上，整个建筑群落在地面层采取大面积架空及下沉的策略，十一栋总部办公楼宇犹如漂浮于地面之上。架空的操作不仅消解了围合体量的封闭感，也模糊了建筑的边界，在吸纳城市脉络的同时，创造出了一系列对城市与使用者充满欢迎姿态的公共空间。同时，我们在传统定义中相对消极的山墙之间建立了一套“绿色生长空间系统”，以化解疏散楼梯往往被当作剩余空间处理的问题。设计思考的起点是最大化各层可用面积，在相邻建筑山墙面之间设置一座共用的室外疏散楼梯，在满足消防疏散功能的同时，结合室外平台和垂直绿化建立起一套立体的公共空间系统。“生长空间”贯串起地下及地面层的开放绿化空间，沿着建筑山墙面，向上攀爬至十一座建筑的屋顶。人们将会在这里相遇——人与人、人与城市、人与自然的关系由此被延伸。

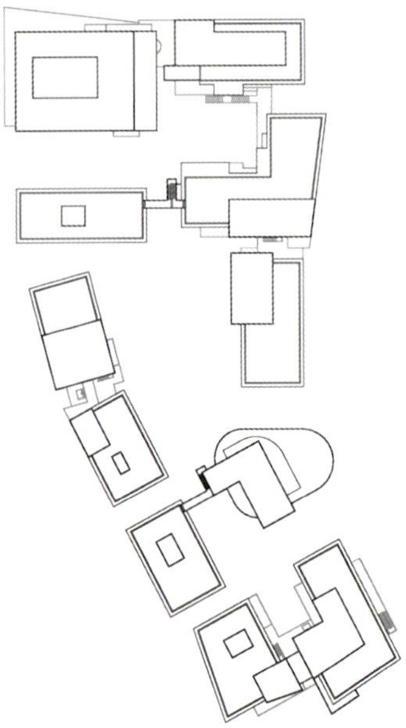

屋顶平面图

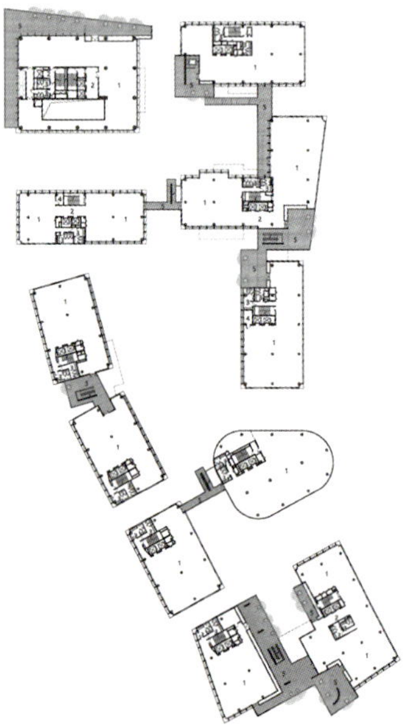

二层平面图

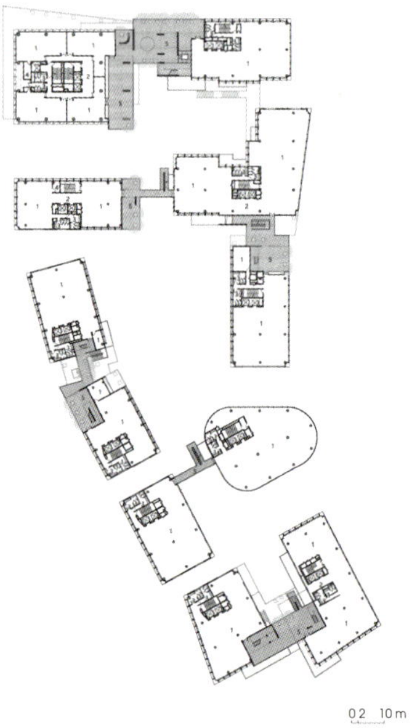

四层平面图

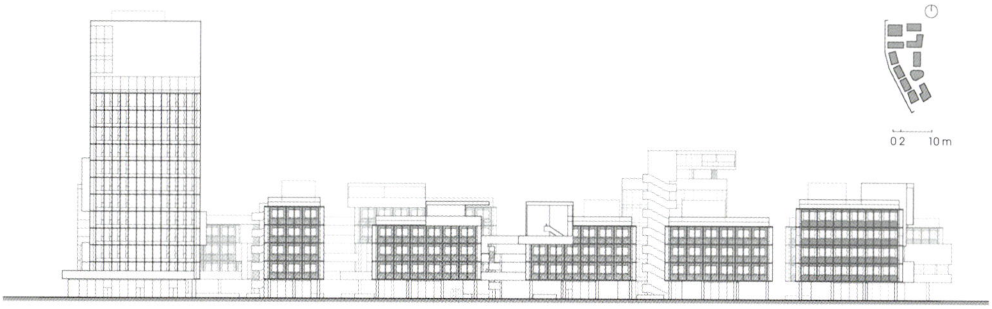

西立面图

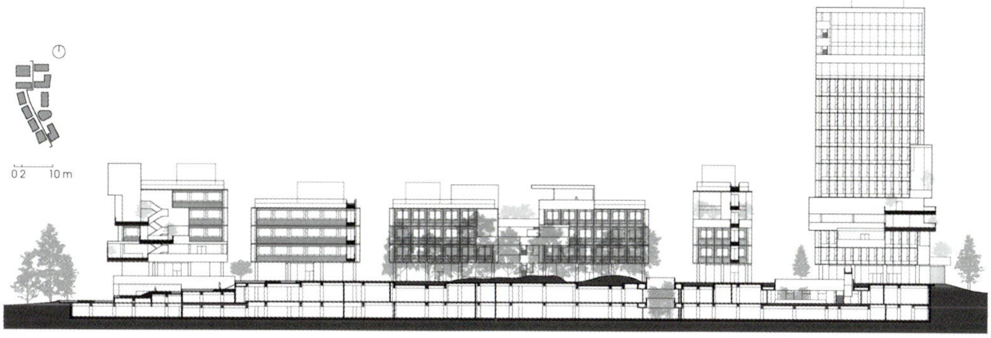

剖面图

老鼎丰北京总部

项目地点：北京市朝阳区

建筑面积：1 580 m^2

建筑设计：如恩设计研究室

主创建筑师：郭锡恩、胡如珊

主持协理：赵磊

设计团队：冯立星、田骅、笪文博、韩笑、魏铭瑄、Nicolas Fardet、黄惠子、王吕齐眺

设计与竣工时间：2021—2022 年

总平面图

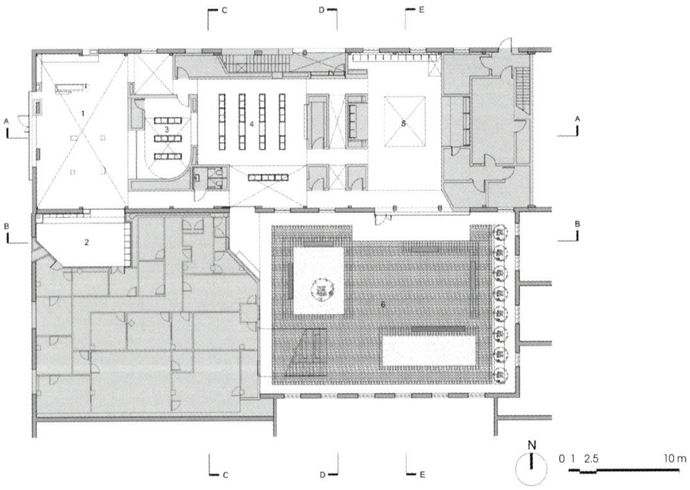

一层平面图

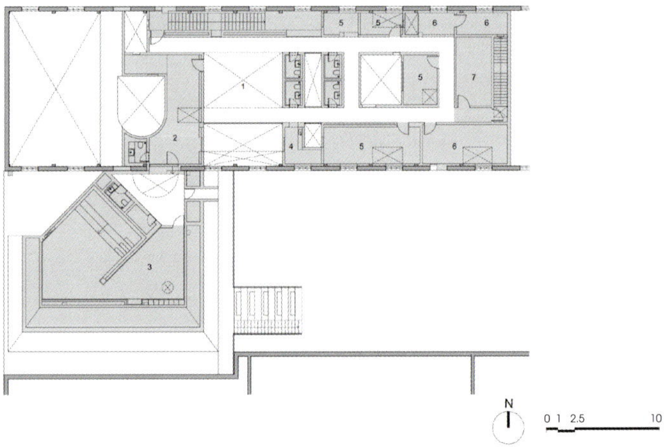

二层平面图

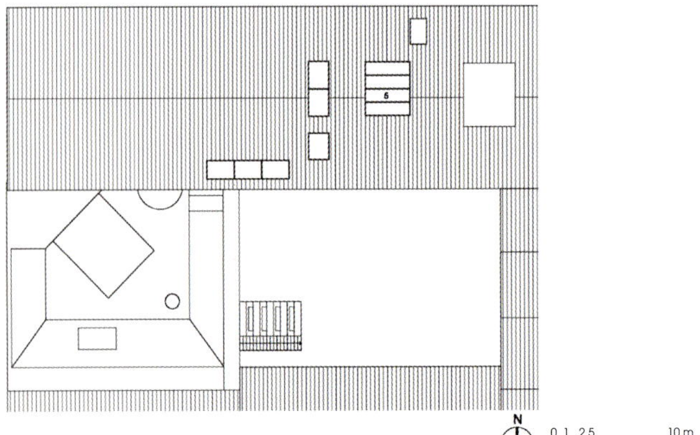

屋顶平面图

西立面图

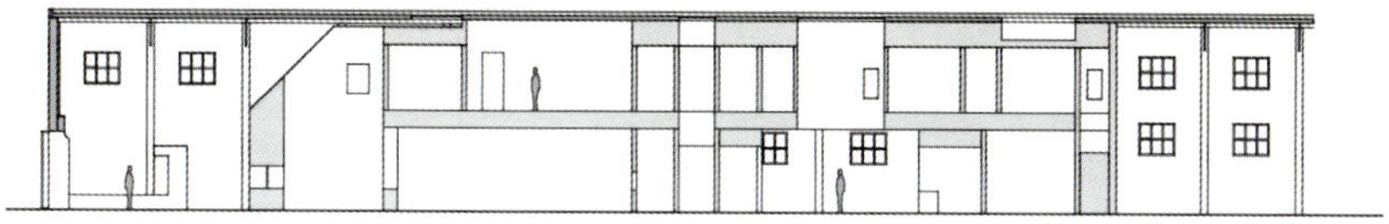

剖面图 A

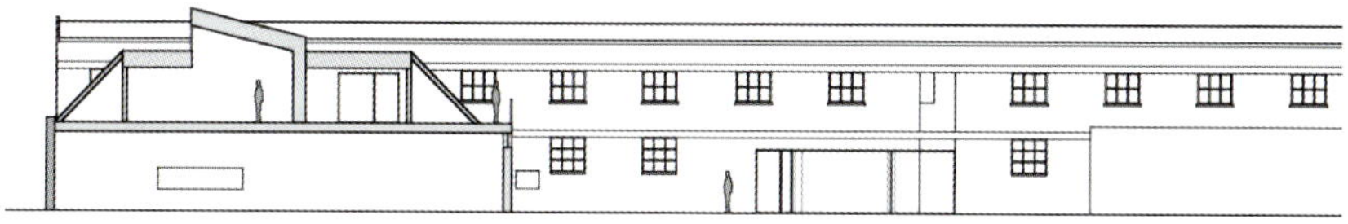

剖面图 B

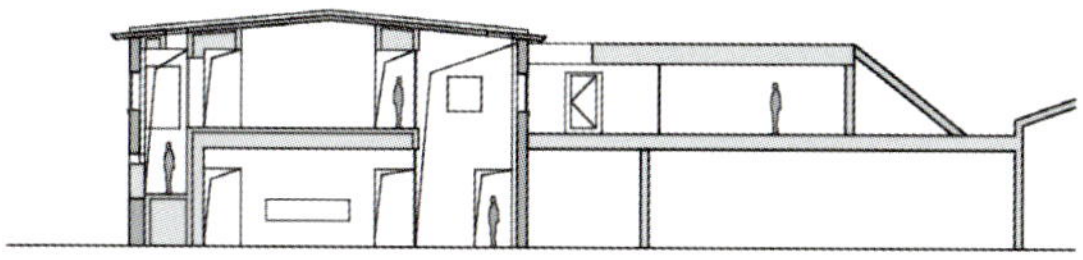

剖面图 C

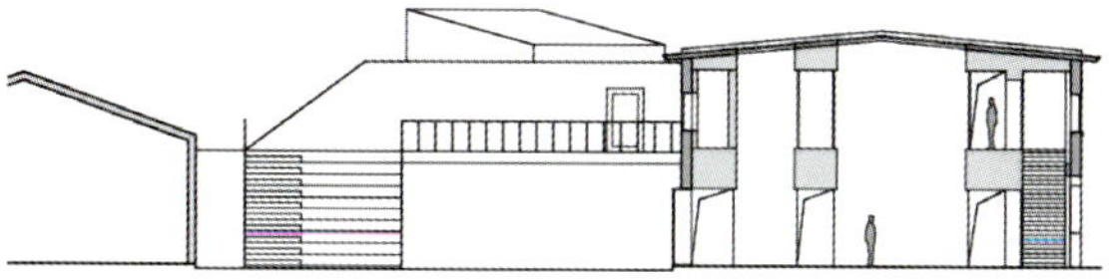

剖面图 D

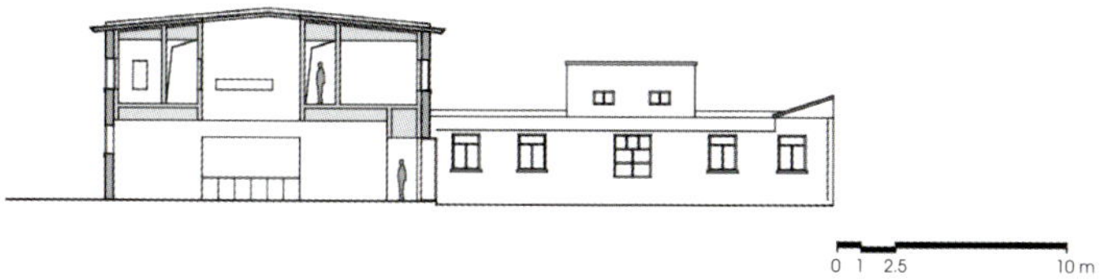

剖面图 E

老鼎丰北京总部位于北京东北五环旁的朗园 Station 创意园区内。这片工业区繁荣一时，曾是往来北京的货物运输枢纽，拥有铁路专用线。

如今，这片区域正处于开发改造阶段。如恩受邀对朗园 Station 内的一处旧织造厂房进行适应性改造，为创立于 1911 年的中国老字号糕点品牌老鼎丰设计总部办公室及概念旗舰店。

一以贯之的砖墙结构连接并构成了旧建筑群中的主仓库、三栋附属建筑和一座庭院。对于改造项目，如恩系统性地研究了旧建筑中应当被保留与修复的部分，新旧并置时，相互融合又独具一格。

改造后的建筑一楼为概念旗舰店、展示空间、室外庭院及咖啡厅，二楼为总部办公室。项目的设计灵感来源于老鼎丰的传统中式糕点。如同形态各异的糕点在模具中成型一般，原砖砌外墙雕塑了浇筑于其内的混凝土结构，而内部大小不一的开口与留白则构成了零售空间、展示空间及办公区域。在浇筑的混凝土固化成型后，工匠使用凿锤细致雕琢打磨，塑造出更为柔和的质感。既与旧砖形成对比，又相得益彰。时不时，混凝土“渗出”至建筑外立面上，或填补了旧砖墙的空缺，或勾勒了开口。新旧结构之间的间质空间则被设计为咖啡厅和多功能空间。

穿梭于砖墙结构中的“雕塑作品”之间，新与旧的间质，连接了过去、现在与未来，也为这个传统糕点品牌筑建了新的栖居之所。

滴水湖风帆俱乐部

项目地点：上海市浦东新区

建筑面积：3 000 m^2

建筑设计：刘宇扬建筑事务所

主要设计人：刘宇扬

设计与竣工时间：2015—2022 年

水天一色的滴水湖风光是一道得天独厚的风景线，回应基地和景观的特点，建筑形态和分布如花瓣般散落于临水绿化带中。在回应周边的公共设施的同时，进一步让建筑本身消隐，融合于自然景观中，并提供丰富的室内外空间与景观进行对话的机会。

三角拱形空间本身作为一种极具特色的空间体验为建筑和环湖景观带来趣味性。在组合和变化下，为建筑提供了更多的丰富空间和可能性。

设计方案

柯桥笛里广场

项目地点：绍兴市柯桥区

建筑面积：12 630 m^2

建筑设计：同济大学建筑设计研究院有限公司若本建筑工作室

设计主持：高山、李立

设计团队：叶雯、周峻、张溯之、张准、刘佳星、余洁、曾刚、倪自翀、李伟、阮群、刘雯、陆扬

设计与竣工时间：2016—2021 年

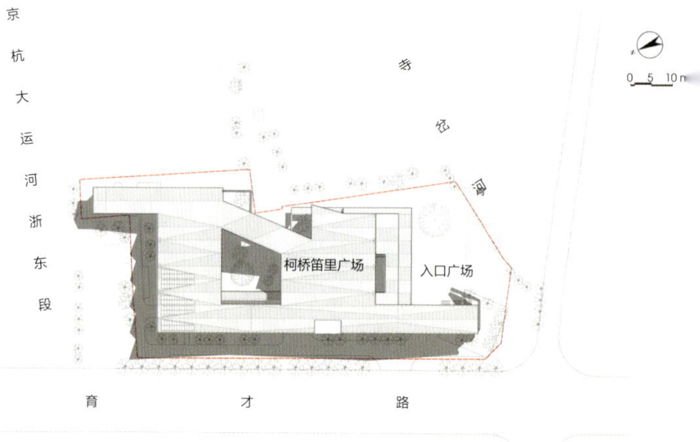

总平面图

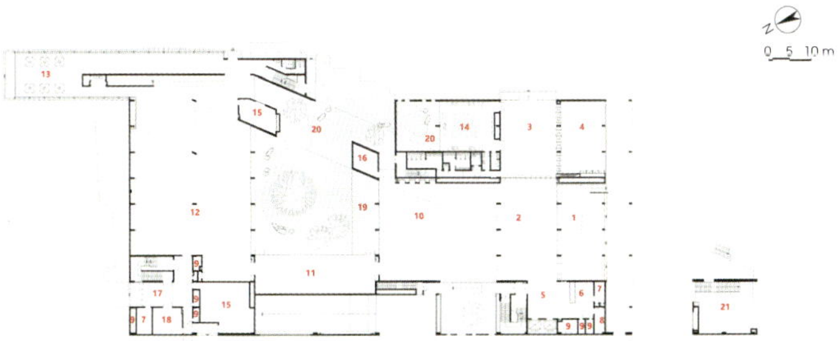

一层平面图

二层平面图

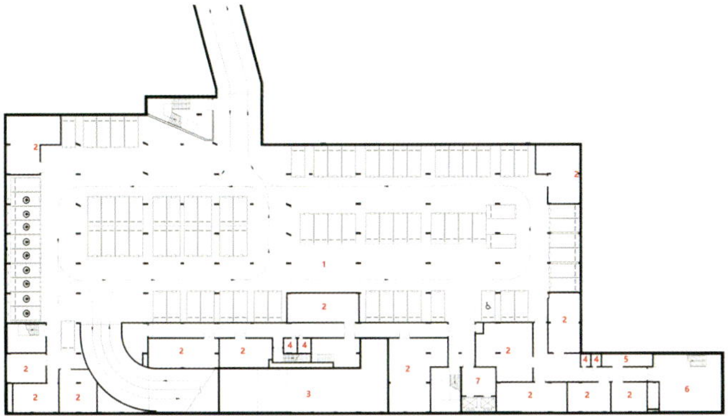

地下层平面图

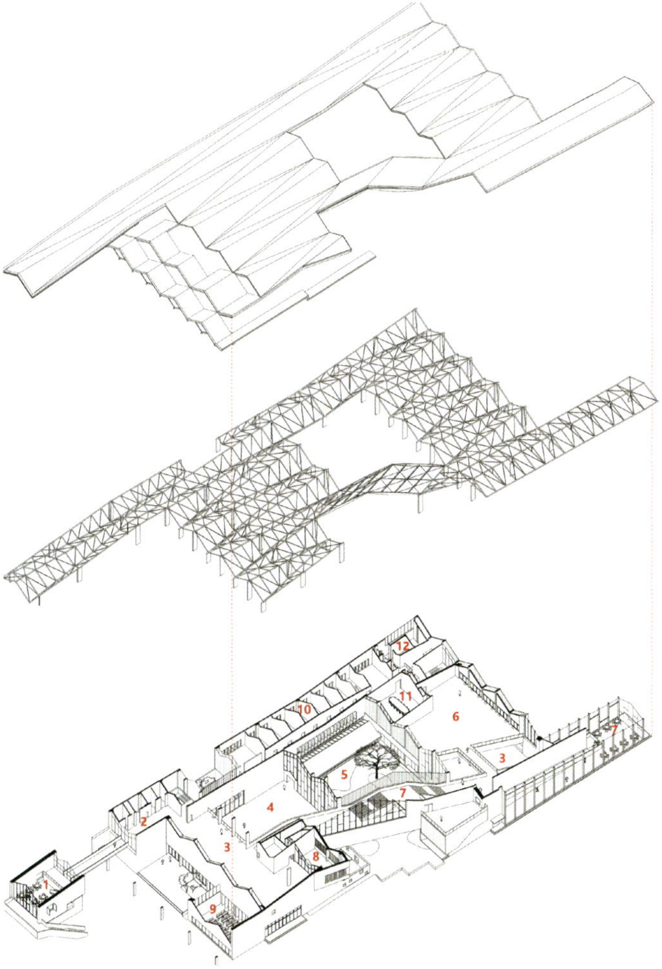

轴测图

柯桥古镇位于绍兴市柯桥区中心位置，是省级历史文化街区，也是浙江的著名水乡集镇之一，世界文化遗产大运河流经其间。笛里广场项目是柯桥历史文化街区的门户，也是古镇复兴计划的首个项目，工程总用地面积约 9 600 m^2，总建筑面积约 1.2 $\times 10^4$ m^2，总投资约 1.4 亿元，于 2022 年竣工投入使用。它集民艺展示、文化体验、会议交流、产品发布、规划展览、旅游休闲服务与行政办公等多种功能于一体，是展示地方文化及历史街区更新建设成果的综合性公共建筑。

针对局促的场地和复杂的使用需求，我们从屋面形态上入手，通过“折叠”手法设计了一套连续的屋面系统，将建筑尺度化整为零，从而与古镇肌理充分融合，并通过空间布局连接南侧的古镇入口广场和北端的大运河，引导公共活动自然达到运河沿岸和古镇中心。

在空间组织上充分吸收了柯桥古镇传统台门建筑的庭院式布局特征，通过入口前导庭院、中心庭院、边庭等不同尺度的院落空间的引入带给博物馆建筑丰富的内部空间感受，并提供良好的自然采光通风。在内部组织了一条连贯的参观线路，串联起各功能空间，并通过独具特色的东北侧坡道展廊的设计，将一层和二层的展示流线自然过渡为一个整体展示系统。多处“桥”空间的设置，让内外环境相互交织，空间节奏层层递进，同时也呼应了

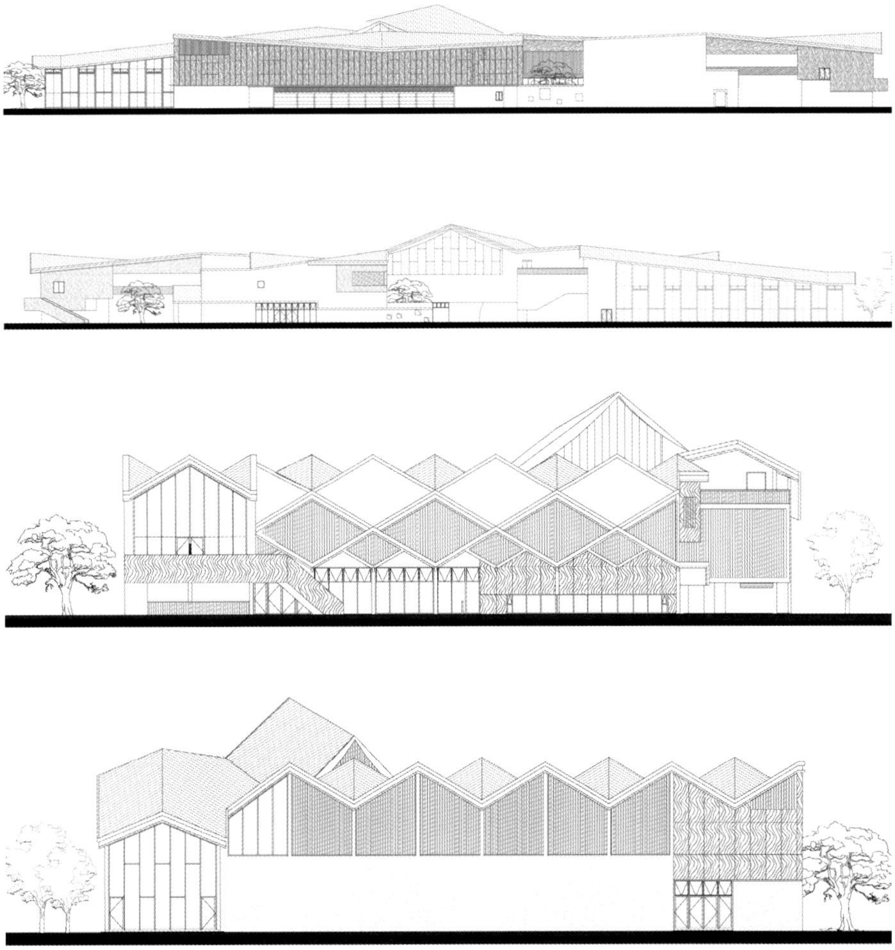

立面图

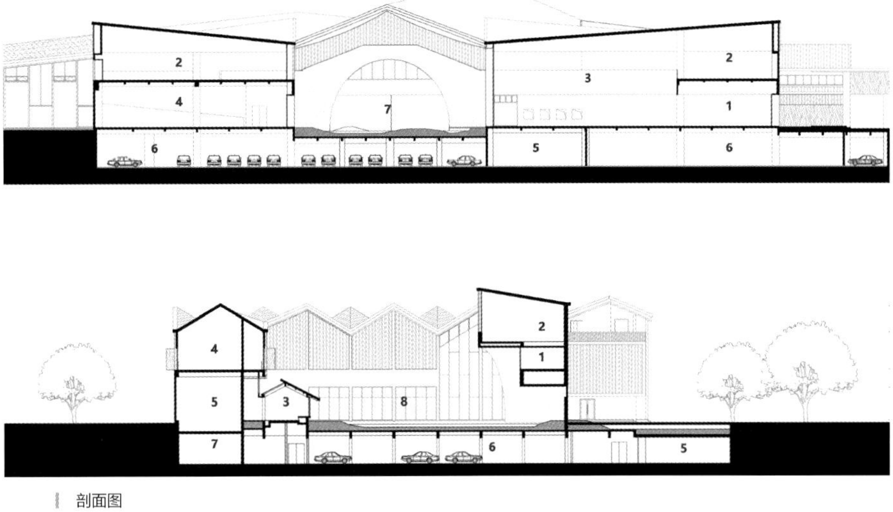

剖面图

柯桥古镇“三桥四水”的场所特征。

为了实现屋面轻盈连续的整体效果，上部采用了“空间管桁架＋轻钢金属屋面”的结构形式，同时二层展厅选择的送风方式，释放出吊顶内的设备空间，从而获得了室内外连续一致的“折板”屋面轻薄造型。

建筑材料的选用强调在地性的原则，外观上白色墙体和木饰板的搭配以及传统“金砖”铺地能够延续江南地区特定的历史意向和文化内涵，也与古镇的整体风貌保持了和谐。我们把一些在古镇更新过程中从老房子里拆下的绍兴地区特有的“石硝墙板”运用到建筑西立面上，以新的方式延续了场所记忆和传统建筑的生命。在屋面材料上采用“菱形钛锌瓦”，钛锌材料的自洁属性可以减少后期维护的成本；在室内，我们则更多地尝试了“木纹小模板清水混凝土”，希望在当代空间中以原真性的现代材料去诠释和发展地域传统文化。现代材料和新技术的灵活运用展现了水乡更新的更多可能，这对古镇的后续开发具有重要的示范意义和引领作用。

柯桥笛里广场中，灰色的屋顶、粗粝的混凝土、温润的木材、绿色的植栽、安静的水榭……一切都是古镇熟悉的元素，但同时又略带陌生地组织在新的建筑空间序列之中，为古老的镇区注入新的活力。

重庆龙湖时代天街 E 馆

项目地点：重庆市渝中区

建筑面积：189 845 m^2

建筑设计：上海成执建筑设计有限公司

设计主持：李杰

设计团队：曾庆华、徐鹏、姜超

设计与竣工时间：2020—2022 年

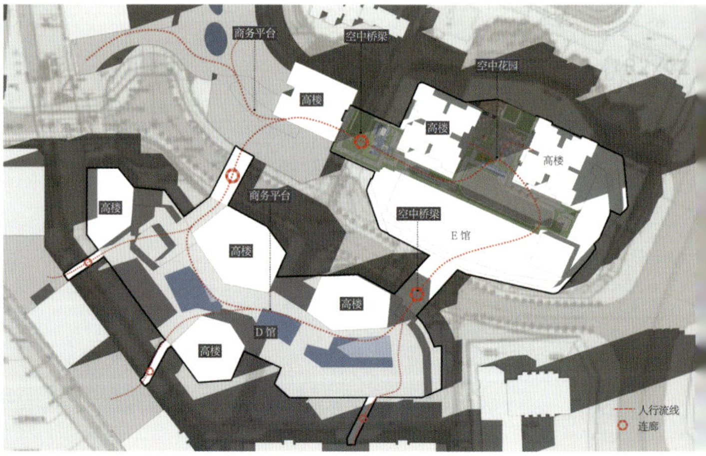

总平面图（商业联动性示意）

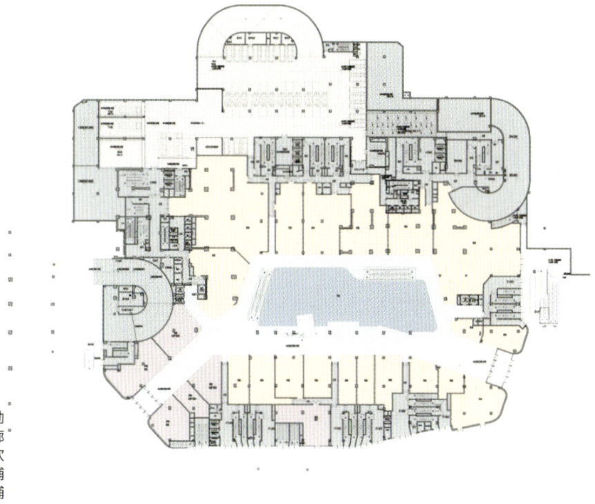

一层平面图

二层平面图

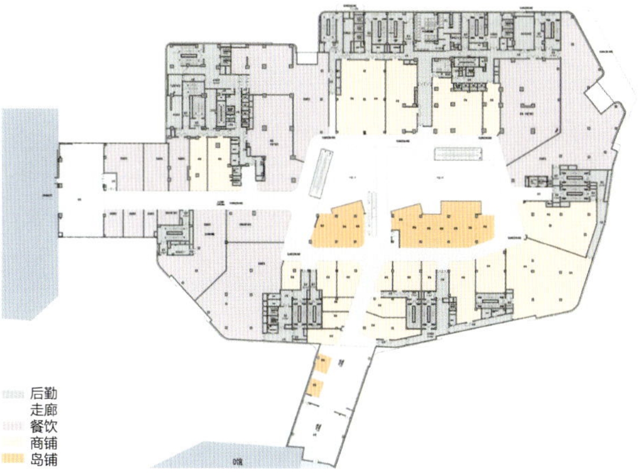

三层平面图

四层平面图

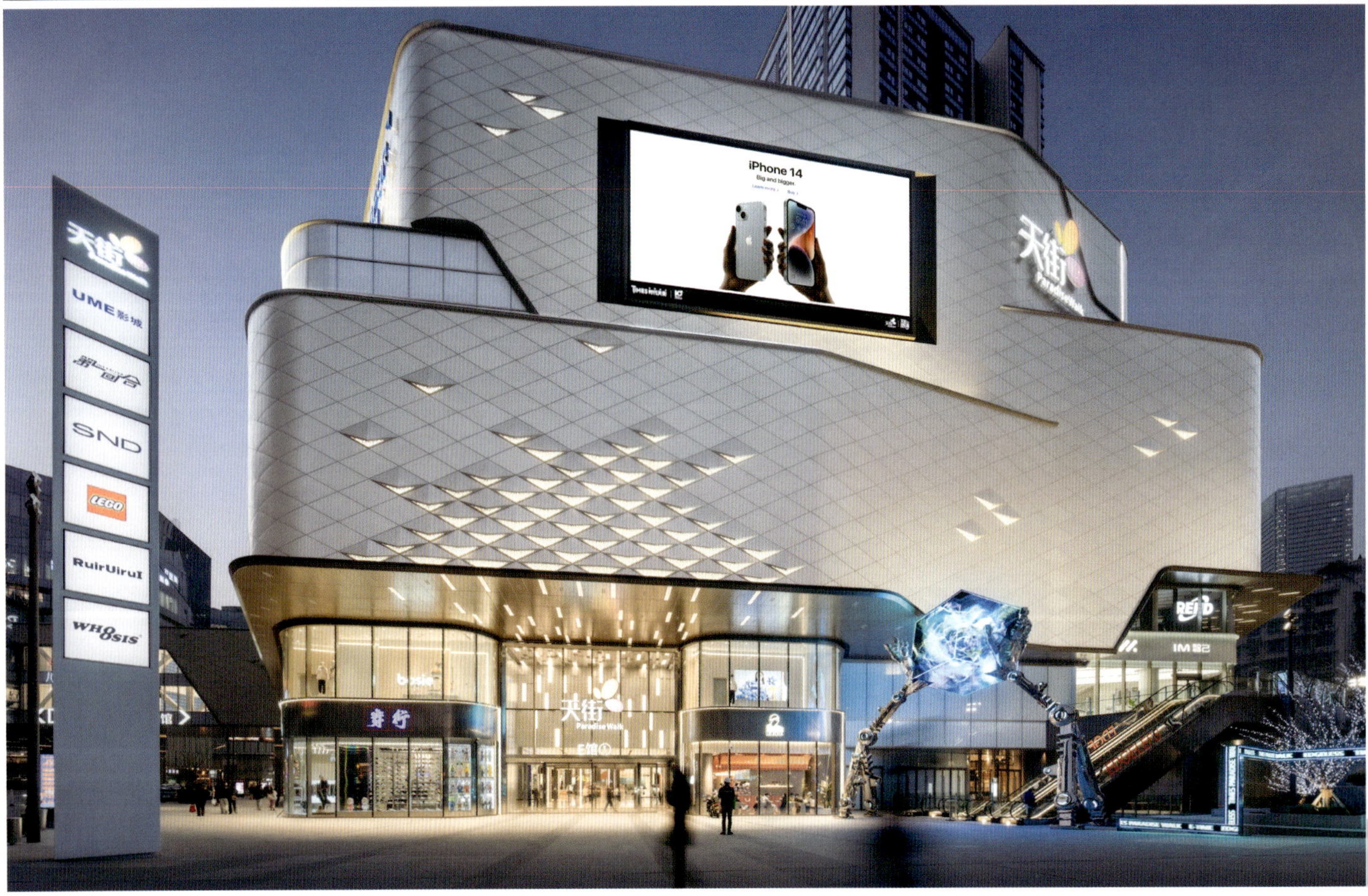

1 城市更新——渝中半岛 门户蜕变

本案所在的渝中区大坪街道，既是老重庆的交通枢纽，也是新重庆的几何中心。老街居民在此繁衍生息，来往旅人停步休憩，见证巴山蜀水千年岁月。

大坪占据天然地理优势，但是曾经给人的印象是过路之地，环境老旧。解放军后勤工程学院曾坐落于此，2009 年旧校址拆除，时代天街圈地建设，开始了走向繁荣的一段历程。

2012 年时代天街 A、B 馆开业，开启了石油路地区商业新局面；2014 年 C 馆开业，与 A、B 馆一同成为市民消费生活主场；2016 年 D 馆开业，引入潮流体验式业态，打破传统购物模式；2022 年 E 馆建成。至此，时代天街完成了历时十年的建设宏图。

时代天街系列项目是大坪商圈发展的原动力，总体量高达 $1.5\times10^{6}\,m^{2}$，集食、住、行、游、购、娱于一体，完美融合休闲购物、行政办公、星级酒店、城市豪宅、交通换乘、餐饮娱乐、创意产业、城市广场、文化艺术九大城市功能。

时代天街如城中之城，在不断探索中实现自身的蝶变升级。它改变了大坪以及石油路地区老旧的城市形象，也改变了周围居民的生活习惯，使环境由典型的区域过路地变为具有全城吸引力

立面图

剖面图

在商业岛屿中嵌入连廊，使面与点之间产生线性串联，在商业岛屿形成交织串联的公共共享空间，使人流在商业地面到顶层穿梭自如。

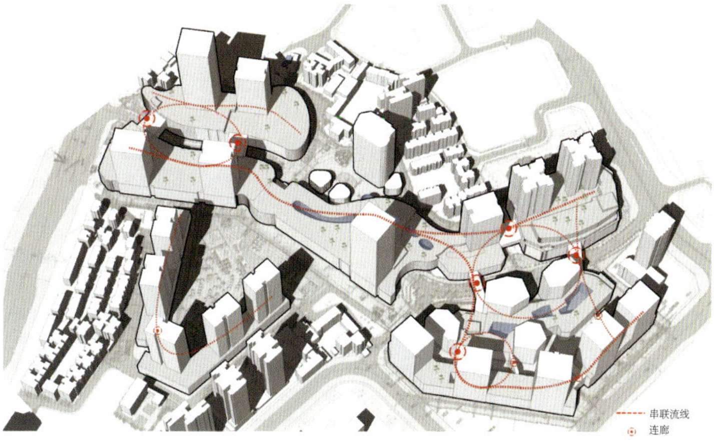

空间的线性沟通

的目的地。

作为四期五馆的巨型商业旗舰，时代天街通过商业岛屿之间的联系自成一城，以其巨型体量和高度功能整合拓展城市公共空间。连续的空间，起伏的造型，变化的细部，令视觉惊喜不断。

商业岛屿的分布沿道路展开，设计在岛屿中嵌入连廊，使面与点之间产生线性串联，形成公共共享空间，使人流从商业地面到顶层穿梭自如。

连廊串起室内与屋顶，形成空间感丰富的可游型环形商业动线，打破各馆因道路而产生的隔阂，实现商业一体化。

塔楼形成了围合的城市三维空间，多重层次塑造多维度城市尺寸。E 馆作为时代天街的南门户，塔楼高度与北门户 B 馆的塔楼高度相仿，形成整体的一致感。

时代天街系列中一期 A、B 馆定位为城市家庭时尚中心，建筑典雅美观，自此开始了老城的经典蜕变。二期 C 馆利用中心花园与景观、文化元素设计，凸显特色开放式街区商业，形成目的性消费区域，成为核心式家庭娱乐购物中心。

三期 D 馆定位为“潮流青年中心”，集合诸多体验业态，构建一系列的经历、事件、活动、尝试，让人们全天候参与互动。建筑宛如漂浮的冰凌，形体富有活力，质感纯粹而多样。

时代天街 E 馆在 2022 年 10 月落成，这既是一个时代的结束，也是另一个时代的开始，补齐大坪商圈区位上最后一块短板。

2 规划布局——自成核心　多方互联

E 馆规划设计为一个购物中心及两栋百米住宅，住宅沿外侧设置，围合成“盆地”形状的空间布局，与中央的屋顶、户外场

地形成统一联系，提供更多优质的公共活动空间。东侧承接交通引来的城市人群；西、南侧分别衔接 C、D 馆，使大坪正街与长江二路无缝连接。

购物中心考虑到便利性，向主要人流来向开设出入口，并通过与 C、D 馆的连接形成“自成核心，多方互联”的整体商业布局，实现了大时代商业动线的整体串联。住宅区将商业屋顶打造为入户花园，形成独立私密的住宅区活动空间。

3 设计定位——极客方舟　潮流空间

E 馆是与新时代接轨的桥梁，也是展望未来的一次畅想。设计师勾勒了流云般的曲线外观，以柔美舒展的线条和科技感强的菱格元素打造了一艘“极客方舟”。

设计采用“叠蛋糕”的方式将中高区体量层层后退，使建筑和谐融入城市空间，缓和巨型体量的压迫感。

E 馆所处地形北高南低，高差约 6 m。设计充分消化了地形高差关系，打造双首层进入方式，既便利周边人群，又为更多楼层带来人流活力。

内部空间设计不同于常规单、环形动线模式，而是采用单一中庭 + 城市魔盒的科幻未来色彩空间节点，通透且聚焦视线的魔盒空间展示功能极强，同时确保南侧后街到中庭的视觉连接。

商业动线围绕着主题空间展开，通透感和强烈的色彩碰撞带来的视觉冲击颇具科技感。主中庭是购物中心最显性的表达，我们在此创造了一个与重庆地域特色遥相呼应但更具赛博朋克风格的数字化风格空间。

4 品质立面——层叠线条　未来美学

从 A、B 馆以现代手法重现古典比例，到 C 馆大量现代元素的融入，再到 D 馆纯现代立面设计语言，时代天街始终紧跟潮流前行。E 馆所处的数字时代，设计将未来感美学融入了建筑外观。

E 馆流畅的线条让建筑更具张力，主立面铝板用菱格划分，局部增加立体渐变，并辅以动感的灯光闪烁效果，科技感十足。

室内设计将城市魔盒的主题发挥到极致，休息区、入口区满布“盒子”状肌理元素，入口雨棚吊顶延续了这种元素，矩形灯带自室外延伸向室内，具有极强的视觉引导性。

主入口及重要店铺展示区域使用超白高透玻璃，晶莹剔透，夜晚时，室内灯光和展陈效果一览无余。

香槟金菱形铝板仿佛凹凸的鳞片，配合灯光提升立面辨识度，温和的颜色在日光下与城市融合，消解巨大体量带来的压迫感。后勤区使用彩釉玻璃，与商业区从立面分隔。

5 结语

E 馆承继已有的商业体系基础，遵循时代和城市的脉络，碰撞出新时代的化学反应，巩固自身影响力的同时与潮流同行。以柔美舒展的线条、科技感强的菱格元素和美妙动感的灯光效果在城市中打造了具有赛博美感的极客方舟。

广东喜珍科技肇庆科学园

项目地点：肇庆市肇庆新区

建筑面积：519 000 m^2

建筑设计：中外建工程设计与顾问有限公司

设计主持：徐金荣

设计团队：姚建伟、严鹏飞、严克宇、孙旭东、严宏

设计与竣工时间：2019—2022 年

1 项目概述

广东喜珍科技肇庆科学园项目坐落在肇庆市中心东北方向，这里是城市发展新区，区域发展潜力大，南面临江，风景优美。整体定位于一个“世界级”的产业园区，既能满足办公、加工、

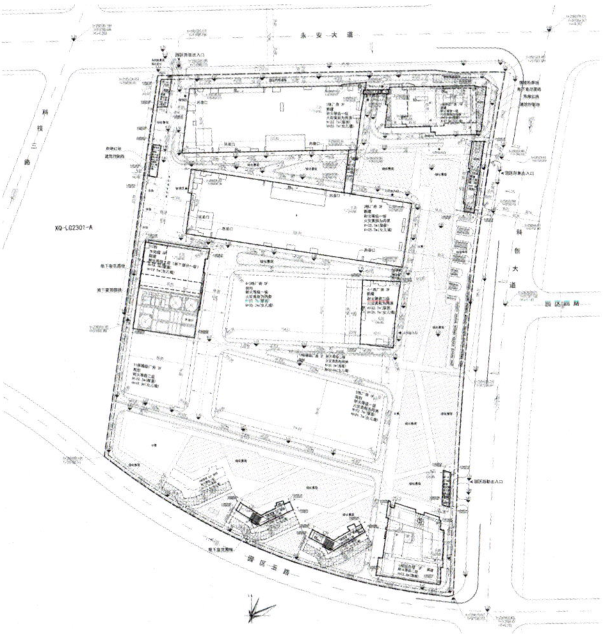

总平面图

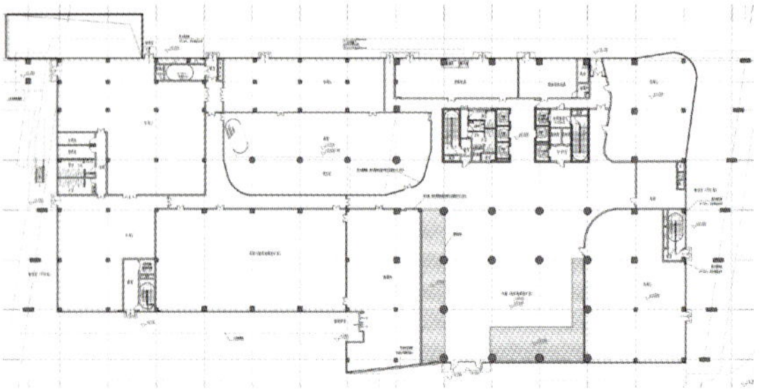

首层平面图

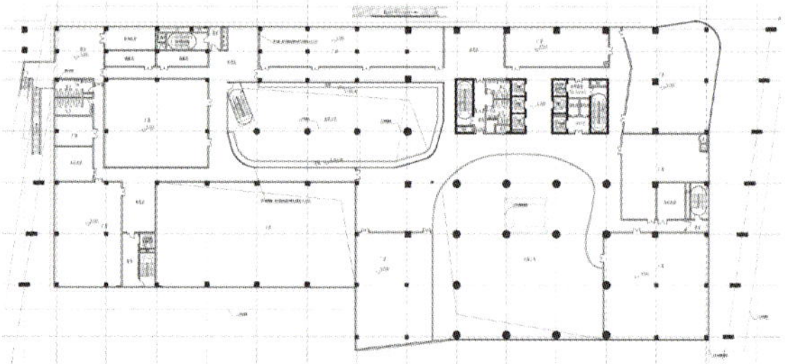

二层平面图

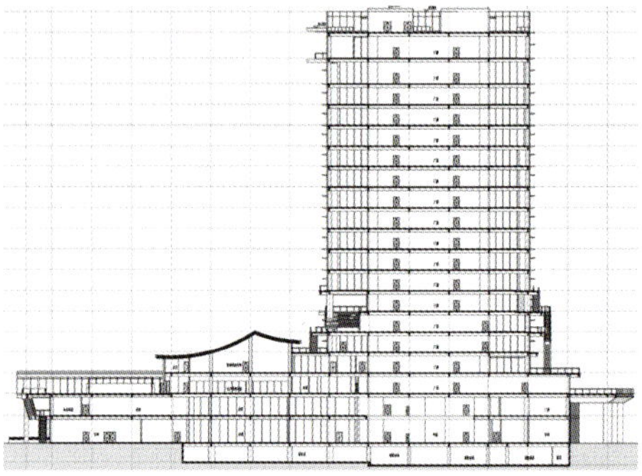

剖面图

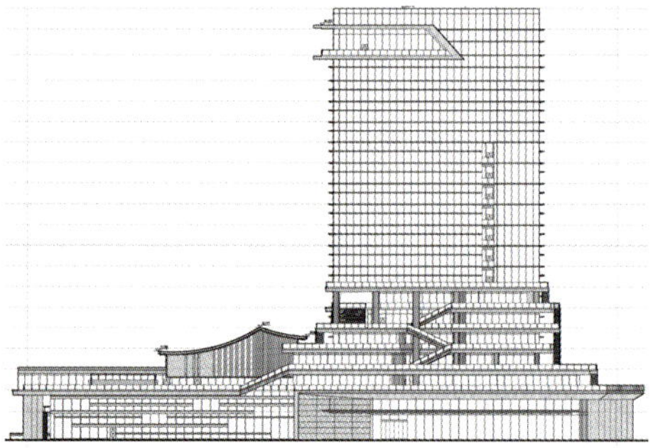

立面图

研发的生产需求，又能适应创新、科研、生态等多功能的聚合。重点体现人文关怀，提升员工的幸福感和自豪感。

2 设计构思

本项目由研发楼、生产厂房及生活配套三部分组成，项目通过科学合理的规划、现代传统的建筑、简洁大气的景观来体现园区的未来感、科技感、时尚感和文化属性。在规划层面，园区采用人货分流的模式，实现人流和货流在二维平面上分离，使人流安全舒适、货流高效便捷；在建筑层面，建筑风格在现代中融入传统的语言，让园区既有现代感又具备了文化性；在景观层面，直线与曲线相结合，在园区核心区使用直线展示现代风格园区的干练简洁，在生活配套区采用曲线体现生活区的人文关怀。

在园区规划中，重点考虑沿永安大道与科创大道两条城市主路的城市形象，沿城市展开面采用现代的建筑立面形象，整体统一协调，错落有致，同时丰富城市轮廓线。

园区在其临科创大道一侧规划了一条南北向的核心景观带，其在丰富内部景观环境和外部城市景观界面的同时，提升了整体园区形象及员工的工作、生活品质，打造了一个具有大学氛围的研究型产业园区。

Seegem

Seegem 喜珍 A8
Seegem 喜珍

Seegem

优品道/复地·黄龙溪谷清峯岸

项目地点：眉山市彭山区

建筑面积：113 025 m²

建筑设计：上海成执建筑设计有限公司

主要设计人：李杰、徐小康、郑先云、廖楚薇、朱永林、金磊、曹鹏程、孙爱园

设计与竣工时间：2019—2021年

建筑分布

1 项目概述

项目位于眉山市彭山区锦江镇，毗邻成都市天府新区，周边旅游资源丰富，具备发展休闲度假业态的条件，片区以居住功能为主，生态环境优良。区域保留部分生态绿地，规划大量公园绿地，项目外围规划了大量服务设施。

建筑师以度假和场地独有的人文气质相结合，提出“空中院落”的设计概念，力图打造让人感到幸福、舒适的度假式社区，现代简约的建筑风格，公建化立面，

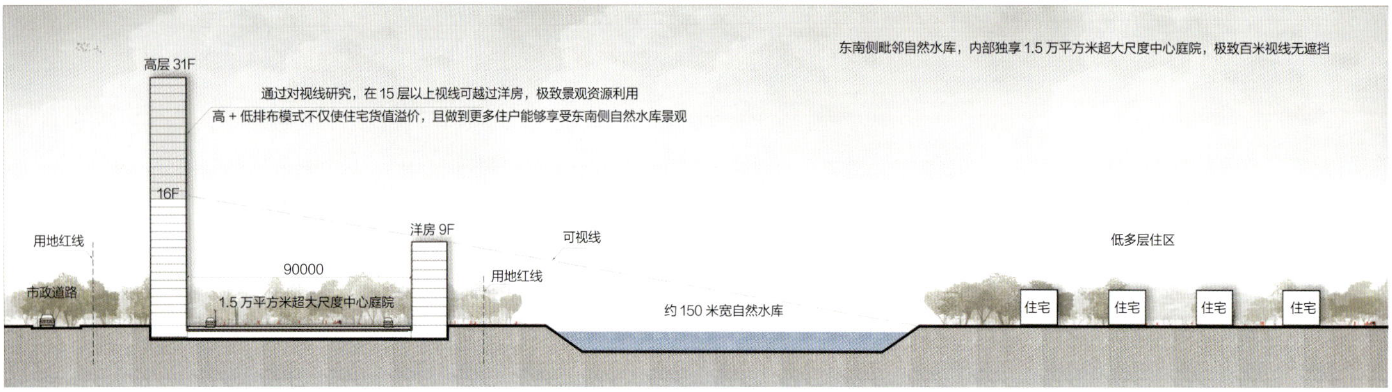
东南侧毗邻自然水库，内部独享 1.5 万平方米超大尺度中心庭院，极致百米视线无遮挡
高层 31F
通过对视线研究，在 15 层以上视线可越过洋房，极致景观资源利用
高 + 低排布模式不仅使住宅货值溢价，且做到更多住户能够享受东南侧自然水库景观
16F
用地红线
洋房 9F
可视线
低多层住区
90000
市政道路
用地红线
1.5 万平方米超大尺度中心庭院
约 150 米宽自然水库
住宅
住宅
住宅
住宅

剖面图

冠部采用“皇冠”造型，引领高端人士聚集。

2 设计构思

考虑到项目地块呈不规则地形，利用因地制宜的方式，以大尺度庭院为中心进行四面围合，格局上采用大开大合的庭院聚落，实现居住视线的穿透和城市界面的延续。

13栋楼围合中央景观大花园的布局形式，西侧3栋大高层住宅，南北5栋小高层住宅，东侧5栋洋房住宅，沿水库第一排占满景观界面，做到5栋洋房毗邻湖景，而后排也可以越过第一排眺望湖景提升价值，外部有效屏蔽嘈杂的城市界面，内部独享约 $1.5\times10^4\,m^2$ 超大尺度中心庭院。超大中庭若干景观节点，使规划形态显得生动活泼。

小区内部采用人车分流，打造酒店式归家体验。建筑地形错落布置，露台设计、庭院设计等方面都引入立体式生活空间的概念，充分考虑住户感受，超大阳台、入户花园设计。

3 艺术特色

在社区内部，建筑师通过内部庭院造园、外部借助水库资源，

实现“空中庭院”的特色——让高层与庭院共生，洋房屋顶花园设计，使森林城市延续至第五立面。引入“地面绿化 + 层间绿化 + 屋顶绿化”的多维景观结构，使空中庭院与社区中心庭院进行有机结合，打造多维度复合景观体系，实现森林栖居，将居住属性与自然生态融为一体，让高层人居拥有不输于花园别墅的体验，实现空中别墅的高品质生活。

建筑立面设计灵感来源于眉山山水画意，整体建筑形体采用简洁的设计语言，强调舒展的横线线条，通过局部挑空阳台设计，在统一的序列中寻找自然的律动与和谐。平面和空间关系坦率地反映在外立面上，平面的错动提供给立面更加欢快的韵律感，横向线条错位变化，提供了一种新的豪宅气质。

以“人居品质”为核心出发点，打造“家家有花园，户户能种树”。以大面积蓝灰色玻璃栏板、错位挑空阳台为整体设计元素，约 270° 环绕阳台设计，利用双层空间打造约 6.3 m 半开放式挑高花园，大尺寸挑高正好在垂直方向上制造了一个巨幅通透界面，除了可以让树木尽情吸收阳光雨露，亦能大幅提升房间内的采光、通风效率。又正好构成了一个跃层住居的立体式生活空间，将现代建筑立面风格与自然生态完美结合，实现无界的绿色森系人居体验。

北京融通·融寓（黄寺大街店）

项目地点：北京市朝阳区
建筑面积：6 865 m^2
建筑设计：弘石设计
建筑设计：张露秋、梁辰、张雪、宋晨光、周小慧
室内设计：李红庆、褚飞、李明嵩、罗茜羽
软装设计：褚飞、李鑫美、于若兰
景观设计：孙捷、胡洪艳
建筑施工图：王智、王尧
结构施工图：谢文东、王增志
机电施工图：周甄缘、赵宏峥、王智伟
设计与竣工时间：2020—2021 年

改造前后对比

改造前

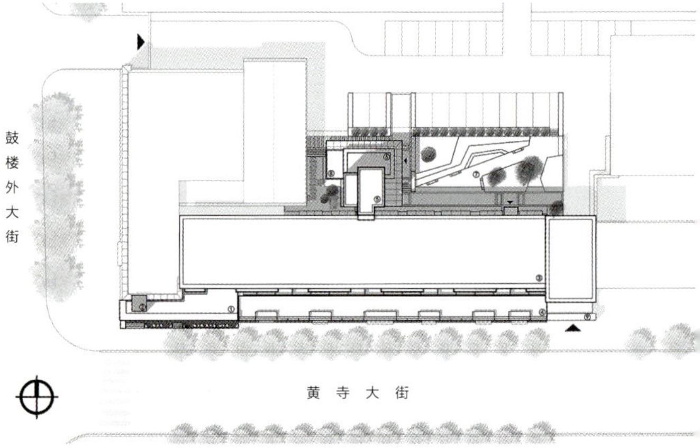

总平面图

本案是继“北京四道口整体改造”之后，弘石以一体化设计角色与融通地产共同打造的第二个城市更新落地项目。

作为改造项目，我们希望从老旧走向焕新的它，以崭新的形象、恰当的造型、友好的界面与周边环境共生共融。改造后的建筑宛如一朵净白的栀子花，悄悄盛开在北京中轴线的街角，为人们带来清爽和喜悦。

1 建筑角色的转变

基地位于北京城中心的北轴线上，既紧靠多个著名文化遗址，又有绿地和水网相结合的生态环境。原建筑建于1985—1992年，砖混结构，主楼为6层，1层为临街商业，立面以传统红砖为主，局部搭配出挑室外阳台。

项目定位于长租公寓，“L”形主楼一侧临街，背后是露天内院。天然的区位条件，让建筑具有双重角色。面对城市，它以充满活力的面孔迎接来访者和居住者；面对内院，则以清新雅致的形象为租客提供一处静谧之地。

2 建筑的“轻”与“清”

融寓所处城市北轴线上街区风貌安静而祥和，故而，我们提出“轻设计”的概念，减轻设计力度，仅在内院加建一栋公寓大堂与电梯厅。在满足公寓住户日常需求的同时，让新与旧的元素产生碰撞，于内秀中展现建筑活力。

现有街道呈现出绿树成荫的老城景观，我们的建筑外观应与之形成生动的对比。在设计手法上，底层由米白色铝板幕墙作为商铺招牌的衬托背景，用来统一整个底层外立面的观感。二层以上，将外墙底色改为白色，保留原建筑红砖纹理质感。顶层选用灰色质感涂料为建筑增加存在感。

为满足每个房间室外空调机位的摆放需求，我们将空调机位与原有阳台结合，选择冲孔铝板和木纹铝板包裹的方式，突出阳台的体量感，在立面上带来节奏的变化。木纹铝板的选用既提升阳台的温馨感，也成为建筑立面色彩的点缀。冲孔的样式力求与原建筑立面的肌理相呼应。通过半透样式的覆盖层和灯光设置，使整座建筑以清新、活泼的面貌伫立在街角。

3 室内的“轻”与“清”

空间中“清”的情绪，从建筑的营造延续到室内精装设计，清雅、自然、可呼吸的观感被室内的各个设计细节调动起来。我们力求还原色彩的本质，用色彩直接传递情绪。不去定义色彩的情绪，不让其孤立，而保留它最初的信息。而白色，是最好的不繁复、不冗余的载体。

大堂主材使用朴素的白色乳胶漆和有质感的木纹贴面，局部重要节点用实木定位空间调性。色彩上大范围使用白、木两种主色构成室内硬装，局部点缀黑色和金属色突出标识系统。

精装中用另一个“轻”的设计手法，以增强室内与建筑的一体化设计语言。公共区域与样板间都力求贴合建筑的体量感，大堂、入口、前台接待、电梯厅、二层挑高结构等空间，用最自然的体量穿插方式分隔开不同功能区，其间，白色和木质明显的应用分界、对建筑结构不加多余装饰的简洁处理，使得公共区域中的人行动线更为明朗。

依据项目位于北京中轴线上的特点，设计者在公寓走廊内展出了许多以故宫为主题的摄影作品与艺术家绘画文化建筑的手稿，将这条历史文脉线上的建筑瑰宝通过直观的方式展现出来，旨在以影像唤起人们对传统文化的共鸣。

相较公共区域，户型里在“清”的基础上加入了更多温暖的生活细节，依据户型内空间的特点，7 种户型分别被定义为“木屋”“合屋”“茶屋”“书屋”“巧屋”“联屋”“鲜屋”，面积均为 13 ~ 27 m^2。

4 景观的“轻”与“清”

项目的景观设计策略同样延续“轻”与“清”的理念，修补和更新融寓的“形”，“轻轻地”改掉它的不足，“清新地”创造出更丰富的新内容，在不知不觉中完成对它的改造，让城市更能焕发出应有的活力和生机。

在解决内院的高差、停车位和地下消防水池等场地的技术问题后，留给景观设计的空间已不多。因此我们提出“口袋花园”的构想，在有限的空间里，营造出一个小巧而精致的花园。

口袋花园希望给长租公寓一个后花园的惬意，租户们平时可以于此休闲小坐，亦为几步之遥的住宅楼内居民完成一次居住环境的整体提升，可谓一举两得。

我们特别为园区内部的管线井盖进行手绘美化，为小小的花园增添一抹童趣，让居者在片刻驻足间也能感受生活的乐意。

项目南侧沿街店铺外部景观环境的改造，我们提出“门口风景”的理念。通过看似仅仅是恢复过去建筑尺度的设计，用木质材料铺装和灰砖砌筑，有节制地处理店铺门口的高差问题，创造出些许“空置”感，等待未来的商家用店铺自己的特色、招牌和摆件，填补和完善店铺门口的空间。

置身于老街区的建筑改造，不应是一场独角戏。在本项目中，我们尽力抛开设计的表象，返璞归真，以有机的方式“轻轻地”完成从老旧到焕新的更迭。

1F

振业清溪雅苑

项目地点：东莞市清溪镇

建筑面积：114 000 m²

建筑设计：中外建工程设计与顾问有限公司

设计指导：徐金荣、严克宇

设计团队：谢金凤、张峰炜、向伟、梁娴静、吴皪、陈荣、岳庆、郭磊、沈文

设计时间：2020—2022 年

总平面图

1 号住宅楼 3—22 层平面图

5 号住宅楼 3—23 层平面图

1 项目概况

振业清溪雅苑项目位于东莞市清溪镇中心城区，1.5 km 范围内拥有一站式的生活配套，医疗、教育、娱乐，以及公园生态资源，居住气息浓厚。临近高速路口处于临深热点地区，半小时可直达深圳城区。

未来目标客户为清溪本地的刚改型客户群体，以及临深周边的投资客。整体定位为一个具有品质感的现代、时尚、精品社区。

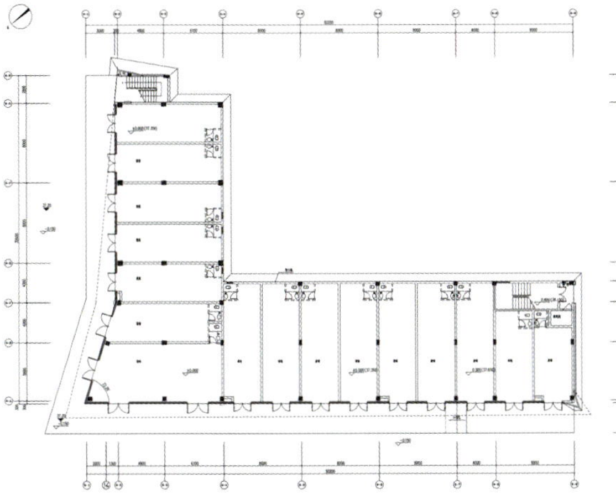

9 号楼商业、社区配套首层平面图

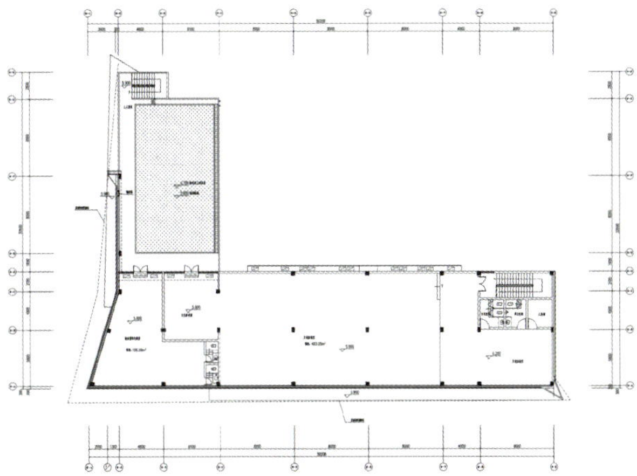

9 号楼商业、社区配套二层平面图

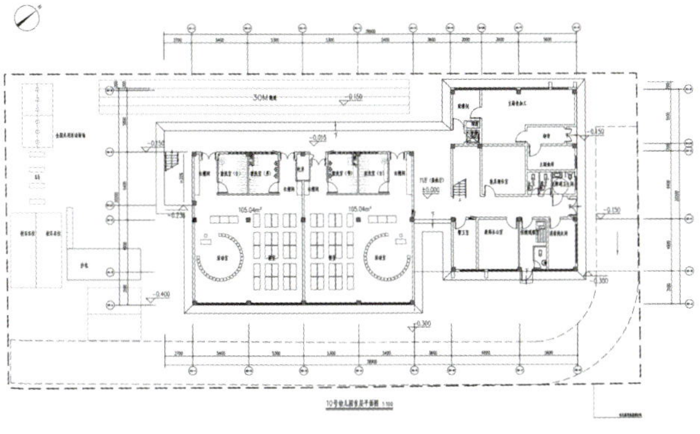

10 号楼幼儿园首层平面图

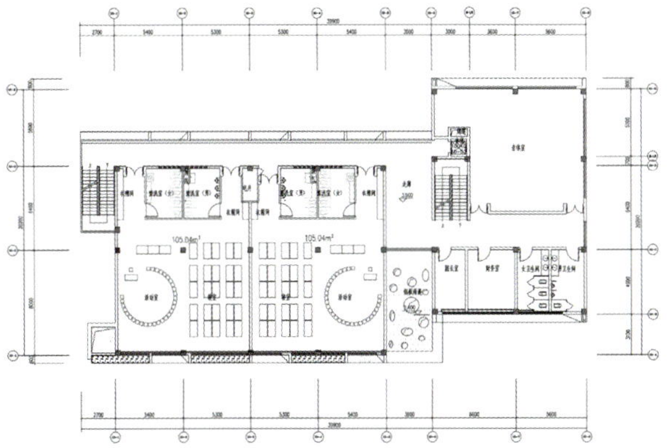

10 号楼幼儿园二层平面图

2 设计构思

根据狭长形地块特点，8 栋 70 m 高住宅塔楼采用单排全独栋布局模式，同时根据朝向、景观视野、居住价值精细化每一栋塔楼位置，使得 90% 的住户拥有百米视野，最大花园景深达到 250 m。为进一步拓展社区居民活动空间，将地块西侧待建公园

绿地与社区花园一体化设计，结合东西向地下城市通廊形成一环两园、富于阳光和趣味的多层次微公园社区。销售中心布置在道路交叉口位置，突出昭示性以及楼盘形象，利用建筑退线打造销售前广场，延伸售楼流线以扩大展示空间，形成情景化展示区。

迎合年轻客户群体审美取向，采用现代极简立面风格，底部商业采用米白色搭配深黑色石材以突出厚重感，标准段采用玻璃“面”的“虚”结合阳台横“线”条的“实”，虚实结合。顶部采用格栅收尾，整体形象现代、简约不缺细节，与周边竞品形成差异化竞争，脱颖而出。

3 设计 EPC

在项目设计及实施过程中，建筑设计团队从前期方案到施工图设计，从二次深化到现场配合全程参与，充分发挥专业优势和技术指导作用，历经三年，在多方通力配合下，最终建成的实景基本还原了方案设计效果。

杭州远洋凯宾斯基酒店

项目地点：杭州市

建筑面积：103 000 m^2

建筑设计：goa 大象设计

设计与竣工时间：2012—2021 年

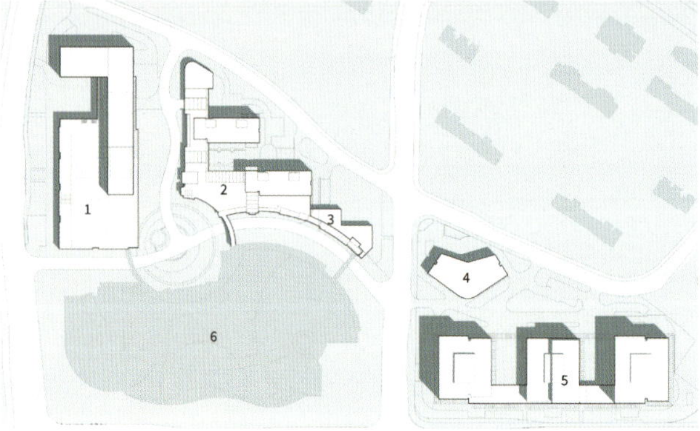

总平面图

项目区位图

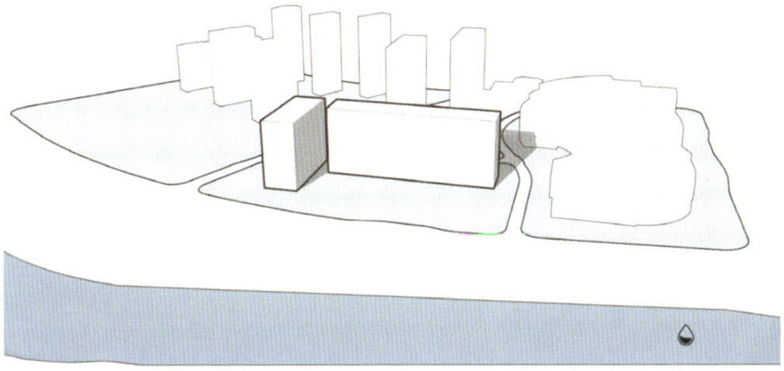
体块分析图

远洋乐堤港位于杭州市拱墅区 CBD 的核心位置，毗邻京杭大运河，是一处总建筑面积近 260 000 m^2 的综合开发项目，包含远洋国际中心高档写字楼群，西侧为商业中心以及凯宾斯基酒店，是远洋运河商务区的收官之作，也是大运河景观带上鲜有的一座集商务及休闲为一体的高端酒店。

酒店部分充分利用运河景观，同时也以自身构成运河重要的景观节点。方案通过不同标高的体量穿插创造出高低错落、多向连通的观景平台：20 m 以上的观景高度使得视线恰可越过树梢到达运河；大型商业位于地上一至三层，与酒店部分呈 L 形咬合，其屋面部分成为酒店的空中花园，并与相邻地块商业综合体通过天桥相连。酒店东侧还设有两栋 70 m 高的办公楼及 2 ~ 3 层的裙房。办公楼的造型简洁，裙房则被赋予两种不同的外观风格：西、南两个面保持与商业街的整体氛围相统一，东、北两侧更强调对办公园区氛围的营造。两种建筑表情在转角的部位完成过渡和转换。

酒店西临京杭大运河精华区段，东与远洋乐堤港共同围合出城市商业广场。悠远的运河气象与当代的市井喧嚣在场地上汇聚与碰撞——如何用建筑的语言达成融汇与平衡是建筑师面临的挑战。最终的设计如同一艘暂泊于繁华闹市的行舟，在杭城烟火气中抽拔出“别有一番天地”的度假体验。

1 运河旁的观景台

杭州城内，场地所在的大关路、丽水路附近可称为京杭大运

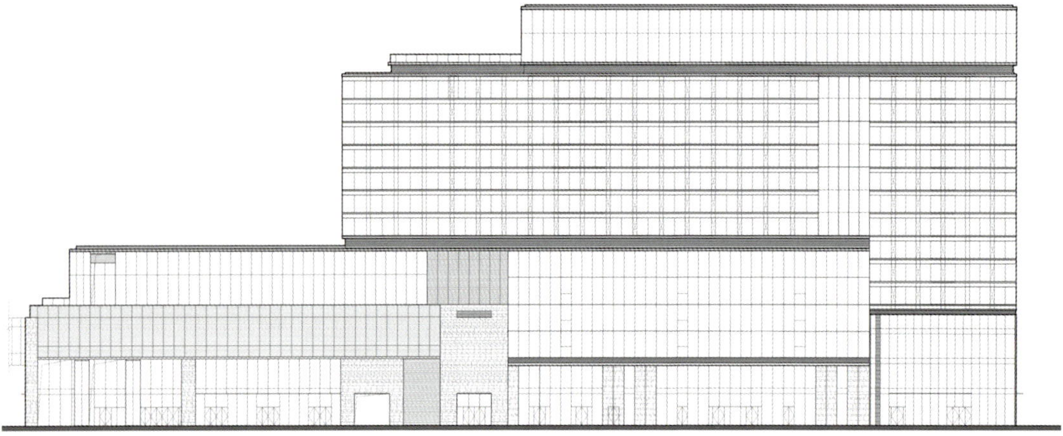

东立面图

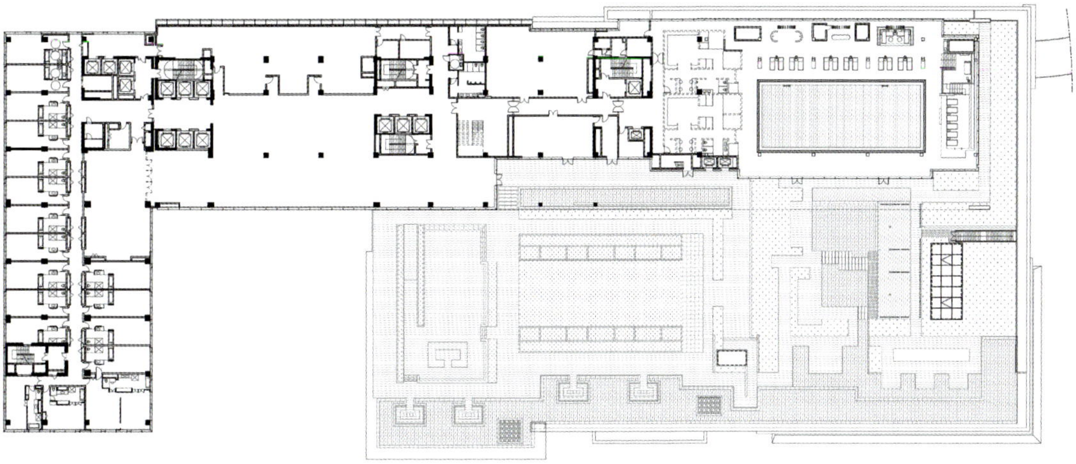

露台层平面图

河文化的精华荟萃之地。两条支流在此汇流入河，主河道拐过一个月牙状的小弯，在城市的地表勾勒出优美的形态；小河直街、大兜路等历史保护街区近在咫尺，与具有运河终点标志物之称的“拱宸桥”也相距不远。

运河窄长而纵深，带有江南的秀丽与历史的幽深，新建的酒店如按照 70 m 规划高度成为高塔，则一定意义上干扰了由运河延展开的城市风情。因此，建筑师首先要对酒店体量进行“减法”研究：采用面向景观延展的方式，由水平方向的错动构成高低错落的观景平台。位于宴会厅上部的大露台提供了长约 110 m、宽约 35 m 的室外开敞空间。

露台标高被定为 20 m 左右，恰好保证了人的视线能够越过岸堤上茂盛的树木抵达运河河面，向纵深方向延展。驻足露台，颇有“行舟绿水前”的意味，城市道路所构成的地平面被短暂遗忘，尽收眼底的是南流入江的大运河绵延的气势。全日餐厅、SPA、

泳池等公区被置于露台沿侧，与室外景观具有良好的互动关系。除 20 m 标高处的巨大露台外，顶层的莫非吧是更为私享的观景场所。

2 闹市中的度假感

作为一座城市建筑，凯宾斯基酒店与大型购物中心远洋乐堤港、三幢 5A 级办公塔楼远洋国际中心、若干高层公寓共同构成一个占地约为 178 000 m^2 的综合开发项目，也是远洋运河商务区的收官之作，承载着作为拱墅区城市生活新中心的重要意义。除由美国捷得国际建筑师事务所（The Jerde Partnership）设计的商业中心远洋乐堤港之外，综合体内的建筑皆由 goa 大象设计担纲设计。城市维度的统筹思考，使得凯宾斯基酒店的设计思考没有局限于酒店本身，而是扩展到与城市生活的交界之处。

酒店与商场形成密切的咬接关系，在形体、流线上均有一定的互动。精品商业位于露台之下的盒子中，南与相邻的商业综合体通过连廊相接。经过商议，这里的商业业态被确定为一间旗舰级的单向街书店，酒店住客可方便地下楼抵达此处，享受阅读时光。体块错动的策略保证了酒店建筑体与商场融合的同时，保持自身一定的独立性。

在商业内广场一侧，酒店层层跌落的体量塑造了广场的天际线。8 m 宽的通长雨棚勾勒出酒店尺度适宜而不过分张扬的入口，可由城市广场极为方便地抵达，隐隐暗示出“大隐于市”的态度。由街道远观建筑，功能的复杂性所刻画出的体量的丰富性构成一种形态上的张力。

3 技术与构造

与商业交接部分的体量运用了局部石材与商业氛围融合，而主体部分立面强调通透。玻璃面分隔很大，6m^2 的玻璃分隔达到酒店类建筑的上限，满足 4.5 m 开间看向景观面的最好效果。全日餐厅玻璃分隔达到 13 m^2 左右，采用 4 片玻璃夹胶的做法。

宴会厅位于覆土露台之下，作为大跨空间承受着较大荷载。建筑师出于对整体高度控制的原则，对这一空间的结构设备进行了巧妙布置。主设备管线在周边排布，次要设备管线则利用梁窝处布置，以此将宴会厅层高控制为 8.5 m 左右，所有设备管线在 2.5 m 竖向范围内解决。

室内设计由来自新加坡的设计团队 ACID 完成，设计考虑了现代酒店空间与杭州地域特色的融合，运用局部曲线与较为清雅的色彩烘托氛围。

4 结语

不同于郊野环境中相对独立的精品酒店，身居闹市的凯宾斯基酒店的设计过程具有更多的城市性思考。

建筑师巧妙融合了“烟火气”与“度假感”，在融入城市环境的同时，实现了一座集商务与度假于一体的城市酒店。

陶唐之丘度假酒店

项目地点：大理白族自治州双廊镇

建筑面积：1 200 m²

建筑设计：三文建筑

主持建筑师：何崴、陈龙

项目建筑师：孟祥婷

设计团队：刘泳、朱艳明、王梓亦、王东升、计然（实习）

设计与竣工时间：2021—2022 年

总平面图

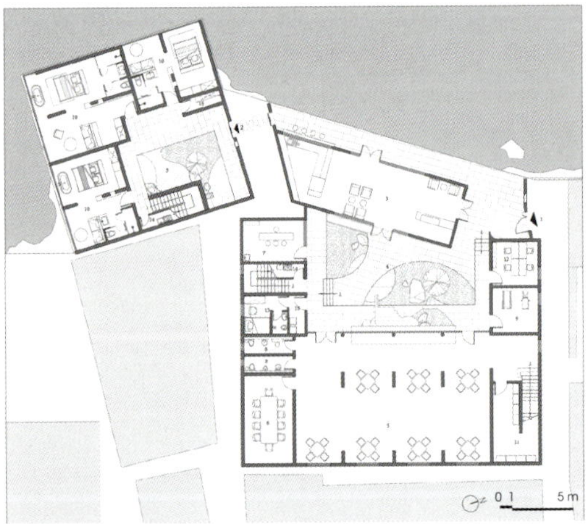

一层平面图

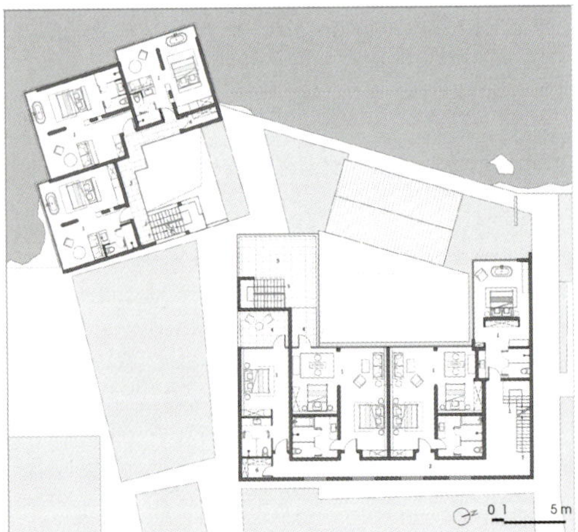

二层平面图

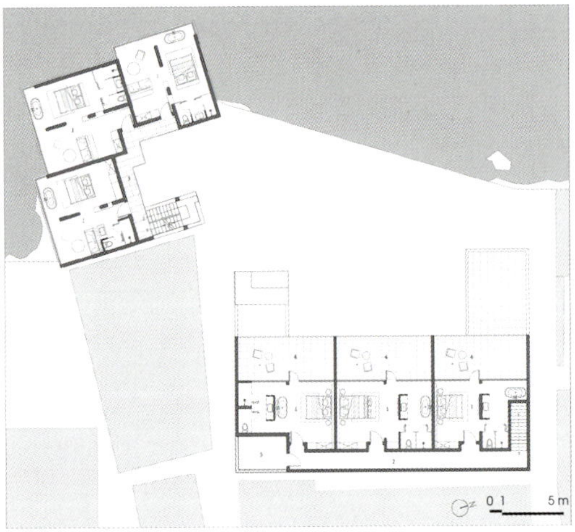

三层平面图

1　背景与场地概况：洱海海湾内的两处院子

本案是一个改造项目，场地位于大理白族自治州双廊镇大建旁村，洱海的一个小的海湾内。民宿由两个独立的院子组成，院子之间有一条小巷。两个院子各具特色，也各有其优势。其中一个院子的三层建筑有着相对优质的洱海景观，被称为“海景房”；另一个则有一个相对大些的内庭院，层高各不相同的建筑形成内向的围合空间，被称为“庭院房”。

前任民宿主是最早一批入驻双廊的“早鸟”，他租下了这两个归属于两个房东的院子开了民宿。经历了环洱海整治、疫情等，民宿行业逐渐步入专业化、网络化、视觉化，这家曾辉煌过的民宿也暴露了一些问题，如客房面积过小、缺乏公共空间、装修老旧等，这些都阻碍其往更精品化的度假酒店发展。于是，新业主——芒澍酒店管理公司，一个专业的酒店管理团队，接手了这两个院子。

2 总体概念和空间布局：先秦古籍与现代生活的文化碰撞

新民宿的名字叫陶唐之丘，灵感来自《山海经》，居九丘之中心的说法。所谓九丘之中心，也就是大荒四经的中心观测点，得名于帝尧陶唐氏。因此，客房的名字均取自《山海经》中的奇花异草和风水宝地，依据不同的房型赋予不同的名字。

建筑师将“木、石、陶、土”作为整个项目质感层面的出发点，它们代表了回归人类质朴本源的希望。不同的肌理，不同的颗粒粗糙度，不同材料呈现不同的温度，使项目在感官层次上更为丰厚。

在布局上，建筑师对两个院子的交通流线进行了梳理。庭院房北侧的巷子相对于两个院子之间的小巷更为通达，景观视野也更佳，因此设计选择这条巷子作为接送游客到店的主路。进入酒店区域内，第一个空间是酒店大堂，兼具前台接待以及咖啡馆、酒吧功能。同时，大堂也是客人重要的分流节点，从西北一侧出口沿洱海向南走，进入海景房小院，从东南一侧进入内庭院，可达健身房、VIP 茶室及餐厅。

将原建筑一层的客房全部打通，改造成开敞的餐厅。餐厅与大堂形成两个并置的空间，隔庭院而望。庭院成了一个天然的缓冲区，如"呼"与"吸"之间微小而短暂的间隙。员工办公室和员工休息室则被布置在了一层北侧和南侧的耳房，方便员工管理整个酒店区域。庭院房二层设置有 4 间客房，具有良好的庭院视野；三层设有 3 间客房，有独立的露台，可远眺洱海。原海景房共有 18 间客房，新布局将其两两合并，整合出 9 间视野极佳、宽敞舒适的大床房。

建筑师与业主达成共识：减少客房数量，以保证舒适度和视野，完善公区配套设施。这些满足了人们对度假旅居质量越来越高的需求。同时，空间塑造上力求质朴简约但舒适。新建筑希望呈现给客人一种追古溯源般的心灵归隐感。

3　酒店主入口及大堂：叩响秘境，驻足停留

沿着巷子向水前行，左手边酒店的外墙面贴着大理当地的石材。在巷子尽头，酒店的大门谦逊地微微内退。门旁的墙体深入洱海方向，墙体上故意留了一个狭窄的洞口，在这里，洱海的风姿绰约只是微露一角，勾引着你推门而入，一探究竟。

进入大门，迎接客人的是大堂。在最初的方案中，原建筑被拆除，坡屋顶改建成平屋顶，形成可上人的休闲平台，在洱海一侧新建屋顶无边泳池。在大堂的中心处增加一处炫彩玻璃装置，从地面斜穿出屋顶，形成一处具有视觉特色和戏剧性的空间节点。遗憾的是，由于洱海的生态管控和控制建筑风貌等政策原因，这些处理没能实现。

退而求其次，设计只能对原建筑进行加固，对外立面进行调整。在大堂入口处设置大面积实墙，保留神秘感；进入大堂后，豁然开朗，大面积的落地玻璃使洱海风光尽收眼底。前台与咖啡吧台分别置于两侧，避免流线交叠。吊顶采用木格栅，微妙的角度变化在大堂上空形成了一道优雅的弧线，格栅之间隐约可见建筑的原始结构。

4　餐厅及庭院：光影流动与用餐的仪式感

餐厅空间以当地石材和深色木饰面作为主要装饰材料。对于原空间墙体的开洞形成了新的序列组合，形成空间的序列感。餐台处落地窗刻意压低高度，将庭院景色框入长卷中。洞口的收边用大理匠人的手工锤纹铜板勾勒，铜板在射灯的照射下，凹凸的造型上流动着紫红色的光。主墙的水纹灯饰及老木船形象将浮光掠影的海面景观进行了重新的诠释。这些都回应了地域的文脉。设计尝试将自然肌理、匠人手工、现代科技三者相结合，寻求一种内心与视觉的双重享受。

室外的庭院是餐厅空间的延续：餐台既出现在室内，又是外

立面的一部分，它延伸到庭院里，成为有故事的背景墙。水从餐台流出，滋养着繁茂的蕨类植物，几经扭转，逐级而下，流入圆形的水池。几条弧线划分出客人从大堂至餐厅的步行路径，配以青石板路、红枫、碎石铺地和水池，所谓“内为美食，外如美酒”。

5 楼梯间：情绪化的秘密隧道

海景房的楼梯是半室外的，最初的设计希望呈现一个更为现代、几何化的图景：不要瓦顶，每个休息平台增建不同角度的斜角，有的指向小巷，有的指向大堂屋顶的无边泳池。这样可以给本是枯燥的交通空间增加一些视线上的变换，强化其与周边环境以及酒店内部环境的关联。但遗憾的是，因为在保护区内，这种“大动作”没有被允许，最后的设计相对折中很多。

庭院房部分的楼梯将客人从公区引向相对私密的客房区。设计希望赋予它戏剧化的质感，并引导人的情绪转化：踏步的一、二级为石阶，略显粗糙的石头给人以深邃的岁月感。其他踏步由钢板制成，挺拔硬朗且被漆成了暗红色，配以具有神秘感的造型，楼梯间让人对后续空间充满期待。进入走廊，又是另一种感觉，依梁而做的半拱造型增强了走廊的序列感，弱化了长走廊的单调感。

6 客房：润物无声胜有声

客房采用暖色调，米灰色的墙漆与胡桃木色的木饰面相结合，与洱海的蓝形成互补和对比。设计结合场地的实际情况，16 间客房形成几种不同的房型，包括海景套房、庭院景观家庭房、庭院景观大床房、海景露台大床房和引流房等。海景庭院中共有 9 间海景套房。考虑到原建筑的结构，只能拆除少部分墙体并进行结构加固。设计对洞口边缘进行了倒圆角的处理，突出客房内温馨的氛围，与餐厅洞口的硬朗形成对比。沙发及床都面向洱海，床尾处设有浴缸，大面积的落地窗消解了室内与室外的界限，将大理的阳光引入室内，让客人的心境全部打开。

原庭院房二层的走道位于西侧，这里恰巧为视野较好的景观面，客人需要经过其他客房的景观面进入自己的房间，这一点对于高端酒店的经营是十分不利的。设计对交通流线进行了调整，前走廊改为背走廊，节约了交通空间面积的同时，也保证了客房的私密性。家庭房：卫生间位于进门一侧，考虑到选择家庭房客人对私密性要求较高，将浴缸设置在卫生间内。原建筑的墙体自然而然地将两张床的区域分开，使其拥有各自的私密空间。

对于家具，建筑师希望它们具有一定的地域色彩，于是与业主一起奔走于大理周边的村落，收集很多诸如沉船木、陶罐等老物件，并重新设计、加工，赋予其新的功能。如家庭房靠窗一侧，就摆有用沉船老木打造的茶台，向人们诉说着双廊小渔村时代百姓的生活。建筑师坚信，这些老物件上的痕迹，带着岁月的厚重，终会疗愈人们在现代生活中疲惫的内心。

7 结语：一处心灵旅途中的海边驿站

当下，越来越多的年轻人选择逃离城市，到可以享受慢生活的别处去。在此处，建筑师也与业主早早达成共识，双方都坚信在那种钝涩、斑驳、褪色的事物中存在着人们内心真正向往的慢生活之美。大家都希望这家水边的度假酒店能为那些希望逃离城市喧嚣的人，提供一处寂寥、纯朴的海边驿站。

云庐观星亭与四组景观小品

项目地点：桂林市阳朔县

建筑面积：86 m^2

建筑设计：刘宇扬建筑事务所

主要设计人：刘宇扬

设计与竣工时间：2018—2022 年

1. 客房庭院
2. 餐厅
3. 前台接待处
4. 瑜伽亭及泳池
5. 景观廊道
6. 竹钢构架廊道
7. 儿童戏水区
8. 儿童户外野趣区
9. 空中瑜伽亭
10. 自行车亭
11. 蔬菜种植区
12. 烧烤亭
13. 鱼塘
14. 工具间
15. 停车区
16. 观星亭

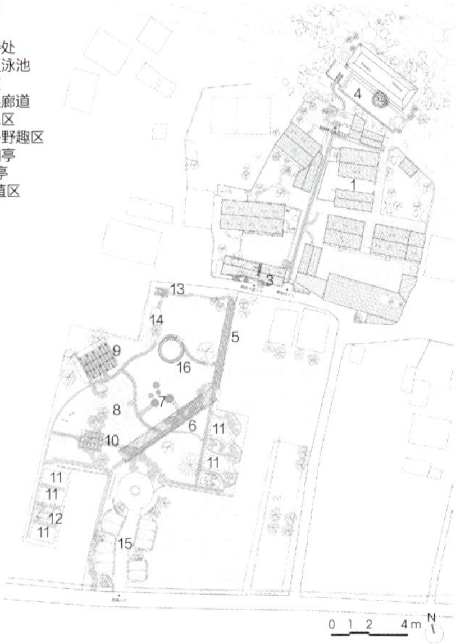

总平面图

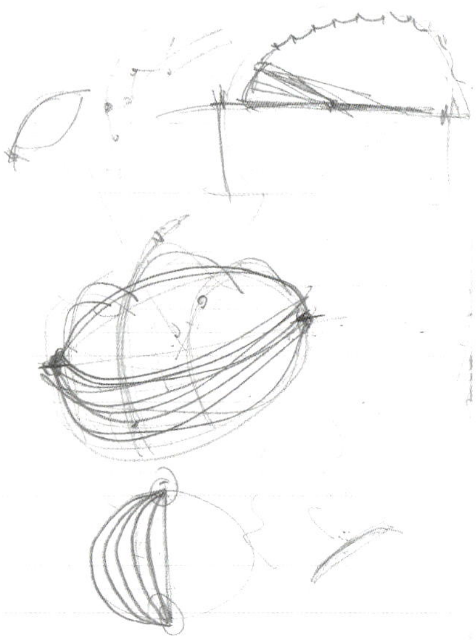

草图

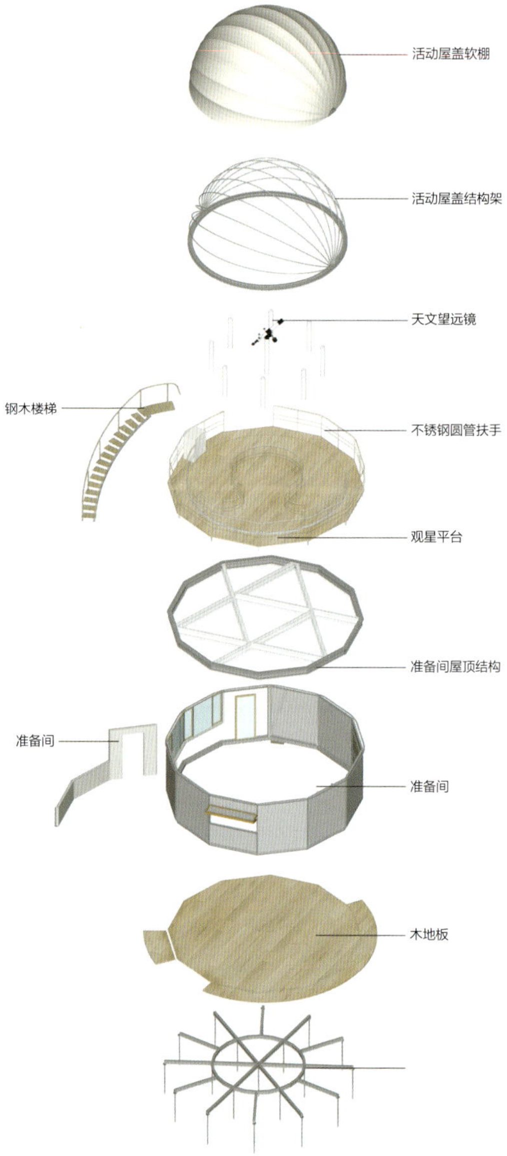

轴测爆炸图

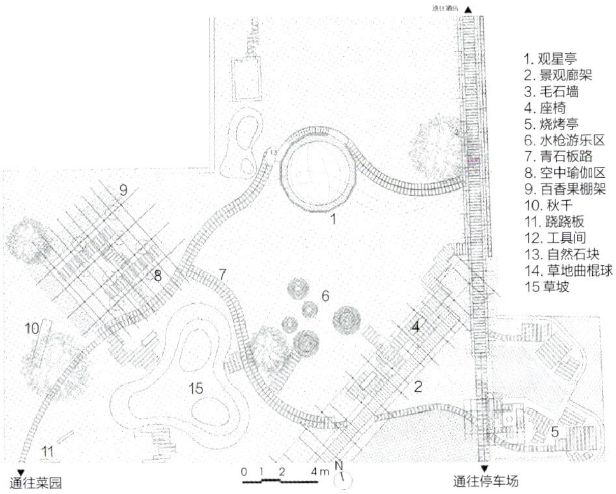

1. 观星亭
2. 景观廊架
3. 毛石墙
4. 座椅
5. 烧烤亭
6. 水枪游乐区
7. 青石板路
8. 空中瑜伽区
9. 百香果棚架
10. 秋千
11. 跷跷板
12. 工具间
13. 自然石块
14. 草地曲棍球
15 草坡

观星亭总平面图

1. 开合屋盖设备机箱
2.120 厚砖墙
3. 钢木楼梯
4. 层合木板柜
5.100 × 150 钢梁
6. 开合屋盖
7. 观星平台
8.150 × 300 × 6 × 9 钢梁
9. 不锈钢圆管扶手外包麻绳
10. 玻璃门窗
11. 地螺钉

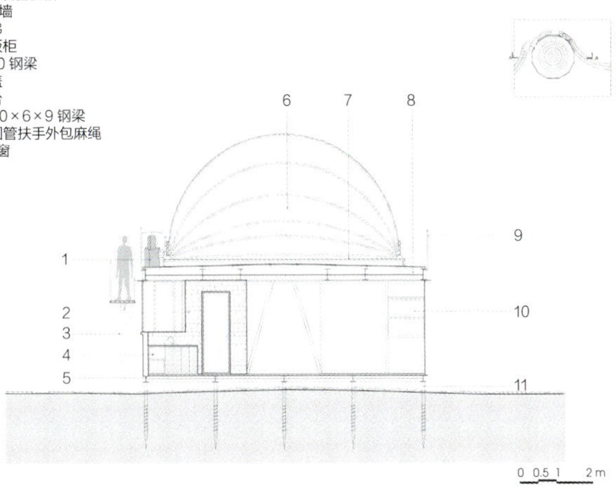

观星亭剖面

云庐观星亭与四组景观小品是刘宇扬建筑事务所“云庐系列”的最新实践，项目延续了建筑与自然相辅相成的理念，选址布局巧妙融合周边环境。在喀斯特地貌的环绕之下，举头便是星月交辉，群山环绕。

观星亭主体分为上下两个可独立运作的空间。一层的十二边形平面为以轻钢结构和玻璃围合成的室内服务空间，二层的直径6.6 m半球膜结构则为室外星象观测平台提供可开闭式的遮蔽空间。四组景观小品采用铸钢构筑物制作服务设施，营造连续的空间感，来遮挡周边新建建筑的无序面貌，自然把客人从南到北由落客区引入接待区。按照固定模数组合的构架，匹配不同功能需求，搭配不同屋面覆盖形式。

观星亭建设前后

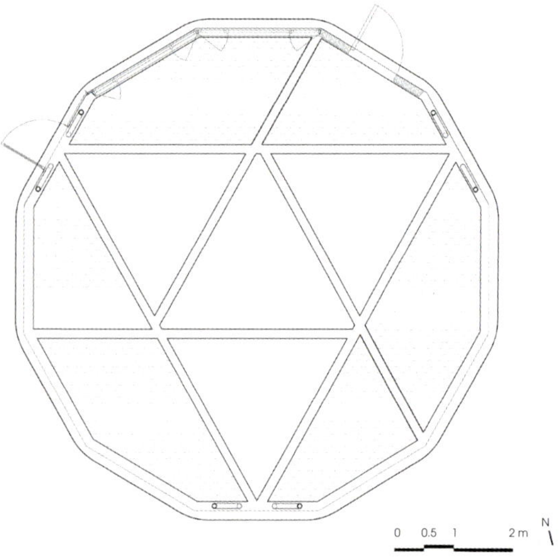

一层室内准备间

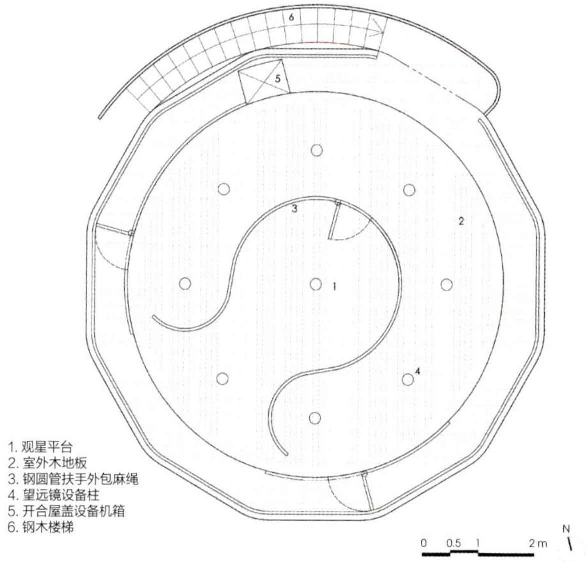

二层观星平台

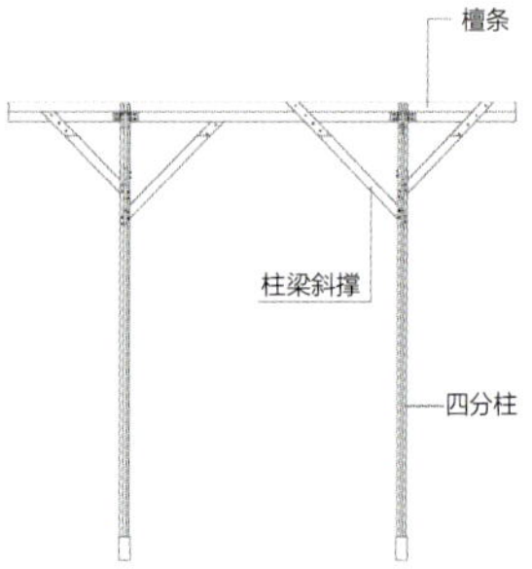

模数组合构架 1

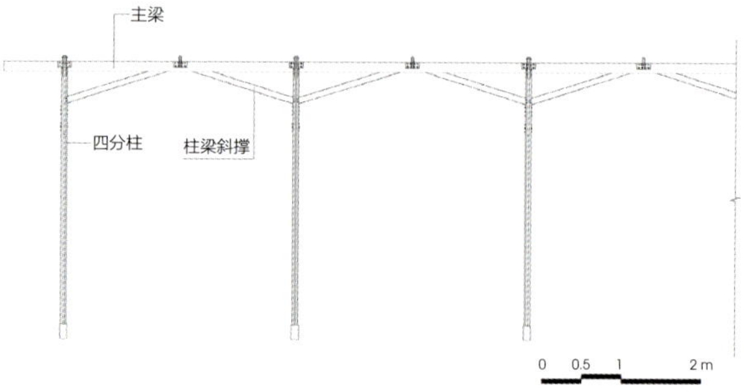

模数组合构架 2

曹杨百禧公园

项目地点：上海市普陀区

建筑面积：10 165 m^2

建筑设计：刘宇扬建筑事务所

主要设计人：刘宇扬

设计与竣工时间：2020—2021 年

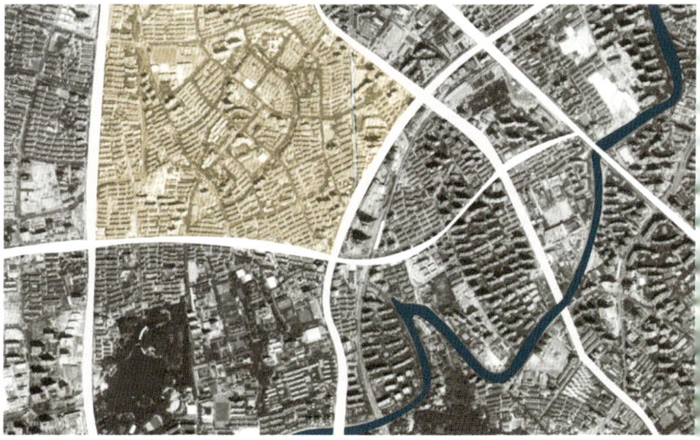

场地区位和遗存

场地区位和遗存

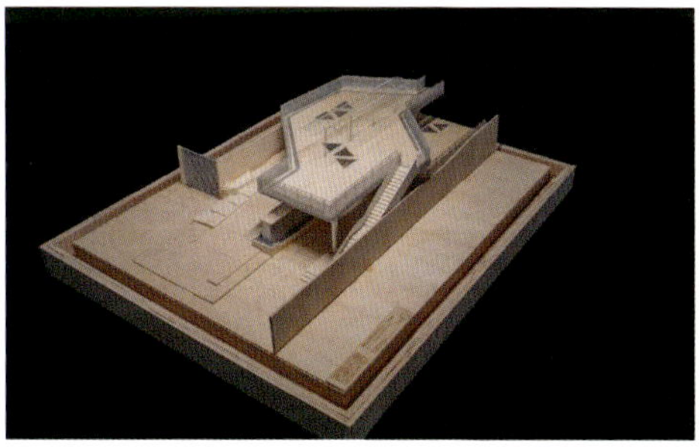

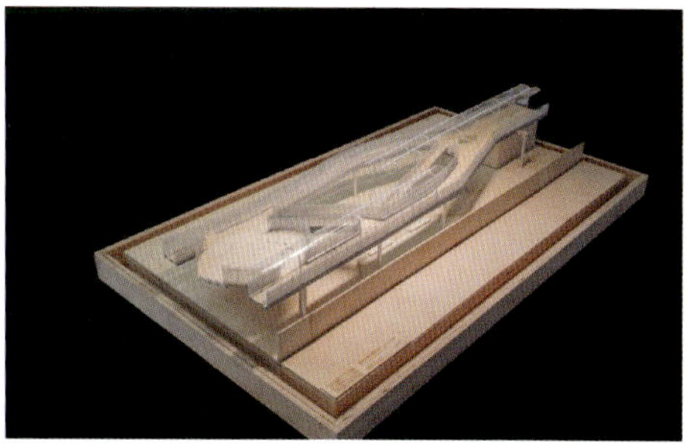

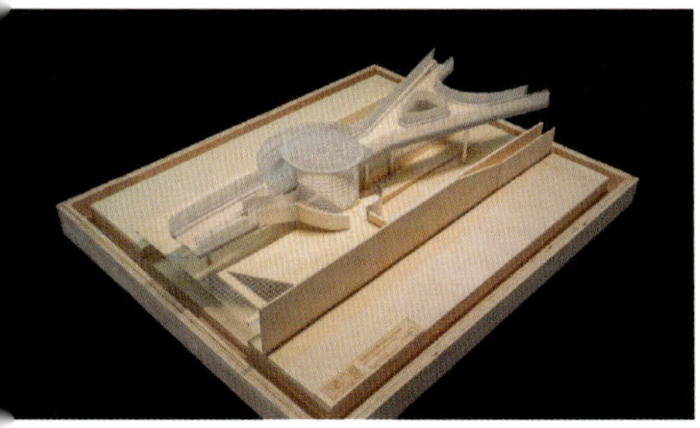

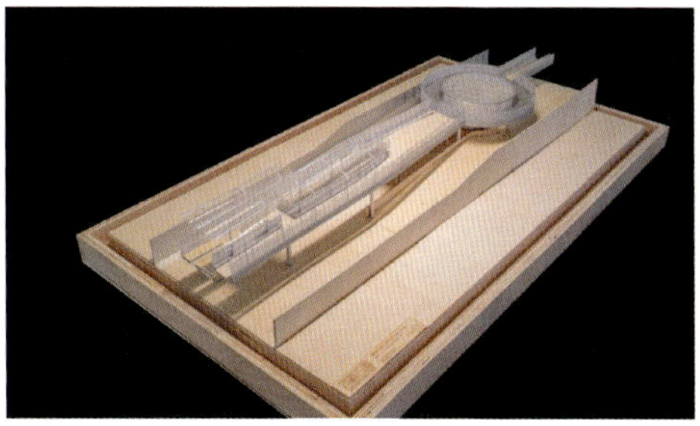

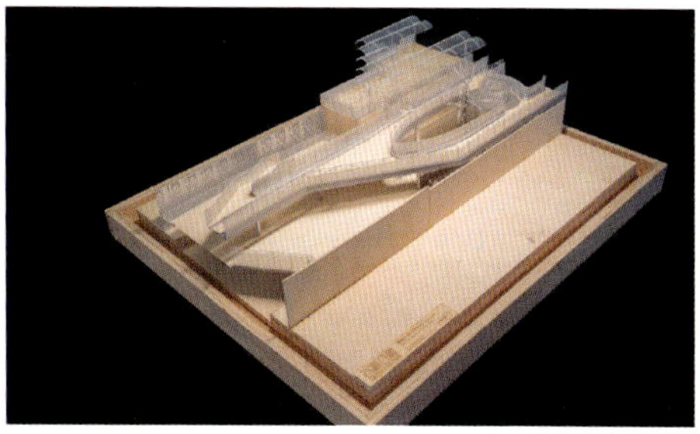

节点模型及场地策略

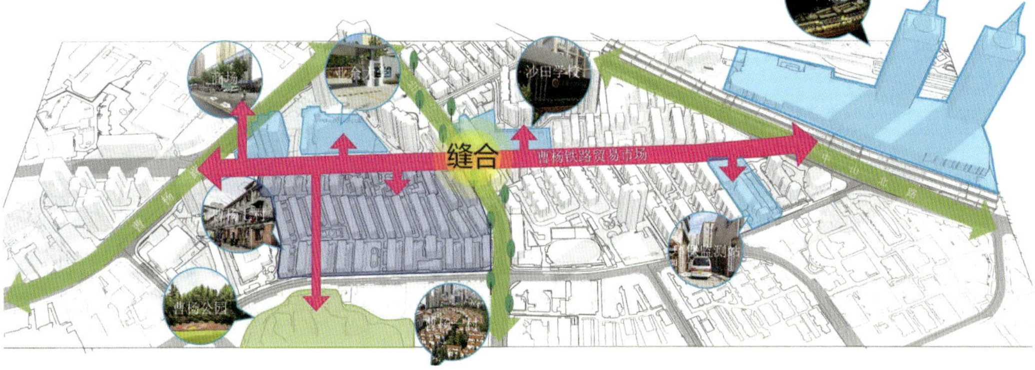

节点模型及场地策略

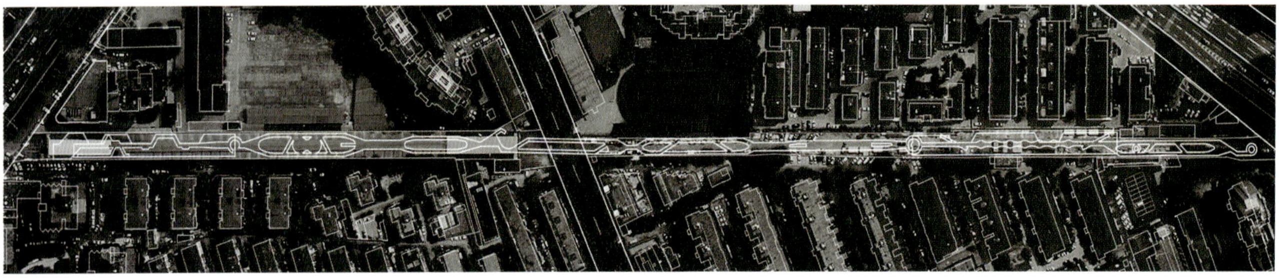

场地原始肌理

场地改造后航拍

曹杨新村作为中华人民共和国第一个工人新村，始建于1951年，70年的发展具备完善的公共设施配套，其规划建设代表了一个时代的集体记忆和历史进程，是承载悠久历史的大型成熟社区。项目既作为非标准性用地的探索，又构建具有当下意图的新情境主义的轻质巨构。设计意图梳理挖掘区域现存文脉与历史印记、重塑区域绿网连接关系，并以“长藤结瓜”形成片区南北贯穿步行体系的新纽带，从区域规划层面构建15分钟社区生活圈。在此基础上拓展从主脉延伸，再串联生长一体化的远景，以求景观提升进而带动城市区域有机更新，绿蔓曹杨。透过城市区域内非标准场所节点的全新置换，以激活历经70年的工人社区与链接城市公共生活。

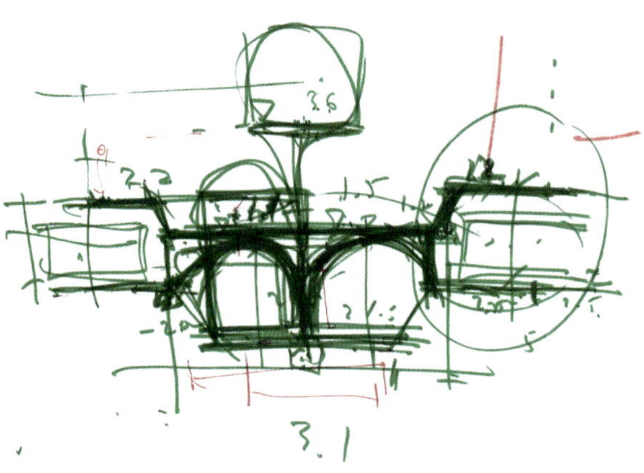

概念草图

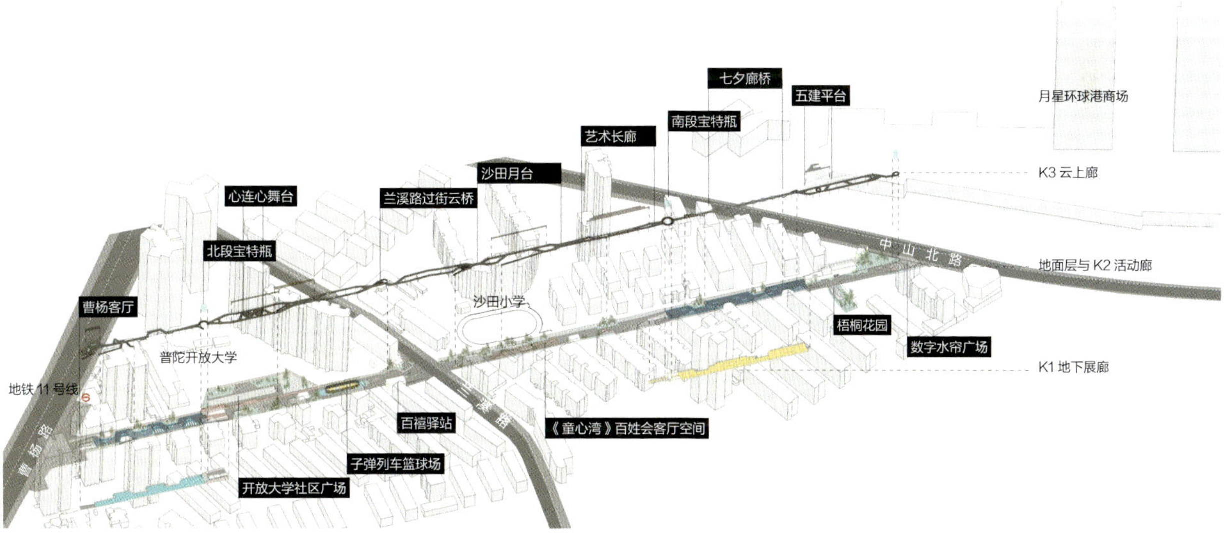

项目区位图

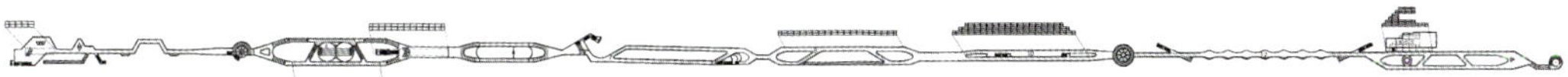

K3 云上廊

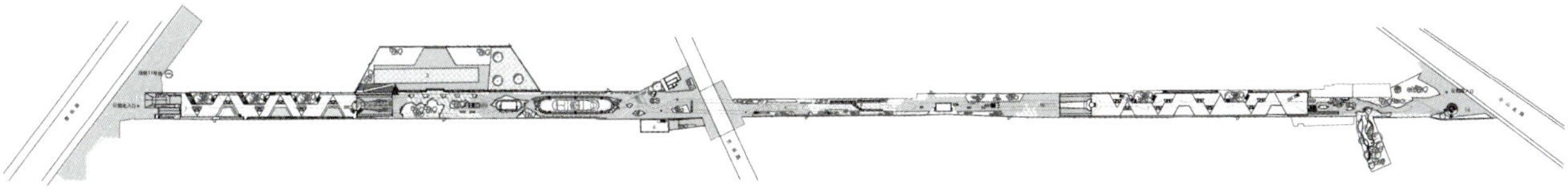

地面层与 K2 活动廊

K1 地下展廊

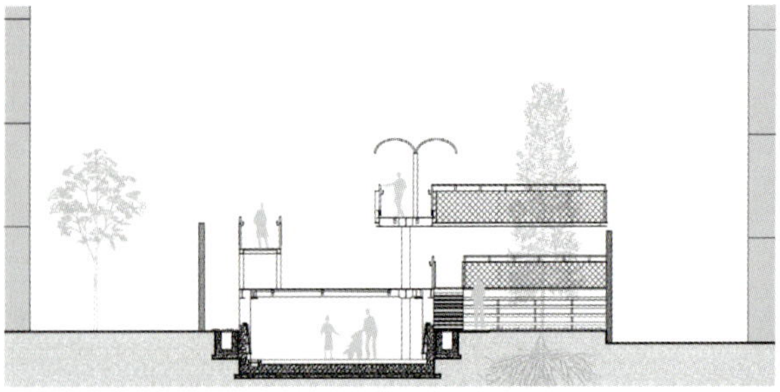

北段入口曹杨客厅

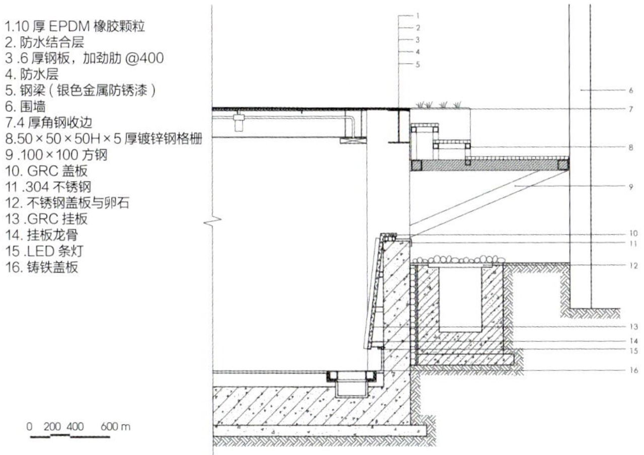

半地下室墙身大样

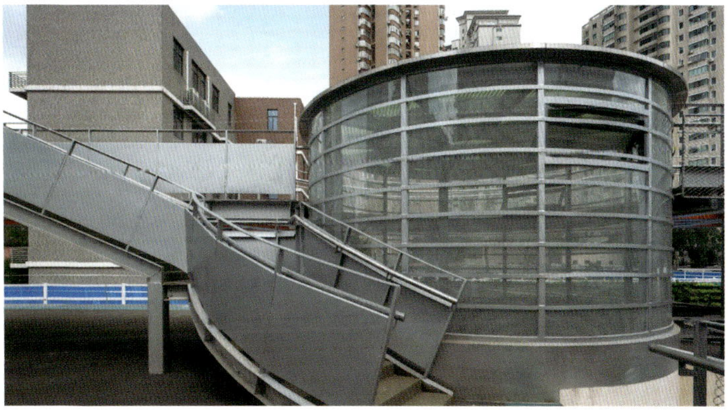

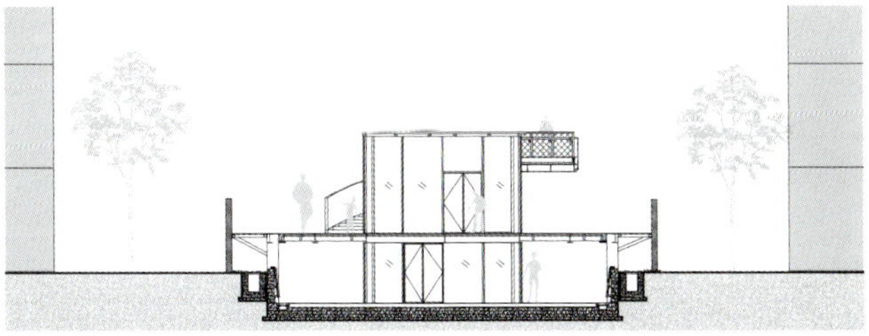

北段宝特瓶

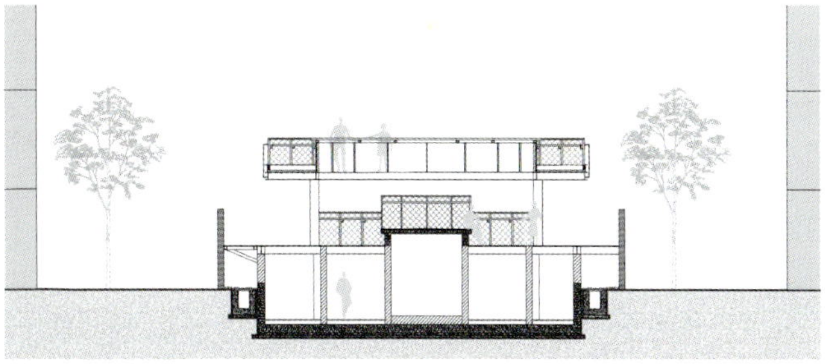

南段宝特瓶

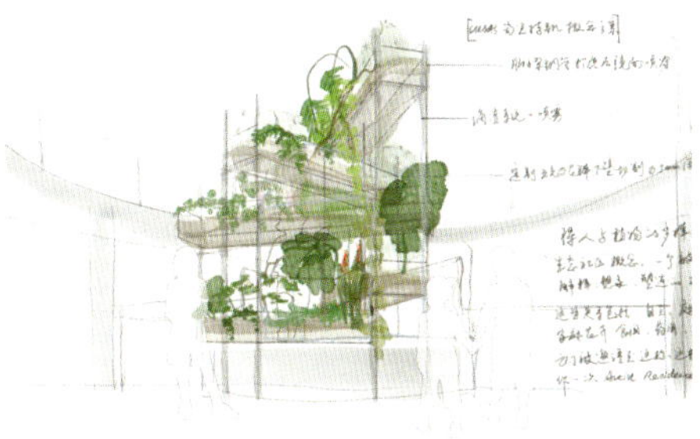

南段宝特瓶：曹杨植物公寓

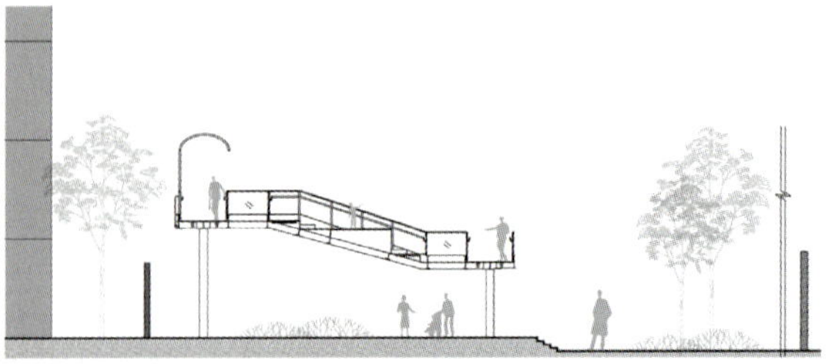

心连心舞台与开放大学广场

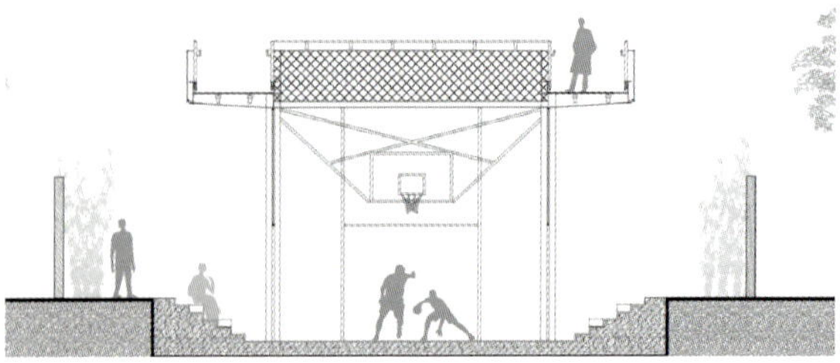

子弹列车运动场

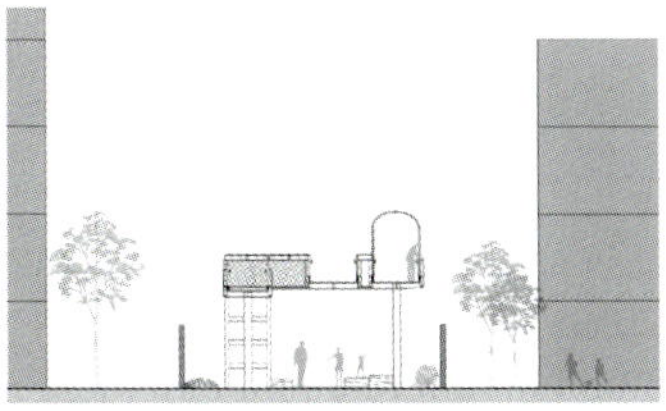

沙田月台

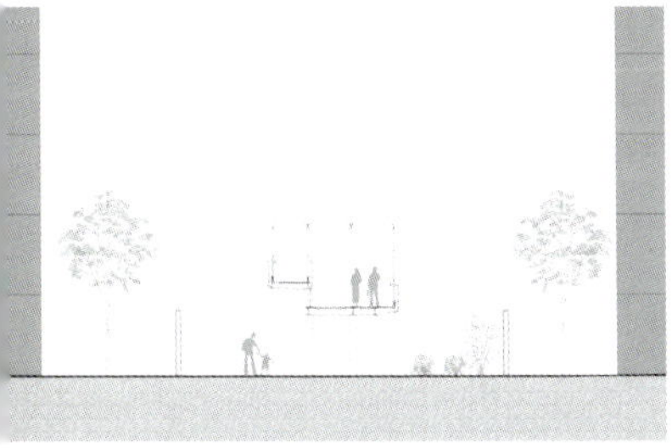

社区艺术长廊

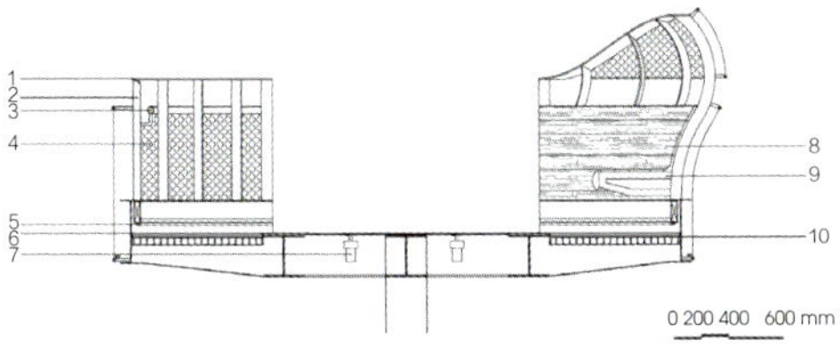

1. 10 厚扁钢压顶，氟碳漆喷涂
2. 28×55 扁钢栏杆，氟碳漆喷涂
3. Φ60 拉丝不锈钢扶手
4. 不锈钢编织网
5. 室外 LED 照明
6. 不锈钢钢条格栅铺装
7. 室外灯筒照明
8. 塑木板
9. 角钢支撑
10. 15+1.52SGP+15 防滑夹胶钢化玻璃

七夕廊桥大样

跨越三线的植栽树池

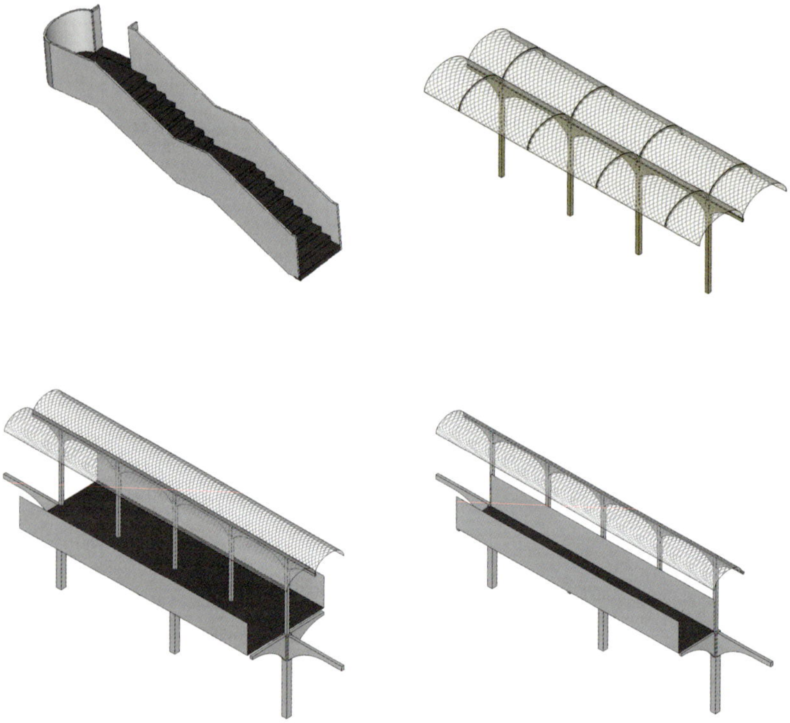

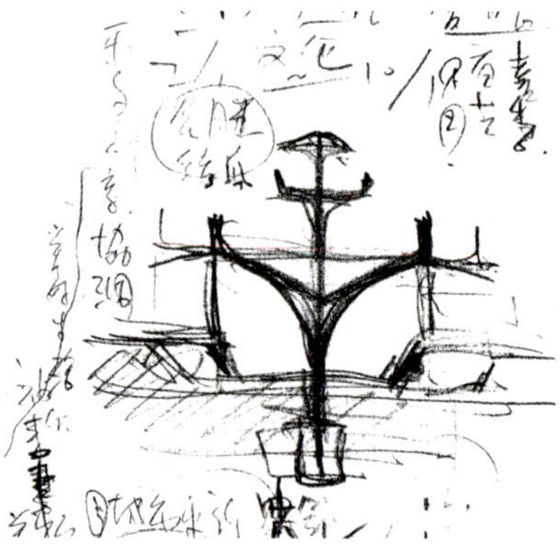

廊桥概念单元模块

草图

宜兴雅达体育公园

项目地点：无锡市宜兴市

建筑面积：4 868 m^2

建筑设计：万境设计

设计主持：胡之乐

设计团队：郑洁、杨丽莲、叶长青、胡路路

设计与竣工时间：2020—2021 年

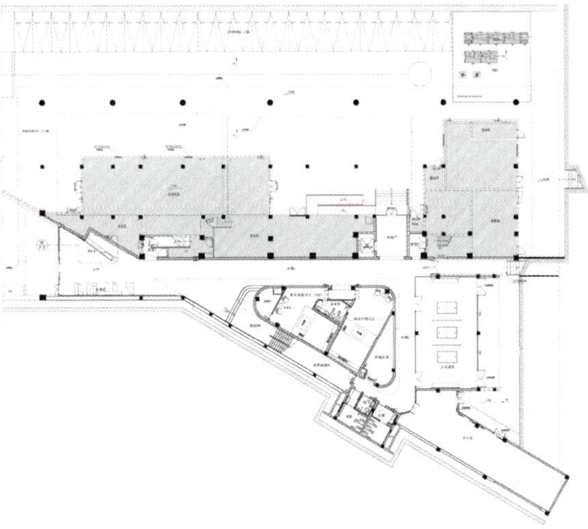

一层平面图

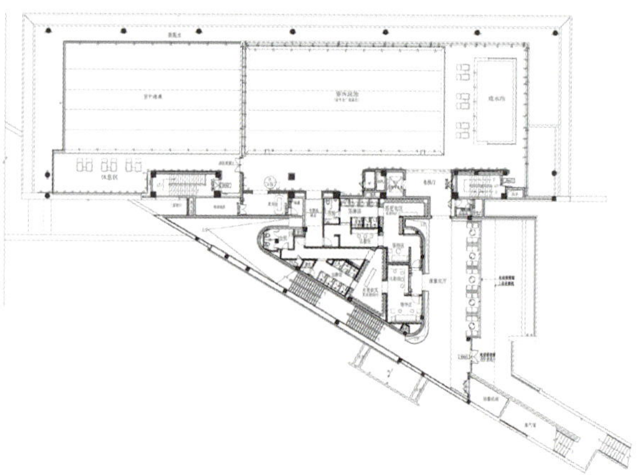

二层平面图

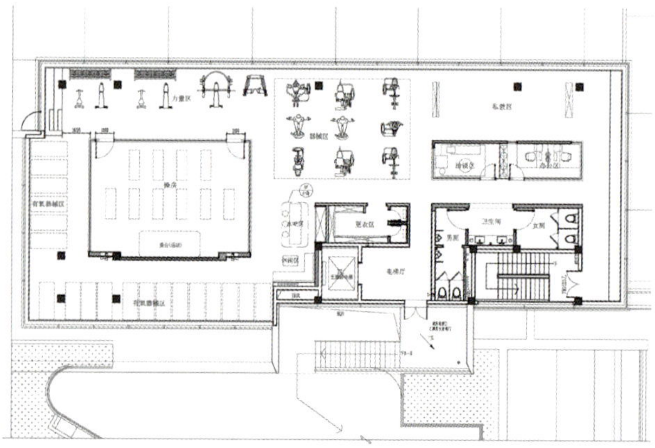

三层平面图

万物从自然而生，并终将走向自然，设计也概莫能外。

在这方空间中，自然是设计的主角——在山水的起伏回环之间，设计巧妙利用景致风光，尽最大可能打通室内外的界限——仿佛建筑从矿坑中自然生发出一般，虽由人作，宛自天然。

宜兴雅达健康生态产业园以文创、游览、户外、餐饮、住宿等服务业态，打造参与性与体验性兼备的休闲目的地，与山水融合，是湖光山色中的深氧小镇。

作为其中重要的配套环节之一，矿坑体育公园正如其名，坐落在原址矿坑中，其起伏的高差与复杂的地形为设计带来了挑战，同时也伴随着机遇。

设计师在充分了解其在地性特色后，将室内融于建筑、建筑融于环境，让三者浑然天成，塑造出自然而又彼此交织的整体健康休闲空间。

在入口处，现代设计理念中的延伸感柔化了建筑内外间生硬的界限。

粗粝的片墙笔直楔入室内，使入口处形成了从外部延伸入内的自然过渡，同时内部前台也采用了与片墙相同的石材，更凸显出设计的整体连贯性。

均质舒适的泛光照明引人入内，既让人感受到自然属性的熨帖，又将整个空间变得更为惬意。

到了泳池区，人们便恍惚身在一方天然水池之中。

透净的全景落地窗将自然毫无保留地收纳，满眼的绿意萦绕在四周，让人触手可及。

水面也成为空间序列的一部分，镜像并延伸着绿意，倒映着的山水之趣层层荡漾开来，一场全幅的视觉盛宴就此开启。

继续拾级而上，直至顶层主通道，无论是右上方留出"一线天"

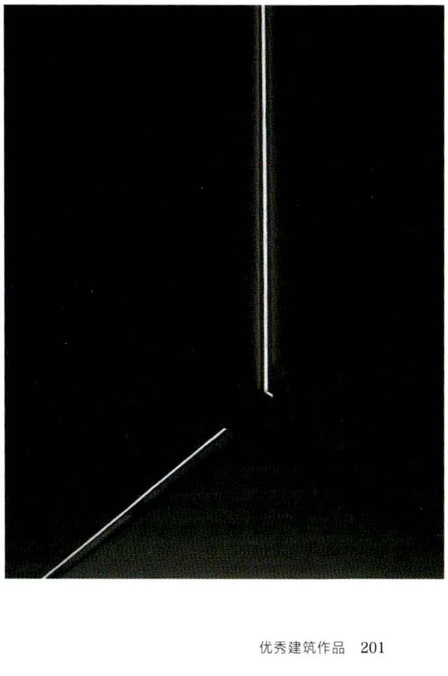

的做法，还是左边开设的观景长卷，都让人可以时刻体认到环境的变化。日沉月升，天光渐明，安然而喜悦的精神与自然的脉搏一同跳动。

“通透”一词贯穿项目始终，设计巧妙利用玻璃幕墙，充分体现优越的视野条件。

从高处俯瞰，建筑仿佛一块透明的璞玉，视线可直达室内，在内部进行健身活动或休憩的人们与室外的整体环境相映成趣，成为彼此的风景。

设计的另一亮点，便是将建筑设计的手法融入室内。

富有雕塑感的楼梯成为空间中的视觉焦点，同时搭配暗色系的台阶步道，厚重而不失致趣。

分割的石壁选取了户外元素，其石材与矿坑的原型材质一脉相承，对在地性的致敬和对生态的尊重跃然而显。

不仅是石材，原有的环境和生态属性也被很好地保留，如空间中多处采用的贴木饰面，通过逼真的凹凸纹理，让人可亲手触摸自然的温度，也让空间氤氲着松弛的气息。

在灯光设计上，室内多采用线条灯的做法，将构成感的张力抒发得当，极具现代感的室内设计手法延续了建筑的结构性。

建 筑 焦 点

“从自然中的城市”到“城市中的自然”
——因地制宜、顺势而为的城市设计

王建国

摘　要：我国已进入生态文明建设的新时期，如何处理城市与自然的关系显得愈发重要。论文回溯了城市发展经历从“自然中的城市”逐渐走向“城市中的自然”的全过程，分析了国际相关学者对于城市发展与自然系统相关性的专业理解，重点论述了当下城市发展所面临的重要挑战，即需把握好自然系统与人类活动的关系。论文提出新时期城市规划建设应该遵循“适建性”的核心原则，指出未来城市发展需厘清不同的城市类型、规模及现状特点，因地制宜，顺势而为，创造兼具“生态性”及“在地性”的中国有机城镇发展新模式。

关键词：生态文明建设；城市中的自然；自然中的城市；适建性；城市设计

1　自然环境与城市发展

城市发展与自然环境“哺育”相关并相辅相成。一直以来，在城市发展过程中，一方面人类在“利用”自然，另一方面人们也在不断地优化和“重启”自然[1]。从农耕社会开始，人们的生活与自然便密不可分。早期乡村聚落的形成主要依循自然条件和资源禀赋，随乡村聚落的发展逐渐形成小型城镇，并受经济、文化、交通等多重因素的复合影响形成了如今的城市(图1)。

我国自古“以农立国”，农耕文明是中华文化根基所在。从穴居野外到筑室成居，人类经历了漫长的进化过程。在刘易斯·芒福德(Lewis Mumford，1895—1990)看来，“城市的胚胎构造早已存在于村庄之中”，而戈登·柴尔德(Gordon Childe，1892—1957)则提出人类社会进化实则是“小型农村发展为社会结构复杂、进入文明的大型都市中心的过程”。时至今日，自然资源不仅是塑造城市高品质环境的重要基底，也往往作为城市特色所在，河岸、湖泊、海湾、旷野、山谷、山丘、湿地等都可成为城市形态特色的重要构成要素。

在快速城市化进程下，随着建成环境的迅速扩张，人工环境对于自然环境的“侵蚀”仍不可忽视。截至2019年末，我国城市常住人口数量约占总人口数的60.6%[2]，且随着新型城镇化进程，城市人口仍会逐渐增多。实际上，城镇化进程的速率与城市人口数量之间存在均衡关系。参照国际经验来看，当城市人口占总人口数的75%～80%时，城镇化进程将会逐渐停滞并稳定。总体看，我国城镇化进程目前仍处于上升通道中，但进展速率将逐级减缓，城市发展已进入了新阶段[3]。城市发展将不再一味追求规模和外延的扩张，而更加重视生态文明建设及城市品质与内涵的提升，旨在营造“望得见山，看得见水，记得住乡愁”的理想人居环境，建设自然与人工互鉴互融的未来中国城市。

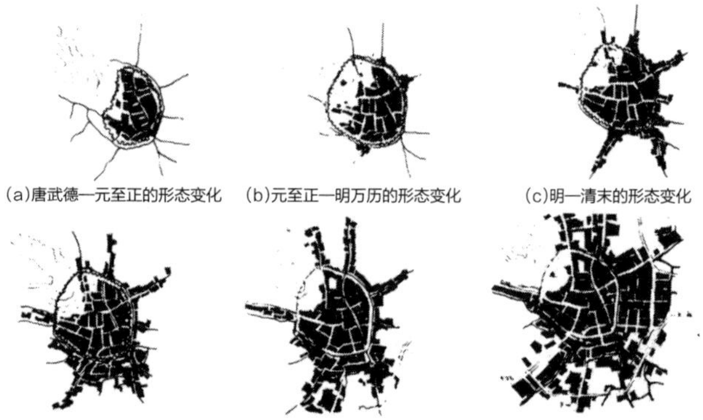
(a)唐武德—元至正的形态变化　(b)元至正—明万历的形态变化　(c)明—清末的形态变化
(d)清末—20世纪60年代的形态变化　(e)20世纪60—70年代的形态变化　(f)20世纪80年代以来的形态变化
图1　聚落的发展演变

2　从村庄聚落到城市聚落

凯文·林奇在《城市形态》一书中曾经总结了不同历史时期的3种城市原型，在此基础上笔者加以延伸，认为在城市发展过程中“自然”与“城市”的关系大致有3种形式：

2.1　有机秩序的载体——自然中的城市

城市聚落发展依循有机秩序是历史最为悠久的一种城市设计和建造的传统。总体而言，前工业时代的城镇布局和建设对自然要素和生物气候条件高度敏感，顺应自然的制宜利用成为城市设计主要采用的策略，那时人们不可能随心所欲地改造自然。从特点上讲，前工业时代，世界上大部分城市发展呈现为一个持续修补

图2　青岩镇

图3　风水学说

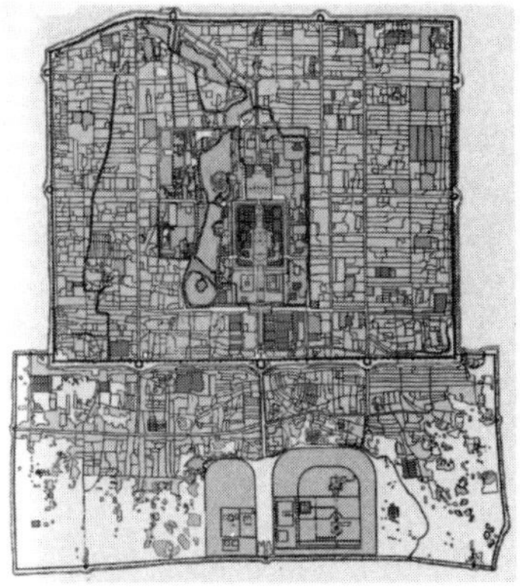
图4　北京古城布局

的渐进过程，并与自然保持着良好的共生联系。这一时期的城镇演化过程与自然进化过程总体上和谐共存，并呈现出“在地性”和富有鲜明视觉特征的城镇聚落特征。

中国古代的人居环境营建智慧充分显现出城市与自然和谐共生的基本理念。两千多年前的《管子·五行》中提出“天人合一”的建设理念：“人与天调，然后天地之美生”，这便是中国式的“有机城市”。在《管子·乘马》中也提到城市建设选址要因地制宜，地势要高低适度，水源要满足生活和城壕用水，同时又不能有洪涝之患。不难看出，自古以来，城镇空间与自然环境之间的相融是塑造理想的中国城乡环境图景的核心举措。如桂林“山、水、城一体”的城市形胜；贵州青岩古镇等都是在城市建设过程中巧妙利用自然本底，进行了富有诗意的和有节制的有机建设，使城市相融于自然环境之中(图2)。

在19世纪末到20世纪初，霍华德(Ebenezer Howard，1850—1928)针对大城市蔓延发展的弊病，提出“田园城市”的城市发展概念。在其1889年出版的《明日的田园城市》中，霍华德从城市最佳规模分析入手，通过城乡规划相结合的基本思路，提出“城乡磁体”概念，认为建设理想的城市，应具有城与乡二者的优点，并使城市社区与乡村生活像磁体那样互相吸引，城市与城市之间均留有农业用地作为绿地，这即田园城市(Garden City)的主张。霍华德为了实现其构想，发起了花园城市协会，并于1903年在距离伦敦56 km处兴建了第一座田园城市——莱奇沃思(Letchworth)。1919年又在伦敦北33.6 km处兴建了韦林(Welwyn)。“田园城市”因为种种原因并未大范围推广，但其城市疏散原理却与后来的“卫星城”有着一定的血缘关系。

2.2　宇宙模型的映射——自然秩序与人为驾驭等量齐观的城市

传统城镇主要依从自然环境条件的共同法则，各大文明早期的城邑修建基本类似。随后原始宗教也曾经成为主导的文化形式，依据自然和天象的“占卜”和“作邑”，中国的风水学说和古罗马建城的“守护神”的规制，均是很具体的与宇宙世界相关的建城仪式(图3)。

自古以来，中国营城智慧一方面讲求“人工秩序”与“自然秩序”的相互协调、共融；但另一方面，为便于“君权神授”的思想管辖及意识传输，统治者们建构出一套“宇宙模型”秩序，将风水、宗教等因素赋予至人工环境。在《周礼·考工记》中便记述了一套营建国都的规制：“匠人营国，方九里，旁三门，国中九经九纬，经涂九轨(车轨)，左祖右社，前朝后市”，其中便投射出中国传统思想中的“宇宙模型”。以北京古城为例，“考工记”王城形制及“城市中的自然”三海水系对于其空间布局具有深远的影响，同时参照《周礼·考工记》形成了“中轴对应，山水融结”的城市空间格局特征[4](图4)。

然而，城市规划设计的“人工秩序”不可以无限放大其作用，并成为与自然对峙的僵硬不变的教条。在隋朝大兴城规划建设曾采用较为严格的“宇宙模型”人工秩序的建构方式，但是，在规划设计中忽视场地“六爻”的自然地形地貌条件及其限制，使得局部城市空间布局不合理，场地竖向设计不当导致洪涝灾害等一系列问题[5-6]。

2.3　功能机器的载体——城市中的自然(过度建设后对自然的觉醒)

工业革命时期，由于科学技术的进步、生产方式的转变，城市发展运行效率和集聚作用重要性突显，城市逐渐趋向功能复合化和空间立体化。随着公共交通方式的变革，车行交通方式逐渐替代了农耕时代下的步行和马车交通方式，令城市的交通系统产生了翻天覆地的变化，并直接导致现代城市规模急剧扩张，建成区范围越来越大。这时，城市中建设公共绿地和公园的需求便逐渐彰显出来，产生了营造“城市中的自然”的需要。

这一时期，城市空间形态较前工业革命时期发生了巨大变化。1933年夏天，国际现代建筑协会(CIAM)大会的召开成为具有决定性意义的事件。这场会议的讨论结果后刊登在1933年11月希腊科技协会的杂志上，成为1943年勒·柯布西耶在巴黎发表的《雅典宪章》的基础。《雅典宪章》的发表对世界范围内的城市空间塑造产生了巨大影响。《雅典宪章》指出，现代城市应由工作、居

图5 纽约中央公园

图6 波士顿城市绿道系统(翡翠项链)

住、游憩、交通四大功能组成。其中,"游憩"功能主要强调的是人与自然、公园之间的关系。实际上,柯布西耶眼中的"城市中的自然"在其印度昌迪加尔规划方案中便有所显现,在规划结构的塑造上优先考虑了绿地系统和交通格网体系的关系。

与此同时,伴随快速城市化进程,城市规模不断扩张,城市中人与自然环境的关系日益紧张,人们开始意识到自然环境在城市空间中的重要性。这一时期,诸多先驱者们开始探讨如何在城市环境中"重建及修复"自然,如美国兴起的"城市公园运动"。18世纪末,由于伊利运河的开通运行,纽约因其区位优势吸引大量人口在此集聚,各类产业发展迅猛。为规范城市发展,1811年,纽约州地方官员为纽约城建设提供的文本(*Commissioners' Plan of 1811*)中明确了曼哈顿开发的格网形态,然而这种机械化的城市平面,对土地地貌掉以轻心,忽视了居民的生活内容。随着人们对于自然环境诉求的复苏,纽约社会各界意识到自然环境对于城市发展的重要性,并决定从开发商手里回购部分土地规划设计纽约的中央公园。美国景观设计学的奠基人弗雷德里克·劳·奥姆斯特德(Olmsted,1822—1903)与沃克(Vaux,1824—1895)赢得竞赛,并共同设计了纽约中央公园(1858年)。中央公园的建成不仅打开了现代景观设计之先河,更为重要的是打破了纽约以经济为主导的开发模式,标志着城市景观公共化时代的到来。不仅如此,奥姆斯特德还主导规划设计了波士顿城市绿道系统(翡翠项链,Emerald Necklace,1881年),将自然的水绿资源引入城市建成环境中,此举不仅以水绿资源联系起城市空间中各组团,更奠定了波士顿的城市发展格局(图5、图6)。

3 因地制宜、顺势而为的城市设计原则——适建性

从"自然中的城市"走向"城市中的自然"是城市发展的历史宿命。

随着城市规模的不断扩大,"自然中的城市"逐渐演变成人们对"城市中的自然"的向往和基本需求。

如何在城市发展中把握好自然系统与人类活动的关系一直是人们所面临的挑战。麦克哈格(McHarg,1920—2001)指出城市规划不能脱离对所处地域自然条件及生态承载力的考虑,新城市形态绝大多数来自我们对自然演化过程的理解和反响[7]。而荷夫(Hough)则指出"必须重新检讨目前城市形态构成的基础,用生态学的视角去重新发掘我们日常生活场所的内在品质和特性"[8]。然而,自然生态系统承受人类活动所带来的压力是有限的。过往的城市规划设计中往往忽视了生态要素的作用及自然演进的规律,从而导致城市的迅速扩展及无序蔓延。今天的生态文明建设理念、"公园城市"模式、"城市双修"概念、"山水林田湖草"的"多规合一"都是关于城市发展边界及生态底线的基本要求。

于是,如何使我们的规划设计和建设具有环境善意就成为重要的科学问题,这就是"适建性"概念的由来。

"适建性"实质上是解决人类和环境共生的伦理问题和发展观问题的核心原则,遵循生态学的适应与补偿原理,充分考量建设适宜性、经济性、合法性,提倡城市因具体时空位置和自然气候条件的不同而具有不同的城市形态特征,真正为城市的可持续发展做到科学合理地把控,进而提出对环境友好的规划和设计。

具体而言,应对建成环境中自然生态用地的保护、新城区的开发建设以及既有城区的优化提升三个方面的现实发展诉求,笔者提出以下三个观点:

3.1 观点一:恢复自然进程下的场地生态特性,实现生态的改善乃至部分重启

城市中自然用地的生态本底特征的呈现,对于改善乃至部分重新开启生态过程具有积极作用。由于城市人工环境的迅速扩张,缺乏"天人合一"意识,城市建设发展曾普遍忽视场地生态特性和环境伦理的重要性,致使生态本底被逐渐侵蚀,引发出城市绿地结构破碎、生态环境恶化等一系列问题。

为此,城市规划设计,特别是具有景观属性的规划,应当贯彻"生态优先"的基本准则,力图完整地保持并修复场地中的自然生态特征,保护及利用规划应关注建立在精准化基础上的"适建性"。除了经典的田野踏勘、调研—分析—概括—抽象—综合—规划设计流程,地理信息等数字技术也为专业人员提供了对于复杂地形地貌和环境信息集取与分析研判的专业工具。数字技术的运用能够真正让设计者们客观把握场地错综复杂的现状,进而导出针对特定场地的"适建性"和人类建设干预的前提。

图7　南京钟山风景区博爱园航拍

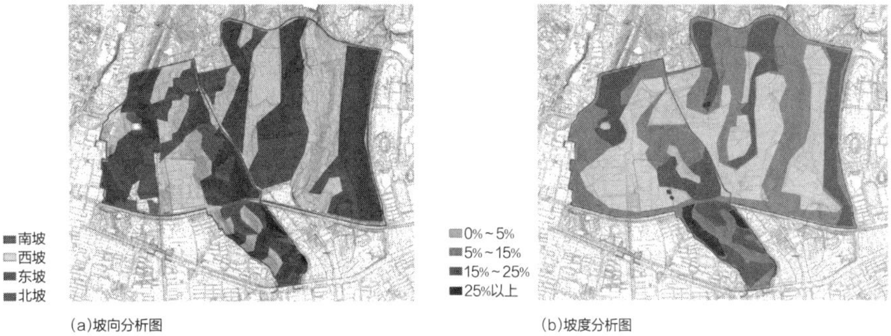

图8　坡度坡向分析

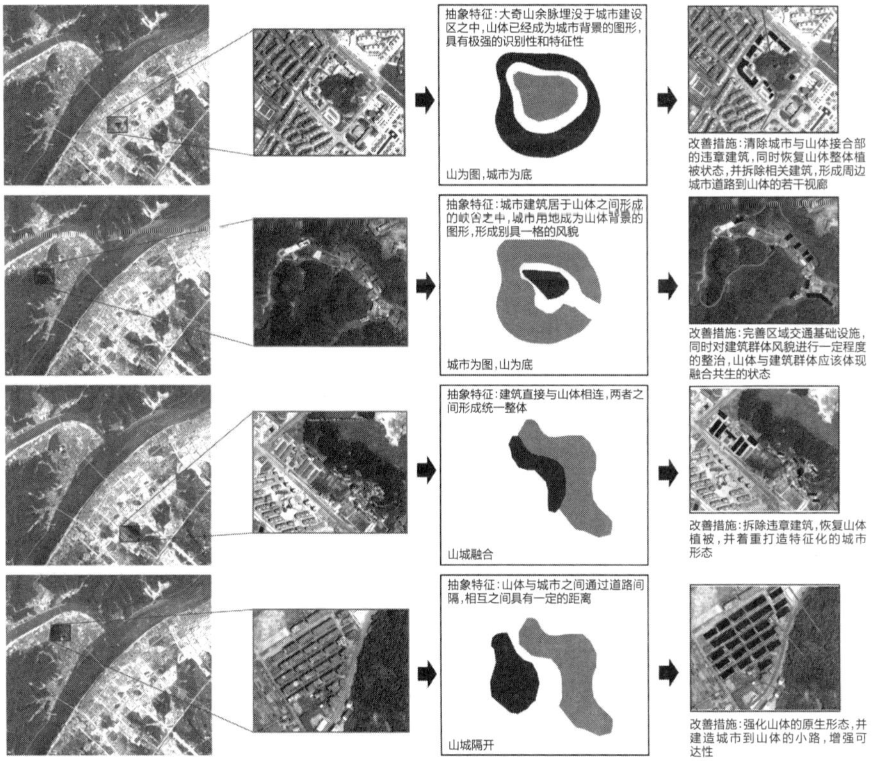

图9　山体与城市的交接类型

2007年，笔者主持了南京钟山风景区博爱园和天地科学园的规划设计(图7)。规划基于生态优先，综合运用了文献调研、现场踏勘、注记、研讨、图形解析、GIS数字技术分析等调研技术，通过ArcGIS对场地自然地貌的坡度、坡向、水系、植被等层面进行定量分析计算[9](图8)，对场地景观特征有了较为全面、整体的把握，进而从历史文化、景观、建筑、交通、数字技术、旅游策划6个方面开展工作，在获取系统的元素信息的基础上，运用地理信息系统技术进行分项适宜性分析，最终提出建设干预的“适建性”概念，有力地支持了设计研究的整体性、科学性及其必要的技术深度。

3.2　观点二：在开展新城或者新区建设时，应该在布局“城市中的自然”的同时，优先考虑“自然中的城市(片区)”的可能

在开展新城或新区建设时，充分考虑自然所显现出的突出价值，通过对生态“适建性”的研究，尽可能地将城市建成环境融入生态自然空间中。

规划设计过程中，规划师首先须对城市中不同生态要素所造成的复合影响进行系统分析，厘清城市自然本底条件并规避城市规划可能造成的生态风险，继而展开具体城市的用地布局及设计。通常情况下，面对生态条件较好的片区时，在功能业态的设置上更倾向于休闲旅游、生态涵养等“慢”功能，以避免过度城市开发对于自然生态的破坏。

例如，笔者团队在桐庐城市空间景观优化研究中，通过对城市空间发展格局的分析，厘清了城市发展与自然地貌间的相互影响[10](图9)。进而，从生态敏感性、视觉景观以及生物迁徙等多个方面为新城片区的建设提供了合理的用地规划策略，以保持并维系新城区与自然环境之间的良性关系。又如，笔者与佐佐木(Sasaki)公司合作的珠江海鸥岛旅游策划和城市设计中，为保障岛屿

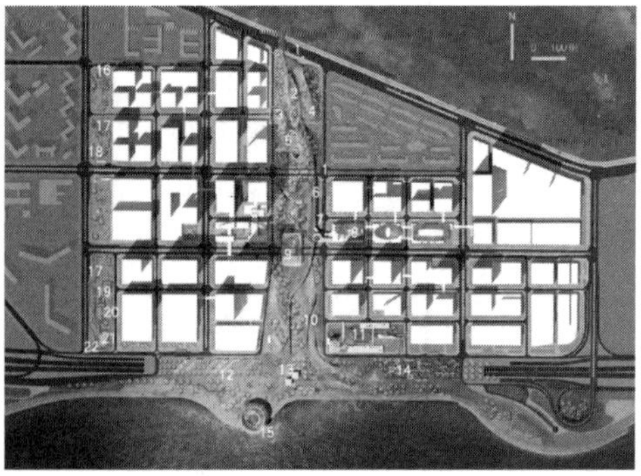

图10　中央绿轴与片区景观系统设计总平面

图12　适合于大树栽植的“五百年塔”设计概念

图11　生物据点(深圳湾超级总部基地中央绿轴)

的生态特性不被破坏,通过场地区位、生态敏感性的综合分析,提出“快城慢岛”的核心理念,即突出场地原先的生态特征,置入相对应的生态旅游功能,以避免新城建设对原先自然本底的破坏。

3.3　观点三:应不再简单追求单一的经济效益,而是精心设计和营建强度适宜、环境友好、与自然和谐的建筑及其人居环境

在当下国家助推“城市双修”的背景下,城市修补和生态修复已成为新型城镇化下半场城市更新发展的主要方向之一。与生态用地的保育以及新城、新区的开发不同,在高开发强度的建成环境中,针对存量空间进行建设及优化提升是不可避免的,为实现城市建成环境的生态可持续性发展,需将存量用地和空间视作城市生态系统中的重要组成部分,不再局限于形态层面的单一优化提升,需协同考虑城市中人工环境与自然环境的相互关系,进而制定空间的具体营造策略,提升城市的综合生态绩效。

近期,笔者团队与深圳大地创想公司和西班牙ADA的设计联合体,参与了深圳湾超级总部基地中央绿轴与片区景观系统设计的国际竞赛并获优胜。设计以中央绿轴为核心,重新织补生态绿脉,通过综合性的生态增强处理,把被4条道路切成3段的绿轴重新织补成一条完整、连续的生态通廊。

项目基地位于深圳市域范围内的核心区段,项目建构了高密度都市建成环境中实现生态文明对现代城市文明的“逆袭”的技术路径和规划愿景。出于对深圳超级总部基地的长远发展考虑,设计以改善并优化场地生态环境为基准推进方案的生成,通过对于场地的SWOT分析,聚焦于人群活动、交通系统、生态系统、微气候、视觉环境5个维度展开详细研究,旨在通过生态、人群、城市循环3个方面的活力塑造,融合高科技手段打造出城市的复合“中心枢纽”[11](图10)。

同时,设计将基地北部华侨城及公园地块看成一个生态斑块,并与深圳湾生态系统实现互联互通。鸟类可以在海陆之间循环迁徙,于是,绿轴也可以看成海洋生态系统和陆地生态系统之间的生态廊道。中央绿轴长500 m,规划了“超级海绵”“五百年塔”等很多鸟类可以停留的地方,有斑块,有落脚点,个别区域甚至是人不能到达的(图11、图12)。

4　认识及展望

(1)从“自然中的城市”到“城市中的自然”是城市化进程的历史宿命。如何在城市发展过程中不断寻求“天人合一”的适宜呈现形式非常重要。

(2)依循中国建城思想理念:象天法地、因地制宜、顺势而为。城市发展“因天材,就地利”的规划思想今天并没有过时,必须倡导绿色城市设计的“生态优先”准则和“在地性场所”营造准则。

(3)已具有一定规模的城市应按照生态、游憩和景观要求经营规划“城市中的自然”,而较小规模的城市(镇)则须尽量考虑保护和维持“自然中的城市”的可能(如山水城市、绿色城市、蔓藤城市等)。

(4)中国已经进入生态文明建设新时期,“公园城市”、“山水

城市”与“田园城市”等模式可以“在地性”地适时运用，积极创造基于东方自然特性的、多样性的中国有机城镇发展模式。

（原载于《城市规划》2021年第2期）

图片来源：

图1：引自参考文献[2]，笔者自绘；

图2、图5、图6：笔者自摄；

图3：引自参考文献[4]；

图4：引自参考文献[5]；

图7：许昊皓拍摄；

图8：引自参考文献[9]；

图9：引自参考文献[10]；

图10—图12：引自参考文献[11]。

参考文献：

[1] 王如松，韩宝龙．新型城市化与城市生态品质建设[J]．环境保护，2013，41(2)：13-16.

[2] 王建国．城市设计[M].3版．南京：东南大学出版社，2011.

[3] 国家统计局局长就2019年全年国民经济运行情况答记者问[EB/OL].(2020-01-17)[2020-04-20].https：//www.stats.gov.cn/statsinfo/auto2074/202001/t20200117_1723519.html.

[4] 周强．中国古都城地图[M]．北京：中国地图出版社，2020.

[5] 阿尔弗雷德·申茨．幻方：中国古代的城市[M]．梅青，译．北京：中国建筑工业出版社，2009：215.

[6] 吴良镛．中国人居史[M]．北京：中国建筑工业出版社，2014：199.

[7] 麦克哈格．设计结合自然[M]．芮经纬，译．北京：中国建筑工业出版社，1992.

[8] HOUGH M.City form and natural process[M].New York：VNR Co.，1984.

[9] 东南大学建筑设计研究院有限公司．南京钟山风景区博爱园、天地科学园地区规划设计[Z].2006.

[10] 南京东南大学城市规划设计研究院有限公司．桐庐城市空间景观调整优化研究[R].2007.

[11] 东南大学，深圳大地创想建筑景观规划设计有限公司，ADA.深圳湾超级总部基地中央绿轴与片区景观系统设计[Z].2020.

作者简介：

王建国，东南大学建筑学院教授，中国城市规划学会副理事长，中国工程院院士。

乡村历史建筑特色——以福建民居为例

齐康

村落有两种，一是自然村，一是行政村。自然村是我国农村地区的自然村落，行政村是我国行政区划体系中最基层的一级。

一个行政村包括几个到几十个自然村不等。我国村落分布不均，江南地区人口密集，村落分布也密集。许多地方的行政村和自然村是重叠的。

记得20世纪50年代，我曾到过山西侯马，那里的民居多以土坯砌成墙来作防护，从远处看像是一个个炮楼。方墙中央冒出树冠，寒冬时节，眼前尽是枯树、寒鸦，让人不免感到有些沧桑。

福建较大型的民居四周有通道，而内采光利用一处小小的天井和一线天的廊檐，入口处设有暗门和防盗设施，墙上有隐秘的洞口。福建的民居有些地方简称堡楼，四五层楼高，四处斜角设楔形枪口，用于防卫。

20世纪70年代，厦门地区建造了许多海外华侨的住宅。海外华侨们带来的南洋建筑风格的洋楼，融合了地区的建筑特色，十分绮丽。当年路过时，杨廷宝老师曾嘱咐我记下那个地点的公路号，他说：“下次还要来。”可见他对当地民居建筑的赞赏。风格独特的福建民居建筑和建筑群，宽大的出檐使檐下空间非常美丽。有时屋顶上压上40 cm多宽的石板，其余地方则是普通明瓦，显示了福建人民的大胆和匠心独运。福建民居二楼出挑的回廊也不拘章法，收放自如。在我看来，福建民居并不具有世界先进的建筑技术水平，但是它是从“土”中“长”出来的建筑，不也是原生态吗？在闽中、闽北，还有少量土坯墙，沿着河岸的坡度叠落，在长长的坡中断开一段，以防止水流过大冲刷墙体，这些土坯墙衬托出民居建筑的独特风格。福建人民对木料的使用也达到了极致，木梁柱符合力学的原则，木梁高度很高，所以出檐很大。在设计武夷山庄时，设计组就领会到了这一点。能工巧匠是地方建筑的创造者，可惜，而今的建筑技术发展，反而使能工巧匠渐渐消失了。在福建沿海的惠安，老百姓大量使用石料，因此石雕最为出名，同时建筑采用扁长的石料筑墙体、楼板、楼梯，可谓中国唯一主要用石料建造建筑的地区。

福建民居中土楼最有特色。土楼的形成与历史上中原汉人几次著名的大迁徙相关。福建土楼所在的闽西南地区，正是福佬与客家民系的交会处，地势险峻，人烟稀少，一度野兽出没，盗匪四起。聚族而居既是根深蒂固的中原儒家传统观念的要求，更是聚集力量、共御外敌的现实需要使然。福建土楼适应聚族而居的生活和防御的要求，巧妙地利用了山间狭小的平地和当地的生土、木材、鹅卵石等建筑材料，自成体系，是一种既具有节约、坚固、防御性强的特点，又极富美感的生土夯筑高层建筑类型。

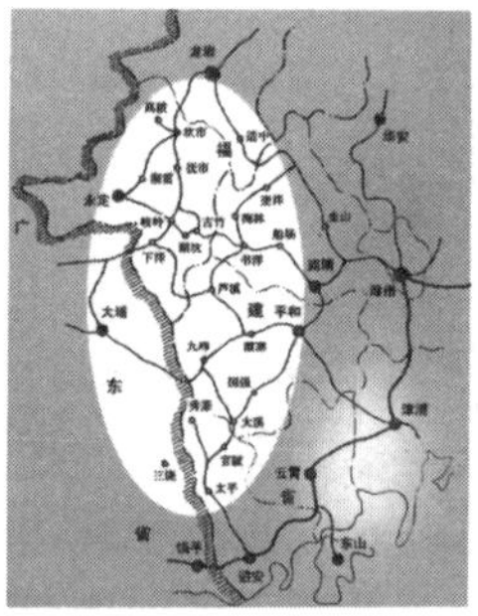

图1　福建土楼分布地区

图2　福建土楼

土楼分布在福建省北、中、南部，最主要分布在南部的永定和闽南的平和、南靖、诏安等地（图1），其中有46座土楼入选为世界文化遗产。福建土楼不只是最常见的圆形土楼，还包括了方形土楼、交椅形土楼等（图2）。

“高四层，楼四圈，上上下下四百间；圆中圆，圈套圈，历经沧桑三百年。”这段顺口溜能形象地描绘永定高北承启楼这座“土楼之王”（图3—图8）。

承启楼坐落在福建省永定区高头镇高北村，依山傍水。这里有数十座大大小小、或圆或方的土楼，错落有致、高低起伏。承启楼是江氏族宅，从内环到二、三、四环，经过三代人83年的努力，直至清代康熙四十八年（1709年）才得以竣工。

承启楼整个建筑占地面积为5 376.17 m^2，直径73 m，外墙周长1 915 m，走廊周长229.34 m。全楼为三圈一中心：中心祖堂为全楼核心，歇山顶，雕梁画栋，供族人议事、婚丧喜庆等活动用；第二圈为单层，设34个开间，作为书房；第三圈为2层，每层设40个开间，底层为客厅或饭厅，楼上为饭堂；外圈4层，高16.4 m，每层设72个房间，底层为厨房，二层为谷仓，三、四层作卧房，东西各有

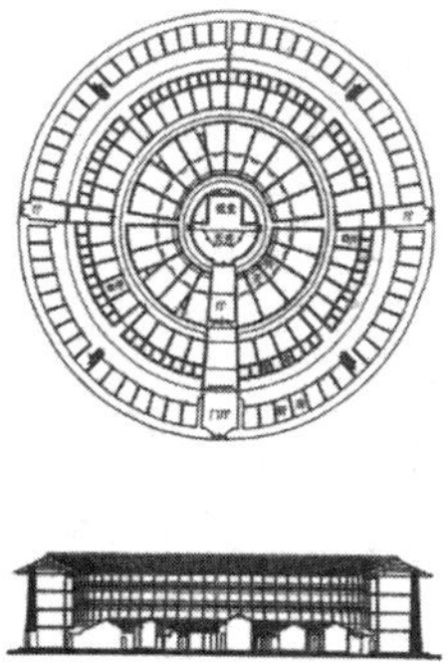

图3　承启楼平面图和剖面图

图4　永定承启楼

图5　中心祖堂

图6　中心祖堂与第二环之间

图7　第二环与第三环之间

图8　第三环与第四环之间

两道楼梯，底层和二层不开窗，底层外墙厚1.5 m，顶厚0.9 m，呈稳定的倾角。全楼共有402个房间，3道大门，2口水井，现仍居住300余人。

（原载于《建筑与文化》2021年第2期）

图片来源：

文中图片均引自齐康等编著的《地区的现代的新农村》。

作者简介：

齐康，《建筑与文化》杂志编委会名誉主任，中国建筑文化研究会名誉会长，中国科学院院士，东南大学教授，博士生导师。

忆梁思成先生与北京近代建筑研究

傅熹年

1956年9月，中国科学院土木建筑研究所派我到中国科学院与清华大学建筑系合办的建筑历史与理论研究室工作，实现了我研究中国建筑史的夙愿。研究室设在清华大学建筑系内，梁思成先生任主任。

1957年，研究室确定了各位教授专家的研究专题。梁先生的专题为"北京近百年建筑研究"，梁先生大的研究方向是研究中国近百年建筑，即1840年中国进入半殖民地半封建社会以后的建筑，当时先从北京开始。当时决定由梁先生的副博士研究生王其明学长、虞黎鸿同学与我三人任他的助手。我们的主要任务是对梁先生所拟定的北京近代建筑实物进行实测、绘图、拍照，并收集文献资料，撰写分项调查报告，为梁先生的研究专题收集和积累素材。这样，我们就有机会直接向梁先生汇报工作进展和存在问题，得到梁先生的教诲和指导。梁先生的细心指导、严格要求，给我们以极大的教益和鼓励。1957年3月初，梁先生亲自带领我们三人在北京作了一次示范性调查，参观了东西交民巷，前门外大栅栏，王府井大街，天主教的东堂、北堂、西堂等有代表性的近代建筑实物，并拍了一些照片。当时对拍街景和建筑较敏感，不时有公安人员来问询，甚至制止，梁先生只得拿出他的全国政协委员证书来释疑。在参观东交民巷圣米歇尔教堂时，我为梁先生拍摄了一张照片，虽受到梁先生不许再使用公家胶卷拍私人照片的严肃批评，却为梁先生主持此项研究工作留下了唯一的一张照片，弥足珍贵（图1）。以后即由我们三人进行具体工作，终日外出调查，进行测绘、拍照，并广泛收集资料。我们在工作中遇到困难时，梁先生都会及时帮助解决。如当时北京大学红楼、外交部大楼、北京北洋军阀国会大楼、清末所建大理院等都是北京有代表性的近代建筑，但都不对外开放，是梁先生与当时中宣部的周扬同志、外交部副部长章汉夫同志和新华社的领导同志等联系后我们才得以进行调查的。至年终，所拟重点对象已调查过大半，也得到一些珍贵资料，如北洋军阀国会大楼的设计图、清末英国通和洋行设计的有清代大理丞董康签字的大理院（相当于最高法院）的立面图等（图2），也得到梁先生的鼓励。在梁先生指导下工作，可以感到他对工作质量的要求颇高，要求我们调研和收集材料要耐心、细致，对一些效果不佳的照片和不够精细的测绘图，他有时要我们重照、重测、重绘。

此外，他对我们的学习也很关心。1957年2月的一天，梁先生很兴奋，告诉我们他刚听了毛主席在最高国务会议上的讲话，还把笔记本上所记的内容选了两段读给我们听，他认为这些十分重要，要我们一定要好好学习。一次，我中午去找梁先生，当时他家中有客人，三位客人围方桌而坐，桌上摆了纸笔文具。他向我介绍了客人，我只记得一位是崔月犁，一位是范瑾。他说："现在有客人，你明天再来吧。"过后一两天，即在报上读到梁先生所写的《整风一月的体会》文章。他在文中非常严肃地批判一些人不正确对待整风等问题。在此情况下他仍然敢于在文中提出反对拆北京城墙的意见，并说感到揭城墙砖如同揭他自己的皮一样痛苦，这严肃地表明他是从内心里真正爱护古代建筑遗产的，极值得我们钦敬和学

图1 梁思成调查北京圣米歇尔教堂留影

图2 清末英国通和洋行所绘大理院设计图

习。但到整风“反右”后期，他“揭皮”的说法在清华大学建筑系仍然遭到激烈的批评，认为他在严肃的文章中说了不严肃的话。

梁先生有时也很幽默，当时建筑系老师多被尊称为“公”，如梁先生被称“梁公”，刘致平先生被称“二刘公”（“大刘公”是刘敦桢先生），吴良镛先生被称“小吴公”（当时吴先生最年轻）。但梁先生却几次告诉我们不要再称他为“梁公”。一次我去他家中找他，敲门，同时问：“梁公在家吗？”他在室内回答：“梁公不在家！”我赶紧改口称：“我找梁先生。”他才含笑给我开门，并指着我的鼻子说：“不许再叫梁公了！”这些情景虽至今已时隔逾六十年，但回想起梁先生对古代建筑遗产的深厚感情，对工作的严格要求，对学生的亲切关怀与教诲，他的音容笑貌仍宛若眼前，使人肃然起敬。

（原载于《建筑史学刊》2021 年第 2 期）

图片来源：

图 1：傅熹年拍摄；

图 2：引自张复合的《北京近代建筑史》，清华大学出版社，2004 年。

作者简介：

傅熹年，中国工程院院士，建筑历史学家，中国建筑设计研究院建筑历史研究所研究员。

专访庄惟敏:超大型公共建筑应当赋予城市更多意义

庄惟敏　胡越

编者按:北京大兴国际机场在城市空间规划和建筑设计创新领域都受到各方关注,《建筑创作》杂志策划项目专辑对其进行深度挖掘。策划之初,《建筑创作》杂志主编胡越、副主编张燕、编辑王畅与参与大兴国际机场设计建设的建筑师王亦知、门小牛共同采访了中国工程院院士庄惟敏。访谈的话题由北京大兴国际机场的超大型建筑设计拓展到建筑后评估,以及对更深层次的建筑文化内涵的探讨。

本文经录音整理,双方确认成稿。

在超大尺度的建筑中,人们看到的更多是一种宏大的空间展示,而使用过程中的真实体验往往被忽略。大兴国际机场给我印象最深的,恰恰是我在参观过程中,获得的对建筑本身的理解。

1　当参观体验成为超大型公共建筑的主要功能

胡越:庄院士,您好!我们相识多年,以前更多是以建筑师的身份来探讨建筑设计,很荣幸今天我以媒体人的身份与您就大型公共建筑的设计做一个对谈。《建筑创作》杂志出版多年来,一直得到您的关注和支持。现在我们计划出版"北京大兴国际机场建筑设计专辑"。今天,我们还邀请了大兴国际机场的两位建筑师,北京建院第四建筑设计院院长王亦知和建筑师门小牛,与我们编辑团队一起和您聊聊大兴国际机场的设计。我想先请您从一名普通旅客的角度评价一下大兴国际机场。

庄惟敏:其实我的理解不只是单从一个旅客的角度出发,相信很多人第一次到大兴国际机场,也未必单纯是去乘机的,还应该有参观、体验,甚至融合了一种带有体验特征的旅游在内。

大兴国际机场是超大型机场的代表。"超大"的标准是什么?一方面是机场的吞吐量,另一方面是建筑的尺度。在超大尺度的建筑中,人们看到的更多是一种宏大的空间展示,而使用过程中的真实体验往往被忽略。大兴国际机场给我印象最深的,恰恰是我在参观过程中,获得的对建筑本身的理解。

我们不能否认,如今的超大型公共建筑,无论是空港、高铁站还是商业综合体,都不再只具有单一的功能,很多人也已经脱离了作为单一功能使用者的身份,参观已经变成了一个非常重要的环节。

我个人参观大兴国际机场的体验可以用"震撼"来形容。这个感觉首先来自无柱大跨度空间的功能要求所带来的空间震撼感,包括大、小空间的聚合关系,流线型的屋顶,C型柱的使用,等等,这些都不是单一地为了造型,而是空间设计与结构设计的结合。从机场的功能出发,最终演绎出了更多的公共空间特质。

胡越:您认为这类公共建筑在设计过程中最重要的环节是什么?

庄惟敏:超大型的公共建筑,都带有很强的mix use(复合功能)。从这个角度出发,大兴国际机场有它特殊的定义,或者说有一种特殊的使用特质。就像您设计的五棵松体育馆一样,它已经变成了一个范例,是一个集体育活动、观演、参观等在内的多功能体育综合体。今天的医院也不再是简单的医院了,它往往融合了心理、康复治疗功能,甚至在医疗一条街引入之后,拥有一种复合型的空间状态。

越是超大型的城市综合体,这种特征越是明显,所以最重要的是要把它的定义弄清楚。我们现在在做前策划和后评估,前策划是研究建筑的设计依据和目标,后评估是看目标的完成度如何,一前一后两件事都离不开建筑的定义。大兴国际机场的设计不是简单地实现旅客的出行、登机、返回而已。当参观成为一种重要的体验,超大型公共建筑的路径反而变成一种重要的要素,这一点在我参与的国家会展中心(上海)项目中也有所体现。

这体现了当今建筑的一种发展趋势——超大型公共建筑应当赋予城市更多的意义。

胡越:您作为中国建筑学会建筑策划与后评估专业委员会主任委员,曾接触并剖析了大量建筑设计工程,请您讲讲为何选择大兴国际机场作为后评估的一个试点?

庄惟敏:我们把大兴国际机场作为一个建筑后评估的试点项目,是因为它在功能衍生上确实有非常重要的示范性,或者说,它的溢价值很高。一座超大型的公共建筑究竟能给城市带来什么东西，我们想从这个角度做一点研究。

我们要通过后评估来看到建筑的运维特征以及一些基本数据，来判断其是否满足了设计的要求和使用者的需求。这是一个近期标准，可以在建成之后马上开展，如果有什么地方没满足，可以立即修补。第二个层级是中期标准，主要是针对业主，在经历一年的运行周期后，完成现有吞吐量的情况下，找到建筑运行存在的问题。相比于短期标准，中期标准主要是对准投资者和业主今后的投资行为，比如大兴国际机场的二期、三期工程避免犯同样的错误。第三个层次是远期标准，基本是要运行5年以上，根据评估结果对行业标准进行调整和优化，以适应随时代而变化的建筑功能需求。

按周期长短划分的同时，还要做物理指标和心理指标的划分。物理指标比较容易获取，附着固定式、推入式的设备，定时更换埋点，现场读数或者远程读数即可。这部分在2020年11月份已经开始做了，主要是从节能角度出发，通过获取温度、湿度、空气质量、照度等基础数据，衡量空气质量的稳定性以及热舒适度的均衡性。

而心理指标或者说主观指标的评估靠的是人，包括旅客、物业管理人员、航站楼工作人员，以及不同的航空公司的职员，通过问卷和深度访谈他们获得主观评价信息，然后对这些主观评价信息做分析处理，从而找到集中的问题点。

大兴国际机场的主观指标评估有些复杂，原因就在于前面所说的，我们没有把它当成是一个功能单一化的建筑。上海的浦东机场和虹桥机场也在参与评估，但对这二者评估的前提是它们仅仅作为一个功能单一的交通枢纽，更加注重对效率的衡量而不太需要有住宿、餐饮、观光等体验因素的参与。这就又回应了我刚刚提到的，耗资巨大、占地巨大、规模巨大的超大型公共建筑，应当给城市带来更大的溢价空间。

"物超所值"的部分不完全以设计师的意志为转移，而更多是建筑本身的空间特征所带来的。

---

2 如何定义建筑学意义上的"物超所值"

胡越：您的这一观点对我特别有启发。我自身的体会是，在现在的城市中，过去那种功能性特别强的公共建筑概念正在被打破，而逐渐向更泛化发展。比如公共图书馆，过去是安安静静读书的地方，现在越来越多地成为网红打卡地，闹腾一点也没关系。再比如剧院，原来是非演出时间不会开门，现在甚至可以24小时都开放。但是，机场和您提到的会展建筑，跟图书馆和剧场的区别之处在于，它们体量巨大并且通常远离市中心，同时还有物资运输的种种需求。我们所探讨的功能价值的溢出效应，在这两类大型公建中的本质区别是什么？或者说，我们将如何从建筑学的概念上定义这个溢价值？

庄惟敏：您这个问题非常关键。建筑还是要从功能定义出发来做设计。今天的建筑空间逐渐多义化了，"物超所值"的部分不完全以设计师的意志为转移，而更多是建筑本身的空间特征所带来的。这对设计师或者建筑师对项目的深度解读是一种考验。那些我们公认的建筑大师对建筑的理解，肯定不止简单意义上的满足功能而已。

举一个例子，伊东丰雄设计的仙台媒体中心就是一个典型的没有空间功能定义，但又有无限的空间功能定义的建筑作品。伊东丰雄自己的解释是，建筑已经融入城市里面去了，"边界"消失。这样的建筑一定不是按照任务书一个房间一个房间地圈面积圈出来的，实际上建筑师已经修改了或者说是演化了任务书。

王亦知：在这方面，大兴国际机场在国内也是挺特别的。目前它的非航收入占比可能会超过50%，相比于首都机场30%，以及国内一些小机场10%的情况，大兴国际机场可以说是前所未有了。

如今的建筑发展或许也应当像互联网一样，进行理念创新或者思维方式创新，超大型建筑复合功能的概念就是一个理念创新的问题。

庄惟敏：所以我觉得，大型公建，尤其是功能要求非常强的建筑，如果能起到这个作用，对城市的贡献将是巨大的。如今的建筑发展或许也应当像互联网一样，进行理念创新或者思维方式创新，超大型建筑复合功能的概念就是一个理念创新的问题。建筑功能复合后，投资也不再是单一模式，多种资金融合在一块，能够更好地实现这种复合功能。

胡越：一直以来，对于建筑功能和建筑形式的争论都存在。我们今天讨论的机场，以及所有的大型公建，特别是您说的功能性特别强的这部分，究竟需要不需要这么炫的造型，需要不需要这么大的规模？还是说，应当化整为零，更加人性化。您认为要怎么把握这个尺度？

庄惟敏：刚才咱们探讨的所有前提都是超大型，如果不是超大型建筑，很显然它未必能起到城市综合体的作用，起不到城市综合体作用，就没有玩造型的必要。但这确实是一条很难界定的线，两种都有存在的理由，也都有存在的价值。像上海虹桥综合交通枢纽也是一个超大型建筑，但它从一开始就没想做成综合体，就是一个单纯的交通中心，它的定位很明确。而且事实上，虹桥枢纽周边已经很热闹了，没有必要再增加一个。

而大兴国际机场不一样，它的重要性不仅在于它体量大，更在于它的周边地区很大程度上要借助空港经济来提升整体发展水平，容纳配套设施，解决大部分人的就业问题，以及影响城市风貌，改变人的出行和生活模式——它对城市是有贡献的。

图1 北京大兴国际机场

所以我觉得，如果说建筑的体量和重要程度，达到了城市级别的要求，就应该尽量多地让效益外溢，而在其中，建筑的规模和形式都发挥着很大的作用。当然，由于它的强功能性，最基本的出行问题应当得到最先最好的解决。

3 技术集成的内涵终究是文化

胡越：目前，超大型的民用建筑基本上都以钢结构为主，从您个人的实践经验出发，您如何看待在这一类大跨度公共建筑中，钢结构设计和建筑概念表达之间的关系？因为以我之见，结构的事不能只依靠结构工程师。

庄惟敏：我非常赞成，建筑师应该进行结构设计的先期介入，结构的体系和形式都可以由建筑师提出建议，至于具体的构件断面计算等可以由结构工程师来做。

我们现在讨论得最热烈的是“双碳战略”，二氧化碳排放力争于2030年前达到峰值，努力争取2060年前实现碳中和，这是中国对国际社会的承诺。对于建筑行业，经过我们的统计，有两大方面对建筑建造的碳排放影响最大，一个是建材，另一个就是结构形式。因此，建筑师和结构师的配合确实非常重要。比如保罗·安德鲁、卡拉特拉瓦设计出来的建筑结构真的非常漂亮。而大兴国际机场吸引人的另一点也在于，在结构和建筑的高度融合方面它树立了一个典范(图1)。

胡越：综合项目的技术集成其实一直是咱们国家建筑学发展的一块短板，各个专业之间的配合还不够成熟，这其实是中国甚至世界范围内建筑学都面临着的一个最大的问题。

庄惟敏：人类社会发展到今天，我们一直十分重视技术发明而忽略了集成。不仅仅体现在建筑上，制造业和建造业的很多问题都在于集成能力差。集成其实是如今时代给建筑师提出的一个新要求，北京目前在推行建筑师负责制和全过程咨询，建筑师要把控全过程，要把完整的一个建成的房子当成作品，而不是只把纸上的设计当成作品。我们现在一点都不缺创意，缺的是设计质量高同时完成度也高的作品。

现在的建筑可以说分为两大类，一大类我把它理解为本体建筑或者建筑本体性的研究，包括空间本意表达以及与文化的融合等，还有一大类就是技术集成。技术集成的内涵其实是文化。为什么我觉得C形柱好？首先它在视觉上给我一种全新的感受，更重要的是这种视觉形态是有文化内涵的，它的色彩搭配、线条感、收分都很到位，做到了与屋面一体化，同时和采光结合，且有数字化的表达，这都是一个高度集中化的结果，其中肯定包含了建筑师的审美在内，这些都是文化的体现。

当然，我们知道集成的过程牵扯到结构、暖通、电气、材料供应、施工等各方面。内在的机制是什么，具体各环节由谁来负责，协调起来确实还有一定的难度，这都需要我们的建筑师和建设人员不断地互相启发，不断地尝试与磨合。

（原载于《建筑创作》2021年第2期）

图片来源：

图片均由王祥东拍摄。

作者简介：

庄惟敏：中国工程院院士，全国工程勘察设计大师，中国建筑学会副理事长，清华大学建筑设计研究院院长、总建筑师；

胡越：全国工程勘察设计大师，北京市建筑设计研究院有限公司总建筑师，《建筑创作》杂志主编。

AI城市：理论与模型架构

吴志强　甘惟　刘朝晖　李舒然　周咪咪　赵刚　张修宁

摘　要：智慧城市的理论在中国经历了不同的发展阶段。随着真实城市中运行、管理的数据激增，过去以建设一个自上而下的管理系统为主要特征的智慧城市已难满足城市智能运行的需要。梳理智慧城市的理论发展及其建设热潮下的冷静反思，进而提出AI城市的概念，即在引入新一代人工智能技术后，智慧城市将进入新的发展阶段。系统性地建构AI城市的理论，包括AI城市的本质特征，从核心体系、技术体系、场景体系等三个维度建构了AI城市理论架构，以及四个方面的发展动力。以AI城市理论为基础进一步论述其模型架构，包括众脑智能、自组织决策、多AI集成的人与空间交互等三个方面的关键突破，从而从AI城市理论视角提出新一代人工智能技术发展的方向，揭示AI城市理论对未来技术以及城市治理模式转型的深刻影响。

关键词：智慧城市；AI城市；城市大脑；新一代人工智能；城市模型

智慧城市自2006年由同济大学与IBM联合提出"Smart City"，并由后者作为商业概念向全球发布[1]以来，在全球范围内得到大量实践[2-3]。从总体上看，城市的智慧化经历了由数字城市向智慧城市的转变，其关键技术突破在于通过信息通信技术的导入，将地理信息数据与真实世界城市的数据关联起来，形成"物联网"。后与建筑信息模型结合，衍生出城市级的智能模型系统(city intelligent model，CIM)。CIM的发展历经4代，在经历上海世博园区、北京城市副中心[4]、青岛中德未来城[5]等地的应用后，对CIM不断提升，形成了以"城市中枢"①为核心技术群落的智慧城市整体框架。在CIM进入第五代的时候，我们不得不考虑人工智能技术对城市发展产生的预期影响，不仅仅是改进城市智能模型的数字底板，更重要的是一个历史性跨越的进步；在考虑了上海马桥、金桥等地3年探索经验的基础上，我们提出了人工智能城市(AI City)，即AI城市的发展思路，以期解决过去智慧城市实践中显现出的由于缺少大规模机器学习和分布式感知、计算能力造成城市需求难以精准满足的现实问题。

1　智慧城市的发展变迁与新挑战

城市的智能化是伴随着计算机科学和通信技术的发展而逐步提升的。20世纪后期城市开始大规模数字化转型的过程，将物质空间的地理信息以虚拟数字的形式进行存储、传输、表达，"数字城市"概念因此产生。"智慧城市"是对"数字城市"的提升，笔者在2006年策划智慧城市时，作为2010年上海世博会的总规划师，提出了以"城市是一个生命体"为出发点架构的智慧城市原型，将智慧城市的核心特征概括为"可感知、可判断、可反应、可学习"，并构建了以"感知层、数据层、平台层、应用层"四个层次为主要特征的技术体系。尽管中国后来的智慧城市建设在不同时期、不同地区的实践存在差异，但其架构与运行的理论模式迄今为止仍遵循着上述设想[6]。与智慧城市相关的技术主要包括大数据、云计算、物联网等，在城市内的各行各业，特别是交通、能源、环境、安防与综合治理等领域已经开展了大量的研究和实践[7-9]。智慧城市的发展重塑了政府、规划师与城市中的市民对城市的认识，被认为是提升城市治理能力现代化的一个必然选择[10]。

围绕智慧城市的理论研究较多，但各有侧重。主要包括三个视角：①关注智慧城市的技术因素[11]，认为技术迭代是驱动智慧城市建设发展的主要因素，科技公司作为技术供给方是推动智慧城市发展的主体；②关注智慧城市的社会因素[12]，认为智慧城市必须以人为本、综合协调以实现城市发展中的"智慧"，解决城市痛点、满足人民的需求是推动智慧城市发展的动力；③关注智慧城市的综合评价方法[13]，认为智慧城市应建立多维度的目标和测度方法。2011年由中国工程院、德国工程院与瑞典皇家工程院联合提出了从社会治理智能化、经济创新智能化、生活环境智能化、基础设施智能化以及专业人才集聚度等5个维度架构的城市智商(City IQ)评价体系[14]。

然而在实践中，智慧城市却往往与理论研究南辕北辙，引起近年来对智慧城市的反思潮。笔者将中国近15年的"智慧城市"的推进路线总结为三种模式[15]：以技术供给方为主导的T模式；以解决城市痛点问题和满足人民需求为导向的D模式；在上述两种模式之外出现的以展示厅形式推进但并没有落实到城市的真实运行系统中的形式主义模式，即E模式（该模式是在城市竞争中，为在城市智能化的过程中不落伍而将技术投入在展示需求上，缺乏问题导向，造成了大量的硬件资源浪费，因此受到了较多批判）。对智慧城市建设热潮的反思还体现在未能切入城市的真实需求、数字化基础仍然薄弱、建设成本巨大等在过去实践中客观存在的问题上[15-16]。在这一背景下，笔者提出智慧城市的发展应当建立以D模式为主带动T模式发展的创新模式。如何借助新一代智能技术真正满足城市人的需求，在智慧城市中建立技术供给与社会需求的动态平衡，是智慧城市发展突破瓶颈、创造价值的关键。这一对智慧城市未来发展的思考，为人工智能城市理论框架的建立奠定了基础。

2 从智慧城市到AI城市

2016年以来，AI技术在城市中的应用已有较多的探索，代表性的实践，例如杭州城市大脑[17]、北京城市副中心CIM3.0[18]，以及MIT Media Lab开发的CityScope平台[19]等。在上述实践中，已将AI技术应用在城市数字化平台中，使其能够更有效地辅助城市决策及综合治理。然而，AI在城市领域的应用不仅限于此。随着图像识别技术的发展，在城市中开始广泛应用视觉传感设备对移动车辆、行人姿态等进行识别[20]，拓展了AI技术在城市交通、安防、环境、园区等领域的应用，也带动了AI技术企业的快速发展[21-27]。然而在这样的背景下，AI城市仍然是一个较为模糊的概念。艾瑞咨询2017年的一份报告提出了一种基于AI技术的城市定义——“以数据驱动的城市决策机制，根据实时数据和各类型信息，综合调配城市公共资源，最终实现智能化达到效率最优的城市运行状态”[28]。然而遗憾的是，这一定义仍然未能揭示AI技术相比于过去智慧城市技术的本质性提升。笔者认为，对AI城市的理解不仅应关注智能技术在城市中的应用，即“AI in the City”，更应当建立一种“为城市服务的智能”概念，即“AI for the City”，从AI技术对城市需求的满足及其产生的治理模式转变的视角去定义AI城市。

在人工智能发展进入2.0的时候，笔者正式提出了AI城市概念。2016年4月，中国工程院潘云鹤[29]提出人工智能2.0，其主要特征包括大数据智能、互联网群体智能、跨媒体智能、人机混合增强智能和自主智能系统。AI 2.0与30年前人工智能的概念相比，已经进入了一个崭新的发展阶段。从AI 1.0到AI 2.0的主要技术特征变化包括：①由只进行知识工程到以大数据为驱动的学习结合知识工程；②由研究个体智能到以互联网为基础建立群体智能服务；③由利用单一的结构化数据到整合多种非结构化数据；④由以机器为中心到重视人机和脑机的互动；⑤由优化单个的机器人到构建整体的自主智能系统；等等。上述技术特征演变，为以AI技术解决城市系统中的复杂问题奠定了基础，进而涌现出多项创

表1 新一代人工智能技术的城市应用

类型	前沿问题	技术能力	已有应用领域
数智（大数据智能）	可泛化知识计算平台、因果推理、视觉推理	提升AI的数据理解、分析、发现和决策能力； 从数据中获取更准确、更深层次的知识，挖掘数据背后的价值[30]	在新零售领域，可以提升人流识别的准确率，预测每月的销售情况[9]； 在交通领域，实现自动驾驶[22-23]、智能交通流量预测、智能交通疏导，以及对整体交通网络的智能控制[30]； 在健康领域，提供医疗影像分析、辅助诊疗、医疗机器人等更便捷、更智能的医疗服务[26-27]； 在安防领域，与IoT联动加速智能应用[21]
群智（群体智能）	群体智能涌现与演化、群体智能动力学与熵度量	吸引、汇聚和管理大规模参与者；以竞争和合作等多种自主协同方式来共同应对挑战性任务； 在复杂、开放环境下的决策任务中涌现出来超越个体的智能	在互联网领域，基于群体开发的开源软件、基于众筹众智的万众创新、基于众问众答的知识共享、基于群体编辑的维基百科，以及基于众包众享的共享经济等[31]； 在机器人和无人机领域，2017年中国已制造了1 000架无人机组成的无人机群，展示了其自主应变和排除故障的能力
合智（跨媒体智能）	类脑计算、云脑平台、数字视网膜	通过视听感知、机器学习和语言计算等理论和方法，构建出实体世界的统一语义表达	在城市决策辅助方面，研究城市全维度智能感知推理引擎，可以解决城市发展过程中存在的感知碎片化、信息孤岛化等问题，建立以“大跨度、大视角、大信息和大服务”为特征的城市全维度智能感知推理引擎，实现对人、车、物、事件等的多维度、跨时空协同感知和综合推理
混智（混合增强智能）	机器推理决策、机器人自主学习、安全可信的人机协作	将人的作用或人的认知模型引入人工智能系统，形成混合增强智能的形态[32]	在产业风险管理、医疗诊断、刑事司法领域，引入人类监督，允许人参与验证，以最佳的方式利用人的知识和智慧，最优地平衡人的智力和计算机的计算能力[24,33]； 在自动驾驶领域，通过智能人机协同技术可以协调两个“驾驶员”，以实现车辆的安全和舒适行驶[23]； 在产业发展决策、在线智能学习、医疗与保健、人机共驾和云机器人等领域正加速落地
自智（自主智能系统）	复杂环境的自主智能感知决策、无人集群的智能协同	复杂多变环境中的感知、控制、决策和系统行动； 适用于多平台分布式和多模态交互式协同决策的机器学习[34]	在无人载具领域，已经在包括无人车、无人机、无人船等新一代智能载具方面开展应用，通过自主智能技术可以增强载具的性能及可靠性[22-23]； 在社会生产领域，包括智能车间、智能工厂、服务机器人等应用可以大幅提升生产效率，节约劳动成本[25-26]； 在科学研究领域，通过自主智能系统研制空间机器人、海洋机器人

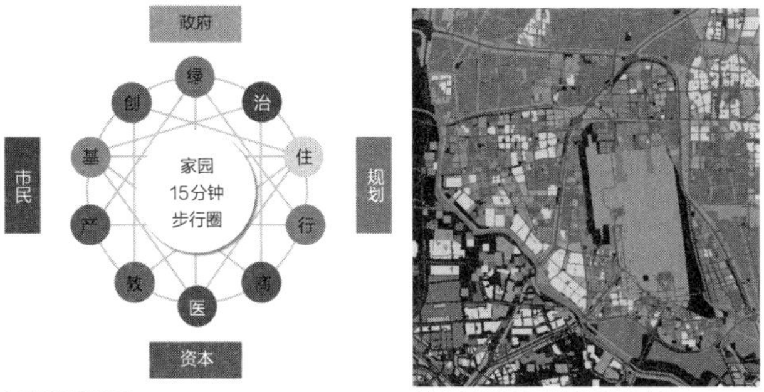

(a)模型博弈关系 (b)北京顺义机场周边地区推演应用

图1 “CityGO”城市推演平台

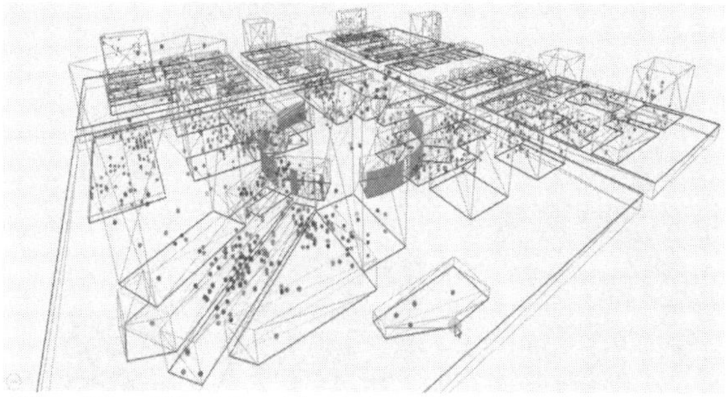

图2 城市1 km²街区十元功能AI迭代配置

新应用（表1）。2017年，中国工程院开展人工智能2.0的发展战略研究，为《新一代人工智能发展规划》②（以下简称《规划》）的落地提供了战略方向。笔者提出了应以城市发展需求和场景作为新一代AI技术发展的方向和动力，进而在《规划》中纳入了结合新一代AI技术“建设城市大数据平台，构建多元异构数据融合的城市运行管理体系……推进城市规划、建设、管理、运营全生命周期智能化”的相关内容，明确了应用AI为城市赋能的创新方向。2018年，笔者进一步发布了“AI城市”的概念及其关键场景，认为城市发展正在进入人工智能时代，应通过建构AI城市为新一代AI技术在城市中的应用场景创造开放的生态，推动AI技术在城市中的创新试验。

相比于智慧城市，AI城市依托新一代AI技术，在城市规划决策的智能辅助、城市空间场景的智能集成以及城市运行的智能组织方面的能力[18，35-36]显著提升。城市借助AI技术精准地感知城市需求，因人的需求而不断产生与之匹配的技术方案，为新一代AI技术研发提供方向和动力。因此，笔者在城市和谐发展观[37]、生态理性[38]的思想理论基础上，提出AI城市的内涵：“在AI技术大量涌现的背景下，为解决城市痛点问题、满足人民需求而出现的以AI技术精准赋能城市生产、生活、生态的一种自组织、可学习、可迭代的高度智能化的城市发展形态。”

3 AI城市的理论构建

3.1 AI城市的本质特征

AI技术与智慧城市的技术特征存在本质不同，两者并不冲突，在AI技术的赋能下智慧城市进一步出现三个新特征，进而演变成为以AI理论和技术为基础的AI城市模型。

本质特征之一：会学习。具备学习能力是AI城市最核心的特征。一方面，城市历史发展数据以及日常运行数据可以成为以机器学习和深度学习为主的AI算法的原料；另一方面，深度学习的使用能够发现大型城市数据集中的复杂结构进而优化系统[39]，因此可以在多源、异构的复杂城市数据中获得依靠人的观察难以感知的特征和规律，并可以在同类型城市的数据之间互相比较借鉴。

本质特征之二：区别于传统AI算法向生物体学习的模式。AI城市开始向城市（人类社会运行的规则）学习，通过学习可以迭代实现自主智能涌现。按照对城市发展规律的学习进行城市规则的制定并将其作为推演模型的目标，可以支撑城市模型围绕目标不断演进、修正，帮助决策者以最小的干预来制定最有效的规划。例如，笔者团队研制的人工智能推演平台CityGO[18]（图1），在学习以后还可以创造新的解决方案，在城市的未来生活设计中可以发挥作用，打破设计师的思维惯性，促进设计方案的涌现。

本质特征之三：通过训练过程实现城市运行的本能反应。基于AI的智能控制系统不再是根据固定逻辑运行，而是实现了自组织（self-organization），即在遇到具体问题时，可以由多个城市智能系统快速、精准地完成对信息的过滤、筛选和重新组合，按照合理理想愿景制定规则，并以此作为模型目标使城市实现非由大脑系统，而是在系统内部完成的自我修正、迭代[34，40]。例如笔者团队研制的针对城市功能自组织配置的AI优化程序（图2）。

3.2 AI城市的理论架构

在人工智能技术开始介入智慧城市的规划、建设、运营管理的纵向维度以及生产、生活、生态的横向维度时，人们对人工智能城市的认识初步建立，但是仍然缺少对其内涵、特征、要素、关键技术以及发展动力的系统性建构。在这个背景下，迫切需要在总结过去智慧城市的发展过程、理论和实践成果的基础上，形成针对人工智能城市的理论架构，描述构成人工智能理论体系的组成部分、内容及其相互关系，进而论述人工智能技术对城市发展的革命性影响，为指导未来人工智能城市的研究与实践提供框架引导。

笔者提出一个人工智能城市的理论架构（图3），在总体目标之下，由核心架构、场景体系、技术体系等三个部分组成。

3.3 各构成模块及其关联

3.3.1 核心架构

众脑决策：AI城市不再是单脑结构，而是由主脑、辅脑、分脑、端脑构成的众脑系统共同完成群体学习和协同决策过程，各脑可以独立运行但又相互配合实现分布式协同决策。

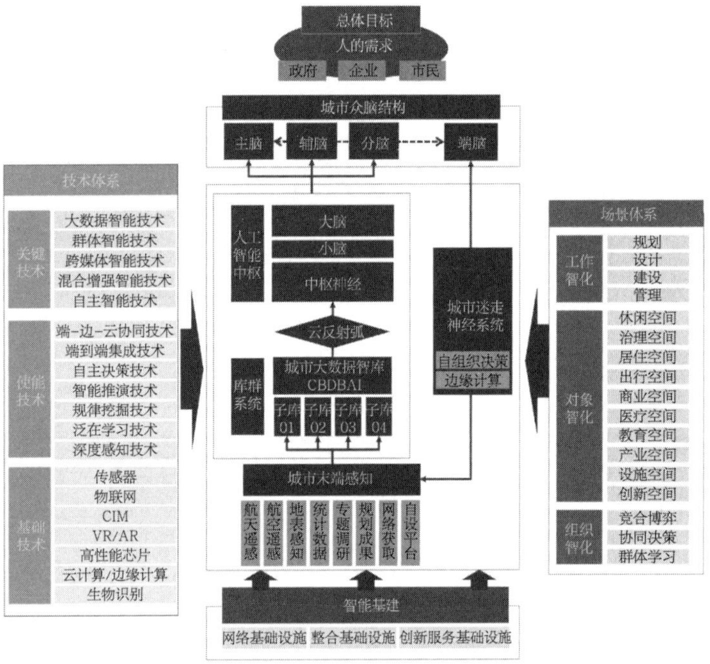

图3 AI城市的理论架构

人工智能中枢：由三级系统构成，分别为大脑——战略决策系统，小脑——城市指挥系统，神经系统——感知信息的汇集。借助AI、物联网、地理信息系统、BIM等技术，构建虚实相生的人工智能城市中枢，提升城市管理者的决策能力。

迷走神经系统：人工智能城市“迷走神经系统”③的构建是其关键技术，城市的海量信息将不必经过城市“大脑”而在系统内部自我调节。城市内部复杂的信息流，市民日常生活中烦琐、细致的需求，将不会也不必全部流入城市职能部门的管理系统，而是在城市管理以下的层面就可以得到解决，实现更加精准、高效、自我完善的局部智能反馈。

云反射弧：建立城市神经元（智能体）之间的信息传递和决策传递机制，依照事件复杂程度以最短链路完成决策响应，形成从城市事件到城市决策的城市云反射弧。

库群系统：汇集感知数据的城市大数据库CBDBAI，在AI城市中将采用分布式数据库的库群系统，满足众脑系统的数据挖掘需求。

城市末端感知：包括八大数据源的感知端，感知数据汇入库群系统。

智能基建：借助新型基础设施实现汇聚众智、流程再造、数据决策、信息对称、体验重塑，改善城市各方面决策和运营效能，提升人民幸福感和获得感，显著增强城市的安全性、韧性和可持续发展能力。

3.3.2 场景体系

工作智化：针对城市规划、设计、建设、管理等环节的智化场景，服务于城市全生命周期。

对象智化：针对人对于城市不同类型空间的需求的智化场景，其目的在于不仅人可以感知城市，城市也可以感知人，并主动为其空间的使用者提供精准服务。

组织智化：借助新一代人工智能技术，建立更加高效的城市内部要素的组织，包括竞合博弈、协同决策以及群体学习等高级、复杂的关系网络。

3.3.3 技术体系

关键技术：新一代人工智能技术是AI城市的关键技术。例如，计算机视觉技术[20]的发展促进了城市末端感知，自主智能技术为建立城市决策模型提供技术条件[24]，大数据智能与混合增强智能技术创造了人机协同决策的更多可能[41]。

使能技术：主要包括可以解决端-边-云协同或是端到端集成的技术，以及解决AI城市决策过程中的深度感知、泛在学习、规律挖掘、智能推演、自主决策等问题的智能技术。通过这些技术建立“算法”与AI城市中的“任务”之间的桥梁，使AI城市得以运行。

基础技术：包括传感器、物联网、CIM、VR/AR、高性能芯片、云计算/边缘计算、生物识别等，单项技术的发展已较成熟，是构建AI城市的基础元件。

3.4 发展动力

动力之一：需求牵引力。AI城市的第一动力是人的需求迭代。例如，一方面，依靠AI技术满足城市中政府、企业、市民对城市疫情预测走向等城市重大挑战的智慧决策的需求促生了大量解决方案和产品，形成城市中的AI涌现。另一方面，AI城市开始具备主动感知需求的能力，即AI城市开始捕捉其使用者的行为规律，以提供更精准的服务。AI城市的实现是以人本需求为导向而

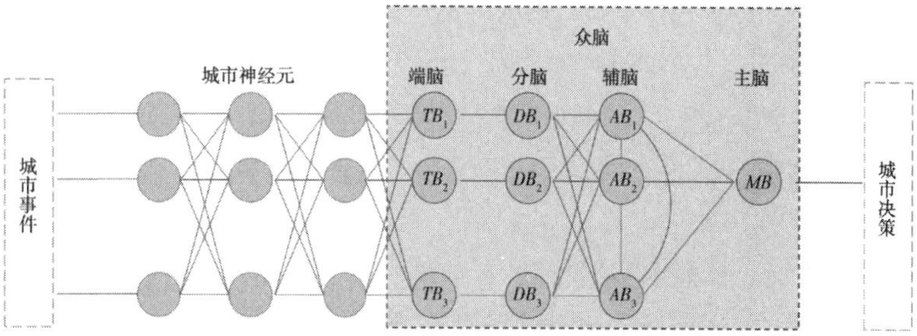

图4 众脑决策模型

图5 城市广场多AI交互场景示意图

非以设备为导向的，通过对人在空间中的需求的实时响应不断优化城市自身的系统。

动力之二：技术推进力。以AI为代表的新技术发展构成了智能化的推进力。人们在尝试使用新技术并体验其创造的便利的同时，其自身行为方式也产生了转变，进而引起了更深层的社会关系和社会组织方式的变革，城市系统因此发生与新技术相适应的流变。

动力之三：竞争驱动力。城市的竞争力体现在对人的吸引。城市之间的竞争促使城市的管理者期望借助新一代AI技术为城市中人提供更高品质的服务，进而在未来的竞争中取得优势。

动力之四：组织代谢力。AI城市通过学习，不断发现新的需求，促进新技术产品的发展而淘汰难以应对需求变化的旧产品，通过城市内生代谢实现AI城市的技术、场景持续不断地自我修复、完善。

4 AI城市的模型架构

AI城市的理论结果促进了城市治理模式的转型，并通过AI向城市学习实现AI模型架构的提升。笔者认为，AI城市的发展将在以下三个方面引起AI技术的重大变革。

4.1 从群体智能到众脑智能

城市社会的复杂性超越了一般意义上的群体智能研究范畴[33]，相比于经典研究中以蜂群、蚁群等同质低等智能生物的群体现象作为学习对象，AI城市的主体具有更加复杂的特征。众脑智能技术的核心问题，是在城市内部多个异质决策主体之间建立协同机制，使每一个智能系统都能够独立完成感知、判断、反应、学习以及迭代等过程，满足系统之间复杂协作网络的要求，并在有限范围内共享目标。AI城市不再依赖一个决策指挥中心，众脑智能技术需要更高性能的群体智能技术突破，在传统的群体快速一致性[31]、分布式计算以及安全协议[42]的基础上建立适应城市社会众脑决策模式的智能治理模型（图4），保障多个城市智能系统之间的协同。

4.2 从自主决策到自组织决策

AI技术促进了社会生活中间微观群体之间的联动，例如社交网络和虚拟社群、大量出现的用户点对点的手机App智能应用，以及针对用户数据可以精准推送的智能服务[26]等，使诸多需求的满足无须经过城市管理层面就可以得到解决。这种在社会群体内部围绕特定问题完成资源重构和分配的自组织现象，依靠经典自主智能中的决策模型依然难以完成，需要在不同空间尺度、不同社会群体之间建立一个整合模糊推理、分级响应机制的动态自适应系统[40]，实现自发地以需求为依据进行技术遴选、优化资源配置，进而赋予智能系统以多资源自组织、自优化的生命力。这一转变将有效推动城市建立“自上而下”与“自下而上”相结合的分层治理体系。

4.3 从跨媒体学习到多AI集成的人与空间交互

在AI城市中，人不仅是智能系统的服务对象，也是感知、学习的对象。因此，除了用计算机模拟人的智能行为，还要用一个信息群落去创建新的能够与人合作的智能系统（图5）。这项任务对跨媒体智能技术提出了更高要求，即智能体必须从高维、多元的感官输入中获得环境的有效表征，并利用这些表征将过去的经验归纳为新的目标，这是一项艰巨的任务[32]。将多AI技术集成在特定城市空间中，人的决策偏好、行为习惯本身是AI的学习对象，通过AI的感知、判断、反应、学习、推演、迭代等为人创造更好的空间体验，实现在一个空间中的人机混合增强。多AI集成的人与城市空间的交互将促进城市治理的精准化。

5 结语

相比于AI的发展，城市的智能化是一个相对年轻的领域。然而，城市的发展却是历史悠久的，城市在其长期发展演化过程中逐步形成极为复杂的生命系统，在AI研究中却被忽视了。向城市学习是AI发展的重要方向。衡量AI城市发展的基本价值观的标准是判断AI技术对美好生活是产生有益的贡献还是破坏性的作用。AI城市的价值在于：①以人的需求为导向牵引AI技术的发展，将使用AI技术的应用精准服务于个体需求；②实现了城市为人提供更美好的生活而不断学习和迭代的自组织进化过程；③突破了传统智慧城市单一系统难以完成的、将自上而下与自下而上相结合的治理模式，提升了社会组织的效率。在城市各系统已经逐步完成数字化转型的今天，建构AI城市的理论架构意义重大，将新一代AI技术导入市民的生活、生产、生态以及城市的安全运行等方面具有广阔的前景，未来需要更多的研究及社会主体参与其中。

（原载于《建筑规划学刊》2022年第5期）

注释：

①类比生物中枢，城市中枢指智慧城市系统应包括负责决策指挥的城市“大脑”、负责城市各职能部门之间协调运营的“小脑”，以及借助物联网设备感知城市信息的“中枢神经”系统等三个技术群落的集成。

②中国《新一代人工智能发展规划》于2017年7月由国务院颁布。

③“迷走神经系统”在生理学上指支配呼吸、消化、循环等系统的绝大部分器官的感觉、运动以及腺体分泌的混合神经，其主要特征是信息的传递与反馈不用经过中枢系统就可以完成。笔者从2015年开始认识到智慧城市不应当只依靠中枢系统，而应采用分级数据治理的模式对城市复杂信息进行分流和在地处理，以避免城市中枢信息的冗余，由此在中国率先提出了建构城市“迷走神经系统”的设想。这一设想是在充分观察智慧城市实践中由于单一脑结构出现的多部门决策压力、信息爆炸、传递困难以及数据库容量限制等问题的基础上提出的，在两个方面得到改进：一是以人工智能技术提升大规模分布式城市智能模型的计算能力；二是架构数据边缘计算模块，以完善城市局部空间二级感知和决策。

图片来源：

图片均由作者团队自制。

参考文献：

[1] IBM Institute for Business Value.A vision of smarter cities：how cities can lead the way into a prosperous and sustainable future[R].Somers，NY：IBM Corporation，2009.

[2] 吴志强，柏旸．欧洲智慧城市的最新实践[J].城市规划学刊，2014(5)：15-22.

[3] LONG Y，ZHANG Y，ZHANG J，et al.The recent achievement and future prospect of China’s smart city[J].Frontiers of Urban and Rural Planning，2022，2(1)：12-21.

[4] 吴志强，李欣．北京城市副中心规划工作思路创新[J].城市规划学刊，2019(Z1)：138-141.

[5] 吴志强，甘惟．转型时期的城市智能规划技术实践[J].城市建筑，2018(3)：26-29.

[6] LIU Z.Review and prospect of smart cities[J].Frontiers of Urban and Rural Planning，2022，2(1)：48-54.

[7] 黄泮爵，杨滔，张晔理．国内外智慧城市研究热点及趋势(2010—2019年)：基于CiteSpace的图谱量化分析[J].城市规划学刊，2020(2)：56-63.

[8] 甄峰，孔宇．“人—技术—空间”一体的智慧城市规划框架[J].城市规划学刊，2021(6)：45-52.

[9] 吴志强，仇勇懿，干靓，等．中国城镇化的科学理性支撑关键：科技部“十一五”科技支撑项目“城镇化与村镇建设动态监测关键技术”综述[J].城市规划学刊，2011(4)：1-9.

[10] 汪光焘，李芬，高楠楠．信息化对城市现代化的预期影响[J].城市规划学刊，2020(3)：15-23.

[11] NIU X Y，LIN S J，QIN S，et al.The technical approach of using mobile positioning data to support urban population size monitoring[J].Frontiers of Urban and Rural Planning，2022，2(1)：39-47.

[12] BOLIVAR R，PEDRO M.E-participation in smart cities：technologies and models of governance for citizen engagement[M].Cham：Springer International Publishing，2019.

[13] CHOURABI H，NAM T，WALKER S，et al.Understanding smart cities：an integrative framework[J].IEEE Computer Society，2012.

[14] 吴志强，李翔，周新刚，等．基于智能城市评价指标体系的城市诊断[J].城市规划学刊，2020(2)：12-18.

[15] 吴志强，王坚，李德仁，等．智慧城市热潮下的“冷”思考学术笔谈[J].城市规划学刊，2022(2)：1-11.

[16] ZHAO P，ZHU J.The development and challenges of smart transportation[J].Frontiers of Urban and Rural Planning，2022，2(1)：55-60.

[17] 华先胜，黄建强，沈旭，等.城市大脑：云边协同城市视觉计算[J].人工智能，2019(5)：77-91.

[18] 吴志强.人工智能辅助城市规划[J].时代建筑，2018(1)：6-11.

[19] 张砚，肯特·蓝森.CityScope：可触交互界面、增强现实以及人工智能于城市决策平台之应用[J].时代建筑，2018(1)：44-49.

[20] SHELHAMER E，LONG J，DARRELL T.Fully convolutional networks for semantic segmentation[J].IEEE Transactions on Pattern Analysis and Machine Intelligence，2017，39(4)：640-651.

[21] XIAO L，WAN X Y，LU X Z，et al.IoT security techniques based on machine learning：how do IoT devices use AI to enhance security?[J].IEEE Signal Processing Magazine，2018，35(5)：41-49.

[22] MA Y F，WANG Z Y，YANG H，et al.Artificial intelligence applications in the development of autonomous vehicles：a survey[J].IEEE/CAA Journal of Automatica Sinica，2020，7(2)：315-329.

[23] BIONDI F，ALVAREZ I，JEONG K A.Human-vehicle cooperation in automated driving：a multidisciplinary review and appraisal[J].International Journal of Human-Computer Interaction，2019，35(11)：932-946.

[24] AZIZ S，DOWLING M.AI and machine learning for risk management[M]//AZIZ S，DOWLING M.Disrupting finance.Cham：Palgrave Pivot，2019.

[25] BÜCHI G，CUGNO M，CASTAGNOLI R.Smart factory performance and industry 4.0[J].Technological Forecasting and Social Change，2020，150：119790-119800.

[26] BELANCHE D，CASALÓ L V，FLAVIÁN C，et al.Service robot implementation：a theoretical framework and research agenda[J].The Service Industries Journal，2020，40(3/4)：203-225.

[27] DAS S，BISWAS S，PAUL A，et al.AI doctor：an intelligent approach for medical diagnosis[M]//DAS S，BISWAS S，PAUL A，et al. Industry interactive innovations in science，engineering and technology.Singapore：Springer，2018.

[28] 中国人工智能城市展望研究报告2017年[R].艾瑞咨询系列研究报告，2018(1)：174-215.

[29] 潘云鹤.人工智能走向2.0[J].中国工程院院刊，2016，2(4)：51-61.

[30] ROH Y，HEO G，WHANG S E.A survey on data collection for machine learning：a big data-AI integration perspective[J].IEEE Transactions on Knowledge and Data Engineering，2019，33(4)：1328-1347.

[31] CHRISTIDIS K，DEVETSIKIOTIS M.Blockchains and smart contracts for the Internet of things[J].IEEE Access，2016，4：2292-2303.

[32] MNIH V，KAVUKCUOGLU K，SILVER D，et al.Human-level control through deep reinforcement learning[J].Nature，2015，518：529-533.

[33] AL-TASHI Q，RAIS H，ABDULKADIRS J.Hybrid swarm intelligence algorithms with ensemble machine learning for medical diagnosis[C]//The 4th International Conference on Computer and Information Sciences(ICCOINS).IEEE，2018：1-6.

[34] OLFATI-SABER R，FAX J A，MURRAY R M.Consensus and cooperation in networked multi-agent systems[J].Proceedings of the IEEE，2007，95(1)：215-233.

[35] 张庭伟.复杂性理论及人工智能在规划中的应用[J].城市规划学刊，2017(6)：9-15.

[36] 吴志强，黄晓春，李栋，等."人工智能对城市规划的影响"学术笔谈会[J].城市规划学刊，2018(5)：1-10.

[37] 吴志强，刘朝晖."和谐城市"规划理论模型[J].城市规划学刊，2014(3)：12-19.

[38] 吴志强.论新时代城市规划及其生态理性内核[J].城市规划学刊，2018(3)：19-23.

[39] LECUN Y，BENGIO Y，HINTON G.Deep learning[J].Nature，2015，521：436-444.

[40] LECUN Y，BOTTOU L，BENGIO Y，et al.Gradient-based learning applied to document recognition[J].Proceedings of the IEEE，1998，86(11)：2278-2324.

[41] ABBAS S，KHAN M A，ATHAR A，et al.Enabling smart city with intelligent congestion control using hops with a hybrid computational approach[J].The Computer Journal，2022，65(3)：484-494.

[42] HINTON G E，SALAKHUTDINOV R R.Reducing the dimensionality of data with neural networks[J].Science，2006，313：504-507.

作者简介：

吴志强，中国工程院院士，长三角城市群智能规划协同创新中心主任，同济大学教授；

甘惟，同济大学建筑与城市规划学院博士研究生；

刘朝晖，鹏城实验室双聘研究员，中国城市科学研究会秘书长助理；

李舒然，同济大学设计与创意学院博士研究生；

周咪咪，同济大学建筑与城市规划学院博士研究生；

赵刚，同济大学上海自主智能无人系统科学中心博士研究生；

张修宁，同济大学建筑与城市规划学院硕士研究生。

空间基因的内涵与作用机制

段进　姜莹　李伊格　兰文龙

摘　要：空间基因承载着“城市空间—自然环境—社会人文”互动演化模式的空间信息，在城市空间文脉传承中起着关键性作用。一直以来，以建成环境遗产保护、符号复制或形态模仿方式进行的城市文脉传承，忽视了对空间基因的关注，导致即使存“物”，也失“脉”。因此，在城市研究中运用空间基因理论，深入理解空间基因的内涵与作用机制十分必要。城市空间形态（性状）的发展规律可以运用“空间基因”解释：通过“变异”与“选择”，生成空间基因这一地域性空间组合模式，从而决定城市空间的某些性状；然后，通过“编码”、“复制”与“表达”，实现城市空间文脉的传承。“空间基因”研究可以使城市历史文脉保护与规划设计方法产生方向性转变，使其从感性的空间形式模仿或创作走向理性的空间建构规则分析，是修正当前对城市空间发展错误认知、改进规划设计策略与方法的重要基础。

关键词：空间基因；城市形态；复杂系统；自组织；城市空间文脉

1　问题导向的空间基因研究

文脉同国脉相连①，文化多样性发展一直是人类文明可持续发展的关注重点②。城市空间是人类文明的体现与载体，如何通过城市空间实现文明传承一直是世界各国努力解决的问题。自19世纪中叶起，希腊、法国、英国、日本等国家就通过立法，对有历史意义的建（构）筑物及其环境进行保护③。联合国教科文组织等国际组织机构也通过了一系列倡议，制定历史文化遗产的保护原则，推广先进的保护方法④。与此同时，城市规划领域的三大宪章从城市发展的角度，提出在建设中必须保护城市的文化遗产⑤，其中《北京宪章》特别指出了城市文化的地区性，强调创造具有地区特色的建筑与城市[1]。我国为解决当代城市发展中历史文脉断裂这一难题，也进行了长期的探索。在理论方法上，借鉴了国际上的遗产保护理论和空间形态类型学的研究方法。相应地，在政策手段上，自1982年以来公布了137个历史文化名城，划定了970片历史文化街区，认定了历史建筑近4万处、文物保护单位7万多处、不可移动文物70多万处，颁布了《中华人民共和国文物保护法》《非物质文化遗产保护法》《历史文化名城名镇名村保护条例》《国家历史文化名城保护专项资金管理办法》等法律法规，形成了以核定制度、保护规划制度、保护资金制度和责任制度为主的保护制度体系。经过数十年的实践，保护对象从建筑单体要素扩展到城市整体肌理，技术方法上从静态保护转向了动态更新，工作手段上从行政干预进阶为法制化管理，许多历史文化遗产得以保全。但是，以建成环境遗产保护、符号复制或形态模仿的方式进行的城市文脉传承，也造成假古董、历史错置、地域错置等问题。更为严重的是，城市发展中只是遗产得到了保护与留存，而在新的城市建设中未能从根源上解决“千城一面、风貌趋同”⑥等问题，城市文脉传承的形势依然严峻[2-3]。这需要从理论认识与技术方法上进行反思。

“空间基因”概念正是为解决该问题而提出的，它将研究视角从物质空间的“建成形式”转向其背后的“深层结构”，建构了一种关于城市空间发展的新认知：城市建设发展中实现文脉传承的关键并不是对历史形式、符号本身的保护或复制，而是空间要素地域性组合模式及其内在生成机理的延续，由此形成形态组织与场所营造方法，才能实现历史文脉传承与城市建设发展的共赢[4]，才能真正地避免未来的城市发展除有不同的古迹之外，新城都“千城一面”的状况。

笔者团队自2019年正式提出空间基因概念以来[4]，受到了广泛的关注（图1）。但也可以发现，目前研究与应用中出现了一些对空间基因误用与滥用的情况。例如，将屋顶、图腾样式等建成形式，或自然、文化、社会等影响因素视为空间基因。这类研究仍局限在城市形态类型学的传统思路中，并不是笔者提出空间基因概念的初衷。为了进一步厘清空间基因的科学作用，本文就空间基因的理论基础、概念内涵，以及生成与传承机制等内容展开论述。

2　空间基因的理论基础与概念内涵

2.1　空间基因基于城市复杂系统理论

城市空间形态不是主观创意与需求的拼贴，城市发展也不等

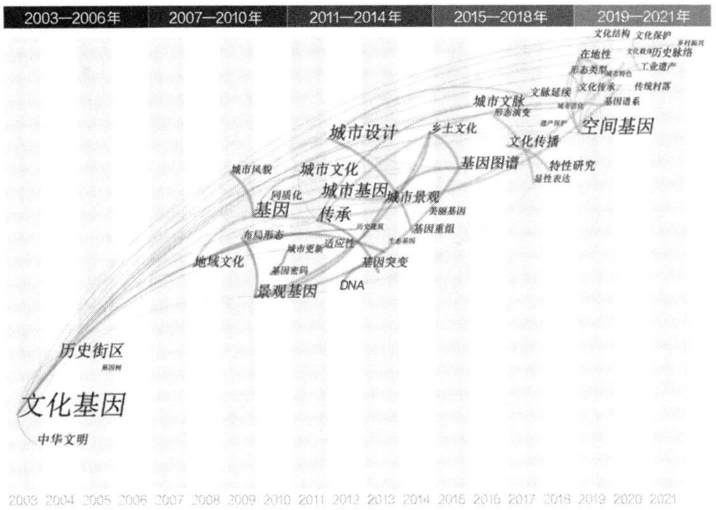

图1　2003—2021年城市研究中引入“基因”概念的论文关键词贡献分析

同于生命有机体的成长，城市的运行是一种复杂系统，这是空间基因研究的理论前提。

关于复杂系统的讨论可追溯至1928年美籍奥地利生物学家贝塔朗菲（L V Bertalanffy）首次提出的“复杂性”（complexity）概念，他指出要将生物体及其环境作为一个整体系统来研究[5]。随后，普里高津（I Prigogine）[6]、哈肯（H Haken）[7]、圣菲研究所（SFI）[8]等学者或研究机构对复杂系统的基本特征进行了进一步的探讨。经过长期的研究，形成了基本的共识，复杂系统被定义为由相互作用的部分组成的非线性系统[9]，表现出以下三个主要特征：

（1）自组织性（self-organization）。系统内部通过个体变异与系统选择，不断自发地完善组织结构和运行模式，从而提高系统本身对外部的适应能力，实现系统进化。在复杂系统的自组织过程中，变异是不断出现的，为系统引入了新的不稳定个体（非线性关系），使其远离动态平衡；选择是将那些更适应于环境的个体留下，使系统向动态平衡发展，形成有序结构。

（2）层级性（hierarchies）。复杂系统的层级性来源于系统内不断重复地涌现（emerge）现象——局部结构涌现出整体结构，由此产生的整体结构会涌现出更高层级的整体结构。层级性反映了系统中宏观与微观的有机联系，是微观行为展现的宏观效应。

（3）开放性（opening）。系统不断地在与外界环境进行着物质、能量和信息的交换，从而形成负熵流，推动系统形成有序结构。其中，新的信息从不断涌现出的新结构中产生，成为负熵流的组成部分，促使系统形成更高层级的有序结构。

复杂系统理论是否适合于城市研究，一直是城市规划学科认知的研究热点。布鲁塞尔学派的艾伦（P Allen）基于复杂系统理论构建了城市演化模型，其运行过程和结果与现实的城市发展过程相符[10]，证明了城市发展具有复杂系统的自组织特征。英国学者巴蒂（M Batty）和朗利（P Longley）以及法国学者弗兰克豪斯（P Frankhauser）基于分形几何学，分别从计算机模型和实例测算两个维度证明了城市空间中存在的涌现现象，各个空间层次都具有稳定的结构[11-12]。同时，巴蒂还将信息熵（information entropy）概念引入城市空间研究。众多学者通过对空间结构演化过程中信息熵的计算，证明了新空间结构的形成会产生新的城市信息[13-15]。中国学者也对此进行了长期的研究，周干峙论述了城市作为复杂巨系统的八个系统规律[16]，段进在空间发展理论中提出空间发展的自组织规律以及空间发展深层结构的复杂关系等[17]。经过60多年的发展，城市系统是复杂系统这一观点已被学界广泛接受。

空间基因是城市复杂系统在自组织过程中涌现，并通过变异、选择形成的相对稳定的空间组合模式；空间基因具有层级性，存在于城市、聚落、街坊、街道、院落等各个空间层级；空间基因依靠城市系统的开放性产生新的空间信息，促进优化和涌现新的空间稳定模式，最终实现不同层级的空间形态演化。可以说，城市复杂系统的自组织性、层级性、开放性特征形成了空间基因的基本内涵。

2.2　空间基因与生物基因的共性与差别

空间基因的提出借用了生物学中“基因”的概念及其原理。丹麦植物学家约翰逊（W. Johanson）创造出“基因”一词，用于指代决定生物体性状的遗传信息载体，其储存着指导生物体孕育、生长、凋亡等过程的全部信息[18]。相应地，空间基因是控制物质空间形态（性状）的信息载体，储存着主导城市空间形态演化与发展的关键信息。

空间基因与生物基因存在共性：二者均能被视为信息载体，储存了指导本体生存与发展的信息，以及发出呈现为性状的指令。但是二者也有差别：一方面，生物基因是客观存在物，其基本单元是核苷酸序列；空间基因是抽象的模式，其基本单元是空间要素及其构形关系。另一方面，从生物体的任意层级（如细胞、组织、器官等）中提取的生物基因，它们完全相同且具有该生物体所有的遗传信息；而从城市的不同层级（如聚落、城市、街坊、院落等）中提取出的空间基因，由于其构成要素和要素之间关系的不同，空间基因

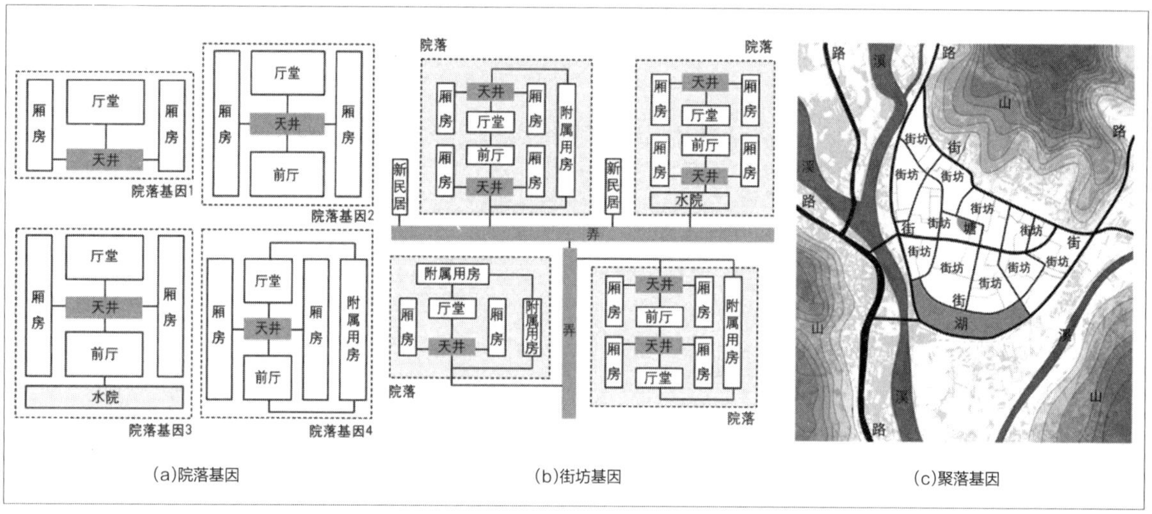

图2　以宏村为例的不同层级空间基因图示

也是不同的。例如，院落基因关注的是厢、厅、院等空间要素的组群形态，街坊基因关注的是院落、街、巷等空间要素的序列结构，聚落基因则是街坊、街道、广场、山体、水系等空间要素的组合关系（图2）。

借用生物学基因的遗传原理，空间基因在概念内涵、功能作用等方面均与生物基因有很多的相似点。但二者也存在一定的差异，应客观看待空间基因与生物基因的对应关系，不能机械照搬、盲目套用生物基因的相关概念于空间基因的研究之中。

3　空间基因的生成机制

空间基因的生成，源自城市复杂系统在自组织过程中通过变异与选择产生空间组合模式的过程，具体可分为建成形式的变异和城市系统的选择两个方面。

3.1　建成形式的变异

城市建成形式总是处在变异之中。此类变异源于建成形式与自然环境、社会人文的密切关系，是三者动态互动的表现[17]。因为自然环境与社会人文在不断发生着变化，由此推动原有建成形式转变为新的建成形式，使得城市中呈现出纷繁多样的建成结果。例如，随着工业化进程加速，为发挥产业集聚效应、提高生产效率，近30年来，我国各地出现了多种形式的产业园区，包括以生产制造厂房为主体、功能单一的工业园区，多类型建筑分区布置、生产研发功能并置的复合园区，以及以公共服务设施为核心、集生产生活生态功能于一体的创新园区等[19-21]。可以看出，社会经济等因素的变化，导致产业园区产生了多样的建成形式，这可视为空间要素因应非空间要素而变异的过程。

3.2　城市系统的选择

与建成形式不断变异相伴的是城市系统对建成形式不断地选择。选择的根本动力来源于竞争：建成形式之间的竞争是通过促进人对自然、人文资源的占有利用，提升人的生存与发展能力，而对其他建成形式产生负反馈的过程。通过这一过程的持续，最终那些更能适应当地自然环境、社会人文，满足人类活动需求的建成形式会延续下来，形成相对稳定的模式；相反，不适应的建成形式则被逐步淘汰。举例来说，“里坊制”在唐代中期之前被严格执行，整个唐长安城呈现出“百千家似围棋局，十二街如种菜畦”的平面形态[22]。但随着社会经济的发展，城市中原有的封闭市场已不能满足规模日益扩大的商品交易的需要，民间开始出现了各类打破坊墙、坊内开设店铺的活动。虽然统治者对此展开了严厉的处罚管理，但因“侵街”潮流势不可当，到北宋末期，统治者也不得不作出让步，通过征收“侵街房廊钱”，承认了侵街建筑的合法性[23]。随后坊墙逐渐被拆除，商业店铺纷纷沿街而建，形成了街市并行的空间模式。又经过一段时间的发展、稳定，街坊最终取代了里坊，才造就了《清明上河图》中汴梁繁华街市的景象。

因此，通过建成形式的变异与城市系统的选择，每个城市产生了空间、自然、人文相互作用且协调的不同模式，成为其有别于其他城市的“基因”。空间基因作为城市空间与自然环境、社会人文长期互动契合与演化的产物，承载着不同地域特有的信息，形成城市特色的标识，又起着维护三者和谐关系的作用。同样重要的是，与空间基因生成过程相伴的是新城市信息的出现，它们受当地自然、人文环境的不断筛选，成为更利于城市生存与发展的空间发展新观念。

4　空间基因的传承机制

生命科学研究表明，生物基因的遗传包括三个主要过程：①编码，储存生物信息；②复制，遗传生物信息；③表达，形成生物性状[18]。本文借助生物基因的遗传原理对空间基因的传承机制进行进一步的论述（图3）。

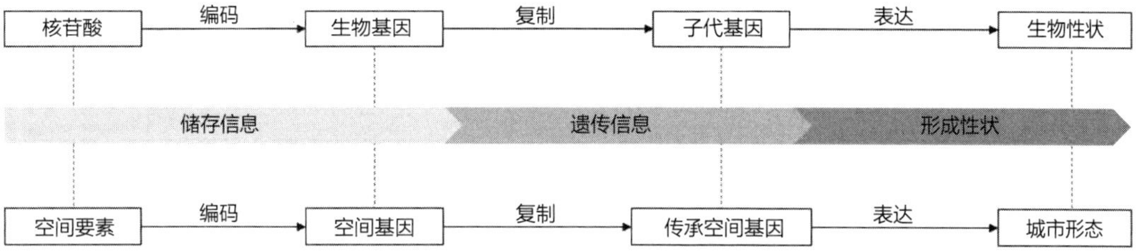

图3 生物基因遗传和空间基因传承的机制比较

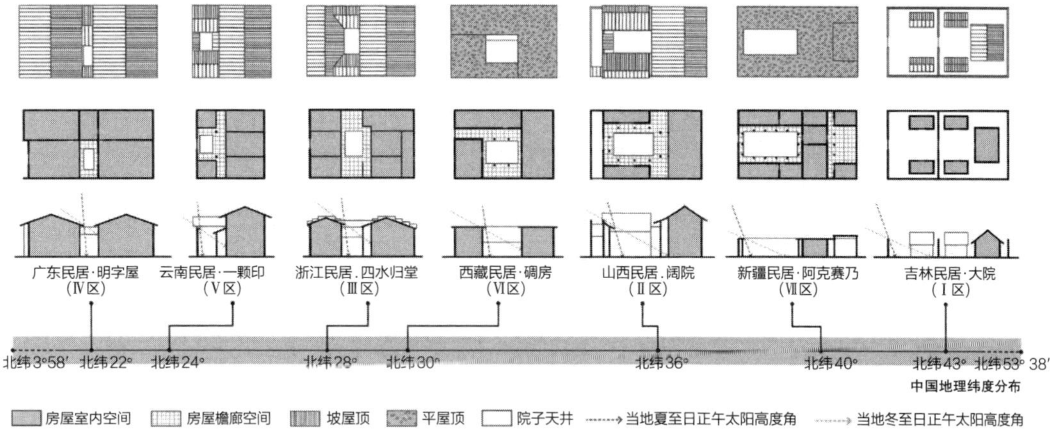

图4 中国传统民居院落空间基因在不同气候区空间要素比例的变化

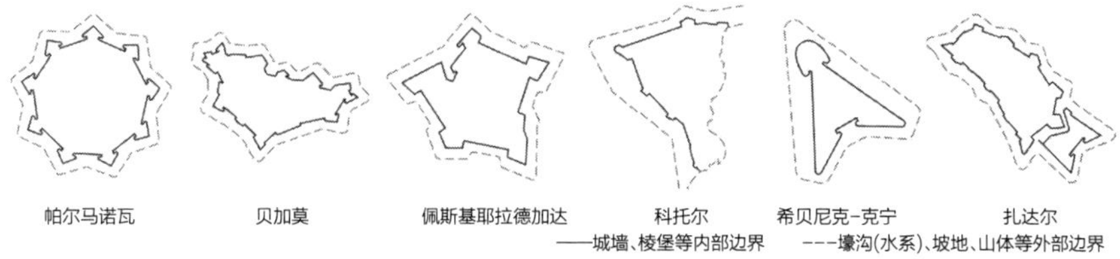

图5 16—17世纪威尼斯共和国防御工事空间基因共时性复制示意

4.1 编码:从空间要素到空间基因

编码,是指基于明确的规则,将一组字符组织为代码,以指代信息的过程。生物基因是由核苷酸编码而成的,莫尔斯电码是由点、划和中间点停顿编码而成的,它们都通过对基本元素的编码,整体承载了单体无法提供的信息,表现出"整体大于部分之和"的特征。

同样地,空间基因是由空间要素按照一定的规则编码而成的,承载某种稳定空间组合模式的信息,涉及空间要素间的比例关系、序列结构、拓扑构形等。例如中国传统民居院落可视为基于相同空间要素、在不同比例关系下编码形成的集合体——不同地区房屋与院子(天井)比例关系的不同,编码出不同的院落基因(图4)。笔者以中国7个一级建筑气候区为依据,各选取一例传统民居典型样式进行研究,发现在高纬度地区,房屋的间距较大,院子开阔,院子的进深远大于房屋的进深。随着纬度的降低,院落中房屋的间距被拉近,院子渐次变小。在低纬度地区,院子退减为仅利于通风的"天井",有的甚至小如"蟹眼",院子的进深小于房屋的进深,这些都说明了空间基因的形成与自然气候的密切互动关系。

4.2 复制:从空间基因到传承空间基因

复制,是指以原件为模板,制作一份或多份与其信息相同的复制件的过程。关于城市营建的各类信息往往以空间基因为媒介,通过共时性和历时性两个维度的传播进行复制,形成传承的空间基因。

空间基因的共时性复制是同一时期内按照相同的空间基因进行建造活动,表现为空间基因的地域性扩散。如16—17世纪,为抵御日益增多的火器进攻,威尼斯共和国在今意大利的伦巴第地区至亚得里亚海的东海岸,陆续沿海建设了若干防御工事。这些防御工事虽然建设地点和建设主体各异,并受到当地平原、丘陵、海岸等不同地形的影响,呈现出各不相同的空间形态,但本质上都复制了"多边棱堡"和"多重边界"的空间基因,其特征可归纳为多个三角形或菱形棱堡组合的平面布局,以及由城墙、棱堡、壕沟(水系)、斜坡等要素层层嵌套而成的边界形制(图5)。

空间基因的历时性复制是不同时期内的建造活动使用相同的空间基因,表现为空间基因在时间维度下的传承。如中国古代的

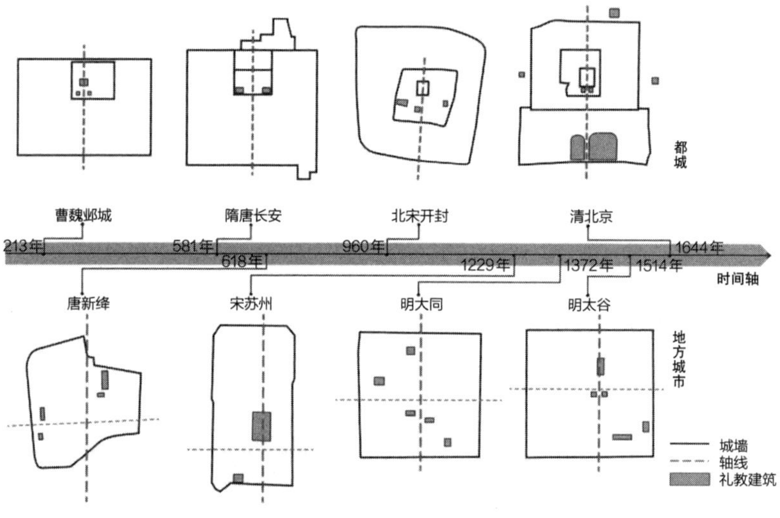

图6　中国传统城市空间基因历时性传承示意

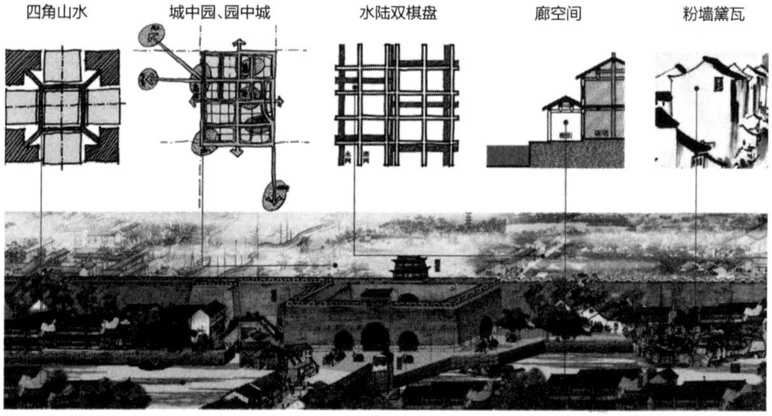

图7　苏州《新金阊十里繁华图》中传承的空间基因

城市建设，虽然历朝历代的各个城市在规模等级、性质职能、建设技术等方面有所区别，但大都传承了“方正形制”“中轴对称”“以器显礼”的空间基因，表现出方正规整的平面布局，以主次分明、正交体系轴线为基础的空间秩序，以及以礼教建筑为核心的地标体系（图6）。需要重视的是，空间基因的复制不仅是对空间要素间的比例关系、序列结构、拓扑构形的复制，更重要的是对特定发展背景下城市信息的传播，是“城市空间—自然环境—社会人文”长期互动形成协同的、地域性城市空间发展观念的延续与发展，所以也传播了城市行为与性格特征。威尼斯共和国基于“多边棱堡”和“多重边界”空间基因建造的防御工事，是对利于阻碍炮火攻击、进行无死角射击反攻的要塞营建理念的传播，符合实现增强城市防御能力的目标；中国历朝历代基于“方正形制”“中轴对称”“以器显礼”的空间基因，是对以礼制为核心、等级分明营城理念的延续，反映了中国传统“天圆地方”的宇宙观、“天人合一”的自然观和儒家所提倡的礼教尊卑、伦理秩序的哲学思想。

4.3　表达：从空间基因到空间形态

表达，是指将信息转化成物质的过程。生物基因指导蛋白质的合成，而蛋白质是生命活动的承担者和体现者，基因由此控制性状。但基因与性状的关系不都是简单的线性关系，有单基因对性状的控制（如酒窝），也有多基因对性状的控制（如身高），单基因也会产生多种性状，并且基因与新的环境相互作用会影响性状细节，这些原理在空间基因的表达中也都有所体现。

空间基因通过直接途径控制空间要素组合的结构，由此控制城市的形态（性状），并且是多基因控制形态的方式。例如，笔者团队在苏州规划设计实践中通过对古城五个空间基因的运用，形成了《新金阊十里繁华图》中湖光山色、阊胥城墙、古渡行舟、沿河市镇、商肆栉比的城市形态。这五个空间基因包括：城市四角的湖泊、山体与开放空间延伸出的楔形绿地顺山脉、水系插入市中心的“四角山水”；城内园林与城区相互渗透、城市与外围自然山水互相融合的“城中园、园中城”；以河道为骨架、街巷相依附，水陆相邻、河街平行的“水陆双棋盘”；连廊组成的尺度宜人、层次丰富的“廊空间”；屋盖青瓦、砖砌白墙、质朴淡雅的“粉墙黛瓦”（图7）。此外，空间基因在与新的城市空间—自然环境—社会人文三者之间的复杂相互作用中，影响城市形态的细节。如在“水陆双棋盘”空间基因的运用中，在新的时代背景下，笔者团队运用现代规划设计方法，将其与新时期的人居环境营造目标相结合，在街道、河道纵

图8　苏州环古城地区风貌保护工程实施效果

图9　苏州环古城成为当地市民公共活动的重要场所

横交叠的网格状形态基础上进一步发展，增添了许多供市民使用的开放空间和公共服务设施，为城市创造了良好的蓝绿生态网络和亲水公共空间体系，进一步优化了苏州空间特色的细节和内涵（图8、图9）。

5　结语

随着文脉保护在地区发展，甚至国家发展中的重要性越来越受到重视，对历史文化遗产的保护得到进一步加强。但是在新城的建设与非历史文化保护区的更新中，全球化的现象越来越严重，千城一面在新时代城市发展中广受诟病，即使在旧城保护与更新中，形式上的模仿、机械的复制，以及缺乏依据的形式创新，造成了假古董频现或历史与地域错位的问题。

空间基因内涵与作用机制的研究，揭示了城市物质形态形成背后的逻辑，只有在此基础上才能更好地保护建成文化遗产，规划设计也才能在现代社会的发展中适时地应变，真正做到文脉的传承。

借鉴生物基因研究的历史发展，可以知道在探索空间基因的理论与应用方面需要更大的努力，尤其需要更多的学科和团队参与进来。借鉴人类基因组计划和材料基因组计划的发展，笔者团队将谋划中国城镇空间基因库的建设，形成一个数字化存储和管理公共平台，为城市空间研究和城市规划设计提供基础信息服务。同时，空间基因库的建设也将促进世界各国学者的合作，对促进世界城市规划领域的技术进步和保护世界城市文化多样性具有重要意义。

注释：

①习近平总书记在中国文联十大、中国作协九大开幕式上的讲话(2016年)中提到“文运同国运相牵，文脉同国脉相连”。

②2001年经联合国教科文组织大会决议通过的《世界文化多样性宣言》提出：它(文化多样性)是发展的源泉之一，它不仅是促进经济增长的因素，而且还是享有令人满意的智力、情感、道德精神生活的手段。2005年联合国教科文组织通过的《保护和促进文化表现形式多样性公约》提出：文化多样性创造了一个多姿多彩的世界，它使人类有了更多的选择，得以提高自己的能力和形成价值观，并因此成为各社区、各民族和各国可持续发展的一股主要推动力。2009年联合国教科文组织出版《联合国教科文组织世界报告：着力文化多样性与文化间对话》，强调：文化多样性有助于更新国际社会在一系列领域的战略，以便在当地居民的支持和参与下推动实现其各项宏伟目标。2015年联合国大会决议通过的《变革我们的世界：2030年可持续发展议程》，针对未来全球可持续发展提出新议程：我们承认自然和文化多样性，认识到所有文化与文明都能推动可持续发展，是可持续发展的重要推动力。

③希腊于1834年颁布第一部保护古迹的法律；法国于1840年公布了首批保护建筑名录，1887年颁布了第一部历史建筑保护法，1962年制定了保护历史街区的《马尔罗法》；英国于1882年颁布《古迹保护法》，1944年颁布《城乡规划法》，制定历史建筑保护名单，1967年颁布《城市文明法》，划定历史保护街区；日本于1897年颁布《古社寺保存法》，1952年将其与其他两个法令综合为《文物保存法》，1966年颁布将保护目标扩大至城市整体的《古都

保存法》。

④主要包括1964年历史古迹建筑师及技师国际会议通过的《国际古迹保护与修复宪章》(《威尼斯宪章》),1972年联合国教科文组织通过的《保护世界文化和自然遗产公约》,1976年联合国教科文组织通过的《关于历史地区的保护及其当代作用的建议》(《内罗毕建议》),1987年国际古迹遗址理事会通过的《保护历史城镇与城区国际宪章》(《华盛顿宪章》),1994年由日本政府文化事务部与联合国教科文组织、国际文化财产保护与修复研究中心、国际古迹遗址理事会联合通过的《关于真实性的奈良文件》(《奈良文件》)等。

⑤1933年的《雅典宪章》提出"有历史价值的古建筑均应妥为保存,不可加以破坏",1977年的《马丘比丘宪章》提出:"城市的个性和特性取决于城市的体型结构和社会特征。因此不仅要保存和维护好城市的历史遗址和古迹,而且还要继承一般的文化传统。一切有价值的说明社会和民族特性的文物必须保护起来。"1999年的《北京宪章》提出:"对城镇住区来说,宜将规划建设、新建筑的设计、历史环境的保护、一般建筑的维修与改建、古旧建筑合理地重新使用、城市和地区的整治、更新与重建,以及地下空间的利用和地下基础设施的持续发展等,纳入一个动态的、生生不息的循环体系之中。"

⑥见《关于在城乡建设中加强历史文化保护传承的意见》(2021年)。

图片来源:

图1:根据中国知网数据绘制;

图7:基于笔者团队"苏州市环古城风貌保护工程西段详细规划"项目成果整理绘制;

图8:张麒拍摄;

图9:潘治明拍摄;

其他图片均由作者团队自制。

参考文献:

[1] 吴良镛.21世纪建筑学的展望:"北京宪章"基础材料[J].华中建筑,1998,16(4):1-18.

[2] 吕斌,杨保军,张泉,等.城镇特色风貌传承和塑造的困与惑[J].城市规划,2019,43(3):59-66,95.

[3] 袁锦富,司马晓,张京祥,等.城乡特色危机与规划应对[J].城市规划,2018,42(2):34-41.

[4] 段进,邵润青,兰文龙,等.空间基因[J].城市规划,2019,43(2):14-21.

[5] COWAN G A, PINES D, MELTZER D.Complexity: metaphors, models, and reality[M].Reading, Mass.: Addison-Wesley, 1994.

[6] PRIGOGINE I, STENGERS I.Order out of chaos: man's new dialogue with nature[M].New York: Bantam Books, 1984.

[7] HAKEN H, PORTUGALI J.A synergetic approach to the self-organization of cities and settlements[J].Environment and Planning B: Planning and Design, 1995, 22(1): 35-46.

[8] HOLLAND J H.Hidden order: how adaptation builds complexity[M].Reading, Mass.: Addison-Wesley, 1995.

[9] VON BERTALANFFY L.General system theory: foundations, development, applications.[M].New York: George Braziller, 1969.

[10] ALLEN P M.Evolution, population dynamics, and stability[J].Proceedings of the National Academy of Sciences of the United States of America, 1976, 73(3): 665-668.

[11] BATTY M, LONGLEY P.Fractal Cities: a geometry of form and function[M].London: Academic Press, 1994.

[12] FRANKHAUSER P.La Fractalité des Structures Urbanines[M].Paris: Economica, 1994.

[13] BATTY M.Spatial entropy[J].Geographical Analysis, 1974, 6(1): 1-31.

[14] ANTROP M.Landscape change: plan or chaos?[J].Landscape and Urban Planning, 1998, 41(3/4): 155-161.

[15] 赵晶,徐建华,梅安新,等.上海市土地利用结构和形态演变的信息熵与分维分析[J].地理研究,2004,23(2):137-146.

[16] 周干峙.城市及其区域:一个典型的开放的复杂巨系统[J].城市规划,2002,26(2):7-8,18.

[17] 段进.城市空间发展论[M].南京:江苏科学技术出版社,1999.

[18] MUKHERJEE S.The Gene: an intimate history[M].New York: Scribner, 2016.

[19] 李文彬,陈浩.产城融合内涵解析与规划建议[J].城市规划学刊,2012(S1):99-103.

[20] 王兴平,袁新国,朱凯.开发区再开发路径研究:以南京高新区为例[J].现代城市研究,2011,26(5):6-12.

[21] 王凯,袁中金,王子强.工业园区产城融合的空间形态演化过程研究:以苏州工业园区为例[J].现代城市研究,2016,31(12):84-91.

[22] 郑卫,杨建军.也论唐长安的里坊制度和城市形态:与梁江、孙晖两位先生商榷[J].城市规划,2005(10):83-88.

[23] 包伟民.宋代城市研究[M].北京:中华书局,2014.

作者简介:

段进,博士,东南大学建筑学院,教授,中国城市规划学会常务理事,标准化工作委员会主任委员,中国科学院院士;

姜莹,东南大学建筑学院在读博士研究生;

李伊格,东南大学建筑学院在读博士研究生;

兰文龙,博士,东南大学建筑学院助理研究员。

建筑艺术论文

践履笃实，一代宗师——纪念梁思成先生诞辰120周年

吴良镛

今年是梁思成先生诞辰120周年，正值清华大学110周年校庆，清华大学建筑学院成立75周年，意义特殊。我个人与梁先生结缘是在1945年5月，当时中国远征军反攻滇缅胜利会师，我自滇西前线回到重庆，梁先生和林徽因先生看到了我写的《释“阙”》那篇文章，约我会面，邀我协助《图像中国建筑史》插图的编绘等工作。回首往事，梁、林二位先生的讲话仍犹在耳，这些奠定了我毕生事业的基石，我至今都感念二位的知遇之恩。

梁先生是中国现代建筑教育事业的奠基者之一。1928年，创办东北大学建筑系；1946年，为了满足战后复兴的需要，创办清华大学建筑系；1947年，自美讲学归国，将一般建筑概念扩展到“体形环境”（physical environment）；1949年，将建筑系改名为营建系，设建筑组与市镇组，将城市设计首次引入中国，并成立园林组、工艺美术组、清华文物馆等。这些开拓性的主张与举措体现了梁先生超前的学术思想和视野，明确强调整体环境，彰显人文主义情怀。梁先生博通中西，知晓古今，他的授课真正做到了“博而约”。每次讲课之前，他都要认真写好提纲，插图也会事先画一遍，待到课堂上讲述时，条理清晰、要点突出。他所讲授的中国建筑史、西方建筑史、中国雕塑史等课程，短短两年的课程令学生对古今中外都建立起了广泛的兴趣与初步的概念，我的很多知识概念也都仿佛突然清晰。

在学术研究领域，梁先生更是成就卓著。他是中国古建筑研究的先驱者之一，从一开始就抱着要写中国人自己的建筑史的志愿，“践履笃实”“拾级而登”。在确定的目标下，他以严谨的态度、科学的方法进行系列化的研究，逐步探索、推进，虽步履维艰，但不舍不弃。他从总结匠人抄本经验起步，广泛调查，逐步推进，最终读懂了中国古建筑的两部“天书”。在长时期对中国建筑结构和构造的演变进行研究之后，又进入到对建筑形象演化的研究之中，着手撰写《中国建筑史》与《图像中国建筑史》。后者在1945年我与梁先生会面时已基本完成。李约瑟在《中国科学技术史》（*Science and Civilisation in China*）中称他是“中国古代建筑史研究的代表人物”（the doyen of Chinese architectural historian），诚不虚言。

梁先生还是现代城市规划事业的推动者，他对于新生事物有非常敏锐的洞察力。自20世纪三四十年代起，他就涉猎城市规划与设计领域，孜孜不倦地阅读由美国朋友带来的沙里宁（Eliel Saarinen）新著《城市：它的发展、衰败与未来》（*The City: Its Growth, Its Decay, Its Future*）。抗战胜利后，他写成《市镇的体系秩序》一文，发表于重庆《大公报》上，预见到战后是“建国开始的关头”，要“预先计划，善于辅导，使市镇发展为有秩序的组织体”，呼吁社会重视城市规划。他还曾经试图翻译路易斯·芒福德（Lewis Mumford）的《城市文化》（*The Culture of Cities*）一书。林先生也非常关注战后重建，曾有关于住宅的论文发表于国民政府内政部主编的《公共工程专刊》。中华人民共和国成立后，梁、林二人撰写《城市计划大纲》（即1933年《雅典宪章》）序，更为热情地提倡现代规划理论。

此外，梁先生还是中国历史文物保护的开创者，是中华人民共和国成立初期几项重大工程的主持人与设计者，也是中华人民共和国成立后一些建筑学术团体的创建者和组织者之一，全面推动了中国现代建筑事业的发展。

梁先生之所以取得了高水平的学术成就，是与他深厚的道德修养分不开的。中国人讲“道德文章”，品德与学问是一体的，前者又是后者的基础。梁先生始终满怀着对民族的深情和对中国事业的信心。他爱生、育人，常说“君子爱人以德”，他以满腔的热情，无微不至地关心学生的全面发展，也因此受到普遍的爱戴。他知才、爱才，一次有人引荐美术教师高庄，说此人有本事，但“脾气很大”，梁先生则说：“只要他有本事，我让他三分。”他爱祖国、爱人民，治学处世积极面向现实。1932年，梁先生在给东北大学第一期毕业生的贺信中提出，希望学生们“为中国建筑开一个新纪元！”，这正体现了他持之以恒的追求，充满着对中国建筑事业发展的深切情感和对社会迈向新时代的满腔热忱。更为可贵的是，梁先生始终是一个表里如一、胸无城府的人，对违背他专业信念的事，用他自己的话说——“我就要冲上去”，有时甚至奋不顾身，在遭受困厄和挫折时，仍旧能够以不同的方式表达自己的意见，绝不苟且、随波逐流。

梁思成先生毕生为现代中国建筑学术发展建立了不可磨灭的功勋，在建筑教育、历史研究、造型艺术、建筑创作、城市规划、文物保护等多个领域都有卓著的成就，是当之无愧的“一代宗师”。伴随着时间的推移，我们对他的成就和贡献还会有更深的认识。

现在距梁先生创办建筑系已有75年，当今时代我国在各个领域取得了巨大的成就，与梁先生所处的时代已不可同日而语，但是今天我们也面临着诸多深层次的问题，资源短缺、生态脆弱、文化危机等，面对新的发展形势，我们要有更高的标准、更宏伟的目标，继承和发扬梁先生的学识、思想和精神，与时俱进，有创造性地面向未来，重新认识和确立中国建筑、中国文化在世界的地位。这是当代建筑学人应有的抱负！

（原载于《建筑学报》2021年第9期）

作者简介：

吴良镛，中国科学院院士，中国工程院院士，清华大学教授。

顺应流变，坚守本原——纪念杨廷宝先生诞辰120周年

孟建民

今年是我的导师杨廷宝先生诞辰120周年，我作为先生招收的最后一名研究生（齐康先生是联合导师），特写此文缅怀恩师。虽然先生直接教育我的时间很短，但我的专业认知与职业发展皆深受先生的学术影响，在我的思想深处注入了杨廷宝先生顺应建筑流变、坚守建筑本原的专业基因。

纵览建筑历史发展之长河，建筑的形式与功能、思想与观念、文化与风格、语言与符号，无不都在时代的演进之中呈现出千姿百态的流变。这种时代演进与建筑流变，有时会显得激昂澎湃而冲击着人们的感官与观念，有时又以徐徐缓流不为人们所察觉。建筑流变中所表现的缓急，往往会随着人类社会政治、经济、文化、科技等因素的变迁而演进，这是不以人的意志为转移的历史规律。反观杨老数十年不辍的建筑实践，一方面，其建筑创作很好地诠释了这种顺应时代演进的建筑价值；另一方面，在长达42年的执教生涯中，杨老勤恳耕耘，不尚风潮，将自身所受的布扎体系教育与中国实践相结合，始终坚守着中西结合、不拘锢于法、以人为本的建筑思想。如今先生虽已离世，但这种流变与坚守的思想与品质于今日思绪纷繁之世界尤显弥足珍贵。

1　杨廷宝先生建筑创作实践的阶段划分

杨老1927年回国后，从事了大量的建筑创作实践和教学科研工作，其旺盛的创作力与实践力长时期引领中国的主流创作与实践，可谓在中国建筑界风头无二。其建筑创作始终体现着对东方与西方、现实与理想、感性与理性的广采博纳。根据我对杨老建筑创作实践作品的研究，将其建筑创作大概分为三个阶段：即民国时期为第一阶段（1927—1949），中华人民共和国成立后到“文革”初期为第二阶段（1949—1966），改革开放之后为第三阶段（1978—1981）。

1.1　民国时期：从新古典到民国建筑

杨老于1921—1925年在美国宾夕法尼亚大学学习期间与同班的路易·康一道先后受教于约翰·哈伯森（John Harbeson）与保罗·克瑞（Paul Cret）两位名师，获硕士学位，毕业后受邀加入保罗·克瑞事务所实习。回忆起此段经历，杨老曾表示，从施工图到施工现场，再到构件加工的实践经验养成了他重视细节、重视实践的建筑师素养。1926年，回国前夕他离美赴欧考察，于1927年加入天津基泰工程司，从此开启了在中国大地上的建筑创作生涯。

杨老这一时期的建筑代表作主要有：沈阳京奉铁路辽宁总站、东北大学图书馆、清华大学图书馆扩建工程、南京原中央体育场、南京原中央医院、原国民政府外交部大楼、谭延闿墓、南京原中央研究院地质研究所、原中央大学图书馆扩建、原国民党中央党史史料陈列馆等。

观察研究杨老这一时期的作品，无论是所谓西式风格，还是中式风格，都具有新古典折中主义形式表达的倾向，代表了一种借助西方布扎体系的“构图-要素”设计法实现中国造型之努力。1928年正值南京国民政府着手颁布《首都计划》，其中明确提出应秉持“本诸欧美科学之原则”“吾国美术之优点”等原则，对具体建筑形式应根据本国固有之文化，采“中国固有之形式”①。这一时期，南京国民政府初建，以南京城市建设为核心的各方面建设正处蓬勃发展时期。相较而言，国民政府“黄金十年”时期有所改善的经济条件与政治环境促进了对于建设品质百年大计之追求，于是形成了这一时期民国建筑风格创生之土壤。在这种“融合东西方建筑学之特长，以发扬吾国建筑固有之色彩”[1]的时代背景下，杨老有别于梁思成先生返回中国发掘传统建筑固有构筑特征的做法，而是选择在建筑创作中尝试将中国式的微观要素融入布扎体系的构图框架之中，充分利用了布扎构图体系对于民族性特征再现的潜力，形成了民国时期建筑风格的重要表现。譬如在杨老回国后主持的首个项目中，对于沈阳京奉铁路辽宁总站的设计定位还倾向于一种“欧洲现代建筑”样式，无论整体半圆拱的屋顶造型，还是檐部简化的西方古典装饰细节都表现出杨老对于西方设计思想的熟稔（图1）。而两年后在南京原中央体育场的设计中则出现了对“构图-要素”的中式诠释，在原本西方的立面布局之上融入了云纹望柱头、小牌坊屋顶等细部装饰，替代了欧洲中世纪建筑立面常见的微缩装饰形象（miniature），宏观的西式构图与微观的中式要素形成了折中的统一（图2）。

1937年卢沟桥事变后，全面抗战爆发，中国经济的发展受到战乱的影响，不仅投资建设量锐减，而且受经济条件的影响，建筑设

图1 沈阳京奉铁路辽宁总站

图2 南京原中央体育场田径场

图3 南京原中央通讯社总社办公楼

图4 北京和平宾馆主楼与一楼平面图

计从注重民族性的形象观瞻不得不转向注重经济效益的实用考量。因此，这一时期杨老创作的许多建筑作品大都简洁明了，在保持原有的西方构图法框架下减少了装饰要素以凸显实用特性，在建筑形象上貌似开始贴近于现代主义功能优先的表现风格（图3）。特别是杨老1944—1945年欧美考察期间返回费城并造访了路易·康事务所，对当时欧美现代建造实践又有了近距离的考察，而后结合国情使其创作手法大为拓展。概括而言，杨老这一时期的工程实践首先是表露其自身所受宾州大学布扎体系的鲜明印记，无论是早期偏向西式的语汇演绎还是平面、立面的整体布局，都体现出杨老坚实的布扎构图技巧。但与此同时，杨老亦不为其所困，更多的是将其看作解决问题的工具而非循规蹈矩的窠臼，这一时期的设计实践已经表露出杨老能够根据实际情况在中西之间寻得恰当的折中与取舍。这样的设计思想在杨老之后的建筑生涯中变得更为清晰。

1.2 中华人民共和国成立后到“文革”初期：从“民族风”到功能优先

1949年之后，苏联成为支持中国建设的主要依靠，于是苏联国家的城市建设成为中华人民共和国的建设标杆。因此，受苏联民族主义建筑风格的影响，中华人民共和国成立初期，我国的重要建筑重回再现中式大屋顶、传统细部装饰等民族要素的建筑风潮。但实际上，中华人民共和国成立肇始，百废待兴，国家建设涉及的投资范围面广量大，有限的经济实力迫使国家的每一笔钱都要花在刀刃上。因此那种好大喜功、过分追求华丽形式的建筑受到了现实的制约，转而在建筑设计上又开始追求简化建筑形式，并以满足建筑功能为第一要务。在这一过程中，杨老的工作积极地推动了这次从形式主义向实用主义思想转化，北京和平宾馆的建设过程可以很好地诠释这一问题。

很多人注意到，北京和平宾馆的建筑风格不同于杨老民国时期布扎体系下带有民族性细节的立面构图与对称布局，从立面造型到平面布置无不流露出功能化、极简化、流动性的现代主义审美特征（图4）。这或许会让一些习惯于杨老先前作品的同侪略感意外，以至于有后世学者认为这一创作流派上的转变说明杨老受到了同时期密斯等现代主义巨匠的影响，其非对称的功能流线等诸多特征足以证明杨老应当被归类为20世纪中国现代主义建筑师。然而根据杨老自己的说法，“当时周总理交给我这个任务，是要快，要节约，要在短短的时间里解决当时亚太和平会议的需要，遵循对速度和经济的要求，我没什么这个思想，那个主义”[2]。这段话充分说明了这种所谓流派转变的表象背后其实蕴含了杨老对建筑社会属性的深刻理解，从“民族风”到功能优先的创作历程从来不取决于杨老对某种风格的认可或者追随，而是建立在建筑师对社会环境的根本理解之上。好的建筑无法像其他艺术品一样巡回于不同的展览空间而无损其社会价值，建筑物往往深刻地嵌入到一时、一地、一民情的现实场景之中，对此杨老一贯保持着清醒的认识。

1.3 改革开放时期：从单体建筑到“大建筑”

时至1966年，开始了十年的“文革”时代。在此期间，国家的经济建设基本处于停滞状态，专业人士基本上都作为“臭老九”靠边站，这段时间杨老身处其中，自然也难于从事新的建筑创作和实践。直到改革开放之后，国家重新振兴经济发展、重新重视和起用知识分子，杨老作为建筑界的领军人物，又重新焕发出建筑创作热情。从1978—1981年短短的4年中，杨老展现出了不输年轻人的工作激情，不但创作和指导了武夷山庄宾馆、雨花台纪念馆等重要的建筑设计项目，还积极走访祖国各地，并大力倡导对自然环境、

图5 南京中山陵园音乐台

图6 南京雨花台烈士纪念馆

历史古迹、人文风情的保护。与之相应的，杨老的建筑思考和事业也从单体建筑拓展到“大建筑”的领域之中。

所谓“大建筑”，是指其对建筑关注的视野不再局限于单体建筑项目当中，而是开始对城市规划、城市设计、旧城改造、自然环境与建筑文物及遗产保护等诸多领域表现出广泛的关心，并发挥出其积极的专业作用和影响力。在杨老的诸多实践中，时常碰到建筑单体与群体秩序、建筑本体与自然环境、物质个体与精神感受等一系列综合性问题。每当此时，杨老始终不以狭隘的房屋观念看待建筑师的社会责任，而是主张将工作的视野投射到整体环境的塑造上，从执业早期小巧隽永的音乐台到这一时期宏大深沉的雨花台纪念馆，无不是杨老这一思想的现实写照（图5、图6）。杨老曾说：“有时并不需要表现你设计的那个单体，而要着眼于群体的协调[3]149，[4]。”这也再一次表现出杨老从不拘泥于学生时期所受布扎体系教育重视构图、轻视环境的思维局限，在不同时代的流变中，不忘坚守筑而为人的思想本原。

2 万变不离其宗，坚守本原为人

纵观杨老50余年的建筑创作实践，经历过多次建筑风格与形式上的转型。但在这种形式表象的背后，不论社会环境如何演进，杨老始终都坚守中西结合、勇于创新的探索精神，主张不拘锢法、随形就势的求实策略，秉持以人为本、周详全面的建筑理念。在创作实践之余，这也同样体现在其对“南工体系”建筑专业教育的创立与发展。

2.1 中西形制，功力尽显

从杨老回国后的建筑创作实践来看，无论是其民国初期的西方古典折中主义风格的表达，还是中华人民共和国成立初期的中华民族折中主义风格的表达，乃至其在经济条件制约下简约建筑形态的创作实践，都展现出其游刃有余的专业素养与学术功力。在其各个时期的代表作中，在建筑总体的空间布局、建筑形态的比例尺度以及建筑细部的推敲把握等方面无不彰显出对中西要素的信手挥洒。对一般建筑师而言这是非常不容易的。我们在建筑创作实践中深有体会，有人或者对西式古典建筑有深入研究，有人或者对中式建筑有详尽了解；有些建筑师深谙于传统建筑，而又有一些建筑师擅长于时尚风潮。很少有人像杨老那样创作手法如此涉及广泛，对古今中外的建筑修养皆笃实明辨。这也正是杨老成为建筑界公认的设计大师之学术修养所在。

相应地，在当时南工的专业教学中，杨老作为宾大布扎体系的传人，并未盲目地将其奉为圭臬，或是当作按图索骥的陈规窠臼，而是一方面肯定渲染构图作为专业教学中基础训练的核心意义，另一方面又积极引导学生突破西方流派思维局限，归纳分析中国传统中的结构逻辑与环境理念，将建筑诠释为实在之物而非某种主义的图面遐想。杨老通过言传身教的方式告诉学生建筑风格的摇摆只是一种表象，是一时文化图式的再现方式，而突破中西形制的藩篱，掌握建筑设计中的比例、尺度、韵律、形制、色彩、肌理、材质、构造、工艺等专业素养才是专业学习的根本，才是保障建筑环境品质最基本要素。也正是杨老这样清醒的学术坚守，使得当时南京工学院的学科发展在历史的俯仰间始终保持着向前的动力。

2.2 不拘锢法，随形就势

除此之外，杨老在建筑创作中还具有不拘锢法、随形就势的突出特点。他经常强调不要去赶时髦、追求表现流行式的建筑语言，也不要过早地拘泥于某种成熟的建筑流派，哪怕学习绘画时对风格的偏爱。他认为，做建筑设计应针对此时、此地、此人、此事来解决设计实际问题，而不是从形式主义出发将建筑设计限定在一种唯心的结界之内。对于建筑的表现形式，杨老的观点是“古今中外皆为我用”。这种灵活多变的创作理念与方法，使他可以最大化地去适应建筑的环境条件、经济条件以及项目功能的特殊需求，或者说建筑功能是第一位的，而形式是相应的。如此说对杨老建筑创作中建筑形式的起伏变化就不难理解了。在项目的投资经费充裕、设计标准较高的条件下，杨老能够创作出造型精美、装饰细腻的建筑作品；当经济条件有限甚至困难时，杨老也能够设计出经济、适用、形式简约的建筑作品。

因此，在对青年教师与学生的训练中，杨老常常要求做“一题多解”“无定式、无成法”等思维训练，培养年轻建筑师不拘锢法、随形就势的思维能力，才可能在日后应对复杂多样的现实需求。在课堂教学中，杨老主张不应过早强调一线院所的设计规范，对学生而言应注重掌握设计原理而非过早陷入教条。譬如杨老从来都反对先想定一个形式再填入功能的做法，但同时又熟知空间形式对于仪式感、情绪感的塑造力量，问题的关键在于根据客观的经济条件、精神条件务实而辩证地采取突破或者顺应的设计策略。

2.3 以人为本，周详全面

杨老的设计实践特别注重人与建筑的关系，认为建筑设计不是为物而筑，而是筑而为人。以人为本，一直是杨老建筑创作始终不忘的核心理念。杨老认为人是建筑的本体，而人和建筑的关系才是建筑创作“整体观”的思想根源。

在杨老的人本观念中，建筑设计的一切是围绕人的需求这一主题展开进行的。齐康先生在记述杨老以人为本的思想时这样描述过：“建筑师的灵魂应当是在人民的心中，建筑师的心应当装着人民，我们讲人本，我们讲以人为本，从根本上讲是怎样将城市的规划设计和建筑设计符合人民的最大利益和人民的需要。”而更为重要的是，杨老将这一价值建立在唯物辩证的科学思维之上。

杨老时常告诫学生所谓以人为本应当建立在物质与精神两个层面，而对于这两者的权重应当根据现实需求有所侧重，而不是僵化地均分执行。譬如，对于功能性较强的医院建筑首先应当严格满足物质功能需求，而对于艺术性较强的纪念性建筑则应当侧重于文化精神层面的塑造。相较于现代主义权威佩夫斯纳（Nikolaus Pevsner）将自行车棚之类的“低端”构筑物排除在建筑视野之外的保守言论②，杨老始终坚定地站在人民一边，“凡日常生活上所需用的各种避风雨的建筑物都要包括在内”[3]164。为此，杨老经常随身带着小卷尺，随时对一些建筑、家具等各类细部进行丈量，并记录下为什么有些尺寸合适，而又有一些什么样的尺寸不恰当。由此在他头脑中累积了大量的比例、尺度的案例数据，这为杨老的建筑创作提供了丰富的一手依据和实用性保障。这也再次看出，相较于一阵风潮喧嚣过后落下的一地鸡毛，杨老更为看重长久的造物为人的涓流不息。

3 几点启示与思考

综上所述，我们可以了解到杨老的建筑创作特别注重人本思想，强调从以人为本的出发点看待建筑功能与形式的辩证关系，并以此进行建筑构思。在建筑功能上杨老提倡物质性与精神性，在建筑形式上他主张“无定式，无成法”。他认为，对古今中外优秀文化传统既可以传承，也可以转换，更鼓励基于此之上的发展与创新。杨老的建筑观始终是构建在这种“此时、此地、此人、此事”统筹考虑之上。

基于以上对杨老建筑创作过程的回顾、总结与思考，同时结合当下建筑创作的种种现象与问题，我们可以提出以下几个需要进一步深入探讨的问题。

3.1 是主张风格还是反对风格？

建筑领域所谓风格的提法是源自19世纪之后德语区的卡尔·鲁默尔（Carl Friedrich von Rumohr）、戈特弗里德·森佩尔（Gottfried Semper）等艺术史学家在历史研究中的一种形式主义认知，一般是指向于对一段时期、一个地区、一个（类）建筑师或者一种环境中一类带有共同特征的建筑创作的群像概括，是后人对前人创作实践的一种归纳解析。如今提及风格，其中实际暗含有这样一种意味，即建筑师以一种相对固定的设计手法应对相对多样的设计需求，那么对于建筑设计风格化倾向应抱持怎样的态度就是一个在当下值得思考的问题。

具体地说，建筑师在建筑创作中可以大致分为两种倾向：一类是坚持某种样式的主观表达，形成个性鲜明的标签与风格，无论是时代背景、场地环境、建筑功能的需求有多大的差异与变化，都不影响他们以一种自己的风格、自己的习惯表达方式来进行建筑创作。其中最有代表性的建筑师有高迪、密斯、盖里、扎哈、迈耶等。另一类则是采用相对多样的建筑样式来进行建筑创作，不在建筑形式上给自己贴上一个相对固定的标签来展现独特性，这类建筑师的建筑创作往往更加理性，随机应变，依据对项目所处的环境、时代和项目的特殊要求，对建筑进行表里如一的设计表达。这类建筑师的代表人物有柯布西耶、贝聿铭、丹下健三等人。

依据杨老的建筑创作观和代表作的特点看，对杨老或许不应做简单的二元分类。从上面的描述可以看出，前一类建筑师可以定义为风格主义的建筑师，而后一类建筑师则可以定义为反风格主义的建筑师。杨老在民国时期曾经大致秉持一种以西方布扎构图结合中式文化符号的创作风格，虽未如高迪、盖里等人赤地立新地创造鲜明的个人标签，但究其根本亦是一种相对固定的形式主义创作倾向。但事随时异，当社会环境发生变化时，杨老可以如细水流淌一般敏锐地捕捉到时代的流变并做出恰如其分的调整。归根结底，民国时期杨老的形式主义倾向亦是对时代作出的回应，而非建筑师脱离时代的主观臆断。因此，今天重新审视杨老的创作历程我们可以看到，对于风格化创作倾向坚持与否并非一言以蔽之的是非判断，无论是哪种设计倾向都可以创作出精彩的作品，它们的价值判断在于其创作理念是否回应了所处环境中或物质或精神的现实需求，在杨老以人为本的思想中，人即公众、社会、时代、国家，而非建筑师本人。

3.2 是由内而外设计还是由外而内设计？

在设计的开始，是从功能的内部出发，还是从外在的形式出发进行设计？这是一个当下经常困扰建筑师，特别是初入道者的问题。应当肯定的是，这一问题的存在在相当程度上说明了这两种思路都具备存在的理由或价值。在功能主义倾向的观点看来，形式应被看作是随功能空间而来的自然结果，是表象而非目的；在形式主义的观点看来，形式本身是塑造空间、塑造功能的一种有力手段，是达成建筑需求的必经之路，是主体而非附庸。这样两种看似对立的立场不但涉及相应的设计方法，实则也指向于不同的建筑风格。

对于这一问题，在杨老看来实则是一个对于设计需求主要矛盾的判定问题。从杨老的创作思想和理念来看，普遍认为杨老特别重视建筑的功能分区与流线设计，而不是从建筑的外在形式出发进行设计构思。但我认为杨老更多地站在一种唯物性的立场上，首先对设计任务的主要矛盾作出大致判断，再逐步分析矛盾的主要与次要方面。譬如在中山陵园音乐台、人民英雄纪念碑、南京长江大桥桥头建筑、东南大学南校门等设计中，杨老深刻地理解由外而内的形式设计所具备的表现力量，其中亦体现出杨老对各类形式语言的熟练掌握；另一方面，在原国民党中央通讯社办公楼、北京和平宾馆、大华大戏院等另一类设计中，杨老将由内而外的功能需求作为方案构思的起点，充分表现出理性思维对于建筑设计的掌控效果。因此就杨老对我们的启示而言，更宜跳脱形式与功能的对立观念，以更为本原的视角看待建筑方案的构思策略。

3.3 是为多数人设计还是为少数人设计？

为多数人设计还是为少数人设计，这在资本席卷全球的时代看似又是一个尖锐而对立的二元问题，对于建筑师而言，如何将“大庇天下寒士俱欢颜”的职业理想与实际项目中作为少数人的甲方利益相统一，是一个值得我们深入思考的问题。从人文主义的角度来看，人人平等是现代社会的基本思想与原则。无论是多数人还是少数人的利益诉求与权益，都应在法律框架范围内受到同等尊重与保护。基于上述理论，建筑师是为富有阶层服务还是为基层普罗大众服务都是同等重要的，在道德层面并无高下之分。建筑师由于受教育背景、职业经历和专业取向等因素的影响与约束，在他们的从业过程中，会形成一些相对固化的服务对象与圈层。有些建筑师擅长于设计豪宅大院，还有一些建筑师倾心钻研经济型民宅公寓。由于后者的面广量大，社会上常将这类建筑师中的突出贡献者尊称为人民的建筑师。

更进一步从杨老的创作实践来看，所谓多数人与少数人并非在同一集合内零和博弈的双方，而是不同层次分析问题的两种视角。一方面，所谓多数人的提法是指向一种抽象人的概念，不是某个具体的个人，应理解为由群体构成的公众利益。因此在项目定位与设计策略上，不脱离时代背景，确保设计项目从功能定位、工程施工到后期运行不脱离社会实际便是确保多数人利益的基础条件。另一方面，对建筑项目直接涉及的相对少数人群应具体详尽地了解其项目诉求、使用习惯与固有痛点，建筑空间内实际承载的都是一个个真实独立的个体，没有个体实现遑论整体利益。这样的设计思路杨老在数十年如一日的设计实践中始终坚守不移，将所谓多数人与少数人区别对待的做法并不符合建筑师弥合需求矛盾的社会价值。

4 结语

三十九年一瞬，良师箴言常在耳；瓦木砖石犹在，圩年营造不寻常。今天借此文深切纪念杨廷宝先生诞辰120周年，追思杨老在建筑创作实践与学科建设两方面为中华人民共和国做出的卓越贡献，由衷缅怀杨老淡泊名利、笃行致远的伟大人格。时至今日，回顾杨老勤勉奋斗的一生，不仅使我们在精神上仍深受感染，同时又可以为我们当下面临的设计问题、专业疑难提供如何流变、如何坚守的思想指引。我想作为杨老的晚生后辈，皆应勠力同心，继承与发扬杨老一生奋斗留给我们的精神与智慧财富，在各自的实践与学科岗位上追随先贤、乐事劝功就是对杨老最好的纪念。

（原载于《建筑学报》2021年第10期）

注释：

①“要以采用中国固有之形式为最宜，而公署及公共建筑尤当尽量采用”“政治区之建筑物，宜尽量采用中国固有之形式，凡古代宫殿之优点，务当一一施用”。见国都设计技术专员办事处编制的《首都计划》，1929年。

②原文大意：“自行车棚只是构筑物，林肯大教堂才堪称建筑。”

图片来源：

图1、图3、图4平面图：引自参考文献[2]第19、135、137页；

图2：引自 https://www.facebook.com/GlimpsesofModernChina/photos/pcb.350990758437929/350879848449020/；

图4外观：引自 https://wantubizhi.com/image.aspx；

图5：引自 http://ydyl.jiangsu.gov.cn/art/2020/6/9/art_76472_9201418.html；

图6：引自 http://www.njkcsj.com/index.php?m=content&c=index&a=show&catid=33&id=12870。

参考文献：

[1] 赵深. 发刊词[J]. 中国建筑，1932(1)：1.

[2] 东南大学建筑系，东南大学建筑研究所. 杨廷宝建筑设计作品选[M]. 北京：中国建筑工业出版社，2001：6.

[3] 王建国. 杨廷宝建筑论述与作品选集：1927—1997[M]. 北京：中国建筑工业出版社，1997.

[4] PEVSNER N. An outline of European architecture[M]. Harmondsworth, Middlesex, Eng.: Penguin Books, 1942: 23.

作者简介：

孟建民，博士，教授，中国工程院院士，全国工程勘察设计大师，深圳大学本原设计研究中心主任。

丑类建筑现象的特征与制控之策
——参与建筑畅言网评丑实践感悟

布正伟

图1　合肥万达文化旅游城展示中心

图2　无锡万达文化旅游城展示中心

图3　南昌万达城展示中心

图4　北京盘古大观

图5　沈阳方圆大厦

2010年至2021年，建筑畅言网连续12年举办“全国十大丑陋建筑”评选，笔者一直参与民众投票后专家组的审议评定工作。在建筑评丑充满诸多纠结的学习过程中，令笔者最为困惑的是：“年年都在评丑，年年又出新丑，评丑管什么用？”然而，也正是受到这个痛点的强烈冲击，让笔者在后续思考中开了窍：“年年评丑，年年又出新丑”——这不恰恰是丑类建筑现象的“顽固性”所在吗？这也鞭策笔者以此评论为基，就丑类建筑现象的特征进行分析，并提出相关制控之策，供业界参考与借鉴。

1　有失建筑伦理自律，以丑充美过关

丑类建筑现象的“顽固性”特征，首先与建筑行为的自律有密切关联。“建筑因其独特、固有的特征，使它不同于艺术、其他行业和社会实践，这一切都使建筑产生了特殊的道德问题。”哲学家索尔·费希尔说的就是建筑伦理。其理论基点认为，“建筑需要被看作是对行动作出的一系列选择”，而这一系列选择“都要被打上类型行为的印记”，即“产生好结果的类型”行为印记和“产生坏结果的类型”行为印记[1]。以上引用的对建筑伦理基本观点的诠释，一针见血地指明：我们对建筑实践进行一系列选择所产生的好结果或坏结果，都被打上了职业道德、建筑伦理的行为印记。

纵观12年来“全国十大丑陋建筑”评选结果图录不难发现，在一个工程的利害关系中，委托方、投资方、设计方、审定方中的任何一方，都可能成为建筑行为“坏结果”的制造者，特别是在某一方优势的推动和驱使下，导致项目“以丑充美”的非理性过关且建成后，其建筑行为都会躲不过“坏结果”的厄运。例如房地产行业的万达，以其手握雄厚资本的优势，使得冠有“万达”字号的文化类公共建筑，都顺利地采用了具象器物放大的反常做法，打造了一种“自恋式的建筑特色”，以至于这些建筑都被网民陆续推举登上了第四、五、六届评选的丑榜（图1—图3）。有名气的建筑师，也凭借其有成功作品记录的闪光点优势，同样容易得到主管部门审定方的青睐，从而使自己“带有名望意味的建筑个性”得到宣扬。例如，领衔设计台北101大楼的李祖源先生，也曾出现在多届评选的丑榜上，出现过他“孤芳自赏”的个性展示作品：北京盘古大观（图4，第一届评选）、沈阳方圆大厦（图5，第一届评选）等。

图6 苏州东方瀑布大楼

图7 广州南丰汇大厦

图8 厦门瑞华高科技研发中心大楼

图9 重庆武隆飞天之吻

从12年来建筑评丑结果还可以看到，数量众多的“粗俗丑类”建筑，给我们留下的竟然是这般“畅行无阻”的突出印象。这就进一步说明了把“有失建筑伦理自律以丑充美过关”放在隐蔽于丑类建筑顽固性特征之首的位置，正是强化建筑伦理道德意识、警惕和防范设计领域中“抄袭剽窃”“投主所好”“传播媚俗”“迎合低级趣味”等丑恶行为的第一需要。

2 背离和谐共生使命，毁坏生态文明

丑类建筑行为是对新时代“人与自然和谐共生”历史使命的叛离，在破坏城乡人工生态环境的同时，还染指山峦、森林、河流、湖泊、海洋等婀娜多姿的自然生态环境。“双生态环境”领域被乱建乱造破坏的范围如此之广，恰恰说明了丑类建筑的出现并不光是设计圈子的事情，早在设计之前的立项策划、研究论证、举措推出等环节，都会和后续规划设计捆绑在一起，对工程走向的把控和建筑品质的铸就产生重大影响。

因而，如果在建筑营造的全过程中，从上到下的任何一个环节、任何一个重要的参与者，对新时代赋予我们的“人与自然和谐共生”的历史使命毫无概念，或者是知道也无动于衷的话，那么，在人工生态环境和自然生态环境中，各种丑类建筑就势必会高频率出现，比如，苏州东方瀑布大楼（图6，第三届评选）、广州南丰汇大厦（图7，第五届评选）、厦门瑞华高科技研发中心大楼（图8，第八届评选）、重庆武隆飞天之吻（图9，第十一届评选）等，对自然生态环境的侵害，更是令人痛心。如今我们所忽视的是，像这样的众多案例，多半都是在建筑行为链的前端和中端就出现了问题。

具有莫大讽刺意味的是，越是具有生态文明长远发展战略意义的地方，越容易犯“一叶障目”“急功近利”的错误。重庆来福士广场建设不顾及有限的原基址条件，超强度地硬性开发，在名家设计品牌的吸引下，不惜耗费巨大资源，照搬新加坡滨海湾金沙酒店超高层上横架大跨连接体的做法，最终让重庆山城十大文化符号之一的“朝天门”，这个由自然环境景观与人文环境景观深度交融的宝地荡然无存。其后的亡羊补牢计策再好，也于事无补。从以上分析来看，该工程居第十届评选丑榜之首确实不冤枉。海南儋州恒大海花岛建筑群，也是“资本优势作怪、超强硬性开发”惹的祸。更糟糕的是，其不仅破坏了海洋生态，而且还被搞成了群落杂乱、形态媚俗的“大杂烩”，让这座令人神往的旅游度假之岛成了恒大难以再作风貌优化调整的“烫手山芋”。

3 不讲建筑成本效益，加重社会负担

20世纪七八十年代以后，我国建筑学界逐渐融入后现代建筑文化气息之中，在吸取建设性后现代主义文化营养的同时，也感染上了破坏性后现代主义建筑情感至上的“病毒”，使建筑概念中原真部分变得越来越模糊，严谨务实的建造意识日趋淡薄，丑类建筑也不由得活跃并增多起来。值得深刻反省的是，我们已经看不清一个基本事实：时代虽然变了，但建筑首先是社会大生产的“产品”并没有变，只有经过成本效益检验合格之后，“建筑产品”才能进入社会正常使用、正常运转，成为我们可以接受和共享的“建筑作品”。

让“建筑成本效益”得到保障的前提条件，不仅在于要让“建筑成本构成具有适度标准”，而且还要让“建筑成本构成中各部分的分摊额度具有合理性”，避免在总投资控制范围内，采取“挖东墙补西墙”的办法去玩歪招。总之，就是要把人力、物力和财力的投入保证能用在建筑工程所需的刀刃上。在“全国十大丑陋建筑”评选结果案例中，花大钱下大力、挥霍有限资源搞华而不实，甚至既不华也不实的建筑相当多。建筑评丑实践证明，无视建筑成本效益是导致“假大空”形式主义建筑屡见不鲜的一大根源。

面对这种现象，总会出现一些辩解之词，如“没有花国家一分钱”“是经过正规程序审批的”“都在工程总投资控制之内”等。这些辩解即使都是事实，但拿到“建筑成本”所隐含的“社会成本压

图10　海南三亚美丽之冠大树公馆

图11　江苏南京蜂巢酒店

图12　河北美术学院灰姑娘城堡

力”面前，就显得十分短视和狭隘。仅以建筑工程所需钢铁、水泥、石子、玻璃、塑料等物质资源的开采、熔炼、加工、运输等而言，社会在提供能源、设备的同时，还不得不承受碳排放、地质污染、生态受损、农田土地被挤占等难以估量的代价。有专家预测，“到2050年，人类所要消耗的资源将是地球生物潜力的1.8～2.2倍。换句话说，那时需要两个地球才能满足人类的资源需求”。但愿不计“建筑成本效益”的“高大上”建筑、“假大空”建筑、“伪恶丑”建筑等能得到全面有效遏制，否则，必将会越来越加重社会巨大隐性成本负担，甚至夸张一点说，是不是会成为压垮基层民众正常建筑生产需求的“最后一根稻草”，还是个问题。

4　无视建筑艺术规律，随兴肆意建造

设计界曾有一篇评述说，2004年国内颇有名气的12位艺术家前辈为“艾克斯星谷”旅游休闲度假项目设计了以自己名字命名的12栋建筑，结果花了1亿元，却因审美效果不佳而成了“烂尾楼”。为什么优秀的雕塑、绘画艺术家玩不转建筑艺术呢？原因就在于建筑艺术有其自身的规律。

建筑具有满足人们物质生活和精神生活需求的双重功能，因而建筑形象的创造，就要表达出人们在建筑及其环境中所应享有的生活情趣、文化氛围乃至建筑意境，这正是建筑的艺术性所在。建筑艺术规律是一个专业性较深广的大概念，是指建筑空间及其实体、内外环境的艺术创造所要涉及的诸多分支技能显示的规律性总和，包括建筑表现手段的特殊性与规定性、建筑形式美法则、建筑语言规则、建筑象征与隐喻设计原理、建筑的标志性与原创性正确运用的要点，以及建筑整体美创造的运作机制等。通俗地讲，我们需要切实搞清楚的就是在建筑艺术表现的运作中，“应该怎样去做或适宜怎样去做”，但丑类建筑行为却恰恰反其道而行。

比如，建筑艺术是通过空间实体及其环境共同营造的文化氛围与意境去感染人的抽象艺术，丑类建筑行为却偏偏不认同建筑艺术表现手段的这种特殊性，而是喜欢以“看图识字”的方式，用具体物象造型和各种虚假装饰构件等，让庞大、具象的形体去“讲故事”“表个性”，去“突出地方特色”“显示原创性”，如海南三亚美丽之冠大树公馆（图10，第六届评选）等。

又如，建筑艺术是融合了环境美、生活美、艺术美、形式美等不同形态美的表现艺术，建筑形象也因所反映的文化内涵丰富而多姿多彩。丑类建筑行为则将建筑的“形式美”看作是建筑艺术表现的全部，不把生态环境、功能性质、适用要求乃至经济原则等审美因素对建筑艺术表现的诸多影响放在眼里，就像“闭门造车”一样，孤零零地在建筑形式上反复折腾，着迷于一种奇怪逻辑：“别处没有的，就是独特的；只要是独特的，就是美美的。”如江苏南京蜂巢酒店（图11，第十一届评选）等。

再如，建筑艺术在反映出建筑功能性质所应具有的艺术气氛的同时，还会考虑到如何自然地彰显出所在地域的文化气质以及所处历史背景下的时代气息。丑类建筑行为的追求，则不是像这样根植于本土自然环境、人文环境的，而是抱着类似“外国月亮比中国月亮吸引人”的心态，乐此不疲地拙劣模仿西方古典和当代流行的建筑式样，留下了许多水土不服、令人尴尬的粗俗场景，如河北美术学院灰姑娘城堡（图12，第六届评选）等。

5　制控之举纲在真善美建筑价值观

有一句话我们很熟悉：“江山易改本性难移。”上述丑类建筑顽固性特征正是其“本性难移”的佐证，也是丑类建筑难以退出建筑舞台的原因所在。我们现在必须解决的问题是：究竟该如何去制控这些不同出丑状况、不同危害性质的丑类建筑行为？丑类建筑的产生与建筑行为链上的各个环节都可能有某种关联，因而这个问题的答案应该是归于一个系统从宏观上去统筹考虑与研究的。但不论怎样，造成丑类建筑的最后一个环节毕竟还在规划与设计上。因此，任何工程的规划与设计的主持人、主创人，唯有运用“纲举目张”的哲理智慧，将“举纲”的定力紧紧地盯在“真善美建筑价值观”上，才能说是真正意义上的“在岗担职、尽心尽责”了。

令人担忧的是，时至今日，我们对“真善美建筑价值”的认识，仍处在“碎片化”的茫然状态中，缺乏把“真善美”深刻而系统的内涵与“适用、经济、绿色、美观”的新时期建筑方针有机地融合在一起，去权衡和考量建筑美丑问题的自觉性和自信感。进一步说，

"真善美建筑价值观"的科学性与实效性,应充分体现在我们与时俱进的缜密思维中:一是要真实地反映建筑需求、经济状况和物质技术条件;二是要善待建筑所处地理环境、所需营造资源、所应获得的成本效益;三是要随缘入境地将建筑的生活美、艺术美、形式美三大基本形态融为一体,以免走偏玩邪、误入歧途。这样创作出来的建筑作品,便能结出"品真、德善、艺美"的建筑价值创造之果。这一认知,与笔者深读《中国美学史大纲》[2]所得的刻骨铭心的启迪相连,也是自己从长期创作实践中、从认真学习同行们的丰实建筑作品中总结出来的"创作经"。经过12年来建筑评丑社会实践的洗礼,笔者更加深信不疑地将"真善美建筑价值观"看作是在建筑审美大海航行中绕过丑类建筑行为的暗礁、驶向可持续美好建筑彼岸的定海神针。

记得2012年1月美国有线电视新闻(CNN)旗下的生活旅游网站曾评选出了全球最丑的十大建筑,其中就包括了沈阳金融中心方圆大厦。后来,该网站考虑到世界各国政治、经济、文化、历史背景等巨大差异,很难用一个参照标准去作出判断,便随即停办了。可想而知,12年来建筑畅言网一直在为广大民众提供评论建筑的大平台,使建筑评丑走向社会,开始受到业内外越来越多的关注与支持,这实在是太不容易了。最后,我特别想对大家说这样两句话:"建筑评丑功在守护真善美建筑价值创造。""评丑建筑是为子孙光彩做的一桩大好事。"

(原载于《中国勘察设计》2022年第3期)

参考文献:

[1] 秦红岭.建筑伦理与城市文化[M].北京:中国建筑工业出版社,2012.

[2] 叶朗.中国美学史大纲[M].上海:上海人民出版社,2005.

作者简介:

布正伟,原中房集团建筑设计事务所主创人、总建筑师,曾获全国优秀工程设计金质奖等十余项荣誉,出版《结构构思论》《自在生成论》《建筑美学思维与创作智谋》《中国当代建筑师:布正伟》等著作。

基于数字化建造的找形策略

孙泽鑫　梅洪元

摘　要：本文旨在建立一套基于数字化建造的找形策略。在对建筑设计中找形概述的基础上，指出在当代建筑语境下传统建筑制图的找形能力正在被逐渐忽略的问题。通过分析建筑制图与投影机制的关系，将圆柱投影引入研究中，最终采用机械臂热线切割的方法，实现找形。

关键词：数字化建造；找形；机械臂建造；建筑绘图

1　引言

形式的创造是建筑设计的重要内容之一，人们在建造实践的过程中不断发展建筑的形式、探索创建形式的方法，"找形"的概念由此发展而来。所谓"找形"，是指在特定的约束条件下，为了实现某些设计目标的优化而采用的系统性的形式设计策略与方法。"找形"始终伴随着建筑的发展而发展。在前工业时代，建筑的"找形"原始而质朴。例如，我国传统四合院建筑所采用的合院式形式，其"找形"的根源在于确保建筑的防风与保温，最大限度地争取冬季日照。自工业时代以来，建筑学科被分化出来并逐渐发展，自此以后，"找形"多是基于一系列制图模式的几何操作。例如，基于平面图、剖面图、立面图、轴测图和透视图等的设计操作。建筑师通过挖掘不同制图模式对建筑空间与形式塑造的能力，建筑制图的"找形"方法不断被创造出来并产生了深远的影响。回溯建筑学的历史，透视法的广泛使用使建筑师更倾向于在设计过程中表达建筑的空间与纵深，折中主义建筑由此兴盛。由平行投影模式发展出的建筑平面图将设计与建造紧密地联系起来，柯布西耶曾说过"平面是根本"，在平面图的基础上进行"找形"成了现代主义建筑师的基本设计方法。

当代计算技术的发展为建筑设计带来了巨大变革，即复杂的空间与形态塑造，自此建筑师拥有了前所未有的设计自由度。然而，建筑图纸的媒介作用正在逐渐减弱。数字化协同平台、无纸化建造、仿真模拟等新方法与新概念的涌现，都标志着传统的建筑制图模式正在被逐渐取代。在当代的建筑语境中，设计方法可以归纳为两种类型：一种是传统建筑制图模式从平面二维到空间三维的几何转译；另一种则是基于数字化软件的三维平台操作。然而，随着二维图纸与三维形态在设计过程中的相对隔离，建筑图纸仅仅作为设计的附加物被生产出来，传统建筑制图过程中的"找形"能力被逐渐忽视[1]。因此，本文试图在当代数字化的语境下探寻传统建筑制图中的找形策略与方法，弥合图纸与设计的隔离。

2　建筑制图与找形策略

2.1　建筑设计中的"找形"

在建筑设计的过程中，"找形"意味着对建筑形式的发掘与创造。早在前计算机时代，西班牙建筑师高迪（Antonio Gaudi）便利用物理实体模型的构建，通过力学关系的找形法，获得了超越人类想象范畴的全新建筑形式。高迪使用悬链模型加荷载计算的方式来确定拱券的最优化的形式，并在设计结果中嵌入了伴随物质自成形而出现的无可预使用设计软件，建筑师可以直接面对虚拟的三维模型进行测性[2]（图1）。"找形"（form-finding）这一词汇由德国建筑师弗雷·奥托（Frei Otto）首次提出，也正是奥托基于材料属性的一系列"找形"实验，让建筑"找形"逐渐被当代建筑界熟知与认可。在1972年慕尼黑奥林匹克体育场的项目中，奥托应用的仿生轻体结构的建筑体系是来源于一系列的"肥皂泡找形法"的实验，这种方法利用了液体的表面张力来寻找能覆盖封闭形状的最小曲面[3]（图2）。

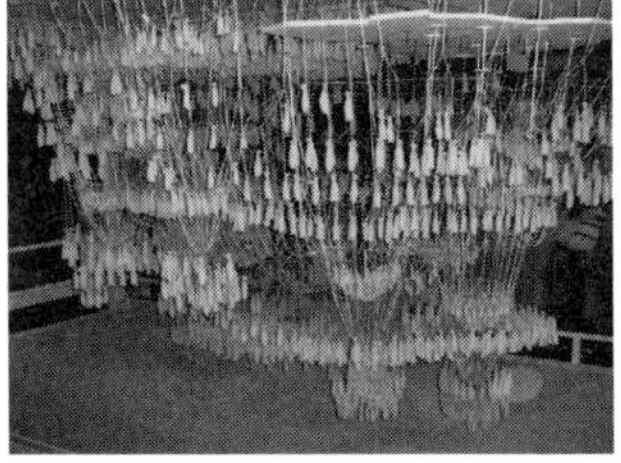
图1　圣家教堂的倒置模型

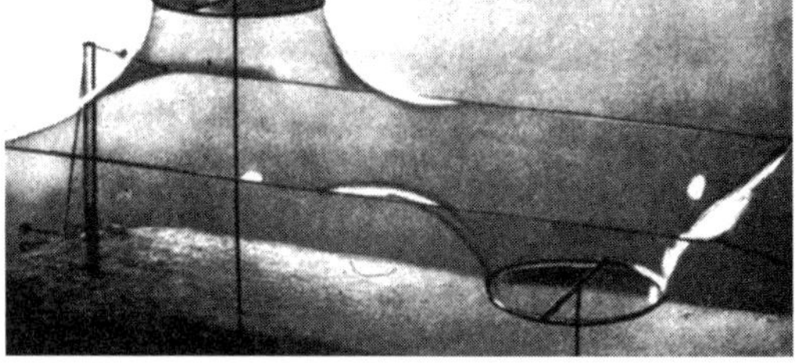
图2　弗雷·奥托肥皂泡极小曲面找形

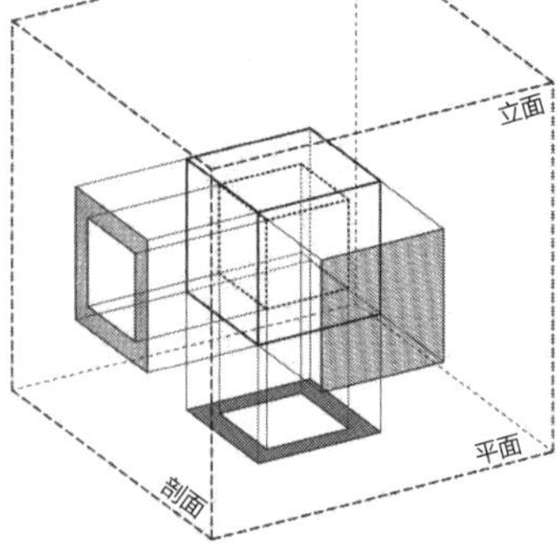

图3 传统建筑的投影工作空间

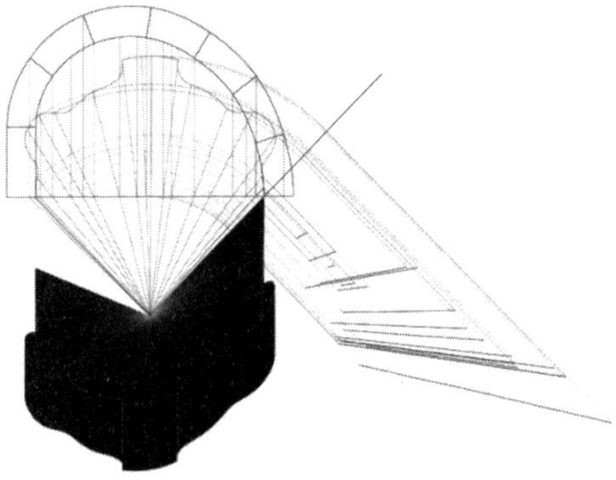
图4 切石法的应用

到了当今的"数字主义时代",建筑"找形"在新工具与新方法的驱动下显现出更多的潜力与可能性[4]。从"参数化设计"到"大数据",再到"人工智能",计算机时代的"找形"已经为建筑设计带来了全新的媒介。然而,随着计算机技术的普及,当代建筑师往往忽视了传统建筑图纸的媒介作用。传统建筑图纸的找形能力在建筑发展的过程中一直扮演着重要的角色,归纳起来有以下三点。

首先,人类存在于三维世界中,大脑对于低维度(一维、二维)具有更好的感知能力和控制能力。平面、立面、剖面等传统图纸的使用让建筑师可以在二维纸面上进行几何操作,进而获得三维建筑形态。由此简化了设计的过程,并极大地提高了建筑师对于形态的创造性。其次,以图纸为媒介进行设计时,设计过程会被拉伸,建筑师的思维过程可以直观地反映在图纸上,在高度逻辑化的设计过程中,二维图纸因具有更高的可感知性,进而提供了更好的相互比较的条件,使得建筑师拥有更直观的依据作出设计决策。再次,图纸在设计过程中以基于投影的信息传递模式进行操作,建筑师不直接面对结果,而是通过维度间的信息传递来控制结果[5]。维度间的信息传递过程必将伴随着信息缺失与再添加,这也就使得设计结果在某种程度上不可预测,即图纸的找形[6]。

2.2 建筑制图与投影

平面、剖面、立面这三种最为传统的建筑制图方式,都是通过平行投影的方式将建筑物的三维形式真实地再现于二维图纸之上。当空间中的平行投影线分别指向相互垂直的三个方向时,承载建筑平面、剖面和立面的工作平面也会在空间中呈现相互垂直的状态。这时建筑本身可以被想象成存在于一个布满平行投影线的立方体空间内,建筑的图纸被呈现于立方体的各个表面之中,这个立方体可以被称为建筑学的工作空间(图3)。一方面,建筑体在工作空间中利用图纸再现;另一方面,图纸作为建筑设计的重要媒介也会通过工作空间影响最终形态。例如,以平面图纸为设计媒介建筑的作品,最终形态往往呈现水平向的形态丰富性以及边界延展性;而以剖面图为设计核心的作品往往会在纵向维度上具有更高的形体辨识度。这无不体现了不同制图模式对于建筑设计的影响。回溯历史,投影模式的转变对于表达方式的影响也往往会是绘画和建筑领域产生革新的根源动力[7]。例如:同是摒弃了在绘画中沿用数百年的透视投影法,未来主义尝试将时间这一第四维度上的变化投影到三维空间中,并最终呈现于二维画面上;立体主义则尝试将多个拥有不同灭点的投影体系重叠在一起代替单一灭点传统透视法,以此来描述一个三维空间。同样,在建筑领域,建筑师发现通过由平行投影构成的传统工作空间很难描述和创造出非正交的复杂几何形式,如穹顶中每个石块的几何形状。这时一种在描述非正交形体方面比平面、立面、剖面更为有效的制图法——切石法,便被发明了出来。切石法摒弃了立方体式的工作空间,通过将平行投影与透视投影相结合来达到对于非正交形体更自由的操作性,从而创造出有趣的拱顶形式(图4)。

在当代建筑环境中,建筑师往往只关心形式语言本身的直观转变,却忽视了投影制图作为形式生成的根源动力的革新。传统的建筑学工作空间是基于X—Y—Z正交的平行投影体系,因为投影机制对几何形态结果的影响,所以以平面图纸为设计媒介的工作模式难以创造出建筑空间形式的三维多样性。直接利用三维建模软件进行建筑设计虽然可以生成复杂的几何形体,但是由于建筑结果与图纸表达完全独立,图纸仅作为附加物被制作出来对建筑结果进行一定程度再现,无法表达建筑客体在三个维度的全部信息。并且由于图纸不再作为建筑设计媒介,建筑师在直接面对三维形体时失去了由二维信息向三维结果转化的不可预测性所引发的形态生成能力[8]。

从文艺复兴的制图到今天我们所讨论的计算机技术下的图纸,建筑图纸的媒介作用已经历了从二维正交投影到多维复合机制的功能转化。"图纸"这一词源的含义正在被逐渐丰富,更多地指向逻辑性与模糊性并存的图解,正如尼尔·林奇(Neil Leach)所说:"计算机时代孕育的不是一种新的风格,而是全新的设计手法。我们将新的计算技术应用于进化的和新兴的系统中,建立并实施测试系统,使图解变为现实,现实变成图解。在这全新的领域里,形式变得毫不重要。我们应探索算法技术的潜在功能,并专注

图5　2011年ICD/ITKE数字化建造实践

图6　机械臂热线切割

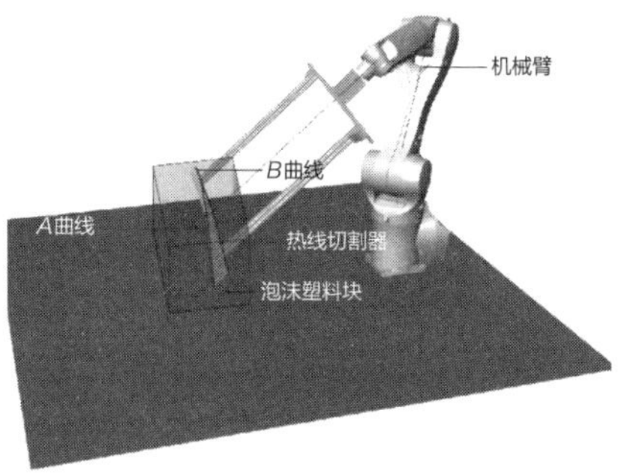

图7　软件对建造过程的模拟

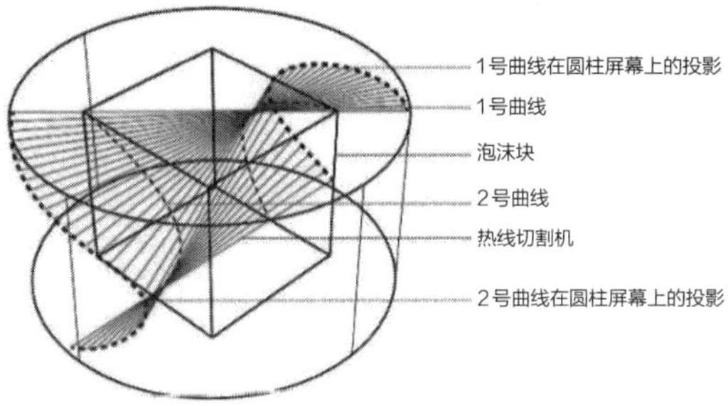

图8　将圆柱投影体系引入建造机制中

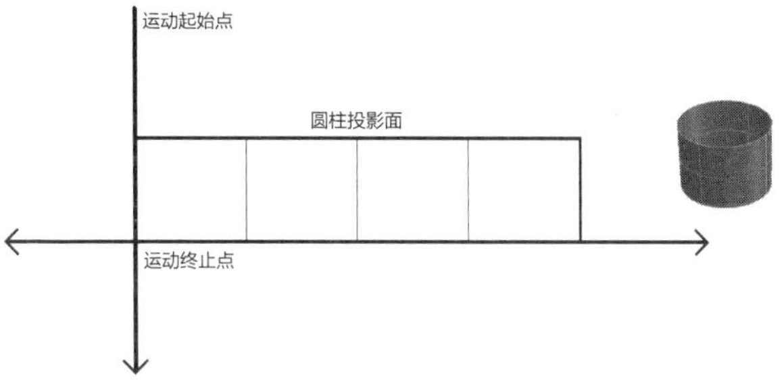

图9　圆柱投影面的展开

于更智能化和逻辑化的设计与建造流程，逻辑便是新的形式。”[9]

3　数字化建造下的找形策略

3.1　数字化建造的引入

在对制图找形的探索过程中，我们使用了KUKA六轴机械臂作为桥梁来打破图纸与建造、虚拟世界与物质世界的界限，进而建立一套基于数字化建造的找形模式。近年来，随着数控技术的普及应用，机械手臂越来越多地应用在建筑领域[10]。德国斯图加特大学在ICD/ITKE海胆类沙钱缝合连接结构研究的基础上，通过数字化软件模拟找形并使用七轴机械臂对建筑构件进行预制生产，实现了传统材料的数字化建造实践[11]（图5）。

在本研究中，笔者利用机械手臂搭载热线切割器用以对EPS泡沫进行切割（图6），其原理是用高温电阻丝依次通过指定的路径对泡沫材料进行切割成型。利用热线切割法得到的平滑曲面在几何学中被称为直纹曲面。长久以来，直纹面以其易操作建造的特性在建筑复杂形体设计与建造中具有广泛的应用。哥特建筑中的尖券拱就是运用直纹面来构建的结构构件。高迪运用等距映射的操作方法得到的双曲面、双曲抛物面等直纹面也被大量运用在其建筑的形式建造中。同时，由于直纹面几何建构逻辑清晰，所以它作为一种形式语言成了投影研究中极其适合的承载客体。在建筑学的传统中，直纹面构建是“自下而上”进行的，即从材料出发最终归位为建造，以逻辑为主导。然而，现有基于数字化技术的直纹面创造更多地倾向于“自上而下”，即借助计算机媒介从图像形态出发进行形式建造，以形态为主导。因此，我们设想以机器人作为设计建造媒介借助投影逻辑控制热线的运行轨迹，来打破从数字到物质的单向信息传输方式，重新以建造为根源获得未知的直纹面形式。

使用Rhino中Grasshopper插件对KUKA机械臂的运动进行模拟（图7），通过对热线运动轨迹的模拟可见：①热线的运动轨迹形成切割直纹面，热线就是直纹面的母线；②热线两个端点的运动形成两条空间曲线；③切割直纹面可以被看成直线在这两条空间曲线上扫掠后得到的曲面。由此可见，控制这两条空间曲线*A*与*B*就成了机械臂热线切割找形的基础。然而，虽然建筑师可以借助计算机在Rhino中对空间曲线做出精确的NURBS建模，但是在实际操作中，曲线却难以在软件环境中被精确地在几何层面进行控制。其主要原因是Rhino作为计算机三维建模的软件，其结果以二维投影的方式呈现在屏幕上，这种模拟投影不可避免地会提高设计者对三维几何形态的控制难度。

3.2　圆柱投影制图找形

本研究引入“圆柱投影”以实现对空间中点的定位。“圆柱投影”是地图投影的一类，我们常见的世界地图便是采用了墨卡托投影中的圆柱投影体系（图8）。在地图圆柱投影中，假想一个圆柱与地球相切或相割，以圆柱面作为投影面，将球面上的经纬线投影到圆柱面上，在正常位置的圆柱投影中，圆柱面展平后纬线为平行直线，经线也是平行直线，而且与纬线直交（图9）。由于直线的无

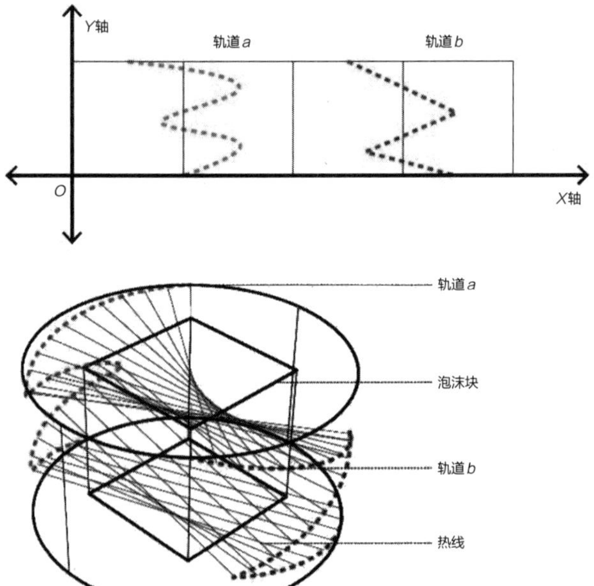

图10　数字化建造的操作模式

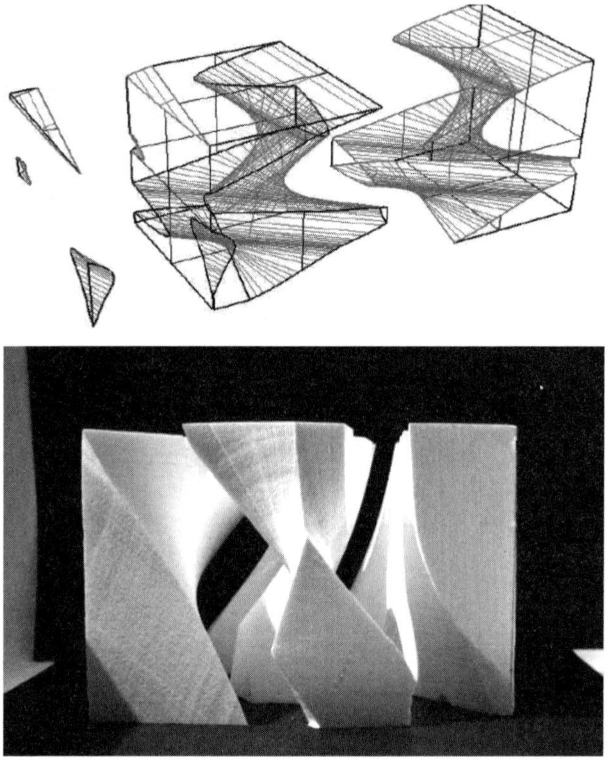

图11　热线切割找形成果

限延伸性，在圆柱投影体系下，两条空间曲线均可先通过圆柱承影面进行二维绘制，然后再回馈到三维中进行空间曲线的定位。这在操作上是对圆柱投影的逆向操作，我们将承影面展开为二维的笛卡儿坐标体系，这平面体系也可以看成建筑师操作生形的基本“图纸”（图10）。

在该二维坐标体系中，热线沿*Y*轴自上而下运动，起始于顶边，终结于操作台面，即图中的*X*轴。在该坐标体系中，沿热线的运动方向绘制两条线，然后将承影面弯曲为圆柱面，承影面首尾相接。此种圆柱形投影方式可以用来描述任意在此项机械臂热线切割实验中自上而下运动的空间曲线（图10）。

由于在Rhino中进行圆柱体展开面的“图纸”绘制来控制机器臂的运动轨迹是基于投影的二维操作，我们在设计之初并未对最终的直纹面形式作出任何预判，而是完全基于建筑投影逻辑对泡沫块进行切割，由此产生了不可预测的多种形式的可能性。在建构过程中，我们可以利用grasshopper中的KUKA控件对机械臂的运动方式进行全程模拟，模拟的原理即逆向运动。通过对机械臂运动模拟过程的分析，我们不仅可以及时修正机械臂的运行错误，更可以直观地对加工过程进行再现，生成机械臂路径文件，实现无纸化建造。最后，我们通过对机器臂的加工结果进行评价，并将评价结果反馈回模拟软件中，最终建立起一个融合数字与物质世界的操作回路（图11）。

4　总结

建筑投影与图纸作为建筑设计中的最为基本的媒介，对其在数字环境下的重新定义为我们提供了一种新的“找形”方式——通过改变客体形成的投影操作机制，而非客体形式本身去探索建筑学中的三维可能性。通过运用高维度的投影方式，如“圆柱投影”“球形投影”来替代传统机制中的正交平行投影，图纸同时作为客体形式的生成媒介与再现手段，将涵盖三维建筑形态的全部几何信息，并且通过应用投影逻辑对机械臂热线切割的建造进行控制，最终将实现图纸与建造关系的重构和基于数字化建造的找形策略。基于传统建筑投影逻辑将建筑图纸与计算机技术进行嫁接，正是对“图纸”的媒介作用的又一次定义。随着数字化设计（CAD）与数控建造（CAM）技术的发展，当代建筑设计中的“找形”不仅能在“自上而下”即从设计到建造的单向过程中为建筑师提供启发与参考，更为“自下而上”的材料控制与建造提供了物质呈现的基础[10]。通过改变传统工作空间中建筑客体形成的投影操作机制去探索建筑形体的三维多样性，并在这个过程中以机器人作为媒介连接全新的图纸投影形式与物质建造过程。最终，通过融合两种设计工作方式的优点，一种既包含维度间投影的生成性又拥有控制非正交几何信息能力的设计媒介将被建立起来。

（原载于《城市建筑》2021年第19期）

图片来源：

图 1、图 2：引自 https：//en.wikipedia.org；

图 3、图 4、图 6—图 11：作者自绘；

图 5：引自 https：//www.archdaily.com。

参考文献：

[1] 袁烽，朱蔚然．数字建筑学的转向：数字孪生与人机协作[J]. 当代建筑，2020(2)：27-32.

[2] 韩培，梅洪元．基于植物趋光机制的寒地建筑动态设计策略研究[J]. 新建筑，2016(3)：64-68.

[3] 帕特里克·舒马赫，张朔炯，罗丹．参数化主义：参数化的范式和新风格的形成[J]. 时代建筑，2012(5)：22-31.

[4] LOPES J V, PAIO A C, SOUSA J P.Parametric urban models based on Frei Otto's generative form-finding processes[C]//Rethinking Comprehensive Design：Speculative Counterculture，CAADRIA2014:595-604.

[5] CARPO M.The art of drawing[J].Architectural Design，2013，83(5)：128-133.

[6] Robin Evans.Translations from drawing to building and other essays [M].London：AA Publications，1996.

[7] EVANS R.The projective cast：architecture and its three geometries[M]. Cambridge：MIT Press，1995.

[8] 王振飞，袁烽，MATIAS del C. 将算法几何进行到底[J]. 城市环境设计，2014(11)：28-32.

[9] LEACH N，WILLIAMS C，TURNBULL D.Digital tectonics[M].Wiley Academy，2004.

[10] HELM V，ERCAN S，GRAMAZIO F，et al.In-situ robotic construction：extending the digital fabrication chain in architecture[C].ACADIA 2012//Synthetic Digital Ecologies 2011(2012)：169-176.

[11] ICD/ITKE Research Pavilion 2011：ICD/ITKE University of Stuttgart [EB/OL].(2012-01-18) [2020-06-20].https：//www.arch2o.com/icd-itke-research-pavilion-2011-icd-itke-university-of-stuttgart/.

作者简介：

孙泽鑫，哈尔滨工业大学建筑学院博士研究生，研究方向为寒地建筑设计及理论、装配式建筑设计；

梅洪元，博士，哈尔滨工业大学建筑学院教授，研究方向为寒地建筑、高层建筑、博览建筑、教育建筑。

非空非非空：湖石、剖碎与三维空间复杂性综论

金秋野　廉志远

摘　要：在建筑学领域，“剖碎”是理解空间形态的一把钥匙。探讨了“剖碎”的本质是相互毗邻的“实体”与“空间”如何相互定义、相互转换。本文提出文丘里、柯林·罗、霍伊斯里延续前人对“剖碎”的讨论，将其从建筑构图方法扩展到虚实空间的转换策略，而柯布、康等建筑师的作品与空间构思也已经呈现出一种洞穴化的倾向。不只建筑与城市，自然形成的湖石也反映出多孔多窍的形态，这些空间虚实转换的操作有着内在的机制，是高维度在低维度的表现。当平面上的透明性问题继续演化为三维透明性，湖石、剖碎，都成为非空非非空的操作特例。

关键词：湖石；剖碎；维度；透明性；空间复杂性

“剖碎”（法语：poché）①[1]是巴黎美术学院教育体系（Beaux-Arts）中的核心概念之一，现代主义兴起之后较少被提及了。我们认为，“剖碎”是理解空间形态的一把钥匙。狭义上说，“剖碎”是西方古代建筑，特别是文艺复兴到古典复兴时期的造型手段，由此划分主次、建立整体平面逻辑、获得完形核心空间；广义上说，“剖碎”是一种空间关系，讨论相互毗邻的实体与空间如何相互定义、相互转换[2]。

广义的“剖碎”促使我们思考古典建筑平面、园林中的太湖石、勒·柯布西耶手中的漂流木、达·芬奇绘制的头骨和城中村迷宫般的街巷间广泛的同构关系。本文即建立在这种认知的基础上，从观念和模拟两个角度，讨论霍伊斯里（Bernhard Hoesli）的《作为设计手段的透明性形式组织》（*Transparency: Instrument of Design*）中、文丘里（Robert Venturi）的《建筑的复杂性与矛盾性》（*Complexity and Contradiction in Architecture*）第9章，及柯林·罗（Colin Rowe）的《拼贴城市》（*Collage City*）第3部分在这个问题上的未尽事宜。

“剖碎”这个古老命题的现代意义，似乎跟路易·康（Louis Kahn）的空心结构②[3]、柯布的洞穴空间一样，建立在对古代废墟的观察之上；更广泛意义上的“多孔多窍”的空心结构③[4]，则存在于从城市到蚁穴、从宇宙到细胞的多层级的空间形态中，构成了人类空间意识的底色。由此，人们能在不同时代、不同事物中敏感地发现“剖碎”。简单地将其理解为一种古典建筑法则，是不能穷其源、尽其意的。正如安尼施·卡普尔（Anish Kapoor）所说：“这就是我感兴趣的点：虚空/当它不再是洞的那一刻/一个充满了‘不存在’的空间。”[5]这个存在于实体中的“不存在”空间，正是远古人类躲避猛兽的栖身之所、实体世界的倒影、老子的陶罐和风箱④[6]，是三维空间的“洞穴喻”，“当它不再是洞的那一刻”，就是它“非空非非空”的真容显现之时。

1 “剖碎”与空心结构

据传，路易·康费城办公室的座位上方悬挂着一幅皮拉内西（Giovanni Battista Piranesi）凭想象绘制的帝国时期罗马地图[图1（a）]。这幅地图深入到街区层级，连建筑内部都加以表现。结果，城市成了一个内外不分的连续人造空间，向外不断蔓延，直到被城墙截住[图1（b）]。城墙以内的部分可以看作一个巨型“建筑”，它由很多房子组成，每座房子都成为其他房子的外形依据，生出层层嵌套的内外关系。街道和建筑外墙都是平行双线，填实即为外墙，留空即为街道。整个城市像是无数个“泡泡”挤压、渗透、叠加形成的巨大“空心结构”。

路易·康成熟期建筑中的“古典性”，很大程度上是在复述这种有趣的空间经验。例如康对“服务空间”⑤[7]的转化，是将空间的“边角余料”、一些消极的“占位体”隐藏在实体中，成为“被服务空间”⑤[7]的自然边界，而它们内部也是空间。“被服务空间”对应于园林中的“奥”空间⑥[8]，同时也作为信息之源和趣味所在，承载着重要

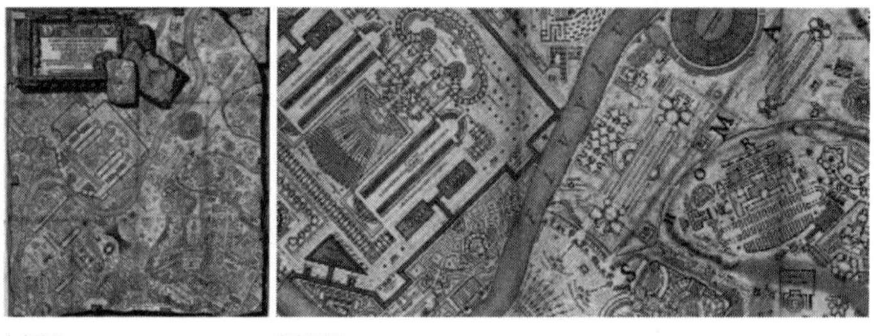

（a）整体　　（b）局部

图1　皮拉内西绘制的罗马地图（1761年）

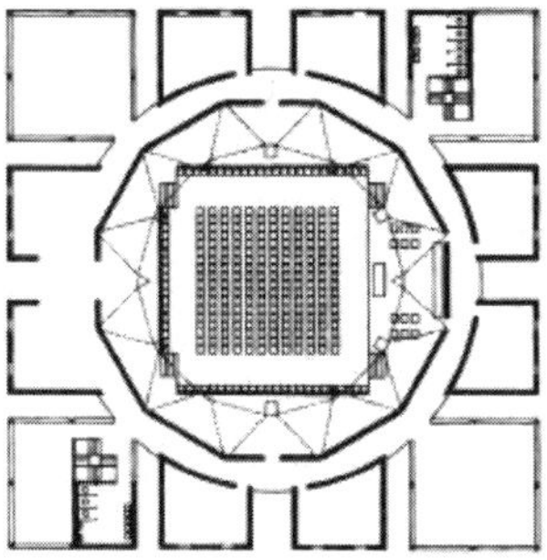

图2 唯一神教教堂第一版设计方案

图3 耶鲁大学美术馆屋顶

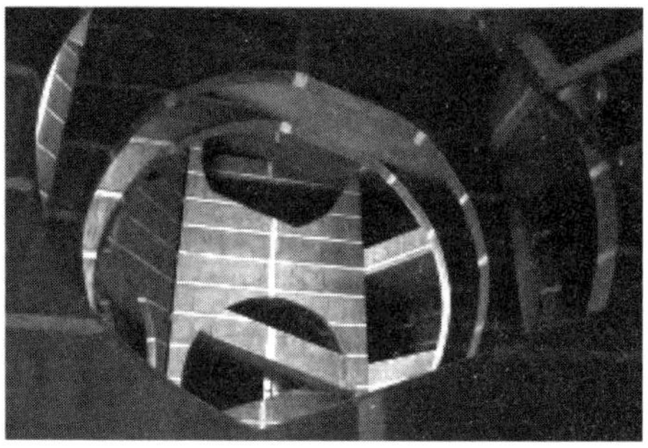

图4 达卡议会大厦内外圈之间的交通部分

的审美功能。

康对“剖碎”的阐释与古典时期有所不同。例如他的唯一神教教堂(First Unitarian Church of Rochester)第一版设计方案(图2),围出核心正十二边形空间的周边部分,本身即功能房间而非实心变形柱。布扎体系对“剖碎”的解释相当于基本解释,它仅指用以获得相互依存的完整几何空间的实体“零余部分”,默认为它该为主体完形服务,未曾想这些破碎的“中介物”本身也可以反向包裹完形空间。有学者将poché翻译为“厚性”,来表达内外之间残余空间的围合特性[9],也无法描述空间嵌套关系。实体成为空间,空间连同其边界定义其他空间,空间互为边界,滋生、膨胀并相互挤压,形成纤薄到近乎乌有的边界,就像显微镜下的细胞。

建筑的发展历程是实体越来越少,形体越发轻薄。当这种切割发生在实体部分,沉重而厚实的墙壁或柱就可以从中间掏空,发动“计实为空”的初步操作。反过来,可以把“零余空间”打包,拼成中空的厚墙、厚柱、厚楼板,成为“被服务空间”的边界,就像康在耶鲁大学美术馆扩建方案(Yale University Art Gallery)中设计的那个容纳了结构、照明和管线的“屋顶”(图3)。当其几何结构尺度放大到可以容许人的身体进入,它就成了达卡议会大厦(The National Assembly Building in Dhaka)内外圈之间的交通部分(图4)。这些“计实为空”的边角空间与核心空间互为因果,就是园林中“旷”与“奥”的二元关系[8]。在园林中,“旷”不一定是完形,“奥”也不一定是零余,它的出发点不是柏拉图几何,而是相对性的身体感知。

2 “剖碎”的字面意思

关于“剖碎”的概念,比较认真的讨论来自霍伊斯里,他认为可以经由法语中的“水煮蛋”(l'ouef poché)来辅助理解,又好像是“装入口袋的东西”,“一个可以放入袋子中的理想的形状”,被袋壁的织物或纸张包裹[10]118。那到底是口袋本身,还是放进口袋里的东西?

“剖碎”本身是个分词,原型是“pochér”,投到清水里煮。鸡蛋破了就无定形,四处流淌,投入沸水中会逐渐成形,但也会记录下流动的状态。如果说荷包蛋本身是pochér的结果,即“装入口袋的东西”,那热水就充当了口袋的功能,形成边界。水、蛋清和蛋黄相互嵌套,互相限定,彼此依存。建造过程可以类比为水煮蛋,为空间赋予确定的形状。

在《建筑的复杂性与矛盾性》中,文丘里还打了一些比方,比如“开口的残余空间”(open poché)、“脱开的衣服里子”(detached lining),以及“物体中的物体”(things within things)[11]70-87。口袋会形成面层和里子之间的嵌套空间,内能容物,外不破坏西装内外表层的完整性。回到霍伊斯里最初的解释:“黑疙瘩;平面或剖面中的一个部分,用来表示结构被剖开的切口,就好像一个大墨点”[10]118,实际上,图与底都是“剖碎”的一个侧面;黑白之间可以存在多重灰度,类似于鸡蛋的多层构造。霍伊斯里谈平面的时候,他认为“剖碎”代表着涂黑的实体;在谈水煮蛋或口袋的时候,又把它看作内容物或空间留白,是矛盾的。为了解决这个矛盾,必须将各级灰度看成一个整体。

一个称职的建筑教师讲授正投影图画法⑦[12],会不断强调“双线交圈”,而这正是三维空间表里关系的逻辑结果。当三维实体投影在二维平面上,实体部分有两种表达方式:双线交圈的“口袋”,或者把这个口袋用黑色(或排线)填充,成为一个“黑疙瘩”。当绘图者恪守这个法则,图纸向现实转移的过程中,就不会出现思维错误,那些涂黑的部分好像口袋的衬里,“分割”(parti)⑧[2]表里,撑起内在的虚空。平面或剖面上的双线交圈、内部填充,跨越了时间,超脱于各种体系、风格、脉络之上,一直存留在建筑图纸上,可以说是投影法的精髓。

“剖碎”是一个比方,描述事物被包裹封装、内外二分的状态。投影到二维平面上,包裹物(双线交圈)、被包裹物(内部填充)以及这个包裹过程,共同形成了纸面上的“黑疙瘩”。但是黑里面也可以有白,就像水煮蛋的蛋黄。

3 “剖碎”与古典建筑

1506年伯拉蒙特(Donato Bramante)绘制的圣彼得大教堂(St. Peter's Basilica)平面是文艺复兴时期的集中式平面,对比早

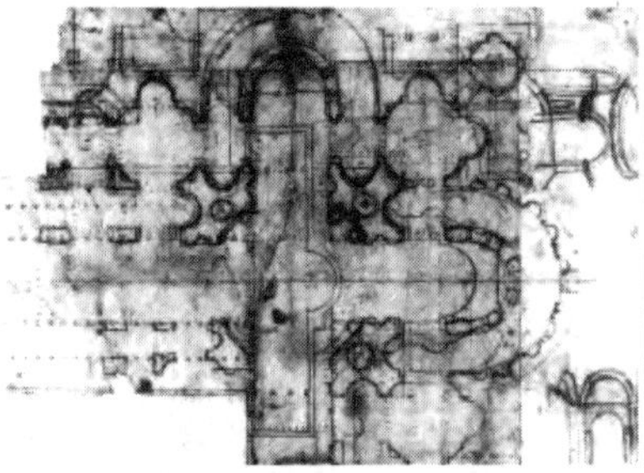

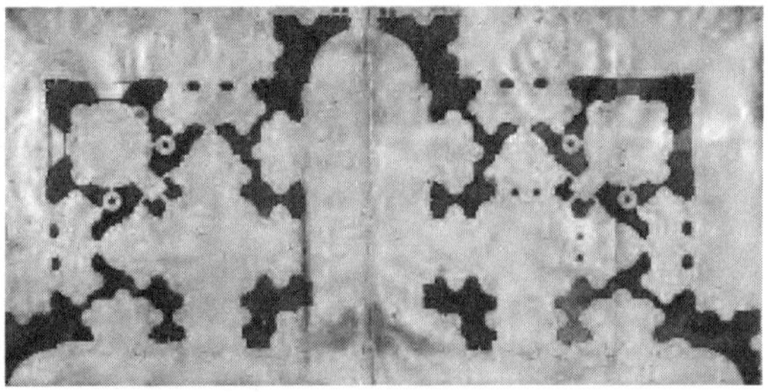

图5　伯拉蒙特绘制的圣彼得大教堂方案平面草图（1505年）

图6　伯拉蒙特绘制的圣彼得大教堂方案平面(1506年)

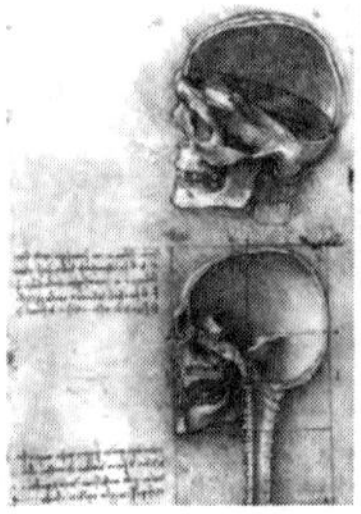

图7　一摸黑/大料建筑

图8　达·芬奇绘制的人颅骨剖面

图9　卡帕多西亚的12世纪岩石切割教堂(屋顶、地板和整个侧墙都从中脱落)

期的草图(图5)与最后的方案平面(图6),设计过程可以理解为在空白图纸上逐步用完整几何体进行切分,控制几何形状的位置、大小、比例来完成平面布置。首先画出黑色连续交圈的线框来表达边界的位置,然后对线框进行着色填充,这个边界及其内容物就是“剖碎”。

文艺复兴时期的“剖碎”除了表达一般意义上的图底关系,还有附加的含义,就是古典建筑师的柏拉图追求,包括轴线、对称和完美几何的空间形态。正投影法和建筑制图恰在那个时期发展并流行。古典平面的“剖碎”为主体空间服务,大多呈现支离形态,正如伯拉蒙特的平面,主要空间都是圆形或椭圆形的,剩余的“负形”就是不规则形态,于是“剖碎”的概念就又跟“零余”“不规则”等意思连在一起,这大概也是最初翻译成“剖碎”的缘由。如果把建筑看作实体方块,在图纸上用黑色表示;设计师从中抠出空间,在图纸上用白色表示,这正是巴黎美院的设计方法——底中抠图(par-tietpoché)。有意思的是,以同样的方法,建筑师刘阳用黑色的泡沫来制造“太湖石”(图7)。

“剖碎”天然具有创造边界、消纳不规则形状的功效,成了巴黎美院造型思维的利器。但“剖碎”概念的狭义化大概是古典主义时期的事情,对于文艺复兴建筑师来说,事情还没那么清晰。按照麦克·杨(Michael Young)的说法,“剖碎”跟建筑剖面图和人体解剖图的发展息息相关[13]。在剖面图的演化过程中,平行透视正投影法的出现已经是很晚的事情,它基本上可以看作“数学的图示化”或“图示的数学化”。

有意思的是,在达·芬奇绘制的人颅骨剖面中(图8),完美几何空腔是没有的。似乎大自然并不偏爱完形。颅骨展示了一种有别于古典建筑的空间范式,它没有轴线,没有对称,也不能简化为有限的几张剖面图,因为它的实体与空腔本身就不是规则几何体,又连续变化。相比之下,古典主义只是依照某种特定的“格律”或“方言”来使用“剖碎”方法。颅骨更像是洞穴或湖石,是大自然塑造三维空间的方案。它映射着一种更加复杂、难以简化的图底关系。当时的建筑师看到这些解剖图的时候,一定是大受震撼,同时意识到它们与建筑剖面图的某种关联。

剖面图实际上也是一种解剖图。剖面图的发展与人们对古代废墟(图9)的观察有很大关系,建筑一旦成了废墟,隐藏的内在结构就暴露在外,给人一个观看剖面的视角。废墟和未建成结构其实就是建筑的骨头,格外受建筑师青睐。

4　“剖碎”概念的现代发展

既然“剖碎”是空间虚实相生的一般法则,就必然可以应用于现代建筑。跟古典建筑一样,现代建筑也发展出一套“格律”或“方言”,只是用“效率”取代了“神性”,规则的矩形平面从此主宰了建筑图纸。这样一来,平面上的“零余”被清除了,“剖碎”缩减为极限化的支撑结构(通过结构计算获得),平面上的“黑疙瘩”成为框架柱。

霍伊斯里曾试图打通古典建筑和现代建筑中的“剖碎”,他把修道院平面与蒙德里安(Piet Cornelies Mondrian)的绘画进行对比,说:“剖碎就好像碎石墙中石头与砖块之间的灰泥抹缝。”[10]118(图10)与古典建筑不同,现代建筑的图底关系中“黑疙瘩”不见了,它们化为连续线性的黑色条状物,被霍伊斯里称作“关节”或图的“枢纽部分”,充当毗邻方盒子空间的“中间部分”,并说“节点既可能是实体也可能是空间,既可能是实也可能是虚”[10]119。显然,霍

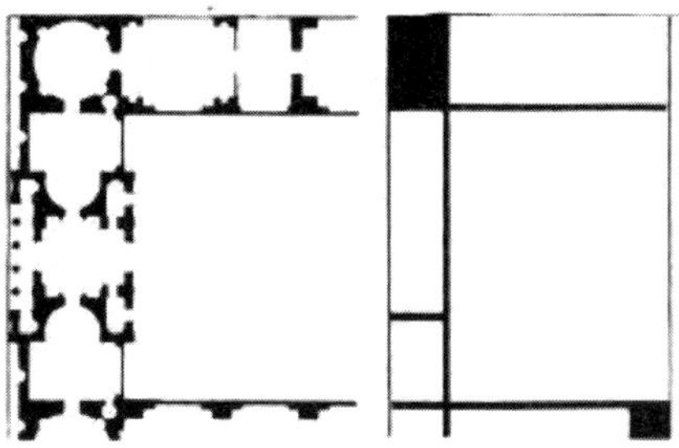

图10　霍伊斯里的对比图

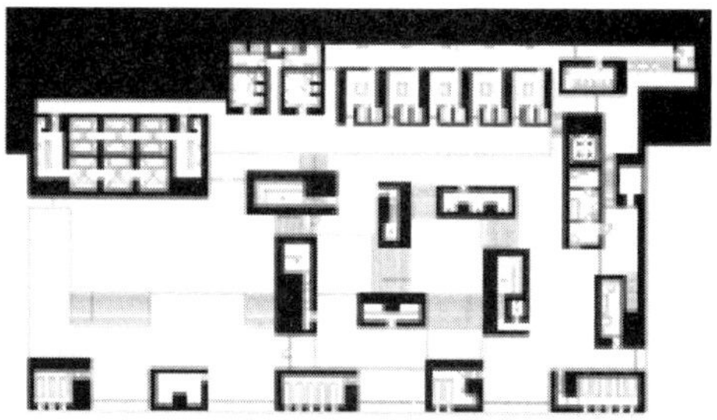

图11　瓦尔斯温泉浴场一层平面图

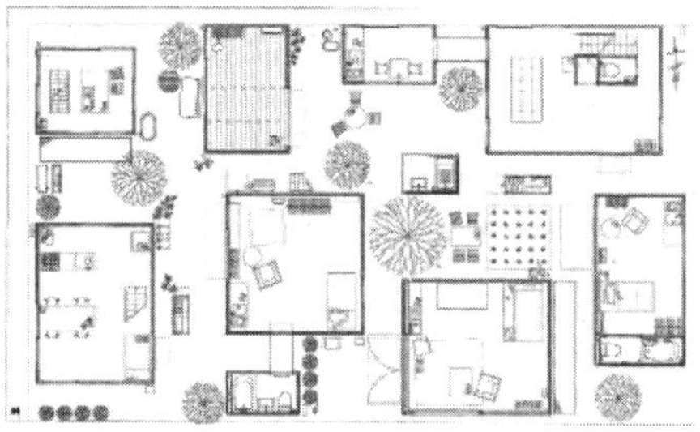

图12　森山邸一层平面图

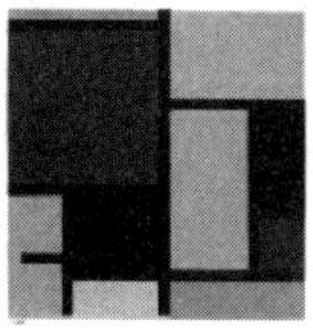

图13　蒙德里安的绘画

图14　橡树园自宅图

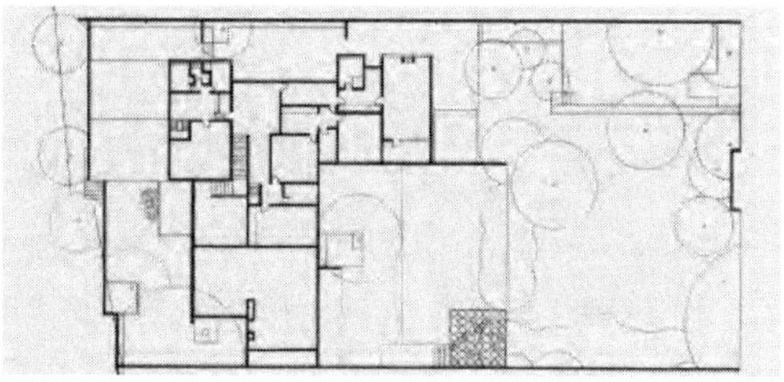

图15　加尔维斯住宅

图16　House N

伊斯里已经清楚地认识到“剖碎”离开了古典主义之后依然具有空间意义，以及它的现代等价物是什么。

把不同尺度的立方体盒子看作基本空间单元，连接方式可以有以下几种：①彼此分离，分散布置；②彼此毗邻，形成线性边界；③彼此咬合，形成立方体的“交叠部分”；④彼此嵌套，你中有我。第一种模式，可参见彼得·卒姆托（Peter Zumthor）设计的瓦尔斯温泉浴场（The Therme Vals）平面（图11），其淋浴室部分作为巨柱撑起屋面，彼此分散布置，内部也有空间；或西泽立卫的森山邸（Moriyama House，图12）。第二种模式，就是蒙德里安的绘画（图13）和一般功能性建筑的平面。第三种可参见赖特橡树园自宅（Home and Studio）连接4个房间的龛室（图14）和巴拉干（Luis Barragan）加尔维斯住宅（Antonio Gálvez House）的玄关（图15）。第四种可参见藤本壮介的House N（图16）。可以说，现代建筑师对空间复杂性的探索已经超过以往，他们把目光投向曾经被忽略的聚落和废墟，拓展了空间营造的类型，通往颅骨、洞穴等自然造型。巴塞罗那德国馆（Barcelona Pavilion）那样的“流动空间”，若以“透明性”原理⑨[10]来分析，其实存在着很多交叠或嵌套的部分，是为非实体的“剖碎”，它们有隐藏的边界，在图纸上可以是黑也可以是白，分别属于不同的完形区域又可自成一体，模糊地定义着似有实无的完形空间。这种便利，恰恰是现代建筑结构尺寸缩小的结果，它让更丰富的空间想象和更精密的空间操作成为可能。

无论古典平面还是现代平面，都是三维空间镂刻的局部投影，对应的“剖碎”部分，一个是平面上的“黑疙瘩”，一个是连续的粗黑线。如果不遵守轴线对称也不在意单元形态，就同构于颅骨或洞穴，可以命名为“湖石”型空间。“湖石”几乎打破了空间虚实相生的一切人为规则，包括二维投影面、空间单元形态、轴线和对称性的限制，但在本质上，它与古典平面依然分享同一个规则。在任意位置剖切投影，双线交圈和内部填充的画法依然适用，只是从平面上的黑疙瘩真正变成三维空间中的水煮蛋。骨骼或湖石，本身就像是空间赖以生成的“体积”，所以医学上的CT影片⑩，可以看作一系列人体内部构造的“剖面”，叠加皮肤、肌肉、膜体、器官、空腔和体液，共同形成了有机生命的空间支撑。

5　“剖碎”与“湖石”的空间同构关系

通过对路斯住宅的研究，我们认识到通常以为是三维的人造空间，其实不是三维的[14]。人类的聪明才智，体现在以各种方法将低维的形式映射到高维。真正的三维物品，无论湖石、洞穴还是颅骨，都无法通过有限数目的投影来降维处理，其空间信息量一般要

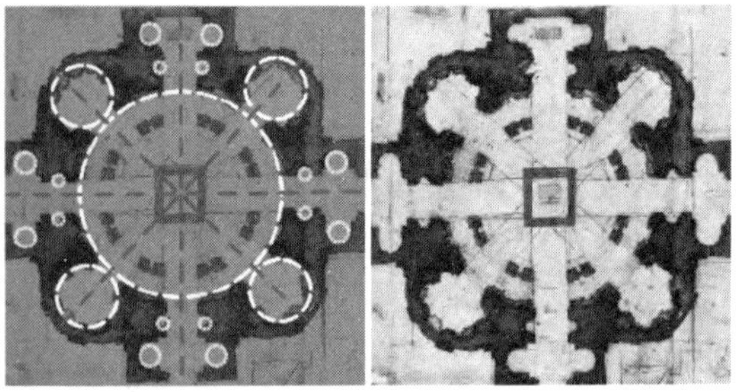

图17　圣乔瓦尼教堂方案手稿及平面布局

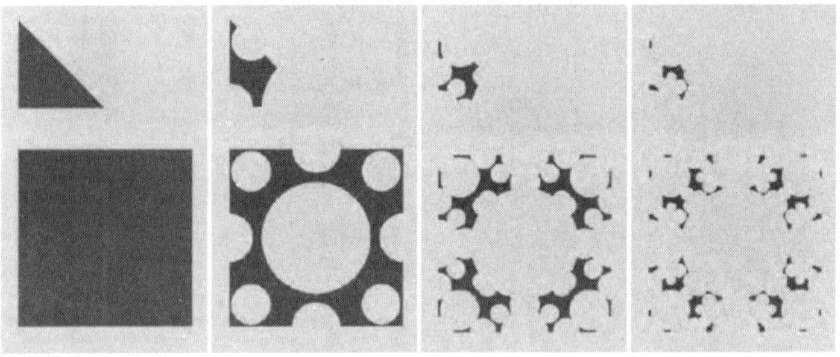

图18　设定对称轴后结果及第一到第三次迭代后结果

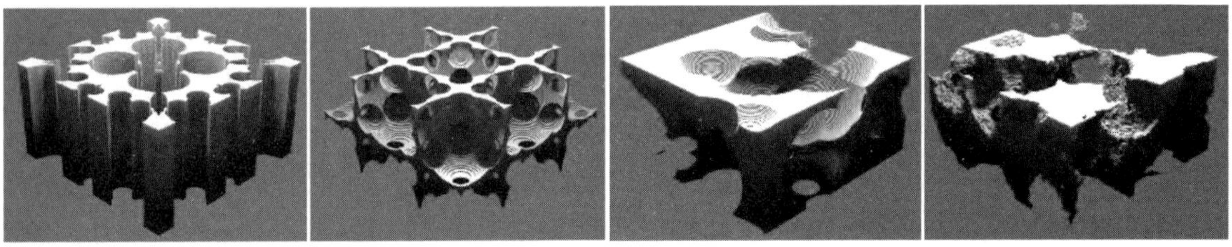

(a)二维平面直接拉伸后结果　(b)球体位置矩阵分布后结果　(c)球体位置干扰后结果　(d)球体位置、表面形态进行干扰后结果

图19　软件模拟

高于人造环境。如果路斯用空间体积规划设计出来的那些盒子堆叠成的小房子，所有房间都拓扑成柔软的卵形，再发生联通、融合、镂刻和嵌套，将会怎样？

古典建筑的厚柱围合出核心空间。柱体本身可看作“剖碎”，中部挖空成为龛室，此时“剖碎”已不是单纯的实体，而是包裹着空间的实体。试想极端情况下不断以更小直径的圆柱体切挖实体部分，无论所剩实体多薄，仍可以有更小直径的“空”从中做出，直至实体无限趋近于无，成为空腔相互挤压而成的“海绵”，对外依然保有实体形态。这说明，只要刚度足够，空间体积仅需极小的“实”的部分即可成立。

如果这种切挖不仅在垂直方向进行，而且以不同尺度空腔从各方向吞噬实体，一块“湖石”就出现了。实际上，在肉眼不可见的层级上，实体依然充满了大大小小无数孔隙。世界上本没有真正意义上的“实体”，“剖碎”和“湖石”，本质上是同构的。

为了证明这一点，我们通过计算机模拟来做个小实验，来让古典平面演变为“湖石”。当然，我们这里所谓的“湖石”是一种近似模型，真实世界中湖石的生成受到多种环境变量的影响，是非常复杂的。

我们先来看一下古代建筑使用“剖碎”的规则。以1559年米开朗琪罗绘制的圣乔瓦尼教堂（San Giovanni dei Fiorentini）方案手稿（图17左）为例，平面清晰呈现4条轴线的中心式布局（图17右）。围绕轴线布置了三个层级的圆，尺度越大数量越少。将建筑外边界与这些圆的差集涂黑，成为“剖碎”。这里我们可以清晰地看到轴线对称和等级关系，可以说，这些法则的确立尽管有教义影响，但不可忽视的一个原因是它方便操作，容易理解。究其根源，在于对称结构相对于非对称结构更简单、信息量更小。实际上，不管是在研究模拟还是在日常生活中，具有低复杂性的高对称结构都比具有低对称性的高复杂结构多得多。而且，对称的事物有内聚倾向，与周围环境剥离开来。不对称的事物向外扩张，彼此发生联系。从古典平面向“湖石”推演，首先要删除对称性。

塞利奥（Sebastiano Serlio）在《塞利奥建筑五书》（*Sebastiano Serlio on Architecture*）中叙述了几何学与透视的画法，绘制了大量古代遗迹的平面，提出了集中式神庙平面的12种基本形状，书中的大量平面图采用文艺复兴画法，将实体部分涂黑。在有关集中式神庙平面类型的讨论中，塞利奥认为圆形最完美，12种形状中9种由方与圆演化出来，平面中存在多条对称轴线，虽然最外侧轮廓不同，进行切分的基础形状都是不同大小的圆形[15]。

顺着塞利奥的思路，参考文艺复兴时期建筑平面的集中式布局特征，通过布尔运算在方形平面的基础上模拟“剖碎”的生成，具体方法如下（图18）：①平面中设定通过中心的4条对称轴；②规定产生圆形的位置关系（d_1、d_2、d_3相切）；③以生成的圆形对初始图形进行差集，保留剩余部分；④进行差集的圆形分为三个等级，进行尺寸上的迭代。

首先生成层级较高的大圆（核心空间），对实体进行差集，再生成次一级圆形，并对剩余部分进行差集。使用泊松盘控制最小间距来调节剩余实体形状，就制造出接近教堂平面的二维图形。通过调节单元形式与位置，平面有无限可能。

如前所述，古典建筑空间其实大多是二维图形在z轴上直线拉伸的结果，如此一来，平面生成的逻辑在剖面中并不适用。但可以在软件模拟过程中将之加诸z轴上，以获得更高维度的空间形态。平面上以“剖碎”获得空间的方式是在用不同尺度的圆形切挖实心方形，那么对应到三维，就是用不同尺度的球体去切挖实心立方体。将原始平面在z轴方向保持一定间隔复制100份，将球体在空间中进行矩阵分布，与所有平面进行差集后，可以得到如图19

所示的结果。

接下来删除轴线对称属性，让形体从内聚转向外扩，实现实体和空腔的自然随机分布。为此，通过引入噪波，对球体位置和表面形态进行干扰，设定合适的干扰强度，立方体内部已经出现了类似于自然状态下的湖石孔窍分布形态。以同样的思路，将扰动施加到外轮廓的整体形态和表面形态上，在视觉上，三维剖碎空间就很接近湖石的形态了(图20)。这样，在去除对称性及施加表面噪波干扰后，古典建筑空间形态与"湖石"空间形态实现了一种条件式的转换。

需要说明的是，这样的转换只能一定程度上说明不同形态的空间之间存在相互转化的可能，并不是严谨的数学分析。事实上，古典建筑平面的生成规则是复杂多元的，自然条件下湖石的形态也难以用简单规则模拟。当然在人体尺度上，空间建造是多种条件的综合，比如结构性能、预算造价、人体工学和空间效能等，不大可能像显微镜下的细胞一样以挤压密排的方式来获得体积，但实与虚的辩证关系可见一斑。概括地说，一切实体都可看成边界包裹的空间，并充当其他空间的边界。

在任何层级上，空间都可以是平滑的，也可以拥有无穷层叠和褶皱，人类的感官作为大自然的产物，很容易分辨哪种空间形态维度更高、信息量更大。人的建造，其实就是在虚空中通过"剖碎"引入层叠和褶皱，让隐藏的维度显现出来。离开实体的限定，空间本身是没有信息价值的。

6 "剖碎"概念的扩展

但人除了是自然的造物，也是文化的产物。对空间复杂性的认识，除了从维度等空间的"褶子"中读取信息，还能从隐喻等符号的"纹样"中读取信息。

文丘里大概是"剖碎"概念的招魂者。在《建筑的复杂性与矛盾性》第9章导言部分，他引用辛诺特(Edmund W. Sinnott)《有机形式问题》(*The Problem of Organic Form*)中的话来说明建筑室内外空间的矛盾⑪[11]70。一个简单的外表下可以容纳繁复的内部，与文丘里想要表达的"复杂性"主题密切相关，这种复杂性会随着系统的扩展而成倍增加，于是文丘里注意到城市中实与虚的反复嵌套⑫[11]70。在这里，文丘里实现了一次尺度跨越，把建筑单体和城市关联考虑，认为建筑师用"剖碎"⑬来解决建筑内外之间的矛盾，并把它分为"开口"和"闭口"两种[11]80。他在这一章末尾处说："建筑就产生于室内外功能和空间的交接之处。"[11]86 意思是：建筑产生于特定的功能需求，它一旦出现，空间就分出内外。

柯林·罗在《拼贴城市》中对"剖碎"的关注直接来自文丘里的启发⑭[16]156。他顺着文丘里的观点，指出"剖碎"在城市空间塑造方面的重要作用，是将建筑的主要空间相互隔开⑮[16]156。他举博尔盖

图20　实体、空腔的虚实关系及实体赋予材质后的渲染结果

塞宫(Palazzo Borghese，1560—1673，罗马，意大利)的例子来说明从不完美的城市连续空间中获取完形庭院(cortile)的方式，并将其与勒·柯布西耶的萨伏依别墅(The Villa Savoye)进行比较，指出柯布的建筑概念是孤立的、实体的，而博尔盖塞宫则是连续城市肌理中不可分割的一部分[16]151-155。在这里，作者显然是将图底关系中涂黑的部分看作"剖碎"，并提出了"城市剖碎"(urban poché)的概念⑯[16]158。这里已经明确说出连续空间中实体与虚空的相对属性和转换可能。在撰写《拼贴城市》的时候，柯林·罗已经无法抑制在书中倾泻大量政治议论的冲动，他让古代城市与现代城市截然对立。他虽然也意识到萨伏伊别墅是复杂的内外嵌套，但依然对现代表示悲观⑰[16]158。

文丘里为了驳斥经典现代主义，回想起"剖碎"在空间转换中的作用，柯林·罗更进一步，将城市中的建筑整体看成"剖碎"，并指出城市图底中虚实关系的相对性。当人们把目光投向城市，"剖碎"就已脱离古典成为更普适的空间概念。古典建筑关心的是如何从不定形中抽取完形，而城市和现代建筑的案例说明，在空间游戏中，虚实两方都可能是不定形，也都可能是完形，视具体情况而定。文丘里看到了"剖碎"空间的多层嵌套的可能性，柯林·罗强调了"剖碎"空间中虚实关系的相对性，两人都对传统意义上的"剖碎"概念进行了扩展。

两人似乎都还是基于平面图底关系去讨论"剖碎"的空间作用，没意识到黑白图底互相叠加的可能性。这一情况发生在柯林·罗身上让人费解，因为当年在《透明性》(*Transparency*)中，他实际上已经讨论更有意味的空间形态介于黑白之间⑱[10]25。透明性问题的基础是三维空间的二维投影，当黑与白都是复杂的三维嵌套形体，任何方向上单一的投影都不足以描述，透明性的引入，更像是在讨论单一方向上不同空间深度投影的二维叠加，好像建筑肌体的CT照影。在医学影像领域，实体与空间的三维透视叠合投影是常见的诊疗手段。与传统建筑相比，现代建筑典型的流动空间很难映射为单一方向黑白分明的二维投影。

童明认为，柯林·罗在《拼贴城市》一书中进一步探讨了实体与虚空图形之间的模糊性[16]113。但是，这种模糊性更多体现在城市尺度中虚实转换的可能性，而不是连续城市空间中的透明性。也许

图21　朗香教堂的剖面

图22　飞利浦馆

图23　TWA候机楼

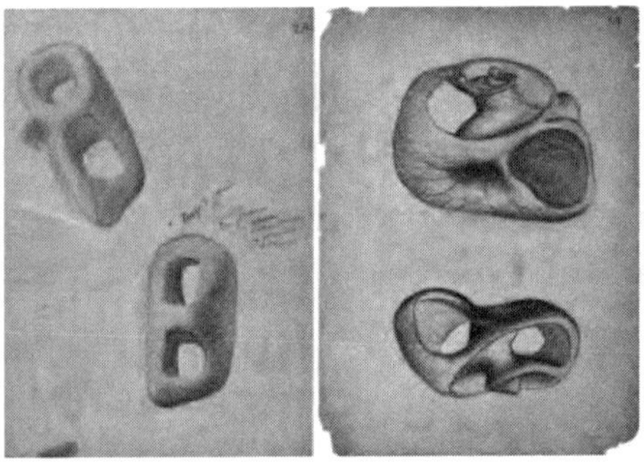

图24　柯布晚年的雕塑

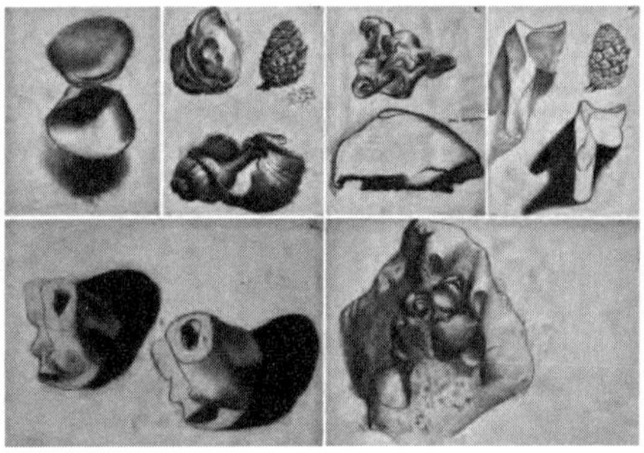

图25　贝壳素描

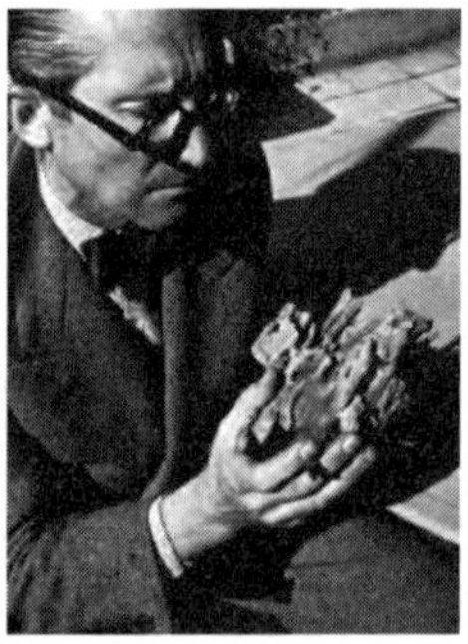

图26　柯布手持漂流木的照片

是出于对“昨日之我”的扬弃，柯林·罗对透明性概念只字未提。而霍伊斯里20世纪80年代在“透明性补遗”中对“剖碎”的讨论，却难免受到柯林·罗的影响。他强调的是，在现代空间中，因为实体与空间、中心与周边的界限模糊了，核心空间消失，空间各部分变得匀质、外扩，结果，“透明性与剖碎通过相反的方式发生关联”，但二者本质上是等价的⑲[10]119。

几位理论家都模糊地意识到透明性空间与“剖碎”之间存在某种关联。在那一时期，更重要的案例其实是勒·柯布西耶的朗香教堂（Ronchamp Chapel，图21）和飞利浦馆（Philips Pavilion，图22），或许还有小沙里宁（Eero Saarinen）那些非线性的造型（图23）。可惜当时的理论对于纠缠的“湖石”型空间无从下手，所以只字未提。一直到一部分解构主义建筑师将曲线造型和拓扑空间引入设计领域之后，传统空间理论的危机才真正来临。然而这种危机与其说是理论自身的危机，不如说是思维框架上的危机，因为20世纪50年代的理论家们已经在建筑与城市、单体与系统之间努力寻找关联。客观而言，柯布在20世纪20年代提出的空间概念，已经将这个问题抛在世人面前，虽然理论家对白色住宅的兴趣远高于朗香教堂，但二者之间的关系显然比表面上深刻得多。在柯布晚年的探索中，建筑实体有一种洞穴化的倾向，像朗香教堂外墙那样“计实为空”的操作非常常见，空间多孔多窍的形态，与早年的白色住宅如出一辙（图24—图26）。

《透明性》一书对设计方法的讨论，可以浓缩为一句话：“将立面切开，挖去一些部分，再把其他部件插入留下来的空位中。”[10]40为什么是立面？因为这本书是从二维投影来讨论三维空间的。其实切去的和插入的部分都是实体，与切除后的空腔错位布置。这样空腔就成了一个“拐弯”的空腔，也就无法在立面上通过单一投影来表达，黑白叠合，透明性出现了。

7　结语：三维空间的复杂性问题

人体感官能够接收和处理空间信息，这也是一切空间感知的原点。审美只是空间感知的派生物。

实体与空间的共生关系在传统投影制图法中表达为黑白图底。实体是人获得空间的手段，即老子所说“当其无，有室之用”[6]。受人体解剖学影响，建筑中的实体部分在投影图中表达为双线交圈及其内部填充，这就是“剖碎”的由来。“剖碎”的不同形态，无论是古典建筑中的异形碎片，还是现代建筑中的正交线段，都是选择不同“格律”或“方言”的结果。

“剖碎”的物质形态决定了它内部依然可以容纳空腔，有闭口和开口两种（文丘里），是空间虚实关系在二维上的拓展。当“剖碎”沿非正交方向进行非线性放样，实体之间交叠、嵌入、融合，剖面就呈现出颅骨或湖石一样的形态，迭代下去，空间逐渐逼近真三维，此时实体部分表现为“剖碎”的一般形态，形成“湖石”型空间，在任何轴向上都无法通过单一或有限的投影图来表达。用放射线对其照影，得到一张叠合的剖面图，不是黑白两色，而是深浅相间的灰度图像，可以看作三维空间在二维平面上的共时性投影，也可以看作二维平面切割三维空间的历时性叠加。可以推测，当有三维空间切割四维形体，将看到连续变化的三维形态，当它瞬间凝聚，留下体积的碎片，便不仅是“剖碎”本身，也是更大尺度上空间单元彼此交叠、嵌入、融合的见证，实体随时间移动的残留，非空非非空。就是三维透明性问题，我们借它来幻想更高维度的空间信息。

作为空间虚实转换的机制，湖石、古典平面或现代流动空间，都是三维透明性问题的特例。这种更具普遍意义的透明性来自非空非非空的“剖碎”，它打通了建筑和城市空间的边界，三维物质空间以此为复杂性的极限，能触发异常丰富的感受。“复杂性”因此成为空间环境丰富体验的物质基础。

（原载于《建筑学报》2022年第12期）

注释：

①最早由童寯先生翻译为“剖碎”。

②原文为“Adoption of the hollow structural form”。

③以“多孔多窍”(porosity)来描述城市空间形态，是受到本雅明的启发。

④出自《道德经》第十一章。原文：埏埴以为器，当其无，有器之用。凿户牖以为室，当其无，有室之用。故有之以为利，无之以为用。

⑤路易·康在奥特罗国际会议总结大会上的演讲：“每个空间都有其独特的定义……服务空间与被服务空间(served and servant spaces)是两个不同的东西，平面应该从这里入手……建筑师应当思考出一种方式可以把服务空间放进去，并且不影响整个空间……但是你不能把这个问题与其他问题分开解决。”

⑥原文：“笔者发现唐·柳柳州说得极为精辟概括……不是非常明白的吗？”

⑦正投影图画法指投影线与投影面垂直，对形体进行投影的方法。

⑧原文“With great lucidity，Professor Cret explained to his ... meaning as well as the instrumentality of a parti”。

⑨柯林·罗的《透明性》将“透明性”理论引入建筑学，并分类为“字面透明性”(literal transparency)和“现象透明性”(phenomenal transparency)。

⑩CT(computed tomography)，即电子计算机断层扫描。

⑪辛诺特说：“外部体形经常十分简单，但是包装在有机体内部的是极为复杂的各种结构，它们一直是解剖学家的兴趣所在。”

⑫他借老沙里宁(Eliel Saarinen)之口来阐述这个观点：“在空间中组织空间，社区是如此，城市也是如此。”只要是连续的空间营造，就必然会产生边角余料，文丘里称之为“残余空间”(residual space)，并与路易·康的“服务空间”联系起来。

⑬中文版的译者把它翻译成“空腔”。

⑭原文：“坦率而言，我们已经忘记了这个词，或将它降格列入过时类别；直到最近，经由罗伯特·文丘里的提醒我们才想起它的用途。”

⑮原文：“基于感知领域，一座建筑物本身就可能成为一种‘剖碎’。为了某些目的，一个实体可以帮助相邻的虚空呈现出来。”

⑯原文：“剖碎的总体用途似乎就在于它作为一种实体，去咬合相邻的虚空或被相邻的虚空所咬合，根据必要性或环境需要而成为图形或者图底。”

⑰原文：“然而在现代建筑的城市中，这种互换当然既不可能，也不被预期。”

⑱原文：“空间维度上的两难……互相渗透，同时保证视觉上不存在彼此破坏的情形。”

⑲原文：“剖碎是物质的，透明性是空间的——尽管存在状态截然相反，二者却都表现出同样的作用。”参见《透明性》。

图片来源：

图1：引自 https://artsandculture.google.com/asset/large-plan-of-the-roman-campo-marzio-field-of-mars-in-rome-giovanni-battista-piranesi/eQFcUMOS6HLSxw；

图2：引自 MERRILL Michael.Louiskahnthe Importance of a Drawing[M]. Baden：Lars Müller Publishers，2021：97；

图3：引自 https://divisare.com/projects/342858-louis-kahn-xavier-de-jaureguiberry-yale-university-art-gallery；

图4：引自 https://www.archdaily.com/83071/ad-classics-national-assembly-building-of-bangladesh-louis-kahn?ad_source=search&ad_medium=projects_tab；

图5、图8、图17：引自 ACKERMAN J S，*Origins，Imitation，Conventions：Representation in the Visual Arts*，Cambridge：the MIT Press，2002：81，145，309；

图6：引自参考文献[13]；

图7：引自 http://www.dl-atelier.com；

图9：引自 https://www.journeyera.com/goreme-open-air-museum-cappadocia/；

图10：引自参考文献[10]第118页；

图11：引自 https://www.archdaily.com/85656/multiplicity-and-memory-talking-about-architecture-with-peter-zumthor；

图12：引自 https://arquitecturaviva.com/works/casa-moriyama-tokio-3；

图13：引自 https://www.moma.org/collection/works/31863；

图14：金秋野拍摄；

图15：引自 https://en.wikiarquitectura.com/building/galvez-house/；

图16：引自 https://www.archdaily.com/7484/house-n-sou-fujimoto；

图21、图22、图24—图26：引自 ENTON T，COHEN J L，*Le Corbusier*

le grand, New York : Phaidon , 2008 ;

图 23 : 引 自 https : //www.archdaily.com/788012/ad-classics-twa-flight-center-eero-saarinen?ad_source=search&ad_medium=projects_tab ;

其余图片均为作者绘制。

参考文献：

[1] 童寯 . 美国本雪文亚大学建筑系简述[M]// 童寯文集 : 第 1 卷 . 北京 : 中国建筑工业出版社 , 2006 : 224.

[2] RUAN X.What can be taught in architectural design? —parti , poché , and felt qualities[J].Frontiers of Architecture and Civil Engineering in China , 2010 , 4(4) : 450–455.

[3] CACCIATORE F.The wall as living place : hollow structural forms in Louis Kahn ' s work[M].Siracuse : Lettera Ventidue , 2016 : 45–55.

[4] 金秋野 . 关于历史真相的支离叙述 : 本雅明和他的城市研究[J]. 建筑学报 , 2017(7) : 120–121.

[5] BHABA H , KAPOOR A.Homi Bhabha and Anish Kapoor : A Conversation[EB/OL].(1993- 06- 01) [2022- 01- 20].https : //anishkapoor.com/976/homi-bhaba-and-anish-kapoor-a-conversation.

[6] 王弼 . 老子道德经注[M]. 楼宇烈 , 校译 . 北京 : 中华书局 , 2011 : 26.

[7] 《大师》编辑部 . 建筑大师 MOOK 丛书 : 路易斯 · 康[M]. 武汉 : 华中科技大学出版社 , 2007 : 19.

[8] 冯纪忠 . 组景刍议[J]. 同济大学学报 , 1979(4) : 1–5.

[9] 李静波 , 戴志中 .Poché : 内外之间的"厚性"陈述[J]. 新建筑 , 2014(6) : 94–97.

[10] 柯林 · 罗 , 罗伯特 · 斯拉茨基 . 透明性[M]. 金秋野 , 王又佳 , 译 . 北京 : 中国建筑工业出版社 , 2008.

[11] VENTURI R.Complexity and contradiction in architecture[M].2d ed. New York : Museum of Modern Art , 1977.

[12] 何斌 , 陈锦昌 , 王枫红 . 建筑制图[M].8 版 . 北京 : 高等教育出版社 , 2020 : 30–33.

[13] YOUNG M.Paradigms in the poché[C]//107th ACSA Annual Meeting Proceedings , Black Box.[S.l.] : ACSA Press , 2019 : 190–195.

[14] 金秋野 . 截取造化一爿山 : 阿道夫 · 路斯住宅设计的空间复杂性问题[J]. 建筑学报 , 2019(9) : 110–117.

[15] 塞巴斯蒂亚诺 · 塞利奥 . 塞利奥建筑五书[M]. 刘畅 , 李倩怡 , 孙闯 , 译 . 北京 : 中国建筑工业出版社 , 2014 : 423.

[16] 柯林 · 罗 , 弗瑞德 · 科特 . 拼贴城市[M]. 童明 , 译 . 上海 : 同济大学出版社 , 2021.

作者简介：

金秋野 , 北京建筑大学建筑与城市规划学院常务副院长 , 教授 , 博士生导师 ;

廉志远 , 北京建筑大学建筑与城市规划学院硕士研究生。

数字科技叠加美学创新——解锁建筑艺术新时空

王晨　赵若姝

摘　要：近年来，数字技术的飞速发展不仅推动了艺术领域的美学创新和语言表达，还在数字内容创作和演绎的过程中，为建筑设计拓展了新思路。本文以文化空间建构为例，结合前沿实践，探讨在数字艺术影响下，建筑空间、建筑形态、建筑定位、建筑功能等维度的未来发展方向，为建筑行业数字化转型提供有益参考。

关键词：数字艺术；建筑空间；文化空间；元宇宙；数字技术

随着第四次工业革命走向纵深，以大数据、云计算、物联网、移动互联网、人工智能等为代表的新兴数字技术，加速以新理念、新业态、新模式融入社会生活的方方面面，成为颠覆行业样貌、重塑产业业态的重要力量。

作为数字技术的重要产物之一，数字艺术是以数字科技的发展和全新的传媒技术为基础，融人类理性思维和艺术感觉于一体的艺术形式[1]。近些年，数字艺术在AI、高性能计算、MEC+VR、5G等技术赋能下，不仅推动艺术领域的美学创新和语言表达，还在数字内容创作和演绎的过程中，与应用场景碰撞融合，从建筑空间、建筑形态、建筑定位、建筑功能等多维度为建筑设计打开了新的想象空间。

数字艺术解构建筑空间。近些年，从全球媒体艺术节“奥地利电子艺术节”的装置表演 *SAY_SUPERSTRINGS*，到国内的互动影像装置作品《有趣的世界》、捕捉时空痕迹的《时间的形态·京剧》等，富有科技美感的先锋数字艺术内容层出不穷，通过数字艺术与科技交融，带领观众游走于数字世界与真实世界之间，从视觉维度消解了建筑场馆边界。比如2021年问世的BOX空间舞台作品《经海山》（图1），创造性地拆掉了舞台，最大限度打破艺术创作边界，把承载沧海桑田的华夏世界微缩于16 m宽、24 m长、9 m高的黑匣子之中，将观众引入一个极具未来感的志怪幻境。这里没有台上台下，没有观者演者，每一个粒子都是戏剧的发生地，精卫填海、大禹治水、夸父逐日等九重幻境扑面而来，观众可以沉浸式体验光影塑造的经典神话《山海经》里异兽万象、人神共生的世界。在数字科技的催化下，传统建筑结构解构在日益加深，实体与虚拟的交互共存为建筑设计打破传统理念、拓展视觉空间提供了新可能[2]。

数字艺术颠覆建筑形态。2021年发布的《“十四五”建筑业发展规划》，除了强调大力发展装配式建筑，还首次提出推动生产和施工方式实现智能化升级，为建筑行业勾画了发展蓝图。基于数字艺术领域的实践日趋成熟，公共文化场馆作为数字艺术创作与展示的重要空间，将率先实现建造方式、建筑形态的变革。未来的数字化空间将不再拘泥于传统建筑结构，而是可以借助3D打印、特种混凝土材料等技术，实现建筑全过程、全要素的数字化和智能化，以灵活、多变的组件化、标准化和工业化形式完成快速移动和搭建，光速降临城市热点地区（图2）。

数字艺术改变建筑定位。随着建造方式的灵活性不断增强，移动智慧剧场不仅极大程度上压缩工期、缩短建筑成本，还能充分弥补现有公共文化空间远离市中心、建造周期长、投入资金多、覆盖人群少等多方面短板，实现从以剧场为中心到以观众为中心的

图1　《经海山》演出现场

图2　2021上海城市空间艺术季“社区·元空间”展

定位转变，进一步提升场馆的服务效能[3]。同时，借助组件化搭建方式，多城市联动的移动院线将作为一种新兴业态，改变数字艺术展览展映形式，为城市发展注入数字活力。

数字艺术拓展建筑功能。近些年，随着元宇宙时代到来，新型虚实相融的数字文明，将是人类未来文明的全新生态。在此背景下，数字艺术创作正加速从PGC模式向UGC模式转变。作为数字艺术创作的重要场景，数字文化空间将从单一的展览展示空间转变为交互性更强、容量更大的社交空间。依托于大数据、人工智能及5G连接赋能，数字文化空间可嵌入视频渲染、全景环绕声、空间定位、高性能计算等技术，在场馆设计、展陈过程中，全场景营造沉浸式元宇宙体验，充分展现科技与艺术交融的魅力。不仅如此，基于丰富的数字艺术内容，未来空间将打通线上社区与线下艺术空间区隔，形成文化艺术创作者、爱好者、消费者共享的共生世界和数字艺术生态闭环，营造集展示、娱乐、社交、创作为一体的元宇宙场，最大限度拓宽建筑设计思路[4]。

我国《“十四五”规划和2035年远景目标纲要》提出“加快数字化发展，建设数字中国”“打造数字经济新优势”，数字化转型已经成为大势所趋。在数字产业化和产业数字化蓬勃发展的态势下，数字艺术与建筑设计的跨界融合，将助力打造落实数字中国战略的数字经济示范空间、融合美学创新与前沿科技的数字艺术展示空间，以及集展示、娱乐、社交、创作为一体的数字艺术元宇宙空间，解锁当代建筑的更多可能。

（原载于《世界建筑》2022年第11期）

图片来源：

本文图片均由出品方提供。

参考文献：

[1] 杨虹．数字媒体艺术的呈现研究[D]．株洲：湖南工业大学，2010.

[2] 沈倩．数字艺术语境下的舞台光影空间[J]．艺术评论，2015(7)：7.

[3] 贺怡，傅才武．数字文化空间下公共文化服务体系建设的创新方向与改革路径[J]．国家图书馆学刊，2021，30(2)：9.

[4] 王函锐，唐建．数字技术下当代建筑空间中互动艺术的感知研究[J]．城市建筑，2019，16(35)：58-60.

作者简介：

王晨，阅文集团公共事务副总裁；

赵若姝，阅文集团公共事务经理。

西方风景美学视角下风景建筑发展脉络研究

陈烨

摘　要：风景审美在西方风景园林发展史中有着重要的影响。17—18世纪的欧洲风景画传统和如画美学建立起风景美学的可识别性特征。18—19世纪出现了基于风景审美及空间组织需要而建造的风景建筑。风景建筑追求精神愉悦，强调象征性、叙事性和表现力。20世纪现代公园的出现以及公共利益下的政治导向促成了风景建筑的功能性转向，使其成为游憩设施和便利建筑。从风景、风景园到现代公园的发展，不断丰富着风景建筑内涵，拓展其外延，并推动着风景建筑的角色转换。当代的风景建筑不再仅仅是映射历史的文化容器，在意识层面建筑已经成为风景，兼容自然与人文、乡村与城市，引导着社区建设、社会活动及社会文化建设。基于风景美学视角的再思考能够让自然风景延续其自然美的吸引力，在与风景互益的前提下探索当代建筑的发展路径。

关键词：风景美学；风景建筑；风景园；公园；folly建筑

1　引言

风景资源兼具外在的视觉形式和内在的美学价值，内外均会导向不同程度的认知情境与价值判断，对风景的理解有一个漫长的社会文化建构过程。西方风景美学可以追溯到17—18世纪的欧洲风景画和由此建立的对自然风景的审美偏好。风景美学带来的对自然环境、如画风景以及理想景观的思考具有重要的历史价值。自20世纪70年代以来，风景美学的研究持续受到关注，发展到今天已经全面影响到国土管理、自然资源保护以及国家公园和城市公园的设计等方方面面。

风景美学既根植于自然风景带来的感性愉悦，也融入了可持续的文化价值观念。对于自然风景中的非自然的、人工介入的建筑物，风景园林界一直存在着不同的认知定位。在最初的认知中，风景中的建筑是作为重要标志物而存在的。在雅各布·凡·德·克鲁斯（Jacob van der Croos）所作的《海牙景色，以及毗邻的二十幅风景》（1661—1663）中的21幅作品，几乎无一例外地出现了建筑古迹或是尖顶、风车之类的自然景物以打破地平线[①]，因为在当时"任何能让我们想到古代习俗的建筑——像骑士时代的城堡——都能带来精神上的愉快。因而，画家和诗人如此青睐那些'塔楼'和'城垛'，以之作为他们理想风景中的组成部分"[②]。经过近三百年的发展之后，风景中的建筑经历了社会发展和观念转换的过程。在20世纪30年代，艾伯特·H.古德（Albert H. Good）将公园中的建筑定位为因功能性需求而出现的游憩设施："游憩设施应该被看成对需要保持自然状态的地域的入侵物"，"不是绝对必要就不建造建筑"，并且应"深知它根本不可能美化自然，而只会破坏自然"[③]。

认知观念的产生都有其特殊的历史情境。在更大的背景下，建筑物、村庄乃至城镇都可作为广义风景中的人工构成因素而存在。本文聚焦风景园林发展中的风景建筑及其背后的文化线索，探讨风景中的建筑类型演变及其专业定位，以理解西方语境中的风景建筑，并为当代风景资源的保护以及风景建筑的建设提供借鉴。

2　风景与如画审美

风景（landscape）词源的变化反映了欧洲中世纪末期向近现代转换过程中风景审美的开端。landscape在12世纪之前的英语词源"land-scipe"与德国地理学家使用的"Landschaft"是同义词。这个词与风景无关，而是与土地、地区或区域有关。

风景绘画成为风景审美的主要表现形式缘起于意大利文艺复兴时期。"16世纪初，在意大利和弗兰德斯之间的多瑙河地区，德国画家阿尔特多夫尔创作了西方艺术史上第一批纯粹的风景画，使风景画摆脱了原先的附属地位，成为独立的、自主的绘画种类。"[④]至16世纪与17世纪之交，尼德兰地区的画家用荷兰词汇"landschap"作为绘画术语。该词本意是在船甲板上眺望田野风光，因而具有了审美内涵，逐渐演变为描述自然景色，特别是田园景色的绘画术语，并被引入英语。至此，landscape将风景作为审美对象，并逐渐成为美学、社会学、心理学领域的定义，但在地理学和生态学中则与审美无关。

城市工商业发展加速了文艺复兴之后的城乡环境拉开差距，“在文艺复兴时期的意大利建立起来的存在于田园牧歌文学、风景绘画、园艺、‘令人愉快的地方’和经过规划的远景风景之间的紧密联系，对土地作为美学资源的开发，以及乡村地产中的人工区域和野生区域的关系的调解——所有这些都成为启蒙主义思想中与自然相关的核心主题”[⑤]。也因此，风景中的乡村田园成了人们心中的“阿卡迪亚”，土地作为风景资源的价值大幅度提升。

1713年的《乌得勒支条约》重新奠定了欧洲局势，间接促进了英国上流社会子弟为完成学业前往欧洲大陆旅行。17世纪风景画家描绘出来的意大利美景及其伟大文明遗迹成为游学的主要目的地，推动了18世纪初期的“大旅行”（Grand Tour）。风景中的废墟遗迹与荒芜的田野共同构成了普遍的风景审美偏好，特别是遍布平原的“罗马遗迹的宏伟与壮丽将会激起人们内心深处的千百种情感”[⑥]。这些废墟遗迹成为早期出现在风景中的建筑物，渗透着对古典文明的追忆。苏格兰作家托拜厄斯·斯莫列特在1766年的《法国和意大利游记》中描述了英国人对这种风景的期望：除林木和荒野外，还期望能看到石窟、隐居地、神庙以及凉亭，以提供休憩及沉思场所[⑦]。威廉·吉尔平在《游湖》（*In Tour to the Lakes*，1786）中更是提出了人造废墟的建造方法，认为其可以刺激情感并激活观众的想象力[⑧]。

从风景、风景画到如画审美并非一个顺畅的演变过程。意大利语“如画”的词源“pittoresque”和英文“picturesque”在法语和英语中第一次出现是在1700年左右[⑨]，开始只是作为绘画的日常用语，指一种绘画风格和技巧，与审美品质无关[⑩]。吉尔平倡导了用绘画的方式想象风景的实用方法，其中就有了审美的雏形。理查德·佩恩·奈特（Richard Payne Knight）和乌维代尔·普莱斯（Uvedale Price）将之发展成为抽象的风景理论，提供了评价风景的一种方法和模式，激发旅游者根据其视觉质量来判断风景的能力。

18世纪70年代以后，英国开始明确使用“如画”来称谓园林景观[⑪]。“如画”逐渐发展成为与美、崇高并列的美学范畴，但其一直以来都是一个模糊的概念，通常最普遍的理解是“具有画家的风格”或“像一幅画”[⑫]。如画美学观念实际上是画家对自然审美形成的一种联想模式，即观者将眼前的自然风景与田园诗、风景画进行比拟与联想[⑬]。“如画”最初的意义是指画面上粗糙的表面、笔触等特征，同时也指“不规则、随意生动的”构图策略[⑭]。在风景中，荒野和废墟最能体现这种自然的粗糙感所带来的美感。到18世纪90年代，由于此时风景审美对象是如画风景的构成形式及历史遗迹，获得的是非功利性的感性愉悦，如画审美实质性地加强了反实用性倾向，“导致了如画运动对于废墟、茅舍、吉卜赛人和乞丐的偏爱”[⑮]，也引导了风景建筑的风格倾向。

“文化和历史通常被认为在塑造我们对自然风景的偏好方面发挥主要作用”[⑯]，如画美学思想推动了主观、文化的风景概念。17—18世纪的欧洲风景画传统和如画美学的主要目标不仅是解释对风景环境的感知愉快，而且是建立起风景美学的可识别性特征。18世纪奠定的风景美学中的自然主义、风景如画和理想景观，对欧洲乃至世界都具有深远的影响。

3 风景中的建筑

相对于自然风景，风景画中的建筑废墟更能反映出人们对风景建筑的理解和审美追求。有记录可查的“风景建筑”（landscape architecture）一词最早出现于苏格兰人梅森（Gilbert Laing Meason）于1828年出版的风景画册《论意大利大画家的风景建筑》[⑰]。梅森从风景画中看到了建筑与风景存在的意义，他借鉴了维特鲁威的《建筑十书》来探索建筑与自然之间形式美的原则，认为“将建筑以特有的方式置于美丽的风景中，尤其适合于绘画”，“可以立即丰富和约束创意，使建筑适应用地，使建筑和场地背景融为一体，使二者与周围景色协调一致”。这种建筑和环境整体统一的愿景是早期风景画理想的延续，建筑是风景中的视觉焦点和标志物。

苏格兰园艺学家劳登（John Claudius Loudon）认为，“landscape architecture”这个词恰如其分地描述了风景构成，定义了一种特殊类型的建筑[⑱]——风景建筑。他在《建筑百科全书》（1833年）中采用了这个词，并在 *The Landscape Gardening and Landscape Architecture of the Late Humphry Repton*（1840年）书名中使用了这个词，由此可以看出，风景园艺和风景建筑成为两个分立的组成部分。美国设计师唐宁（Andrew Jackson Downing）在其著作《适应北美的风景园林理论和实践》（1841年）中使用“landscape architecture”作为一个章节的主题。唐宁又把这个词传给了奥姆斯特德（Frederick Law Olmsted）。由于奥姆斯特德的从业背景，该词在1858年首次成为风景园林专业的名称。需要指出的是，此时该词更偏向于“建筑（营建）风景”，而不是或不仅是风景建筑。

图1所示的是梅森书中的一个“风景建筑”例子。梅森受到如画美学的影响，用它来描述一种以意大利风景画为基础的建筑风格。他看到了建筑在风景中的作用，强调建筑布局和周围空间相结合的重要性。风景中的建筑类型有着不同的社会文化寓意：自然背景代表着伟大与壮观；废墟遗迹代表着某种古典和神秘，其中既包括教堂、修道院、神庙等宗教废墟，也包括具有一定体量的城堡废墟。由于如画审美模式的影响，不规则的哥特式建筑因最具有吉尔平强调的如画本质[⑲]而受到广泛的青睐。

风景中的乡村茅舍则是作为废墟的对照，象征着宁静的田园生活，代表着贺拉斯式的隐居理想。此外，人类有一种倾向：在可能的情况下，在靠近水源、有前景和避难机会的地方定居[⑳]。风景中的乡村住所提供了这样的地方，既满足了人们的隐居理想，也为频繁的瘟疫侵袭提供了庇护场所。庇护隐居类的建筑除典型的民

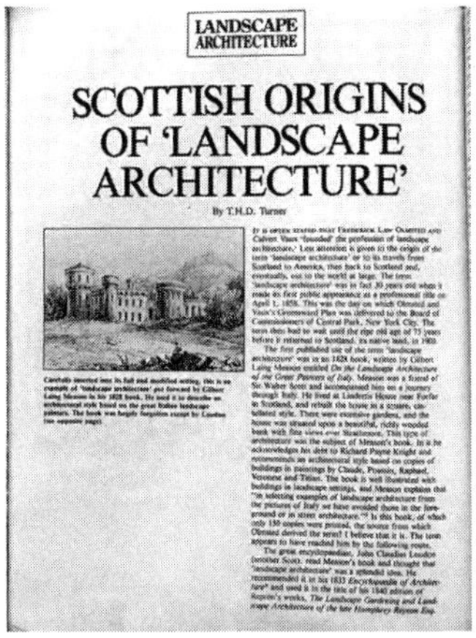
LANDSCAPE ARCHITECTURE

SCOTTISH ORIGINS OF 'LANDSCAPE ARCHITECTURE'

By T.H.D. Turner

图1　风景建筑的苏格兰起源

图2　黄石公园的Old Faithful旅馆

居茅舍外，还包括庄园府邸、乡村别墅、旅馆等。

1879年，美国建筑师罗伯特·雷默（Robert C. Reamer）设计了黄石公园里的旅馆典范——老忠实旅馆（Old Faithful），其核心立意就是赋予建筑独特的庇护感。度假旅馆不仅成为抵御大自然力量的物质堡垒，还为美国中产阶级提供了精神庇护所，以躲避城市化和工业整合带来的社会动荡。该旅馆位于一个风景壮观的高地，周边地貌丰富（图2）。建筑的外部形象"在体现荒野的乡村典故和吸引那些习惯于城市舒适生活的人之间取得了平衡"[21]。建筑内部也回应了如画般的粗糙质感，外部的许多圆木细节都被搬到了内部，与早期拓荒者使用的熟悉材料相呼应，营造了一种看似粗糙的温暖质感。罗伯特·雷默为了强调黄石公园为游客提供庇护的功能性，还设计了著名的罗斯福拱门（1902年），对黄石公园的空间作了界定，玄武岩石构成的巨大体量也成为特有的风景建筑类型。

4　风景园中的建筑

风景画及如画美学逐渐被人们接受并运用在园林建设中，风景如画的认知模式将审美对象转移并扩大，由艺术转向园林建造，对自然的审美转向了实践的审美。18世纪欧洲园林风格从规则式园林逐渐转变成为自然风景园。自然风景园首先在英国产生与发展是多方因素综合作用的结果，其中，回归自然的思想以及优美的自然地貌是风景园形成的基础条件。大规模的圈地和植树运动使得当时的乡村风景由大片的牧场、斑块状树林、散布的小村庄组成。英国人观乡村如观风景，乡村风景成为自然风景园模仿的对象。英国自然风景园思想和实践被认为起源于1712年艾迪生（Joseph Addison）的《观察家》论文、波普（Alexander Pope）的著作和他的特威克纳姆（Twickenham）花园，以及18世纪30年代威廉·肯特（William Kent）的作品[22]。早期中国自然山水园林风格也对此产生了一定的影响。

4.1　folly建筑

威廉·肯特从1709年开始在意大利学习绘画。1714年，他开始撰写《以绘画和建筑的方式评论》（*Remarks by Way of Painting and Architecture*），其中提到了大量传记性的风景场景[23]。在风景园的建设中，肯特在不同的场景放置了各种建筑，以吸引穿行在花园路径上的人们，激发人们的兴趣。这也为自然风景园的建设提供了特别的思路。

最有影响力的风景园是斯陀园（Stowe）。19世纪50年代，卢梭（Jean-Jacques Rousseau）参观后评价：斯陀园是由美丽如画的景点组成的，这些景点代表了不同类型的风景，所有这些景点看起来都很自然，就像中国园林一样。高品位的主人还建立了废墟、寺庙和仿古建筑，就像场景一样，展示了一种超越人类的辉煌[24]。如卢梭所述，此时风景建筑已经成为风景园中的构图焦点。园中建筑的空间视域经过合理布控，以建筑为视觉中心将斯陀园演变成一系列自然风景的组合，这也成为自然风景园的主要表现特征。

由此，18世纪出现了大量基于风景美学及空间组织需要而建造的建筑，这些没有功能的、奢侈的建筑被统称为"folly"（源自法语folie，"愚蠢"的意思），在建筑学中也被称为eyecatcher（引人注目的事物）。folly建筑成为这一时期英国典型的建筑类型[25]，被认为以有形的方式表达了英国人的民族性格。folly建筑的流行得益于英国园林开始注重来自自然风景的审美乐趣，不再受到规则式园林的约束，同时也意味着古典主义的瓦解。由于folly建筑起源于风景园，模仿的是风景环境中的建筑，因此folly也可算是最接近"风景建筑"内涵的英文词汇。

在斯陀园中，不同时期建造的数十栋建筑都可以统称为folly。这些建筑浓缩了欧洲社会文化，表达并激发了人类生存的情感和精神追求。这些建筑都具有极高的视觉审美价值，且大多数兼具象征意义、叙事性和诗意。有象征着欧洲神明和宗教、古文明（罗马、希腊）的古典建筑及其废墟，有源于如画美学的具有异国情调的建筑（哥特教堂、中国亭），以及象征着精神追求的田园诗庙宇

(1729)、隐士之家(1731)、乡村宾馆(1717,位于园区入口)。其中,由威廉·肯特设计的极乐世界片区还包括了纪念先贤的寺庙(1737)和英国贵族圣殿(1734—1735),以及象征冥河源头的石窟(1730),等等。这些建筑使得人们有机会体验不同的情怀:大自然与仿古遗迹呈现出让人感动的伟大与崇高,庙宇则用于表达对神明与先贤的尊敬,乡村庇护空间则为人带来宁静与隐逸。

斯陀园只是诸多风景园的典型代表,奇斯威克花园(Chiswick)则是最早包含folly建筑的花园之一,大量的建筑展示了伯灵顿勋爵对罗马、希腊、埃及古典建筑的向往和对隐居理想的追求,如爱奥尼神庙、异教神庙、乡村别墅、鹿屋、意大利澡堂(Bagnio)等,其中还有肯特设计的纪念先贤的树篱剧院。其他风景园中还有象征骑士精神、安全与神秘感的古堡及其废墟,更有甚者还有假村庄(Cheshire)、巨大的菠萝建筑(Dun-more)。最常见的folly是塔楼,因具有地标性意义及导向作用而被广泛运用。位于伦敦邱园的中国塔楼(1762)最具辨识度,该塔楼由钱伯斯爵士(William Chambers)为奥古斯塔公主设计。在邱园中还有肯特在18世纪早期设计的隐士小屋(1733)和巫师梅林的洞穴(1735)。托马斯·惠特利(Thomas Whately)认为,这些花园是将自然、人居和神话融合在一起的"象征"㉖。

folly建筑虽以无用著称,其实是摆脱了功利之用,追求精神上的愉悦并具有丰富内涵的象征性,模糊了想象与现实之间的界限。通过构建引人注目的焦点建筑,加强如画美学一贯强调的前景、中景和背景的空间层次,以提升风景的视觉质量并赋予建筑让人愉悦的形式与意义,这些也是现代风景园林叙事性的追求。folly建筑也因此逐渐扩散开来,出现在各种花园及广阔的英国大地上。此外,由于园区空间尺度及造价的原因,这些建筑往往比模仿的对象要小,非模仿的建筑也多采取小体量以降低建造成本。

19世纪后期,美国效仿欧洲也建造了很多folly建筑,纽约中央公园的贝尔维德尔城堡(Belvedere Castle)就是一个著名的模仿欧洲中世纪城堡的例子。在美国,folly也被用于称呼装饰华丽的露台(gazebo)或花园亭子(garden pavilion)。

4.2 fabrique建筑

英国风景园中folly建筑的全盛时期是1730—1770年。在法国,大约18世纪50年代就有了类似的建筑类型,采用的是法语词汇fabrique,指花园建筑(garden building)。克劳德·亨利·瓦特雷特(Claude-Henri Watelet)在1756年将fabrique定义为任何在绘画中出现的建筑㉗,指"所有为美化花园而添加到自然中的建筑"㉘。因为是绘画术语,也就具有了"如画"的含义。同时,由于该定义来源于绘画术语,法国人认为一流的画家最适合做园林设计。法国画家罗伯特(Hubert Robert,1733—1808)甚至因此获得了"废墟罗伯特"的称号㉙。

fabrique这个词在法语中原指建筑或工厂,有制造的含义。最

图3 卢梭的茅草屋

接近的英文词汇是fabric(英文原义是建筑,或材料、结构,后来被用来表示纺织)。从这个角度理解,fabrique建筑是组织园林空间的人工构筑物,更接近于园林建筑。

直到18世纪70年代,以法国为中心的欧洲大陆才出现了folly建筑。在法国人眼里,folly建筑与自然环境的结合方式具有很大的吸引力,与法国的fabrique完美契合,因此这种将风景园以建筑为中心布局成一系列画面的方法与风格被广泛采用。虽然在很多场合fabrique与folly通用,其所指的建筑类型也基本一致;但从词源的角度看,folly在英国被认为是无用的装饰建筑,fabrique在欧洲大陆却有着深远的内涵:fabrique可以表达政治、哲学、文化,且由于建筑风格多样化而具有很高的适应性。folly和fabrique的兼容并蓄,使得fabrique有了更加广泛的类型,如卢梭的陵墓和茅草屋、装饰性奶牛场、金字塔冰窖等,涵盖了更加广泛的文化参照物及美学价值。在法国埃麦农维勒林园中,沿着园路布置了一连串fabrique建筑:纪念碑、哲学寺庙、隐居地、洞穴。其中,荒漠中卢梭的茅草屋(图3)营造了一个情景:山顶掩映中的茅草屋激发了无限的遐想,哲学家可以在这个荒坡上沉思,视觉与联想在此得到共同呈现。

在欧洲,以fabrique建筑为中心结合如画式风景园的全盛时期是1760—1820年。由于fabrique建筑的类型及表现力超越了folly建筑,纯粹装饰性的建筑很少,反而更强调建筑背后的意义和想象。典型的fabrique如土耳其帐篷,因讲述了对抗土耳其和奥斯曼帝国的战争被运用在很多园中。1770年,惠特利(Thomas Whately)区分了规则园中的象征性和风景园中的表现性,他认为:"即使没有详细解释,fabrique建筑依然能够激发情感和想象力。"㉚fabrique建筑强调叙事性、象征性和表现力,因而这一阶段的风景园较之英国风景园更加吸引人。

4.3 20世纪的folly探索

folly作为风景建筑的统称被传承下来。20世纪初现代建筑运动下,功能与形式的思辨对folly也产生了深远的影响。英格兰方特希尔庄园(Fonthill)在1829年被描述为"阿卡迪亚田园",其中

的 folly 建筑是一个建于1959—1962年的阳光亭屋，与密斯·凡·德·罗的范斯沃斯住宅、埃姆斯夫妇的洛杉矶住宅并称为20世纪三大“pavilion”，被认为是20世纪英格兰最伟大的folly建筑，这个建筑的形态及空间追求也恰好说明了folly的现代拓展。

方特希尔庄园有一个修道院遗址，为整个风景环境奠定了浪漫主义基础，延续了风景美学的传统文化。庄园代表了“一个充满田园牧歌的地方，一个没有生活压力的梦想”。面对周边的风景环境，设计师提出了“象征性的栖息地”的概念[㉟]，folly建筑成为一个周末浪漫的隐居地。

设计师史密森夫妇(Alison Smithson 和 Peter Smithson)是早期现代建筑运动中十次小组成员，他们强调设计必须以生活方式为基础，以此生成建筑形态。设计师从空间形态的角度探讨了建筑思路，试图融合“露台(patio)和亭子(pavilion)”，并将建筑与庄园的步道联系起来。基于现代建筑设计理念，设计师重新诠释了风景建筑(folly)、瞭望台(gazebo)、亭子(pavilion)、花园房(garden room)、玻璃温室(glass-room)、寺庙(temple)等建筑类型与形式特征[㉟]，尝试将这些类型特征聚集在一个建筑物上：引入寺庙类型是对古典主义建筑思想的回应；露台一直是面向乡村风景的最佳观赏处，是一种有顶的开放建筑，可以从高处远眺外部风景环境，通常设在二楼；亭子意味着在一段时间内自由生活的地方；花园房是小型家庭园艺和建筑的结合；玻璃温室对应于能够充分获取太阳能的气候温房。这是一种进行了多重尝试的非传统类型，至于被称为folly建筑的原因则在于，虽然这一概念最常见的内涵是愚蠢和疯狂，但也有一层更加古老的含义：快乐的感觉。

这些理念反映在设计中，形式、空间、材料、自然光构成了建筑设计上的核心内容。设计中沿用了15世纪农舍的部分结构，保留了原有的墙壁和肌理，作为新建筑的基础。小屋的外墙与北面的花园墙相连，上层是固定在老石墙上的木构架。建筑三面观景，其体量能够消隐在风景环境中(图4)。由于其视觉上的开放性，建筑形式兼具了多种类型的folly特征，对建筑形式及其意义的尝试转换为对建筑本体与空间属性的研究，风景审美的对象也包含了建筑本身，这也恰好体现了传统风景建筑与现代建筑的核心特征。

图4　Fonthill庄园的阳光亭屋

坎宁安(Hugh Cunningham)指出，从19世纪20年代末开始，社会富裕阶层的休闲模式被一些社会改革者认为是解决城市问题的一种方法。理性的娱乐活动将促进社会、教育和道德的进步[㊱]。在不断扩张的城市空间中，提供公园空间以及娱乐设施能够让公民获得自豪感。19世纪30—40年代初，英国皇家公园——圣詹姆斯公园、肯辛顿花园、格林公园和摄政公园开始陆续开放。

这时候的城市公园依然延续了自然风景园的造园思想，但公园的规划定位开始具有了两个不同的方向：①如乡村般美好的风景环境；②提供不同阶层都可以参与的娱乐活动，特别是各种运动场地。这两个不同的方向在当时还处于争议之中，公园作为新生事物面临着以往造园尚未接触的本质问题：公园是开放给公众使用的风景环境，还是响应公众需求的公园环境？

风景画中的自然隐喻着一个理想的文化景观。公园中的自然是一个使城市文明与乡村风景在精神上产生共鸣的载体，城市公园带来了乡村悠闲宁静的生活氛围。那些热衷于推广公园的愿景——为城镇引入一个宽敞的、绿色的场所，提供新鲜空气，使人们健康地锻炼和愉快地娱乐——也许可以被总结为“城市中的乡村”[㊲]。从公园的早期历史开始，体育运动是否能够进入公园一直广受争议。自然风景所代表的乡村生活的宁静与隐逸，使人们认为喧闹的体育与宁静的大自然是不相容的。20世纪70年代有组织的体育运动兴起后，社会潮流发生转向，推动开放公园，开展各种体育和文化活动[㊳]。

5　公园中的建筑

公园是19世纪风景园林设计发展的一个非常重要的特征。19世纪中叶英国工业革命之后，社会关注的目光转向大众生活，公园成为公共教育和社会阶层融合的媒介。当时的英国公园不仅仅是散步或娱乐的场所，还体现了英国历史上的全盛时期——维多利亚时期(1837—1901)的政治、社会和文化面貌。城市公园比任何其他类型的景观都更能体现维多利亚时代“人民公园”的特征。

5.1　文化娱乐设施

风景园面向少数权贵阶层，公园却成为社会各阶层融合的媒介。自风景园开放成为公园起，公园就具有了公共利益下高度的政治导向和功能导向，包括对社会安全的引导和对社会公众的教育，也促成了风景建筑的功能性转向。20世纪功能主义的务实设计思潮也影响了城市公园的设计方向。folly建筑的非功能性和象征性逐渐让位于基于公众活动的基础支撑性建筑，公园中的建筑也因此被称为公园游憩设施，对应的英文词汇“recreation”的本意是“通过娱乐来恢复或振作”，也称作休闲设施或娱乐设施。

其中，呈现了美化的自然风景、兼具科学与功能的重要游憩设施建筑是棕榈玻璃温室（Palm House）。其因早期维多利亚时代收集外来棕榈树而得名，保存着来自世界热带和温带地区的植物品种。棕榈玻璃温室在很短的时间内成为植物园中的标志性建筑。英国建筑师帕克斯顿（Joseph Paxton，1801—1865）于1836—1840年在查兹沃斯（Chatsworth）建成了第一个棕榈玻璃温室。最知名的棕榈玻璃温室是1851年兴建的“水晶宫”（Crystal Palace），因世界博览会在海德公园举办而建造。其他重要的有邱园中的棕榈温室（1844—1848）、温带植物温室（Temperate House）等。伴随着各种玻璃温室出现的还有标本馆、进化馆、美术馆、博物馆等。

随着时间的推移，公园中除传统的folly建筑遗迹外，各种各样的新建筑开始出现。1872年的利物浦塞夫顿公园精心设计了点缀着售货亭（kiosks）和娱乐亭（pavilion）的多个场景，其他设施包括茶室、音乐台、板球场、棒球草坪和射箭场。之后，诸如保龄球、游泳池、操场、溜冰场、网球场和槌球场，甚至足球场等运动场所都出现在公园中，成为公园的体育类游憩设施。

奥姆斯特德因在1858年设计的纽约中央公园而一举成名。在开始的时候，奥姆斯特德坚持纯粹的乡村体验，拒绝让工人享受运动的乐趣。中央公园的模板是自然风景园，当时地形改造的投入非常大，“如果把建设中央公园用的装满土的大车排成一列，它将达到3万英里（1英里≈1.609 km），即环绕地球一周的四分之一”[㉟]。沃克斯（Calvert Vaux）还专门建造了一座folly建筑——贝尔维德尔城堡（Belvedere Castle，“Belvedere”在意大利语中意为“美丽的风景”）。该城堡成为公园中的制高点，也是纽约市的地标性建筑，现在成为天文台和家庭及社区活动的场所。奥姆斯特德和沃克斯也尝试以丰富的游憩设施营造轻松的公园气氛，园中的设施包括售货亭、露天音乐台、游艺宫、旋转木马、餐厅等娱乐设施。此外，还有人提议引入赛马场、露天剧院、网球场、溜冰场以及美术馆和动物园等游憩设施。

随着人们对环境健康、社会健康、身心健康的关注，公园被认为具有增进健康和福祉的作用，是促进体育活动的重要环境资源，公园与游憩活动在促进社区活跃度方面起着很大的作用。公园中的设施也因此被分为两大类：能够支撑健康活动，特别是体育活动的硬件设施被统称为公园设施（facilities），如绿地、操场、散步道、棒球场、篮球场、田径场、网球场、曲棍球场、滑板运动场、旱冰场、游泳池、足球场、儿童游戏场等。作为提升福祉的享受型硬件被称为便利设施（amenities，有“愉快的地方”的意思），如帐篷类（shade）、野餐亭廊（picnic shelter）、咖啡厅、烧烤场、卫生间等建筑，以及照明、座位、停车场、饮水机等[㊱]。建筑类便利设施被称为便利建筑（amenity building），是公园中诸多便利设施的一种。

5.2 现代建筑公园

从18世纪末到整个19世纪，英国的风景美学风格影响了同时代园林的发展。20世纪的工艺美术运动、新艺术运动到现代建筑运动，都是在面对工业化大生产带来的挑战以及对新材料、新技术、新风格的探索中逐渐形成了现代主义设计思想。在建筑和风景园林领域，理性主义、功能主义取代了自然主义、浪漫主义和折中主义。

德国现代设计运动先驱建筑师赫尔曼·穆特修斯（Herman Muthesius，1861—1927）反对风景画传统，他认为晚期风景园的设计理念包含了多余的美学元素，园林中对自然的微缩再现完全不适合那些真正热爱自然的人。他在20世纪初提出，建筑与园林应当是同一设计过程[㊲]。穆特修斯甚至把花园称为建筑，花园的基本理念是按照建筑原则来组织，因此具有建筑学意义，甚至有学者认为现代英式花园是建筑花园[㊳]。穆特修斯建筑学意义的设计原则在接下来的几十年间影响了大量小型建筑花园实践。

早期现代建筑思想在20世纪70年代遭遇了来自生态、文化、结构主义与解构主义等多方面新思潮的挑战。20世纪城市公园参与了城市功能、公共教育的诸多方面，其中法国巴黎的拉·维莱特公园（Parc de la Villette）是第一个提出组织各种社会活动的城市公园。设计师屈米（Bernard Tschumi）看到了两种传统园林理想的不足，他放弃了“作为自然形象的、历史悠久的”风景园，也放弃了作为“未被玷污的微缩乌托邦世界”的封闭花园（Hortus Conclusus）[㊴]他创作了一个具有划时代意义的现代公园，同时这也是一个“世界上最大的不连续的建筑，一个露天文化中心”[㊵]。风景园林设计评论家沃尔（Alex Wall）认同屈米的作品，他认为：公园不再是城市的避难所，不再是乡村绿肺，而是一个充满活力的城市活动圈[㊶]。

屈米把公园解析成点、线、面三个分离的体系，其中的点是在120 m的网格上放置了大约40个红色的“folie”（folly的法语词源）。屈米延续了自然风景园中的folly建筑的内涵，用现代几何形式拓展了folly建筑的外延。每一个folie是由10 m × 10 m × 10 m的红色金属立方体结构衍生而来的不同形式的建筑，这些看似只有形式的folly又演变为餐厅、观景平台、信息中心和雕塑，红色与公园的绿色形成强烈的对比，每一个都具有戏剧性的效果，并建立了主导地位[㊷]。但由于过多的folly建筑充满了公园，其总体规划被认为是建立了一个庞大的建筑框架，绿色空间以柯布西耶的方式作为建筑的衬托，发挥着明显的次要作用[㊸]。需要指出的是，在点、线、面体系之外，依然存在着与传统风景园接轨的第四体系：自然遗迹和历史文化（包括洞穴、桥、神庙等）。

5.3 当代公园建筑

近年来，风景美学依然影响着城市公园的设计，无论是对社会文化构建的持续性回应，还是对理想景观的共同追求，抑或对绿色生态空间的保护和探索，都维系着风景美学的影响力和象征意义。同时，公园对社会文化的支持及对公共活动的贡献也日益彰显，这也使得我们有机会从不同的角度去看待当代公园建筑的角色及其未来发展的方向。

20多年来，伦敦肯辛顿花园中蛇形画廊（Serpentine Gallery）的展亭体现了设计师们积极的持续探索。肯辛顿花园在19世纪30年代开始向公众开放。蛇形画廊对当代艺术的贡献是从新思潮踊跃的20世纪70年代开始的。自2000年以来，蛇形画廊每年建造一个亭子（pavilion），这是一个由艺术家和建筑师一起策划的当代公园活动。“pavilion”的本意是公园中的开放建筑，用于提供庇护空间或开展娱乐活动，这个建筑类型刚好在传统形式和当代功能之间达到平衡。亭子没有任何功能性要求，完全符合folly的概念，这个定义“涉及实用与无用、暂时与固定、社交与精英的辩证法。用于观看事物/人——体育、艺术、社交活动”[64]。这个规模小巧的亭子具有类似于剧院、音乐厅、体育场、博物馆等建筑的作用。

这个亭子系列的设计师都是活跃在当代实践前沿的著名人物，项目展示了文化、美学和建造技术的结合，也让更多的人越来越感受到临时性的建造活动和展示舞台带来的社会影响及审美导向。2006年，在雷姆·库哈斯（Rem Koolhaas）设计的亭子中，举办了一场由艺术家、作家、音乐家、科学家、历史学家和导演参加的24小时采访马拉松。库哈斯探索城市概念，关注如何创造新的社会文化的交流方式。导演奥布里斯特（Ulrich Obrist）评论说：“采访马拉松把过去当作一个工具箱，用它来制作现在的‘考古碎片’。”[65]有趣的是，赫尔佐格（Jacques Herzog）在2012年的亭子创作中，将之前11位设计师的作品也作为“考古碎片”展开设计思路。这种思路是将当代社会交往活动、设计实践活动作为社会发展中的“考古碎片”，使之或多或少地参与到公园中去，将面向自然的传统风景美学转向为面向当代自然生态及社会生态的美学。

在其长达20多年的实践中，我们能看到最初对传统风景建筑类型的回应，如帐篷（2000），还有表达传统封闭花园（2011）、表达生态美学“壮观的瀑布效应”（2017）、表达生长的自然山丘（2019，未实现）的设计思路，但更多的是对材料、技术的当代追求。新冠疫情影响下，2021年的项目回归了对当代社区文化活动的贡献，设计灵感源自英国几个不同的社区建筑，回应城市中非正式社区空间的历史缺失。项目首次在伦敦的街区放置了四个碎片，使展馆象征性地延伸到城市，以支持、促进集会和社会互动。从这些碎片的思路中能看到废墟脉络的影子。2022年的项目被命名为“黑色教堂”，致敬了美国的蜂巢窑、英国的瓶窑和喀麦隆的土坯住宅等历史“废墟”，也致敬了教堂建筑带来的古典、神圣及精神寄托，同时为集会、避难和娱乐提供了一个场所，将城市社区与精神空间的体验重新连接起来。

6 结语

传统风景在美学体验上是一个和谐和令人愉悦的整体。风景中的建筑及其他人工元素都是文化的载体。在审美认知层面，风景中可见的事物，包括自然元素都具有一定的象征性和指向性，正是由于这些审美意象，这些景物都变成理想景观的一部分。当代公园中建筑的设计创作，已经不限于风景美学，也不限于对功能、空间、材料和技术的探索，其更多地关注对社会发展的文化贡献及精神追求。建筑不再仅仅是映射历史的容器，在意识层面建筑已经成为风景，兼容自然与人文、乡村与城市，引导着社区建设、社会活动及社会文化建设。

鉴古知今，西方风景美学视角下的风景建筑发展脉络给予我们两个启示：

首先，东西方的自然观念和美学思维有源于自然的共同点，也有不小的差异，应当在借鉴与融通中求发展；在强调历史的同时，更要关注当代风景美学的发展趋势。风景建筑具有怡情、叙事、传承的作用，更存在文化多元与文化认同的要求。观外史而思今行，风景建筑虽作用于风景园林空间，但风景建筑内在的美学与观念价值会随着人的活动而跨界，流动方式和交流内容将极大地扩大风景园林建筑的影响力。

其次，风景美学引领了风景园的发展，在当代也影响着风景资源的保护以及风景园林建筑的创作。美国公园管理局（NPS）在自1872年以后的几十年的实践中，将公园服务建筑的设计风格定为“乡土风格”（Rustic Architecture），并催生了所谓的“公园建筑学”（Parkitecture）[66]。在英国，自《城乡规划法》（1947）、《国家公园和享用乡村法》（1949）实施以来，建筑的视觉影响一直受到建筑法规、规划设计或美学的影响[67]。如今，在我国国家公园及公园城市的多元探索中，更需要不断地尝试拓宽建筑中的风景话语，让自然风景延续其自然美的吸引力，让建筑在与风景互益的前提下探索当代的发展路径。

（原载于《同济大学学报（社会科学版）》2022年第6期）

注释：

①马尔科姆·安德鲁斯：《风景与西方艺术》，张翔译，上海人民出版社，2014年，第105页。

②乔舒亚·雷诺兹：《皇家美术学院十五讲》，代亭译，上海人民出版社，2007年，第70页。

③Albert H. Good, *Park and Recreation Structures*, United States Department of the Interior National Park Service, 1938.

④Christopher S. Wood, *Albrecht Altdorfer and the Origins of Landscape*, University of Chicago Press, 2014.

⑤马尔科姆·安德鲁斯：《风景与西方艺术》，张翔译，上海人民出

版社，2014 年，第 85 页。

⑥John Moore，*A View of Society and Manners in France，Switzerland and Germany*，Kessinger Pubilshing，2010，p.239.

⑦ Tobias Smollett，*Travels though France and Italy*，Oxford University Press，1979，pp.111-112.

⑧Charles Kostelnick，"From Picturesque View to Picturesque Vision:William Gilpinand Ann Radcliffe"，*Mosaic:An Interdisciplinary Critical Journal*，1985，18(3)，pp.31-48.

⑨Hussey C.，*The Picturesque:Studies in a Point of View*，G. P. Putnam's Sons，1929; Walter John Hipple，*The Beautiful，the Sublime，and the Picturesque in Eighteenth-Century British Aesthetic Theory*，The Southern Illinois University Press，1957; Boudewijn Bakker，"Schilderachtig: Discussions of a Seventeenth-Century Termand Concept"，*Simiolus: Netherlands Quarterly for the History of Art*，1995，23(2/3)，pp.147-162.

⑩John Dixon Hunt，*The Picturesque Garden in Europe*，Thames and Hudson，2002.

⑪ 朱宏宇：《英国 18 世纪自然风景园林之父威廉·肯特的如画贡献》，《中国园林》，2016 年第 5 期，第 57—61 页。

⑫Stephanie Ross，"Picturesque"，*Encyclopedia of Aesthetics*，Michael Kelly ed.，Oxford University Press，1998，pp.511-515.

⑬ R. Knight，*An Analytical Inquiry into the Principles of Taste*，T. Payne and J. White，1805，pp.154-155.

⑭马尔科姆·安德鲁斯：《寻找如画美：英国的风景美学与旅游，1760—1800》，张箭飞、韦照周译，译林出版社，2014 年，第 78 页。

⑮ P. H. Gobster，"An Ecological Aesthetic for Forest Landscape Management"，*Landscape Journal*，1999，18(1)，pp.54-64.

⑯ Gilbert Laing Meason，*On the Landscape Architecture of the Great Painters of Italy*，Charles Joseph Hullmandel，1828.

⑰ Philip Pregill，Nancy Volkman，*Landscapes in History:Design and Planning in the Eastern and Western Traditions*，John Wiley，1999，p.503.

⑱ John Claudius Loudon，*The Landscape Gardening and Landscape Architecture of the Late Humphry Repton*，Printed for the Editor，and solded by Longman & Co. and A. & C. Black，1840，https://archive.org/details/landscape-gardeni00rept/page/n9.

⑲Mavis Batey，"The Picturesque:An Overview"，*Garden History*，1994，22 (2)，pp. 121-132.

⑳J. Appleton，*The Experience of Landscape*，John Wiley & Sons，1975.

㉑ David Leavengood，"Architecture and the American West Ⅱ. A Sense of Shelter:Robert C. Reamer in Yellowstone National Park"，*Pacific Historical Review*，1985，54(4)，pp.495-513.

㉒ Stephen Bending，"Horace Walpole and Eighteenth-Century Garden History"，*Journal of the Warburg and Courtauld Institutes*，1994，57(1)，pp.209-226.

㉓ Joseph Manca，"British Landscape Gardening，Italian Renaissance Painting，and the Grand Tour"，*Artibus et Historiae*，2015，36(71)，pp.297-322.

㉔"Stowe Landscape Gardens & Monuments，Buckinghamshire，England"，https://www.geni.com/projects/Stowe-Landscape-Gardens-Monuments-Buckinghamshire-England/29131.

㉕丹·克鲁克香克：《弗莱彻建筑史》，郑时龄、支文军、卢永毅等译，知识产权出版社，2011 年，第 1049 页。

㉖ Thomas Whately，*Observations on Modern Gardening(1770)*，Boydell，2016，pp.13-14，pp.129-130.

㉗Richard Stiles，"Germany，The Architekturgarten"，Patrick Goode，Michael Lancaster ed.，*The Oxford Companion to Gardens*，Oxford University Press，1986，p.182.

㉘ Claude-Henri Watelet，*Essai Sur Les Jardins*，(Éd.1774)(Arts)bei AbeBooks. de.

㉙M. Symes，"The Concept of the 'Fabrique'"，*Garden History*，2014，42 (1)，pp.120-127.

㉚ A. Frost，*The Smithsons at Upper Lawn Pavilion. Fonthill Recovered:A Cultural History*，UCL Press，2018，pp.331-340.

㉛A. R. García，"El jardin de los Smithson Upper Lawn Folly Solar Pavilion"，*Cuadern de Notas*，2017，18，pp.125-147.

㉜ Hugh Cunningham，*Leisure in the Industrial Revolution，c.1780—c.1880*，Routledge，2016，pp.91-92.

㉝Hilary A. Taylor，"Urban Public Parks，1840—1900：Design and Meaning"，*Garden History*，1995，23(2)，pp.201-221.

㉞Spiro Kostof，Greg Castillo，*The City Assembled:The Elements of Urban Form through History*，Thames & Hudson，2005，p.170.

㉟Samuel Parsons，"History of the Development of Central Park"，*Proceedings of the New York State Historical Association*，1919，17，pp.164-172.

㊱ A. T. Kaczynski，S. A. Wilhelm Stanis and G. M. Besenyi，"Development and Testing of a Community Stakeholder Park Audit Tool"，*American Journal of Preventive Medicine*，2012，42(3)，pp.242-249;N. Edwards，et al.，"Development of a Public Open Space Desktop Auditing Tool(POSDAT):A Remote Sensing Approach"，*Applied Geography*，2013，38，pp.22-30.

㊲Richard Stiles，"Germany，The Architekturgarten"，Patrick Goode，Michael Lancastered.，*The Oxford Companion to Gardens*，Oxford University Press. 1986，p.222.

㊳ Reinhold Hoemann，"Neuzeitliche Bestrebungen auf dem Gebiete der Gartengestaltung"，*Die Gartenkunst*，1906，11，p.207.

㊴Bernard Tschumi，*Cinegram Folie Le Parc de La*，Princeton Architectural

Press, 1987.

㊵ Bernard Tschumi, *Le Parc de la Villette*, *Paris Nineteenth Arrondissement*, Princeton Architectural Press, 1987.

㊶ Alex Wall, "La Villette Competition:The Program for the New Type of UrbanPark?" *International Architecture*, 101AVIA, 1983(1), p.26.

㊷ Julie Lee, "Parcdela Villette:A View to the Future", *Landscape Australia*, 1991, 13(4), pp. 313–319.

㊸ Roger Mann, "The Parcdela Villettein Paris:A Tourist's Eye View", *Landscape Australia*, 1990, 12(2), pp.185–186.

㊹ Andrea Phillips, "Pavilion Politics", *Log*, 2010(20), pp.104–115.

㊺ 参见 Serpentine Galleries, "Interview Marathon", https:/ /www. serpentinegalleries. org/whats–on/interview–marathon/。

㊻ 可参见美国公园管理局官网, https://www.nps.gov/tps/how–to–preserve/currents/newdeal/hist_overview.htm。

㊼ Punter J., *Design Review and Conservation in England:Historical Development and Contemporary Relationships*, *Chapman & Hall*, 1994, pp.51–61.

图片来源:

图 1: 引自 http://www.landscapearchitecture.org.ukthe– origins– of– landscape– architecture– a– professional– title– and– an– art/scottish_origins_of_landscape_architecture_tom_turner–1/;

图 2: 引自 David Leavengood, *Architecture and the American West Ⅱ.A Sense of Shelter: Robert C. Reamer in Yellowstone National Park*, Pacific Historical Review, 1985, 54(4), pp.495–513;

图 3: 引自 M. Symes, *The Concept of the "Fabrique"*, Garden History, 2014, 42(1), pp.120–127;

图 4: 引自 A.R.García, "El jardin de los Smithson Upper Lawn Folly Solar Pavilion", Cuadern de Notas, 2017, 18, pp.125–147。

作者简介:

陈烨,东南大学建筑学院景观学系副主任,教授,博士生导师。

国内传统建筑美学特征分析
——以我国标志性建筑北京四合院为例

唐文静

摘　要：由于以传统方法分析建筑特征的关联性较差，对传统建筑分析过程中色彩繁简度过低，无法体现传统建筑的美学特征，特此研究国内传统建筑美学特征分析方法。北京四合院是我国标志性建筑，本文以此为研究样本，搜集相关图片作为素材，提取建筑特征维度，计算特征维度之间的相似关系，利用聚类算法构建美学特征分析模型，为人们提供更精确的传统建筑特征分析。实验表明：新方法的色彩繁简度分析结果比传统方法高了17.38%。由此表明，新方法能更好地分析建筑美学的色彩特征。

关键词：建筑特征；建筑色彩；聚类算法

自从20世纪70年代末改革开放以来，我国经历了巨大的社会变迁，最为显著的当属文化变迁。西方外来文化不断冲击着我国的传统文化，由于人们对本国文化的不自信，在很长一段时间里，西方文化成为社会的主流文化，城市大多数地标建筑丧失了原有的文化特征，逐步向西式风格靠拢。当人们开始意识到传统文化传承的必要性时，大多数的建筑风格已经变得千篇一律，没有民族特色和个性[1]。我国许多建筑师受到西方建筑文化的影响，在进行城市高新城区设计时缺乏创意，无法向其注入传统文化的灵魂，这进一步导致我国城市建筑物失去原有的民族特色[2]，因此，研究中国传统建筑美学特征迫在眉睫。

北京四合院是我国的传统建筑，正房、倒座以及东西厢房环绕着庭院。从色彩美学分析，建筑物的色彩大多为灰色，为低彩度色，但并不让人感到压抑，反而给人谦虚温和的感觉。其中的门窗及柱体为中彩度色，庭中小院为高彩度色，整体分析难度较大。现有的传统分析方法在进行建筑特征维度提取时存在偏差，无法给出更加精确的美学分析结果。本文研究新的传统建筑美学特征分析方法，在提取建筑特征维度的基础上，计算建筑之间的相似性关系，基于聚类算法构建美学特征分析模型，设计美学特征分析方法，加深对传统建筑色彩特征的研究。

1　国内传统建筑美学特征分析方法

1.1　提取建筑特征维度

分析建筑特征的前提条件就是对关键性特征进行维度提取，建筑特征包括外在特征和内在特征两部分：外在特征主要有建筑色彩表达；内在特征包含的要素很多，如形态、结构等。前期特征维度提取得越多，后期构建模型时聚类分析的结果就越精准[3]。在建筑特征维度提取前要进行信息采集和处理信息，在此基础上才能对建筑特征进行有效提取。首先是对特征信息进行采集。选择恰当的研究素材，建筑的外在特征可通过实地拍摄或网络下载等方式获取，但在拍摄过程中要避免阴雨天气，以免造成像素失真；对于建筑的内在特征，可通过翻阅书籍资料来获取，在文字叙述表达不清晰时，可以借助计算机软件利用三维还原技术将原始建筑制作成立体方式展现，一般为节省时间和人力，都采取这种方式。其次，在收集素材时，所选图片除建筑本身之外，还包含周边环境中的建筑，因此需要进行信息处理，提取图片内有研究价值的内容，排除干扰的不相关因素。例如，对建筑体外的草地、天空、湖泊等相对独立、面积又大的图像进行排除，选择容易标记的符号统一代替排除部分，逐一排除。每个建筑的颜色都由三原色组成，本文分别利用 W、E、R 表示三原色对人体视网膜的刺激量，即 W 为绿色的刺激量，E 为蓝色的刺激量，R 为红色的刺激量。在所获取信息处理完毕后，由于每种特征都包含 W、E、R 三个数值组，基于Triatim三色波长刺激理论，以三种波长来测得每组图像的比值，每组图像所含有的波长反射出来的 W、E、R 数量就是每个图像的量化值。表达式如下：

$$\begin{cases} W=\dfrac{W_{green}}{W_{green}+E_{blue}+R_{red}} \\ E=\dfrac{E_{blue}}{W_{green}+E_{blue}+R_{red}} \\ R=\dfrac{R_{red}}{W_{green}+E_{blue}+R_{red}} \end{cases} \tag{1}$$

公式中：R_{red} 代表红波刺激后的数值组；E_{blue} 代表蓝波刺激后的数值组；W_{green} 代表绿波刺激后的数值组。任意两组的 W、E、R 值越接近，那么代表其特征越相似，按照所得数组来分类，完成建筑特征维度提取，计算特征相似性关系[4]。

1.2 计算相似性关系

在提取建筑特征维度后，将所得素材特征进行划分，设 $Y=\{y_1, y_1, \cdots, y_m\}$ 是全体素材集合，称为域，Y 中的每个对象也是样本素材，用 $Y_r(r=1, 2, \cdots, m)$ 来表示每个特征参数。例如，描述一个红棕色拱形木门的特征参数，则为"红棕色""拱形""木质材料"。在设定好参数后，对象 Y_r 就会伴随一个向量 $Q(Y_r)=(Y_{r1}, Y_{r2}, \cdots, Y_{rs})$，其中 $Y_{rs}(s=1, 2, \cdots, s)$ 是 Y_r 在第 s 个特征上的赋值，需满足下列条件：

$$\begin{cases} Y_1 \cap Y_2 \cap \ldots \cap Y_z = Y \\ Y_s \cap Y_j \neq \varnothing = \infty \\ s \geqslant 1 \neq j \geqslant z \end{cases} \tag{2}$$

其中，Y_z 表示多个不相关的子集，不相关子集内特征各不相同；样本对象 $Y_r(1 \leqslant r \leqslant m)$ 对子集 $Y_z(1 \leqslant j \leqslant z)$ 的隶属关系用函数表示为：

$$\mho_{y_z}(Y_r) = \mho_{j_r} \begin{cases} 1 & |y_r \in Y_z| \\ 0 & |y_z \in Y_r| \end{cases} \tag{3}$$

所有元素满足 $\mho_{Y_z} \in \sum h$，即每个子集不为空。当所有元素满足隶属函数时，设置子集内的特征维度，其中包含 W、E、R 的各个平均值，特征总值 G，特征对比度 C，特征比例 V，特征亮度 H，以及特征对比关系 J_i。把素材样本组成 O_u 集合 $(u=1, 2, \cdots, n)$，其中两两组队为 O_1、O_2，设置其均含有两个维度 O_{P_1}、O_{P_2} 来描述它们的特征，此时可以理解为建立在二维特征维度的两个空间向量 K_1、K_2，如图1所示。

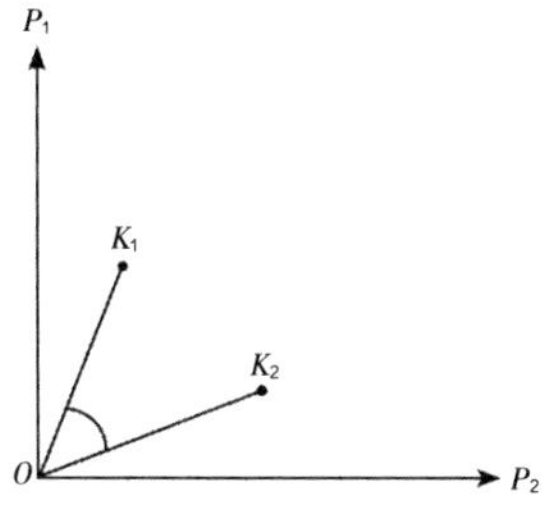

图1 相似特征物理意义

图1中，两个空间向量会产生一个夹角，利用夹角余弦计算夹角，公式为：

$$T_a = \frac{\sum_{j=1}^{s} X_{jz} X_{js}}{\sqrt{\sum_{j=1}^{s} X_{jz}^2 \sum_{j=1}^{s} X_{sz}^2}} \tag{4}$$

通过夹角公式求取两者的相似值用 T_a 表示，其值会随相邻两组向量的变化产生不同数值。当两个向量之间的夹角无限度接近于0时，就可认为两组维度越相似；而当两夹角相似值越接近于1时，则认为两组特征越相似，得出样本之间的相似关系。在提取特征维度并计算出特征相关性后，运用聚类算法构建美学特征分析模型[5-6]。

1.3 基于聚类法构建美学特征分析模型

聚类分析是一种多元的统计分析方法，它能在没有任何标记的情况下按照某种规则将样本自动划分为无数个集合，使得相似特征的样本尽可能地归为一类，而不相似的样本能够归到不同的类别中，因此聚类算法比较适用于研究传统建筑美学特征分析方法，根据模糊理论的原理，建立样本中不确定的类别的描述，通过模糊相似关系建立特征 L_f 矩阵如下：

$$L_f = \begin{bmatrix} l_{11} & l_{12} & \ldots & l_{1m} \\ l_{21} & l_{22} & \ldots & l_{2m} \\ \ldots & \ldots & \ldots & \ldots \\ l_{f1} & l_{f2} & \ldots & l_{fm} \end{bmatrix} \tag{5}$$

其中，相似系数 l_{fm} 表示相邻样本之间的相似程度的变量。由于 l_{fm} 的值越接近于1表示其样本特征越相似，所以 L_f 越对称，此时对称矩阵用另一个三角形矩阵表示如下：

$$L_f = \begin{bmatrix} 2 & l_{12} & \ldots & l_{1m} \\ & 2 & \ldots & l_{2m} \\ & & 2 & \ldots \\ & & & 2 \end{bmatrix} \tag{6}$$

在得到模糊矩阵后，确定矩阵是否能满足特异性和对称性，但矩阵不代表其要满足传递性，也就是说不是所有特征都满足模糊等价关系，在相关性计算步骤中，我们能在建立空间向量产生的夹角度数中产生一个自然值 c，将这个自然值通过水平集和普通集的相互转化，得出相似特征的模糊集合和水平截止集，其转化特征表达传递顺序为：

$$L_F \to L_F{}^2 \to L_F{}^4 \to L_F{}^8 \ldots = \tilde{L} \tag{7}$$

其中依次 L_F 由小到大输入，所得数值根据传递顺序设置分析程序，在系统素材库中可选取相同属性样本，读取每组样本的图像 W、E、R 数值组，在特征子集中提取图像像素值。当图像所在数值组的总和能与图像所在像素比例对等时输出图像特征，求取特征的总体值和特征对比度，写入特征维度矩阵；当满足矩阵公式时输出特征数值，提取所在子集的 W、E、R 值，确定美学特征，如果原图像的数值总和与像素数量比值不对等，需要将图像的像素差重新计算，列入对称矩阵中[7]。此时矩阵的任意一对顶点 L_m、L_f，都可以设定 L_m 到 L_f 的中间点集合 $(L_1, L_2, \cdots, L_k)$ 所有路径，其中一条最短的路径为 I。若 L_k 不是这条路径 I 的中间节点，则 I 的所属节点都在集合内 $(L_1, L_2, \cdots, L_{k-1})$，因此从 L_m 到 L_f 的中间顶点集合 $(L_1, L_2, \cdots, L_k)$ 的最短路径也是从 L_m 到 L_f 到中间顶点的集合 $(L_1, L_2, \cdots, L_{k-1})$；若 L_k 是这条路径 I 的中间节点，我们就把 I 分解为 $I_1=(L_1, L_2, \cdots, L_k)$ 和 $I_2=(L_k, \cdots, L_f)$，从而得到 I_1 是从 L_m 到 L_f 的一条最短路径，且中间顶点均属于集合 $(L_1, L_2, \cdots, L_k)$，I_2 则是从 L_m 到 L_f 的最短集合，其中间顶点能够满足集合 $(L_1, L_2, \cdots, L_{k-1})$。当最优子结构设定完成后，梳理聚类算法分析流程，完成聚类算法分析模型设计，进行传统建筑美学特征分析。

2 实验论证分析

为验证本文方法能够在传统建筑美学特征分析中得到更准确的结果，对比传统方法，以我国标志性建筑北京古城四合院为例，选择建筑样本进行色彩维度提取，数据如表1所示。

表1 样本的色彩特征维度

编号	红色	黄色	蓝色	绿色	灰色	橙色	黑色
1	0.38	0.35	0.01	0.01	0.21	0.31	0.18
2	0.26	0.62	0.04	0.13	0.26	0.46	0.23
3	0.41	0.42	0.02	0.25	0.35	0.52	0.24
4	0.32	0.51	0.01	0.16	0.34	0.34	0.32
5	0.35	0.51	0.04	0.04	0.27	0.36	0.34

由表1可知，提取的色彩维度以红、橙为主，黑、灰为辅，可以形成色彩对比，与北京四合院的主体色彩相一致，能够满足实验条件。将所选样本按照两种方法分析色彩维度，对比结果如图2所示。

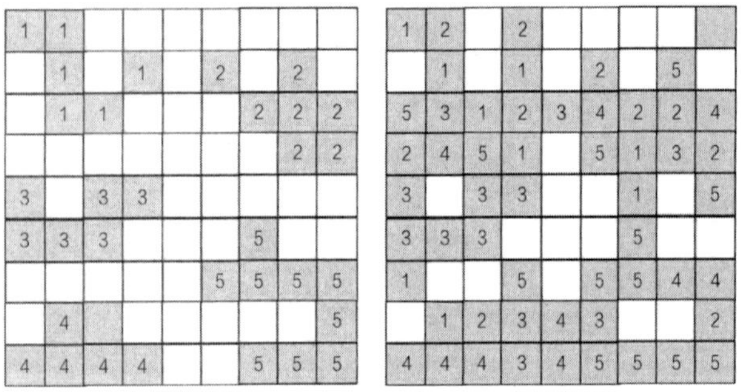

(a)传统方法　　(b)本文方法

图2 两种方法色彩特征像素分布

图2中每一小格代表色相维度所占的像素，白色代表背景像素，灰色代表所占像素，黑色像素与白色像素的比值则为色彩的繁简度。繁简度越高，其色彩分析结果越准确。由图2可知，传统方法下5个色彩维度各自独立，而文中方法的5个色彩维度相互关联且呈分散状态。计算样本所占的像素数量比值 Δy，对比两种方法应用下的色彩繁简度，公式如下：

$$\Delta y = \frac{vin}{fall} \times 100\% \tag{8}$$

公式中：vin 代表所占像素；$fall$ 代表背景像素。传统方法下的5个色彩繁简度为10.38%；本文方法下繁简度为27.76%，较传统方法高了17.38%，说明本文方法在美学特征中能得到更高的色彩繁简度，色彩分析结果更准确。

3 结语

在收集四合院的建筑素材并处理素材信息后，对建筑特征维度进行提取，计算建筑特征相似性关系，基于聚类算法构建美学特征分析模型，设计传统建筑美学分析方法，使得分析结果更加准确[8]。经实验论证，新的分析方法能够对建筑物色彩进行有效提取，色彩繁简度提高了17.38%，准确表达了建筑色彩的视觉感受。传统建筑的美学特征不单单只涵盖建筑色彩这一部分，其内部结构更能表达传统建筑的美学特征，但限于时间问题，此次研究更偏向于色彩研究，对其他特征没有加以实验对比，希望在后续的研究分析中，对分析模型进行更深层次的改进和完善，融入其他美学特征，争取为建筑美学特征分析找到更好的研究思路，为我国建筑设计提供有力支持。

（原载于《城市建筑》2022年第18期）

图片来源：

作者自绘。

参考文献：

[1] 周湖森，叶胜．基于GIS的历史建筑空间格局与现状特征分析[J]. 地理空间信息，2020，18(7)：78-81，7.

[2] 姚雨松，边哲，李悦．传统聚落空间形态与建筑特征分析：以腾冲坝派村为例[J]. 建筑与文化，2020(8)：259-261.

[3] 冯军．关于建筑美学与建筑设计结合的探析[J]. 中华建设，2021(3)：48-49.

[4] 孙小涵．滞后与展望：浅论中国传统建筑美学[J]. 中国住宅设施，2021(3)：51-53.

[5] 刘明艳．传统建筑木构件艺术形式美学研究[J]. 住宅与房地产，2020(5)：89.

[6] 刘阳．试论传统民居建筑美学特点[J]. 大众文艺，2019(3)：87-88.

[7] 张金菊，李东会．从传统"香山帮"遗构中探究江南传统建筑的美学特征：以苏州东山陆巷村为例[J]. 中国房地产业，2019(3)：78.

[8] 贾祺悦，李毓菲，卞梦晨，等．符号学视角下的闽东民居装饰艺术研究[J]. 家具与室内装饰，2022，29(1)：111-115.

作者简介：

唐文静，安阳工学院教师，研究方向为传统建筑、园林及其在现代建筑中的传承。

建筑艺术介入下的南粤古村活化策略研究

吴健平　周峻岭　陈怡

摘　要：城乡历史文化保护与传承是我国城乡建设新阶段提出的要求，旨在正确把握城乡建设与历史文化的保护和传承的关系，更好地把握城乡历史文化保护与传承，保护文化遗产和自然景观。广东省正积极探索促进乡村振兴和城市发展的途径。基于上述新理念，结合建筑艺术介入乡村的充分性与必要性，围绕南粤古村现状，探讨南粤古村活化现状和存在问题，提出切合实际的南粤古村活化相关策略。

关键词：建筑艺术；南粤古村；活化利用；文化传承；乡村振兴

1　建筑艺术介入乡村的充分性与必要性

乡村振兴战略是国家继社会主义新农村建设战略决策后，聚焦于农业农村优先发展、努力解决“三农”问题的一项重要战略[1]。实现城乡人口互动、流动和优化配置，既要注重农村内部建设发展和体制机制创新，又要注重农村外部环境的改善。目前，粤港澳大湾区各地市已普遍进入后工业化、信息化发展阶段。在高度开放、城乡混合的城市密集区，农村将逐渐被周边城市吸纳。因此，应该从城市的角度出发，从全球发展的角度看农村[2]，要用新农村范式，打造和培育一批具有南粤特色的古镇和美丽乡村，使之成为吸引国际优质人才和资本的载体。

建筑艺术是一门立体的艺术形式，是指经过对建筑群组合、形状塑造、空间布局、结构形状等的多方位考虑与加工，所产生的综合艺术。结合我国乡村振兴战略“产业兴旺、生态宜居、乡风文明、治理有效、生活富裕”的总体要求来看，中国建筑艺术将具有全方位的社会响应力[3]：通过组织参与式设计和建造活动，让村民重新建立起友好关系；通过空间供给机制的优化和回归机制的构建，提升乡村社区的治理能力；通过生产、生活、生态空间功能的完善和质感的提升，丰富村民的物质和精神生活。

2　南粤古村现状

粤，又名南粤，是广东省的简称。南粤古村落以广府古村落、潮汕古村落、客家古村落等为主，加上粤北古村落、雷州古村落等。其文化类型以传统农业文化为主，工商文化并重。目前对南粤地区古村落的科学研究重点主要包括保护、旅游发展、建筑特征、区域空间形状与位置等[4]。一些研究运用GIS的空间分类功能，深入地研究广东传统村落空间分布的特点和规律，并剖析了广东传统村落和我国其他省份传统村落空间分布格局之间的差异。相关研究能够从宏观角度拓宽学术视野，为南粤古村落发展提供基础。

根据中国古村落的主要形式，本文对南粤古村落的类型作出了界定，主要涉及传统建筑文化型、私家庄园型、名人旧居型、民俗传统工艺型和山水生态型等五大类型[5]。南粤古村落中以传统建筑文化型为主，其次是名人旧居型、山水生态型、私家庄园型，而民俗传统工艺型则少有[6]。进一步剖析南粤古村落类型与传统村落县市的分布差异：第一，南粤古村落的传统建筑文化居多，主要景观生态类型集中于肇庆、云浮地区，主要原因是肇庆、云浮地区的景观资源相对丰富，而且具有优秀景观生态类型的传统村落也较多；第二，名人旧居型仅散布在肇庆、云浮、佛山和江门；第三，珠海、东莞、中山、深圳等地的古村落均为传统建筑文化型，类型比较单一。

3　南粤古村活化现状和存在问题

3.1　村落空间的使用价值较弱

近年来，在“艺术乡村建设”中一个普遍且饱受诟病的现象是，许多建筑师在乡村留下的构筑物无法在功能上融入乡村的生活世界。艺术家下乡创作视觉艺术作品，或许可以借助社交媒体在短时间内带来游客，但由于乡村缺乏能够满足游客需求的商业设施，视觉消费往往难以转化为农村经济收入。

3.2 村落风貌的地方特色不足

南粤城乡混杂，农村受城镇化影响较大。一方面，乡村建设普遍提倡务实，重视经济效益，美丽的乡村风貌和形象所带来的经济附加值没有得到普遍认可，导致地方乡村风貌维护意识不足；另一方面，当地居民普遍缺乏对本土文化的认识和信心，这使得大多数乡村建筑更倾向于模仿徽派民居或城市建筑，而不是采用当地风格。

3.3 村落发展的内生动力不足

珠三角城市群对周围空间地区经济产生强大的虹吸效应，城市内的就业活动和繁荣的商品经济将对村落产生巨大的带动效应。如果仅仅依靠地方各级政府的财政支持，或者开发商的短期投入，村庄的保护和发展往往流于形式，难以形成长期有效的内生发展模型。

3.4 村落治理的协调机制不畅

乡村的开发牵涉诸多相关者，包括当地政府部门、村委会、农民、开发商以及村民。利润分配往往是大家关心的重点问题。随着社会的不断发展，村民的主体意识逐渐弱化，乡村治理的内容随着发展的需要而增加，传统的乡村管理经验与学识水平越来越难以满足社会发展的需求。同时，乡村在治理过程中也极易产生效益的失衡，这种现象将难以保障乡村发展。

4 南粤古村活化试点实践

广东的村落按居民集中度和分布形式可分成三个类别。第一类是指城市化程度已经达到或正在覆盖的村庄，包括城中村、镇中村、城郊村庄等。这些村落的人口高度集中，农户生产生活相互分离，空间人口结构既包含农户，又包含非农户。第二类是自2005年推动社会主义新农村建设以来，由一些乡镇通过“撤、扩、并”而逐步形成的中心镇，人口较为集聚，虽然村民生产生活较为分散，但社区的服务功能已基本健全。第三类村庄的居民集中度很高，依然离不开他们的生产活动。这些不同情况的村庄，在乡村振兴上都有不同的发展。

在分析南粤古村落的振兴实践时，除尽可能兼顾不同类型的村落外，两个实用的路径也被尽可能多地覆盖：一是以建造结果为导向的建筑艺术实践，二是以参与式建造过程为导向的建筑艺术实践。

4.1 以文化线路促进乡村复兴的设计实践

南粤古驿道承载着邮驿往来、军事作战、商务贸易、公务出行及旅游四大功能。四大功能叙事点均以驿道为主体，其空间结构以广州为主要核心，粤西雷州、阳江与粤东潮州为次要核心，形成以水路为主、陆路为辅的网络体系。南粤古驿道沿线分布着大量传统村落，对这些村落进行保护和振兴，是延续村落物理空间，让村落在新时代焕发光彩的必然途径。在南粤古驿道保护与利用中，实施“连点成线、织线成网”的驿道体系构建策略、“主题引领、以道兴村”的活化方式和“多方参与、协同治理”的工作模式，能够促进广东乡村振兴和城市发展。

4.2 以文化节点促进村落复兴——开平塘口镇旧服装厂和小礼堂微改造

塘口镇是广东唯一的世界文化遗产——开平碉楼及村落所在地之一。近年来，塘口镇对接粤港澳大湾区建设规划，打造江澳青年文创小镇，改造老旧服装厂、小礼堂等（塘口镇文创小镇建设的子任务之一）。旧制衣厂建于20世纪70年代，三层钢筋混凝土框架结构，现已废弃。厂房前是一个由建筑后退形成的小广场，规模适中，但由于周围建筑的界面相对封闭，缺乏联系，广场也缺乏聚集人流的吸引力。离制衣厂不远的小礼堂建于苏联援建时期，现在也处于废弃状态。礼堂主体部分已被拆除，留下阳台和放映室区，两层总面积270 m^2。礼堂旁是2019年建成的网红公厕，其大胆的混凝土造型与礼堂古朴的遗迹形成鲜明对比。

4.3 以文化事件促进村落复兴——深圳南头公共空间的设计实践

深圳南头古城始于晋代，曾管辖着包括今香港、澳门及珠海、中山、东莞部分地区在内的广大地区。随着20世纪80年代深圳建立经济特区，南头村也经历了与外部城市化同步的自我城市化进程，最终形成了高密度的“握手楼”群。如今，古城的历史风貌几乎折损殆尽，然而古城主要空间肌理“九街”格局仍然完整，城内外还保留两座城门、数处祠堂、寺庙、民居、教堂等历史建筑，地下更是有非常丰富的考古遗址。一直以来，南头同时面对历史保护与城中村改造两个命题，相互掣肘，发展受困。

2016年，都市实践建筑师团队参与到南头古城更新的研究工作中。经过数月的文献研究与现场调查，建筑师提出，南头作为一个鲜活的、不断生长的有机体，其千年文化传承从未间断的空间与社会谱系恰恰是最应被珍视和保护的历史与当代价值，尊重历史的原真性和空间文化层积，以文化复兴为导向的柔性和有机更新，才是南头古城准确而独特的发展定位。在此基础上，都市实践提出借助文化事件由点及面地渐进式激活场域的发展战略，为古城量身定做了六项城市再生策略：游园复兴计划、边界重塑计划、古建保育计划、主街领航计划、文创工厂计划、内城动态更新计划。

4.4 “艺术+”怀镇里乡村风貌提升设计

怀镇里位于广东省江门市新会区罗坑镇天湖管理区，四面环山，区位偏远，村落面临着老龄化严重、青年劳动力流失、村容村貌识别度低等问题，同时，乡村山清水秀，屋舍俨然，民风淳朴，颇具特色的“陈皮”产业世代相传。

基于对故乡的热爱，研究团队在基地调研和案例借鉴的基础上，秉持“以乡村为主体，以艺术为载体”的设计理念，确定了“艺术+"的设计策略，并落实到艺术家工作室("艺术+创作")、亲子驿站("艺术+文旅")、泛生活广场("艺术+生活")三大区域的设计中。设计以分散的体量顺应了基地依山傍水的地形特征，以转译的"坡屋顶""冷巷""廊房"彰显了南粤乡村的建筑特色，用橘色的界面和设施再现了与"陈皮"相关的种种肌理。种种改造旨在为乡村艺术产业的发展提供新的空间，也通过环境艺术的设计手法来提升乡村的空间品质，彰显乡村的自然和人文资源特色，从而吸引更多的人来到乡村，留在乡村，共同勾勒出怀镇里更美好的明天。

5 切合实际的南粤古村活化策略

5.1 坚持本土化与实用性原则

本土化——充分利用当地资源，尊重当地历史文脉。从设计和建造的角度来看，看似无用或减分的元素，也可能将"负资产"变为"正资产"。

实用性——当地居民既是受益者又是参与者。建筑及其建造过程应达到强化乡村生活功能、增加当地居民幸福感和获得感的目的[7]。

5.2 深挖村落传统文化，塑造特色乡村风貌

通过信息收集、实地考察等方式，了解本村自然资源禀赋和历史文化进程，因地制宜地确定本村发展定位，让村民们"见山见水记乡愁"。

5.3 促进产业协同发展，增强内生发展动力

在以第一产业为主的古村落，合理储备农业项目用地，并引导农户通过集体联营或引进外资的方式开展绿色农产品加工项目，以增加相关农产品附加值。采取多样化的生产模式，创造更多的就业岗位，鼓励农村劳动者返乡。

5.4 发挥村民主体作用，发挥艺术组织价值

村民是村落的主体，只有让村民始终在村务中发挥主体作用，才能更好地推动村庄的振兴发展。与其他学科相比，艺术凭借其独特的视觉组织手段，在各方面的推广上具有得天独厚的优势。艺术家在乡村建设中的角色包括创造者、发起者和组织者。在任何乡村建设项目中，艺术家都必须以创作者的身份完成自己的工作。艺术家作为推广者，通常会面临各种阻力，这不仅需要其具备人文情怀和社会责任感，还需要人力和财力支持。

(原载于《美与时代(城市版)》2022年第12期)

参考文献：

[1] 朱旭佳，罗震东. 从视觉景观生产到乡村振兴：网红村的产生机制与可持续路径研究[J]. 上海城市规划，2018(6)：45-53.

[2] 李梦然，郑潼，汤楚乔，等. 叙事与空间：南粤古驿道遗产网络构建研究[J]. 南方建筑，2022(3)：47-55.

[3] 潘莹，曾昭真，施瑛. 基于城乡历史文化保护传承体系的南粤古驿道活化策略研究[J]. 中国名城，2022，36(8)：38-48.

[4] 刘嘉文，刘小蓓，黄欣雨，等. 南粤古驿道沿线传统村落的保护与活化策略研究[J]. 湖北农业科学，2022，61(4)：111-115.

[5] 纪文静. 中国非物质文化遗产旅游开发研究[J]. 现代商贸工业，2009，21(5)：85-86.

[6] 周峻岭. 基于茶文化艺术在展示空间设计中的方法分析[J]. 福建茶叶，2016，38(12)：245-246.

[7] 周峻岭，王伯勋. 基于空间句法的澳门直街空间型态研究[J]. 装饰，2020(4)：136-137.

作者简介：

吴健平，广东技术师范大学教授，研究方向：环境艺术设计、设计学；

周峻岭(通信作者)，博士，广东技术师范大学副教授，研究方向：环境艺术设计、城市规划与设计、设计学；

陈怡，博士，广东技术师范大学讲师，研究方向：城市设计与遗产保护。

轨道交通站房建筑艺术设计的在地性表达

曾昱棋　吴曦　曾强

摘　要：在交通建设迈入品质化发展的今天，轨道交通站房作为公共交通设施，不仅具有实用功能价值，还具有满足人们审美、文化、情感等精神需求的价值与意义。针对轨道交通站房建筑因个性缺失、地域特色模糊带来的问题，文章以都江堰至四姑娘山山地轨道车站站房建筑艺术设计实践为例，对站点所在地自然、人文等地域特色元素与经济发展、功能需求、审美倾向等时代因素结合起来分析阐释，通过在地性的思考方向与创意设计表达满足轨道交通站房的特色实践和多元需求。

关键词：轨道交通；站房建筑；在地性；艺术设计；地域文化

1　研究背景

随着我国交通路网的逐步完善，轨道交通以其大运量、全天候、速达、舒适的运载特点得以在城乡交通建设中持续推进，而其车站站房不仅是重要的交通转换节点，也是站点所在地的前端展示窗口。轨道交通站房专业性较强，涉及人员车流物资集散、跨地区交通换乘、协调线路信号等方面，因此在设计中我们把实用性摆在首位，也讲求标准化的品质。对于同一条轨道线路上各车站的站房建筑艺术设计，传统思路往往是采取标准化设计，以便可控地达成实用、经济、可识别。但与此同时，轨道站房建筑艺术设计一般缺乏个性特色，与站点所在地空间整体存在断裂现象，不利于人们感知识别场所、形成地域意象、产生情感链接。轨道交通站房是公共交通基础设施，是公众可见可感的建筑空间，其建设的最终目的是服务于人。随着社会文明程度的提高和经济条件的改善，轨道交通站房建筑艺术设计应该在考虑实现基础使用功能的同时，满足人的审美需求、文化需求、情感需求等，为轨道沿线区域经济的发展创造有利条件。

2　在地性思考

轨道交通站房建筑是特定交通设施，同时也是重要公共场所，既不是按标准化的模式设置，也不是设计者的自我倾诉，而应从所在地的自然环境、文化脉络、生活方式等出发，因地制宜，对使用者的多重需求予以考虑。这是"在地性"的设计思考，它将视野拓展到建筑本身之外的人、事、物大系统中，包括了空间维度和时间维度。

从空间维度来看，轨道交通站房建筑立足于"此地"。轨道交通以明晰固定的脉络串联起各个地域，而各站点就是线路的连接点、发散点，起到聚集和辐射的双重作用。因此，在站房建筑艺术设计中，我们既要考虑整条线路的发展规划与功能定位，又要考虑各站点所在地的个性特质与优势资源，将两者有效地结合。站房建筑所在地的地形地貌、气候生态、动植物资源等自然条件，以及历史民俗、文化信仰、建筑风格等人文特质，都应被纳入设计思考的范围，予以回应和表达。

从时间维度来看，轨道交通站房建筑更关注于"此时"。设计中我们所针对的是现在的实际状况、资源环境和发展需求，并不是对历史传统的简单模仿与复制。随着时间的流动变化，不同地方形成各自不同的历史文化传统，人的记忆形成与情感链接需要时间的积淀，轨道交通站房建筑艺术设计既要历史性地延续文化脉络，又要符合当下的功能需求、生活方式、审美倾向，满足人们的心理需求。

3　在地性实践

3.1　项目概况

都江堰至四姑娘山山地轨道交通扶贫项目（以下简称"都四项目"），起于成灌高铁都江堰站，止于阿坝州小金县四姑娘山镇，全长123.18 km，桥隧比98.34%。全线共设车站12个，以客运功能为主，兼顾货运，最高行车速度120 km/h。山地轨道交通具有占地小、爬坡能力强、绿色低碳等特点。都四项目地面及高架车站共设

图1 都四项目各站点站房位置图

8个站点，从都江堰到四姑娘山方向依次为虹口、龙池、映秀、耿达、卧龙、邓生沟、巴朗山、四姑娘山（图1）。

3.2 整体定位与设计理念

都四项目所经地区自古以来就是成都平原通向川西高原的通道。从自然条件角度来讲，该区域海拔落差大，平原、山地、高原呈阶梯层级分布，区域内具有丰富的野生珍稀动植物资源，并建有大熊猫国家公园，兼具开发优势与生态敏感的特性。从人文条件角度来讲，该区域有羌族、藏族聚居地，民族文化资源丰厚，但因交通不便、地处偏远，人员、信息交流不足，产业发展迟缓，经济欠发达。

结合都四项目沿线自然与人文条件，立足于本项目“交通扶贫”的性质与目标，车站站房整体定位是将交通功能与旅游功能融合，注重生态环保与经济和谐发展，从而巩固生态区扶贫工作成果，服务于乡村振兴。

在整体定位的基础上，本项目车站站房设计理念是打造沉浸式的体验空间，通过品牌化IP塑造的模式来进行建设，将8个站点所在地的自然、人文特色优势统合为“都四项目街区式”游览的品牌形象。

3.3 总设计主题

本项目以“雪山旅列·原乡登途”为主题。原，同“源”，原来、原本之意，也有溯源、探寻之意；乡，有本土、家园之意，“原乡”是对都四线路的特色、精神的高度凝练。项目起点都江堰是世界著名的古代超级水利工程，灌溉了天府沃野的原水之乡；终点四姑娘山是集结风光万千的雪山，也是神圣宁静、如世外桃源的原始之乡；沿线还有卧龙国家级自然保护区熊猫之乡、川西藏乡、羌乡等原乡，表达了都四线路区域的原生态、原初、本真自然，也是当代都市人所向往、追寻的心灵净土与精神家园。

3.4 设计思路

用“雪山旅列”山地轨道列车在运行线路上将都四沿途各点连接起来，在整体性的基础上，实现“一站一景”。

以一个集合区域特色的新IP形象为引路者，以它的第一视角，剧场式地登上探访“原乡”的旅途。以“原乡”为核心内蕴，将沿途各点统合在具有“原乡”情怀的街道式群落中，集合各站点辐射区域农、牧、工、商、文、旅资源特色，营造一个人们可以沉浸体验的“原生态、原初、本真”环境，使人们暂时脱离惯常都市生活，满足多元文化的心灵需求。通过“交通+艺术+文化”，结合沿线各地域风物特色进行交通配套设施及衍生品的艺术创意设计，进一步开展相关业态建设。可将该范围内位置适中、宜居宜游的龙池、映秀、耿达、卧龙站点作为交旅线集散地，充分发挥各区域旅游体验价值，调控进入雪山的客流，并结合互联网+、创意活动等产生流量价值。

3.5 设计表现手法

3.5.1 建筑风格方面

都四项目车站站房建筑适宜采取现代主义风格。本项目沿线地区自然、人文资源丰富，表现多样，要实现品牌化IP塑造，需要可统合、能产生连贯性的视觉符号形式。现代主义风格建筑总体上重视建筑结构本身的形式美，造型简约、抽象，能够实现“少即是多”，可以将8个站点的独特优势元素提取出来，灵活运用到站房建筑中，形成既各具特色又统一连贯的格局。本项目站房要实现交旅融合、带动当地经济发展的功能，需要多元化的空间来集合、显现各站点物产、文化资源。现代主义风格建筑的特点之一就是将表现形式与功能结合起来，让空间利用实现最大化，非常适用于都四项目车站站房建设的实际功能需求。此外，就都四项目本身的前瞻性、发展性而言，现代主义建筑风格可在原有本土建筑、环境风貌的基础上，大胆创新，给当地乡村带来鲜活力的同时，吸引外来游客打卡体验。

3.5.2 色彩运用方面

都四项目车站站房色彩适宜采取纯色系主调，适量融入能够代表当地特色的色彩元素。本项目沿线丰富的自然、人文资源也带来了色彩的复杂多样，尤其是随着季节变化、海拔高差而呈现出绚丽多彩的奇妙景观。站房运用纯色系主调，从视觉上能够在复杂环境中清晰地表现建筑物的边界，并且能与周边多种色彩、光影的变化相搭配，体现了极简、纯粹的国际化现代审美特点。从本项目站房打造品牌化形象的设计特点来看，纯色系主调能够给人留下足够的整体印象。以纯色系主调为基础，提取各站点特色风物的色彩元素，通过色块、色带、镶边等方法适量融入站房色彩中，使

图2　虹口站站房方案设计效果图

各站点在项目线路的整体性中具有辨识度，展现个性。

3.5.3　材料选择方面

都四项目站房建筑中将大量采用热致调光中空玻璃和碲化镉发电玻璃。前文曾说过，站房建筑的在地性不是对历史传统的简单模仿与复制，而是立足当下。因此在材料运用上，都四项目站房并没有采取传统建筑的木材、石料，而是从所在地的生态特点出发，结合现代审美的建筑风格与形式，选用低碳节能的新材料。热致调光中空玻璃和碲化镉发电玻璃可以很好地将站房温度、光照调节的功能与造型色彩相融合。

3.6　站房创意设计

在都四项目线路总体布局下，根据所在地不同自然条件及人文特色的分析研判，沿线站点站房设有8个设计创意主题，分别为虹口站"绿野乐水"、龙池站"雪龙游林"、映秀站"古羌新韵"、耿达站"藏乡前门"、卧龙站"熊猫原乡"、邓生沟站"秘林仙苑"、巴朗山站"斑斓雪原"、四姑娘山站"雪山圣境"。以下介绍以虹口、龙池、耿达站为代表的轨道交通站房建筑艺术设计在地性表达。

3.6.1　虹口站

1）场地情况

虹口站小里程侧临靠白八路，距离上游虹口漂流游客中心约6 km，新建车站中心轨顶设计高程为836.83 m，小里程侧白八路标高826.27 m，轨顶距道路高差约10.57 m。车站大里程端有较多基本农田，无站房设置条件，小里程端紧靠上游侧可搭设平台作为站房场地，平台立柱布置需取得行洪论证批复。靠上游侧约160 m位置有较大场地，但涉及拆迁且离站台位置略远。

2）站场规模

虹口站中心里程为DK15+600.00，车场总规模为2台夹2线，设计站台2个，尺寸均为80 m × 3 m × 1.1 m，属于桥面站台、线下站房。

3）基于地域特点的站房设计

虹口位于白沙河中游，原始森林植被景观极具特色，是距成都最近的原始生态旅游区。虹口漂流有"西部第一漂"称号，人们热衷来此漂流玩水、纳凉消暑、运动休闲。水，是生命之源；森林，蕴藏无限生机。因此，虹口站房概念设计以"绿野乐水"为主题，意指虹口原始森林风貌和亲水漂流特色，侧重于可用空间最大化，表现与森林、水、活力相关的意象。

考虑该站房位置狭窄，站房概念设计中采用斜面实现空间最大化，并充分彰显斜线所带来的深度与生动。蓝色玻璃通道连通站台与站房，在空间上形成参差动势，在色彩、材质上与站房玻璃主体呼应。以玻璃为主的站房建筑在整体景观上借景自然森林，也表现了水流的剔透感与力量感（图2）。

3.6.2　龙池站

1）场地情况

龙池站为地面站，小里程侧紧靠栗张路，交通较便利，车站附近有较多民宿。车站线路位于场坪中部，站房可布置于线路左侧，亦可布置于线路右侧，可结合交通组织、游客流线、站房及配套用房布置综合考虑，新建车站中心轨顶设计高程为942.85 m，站房场坪设计标高为943.95 m。

2）站场规模

龙池站中心里程为DK20+420，车场总规模为2台夹2线，设计站台2个，尺寸均为80 m × 3 m × 1.1 m，属于桥面站台、线侧平站房，车站设6 m宽旅客过轨地道1座。

3）基于地域特点的站房设计

龙池因境内高山湖泊龙池湖得名，有白龙传说。宋《方舆胜览》引《外史》云："汶之花溪，万山丛立，中有方池，周四十里，真灵境也。"龙池是省级"森林小镇"，野生动植物资源丰富，是我国五大物种保存基地之一。始于1995年的龙池冰雪节从每年12月起，历时3个月，是西南地区冬季旅游玩雪的黄金线路。雪龙既指白龙，也指林海变雪原的转换。龙池站房概念设计以"雪龙游林"为主题，其涵盖了龙池地名传说、高山湖泊、森林自然、冰雪旅游等资源特色。

站点以白色作为主色调，以圆弧线为主线条，强调柔美包容，其间穿插纵向立柱，表现雪龙在林间盘旋游动之姿（图3、图4）。

图3 龙池站站房方案设计模型图

图4 龙池站站房方案设计效果图

图5 耿达站站房方案设计效果图

3.6.3 耿达站

1)场地情况

车站位于耿达镇樟牙杠村,临靠渔子溪,车站与国道350间有较宽阔的场坪条件。新建车站中心轨顶设计高程为1 523.57 m,站房场坪设计标高为1 510 m。周围有部分民房,对广场打造有一定影响,但也可考虑整体搬迁。站型采用线侧下式。

2)站场规模

耿达站中心里程为DK46+778,车场总规模为2台3线,设计站台2个,尺寸分别为80 m×3 m×1.1 m和100 m×7 m×1.1 m,属于桥面站台、线侧下式站房(边缘距站台中心83 m)。

3)基于地域特点的站房设计

耿达,因梗木为桥的搭桥方式命名,耿达为"梗搭"发音的转化,海拔在1 300 m以上,气候凉爽,是卧龙国家级自然保护区的一部分。耿达是大山中的藏族小镇,"5·12"地震后新建的大熊猫保护研究中心坐落在此,包括大熊猫饲养、繁育、研究、野化培训与放归以及公众教育、高端科学观察等功能。作为进入嘉绒藏乡的前门的耿达站突出藏乡文化,从羌自然过渡到藏。耿,有光明、明亮、正直的意义。"耿达"代表了当地热情好客、耿直率真的嘉绒藏族文化。因此,我们以"藏乡前门"作为耿达站站房概念设计主题。

站房概念设计提取藏式建筑中收分墙体和柱网结构特色形式,下宽上窄,表现藏式建筑的坚固、稳定之感,而"门"式框架、平顶棚又使其具备现代建筑的简约、通透。站房、站台、连接楼梯均统一于方形元素的组合变化中。同时,将藏族经幡色彩运用于墙体及顶棚玻璃,阳光透过彩色玻璃可使站台地面呈现丰富、有趣的视觉效果,并蕴含天平地安、风调雨顺的美好寓意(图5)。

4 结语

轨道交通站房的专业性、标准化是对工程质量及其规程的要求,与展现个性特色并不矛盾,这恰恰是其作为公共建筑对于公众在审美上、情感上的满足以及更好地实现社会经济效益的关键所在。我们将视野放入站房建筑本身之外的大环境系统中,将轨道交通的线和车站集散的点串联起来,通过"此地""此时"的在地性思考与行之有效的设计表达,提升轨道交通站房建设的内涵与品位,实现其物质形态、实用功能与场所精神的融合。

(原载于《中外建筑》2022年第10期)

图片来源:

文中所有图片均为作者自绘、自摄。

参考文献:

[1] 沈克宁.建筑现象学[M].北京:中国建筑工业出版社,2008.
[2] 汤雅莉.地铁站域空间标识系统的地域性体系研究[D].西安:西安建筑科技大学,2014.
[3] 王国福,季翔.既有地域建筑在地性实践探究[J].中外建筑,2018(3):55-57.
[4] 诺伯舒兹.场所精神:迈向建筑现象学[M].施植明,译.武汉:华中科技大学出版社,2010.
[5] 凯文·林奇.城市意象[M].2版.方益萍,何晓军,译.北京:华夏出版社,2017.
[6] 王振复.建筑美学笔记[M].天津:百花文艺出版社,2005.
[7] 邹晖.碎片与比照:比较建筑学的双重话语[M].北京:商务印书馆,2012.

作者简介:

曾昱棋,重庆文化艺术职业学院助教,研究方向:艺术设计;
吴曦,重庆交通大学艺术设计学院讲师,研究方向:艺术美学、桥梁美学、文化研究;
曾强,重庆交通大学艺术设计学院教授,研究方向:交通艺术设计。

寒地建筑艺术形象设计中民族色彩的应用研究
——以哈尔滨为例

袁伟静　潘宥承

摘　要：建筑艺术形象中色彩元素的应用使单体建筑增加了环境色彩氛围，而民族色彩的使用则进一步补充了建筑的人文气息。通过对寒地城市哈尔滨市建筑艺术形象中色彩元素使用的现状分析，提出了民族色彩元素在寒地建筑设计应用的必要性，进行了民族色彩元素的创新性提取，找到了符合北方现代建筑色彩的应用条件，达到了民族色彩融入寒地建筑艺术形象设计的效果，解决了民族色彩与寒地建筑相容性问题。

关键词：寒地建筑；艺术形象；民族色彩；建筑色彩

现代建筑设计作为城市空间的组成部分，既可以营造空间艺术氛围，又可以规划城市风格，包含了建筑功效、建筑技术、建筑艺术形象等要素。建筑艺术形象设计是建筑设计构成要素中与人们视觉审美关系较大的部分，它包括建筑外部、内部设计以及材料、质感、肌理、灯光等艺术效果的处理。其中色彩要素的设计是营造空间多元化的视觉手法，也是对空间布局差异化的体现，多彩的空间建筑色彩设计既有文化内涵又能展现地域特色，自古以来都是设计师喜爱的应用要素。设计师在运用色彩要素的同时需要考虑色彩的来源、文化、地域等因素，而民族色彩是人类在体会美妙人生之旅中的美好感受，是民族历史发展的积淀，是中华大地璀璨的瑰宝。我国是由56个民族组成的大家庭，每个民族都经历了时间的积累，文化的凝聚，创造出自己民族的艺术形式，浓缩、提炼了自己民族独有的附色体系，它是一种文化语言，展现了各族人民心底的需求。如果将这些民族色彩应用到建筑艺术形象设计中，就能还原古朴的色彩艺术与文化，展现当地地域特征。民族色彩元素与现代建筑有机融合，有利于促进建筑视觉形象的展现，尤其对于寒地建筑设计，可以从视觉上帮助弥补低温气候带来的不适感，展现当地世居少数民族特有的民族色彩文化，使寒地建筑设计中色彩要素更加具有文化特征。

1　寒地建筑色彩应用现状

寒地城市是我国专家学者对于冬季寒冷地区的统称。由于这些地区冬季气温低且冬季时间相对较长，因此这些城市建筑的用色习惯与室外环境有一定的关系。通过调研和问卷发放与分析，对寒地建筑用色的现状进行研究。选取北方寒地代表的中心城市黑龙江省省会哈尔滨进行了相关建筑立面色彩的调研，问卷针对该城市的中心区域展开，如城市的中心商业区（南岗区和道里区商圈），政府、高校及医院，以及具有地方特色的道外老城区。向市民发放调查问卷3 000份，回收问卷2 720份，有效问卷2 654份。问卷调研了当地人们的用色需求、对寒地建筑立面的色彩喜好，以及喜欢的民族色彩等问题，根据调研获得的数据进行统计分析，总结发现：

其一，寒地商圈的用色现状。问卷调查围绕南岗商圈的远大购物中心、松雷购物中心，道里商圈的中央商城、百盛购物中心、大商集团以及防洪纪念塔和索菲亚教堂展开，发现建筑立面应用黄色75%以上。中心商业区是城市建筑相对集中区域，该区域也是城市商业交流中心，黄色系的建筑外立面成为寒地商圈的主要用色方案（图1）。黄色由于明度和纯度的不同给人以不同的感受，在色彩的冷暖感上，黄色给人温暖的感知，可以起到对寒地低温的调节作用，同时黄色又有快活、高贵、明亮等心理感知，也符合商业区域建筑立面色彩应用的区域特征。但千篇一律的用色现状使得寒地城市建筑立面没有创新和区分度，城市的文化性及艺术氛围的体现则显得苍白。

其二，对于政府、高校、医院，调查问卷发现，建筑立面色彩以灰色、白色为主，灰色和白色的色彩感知是纯净的（图2），符合政府和高校以及医院的色彩感知，但普遍地应用到寒地建筑设计中

图1　寒地商圈建筑色彩调查

图2 寒地高校建筑色彩调查

图3 寒地老城区建筑色彩调查

图4 寒地建筑色彩融入民族色彩元素效果(左图加入民族色彩)

则缺少了一些温度以及人文精神，不适合寒地的地域特征。

其三，道外老城区以中华巴洛克建筑集群为主，调查显示色彩以灰色、黄色、黑色为主(图3)。体现中华古城的用色习惯，色彩相对丰富一些，具有一些民族色彩。通过问卷分析可以看到人们对于寒地建筑色彩应用的丰富性和民族性需要是十分迫切的。

2 民族色彩在建筑形象设计中的应用条件

2.1 民族色彩理论与现代色彩理论的联系

不同的民族在历史发展过程中积累了许多经验和方法，民族色彩是以视觉角度展现给人们的直观形象，这些看似独有的用色习惯则是各种因素共同作用的结果，有的来自宗教信仰、生活习惯等。这些色彩在不同的民族有它自己的故事及寓意，是民族文化的组成部分，如黄色——中国传统色彩，几千年在中华大地上沿用至今，曾经是皇帝的专有色彩，代表了皇权，具有浓厚的政治色彩，表达了吉祥、富贵以及喜庆辉煌的意义，而且在不同的节气有不同的寓意和独有的名称，这些色彩也是哈尔滨商圈建筑使用率非常高的色彩(图4)。现代色彩体系对于黄色的命名和寓意则不同，常常解释为明快、稚嫩等寓意。可见，黄色的民族色彩与现代体系中的定义和韵味均不同，民族色彩具有一定的文化内涵，而现代色彩则更具时尚感、个性化以及视觉冲击等。如果在现代色彩体系中融入民族色彩，则可以延续其文化内涵及精神，丰富现代色彩构成。现代色彩体系起源于西方国家，经过长时间的发展而成，所以现代色彩体系中有许多来自西方的色彩关系，在现代室内设计、平面设计及建筑设计中均常见，而我国少数民族色彩独有的文化内涵可以融合到现代色彩理论中，这对于中国现代色彩的设计应用是一种有力的文化支撑，将民族色彩补充到现代设计中，实现审美性、实用性与文化性的高度统一，达到民族审美习惯与现代设计的完美结合。

2.2 民族色彩运用需符合现代建筑形式

建筑是一种特殊的艺术表现形式，从古至今经历了一个历史发展的过程，但建筑形式有其功能性及结构性的要求，它从产生之初就是跟随人们需求而来，是以实用主义为主的艺术形式，后经过民族发展、历史变迁等具有了自己的地域文化及形式美法则，但建筑设计无法摆脱对于功能性要求的满足。建筑艺术形式的设计，涵盖了色彩、图案等外在形式与结构及功能等内在实用要求的多方面需求，自成一体才能达到完美效果。我国的建筑设计已经有了自己较为完整的理论体系，尤其是具有特色的古典用色习惯、鲜明的色彩对比、独有的雕刻手法都具有传统中国建筑群落特色。而我国现代建筑发展也走了一些弯路，受到西方建筑用色及设计体系影响，一段时间内传统的建筑特点不明显。如哈尔滨中央大街的建筑集群色彩丰富、建筑风格多样，但我国建筑形式特点不鲜明。经过专家、学者以及现代建筑设计师们的思考和努力，逐步认识到运用传统的色彩元素及民族色彩设计渗透的必要性，使得中国的现代建筑设计既有中国的文化内涵，又有鲜明的地域特征。当这些元素与现代建筑的线条及立面形状结合的时候，将我国传统的民族色彩渗透到现代建筑用色方法中，点缀设计及色相纯度调和，都会呼应到现代建筑艺术设计中，为中国的现代建筑设计增色。

3 民族色彩在寒地建筑设计中的运用

3.1 寻找寒地建筑设计中民族形式背后的文化支撑

我国对于寒地界定的标准是以室外平均温度为准的，在《民用建筑热工设计规程》中，对于累年最冷月平均气温低于或等于-10℃的地区，我们统称为寒地。它的气候特点决定当地的建筑要具有保温和御寒的作用，也决定了当地居民对于自然的适应和自我生存保护的特点。因为这里普遍冬季气温较低、持续时间又长，夏季无酷暑、持续时间短，冬季昼长夜短等，所以这些地区的少数民族文化也独具特色。在我国按照此标准来划分寒地主要集中于东北与内蒙古东北部地区。东北的黑龙江省有满、朝鲜、蒙古、回、达斡尔、鄂伦春等10个世居少数民族。而在这10个世居少数民族中，满、朝鲜、蒙古、回4个民族人口超过10万，达斡尔族人口位居第5，其余几个民族人口不足万。而赫哲族是黑龙江省的独有少数民族。这些少数民族长期居住在寒地，形成了自有的文化体系，总结了自有的民族色彩，是寒地建筑文化中重要的组成部分，在御寒建筑功能设计基础上运用了许多色彩元素，形成了独有的民族建筑设计的文化支撑，对于现代寒地建筑色彩设计有着一定的借鉴作用。

3.2 民族色彩元素的创新借鉴

借鉴元素和方法是一种有效改善和提升设计的途径，我们可以在寒地建筑色彩使用现状的基础上，追溯和学习当时民族色彩形成过程和使用元素。少数民族喜欢用图案、色彩装饰自己的生活，从最初单纯取材于大自然的色彩使用，到借鉴其他民族色彩和审美，以及对于宗教信仰的色彩吸纳，逐渐形成了北方少数民族色彩使用系统。认识到这个色彩形成过程后，首先打破固有思路进行色彩的重新解构，归纳和重组色彩关系。比如：北方少数民族的鄂伦春族，从服饰上看，善于运用黑色、红色、黄色和白色，在色彩纯度上喜欢纯度高的色彩感觉，在色彩关系对比中运用调和的图案，那我们把这种高纯度的色彩感觉与哈尔滨建筑色彩设计中温感的设计结合起来思考，找到一种新的民族色彩感知，突破原有局限，创造出新的色彩感知效果，取得视觉色彩创新的艺术效果。同时也可以将同纬度各国寒地用色方法与当地民族用色方法进行归纳，重组色彩抽象关系，进行设计迁移，注入民族精神理念和寒地空间背景元素，这样来实现重新设计，实现创造性的借鉴。

3.3 民族色彩的审美寓意

色彩是一种视觉语言艺术，它让人们的世界变得如此丰富。色彩斑斓的大千世界民族色彩独领风骚，以其独有的审美感觉，赋予色彩不同的寓意。正如我国传统的“五色说”，它起源于满族。满族在清朝拥有皇权，统治中华大地近300年，在民族色彩中对于色彩寓意及审美有深远影响。我们常说的五种颜色是指黄色、白色、红色、蓝色、黑色，这些色彩结合了自然界的土壤及气候植被的变化，结合了五行中金、木、水、火、土。尽管它们是满族的民族色彩，但同时也是我国传统色彩学理论的重要组成部分，因为满族也是北方少数民族的代表。另外，北方少数民族地处气候寒冷地带，当地人民穿毛皮服饰较多，所以在民族色彩中常常看到的代表色彩有白色和黄色，红色和黑色作为点缀，可见这是北方少数民族的审美文化。对于黑色，民族寓意为吉祥如意，黄色则代表力量，给它们赋予了民族精神，实则是取材渔猎的质朴审美取向。北方少数民族很多崇尚白色，尤其朝鲜族，被称为“白衣民族”，白色在这些少数民族中寓意着美好的缘分和纯洁的心灵。民族色彩的寓意给每个色相增加了文化内涵，附着了审美取向和民族精神，在现代设计中运用会延续其精神文化，增加其设计韵味。

3.4 民族色彩融入寒地建筑设计

民族色彩的应用增添了建筑色彩的地域特征，还原了古朴的色彩艺术文化。建筑色彩是建筑物的固有色在光源的照射下所形成的色彩关系，在环境色彩的影响下所构成的色彩气氛。随着我国对城市规划的重视，建筑色彩逐渐成为人们系统研究的体系，建筑色彩是城市精神的载体。寒地建筑由于室外环境色彩的单一性对建筑艺术形象中色彩要素的设计要求更为突出，对于空间环境的规划设计起到整体布局和画龙点睛的作用。在寒地建筑艺术设计中，对于民族色彩的吸纳更为重要，可以彰显城市建设的一种风格。哈尔滨建筑色彩需要对其进行改造，使得现有的单一色彩感觉不单单丰富起来，而且增加精神的力量。首先，我们可以综合考虑民族色彩的主体与城市规划色彩的关系。城市色彩规划是一个整体的系统工程，是对整个地域、文化等因素进行色彩分析后的结果，所以建筑景观色彩只是其中的一部分，那么在融入民族色彩前，应当对民族色彩元素进行综合分析，选择符合当地地域与文化内涵的色彩关系。根据调查显示，现有的寒地建筑色彩整体规划是暖色——黄色系，所以在考虑整体色彩的基础上，适当加入黄色明度和纯度不同的变化色，在不打破色彩整体布局的基础上，融入民族色彩。其次，民族色彩可以在局部作为点缀、修饰而出现，如城市屋顶、局部建筑立面等色彩的选择。那么，建筑立面的点缀色将与屋顶民族色彩形成呼应关系，既有风格的凸显，同时也不失对于城市规划色彩文化的补充，不影响城市整体布局的美感。北方少数民族的红色、白色、蓝色等都可以作为整体黄色调的点缀色出现。再次，建筑色彩的形成有材料构成因素，不同材料有不同的肌

图5　寒地建筑色彩融入民族色彩元素效果（右图加入色彩和肌理）

理变化，将这些材料运用到建筑外立面设计中，辅助于民族色彩设计，将质朴的材料与民族色彩相结合，会增加建筑色彩的立体效果，实现相得益彰的视觉感受，哈尔滨商圈和道外建筑色彩调整如图5所示。寒地由于御寒的需要，建筑材料使用也有一定的要求，与民族色彩结合使用时，要充分考虑材料与颜色的关系，收获新的视觉效果。

4　结语

我国民族色彩历史悠久，璀璨夺目，具有独特的用色喜好和深远寓意。寒地建筑艺术设计中融入民族色彩，可以增添建筑设计的文化内涵，凸显寒地地域特色。本文以北方城市哈尔滨为例对寒地建筑色彩使用现状进行调查研究，发现现有寒地建筑色彩用色单一、千篇一律等现状，针对这些问题找到民族色彩与现代建筑色彩相融的理论条件和应用条件。从寒地建筑色彩现状入手，进行民族色彩的创新性和借鉴性引用，丰富现有单调的用色习惯，使民族色彩与现代建筑用色相融相符。找到民族色彩融入现代建筑色彩设计的新方法，收获新的建筑视觉效果。

（原载于《艺术研究》2022年第5期）

参考文献：

[1]　徐亮，王国华，高广利．寒地城市建筑色彩规划与应用研究[J]．美术教育研究，2014(22)：80.

[2]　陈立民，钟茜．美术类非遗项目在商业转化中的品牌构建[J]．设计艺术研究，2021(5)：24–28，47.

[3]　鞠叶辛，梅洪元．寒地建筑形态地域特征初探[J]．低温建筑技术，2004，26(5)：22–23.

[4]　李真真．黑龙江省世居少数民族体育文化影响因素的分析[J]．哈尔滨师范大学自然科学学报，2012，28(2)：82–86.

[5]　金妍．城市夜晚照明色彩设计研究[J]．艺术科技，2016，29(3)：86.

作者简介：

袁伟静，黑龙江工程学院副教授；

潘宥承，哈尔滨工业大学建筑学院，寒地城乡人居环境科学与技术工业和信息化部重点实验室成员。

转译“大屋顶”的可能性及其挑战
——华西协合大学校园建筑设计的跨文化形式表达

李海清　郭文搏　朱镇宇

摘　要：聚焦20世纪早期教会大学建筑活动中的“中国化”思潮必然要面对的“转译”问题，以华西协合大学校园建筑为例，简要回溯西方建筑师参与校园规划和建筑设计的过程、方法和结果，特别关注其具有显著中国特点的“大屋顶”之选材、结构、构造、细部装饰与施工工艺，指出以西式砖混结构为主要技术载体转译中国式“大屋顶”存在诸多挑战，而为应对挑战而展开的思考与尝试定义了建造文化从混合走向融合的互动过程。

关键词：华西协合大学；“大屋顶”；选材与构造；桁架结构；装饰与工艺

2021年，中国建筑学术界隆重纪念梁思成与杨廷宝诞辰120周年。两位领军者具有开创性的工作分别从理论和实践上指向一个共同目标：现代中国建筑。有趣的是，尽管早已被梁、杨二位的同窗童寯挑明[1]，而今人却很少注意到的是，他们专业生涯早期孜孜以求的事业——以现代建筑技术再现中国传统官式建筑的探索——其最初尝试者居然是20世纪初叶在华教会大学及为其提供专业服务的外籍建筑师。置身于这些至今仍在使用、被各种美誉加持的校园建筑中，人们不禁要问：领一时风气之先的14所教会大学在中国近代史上究竟是怎样的存在，又何以迅速淡出？

必须承认，近代中国教会大学研究在过去40多年已有重要起步与开拓[2-4]。但由于种种原因，其作用与历史性影响，迄今难获全面观察和公允评价：前期一味严厉批判，而后期又颇多溢美之辞[5]。事实上，教会大学既有充当殖民主义工具的一面[6]，同时也传播现代科技，推动文化教育、医疗与体育等事业发展[7]，其评价不宜仅取一段：生搬硬套“革命史范式”、“现代化范式”抑或“后现代范式”[8-9]，难免陷入僵化的教条主义，尤其是针对建筑活动的研究则更是如此。

值得注意的是，教会大学校园建筑研究也已获相当进展，且多侧重史实梳理[10-12]、建筑风格对社会文化环境之“适应”，以及经济合理性之考量[13-14]，积累了可观的研究基础。但问题在于：不同于架上绘画具有强烈的个人属性，恰恰相反，建筑实践还是社会生产背景下的技术研发与应用过程，受到地形、气候、物产、交通、经济乃至工艺水平等客观环境制约。疏于设计技术措施和决策的具体分析，特别是有关设计思维的深度考量，则难以抵近真相。而重回现场将有助于体察鲜活、灵动的实践逻辑[15]——对建筑设计技术措施和项目实施过程的具体分析，将可能把建筑从背景性的、复杂多变的政治、经济博弈中适度抽离出来，还原其空间形塑、环境调控与工程实现互动关系的认知与控制之学科本色，从而超越基于地缘政治和文明冲突的“冲击—回应”理论话语，超越“西方”与“非西方”这类因过于简化的身份认同而可能诱发的、难免失之粗疏的学术判断。这有助于具体研究实现从“What”经“How”迈向“Why”的提升，进而真正成为一种历史叙事与成因阐释，并可能为当下建筑活动提供参考与镜鉴。

1　教会大学校园建筑：为什么要重回现场？

基督教（含天主教、东正教）在鸦片战争之后大规模进入中国过程伴随着血腥和掠夺，“教案”不绝如缕。教会方面逐步意识到必须对中国文化取调和姿态，如鼓励传教士着华服、讲华语，乃至教会大学校园“在气氛上彻底地中国化”，“有一个中国式的环境”[2]346-380——模仿中国传统建筑式样。而教会大学建筑真的是只要“将中国式大屋顶盖在西式墙身之上”[11]66，或者说将中国建筑屋顶“移植在西式堆栈之上”就万事大吉[1]？难道这类屋顶采用的是中国传统木构？——现已确认，实际上它们只是徒有其表，而屋顶内部结构却是西式屋架，主要是各类桁架。问题是二者是否能够良好地适配，人们曾为此做过怎样的努力，经验教训何在？……停留于意识形态层面的纷争，或纠结于抽象的理论思辨，恐怕不仅难以回答上述问题，甚至有可能深陷其中而难以保持清醒的头脑。而重回现场，与当事者共情，则至少可能为工程学层面的疑问找到解答：工程学与建筑学之间存在极为重要的交集。考虑到这批教会大学建筑至今仍在使用，作为“活着的遗产”，其建筑技术举措和有关“适应性”设计思维，对于今日全球流动下的建筑实践仍具启

图1 建成于1920年的华西协合大学万德堂
(the Van Derman Memorial Hall)

图2 英国建筑师弗雷德·罗楚礼

图3 弗雷德·罗楚礼经历九死一生的洲际旅行，最终乘轿子抵达成都时留影

发意义与参考价值。有鉴于此，本研究针对20世纪早期中国教会大学建筑活动，聚焦成都华西协合大学校园建筑（图1），特别关注其具有显著中国特点的“大屋顶”之选材、结构、构造、细部装饰与施工工艺，试图重回现场以证实：以西式砖混结构为主要技术载体转译中国式“大屋顶”，虽不乏工程学可能，却也存在诸多挑战。

之所以选择华西协合大学作为研究对象，其首要原因在于它是近代中国教会大学校园规划与建筑设计主动尝试中西结合之开端[1]。如果仅指将中国样式大屋顶盖在西式墙身之上，至少上海圣约翰大学怀施堂和广州岭南大学马丁堂的建造时间要更早一些，但通盘考虑校园规划与建筑设计，则华西协合大学确实稍早于其他大学[10]。除去它是最早的成规模探索这一因素之外，获取设计参考资料的难度系数也不可忽视。目前已确知：从华西协合大学展开校园规划设计伊始的1912年，直至其主要建筑基本建成的1928年[1]74，若论及基于现代建筑学术体系的中国建筑研究，中国学者尚未真正开始。国外学者也仅有鲍希曼（Ernst Boerschmann）倚重建筑学专业知识和田野调查刚发表的研究成果[16]，虽很重要，却主要是德文版的，且数量很少——这就是华西协合大学项目建筑师当时面对的专业知识状况。就此而言，华西协合大学校园规划与建筑设计不仅缺乏可以援引的先例，而且也不可能获得高水平研究资料作为参考。因此，称其为开拓性尝试并无不可。

那么，在几无先例和参考资料的条件下，设计者采用了哪些方法来调适西式建筑技术与中国“大屋顶”之间的关系，有哪些设计技术举措体现了“中国化”之考量，成效怎样，于今有何意义与启发？下文基于文献、档案、田野调查和专业分析，尝试作出回答。

2 罗楚礼与华西协合大学建筑设计

虽然华西协合大学校园规模大、建设周期长、涉及专业人士多，但最初校园规划设计与主要单体建筑设计者无疑是英国建筑师弗雷德·罗楚礼（Fred Rowntree，图2）[10]。罗氏1860年出身于英格兰富商之家，于约克接受初等教育，后入建筑师事务所当学徒，并于1890年将办公室迁至伦敦。1912年，弗雷德与其二子合作成立建筑师事务所，同年11月18日赢得中国成都华西协合大学校园规划设计竞赛[10]。来自英、美、加三国共4家建筑师事务所参赛①，校董会选中罗楚礼方案[17-18]，并邀其来华实地查勘（图3）[19-20]。翌年罗楚礼横穿欧亚大陆，历经艰险到达成都[21]：

资深合伙人查勘现场并与校方讨论诸多问题，包括面见三位四川省主要官员。他们对建筑设计应具中国特征的建议表示欢迎，且很礼貌地补充说，若以这种精神设计，就可以批量复制。已开展的设计工作致力于保持历史传承的形式、质地和色彩，并使之适应现代要求，以这个国家当时当地可以提供的最好选择，明智、和谐地使用这些材料和建造方式。[20]

罗楚礼此行不仅查勘现场、与客户沟通，还商讨确定下一步具有“中国特征”的建筑设计发展方向，回国后便开始具体设计。因战乱频仍和局势动荡，目前所知，罗楚礼此后再未到访中国。故此类远程设计控制必须倚重项目现场临机处置，其中美国传教士建筑师李克忠（Raymond C. Ricker）与加拿大传教士建筑师苏继贤（Walter Small）、叶镕清（E. L. Abrey）等发挥了重要作用。限于篇幅，本文只详细涉及“工程主管”李克忠。关于此项目，有案可查的史料资源主要有三类：一是现存于四川大学档案馆的原始设计图纸（图4）；二是存于耶鲁大学的“亚洲基督教高等教育联合董事会”（United Board for Christian Higher Education in Asia）有关档案；三是英、美专业期刊 *The Builder*（《建造师》）、*The Building News*（《建筑新闻》）及 *The Architect*（《建筑师》）的早期报道。

3 转译：英美建筑师遭遇中国“大屋顶”

自16世纪初全球航路开通以来，建筑活动如何适应具体环境一直是殖民者不得不面对的严峻课题，并逐步开发出“外廊建筑”这类适合热带与亚热带的设计与建造方式[22]。自然，在深处中国内陆、偏居西南一隅的成都，英国建筑师也无法回避此问题。

医学院和师范学院将按照西式平面布局兴建，但主要设计理念却致力于使最佳民族特征适应现代要求——明智、和谐地使用这个国家可以提供的最好建筑材料和建造方式：以地产青砖作为墙体主材，屋顶则用当地瓦材[23]。

图4　罗楚礼完成的华西协合大学教育学院(第五教学楼)彩绘方案图(落款为1926年6月2日)

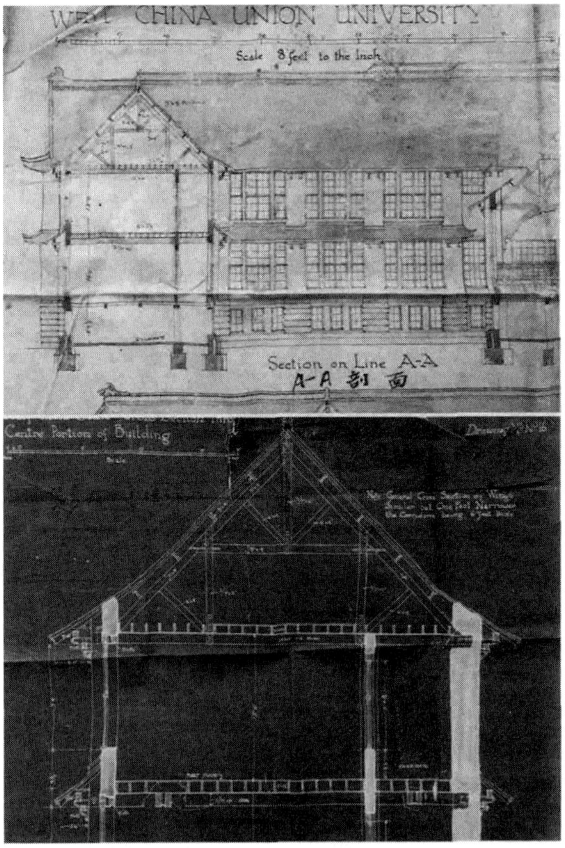

图5　华西协合大学医学-牙科学院原始方案图纸剖面(上)和施工图纸剖面(下)

可见,罗楚礼最初就已意识到环境适应性之重要,并在选材、平面组织、开窗与构造、立面和细部装饰等方面采取针对性举措。关于最具中国特征的“大屋顶”,特别提到要采用地产瓦材,应属明智之选,至少其经济合理性确乎成立。然而建筑实践是复杂的物质生产、社会生产与专业生产,“再现”并非轻而易举。英美建筑师遭遇中国“大屋顶”难以绕开以下三个难题的纠缠与困扰。

3.1　瓦材及其铺设工艺致使屋面荷载过大

采用地产建材虽明智却并非万事大吉,至少“大屋顶”施工存在一系列技术问题。“工程主管”李克忠在给校董会的报告中坦陈了自己的困惑:

从修建这些建筑的经验中我学到,我不能像在美国的承建者那样一成不变地按照设计师的计划施工。譬如,办公楼屋顶施工存在巨大困难,因为桁架已不复是真的桁架。本以为它是能自我稳定的结构,不用支撑墙和支架就可以解决推力。但它们无法承受沉重的中国瓦,从而必须使用临时支撑。而桁架足够稳固的话本可不用,既省时又省钱。我认为桁架就应该设计成能够自己解决推力才对,也应该由建筑师来设计。[24]

可见将中国瓦材嫁接在桁架上并非想象的那么简单:远在伦敦的主案建筑师罗楚礼并不熟悉中国建筑材性、构造与工艺,如医学-牙科学院剖面设计,屋面构造根本就没表达。从方案图(1925-07-27)到施工图(1926-02-25),历经大半年,门窗、装修、吊顶等皆有深化,而屋面构造一直空缺(图5),只能靠成都现场的“工程主管”李克忠重新绘图,随机应变[24]。而疑问在于,难道中国瓦真比西式瓦重得多?其实未必。以西式平瓦为例,同样是黏土烧结制品,单纯就瓦材厚度而言,西式平瓦与中国小瓦厚度接近,甚至前者更厚,照理西式瓦顶更重。但由于西式平瓦本身普遍设有外凸“后爪”和下翻“前爪”,以木质挂瓦条铺设,搭接长度仅几厘米,不必坐浆即可固定和排水。反观中国小瓦,则无“爪”可用,瓦材须有较多搭接:“搭七露三”或“搭六露四”[25-27],更考究的还要用望板或望砖并坐浆粘瓦。故此,就椽子以上屋面重量而言,中国瓦顶远超西式瓦顶。依据陈薇教授团队的研究[28],粗略计算每平方米增重100~120 kg小瓦叠加2~3层,且砂浆参与其中,故并非瓦材自身较重(图6)。显然,这是中国大屋顶选材及其工艺决定的技术特征,若其下方沿用常规尺寸桁架,则有必要用临时性支撑,以免施工时散架。这恰恰说明,“将中国式大屋顶盖在西式墙身之上”这种形式化理解并未触及工程学上的关键事实——桁架上铺中国瓦才是再现“大屋顶”极具挑战性的部分。

3.2　屋面“举折”与西式桁架不匹配

比施工时如何应对过大荷载更棘手的,是如何给桁架结构赋予中国“大屋顶”的曲面视觉特征。中国古代官式建筑(尤其北方

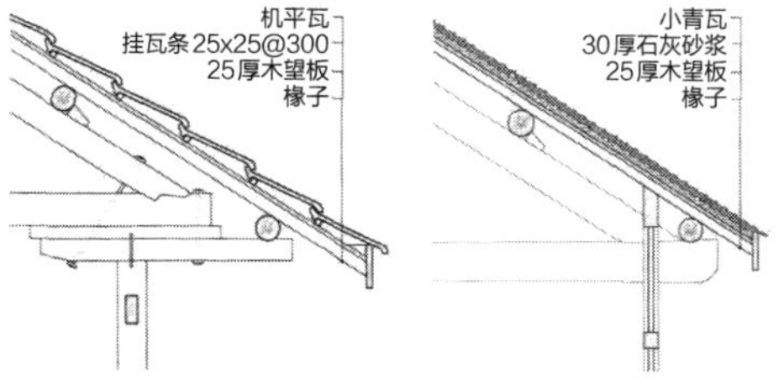

图6 屋面瓦材铺设比较分析(左为西式平瓦屋顶,右为中国小瓦屋顶,案例见湖北"宣恩一号"粮仓)

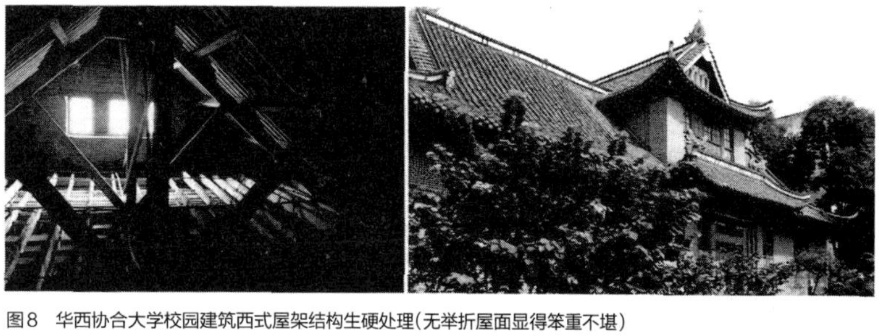

图8 华西协合大学校园建筑西式屋架结构生硬处理(无举折屋面显得笨重不堪)

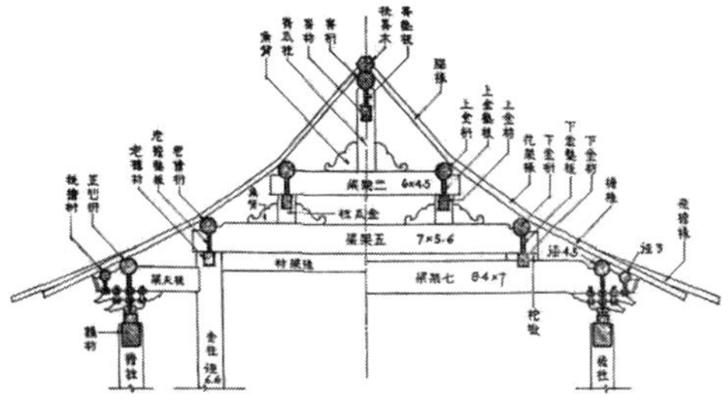

图7 中国北方官式建筑屋面举折

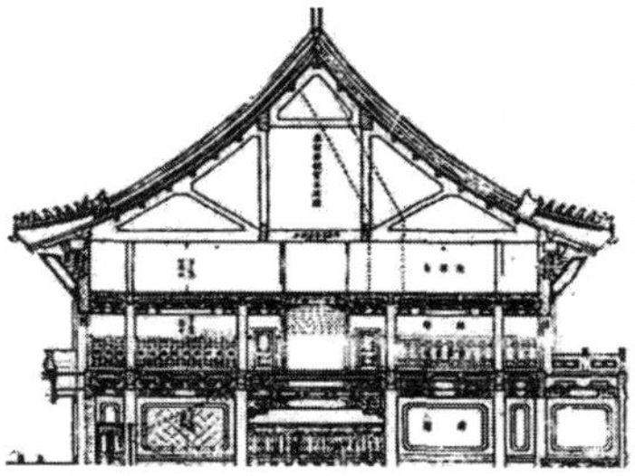

图9 建成于1933年的上海市政府屋顶剖面局部(钢筋混凝土屋架以上弦杆曲线做屋面举折)

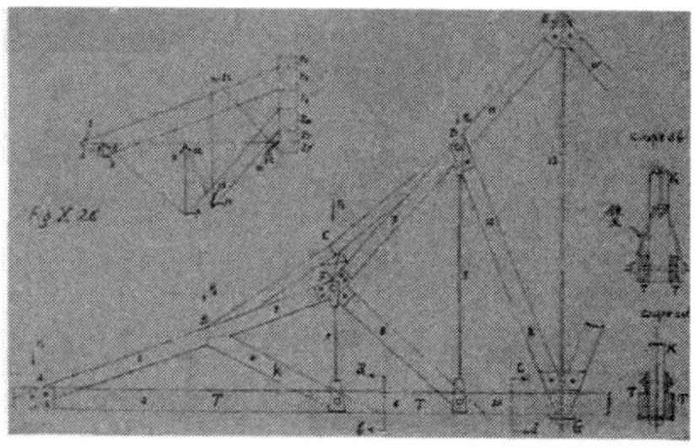

图10 华南圭专门研究在桁架结构之上做出"举折"

地区)柱头以上为层叠结构,即抬梁。"大屋顶"由若干"步架"逐级"抬"起而形成,且因刻意做出"抬"起幅度差别而形成不同步架椽子的不同坡度(图7),遂成"举折"(南方谓之"提栈")[29],南方穿斗木架也多显著举折[30]。如此,则桁架直线形上弦杆与"大屋顶"屋面举折外观之间便存在难以弥合的鸿沟。那么,如何为直线形上弦杆的桁架做出举折,从而在外观上形成类似曲面,就成为这一时期教会大学建筑设计难点所在。华西协合大学校园建筑及建于1923年的金陵女子文理学院主楼做法都较为粗浅——以未经任何处理的桁架直接简支于前后檐墙之上,仅以檐口处"飞椽"一笔带过(图8)——除檐口附近之外别无举折。如此则远观尚可,近看则因屋面上部过于平直而笨重不堪,缺乏"大屋顶"原型的轻盈、灵动。20世纪20年代以降,第一代中国建筑师正式登上历史舞台,有关做法多有改进,如采用短支座调整檩条高度变化、直接将桁架上弦杆设计成弧线等(图9),甚至著名建筑工程师华南圭还专门研究用桁架做举折(图10)[31],其后吕彦直、杨廷宝、赵深、范文照、董大酉、杨锡宗、林克明、杨锡镠等都尝试了不同的改进。这些都应与此前外籍建筑师只能尝试直观呈现的经验教训存在密切关联。

3.3 屋顶装饰选材和工艺受制于物产条件

除屋面曲线之外,"大屋顶"原型,即中国北方官式建筑屋顶还有一重要特征:装饰性构件如仙人走兽、龙吻(包括早期的鸱尾)等,选材多用华丽而昂贵的琉璃制品,以凸显权力与尊贵。与此相应,中国古代琉璃建材产地多在北方,尤以山西为盛。后虽向南方有所延展,但也主要集中于江南地区[32],远离皇权中心的四川,琉璃工艺并不发达。这可从20世纪40年代国民政府试图推行"全国公私建筑制式图案",而遭四川地方官员抵制可获间接证实[14]326——本地难以采购筒瓦,更何况琉璃制品。因此,华西协合大学校园建筑"大屋顶",其细部装饰虽因为罗楚礼不熟知中国官式建筑装饰性主题而发明了各种奇怪的动物造型,但在选材及工艺方面却非常明智地借鉴当地民间建筑之泥塑抹灰工艺,即"水作",而并未死守官式建筑多用琉璃之陈规,正与罗楚礼在方案设计初始就已确定使用地产砖瓦以便"接地气"类似。根据原始设计图纸对细部装饰之工艺缺乏深入考量的事实,以及李克忠反映原始设计图纸无法正常使用而必须重新绘制的报告,有理由推断该项目"大屋顶"细部装饰采用当地民间工艺的决策,应是李克忠现场考察的结果:

> 想要快速推进这项工作所存在的另一困难,是我必须自己放很多大样图……由建筑师断断续续提供的其他图纸又常常不得不全部重新绘制,因为他对中国建筑屋顶做法并不熟悉,只能大概给出个他脑子里的中国建筑概念,而我们就尽可能以最接近它的方式去推进。于我而言,凡是他提供来的每一件关于屋顶的图纸,我都需要重新绘制,这花了不少时间,也引发很多改动,以便使得房子能够盖起来。[24]

确实,对于建筑学专业和建筑师职业本身而言,还有什么比建成实施更重要的呢?如果房子盖不起来,其余一切便无从谈起。

3.4 "工程主管"李克忠在项目现场发挥重要作用

不难发现,除主案建筑师罗楚礼之外,"工程主管"李克忠也发挥了至关重要的作用。传教士建筑师李克忠来自美国爱荷华州格林内尔,于1900年6月1日向伊利诺伊大学提交毕业论文《五十位艺术家的家》(*Fifty Artisans' Homes*),其学位是建筑学方向的理学士——Bachelor of Science in Architecture。伊利诺伊大学《校友季刊和半月刊笔记》(*Alumni Quarterly And Fortnightly Notes*)明确记载他在华西协合大学担任工程主管[33]。在他于1920年3月31日提交给校董会的报告中，首页标题明确宣示自己“superintendent of construction”（工程主管）的身份[24]。

那么，校董会为何选中李克忠任此要职？推测原因有二：其一，李氏熟悉项目本身。有关档案显示1912年末至1913年初，在华西协合大学校园规划设计国际招投标过程中担任项目建议专家（甲方顾问）的正是李克忠[18]；而该校建设动议早在1904年前后即已开始，甚至李克忠早已于1907年10月就为校园建筑设计做过建议性方案[34]。其二，李氏了解中国国情，熟稔其时西南地区建材运输依赖水路交通，尤其是运费与水位变化之间关系的复杂行情[24]。甚至其后任——加拿大传教士建筑师苏继贤因善于和中国人打交道而特别受校董会重视——苏氏在这方面的过人才智体现之一是，华西协合大学开阔幽美的校园屡遭川军觊觎，时常上门找碴儿，甚至在校园内进行军事操演，校方不堪其扰——“秀才遇到兵，有理说不清”。而苏继贤居然总能凭着良好社会关系和三寸不烂之舌将此类事件摆平[35]。

4　结语：从混合走向融合之开端

综上，通过对项目竞标、中选、踏勘与设计过程的简略回溯，结合文献梳理、历史图档查阅和田野调查，初步厘清了华西协合大学校园建筑的实施过程。不难发现，首先，作为主案建筑师，罗楚礼是一个有独立思考和探索意识的实践者，其贡献在于不仅将校园规划和建筑单体外观于中西结合线路上找到支点，且能有意识地关注客观环境条件，运用地产材料和工艺，在技术细节层面大致再现中国建筑式样。当然，由于对中国建筑置身环境的复杂性缺乏足够预判，又处于中国建筑历史研究尚存基础知识缺陷的20世纪初期，其具体设计还存在诸多不尽完善之处，但这并不影响其开拓性意义与先驱者地位。

其次，环境适应性作为一种设计意图，诱发了混合型技术设计与选择策略，华西协合大学建筑设计明确指向了跨文化交流目标并获得初步成功。它从工程学视角证实：以西式砖混结构为主要技术载体转译中国式“大屋顶”，虽不乏工程学可能，却也存在诸多挑战——正是罗楚礼、李克忠等为应对这类挑战而展开的思考与尝试，定义了建造文化从混合走向融合的互动过程。尽管在一众尝试应对此类挑战的外籍专业人士中，影响最大者无疑是美国建筑师亨利·茂飞（Henry Killam Murphy），但他是在1914年春为长沙雅礼大学建设一事首次到访中国[36]，比罗楚礼迟了一年。有趣之处在于二者任务属性皆为教会大学，可算是同时期的先驱者，20世纪10年代是值得重视的转折期。

再次，教会大学建筑风格“中国化”虽然是教会当局和中国地方政府的共识，但具体技术设计决策则几乎全凭专业人士裁定。主案建筑师罗楚礼以及“工程主管”李克忠，其适应性决策以及有关技术措施堪称明智。这种现实主义姿态，为后来不同时期中国建筑师的创造性改进与选择提供了综合优化的先例。甚至不经意间，它可能已然成为地域主义建筑的早期萌芽——耐人寻味的是，它并非作为对现代建筑的抵抗策略，而仅仅是指向项目实施可行性的质朴考量。在今日中国建筑界已开始参与筹划月球基地建造与设计的时代背景下，这种考量应可以视为对地域主义建筑之浪漫主义色彩的一种必要警醒。

（原载于《建筑学报》2022年第9期）

注释：

①参加竞赛的英国两家建筑师事务所分别为伦敦的Fred Rowntree & Sons和巴斯的Silcock & Reay；美国和加拿大各一家，分别为纽约的Stoughton & Stoughton和多伦多的Gordon & Helliwell。

图片来源：

图1：多伦多大学图书馆；

图2：http://www.guise.me.uk/rowntree/fred/；

图3：http://www.guise.me.uk/gallery/rowntree/chengtu/chengtu.htm；

图4、图5：四川大学档案馆；

图6：李海清根据所指导的东南大学建筑学院2016级宣恩测绘图改绘；

图7：引自参考文献[27]；

图8：李海清拍摄；

图9：引自《中国建筑》1933年第1期，第26页；

图10：引自参考文献[32]。

参考文献：

[1]　童寯．我国公共建筑外观的检讨[J]．公共工程专刊，1946(1)：31-32.

[2]　顾长声．传教士与近代中国[M]．上海：上海人民出版社，1981.

[3]　肖朗，傅政．晚清新教传教士代表大会的历史轨迹及其影响：探讨中国教会大学兴起的新视角[J]．高等教育研究，2012，33(12)：84-95.

[4]　吴梓明．民国时期教会大学的再审视[J]．民国研究，2017(2)：178-186.

[5]　赵晓阳．六十年研究检视：基督宗教与中国近代教育事业[J]．西部学刊，2017(4)：41-45.

[6]　爱德华·W．萨义德．文化与帝国主义[M]．李琨，译．北京：生活·读书·新知三联书店，2003.

[7]　吴民祥．从“全球价值”到“地域关怀”：近代教会大学图书馆功

能考察[J]. 大学图书馆学报，2015，33(3)：120-127.
[8] 夏明方. 中国近代历史研究方法的新陈代谢[J]. 近代史研究，2010(2)：14-21，2.
[9] 左玉河. 中国近代史研究的范式之争与超越之路[J]. 史学月刊，2014(6)：55-71.
[10] 董黎. 中国近代教会大学校园的建设理念与规划模式：以华西协合大学为例[J]. 广州大学学报(社会科学版)，2006，5(9)：81-86.
[11] 董黎. 中国近代教会大学建筑史研究[M]. 北京：科学出版社，2010.
[12] 陈才俊. 教会大学与中国近代建筑形态的转型[J]. 暨南学报(哲学社会科学版)，2007，29(6)：116-123.
[13] 郭伟杰. 谱写一首和谐的乐章：外国传教士和"中国风格"的建筑，1911—1949年[J]. 中国学术，2003(1)：68-118.
[14] 李海清. 中国建筑现代转型[M]. 南京：东南大学出版社，2004：322-328.
[15] COOMANS T.East meets west on the construction site：churches in China，1840s-1930s[J].Construction History：International Journal of the Construction History Society，2018，33(2)：63-84.
[16] 赖德霖. 鲍希曼对中国近代建筑之影响试论[J]. 建筑学报，2011(5)：94-99.
[17] West China Union University，Chengtu (province of Szechwan，west China)[J].The Builder，1913-01-03：12.
[18] Competitions[J].The Building News，1913，3027(1)：54.
[19] Illustrations[J].The Architect，1920-02-20：119-120.
[20] West China Union University[J].The Builder，1924-06-27：1024-1027.
[21] 罗照田. 贵格教派与华西老建筑[J]. 读书，2018(9)：139-144.
[22] 藤森照信. 外廊样式：中国近代建筑的原点[J]. 张复合，译. 建筑学报，1993(5)：33-38.
[23] West China Union University medical school and normal school：selected design[J].The Building News，1913，3029(3)：124-125.
[24] RICKER R C.Report of the superintendent of construction to the board of governors of the West China Union University[A].Chengtu，1920-03-31. 耶鲁大学"亚洲基督教高等教育联合董事会"档案. 档号RG011-296-4618.
[25] 李诫. 营造法式[M]. 邹其昌，点校. 北京：人民出版社，2011：98.
[26] 梁思成. 清式营造则例[M]. 北京：中国建筑工业出版社，1981：36.
[27] 南京工学院建筑系《建筑构造》编写小组. 建筑构造：第一册[M]. 北京：中国建筑工业出版社，1979：158.
[28] 陈薇. 瓦屋连天：关于瓦顶与木构体系发展的关联探讨[J]. 建筑学报，2019(12)：20-27.
[29] 姚承祖. 营造法原[M].2版. 张至刚，增编. 刘敦桢，校阅. 北京：中国建筑工业出版社，1986：12-15.
[30] 刘致平. 中国建筑类型及结构[M]. 北京：中国建筑工业出版社，1987：262-264.
[31] 华南圭. 中西建筑式之贯通[J]. 中华工程师学会会报，1928，15(1/2)：1-34.
[32] 樊桂敏. 中国古代琉璃瓦初探[D]. 南京：南京大学，2011.
[33] ENOCHS N Mc.The alumni quarterly and fortnightly notes[J].1915/1916(1)：454.
[34] Ubchea archives college files rg11-administrative blueprints-WCUU hospital[A]. 耶鲁大学"亚洲基督教高等教育联合董事会"档案，档号RG011-277-4391.
[35] Ubchea archives college files rg11- administrative board of governors-minutes report[A]. 耶鲁大学"亚洲基督教高等教育联合董事会"档案，档号RG011-272-4329.
[36] 郭伟杰. 筑业中国：1914—1935亨利·茂飞在华二十年[M]. 卢伟，冷天，译. 北京：文化发展出版社，2022：25.

作者简介：
李海清，东南大学建筑学院教授，博士生导师；
郭文博，佐治亚理工学院(美国)建筑系博士；
朱镇宇，东南大学建筑学博士。

结构理性的艺术呈现：一个力流的抽象视角

曹婷　王帅中

摘　要：从抽象的力流的视角出发，重新思考并诠释了结构与建筑之间的关系。基于抽象的结构平衡与建筑构成之间的联系，意图提出一种融合结构逻辑与建筑艺术的设计思维方式。

关键词：力流；结构平衡；建筑构成；技术与艺术；图解静力学

如果简单地认为朴实的物体，即裸露的骨骼，就是美的最终定义，是不正确的。铁路桥、埃菲尔铁塔以及其他工程师的杰作类似于裸露的骨架。它可以满足我的理解力，但永远无法满足我的心。艺术的眼睛是用心去感知而非仅仅靠逻辑的理解。[1]

——约瑟夫·奥古斯都·路克斯（Joseph August Lux）

1　结构的技术与艺术

早在19世纪之前，结构还未作为一个独立的专业从建筑设计中独立出来①，结构的承重功能与建筑的艺术形式皆由建筑师整合并实现[2]。因此，关于建筑艺术性与结构逻辑性的讨论贯穿了整个建筑的发展史。早在文艺复兴时期，达·芬奇（Leonardo da Vinci）在设计过程中对于自然的参照与思考就已映射出了结构的承重功能与建筑形式艺术之间的联系[3]（图1）。400年后，法国建筑师、理论家勒·迪克（Eugène Emmanuel Viollet-le-Duc）基于此，进一步拓展了关于自然以及建筑艺术的理论。他认为设计并不是简单地对于自然形式的模仿，而应当提取催生自然形态的原理，并以此作为设计的原则与发生器[4]。例如他将哥特建筑的结构规则类比于自然规则，称赞哥特建筑的理性是那个时代最为杰出的基本建筑风格（图2）。以勒·迪克为首的这种崇尚结构理性的观点认为，建筑形式是由结构的有机和理性原则决定的，并由此直接批判了当时法国布扎体系（Beaux-Arts）将建筑当作纯粹的艺术创造的非理性思维。他认为一旦确立了结构和建造的原则，建筑的形式或"风格"就会自然而然地诞生，而非某种刻意营造的装饰[5]。卡尔·博迪舍（Karl Boticher）在随后进一步拓展了勒·迪克的理性观点。他认为建筑的形式和"风格"的真实性来自材料的结构原则。他认为建筑的"艺术形式"（kunstform）是"核心形式"（kernform）背后逻辑的再现和象征，因此建筑的内部原则和外部表现应当具有一致性，并试图借此来统一希腊建筑和哥特建筑之间的差异[6]。

而森佩尔（Gottfried Semper）对哥特建筑却有着与勒·迪克和博迪舍非常不同的态度。他认为哥特的理性主义是一种强横的、束缚了艺术自由性的设计原则。他将饰面（raiment）视为建筑的本质而非材料与结构，认为建筑的艺术或"风格"是一种遮掩而非再现结构的织物[7]。森佩尔的理论也在一定程度上反映了哥特纯粹理性主义的局限性。荷兰建筑师贝尔拉格（Hendrik Petrus Berlage）则尝试在勒·迪克与森佩尔关于哥特建筑的思考之间寻找一个平衡点，并以此为基础尝试建立关于现代建筑设计风格的美学理论[8]。贝尔拉格的建筑理论很大程度上受到了森佩尔饰面理论的影响，然而他却基于勒·迪克对于哥特理性主义的理解修正了饰面理论。他认为建筑设计必须研究构架（skeleton），因为建筑与自然事物形成的原理相似，就如肌肤是骨骼的外在反映一样，建筑覆面（cladding）也是其内部构架的一种映射。覆面不能以一种与内部结构完全无关的形态出现，而是应该由内部的结构生长出来，成为一种被装饰过的结构[9]。类似的，奥托·瓦格纳（Otto Wagner）通过发展博迪舍的理论区分了建筑的外壳（hülle）和内核（kern）。他坚称需要摒弃建筑中的装饰性附件对历史主义的追求，它们已经脱离了当时的建筑结构和建造体系，因而失去了必要

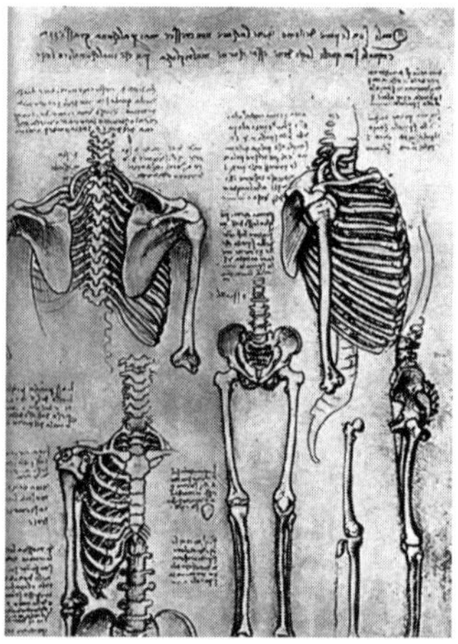

图1　达·芬奇对人体骨骼结构的研究

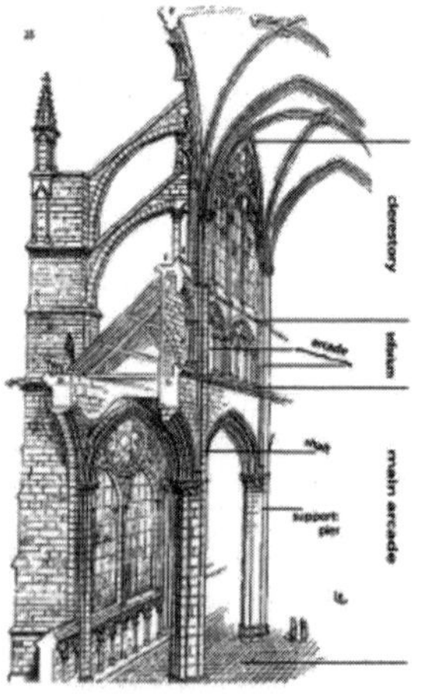

图2　勒·迪克书中法国亚眠大教堂的横剖面

性，并坚持建筑和结构的艺术形式应该来自建造[10]。

在1900年左右，受到生物学的影响，对饰面和去饰面的讨论在与骨骼和肌肤的类比中获得了新的视野[3]。这些类比同样也映射到了随着新材料（如铁、钢材）发展而出现的工业建筑形式中，并极大地影响了人们对结构的思考。尤其是桥梁、铁塔等大型工业建筑，由工程师的理性思维主导，结构呈现出趋向于材料最少化的杆索状（strut and tie）形式。其中，极具代表性的就是曾任教于苏黎世联邦理工的德国工程师卡尔·卡尔曼（Karl Culmann），他的著作《图解静力学》（*Die Graphische Statik*）展示了一种图示化的基于杆索模型的结构分析方法，复杂的结构性能被他转化成为拉力与压力的图示组合。"一旦确定了材料中最大的拉力与压力的方向，也就确定了力的传递路径"[11]，也即力流②（force flow）。"这种拉力与压力的曲线可以清晰地在由自然塑造的物体中辨认出来，比如在木材的纤维或是动物骨骼的海绵状结构中，因此力在材料中的传递是毋庸置疑的"[11]（图3）。卡尔·卡尔曼认为，"满足特定用途的形式可以通过最少化材料用量的方式获得"，就像自然塑造骨骼的方式一样[11]。

埃菲尔铁塔就是这种最少化材料倾向下的代表性产物，其构件截面呈现出一种无肉体化（fleshless）的形式效果。对于工程师和一部分艺术评论家来说，铁塔的形式是与其内在力学逻辑连续统一的真实呈现，是新材料与新技术下工业时代的建筑美学："桁架内漂亮的曲线，弦杆上三角斜撑的韵律，都成为整个艺术形式最重要的组成因素"[12]。而在当时的大部分艺术家看来，铁塔却是类似于"铁丝状的""丑陋、裸露的骨骼"。

这种基于材料最少化考虑的美学观点被瓦格纳与路克斯以身体为喻给予了相对温和的批判："可以用一个隐喻来形容：人体的骨骼无疑是工程领域最为完美的杰作。但对于我的眼睛来说，当它在寻找艺术的美时，起决定性作用的是丰盈的肉体。"[1]就如开篇所引述的路克斯的话，从结构效率出发的、构件截面最小的结构形式并不能决定最终的审美判断。当结构的受力与建筑形式完全一致时，人们可以清晰地看到形式背后的逻辑原理，但内心情感等各方面对于美的追求却不一定能得到满足。

在关于技术理性与艺术感性的历史讨论中，无论是骨骼与肌肤，还是支架与覆面的类比，其讨论对象都侧重于建筑与结构中具象的实体。它们可以被认为是一种不完善的对比思考过程，往往将艺术与技术的关系限定在了结构与装饰的具象层面。基于设计出埃菲尔铁塔的图解静力学（graphic statics），本文将从抽象的视角入手解读设计中建筑艺术与结构技术的本质关系，并以此为基础拓展到其几何构成所影响的形式与空间表达层面，意图超越传统的承重结构与建筑装饰的具象视角，从一种抽象的、图示化的角度重新审视结构理性逻辑与建筑艺术的关系。

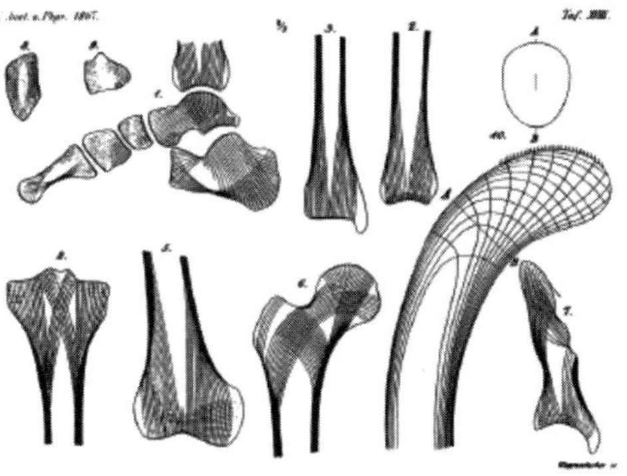
图3　在卡尔曼指导下格奥尔格·赫尔·曼·冯·迈耶(Georg Herman von Meyer)绘制的人体骨骼中力流的分布图

2　表达结构平衡关系的力流

前文所出现的历史中结构与骨骼或支架间的类比，其根本都仅在强调结构的承重属性。但结构并非仅是建筑中具象的、截面最小化的支架，也并非只有承重作用。正如赛克勒（Eduard F. Sekler）将结构定义为"一个普遍而抽象的概念"[6]，其一方面受制于建造技术，另一方面受制于建构的知觉表达[6]。可以说，结构是建筑得以矗立的抽象原则，是一种以将荷载传递到地面为目的的组织关系，同时也是设计师创造形式与空间艺术的基础。如果我们仅从结构效率的角度出发，仅将这种抽象的关系具象化为材料最少化的结构形式，将难以避免地带来森佩尔所抨击的对于"建筑艺术自由性的束缚"。

在设计中，为在结构理性的基础上尽可能探索建筑艺术的丰富多样性，我们需要一种媒介，既可以形象地分析荷载传递的原理，又可以抽象地控制建筑形式与空间艺术的设计逻辑。卡尔曼所整理创建的图解静力学正是达成这一目的的有效方法，其对于传力路径的图示化呈现——力流，是将结构力学原理与建筑设计关联起来的极为合适的媒介。

图解静力学是一种基于向量平衡的结构分析与设计方法。所有的结构性能都被简化为拉力与压力的图示组合力流。衡量力流是否合理的唯一标准更是被简化为判断交于一点的力（向量）是否达到平衡[11]③（图4、图5）。相比于复杂的计算，这种对力学原理的图形化呈现更容易与设计直接关联起来。图解静力学中的力流与结构分析中的杆索模型十分相似，只是前者代表的是一种抽象层面的力学平衡关系，而后者往往是结构形式的具象化雏形。但正是力流的抽象性赋予了建筑艺术丰富变化的可能，因为力流作为一种抽象的图示，并不等同于具象的建筑或结构形式。

力流还具有可操作性。作为一系列向量的空间组合，可以通过对力流中所有向量的数量、位置、方向等因素的操作进行变形，得到一系列抽象的力学平衡关系层面上的变化（图6、图7）。这带给了建筑师一种区别于结构选型的设计参与方式。结构不再由工

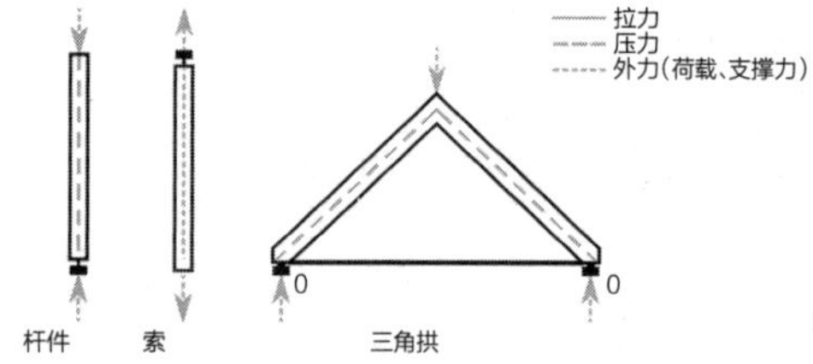

图4　图解静力学中用拉力与压力的组合(力流)来表示所有的结构性能

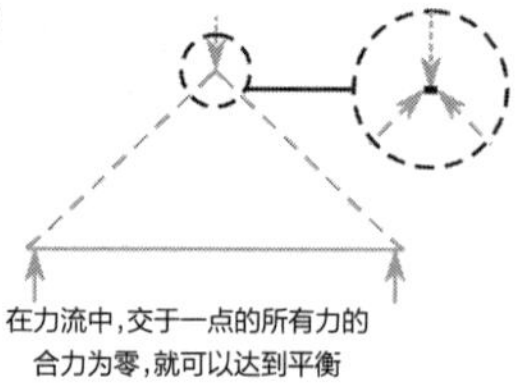

图5　三角拱各个构件之间的平衡关系可以用抽象力流表示

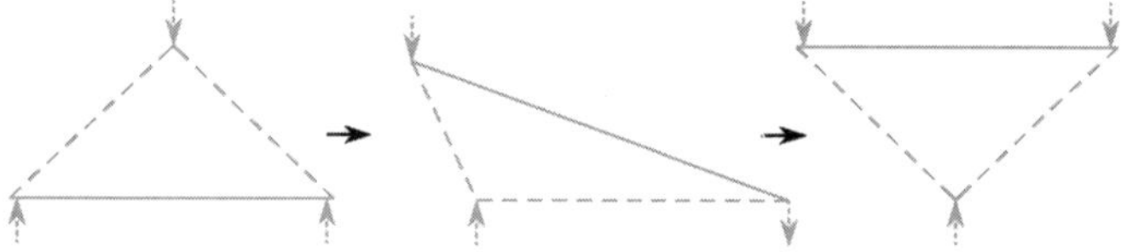

图6　对力流进行操作变形

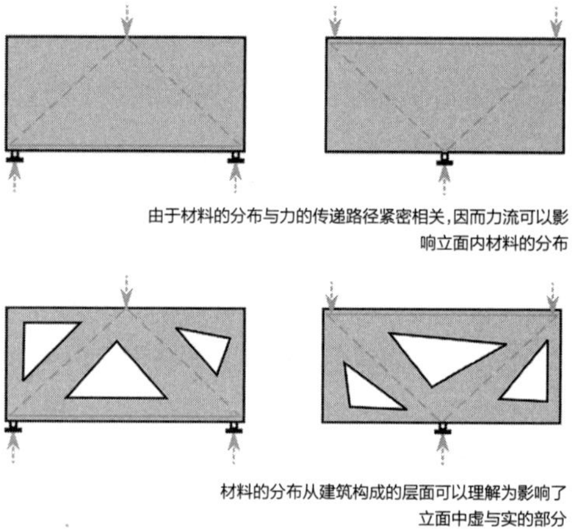

图7　两支点深梁与两端悬挑的深梁内部力流的分布情况

程师从已有的、形式固定的类型中挑选,而是在建筑概念的引导下,从结构力学原理的层面出发去思考如何更好地回应建筑设计的概念。结构从而得以脱离其沉默的配角形象,成为建筑设计中定义空间、塑造形式的逻辑思考方式,得以真正发出自己的声音,成为“强结构”[13]④。力流——作为代表力学平衡关系的一种抽象图解,其对于设计的意义正符合建筑理论家克里斯托夫·亚历山大(Christopher Alexander)在《形式综合论》(*Notes on the Synthesis of Form*)中对“模式”(pattern)的描述:

> 它是一种物理关系的抽象模式,解析了一个小系统中各种因素的相互影响与碰撞,并独立于其他的因素与其他可能的模式。于我而言,创造这些抽象关系,并将这些关系融合在一起以创造出设计,是一种非常精彩的构思。[14]

亚历山大也指出,一个抽象的模式无法创造出设计,只有将不同的抽象关系(模式)融合在一起,使其相互关联起来,才能推导出有意义的设计。每个层面的抽象模式相互关联,却又可以各自独立演进,因而可以创造出无穷的设计变化。依据亚历山大对于设计过程中模式所代表的抽象关系的深入讨论,力流这种平衡关系,必然需要与建筑其他层面的抽象模式融合在一起,才能实现创新性的设计。正如他所说,设计的重点并不是最终的结果,更不是毫无依据地创造某种风格或是构成,而应当在回应功能性问题的基础上,塑造新的物质秩序、组织方式以及形式[14]。

从抽象模式或是力流的角度来看,将结构与骨骼或支架类比是不完善的。由于它们固有的物质形式,往往会限制我们对结构整体关系的理解——正如前文中对埃菲尔铁塔的批评。而如若我们将其抽象成为一种组织关系,则可以将历史上关于结构的类比进一步延展:我们可以用力流——这种表达力学平衡关系的抽象图示来重新描述建筑的骨骼或是支架,而非一个具体的结构形式或类型。只要这一抽象的力学关系成立,即荷载与内力之间可以达到平衡,那么结构的整体逻辑就可以初步建立。当然这只是设计的第一步,在建立起来的结构平衡关系之上,我们可以将这个结构的抽象模式与建筑的其他模式相调和,实现建筑的不同概念与需求。同样,抽象的平衡关系并不直接指向最后的建筑形式。在这一关系之上,通过引入更多的因素,如形式、空间以及人的感知层面的考虑,才可以将结构的抽象逻辑转变为具有丰盈血肉的、艺术化的建筑形式。

3　影响建筑构成关系的力流

正如亚历山大所描述的,在设计的过程中除力学的平衡关系之外,还有众多与建筑各方面相关的模式。其中与形式空间等艺术性表达相关的模式,在设计中往往对应的是建筑中与美的感受相关的构成、组构或构图(composition)。在布扎体系中,构成被理解为建筑平立面的布局或分布,其核心在于轴线和网格的运用。与建筑美学联系起来时,构成的基本原理又被具体地分门别类为统一(unity)、均衡(balance)、比例(proportion)、尺度(scale)、韵律(rhythm)、序列设计(sequence in planning)等[15]。除去二维平立面的形式美之外,构成同样也与三维的空间联系在一起。小林克弘在《建筑构成手法》中也将建筑构成描述为“确定各个要素的形态与布局”,但强调了“它们在三维空间中进行组合,从而创造出一个整体”,并且“建筑师要在某种构思下确定组合的规则与秩序”[16]。在坂本一成的《建筑构成学:建筑设计的方法》中,他以功能关系为基本原则,在三维的空间中将建筑元素抽象为水平与竖直的面,进而将这些相对抽象的概念形成的“空间配列”作为“建筑构成”的“核心体系”[17]。

值得注意的是,本文想要强调的构成并非布扎体系中纯粹的形式美。正如勒·迪克借由哥特建筑来批判布扎体系是一种僵化的、过分注重形式与构图的、对美感的片面追求⑤。同样,构成也并不完全等同于坂本一成所讨论的抽象的空间拓扑层级关系。本文

图8 奥托广场办公楼

图9 北京媒体中心渲染

图10 俄罗斯馆渲染

想要探讨的构成概念意图以力学理性为基础，寻找技术、功能与形式、空间的美之间的平衡。具体来说，无论是平立面上的二维美学构图，还是产生空间序列的三维元素构成，其组合的规则与秩序都无法脱离结构的力学理性而单独存在。诚如阿尔伯蒂的三原则，只有当建筑具有了坚固性之后，才可以讨论美观与适用。

而前文所提到的力流，可以被视作一种在设计中用以平衡技术、功能与形式、空间的图示媒介。抽象力流表达了两个层面上的含义：力的传递路径，以及力之间的平衡关系。作为力的传递路径，力流这种抽象的图示，在二维建筑元素（如立面的构成）中，一定会影响与控制立面内材料的分布情况：因为材料的分布与力的传递路径紧密相关。材料的分布从建筑构成的层面可以理解为影响了立面中虚与实的部分，从而进一步决定了立面形式最终呈现出来的均衡、比例、韵律等美感。而在三维空间中，建筑元素的组合与分布实质上也在创造力的传递路径——将荷载自上而下传递到地面。在这种情况下，力流的组团往往对应的是建筑的基本构成元素，力流组团之间的平衡关系则决定了建筑元素的组合是否最终达到了平衡稳定的状态。因此，力流这种抽象图示同样可以影响与控制产生空间序列的三维元素构成。

无论是在二维的立面构图，还是三维元素的空间组合，力流所代表的结构平衡关系是建筑构成得以成立的前提。那么建筑构成可以被理解为，对结构平衡关系的一种艺术化再现：在使结构能传递荷载达到平衡的同时，也满足对建筑的形式与空间、功能层面的需求。因此表达结构平衡关系的力流，在某种程度上可以成为建筑构成的抽象"控制线"，甚至可以类比于布扎体系中的"网格"与"轴线"。这也是力流作为一种图示表达的优势所在，它将结构力学的基本逻辑转化为了几何图示。以抽象的力流作为设计的"底图"或"骨骼"，以此为依据再将构成的基本原理中对众多美的理解[15]引入到形式与空间的创建中，建筑师与结构师可以更理性地构建建筑的空间与形式特征。此外，即使基于相似的力流图示，依然可以发展出丰富变化的建筑构成。如果在设计中将基于力流获得的二维与三维的建筑构成关系叠加起来，就可以实现设计上更为丰富的变化。这便是设计基于抽象逻辑关系的益处，它让设计遵循理性的逻辑，却又蕴含无数艺术化的物质转译的可能性。

4 以力流融合结构平衡关系与建筑构成关系

我们将用三个案例进一步分析，以力流为基础如何控制与影响二维立面的，或是三维空间内的建筑元素的构成，以及理性逻辑的结构平衡关系如何在设计中与建筑的形式、空间构成关系互动融合。

建筑师约格·康策特（Jürg Conzett）所设计的奥托广场（Otto Platz）办公楼（图8），克里斯蒂安·克雷兹（Christian Kerez）设计的北京媒体中心（图9），以及瓦莱里欧·奥加提（Valerio Olgiati）所设计的俄罗斯馆（图10），无论是在二维元素的立面构成，还是在三维元素的空间组合上都利用了类似的结构原理，却呈现出了非常不同的建筑形式与空间。在这三个例子中，建筑的主要组成元素都是结构意义上的深梁⑥（deep beam）。深梁是一种实现结构跨度的水平元素，同时也创造了竖直界面与空间的高度。

在奥托广场办公楼中，为了将奥托广场的公共空间引入建筑内部，建筑一层有着一个巨大的水平开口朝向广场。沿建筑长轴方向平行排列的两个立面，在结构上其实起到了类似梁的作用，可以被视为高度达到三层层高的深梁，与其垂直的短轴方向上的墙体，则是被两个立面支撑起来的第二层级的深梁（图11）。深梁在这个案例中的组合构成，可以很明确地对应拱索状力流组团在空间内的组合。北京媒体中心也采用了极为相似的方式来处理建筑底层空间与室外公共广场之间的关系。这里，同样将建筑的外立面作为深梁，来实现底层入口处的巨大跨度（图9）。而在俄罗斯馆中，作为建筑元素的深梁在空间中的组合方式更加三维化，深梁不是为了实现前面两个案例中底层的架空空间，而是为了塑造整个建筑的形态：从上至下不断变化尺度的体量单元。每层十字交叉的深梁都在中间与支点连接，它们的两端都支撑起了外立面上的墙体，也是第二层级的深梁（图12）。同样地，在俄罗斯馆中，力流组团之间的平衡关系，也与深梁的空间组合呈现出一一对应的状态。这三个例子中，三维的建筑元素构成以深梁的不同组合方式呈现，从而塑造了具有差异性的建筑空间。而实质上确定这些深梁组合的"准则"，均来自其背后力流组团间达到平衡的不同方

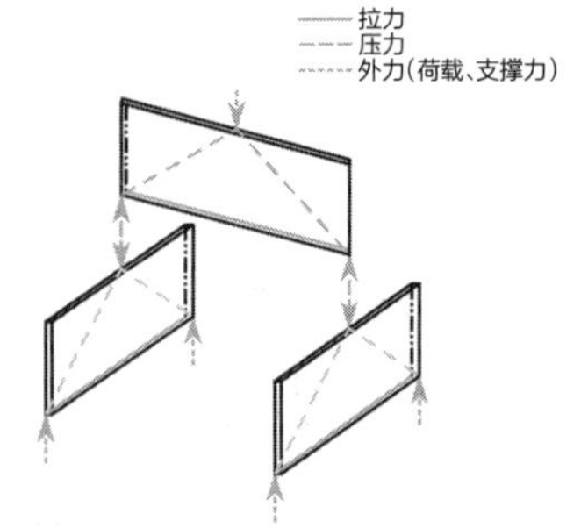

两个立面作为第一层级的两支点深梁支撑起了作为分隔墙的第二层级的深梁，每个深梁都可以抽象地视为一个力流的组团，力流组团之间的平衡关系决定了深梁元素的空间构成关系

图11　奥托广场办公楼的外立面与内部的分隔墙都是结构意义上同样的元素深梁

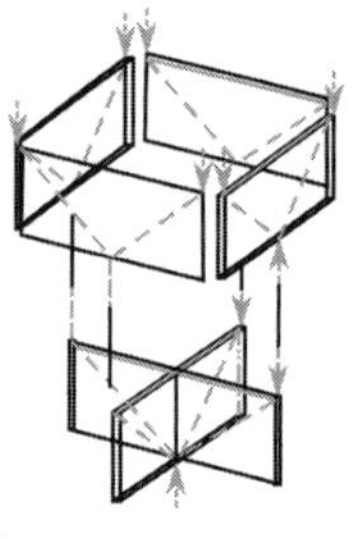
十字交叉的第一层级深梁支撑起了4个立面上的深梁，每个深梁也可以抽象地视为一个力流的组团，力流组团之间的平衡关系决定了深梁元素的空间构成关系

图12　俄罗斯馆的基本构成元素是两端悬挑的深梁

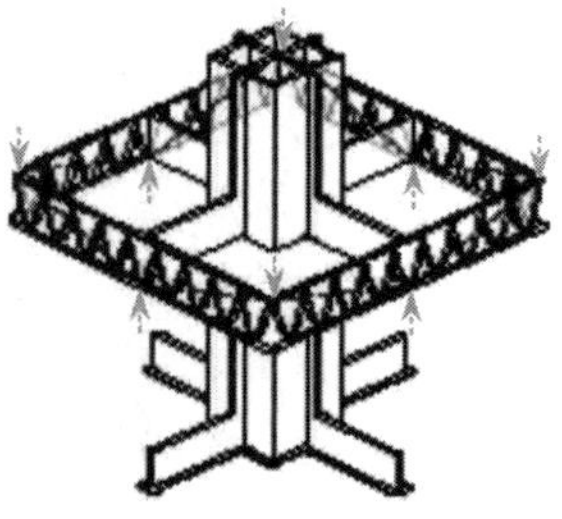
桁架状的力流决定了立面“幕帘”元素的形态与重复的韵律感。二维的立面构成与元素的三维空间构成叠合在一起，给设计带来了更为丰富的变化

图13　俄罗斯馆中深梁的内力传递路径可以被进一步细化为桁架状的力流

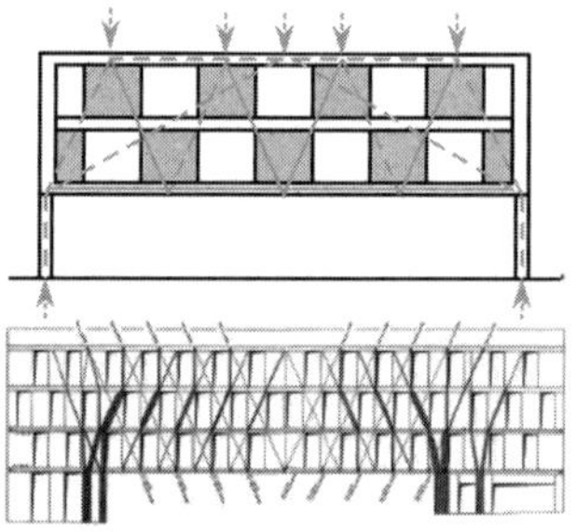
作为立面的深梁，其内力的传递路径可以进一步细化为桁架状的力流，作为其立面元素构成的“控制线”，决定了矩形墙体和窗洞的组合关系

图14　奥托广场办公楼的立面设计

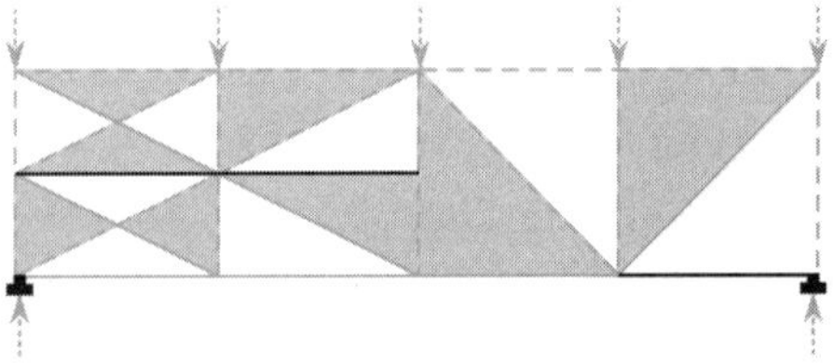
图15　北京媒体中心的立面传力路径示意（力流与三角元素的尺度、比例以及组合方式相对应）

图16　奥托广场办公楼立面墙体的虚实错动关系影响了其内部空间的光影效果

图17　北京媒体中心模型

图18　俄罗斯馆立面“幕帘”元素所围合的室内空间

式。它们在定义了力在空间中分布与传递的路径的同时，也默默地确定了建筑空间的某种组合构成关系。

而从二维立面上来看，这三个案例中最终的立面形式均呈现出韵律感，这是由其共同的“底图”或“骨骼”——桁架状的力流关系决定的。但三个案例的立面形式又有所差异。因为将力流与具体的建筑构成结合起来时，设计师引入了不同的对于建筑的形式与空间艺术的理解。奥托广场办公楼与俄罗斯馆都在强化立面元素的韵律感，但因为立面元素比例上的差异，前者中具体呈现为矩形墙体与窗洞的多层虚实错动（图13），在后者中体现为幕帘状元素的线性单一重复（图14）；北京媒体中心则尝试在保留韵律感的基础上，打破由桁架形力流所决定的呆板的规律性，设计师有意调整了立面三角元素的比例与均衡关系，以实现一种有序中的随机感（图15）。

三个案例立面形式的差异必然也影响了其内部的空间氛围。奥托广场办公楼的每层室内空间都出现了明暗交替的规律性变化（图16），这与建筑立面规律的元素构成，以及室内长走廊的方向有关。而北京媒体中心的室内空间强调的却是室内外空间的流动性，因而立面更加开敞，尺度较大的三角形开口都朝向四周的城市景观，室内的墙体以同样的三角状形式语言打开，强调室内空间之间的流动性（图17）。相比于前面两个案例中抽象的几何化元素形式，俄罗斯馆中幕帘一般的立面（图18），给人织物般柔软的感觉，带给身处其中的参观者更多静谧与平和的感受。

通过对比我们不难发现，在二维立面或是三维空间的处理中，三种方案都基于类似的力学原理发展而来，但最终的形式空间呈现都表现出了各自不同的特点。因此，可以认为它们基于结构理性意义上的、类似的“骨骼”，发展出了不同的建筑艺术化的“肌肤”。通过引入力流图示，我们能清晰地理解这三个案例的结构原理与建筑的形式空间构成之间的联系，也能发现基于同样的力流图示，所能发展出的形式空间的多样性和设计的自由度。

更有意思的是，这三个案例对美的营造中，无论是基本的抽象力学平衡关系，还是与之紧密相关的建筑形式与空间构成关系，都在满足建筑最基本的功能与空间需求之外，意图唤起使用者对于某种形式或空间氛围在情感层面的共鸣。正如瑞士建筑师奥加提在“无参照建筑理论”中的描述，形式不仅要通过某种逻辑自洽的方式生成，更重要的是能唤起使用者对于这种形式最基本的移情（empathy），使得建筑成为一种与人们的生活、梦想和欲望有着具体关联的能构建意义（sense-making）的事物[18]。这些对结构的移情化处理并非凭空出现，它们早在19世纪的德语区就获得了众多的关注和讨论。其中，沃尔夫林（Heinrich Wolfflin）也早已将移情与哥特式教堂中结构的具身性表达联系起来，认为身体是我们理解结构美的表达中非常重要的因素⑦。而结合当下诸如神经科学对于人类感知最新的研究，我们可以更为精确地理解这些可以促使移情产生的因素，为基于力流的形式与空间设计提供更为精确的、塑造“美”的方式，为结构理性的艺术化呈现提供新的视野[19]。

5 结语

从力流的视角切入，来理解技术理性与艺术感性之间的关系，在一定程度上可以视作历史上结构与生物学类比思维的延续，但这种解读却并不等同于结构理性主义。力流基于抽象关系或是“模式”的思考方式，并非只是传统意义上的由“骨骼”决定“表皮”，或是理性逻辑决定风格的单向性发展。即使是回到勒·迪克的年代，结构与自然形态的类比也包含着达尔文主义式的适应性演变的过程。这意味着结构的诞生不仅源自内部的理性，同时也是与外部的环境因素不断调和、共同演进的过程。同样，文中描述的结构平衡关系与建筑构成关系也并非在简单地指代着理性与感性，或是将两者分隔对立化，而是描述了设计中两个同时出发的参考点。以力流为基础，设计应当从两个参考点同时出发，然后在技术与艺术之间不断循环往复、相互协调。这意味着设计的过程不是单向的。由形式出发寻找结构解决手段，或从结构效率出发生成形式的设计思路都并非完全不可取，只是它们都仅参考了一个方面，从而导致了与另一方面的关系失衡。在设计中利用力流图示平衡建筑艺术与结构逻辑，也并非指从一个抽象的力流出发生成形式，或是已知某种形式再用力流进行分析，而是从设计早期开始就可以利用力流这种抽象的图示关系将结构逻辑与形式空间结合起来，让这两个方面循环互动，真正实现结构理性与建筑艺术的碰撞与融合。

毫无疑问，力流具有巨大的潜力来帮助建筑师在设计中引入结构的思考逻辑。同样地，从专业合作的层面来看，相比于数学公式或是色块繁杂的有限元应力图，几何向量化的力流可以更好地协助建筑师与结构师进行交流。力流的建议性与可操作性也可以改进建筑院系的结构教学，让其从局部的、纯技术性的视角，转向全局性的、技术与艺术结合的多学科融合模式。

这些基于力流来融合建筑艺术与结构理性的思维其实早已反映在了诸多西方设计师的作品中。无论是高迪设计的桂尔公园柱廊，罗伯特·马亚特（Robert Maillart）设计的优雅桥梁，或是当代建筑师克雷兹与结构工程师施瓦茨（Joseph Schwartz）合作的作品，图示化的力流都极大地影响了设计整体概念的形成过程，在众多的实践中展示了其优势和潜力。力流的基础——图解静力学，也在诸如苏黎世联邦理工、麻省理工、洛桑联邦理工等著名建筑院校的教学中实践多年。力流所对应的抽象的结构思维方式，能为当代的中国建筑实践与建筑学教育带来怎样的影响？我们拭目以待！

（原载于《建筑学报》2022 年第 4 期）

注释：

①19 世纪，随着新材料、新技术的发展，单一的建筑师的职业已经无法满足更为复杂、综合的专业计算的需求，工程师这一职业因而从传统建筑师或者是建造者的工作中分离出来，成了一个独立的专业。

②力流是力在材料中的传递路径。理论上在同样的荷载与支点状况下，可以有多种路径将荷载传递到支点上。力流(力的传递路径)的选择可以与结构效率和建筑形式需求相关。

③交于力流中每一个节点上的所有力需要达到平衡，合力为零。

④“强结构”是指结构不仅只有承重的作用，同样也可以塑造建筑的空间和形式。

⑤勒·迪克的结构理性主义观点认为，建筑的任何部分都不应该是可有可无的，每一部分都应该有意义和作用。人们从哥特建筑中得到美的体验，正是因为其必要的功能性能够满足我们的理性在智识层面的目的或意义，而不是布扎体系的形式美学所产生的肤浅的感官印象。

⑥深梁(deep beam)是一种高度达到一层或者多层楼层高的水平结构元素，其结构意义上等同于梁，而建筑意义类似于墙体。

⑦更多关于沃尔夫林对移情的详细讨论，可以参考：WOLFFLIN H. Prolegomena to a paychology of architecture[M]//Empathy, form, and space: problems in German aesthetics, 1873-1893.Santa Monica: Getty Center Publication Programs, 1994.

图片来源：

图 1：引自 *Royal Collection Trust*, https://www.rct.uk/collection/919012/；

图 2：引自 *Dictionnaire raisonne de l'architecture frangaise, Vol. 1*；

图 3：引自 *Biographical Sketch: Georg Hermann von Meyer, 1815-1892*；

图 8、图 11、图 14 下：引自 *Structure as Space: Architecture and Engineering in the Work of Jurg Conzet*；

图 10 下：引自 *The Art of Structures*；

图 12、图 15：引自 *El Croquis 156-Valerio Olgia 1996-2011*；

图 16、图 17：引自 *El Croquis 182-Christian Kerez Junya lshigami*；

其余图片均由曹婷绘制。

参考文献：

[1] LUX J A. Ingenieur-aesthetik[M]. München: Verlag von Gustav Lammers, 1910.

[2] SAINT A.Architect and engineer: a study in sibling rivalry[M].New Haven: Yale University Press, 2007.

[3] MORAVANSZKY A.Anatomical constructor[M]// RINKE Mario, ed. The Bone of Architecture: Structure and Design Practices.Zurich: Triest Verlag, 2019: 27.

[4] VIOLLET-LE-DUC E E.Histoire d'un dessi-nateur: comment on apprend à dessiner[M].Paris: J Hetzel, 1879.

[5] VIOLLET-LE-DUC E E.Dictionnaire raisonné de l'architecture francaise du Xle au XVle siecle, vol. 10[M]. Paris: B. Bance: 1854-1868.

[6] MAYER H.Die tektonik der Hellenen: kontext und wirkung der architekturtheorie von Karl Boticher[M].Suttugart/London: Edition Axel Menges, 2004.

[7] SEMPER G.Style in the technical and tectonic arts; or, practical aesthetics[M].Los Angeles: Getty Research Institute, 2004.

[8] BERLAGE H P.Grundlagen und entwicklung der architektur; vier vorträge gehalten im Kunstgewerbemuseum zu Zürich [M]. Berlin: Julius Bard, 1908.

[9] BERLAGE H P.Gedanken über stil in der baukunst[M]. Leipzig: Zeitler, 1905.

[10] WAGNER O.Modern architecture[M].Chicago: University of Chicago Press, 1988.

[11] CULMANN C.Die graphische statik[M].Zurich: Meyer & Zeller, 1875.

[12] MEYER A G.Eisenbauten: ihre geschichte und æsthetik[M].Esslingen am Neckar: University of Michigan Library, 1907: 184.

[13] 王帅中,曹婷."强结构":结构的复魅[J].建筑师,2021(3):5-13.

[14] ALEXANDER C.Notes on the synthesis of form[M].Cambridge: Harvard University Press, 1964.

[15] 王骏阳.建筑"组构"理论的前世今生:下:坂本一成等著《建筑构成学:建筑设计的方法》的历史语境与当代意义[J].建筑学报,2021(6):107-115.

[16] 小林克弘.建筑构成手法[M].北京:中国建筑工业出版社,2004.

[17] 坂本一成.建筑构成学:建筑设计的方法[M].陆少波,译.上海:同济大学出版社,2018.

[18] OLGIATI V, BREITSCHMID M.Non-referential architecture[M].Basel: Simonett & Baer, 2018.

[19] 王帅中,柳亦春,曹婷.结构追随感知:基于具身感知的结构设计思考[J].建筑学报,2022(4):8-15.

作者简介:

曹婷,哈尔滨工业大学(深圳)建筑系助理教授;

王帅中,苏黎世联邦理工学院(瑞士)建筑系结构设计教席博士研究生、研究助理。

场地中的折叠
——第11届江苏省园博园珍宝博物馆设计解读

李晨星　张雷

折叠，原本是地质学中的概念——地壳运动挤压岩层产生褶皱，形成折曲变化的肌理。项目所在地隶属于汤山-方山地质公园，其著名的六大地层剖面是地质教学实习的经典剖面。建筑从文脉上承载在地性的记忆，并由此引出了“折叠”的设计理念。

江苏省园博园珍宝博物馆（以下简称“珍宝馆”）位于园区最北侧，临近2号出入口，功能为传统和民间艺术及工艺品展示。建筑占地面积1.5 hm^2，总建筑面积约1.55×10^4 m^2。其位于园博园边缘的地块有着极具冲突的周边环境——北侧紧邻京沪高铁线，不断有高铁穿梭而过；南侧隔河相望为VOCO园博村酒店，是静谧宜人的小尺度村落感公寓式酒店，城市和村庄在这个边缘地块碰撞。建筑师从地域、场地、路径、材质等多方面入手，思考建筑与场地的关系，规划参观与漫游路径，融入场所记忆和时间性——折叠概念的运用将这些思考串联成为外在形态简约、空间内容丰富的整体。

1　场地建造

建筑当“配合”（with）土地而不是“摆在”（on）地上，土地形态要和建筑形态联姻。[1]

——赖特，《活着的城市》（*The Living City*）

处理建筑与场地的关系，是设计思考的开始，也是建筑与自然关系的永恒议题。

陈洁萍、葛明在其论文《场地建造的设计方法论提要研究》[2]中指出，可以通过置入“轻和重”的关系体现领域感，产生场地的意义。“轻”的像布朗库西的雕像，向上与基座脱离；“重”的如同大地艺术作品，向下成为重的土地的片段。

园博园的地形中心平坦低洼，外围山势环绕，珍宝馆基地位于园博园的北侧边缘，地处山脉与高铁线之间的狭长绿带，规划用地长190 m、宽75 m、限高8 m。面对地形及设计条件的挑战，建筑师采用了“重”的策略，将建筑沉入场地，与大地相融。在建筑成为土地的片段的同时，折叠形成了丰富的屋顶/地面形态。自由折线将屋面/地面从东到西划分成高低不同又相互嵌套的三个部分：东西两端微微抬起，人行步道从不同的方向楔入起翘的体量；中部的之字形自然衔接入口广场和屋顶花园。展厅的主体位于地下一层，开阔的下沉庭院、折曲的片墙、景观式的台阶步道将首层地面自然地引入地下；同时，首层外墙上的大小洞口使得周边环境从四面延伸至建筑内部，场地在建筑中延展。

建筑和场地的联系体现在快和慢两种“被看”的关系之中，从北侧京沪线快速穿梭的高铁上鸟瞰，蜿蜒的锈红色折墙、深浅变幻的光影、线性排布的绿植，是大地画布上的自然笔触，建筑的第五立面自由开放，向天空打开。景观台阶构成的漫步动线从下沉庭院开始经过数次折曲一直延伸到二层屋顶，高视点的折曲与平坦开阔的大地融为一体。

珍宝馆的南侧是村落式布局的VOCO园博村酒店，建筑群落化、小尺度，采用坡屋顶造型。在园博村酒店的街巷望向珍宝馆，呈现在眼前的是一条窄长红色山体般的背景。长约200 m的外墙上，仅有克制的洞口和一条细长的高窗；墙体中间平缓，两端微微高起，和周边起伏的山形有着若即若离的关联。不同于开放而丰富的第五立面，珍宝馆与大地连接的四个立面是刻意弱化低调的，简洁但充满力量，如同理查德·塞拉（Richard Serra）富有张力的锈钢板雕塑。

珍宝馆的体量近乎完整长方体，仅在东北和西南两处切角内凹，形成切角的两个体量高低错叠，消解了大体量的压迫感，使得近距离观看更加细腻（图1）。设计对于“场地建造”的呈现是立体的，从高点、近点、远点等不同视角建立空间和大地的“联姻”关系，建筑在充分表达自身特点的基础上与场地自然融合。

2　建筑漫步

围合和延展的相遇却代表着另一种不一样的汇集：（入口）前院的墙体同时既在建筑内，也在建筑外，既是房间，也是步道，这就见证了一种交互的置换或是位移……这样的中间位置恰恰就是“入口”的意义。[3]219

——莱瑟巴罗（Leatherbarrow），《地形学故事》（*Topographical Stories*）

人类对于场地的认知是动态的，位置移动带来景色变换，漫无目的地游走并不会留下深刻的印象，精心设定的片段组合在一起

图1 东北角

图2 藤蔓构架

构成空间序列，而人类对于场地的记忆源于空间序列的感知和体验。路径设计，空间转换，是建筑师赋予体验者的空间诗意。

珍宝馆有内和外两条动线，对内是观赏展品的参观动线，对外是漫步屋顶平台的游览动线，两条动线共同构成连续的莫比乌斯圈。在方正的形体内引入“折叠”的概念，一方面可以将动线充分延长、有效引导、内外交叠；另一方面在空间上弱化了层的概念，将地下一层、首层以及屋面层联系在一起，形成连续的漫步动线。

珍宝馆的主入口设置在东侧的花田路上，L形矮墙穿越洞口将人流自然导入，矮墙将通道分成两个部分，一侧是入口坡道，另一侧为通向地下一层展厅的楼梯。主流线进入珍宝馆的方式充满仪式感和神秘感，空间序列从深邃的门洞开始，缓慢步入明亮的前院，前院是展厅的序曲，空间经过一系列起承转合，到达展厅主入口。L形矮墙在面对建筑前广场投射出张力的同时，“进入”这个行为就已经被纳入空间漫游的计算。

门厅一侧向上折曲的墙面和隐约可见的台阶暗示着一条通往屋顶的路径，进入门厅的人流和参观完成从屋顶花园返回的人流在这里发生的交汇，预示着一段连续的被设计的路径的开始，至此，“进入”才真正完成。

内环参观流线在经过首层门厅及展厅后，通过大台阶到达地下一层主展厅区域，参观完主展厅，经由东侧直跑楼梯回到门厅。外环流线始于地下层西南角的景观台阶，向西至首层庭院，再折返向东拾级而上到达首层屋面，通过折墙引导游览屋顶花园，最终回到入口门厅前院。

漫游路径的设定使得参观者自然跟随空间的引导，漫步并体验建筑上下、内外之间的空间转换，感受园博园区域的自然环境和人文景观。

3 此时彼在

随着时间的流逝，那些草开始覆盖并掩埋那些容器的边框，仿佛草原重新夺回曾经属于自己的东西，但是，又不是在完全自然的层面上。[4]

——劳里·奥林(Laurie Olin)

时间通常被分成三个部分——之前、现在、以后[5]。时间可以弥合伤口，让故地开出新花；时间也可以通达未来，搭建“此”与“彼”的桥梁。时间既能修复，也能连接，文脉就是时间将过去和未来连接在一起[5]。

地壳运动挤压形成了岩层，园博园区域岩层以黄白、青白为主，辅以暗紫和灰红。园博园1号入口“天堑”处保留了岩层原始断面，那种经过历史沉积留下的“红”不张扬、不耀眼，却充满力量，是时间“折叠”留下的痕迹。园博园区域前身是采石矿坑和工业厂房，工业遗存是这块场地的独特记忆，地质岩层和遗存的二元性，期待建筑被赋予一种独特的材质，表现场地的时间性。

材料，是时间的载体。耐候钢板形成珍宝馆的外立面，融合了岩层和后工业的红：色泽上类似岩层的锈迹红褐色，质感上有着工业化的硬冷和粗粝。耐候钢板的使用使得“现在”的珍宝馆，有了“之前”的记忆和未来融合自然的生长性。

耐候钢板的内侧，面向内院采用整面金属格架(图2)，格架下方的藤蔓正悄然萌发、攀爬，展现蓬勃的活力和旺盛的生命力，不久之后，绿色藤蔓将充满整个内院。过去，人们在这里开石、开矿生产，矿坑宕口是大地的伤疤；现今，我们重新审视这块土地的建设和发展，生态修复、绿色发展成为可持续进步的重要议题；未来，锈钢板会跟随时间与环境相融，绿色的藤蔓会爬满每一寸格架，珍宝馆终将和大地融为一体。

(原载于《建筑学报》2022年第8期)

图片来源：

图片均由侯博文拍摄。

参考文献：

[1] WRIGHT F L.The living city[M].New York：Horizon Press，1958：112.

[2] 陈洁萍，葛明.场地建造的设计方法论提要研究[J].中国园林，2021，37(4)：17-18.

[3] 戴维·莱瑟巴罗.地形学故事：景观与建筑研究[M].刘东洋，陈洁萍，译.北京：中国建筑工业出版社，2017.

[4] OLIN L.Regionalism and the Practice of Hanna/Olin，Ltd.[M]//O’MALLEY T，TREIB M，edt.Regional Garden Design in the United States.Georgetown：Dumbarton Oaks Research Library and Collection，1995.

[5] 张雷.这个世界没有文化，只有时间[EB/OL].(2020-08-04)[2021-12-20].https：//mp.weixin.qq.com/s/lc1RB9fMoe17ljrpFzmsrg.

作者简介：

李晨星，南京大学建筑与城市规划学院员工；

张雷，张雷联合建筑事务所创始人兼主持建筑师、国家一级注册建筑师。

工业美学视野下国内旧工业建筑改造现状与研究

宋畅　许婧

摘　要：本文通过比较和统计的方法，建立起工业美学与工业建筑之间的关联。列举了旧工业建筑的多元改造价值，归纳出旧工业建筑常见的改造模式，以国内最新的旧工业区改造项目"二七厂1897科创城"为例，从规划、室内外空间等角度分析其改造策略，为工业美学视野下的国内旧工业建筑的再利用提供一定借鉴。

关键词：旧工业建筑；工业美学；厂区改造

1　引言

随着城市化的加快和经济结构的转型，大量带动产业经济的旧工业建筑正逐渐退出城市历史舞台。旧工业建筑是指以往在城市中发挥生产功能，曾代表城市工业文明、象征城市经济发展，现如今已经不再投入使用的单个或片区型的工业建筑。然而，其中所蕴含的历史痕迹和潜在价值并未随其生产型属性价值的消失而消失。设计优良的工业建筑不仅具有建筑美学，还具有异常鲜明的工业美学，因此，对于旧工业建筑的改造和利用，要对其中独特的价值进行继承和发展。在对旧工业建筑进行有效的改造后，其生命也通过承载功能的变化重新焕发生机，再一次推动着城市的变迁[1]。

2　工业美学与工业建筑

工业美学作为美学的一个分支，以基本的美学原理作为指导，把美学系统化地运用在相关的工业技术领域，是研究人类造物活动、机械生产和产品文化中有关美学问题的技术美学[2]。工业美学理念的实现，主要突出在四个方面：功能美、技术美、材料美、形式美。这不禁令人想起著名的古罗马建筑师维特鲁威在其著作《建筑十书》中提出的建筑三要素：实用、坚固、美观。功能美对应实用，技术美对应坚固，形式美对应美观，而材料美可以贯穿在每个要素当中。因此，工业美学在一定程度上与建筑美学存在着联系，20世纪初的德国包豪斯设计学院就是最好的证明。包豪斯设计学院同时开设有建筑设计与工业设计专业，并提出其核心理念："大众化的工业产品应符合实用、经济和美观的要求。"

现代工业建筑中应用的新材料、新技术与新工艺促进了建筑结构与构造的发展，也因此成为现代建筑的开端。工业建筑具有很强的实用目的性，即"工业建筑的目标就是促进生产"，以功能设计为出发点的工业建筑遵从"形式服从于功能"的现代建筑设计原则，所以现代工业建筑代表一种美学风格，即基于工业美学的建筑形式美始终带有工业技术美的烙印[3]。

3　旧工业建筑中的价值

旧工业建筑不仅失去了原有功能，还占据了城市的重要地段，与中国城市化发展所面临的用地紧张产生矛盾，许多旧工业建筑面临拆除的命运。发掘旧工业建筑的价值是对其进行改造和再利用的首要步骤。

3.1　历史文本价值

在历史呈现方面，工业带动社会发展，是整个经济前进的重要动力。历史上每一次工业革新都带来时代经济的大跨越，而旧工业建筑是对其发展的重要记录。旧工业建筑包含物质和非物质的两重"文化遗产"，例如生产材料（厂房和生产设备）和工艺做法，一定程度上可以说是"非博物馆的博物馆建筑"。

3.2　社会情感价值

在社会文化方面，旧工业建筑所承载的历史事件能够反映当时的政治、经济及文化背景，能够使人们感知城市的发展和人类创造的能力。作为重大事件的发生场所，旧工业建筑作为载体能唤醒并驱动历史记忆的展开。历史记忆所携带的文化精神需要传承和铭记，以促进人类社会的正向发展。

3.3　实用经济价值

在实用性方面，由于其用途和功能特征，工业建筑往往跨度长、体量大、占地多，具备结构坚固耐用的特点。工业建筑为满足生产需求而具备的独特造型，或高耸突出，或形态异构，能够自然成为区域中心，在城市空间中有地标作用，可辅助城市免去新的建设，避免资源浪费，实现了发展的可持续性。

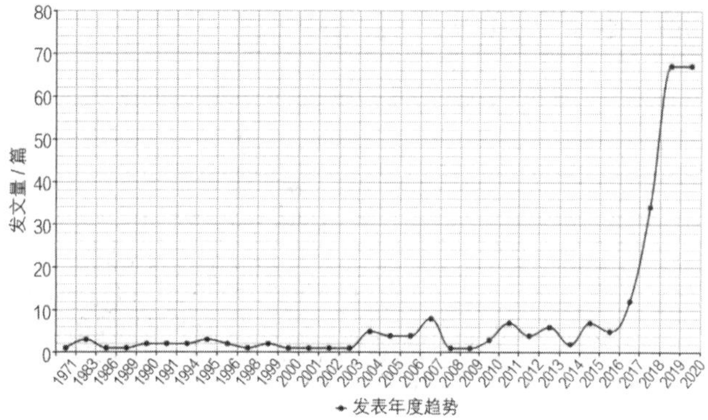

图1　20世纪70年代—2020年底以“工业美学”为主题的年度发文量一年限折线图

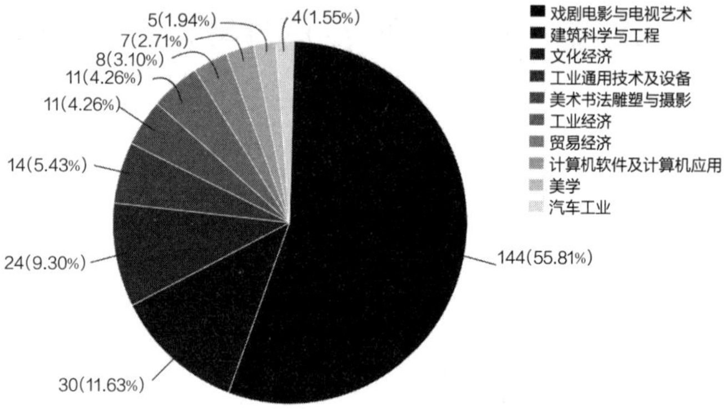

图2　截至2020年底以“工业美学”为主题的论文学科分布(前10名)饼状图

3.4　工业美学价值

旧工业建筑的工业美学价值包括物质价值和精神价值。物质层面上，旧工业建筑由于建筑类型特殊，构成要素比较丰富，如立面、柱体、楼梯、廊道、屋盖、管线、生产装置等，通过改造可以突出放大这些要素的工业美感，形成强有力的视觉冲击力，充分彰显工业美学的功能美、技术美、材料美和形式美。

此外，在中国知网(CNKI)上检索“工业美学”，有两个值得注意的现象。其一，从发表趋势上看(图1)，从20世纪70年代起直到21世纪初期，相关发文量一直保持平缓且稀少的态势，而2007年起发文量开始逐渐上升，2016年以后每年发文量大幅上升。这表明，近几年国内关于“工业美学”的探讨正处于白热化阶段。其二，从学科分布上看(图2)，有意思的是“戏剧电影与电视艺术”排在第一位，文献量高达144篇；“建筑科学与工程”位居第二位，文献量30篇；“文化经济”排第三，文献量24篇。在文献总量261篇的情况下，文艺类领域的发文量占据了67.44%，这表明工业美学价值不只局限于物质层面，其中蕴含在精神层面上的价值是值得大大发掘的。

我国是工业大国，对于工业美学日益增长的国民接受度表明人们乐意去了解社会前进的历史内容，拥抱这段奋斗的历史和文化。或许这也表明一种情感和审美趋势，“不再诉诸精英主义的审美观念，而是转而诉诸一种‘常人的美’，一种更符合大众标准的审美方式”。[4]

4　改造模式

旧工业建筑有的是单个建筑，有的是成片区的存在，针对建筑规模上的不同，对其进行再利用也有不同的模式。

4.1　对单个旧工业建筑的改造

区别于对工业建筑群的再利用，单个工业建筑由于受到场地、建筑面积和体量等的约束，人们对其再利用之后赋予的功能往往比较单一，对其二次设计的自由度也更大(与工业建筑群不同，工业建筑群更需要考虑整体风貌和改造成本)，所以此类作品更具备成为“精品”设计的潜力。对单个旧工业建筑的改造模式主要包括以下内容。

4.1.1　博物馆类

这类建筑在再利用模式上具有天然的优势，工业建筑通常跨度大、层高较高、内部空间划分灵活，契合博物馆建筑的功能空间布置需求。此外，旧工业建筑是对过去某一时期工业发展的重要记录，留有丰富的物质和纸质资料，将其改造成博物馆是功能和内容的有机统一。当只有建筑本身存在再利用价值时，通常单纯赋予陈列、展览功能。

4.1.2　活动中心类

由旧工业建筑改造成的活动中心可赋予的功能是多种多样的，可以进行休闲运动、文艺演出等，让大众在放松身心和陶冶情操中，感受旧工业建筑的别致。

4.1.3　办公类

旧厂房改造成为办公空间是现在比较流行的一种模式。无论是明亮、开敞的空间效果，还是高效、便捷的空间特点，办公空间所提出的要求与工业建筑的固有空间模式不谋而合，能轻易营造出随意、舒适的空间氛围。

4.1.4　食宿类

这种改造模式时常打造出“网红”建筑，因为其不仅仅是为社会大众提供了休闲娱乐的场所，且工业建筑自带的历史氛围更丰富了人们的精神文化生活。

4.2　对旧工业区建筑的改造

工业区建筑是成规模和片区式的建筑群，大多具备成熟的区域规划和景观设计，对其再利用的出发点往往是如何保留历史感和场所记忆。此外，相比于单个建筑，旧工业区改造要对片区的开发模式进行系统性考虑。

对旧工业区建筑的改造模式主要包括以下内容。

4.2.1　以第三产业为主的综合利用模式

旧工业区占地面积较大，建筑数量较多，适合用来综合配套再利用。现有模式主要是聚焦文创产业、体育设施和餐饮娱乐空间，以旧工业的沧桑感搭配空间模式的新潮性打造工业主题公园，大

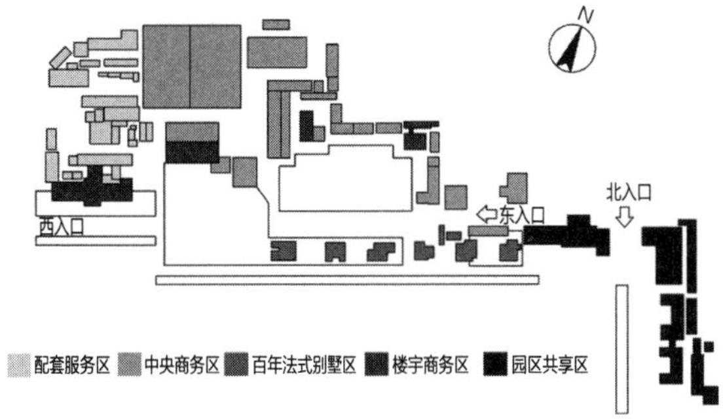

图3　二七厂1897科创城一期功能分区总平面图

图4　N16号厂房改造后的立面

大增加该区域的城市空间趣味性和向心力，常常得以转型成为城市名片或区域名片，不仅使旧工业区焕发生机，还整合资源要素带动了区域周边业态。

4.2.2　产业园区模式

由于城市中心用地紧张，新兴产业的引进和培育用地不足，在“退二进三”的政策思路下，部分老旧工业区被打造成创意园区用于办公。这种模式下的创意园区往往租金相对较低，且得房率高、方式灵活，提高了土地利用率，节约了资源。

5　实例分析：二七厂1897科创城

5.1　项目背景

5.1.1　区位与发展历程

二七厂1897科创城（以下简称“二七厂”）是在二七机车厂厂址上改造建设而成的，现坐落于北京市丰台区长辛店杨公庄1号，占地面积$5\times10^5 m^2$，改造后建筑面积为$4.5\times10^5 m^2$。二七厂所在的长辛店是历史悠久的古镇，是京汉铁路工人大罢工的主要策源地，是中国北方工人运动的重要摇篮，被誉为“北方的红星”[5]。中华人民共和国成立后，二七厂为铁路工业发展做出了重要贡献，新中国第一台液力传动内燃机车就在这里诞生。2018年，厂房全面停产。

5.1.2　改造目标

在保护历史文化和建筑的同时，通过对旧厂房、库房、办公楼等进行更新改造，导入新产业、新模式、新业态、新功能，打造二七厂1897科创城项目，实现了百年老厂的转型发展[6]。

5.2　改造意义

第一，保护历史文化。二七厂不仅承载了百年历史，是近代中国跌宕史和中华人民共和国成立后发展史的生动缩影，还蕴含着深厚的工业文化，走过了我国工业的自立自强之路。后继者能在此汲取文化自信的精神养料，让过往的优秀历史文化承前启后，得以延续发展。

第二，保留情感记忆。无论是过往年代的一批批工友，还是见证岁月的其他老北京人，对二七厂都饱含时光打磨下的深情。当下的二七厂，工业化时期的痕迹犹存，当轰鸣的机器声不再，当这里无声地变了容颜，不变的是旧时代留下的故事。

第三，整合资源利用。应疏解非首都功能的要求，百年二七厂停产，留下了大量近现代历史文化资源和工业遗迹。利用好现有优势，充分整合文化资源和工业元素，聚焦“文化+科技”产业，打造“腾笼换鸟”的新典范。

5.3　改造策略

5.3.1　合理的分区规划

二七厂1897科创城园区内部清晰地规划出了总平面功能布局（图3），包括五大功能区：配套服务区、中央商务区、百年法式别墅区、楼宇商务区和园区共享区。其中生活服务业等微小业态，如咖啡馆、西餐厅、休闲馆、美容美发店等大多呈街区式分布在楼宇商务区，形成了开放、动态的步行街空间。而文化、科技企业则统一布置在中央商务区，形成了半开放的、静态的办公空间，便于集中办公与管理。

5.3.2　新旧结合、内外分离的建筑改造

二七厂改造既保留工业遗存和工业风貌，又加入现代设计的艺术风格，使用新艺术、新材料，彰显工业建筑的标识，让建筑物自身的工业美学变成园区艺术化的一大亮点。在这里以N16号厂房项目为例，该项目的设计团队为了不破坏老厂房独特的历史感和工业感，保留并强化了自带的工业建筑特征（图4），例如红砖外墙、外墙上的立柱与大开窗、突出屋顶的采光天窗、入口处的钢结构灰空间与室外露台等，凸显了现代工业建筑中基于工业美学的建筑形式美。

此外，该项目在建筑空间意图的构思上明确划分出“现实的内部”和“意义上的外部”，即从建筑物的角度，要处理一个“室内”的空间，而从空间意志的角度，必须面对它“意义上的外部”这一现实。在改造中，让旧工业建筑的形式和功能慢慢剥离，对建筑感的营造以及改造技术的运用有着积极作用。原厂房是一栋高大的生产车间，有两个鲜明的空间感受：明亮宽敞、单调。对于老厂房改造，再利用对功能空间提出较为苛刻的要求，既要保留其工业元素和原先的空间特色，又要符合之后入驻企业的使用功能。设计团队将厂房的外围护结构作为一个整体，内部植入相对分离的功能

图5 小型起重机作为道旗

图6 废铁桶改造的奶牛雕塑

空间且做了通高处理，再用外部包裹内部，同时解决了设计问题与结构问题。在结构上，新植入的空间使用钢结构，避免与老厂房固定且脆弱的结构发生太多关系；钢结构柱子与老墙体脱开1 m，与老结构基础错开布置；新建楼板与老建筑墙体完全脱开，避免二次伤害及对原建筑结构加固带来的高额费用。同时，为了保留原始屋顶三角桁架干净的结构美感不被走动的管线和机械破坏，将空调的机械设备和管线等都集中在桁架交会的中间盒子中[7]。技术改造手段使得内部功能空间与外部建筑立面出现鲜明的形式对比，彰显了工业建筑的技术美学。

5.3.3 纯工业元素呈现的室外景观

除对建筑本身的改造外，科创城为了更好地表现工业时代的历史遗存，室外景观和小品完全利用废旧的器械、设备、工具等。例如：沿路设置的道旗（图5），是二七厂人过去为了方便在厂房内搬运沉重的零件而设计和制造的小型起重机；在草坪上休憩的黑白奶牛雕塑（图6），是以废旧铁桶作牛身，小水桶作牛头，既营造氛围又节约资源，趣味十足。

5.4 实例总结

二七厂1897科创城项目合理规划老厂区新的功能布局，使其拥有更加多元的产业融合发展模式；通过对旧厂房进行新旧结合的改造，彰显了工业建筑的形式美和技术美；就地取材进行艺术创作，是工业元素与美学的碰撞。对历史文化、情感记忆和资源利用的重视，造就了一个保护和开发并重、传统与现代融合的特色文化园区。

6 结语

旧工业建筑蕴含着多元价值，要科学合理地对其进行改造和开发利用，才能赋予旧工业建筑新的生命，提供给大众更多出彩的公共空间与场所，更好地满足人民对美好生活的需要。本文通过比较与统计—归纳—案例分析的思路，建立工业美学与工业建筑之间的关联，列举旧工业建筑的改造价值，总结旧工业建筑的改造模式，引出了基于工业美学的改造视角。由于篇幅有限，本文并未对旧工业建筑的改造模式逐一进行案例分析，因此难以得出较为系统的结论，接下来应整合多个优秀案例，通过统计与分析，总结改造设计策略的共性。

（原载于《城市建筑》2022年第6期）

图片来源：

所有图片均由作者自绘。

参考文献：

[1] 邱勇哲．工业美学：旧工厂建筑再生[J]．广西城镇建设，2017(7)：86-92.

[2] 徐可．现代工业美学视域下的建筑创作研究：以同立汽车城为例[D]．绵阳：西南科技大学，2019.

[3] 郭雪成．旧工业建筑场所重塑研究[D]．哈尔滨：哈尔滨工业大学，2008.

[4] 李玥阳．当下电影文化批评述评[J]．浙江传媒学院学报，2019，26(1)：48-55.

[5] 李燕．北京长辛店红色资源价值的研究[J]．环球市场信息导报，2017(26)：27，103.

[6] 北京市丰台区融媒体中心．聚焦文化+科技产业百年二七厂"腾笼换鸟"华丽转型特色文化园区[EB/OL].(2021-5-14)[2021-9-30].http：//www.bjft.gov.cn/fengtaibao/resfile/2021-05-14/03/ftb-20210514-003.pdf.

[7] 北京/普罗建筑．二七厂1897科创城展示中心厂房改造[EB/OL].(2018-5-17)[2021-9-30].https：//www.gooood.cn/the-renovation-of-old-train-factory-to-crrc-1897-creative-display-center-china-by-project.htm?wpfpaction=add&postid=796938，2018.05，17/2021.06.01.

作者简介：

宋畅，西南交通大学建筑与设计学院硕士研究生；

许婧，西南交通大学建筑与设计学院硕士研究生。

论梁思成建筑美学思想的时代性转变

李凤志

摘　要：梁思成作为现代建筑学家、建筑教育家，对新中国现代城市建筑、古建文物保护及建筑艺术教育的发展和研究做出了重要的贡献。梁思成学贯中西，坚持“厚今薄古”“厚中薄洋”的建筑研究理念，将美学理念贯穿于建筑研究和教学的始终。同时，他的建筑美学理念在社会文化语境的观照下呈现三个方向的时代性转变：其一，从师承演变到融合创新；其二，从“诗意、画意”到“建筑意”；其三，从“雕虫小技”到“雕塑为先”。

关键词：梁思成；美学思想；时代转变；文化内涵

梁思成（1901—1972），广东新会人，毕生致力于中国建筑的研究、保护和教育事业，被誉为“中国现代建筑之父”。其父梁启超为著名的启蒙思想家、政治活动家和清华园国学导师，也是中国近代美学史上“最引人注目的两位人物”[①]之一。梁思成少时深受父亲及家庭环境的影响，自幼就与中国古典文化缔结深厚的情缘。“吾欲汝以在院两月中取《论语》《孟子》，温习暗诵，务能略举其辞，尤于其中有益修身之文句，细加玩味。次则将《左传》《战国策》全部浏览一遍，可益神智，且助文采也。”[②]梁思成在中华传统文化的浸润和熏陶中成长，从梁启超示儿家书中可见一斑。

在清华学校就读期间，梁思成兴趣广泛，爱好音乐，擅长绘画，还是学校美术社骨干成员，并负责了毕业纪念册的美术编辑和插画绘制工作。他展现出优越的艺术天赋，以至于将雕塑家作为他最初的志业。梁思成沉着冷静、思维活跃，在1919年“五四运动”中成为“义勇军”等社团的学生领袖之一，被评价为“An artist with apolitical mind”[③]。1924年，梁思成远赴美国，先后于宾夕法尼亚大学建筑系和哈佛大学研习建筑，接受古典建筑绘画技法的系统性培养，注重建筑的艺术性研究。担任建筑设计课程的指导教师哈瑞·斯敦凡尔特（Harry Sternfeld）和保尔·克芮（Paul Cret）教授具有巴黎美术学院的学识背景，梁思成在其启发下“尝试将建筑与雕塑相结合，以巨型浮雕使大幅墙面增添风韵”[④]。可见，梁思成扎实的美术基础是其建筑艺术美学观形成的缘由之一。林徽因（1904—1955），福建闽侯县人，是中国第一位女性建筑教育家。梁思成与林徽因这对伉俪的邂逅，可以说是他建筑艺术美学观形成的又一大助缘。“因为我喜爱绘画，所以我也选择了建筑这个专业”[⑤]，对于梁思成建筑专业的最终选定来说，留英归来的林徽因可谓功不可没。

志趣相投的梁、林两人携手共赴美国宾夕法尼亚大学求学，接受“巴黎美院教育体系”西方传统古典主义建筑美学的培养。值得注意的是，梁思成于宾夕法尼亚大学学习期间鲜落窠臼，对当时在西方国家盛行的学院派古典主义教育一度产生怀疑，在其父“习熟规矩后，乃愈其巧耳”[⑥]的规劝下才坚持下来。同时，父亲在家书中博学与“专门”兼顾的治学态度和“灿漫向荣”的学术境界对其影响非小，这也为梁思成日后致力于中国古典建筑美学历史研究提供了广阔的学术视野和坚实的学术基础。

在目睹了西方诸国业已形成的对本国古代建筑系统的研究体系后，家学传统和时局环境激发了梁思成的一片“赤子之心”，民族文化的自觉当是他建筑艺术美学观形成的又一大缘由。梁思成在宾夕法尼亚大学修习建筑设计课业之余，还时常出入博物馆，在“求学问不是求文凭”[⑦]的要求下，对流落海外的本国古代美术作品潜心研究。“思成兄本人又常徘徊于佛像与汉唐冥器之间”[⑧]，对中国古代的雕塑、壁画和青铜器皿等藏品产生浓厚兴趣，这也成为他日后致力于古建研究和梳理中国雕塑史的重要基础。同时，相较于成熟的欧美古典建筑历史研究体系，梁思成逐渐将视角聚焦于中国古代建筑与建筑艺术的史论梳理。他以一代学人的文化自觉，开启国人对本国传统建筑艺术考证的先河，对中国建筑文化的发展具有深远的影响。

1　从师承演变到融合创新

由于掌握话语权的文人士大夫阶层喜好美学，兼具工程技术与艺术表征的中国古代建筑素来落入工匠技师之手，其表现方式亦为“不自觉的师承及演变之结果”[⑨]。这种口传心授式的传统建筑师承演变方式，虽保有独特的民族文化内涵，但在建筑文化的传承和现代建筑设计中显然是不占优势的。西方建筑本体和形式结构较中国古代建筑更便于现代建筑的实践，但粗暴的“拿来主义”

和“折衷主义”缺乏本土文化的根基，均不可取。留洋归来的梁思成敏锐地捕捉到这一点，并提出“我们当然应该采取‘厚今薄古’‘厚中薄洋’”[9]的研究理念，以民族文化精神为主导，将西方古典主义建筑的研究方法作用于中华大地历史遗存的考证工作，进而强调建筑研究的人民性。

第一，厚今薄古。“艺术创造不能完全脱离以往的传统基础而独立”[11]，在梁思成看来，现代建筑艺术体系的建立须以古代建筑为根本，主张对中国传统建筑的勘测、学习与吸收。“厚今薄古”并非对古代建筑文化的全盘否定。恰恰相反，他认为延续两千年的中国古代建筑自成体系，“本身已造成一个艺术系统”[12]，承载着中华文化的美学理想。其美学特征主要体现在个体建筑的三部构成模式、庭院建筑的轴线对称模式、木材结构的梁柱构型方法、斗拱举架的装饰结构美学、曲面屋顶的壮丽装饰美学、构件交接的仿生装饰美学和色泽艳丽的雕刻装饰美学等几个方面。这些中国传统建筑体系的美学特征是绵延数千年中华文化的凝结，是中国建筑文化传承的视觉载体和符号标志，更是现代建筑创新发展的基础。“厚今薄古”是强调在充分继承古代传统建筑文化的基础上，在时代精神的观照下予以现代化语言的阐释、转换和表达，“今”是对“古”的继承和发扬，落脚点在于当下建筑语言的美学表达。在考量古代建筑的同时，梁思成更注重于现代建筑设计的时代创新与发展，提出在继承传统建筑文化遗产的过程中应该经历“认识—分析—批判—继承—革新—运用”[13]的创作过程，需要按照民族精神的“文法”对传统建筑“词汇”进行主观的转译和重构，强调“革新”在创作活动中的重要功用。

第二，厚中薄洋。近代中国建筑师大多有留洋背景，受建筑西学的影响较大。梁思成学贯中西，在系统接受巴黎美院建筑教育的基础上，对建筑文化的民族性问题有了更为深入的思考。他主张对西洋古代建筑体系的学习与吸收，因为外国的研究成果和研究方法有诸多“我们今天用得着的东西”[14]。这些国外的建筑艺术史和城市规划史可以拓宽学术视野，为中国现代建筑文化事业服务。1956年6月，梁思成率领中国建筑学会代表团访问波兰。在参访城市规划、建筑材料研发机构和建筑高等教育等领域的内容后，他将对建筑师大胆创新的要求与我国提倡的文艺创作“百花齐放、百家争鸣”[15]的精神紧密联系起来。梁思成在与苏联专家交往的过程中，总结了苏式建筑体系带来的五重影响：“艺术性、思想性、整体性、民族性以及对人的关怀性”[16]，其落脚点在于对中国城市文化建设和建筑研究的贡献。“厚中薄洋”与“厚今薄古”类似，强调以中国本土文化为主，融汇中西的研究方法，突出建筑文化研究民族性和地域性的特征，这种建筑美学观在中国古代建筑历史中亦不乏其例。就中国寺院而言，与印度佛寺建筑以供奉佛骨舍利的窣土坡为中心展开所不同，汉地佛教寺院从兴盛之初便注入了华夏民族区域文化的色彩。寺院由官方行署改造而来，虽然在整体布局上仍然沿用了印度佛教建筑以佛塔为中心的模式结构，但其建筑的形制和装饰风格上则融入中国传统的院落式建筑结构，这也为中国寺院建筑规制的发展奠定了基调。《后汉书·陶谦传》对早期佛寺营建情况有载：“大起浮图，上累金盘，下为重楼，又堂阁周回”，“金盘”是对印度佛教建筑形制的沿袭；而“重楼”和“堂阁”则为中国传统建筑特征，中外融合，“最早的中国式佛塔就这样诞生了”[17]，可见汉地佛塔从创立之初就带有浓郁的民族特色和中国精神。

第三，人民导向。在现代建筑设计中，如何正确处理好古代建筑文化的传承与现代建筑的革新是每位建筑师都面临的重要课题。这些文脉悠长的建筑传统“又都是劳动人民所创造的，也必然包含着许多具有人民性的东西”[18]，是人与大自然和谐共生的过程中智慧经验的总结。木构空间结构为中国古代建筑的显著特征，“数千年来无遽变之迹，渗杂之象”[19]，这种一以贯之的建筑美学倾向反映了汉地人民传统文化的哲学思考。中国传统文化哲学中，道家主张人与自然和谐相处，顺乎自然规律。与西方“人定胜天”征服自然的艺术理念不同，中国建筑艺术往往呈现出虚实结合、和谐自然的风格特质。中国是以农耕为主的文明古国，劳动人民与树木有着不解之缘。在中国古代建筑中，木象征着东方，木质较石材更富生机和温度，这种和谐生态的自然选择造就了华夏人民以木为构的建筑美学观。这种建筑美学法则是民族精神、时代精神和区域文化在人民心中的映射。“盖建筑活动与民族文化之动向实相牵连，互为因果者也”[20]，建筑的发展亦应以人民性为导向，“必须在社会上服务，经过相当的岁月”[21]，获得人民的经验才算完成。

2 从“诗意、画意”到“建筑意”

“象”“言”“意”本为中国古代哲学的重要命题。魏晋时期，著名思想家王弼在融合“书不尽言，言不尽意”（《周易·系辞上》）和“得意而忘言”（《庄子·外物》）等传统思想的基础上，创造性地提出“得意而忘象”说（《周易略例·明象》）。“夫象者，出意者也；言者，明象者也。尽意莫若象，尽象莫若言。言生于象，故可寻言以观象；象生于意，故可寻象以观意。意以象尽，意以言著，故言者所以明象，得象而忘言；象者，所以存意，得意而忘象。”[22]由此，“象”“言”“意”作为审美观照的三要素而进入美学领域。意象美学对中国诗歌、绘画和书法等传统艺术领域影响颇深并延续至今，“诗情画意”也成为它们相融相生的桥梁。

梁思成和林徽因长期致力于中国古代建筑文化史论体系的梳理和研究，并富有创造性地“在‘诗意’和‘画意’之外，还使他感到一种‘建筑意’的愉快”[23]，开拓了“意境”在建筑学领域美学观照的先河。

其一，互文释读性。“建筑意”的实现需要主观和客观的双重经验，是客观物象在审美主体心目中的反映，这是一个超越“诗意”和“画意”的范畴并主观再造的过程。在梁、林二人的眼中，“审美者”产生“特异的感觉”显然是有门槛和条件的。“巍峨的古城楼”[24]和“倾颓的殿基”是“天然材料”经“大匠”们主观创造和“时间”的“磋磨”，并视觉外化的客观实在。“建筑审美者”当有相应的文化积淀和学识经验与之相呼应和释读，在审美主体和客观物象的文化信息之间形成互文观照，以体味“时间变迁”、“儿女佳话”和“流血杀戮”等文化意蕴。这种“特异的感觉”[25]自然需要“特异”的心态和眼光，梁、林二人触目皆为“趣味古建”和“不能势利”的美学景象，方能获得“无穷建筑意”的“愉快”。建筑意是客观物象经审美主体的主观二次创作，在头脑中的意象生成，具有强烈的主观性和不确定性。换言之，同一建筑实体，可能因不同的审美主体而产生不同的意象经验。建筑艺术家“创造的形象是‘实’，引起我们的想象是‘虚’，由形象产生的意象境界就是虚实的结合”[26]，在设计创作时建筑师势必要考虑建筑艺术语言中“虚”的内涵与外延。可见，“建筑意”的获取需要审美主体虚实结合、物我两忘的美学经验。

其二，时空转换性。无论是“古建”还是“遗构”，都无可避免地沾染了“时间”的痕迹，在“年代”的“洗礼”中接受意蕴时空的转换和人文历史的熏染，其“建筑意”也随之转换。意大利著名雕塑家米开朗琪罗·博那罗蒂(Michelangelo Buonarroti)曾说过，他的雕刻工作只是把已经构成艺术形态的人体从石头中解放出来。于建筑而言，“时间”就是雕刻刀，原已存在的“建筑意”在岁月的磨砺中被“解放”出来，在新的时空与审美主体达到“性灵的融汇”[27]和“神志的感触”[28]。绵延万里的长城原为中原地区抵御外敌的国防工事，历经千年岁月的磨砺，见证华夏文明的沧桑巨变，已蜕变为雄伟壮观的磅礴气象，进而成为中华民族的象征。“建筑意”在时空转换中，由于岁月洗礼抑或个中原因，文化信息的丢失在所难免。但是，在梁、林的建筑美学中，这恰恰是“建筑意”的重要组成部分，“所可惜的是它们渺茫的历史无从参考出来，为我们的研究增些趣味”[29]。这与中国画的“留白”和书法中的“飞白”一脉相承，岁月“磋磨”营造物象实体的残缺，生发意境的遐思空间，愈发引人神往。

其三，象征传神性。从本质上来说，“建筑意”是一种源于建筑文化客观物象，审美主体对其进行抽象提炼和隐喻象征的美学观念。“乾隆御笔碑石”[30]是“大名显赫”，但更是探寻建筑美学，寻求“建筑意”心中“愉快”的绊脚石。象征性的建筑“词汇”和“文法”更容易调动主、客观因素，以达到传神的美学效果。“以貌取人或者不可，以貌取建却是个好态度”[31]，象征性的“词汇”在表达建筑物象的“言外之意”时更具活力。大到“浑然一体”的整体，小到“意味隽永”的细节，“建筑物所造成的气质也是我们遗产和传统的一部分”[32]。如位于北京市中心的天安门，整体高度仅有区区34.7 m，远不及现代都市中动辄数百米的摩天大厦，但历经岁月洗礼和时代变迁仍“仰之弥高，钻之弥坚”，具有独特的建筑品格和文化意蕴，成为每一个中国人永恒的心灵地标。这一具有象征性和传神的建筑“符号”，是天安门建筑的“象外之象”在新的时空建构“诗画美”与“建筑意”的统一。

3　从“雕虫小技”到“雕塑为先”

“建筑又是艺术创造。”[33]在西方国家，早在文艺复兴时期就已形成“雕塑、绘画、建筑被视为一体”[34]的古典主义美学传统；现代包豪斯学院在创立之初，瓦尔特·格罗皮乌斯更是发表创造“集建筑、雕塑、绘画三位一体的未来的新大厦”[35]宣言。于中国，“绘画雕刻原本建筑之一部”[36]，从画像砖、石像生、石窟造像再到古建雕饰等空间构造，三者密切关联。1929—1930年，梁思成于东北大学完成了“中国雕塑史”课程的教学提纲，这部《中国雕塑史》也成为中国人研究本土古代雕塑的开篇之作[37]。在《中国雕塑史》的序言部分，梁思成一语中的阐明了向来被国人所忽略的“雕虫小技”实则为人类社会“最古而最重要之艺术”[38]。雕塑虽为“士大夫不道也”，但与书画和建筑等艺术门类休戚相关，相互影响，互为助力，共同作用于体形环境空间。

首先，大艺术与大环境。“建筑的节奏、韵律有时候和音乐很相像”[39]，人们常常将建筑比喻为“凝固的旋律”，也会因建筑强烈空间形式语言的性格特征而将其比喻为“抽象的雕塑”，还会因建筑的叙事性特征而将其比喻为“石头的史书”……雕塑与建筑虽形式有别，但意蕴相通，两者互文现象亦常有之。梁思成《中国雕塑史》与《中国建筑史》在体例和断代书写方法上较为接近，且具有相互认同性的特征，共同构筑空间历史的“现实”。“艺术之始，雕塑为先。”[40]其中至少包括三层含义：一是艺术之最古老，二是艺术之最重要，三是艺术之大视野。前两者在《中国雕塑史》的序言中已有详尽的阐述，在此不再赘述。1947年，梁思成从美国考察结束，回国后认识到国内既有教学体系的保守，创造性地跨越各类艺术的界限，以“大艺术”[41]的视野对中国古代雕塑和建筑予以观照，开辟了学术研究的新路径。“所谓体形环境就是有体有形的环境”[42]，他将西方环境艺术理论引入中国，倡导体形环境论，并将其纳入“清华大学营建学系学制及学程计划草案”[43]之中。梁思成认为，合格的建筑师应当是“有文化修养的综合艺术家”，“建筑师的知识要广博，要有哲学家的头脑，社会学家的眼光，工程师的精确与实践，心理学家的敏感，文学家的洞察力……”[44]在他执教期间，中国绘塑史、雕塑、欧美绘塑史、雕饰、素描、水彩和雕饰学等美术类课程在清华大学建筑系的课程体系设置中占有很大比重。体形环境论拓展了建筑学研究的外延，朝向微观和宏观两个方向发展，这也为后来吴良镛先生创立“广义建筑学”和“人居环境科学”奠定了基础。

其次，雕塑史与建筑史。建筑与雕塑本为姊妹艺术，虽归属门类不同，但“基本元素融为一体”[45]。雕塑艺术常以建筑构件或建筑语言的形式参与建筑的设计过程，建筑艺术亦往往以形式借鉴和抽象意蕴的元素贯穿于雕塑创作的始终。至近现代，尤其是以扎哈·哈迪德（Zaha Hadid）为代表的“参数化主义”的崛起，雕塑化建筑和建筑化雕塑开始大量涌现，这反映了建筑与雕塑在空间艺术语言的相互认同和相互融合中共同发展。梁思成先生认为：“从艺术的手法、技巧方面看建筑也和其他艺术一样可以通过它的立体的和平面的构图，运用线、面、体和各部分的比例、权衡、平衡、对称、色彩、表质韵律节奏等的对比和统一而取得它的艺术效果。”[46]他通过艺术形式美的法则，将建筑与其他艺术类别联系起来，并运用于古代建筑的教学研究和考证实践。“从古建筑中佛像塑造手法及风格的鉴别，来佐证庙宇建造的年代，抑或根据庙宇建造的时期判断佛像的古老程度。”[47]梁思成在考察国外艺术馆中有关中国雕塑藏品的基础上，综合日本的大村西崖、瑞典的奥斯伍尔德·喜龙仁（Osvald Siren）和法国的保罗·伯希和（Paul Pelliot）等学者的观点，以断代的方法将文字记载与实物图像相对照，从建筑学的视角解读古代雕塑艺术。《中国雕塑史》整体呈现出三大特点：第一，明确雕塑在艺术史中的时间定位；第二，强调雕塑在艺术研究中的主体定位；第三，阐释雕塑与建筑在学术研究上的互通性。梁思成的《中国雕塑史》与《中国建筑史》可谓艺术史研究的两把利器，以大视野、大艺术和大环境的学科视角贯通中国古代文化脉络，在雕塑史与建筑史之间架起了桥梁。

再次，雕塑场与建筑意。在中国传统造型艺术中，“力”的宣扬以“气”的形式呈现，气与力的结合，传达出中国传统哲学的心性思想。人民英雄纪念碑是中华人民共和国成立后的一大公共艺术文化工程，是一座建筑物，更是一尊雕塑体。在创设之初，纪念碑的造型在选用雕塑形式与建筑样式上一度众说纷纭，梁思成在考察中外雕像建筑的基础上，提出建筑与雕塑融合的创作思路。在建筑设计上，梁思成在《致彭真市长信——关于人民英雄纪念碑设计问题》一文中就明确反对在碑体基座开设门洞的造型设计，“虽然在技术上并不是不能做，但在视觉上太缺乏安定感[48]”，这种视觉上的“安定感”便是建筑意的实践。在纪念碑基座主体浮雕设计中，无论是《虎门销烟》《五四运动》还是《胜利渡长江》等叙事性人物刻画，雕塑多表现主题人物形象的威武雄健、精神振奋，通过强调脖颈、胸腔等部位肌肉的张力和人物整体的动势来表达雕塑本体的力量。“气”和“势”延展了雕塑的“体”和“面”，扩大了主题建筑与审美主体的交互区域，加强了知觉效应和空间效应功能，与纪念碑的碑文互文见义，更好地服务于人民英雄主题文化空间的“视觉应力场”。人民英雄纪念碑所承载的是中国近现代史上为民族独立和人民解放的历史叙事，具有独特的文化内涵、建筑品格和艺术精神。这一具有开放性和互动性的“视觉应力场”，是纪念碑建筑语言的“言外之意”，形构雕塑场与建筑意的统一。

“建筑之真义乃在求其合用，坚固，美”，[49]在一定的条件下，三者之间可以相互转化。对主题性纪念碑来说，美观就是“合用”。雕塑与建筑同属于空间造型体系，两者互融共通，并统一于中国意象美学的艺术形态空间。梁思成将建筑研究的领域拓展到“大艺术”范畴的同时，也将历史上的“雕虫小技”提升到“雕塑为先”的视野。

4 结语

梁思成深厚的家学渊源和丰富的留洋经历为其打开了开阔的学术视野，他以“近代建筑师的责任”[50]和中外融合的文化理想去考证中国古代建筑艺术。在他与学术团队的努力下，《中国建筑史》与《中国雕塑史》等学术著作跃然纸上，其建筑美学思想亦渐趋浮现。梁思成建筑美学思想在中国美学史上较传统师承工匠式沿革发生了时代性的转变，创新性与人民性成为其突出的特征。

这种具有民族文化性建筑美学思想的革新，主要原因有二：一方面，建筑美学的时代要求。学成归来的梁思成先后于东北大学和清华大学创立建筑系，旨在挽救“工匠之流不知美丑任意垒砌，将国人美之标准完全混乱”[51]的学术浮躁现象。可见，传统师承衍变的模式已无法满足时代对建筑发展的要求，变革与创新美学思想成为匡正国人建筑艺术之路的必然选择。另一方面，建筑美学的本体诉求。“建筑是历史的反映”[52]，历史在前进，建筑本应随之发展。随着科技的发展和国际文化交流的日益频繁，各种建筑材料相继涌现，中国传统木质结构的建筑文化受到前所未有的冲击。如何融合中外建筑文化，革新建筑美学思想以驾驭材料、符合建筑美学规律成为这批留洋学子归乡后的时代思考。“不论是木材、石块、化学混合物，或钢铁，都同样地可能创造有特殊富于风格趣味的建筑”[53]，梁思成在建筑本体的考量中选择了融合与创新。

“中国建筑之个性乃即我民族之性格”[54]，建筑文化反映一个民族的生产生活、政治制度、宗教信仰、历史文化和思维方式，是民族性格在时代精神观照下的造物表现。“幸而同在这时代中，我国也产生了民族文化的自觉，搜集实物，考证过往，已是现代的治学精神。”[55]面对近代中国西洋建筑的冲击，以梁思成为代表的近代中国建筑教育先行者，通过民族性建筑美学变革的形式肩负起救亡图存的历史使命，于历史交汇点上探寻本土建筑发展之路，这是建筑美学的时代诉求，更是建筑美学的民族自觉。

梁思成是民族文化的捍卫者，是时代精神的引领者，亦是建筑研究的革新者，为社会转型和文化发展作出了跨越“时间”的美学思考。他具有国际化的视野、整体性的史观和当代性的思考，首倡“雕塑为先”，打通各大艺术门类之间学术研究的学科壁垒，引入“体形环境”教学思想体系，承古接今、融会中外，引领中国建筑美学思想的时代性变革。“建筑意”的提出，更是打破了人们对于建筑的思维定式和惯性思维，一举将其纳入“诗”“书”“画”等艺术门类的范畴，拓展了建筑艺术“形而上”的文化内涵。梁思成建筑美学思想的时代性转变是历史的偶然也是历史的必然，也为致力于中华民族伟大复兴的当下带来富有创造性的思考。

（原载于《广西大学学报（哲学社会科学版）》2022年第4期）

注释：

①叶朗：《中国美学史大纲》，上海：上海人民出版社，1985年，第577页。

②梁启超：《梁启超家书》，北京：中国友谊出版公司，2012年，第8页。

③林洙：《困惑的大匠——梁思成》，济南：山东画报出版社，1997年，第18页。

④林洙：《困惑的大匠——梁思成》，第22页。

⑤林洙：《困惑的大匠——梁思成》，第22页。

⑥林洙：《困惑的大匠——梁思成》，第20页。

⑦梁启超：《梁启超家书》，第55页。

⑧林洙：《建筑师梁思成》，天津：天津科学技术出版社，1996年版，第22—23页。

⑨梁思成：《建筑是凝动的音乐——梁思成古建筑考察与北京城规划》，武汉：华中科技大学出版社，2017年，第190页。

⑩梁思成：《梁思成全集（第五卷）》，北京：中国建筑工业出版社，2001年，第297页。

⑪中国营造学社编：《中国营造学社汇刊（第七卷第一期）》，1944年，第8页。

⑫梁思成：《建筑是凝动的音乐——梁思成古建筑考察与北京城规划》，第190页。

⑬梁思成：《梁思成谈建筑》，北京：当代世界出版社，2006年，第364页。

⑭梁思成：《基本建设工程在国家建设中的重大意义》，《科学大众》1952年第8期。

⑮梁思成：《波兰人民共和国的建筑事业》，《建筑学报》1956年第7期。

⑯梁思成：《苏联专家帮助我们端正了建筑设计的思想》，《文物参考资料》1953年第3期。

⑰梁思成：《梁思成谈建筑》，第160页。

⑱梁思成：《建筑文萃》，北京：生活·读书·新知三联书店，2006年，第288页。

⑲梁思成：《中国建筑史》，天津：百花文艺出版社，1998年，第11页。

⑳梁思成：《中国建筑史》，第11页。

㉑梁思成：《中国建筑的特征》，武汉：长江文艺出版社，2020年，第91页。

㉒[魏]王弼：《王弼集校释》，楼宇烈校释，北京：中华书局，1980年，第609页。

㉓中国营造学社编：《中国营造学社汇刊（第三卷第四期）》，1932年，第98页。

㉔中国营造学社编：《中国营造学社汇刊（第三卷第四期）》，1932年，第99页。

㉕中国营造学社编：《中国营造学社汇刊（第三卷第四期）》，1932年，第98页。

㉖宗白华：《美学的境界》，北京：文化发展出版社2018年版，第42页。

㉗中国营造学社编：《中国营造学社汇刊（第三卷第四期）》，1932年，第98页。

㉘中国营造学社编：《中国营造学社汇刊（第三卷第四期）》，1932年，第99页。

㉙中国营造学社编：《中国营造学社汇刊（第三卷第四期）》，1932年，第110页。

㉚中国营造学社编：《中国营造学社汇刊（第三卷第四期）》1932年版，第99页。

㉛中国营造学社编：《中国营造学社汇刊（第三卷第四期）》1932年版，第99页。

㉜梁思成：《从“适用、经济、在可能条件下注意美观”谈到传统与革新》，《建筑学报》1959年第6期。

㉝梁思成：《梁思成谈建筑》，第4页。

㉞吴良镛：《世纪之交的凝思——建筑学的未来》，北京：清华大学出版社，1999年，第90页。

㉟[日]利光功：《包豪斯——现代工业设计运动的摇篮》，刘树信译，北京：轻工业出版社，1988年，第4页。

㊱林同华主编：《宗白华全集（第二卷）》，合肥：安徽教育出版社，2008年，第258页。

㊲东北大学史志编研室编：《东北大学校志（第1卷·上）1923.4—1949.2》，沈阳：东北大学出版社，2008年，第323页。

㊳梁思成：《中国雕塑史》，天津：百花文艺出版社，2006年，第1页。

㊴梁思成：《梁思成文集（四）》，北京：中国建筑工业出版社，1986年，第258页。

㊵梁思成：《中国雕塑史》，第1页。

㊶[俄]瓦西里·康定斯基：《艺术中的精神》，重庆：重庆大学出版社，2011年，第66页。

㊷梁思成：《建筑文萃》，第230页。

㊸梁思成：《梁思成全集（第5卷）》，北京：中国建筑工业出版社，2001年，第45—54页。

㊹梁思成著，林洙编：《大拙至美：梁思成最美的文字建筑》，北京：中国青年出版社，2013年，第14页。

㊺[俄]瓦西里·康定斯基：《点线面》，重庆：重庆大学出版社，2017年，第75页。

㊻梁思成：《梁思成谈建筑》，第356页。

㊼梁思成：《佛像的历史》，北京：中国青年出版社，2010年，第1页。

㊽梁思成：《梁思成文集(四)》，第42页。

㊾梁思成：《中国建筑的特征》，武汉：长江文艺出版社，2020年，第90页。

㊿梁思成：《中国建筑的特征》，第26页。

51 东北大学史志编研室编：《东北大学校志(第1卷·上)1923.4—1949.2》，第320页。

52 梁思成：《中国建筑的特征》，第180页。

53 中国营造学社编：《中国营造学社汇刊(第七卷第一期)》1944年版，第11页。

54 梁思成：《中国建筑史》，第11—13页。

55 梁思成：《中国建筑的特征》，第23页。

作者简介：

李凤志，南京工业大学建筑学院副教授，哲学博士。

石窟佛龛建筑形制演化与装饰艺术嬗变初探

裴强强　王广正　冉万里

摘　要：佛龛是石窟建筑艺术的重要空间组成部分，它以"小型支洞"形式表达佛教内容题材和建筑空间装饰艺术，并随佛教发展逐渐成为石窟视觉的焦点和石窟艺术的核心。延续两千多年的石窟寺为我们保存了不同时代、数量众多、类型多样、风格迥异的佛龛建筑及装饰艺术，是突出表现佛教建筑艺术和空间结构的重要实物资料。受佛教艺术、地域空间、审美观念、建筑元素和营造技术工艺等多方面的影响，石窟佛龛呈现出多种形制并存、装饰艺术丰富、结构特征鲜明、建筑元素多元的类型特征和艺术风格。本研究结合文献将其分为券拱柱式佛龛、柱廊式平顶龛、方口龛、混合型龛等4大类11个亚类16种形制，从建筑形制、空间装饰艺术和功能需求等方面阐释佛龛建筑形制的起源、衍生、发展的脉络，以及佛龛建筑艺术多元文化渗透延承、融合创新的嬗变特点，为佛教艺术史、建筑史、历史学、宗教文化和装饰艺术等多方面的研究提供重要的佐证。

关键词：石窟寺；佛龛；建筑形制

石窟是佛教建筑艺术的重要空间表现形式，佛龛是佛像崇拜出现后，承载供奉佛像的独特建筑艺术空间，俗称"小型支洞"，与佛像融为一体，一直是观赏者视觉的焦点，同时也是石窟寺佛龛装饰的核心内容之一。作为承载佛像的空间结构，往往受佛教艺术、地域文化、审美情趣、建筑样式、营造技艺和时代背景等多方面的影响[1]，衍生形成了龛形多样、装饰复杂、内容丰富的佛龛建筑形制，其结构主要包括龛楣、龛梁、龛柱及龛基下部的附属装饰等[2]。学界一致认为原始佛龛的两种基本形制为券拱柱式龛（圆拱龛）与柱廊式平顶龛（楣拱龛）[3]93-94。券拱柱式龛逐渐衍生形成了有柱式三叶式尖拱龛、无柱式三叶式尖拱龛、有柱有楣式圆拱龛、有柱无楣式圆拱龛、无柱有楣式圆拱龛和无柱无楣式圆拱龛，柱廊式平顶龛派生形成了梯形平顶龛、楣拱龛、屋形龛和宝盖龛等，两者融合并简化形成方口龛、敞口龛和混合式龛形。目前，现存最早的佛龛出现于公元1世纪犍陀罗佛塔塔基与浮雕装饰板之上，形制为楣拱龛，随后始终伴随着石窟的开凿过程，在不同时期和不同地域延续，创造了多种类型的佛龛形制，其变化体现了佛教在东传西渐过程中人们审美情趣、礼佛方式、装饰艺术与设计观念的变化，早期中亚、印度形成了以券拱柱式龛和平顶柱廊式龛的建筑造型为主体的佛龛形制，传入中国以后，将中国建筑子母阙、庑殿顶、佛塔、宝盖等建筑形制直接应用，形成了独具特色的佛龛形制，后期简化过程中创造性地形成了方口龛、敞口龛、盝顶帐形龛等，谱写了佛教文化传播过程中建筑空间艺术的吸纳、交融、互鉴、创新和发展的壮丽篇章，各时期的佛龛形制和装饰艺术凝聚了不同时期创造者传统思想、宗教观念和建筑艺术、建造工艺、装饰艺术的审美情趣的变化与发展。

佛龛作为石窟寺空间结构布置与装饰艺术的重要组成部分，延续千年的石窟寺保存有不同时代、数量众多、类型多样、风格迥异的佛龛形制和装饰艺术，能够突出表现佛教自传入中国以来，佛龛建筑形制与装饰艺术发展演化的过程。本研究旨在搜集不同时代佛龛形制和装饰艺术图案，对比分析各时期不同类型佛龛形制的特点及影响因素，以及佛龛形制和装饰艺术的演化规律和传承发展关系，系统总结了佛龛形制的时代发展脉络，以期为佛龛建筑形制和装饰艺术的研究积累经验，同时也为佛教题材与空间布置关系、建筑史、历史学、宗教文化和装饰艺术等研究提供新的思路。

1　佛龛溯源与特征分析

1.1　佛龛的起源

佛龛肇始作为承载佛陀的建筑空间和佛像同期出现，远晚于石窟寺的开凿年代，早期佛教观念反对偶像崇拜，认为佛陀形象不能作为宗教艺术的实体出现。直至佛陀涅槃500年后，佛教造像艺术才逐渐显现，初期仍无佛陀形象，多以莲花、大象、菩提树、法轮、脚印、佛塔等作为佛陀的象征物崇拜[4]10，一直以来，佛塔作为佛陀涅槃的象征在印度佛教艺术中成为主体[5]。逐渐地，佛陀象征物向带有佛陀形象的建筑样式转变，这是佛龛作为佛陀空间载体出现的萌生阶段。早期露天的佛塔与支提窟中的塔结构比较简单[6]，并无佛陀或佛龛形象（图1）。朝拜的对象多为安置舍利或佛

图1 贝德萨(Bedsa)石窟佛塔

图2 阿旃陀第19窟佛塔中的圆拱龛

图3 阿旃陀第26窟佛塔中的柱廊式平顶龛

图4 洛马斯·里什石窟外景(圆拱形门楣)

图5 阿旃陀石窟第19窟外观(柱廊式入口)

图6 犍陀罗佛塔的三叶式尖拱龛与柱廊式平顶龛

图7 犍陀罗塔基遗址

陀遗骨的佛塔(窣堵坡 Stupa)[7],在阿育王时期曾大兴土木修筑石窟寺与佛塔;随着公元1世纪前后在西北印度犍陀罗和恒河流域的马图拉[5]出现佛像以及大乘佛教的发展与兴盛[8]203,佛教对于佛陀的呈现逐渐突破束缚,开始在石窟寺内的佛塔或石窟寺外的窟前建筑中出现佛陀的形象,佛龛作为承载佛像的空间也一同登上了历史舞台。

日本学者长广敏雄与水野清一在《云冈石窟装饰的意义》中提到龛里安置佛像这一现象最早出现于犍陀罗时期的佛塔塔基的阶石之上,呈现出尖拱式与三叶式佛龛的特征。李崇峰先生在《中印支提窟比较研究》中将印度支提窟中的佛塔形象做了分期,第三期与第四期的洞窟与佛塔形象愈加复杂,佛陀形象逐渐出现在石窟外立面、洞窟内,甚至佛塔正面,并逐渐成为佛教艺术营造和宗教崇拜的主体,如以阿旃陀第19、26窟与埃洛拉第10窟为代表的晚期支提窟(图2、图3),佛陀形象逐渐作为崇拜的对象出现在石窟寺佛塔的正面佛龛中,至此佛龛与佛陀形象并存的空间布局形制趋于固定模式,只是建筑空间与艺术表达形制随时空变化而变化。

1.2 早期佛龛建筑形制与特征

学界一致认为原始佛龛的两种基本形制为尖拱龛(券拱柱式龛)与楣拱龛(柱廊式平顶龛)[3]94。柱廊式平顶龛作为原始佛龛基本形制,较多出现于犍陀罗地区的梯形顶形制的佛龛。券拱柱式龛(圆拱龛)的形象源自印度石窟寺[8]216,与印度建筑门楣或石窟寺入口非常相似,形制与装饰都从侧面反映出尖拱龛或平顶龛对建筑构件、建筑形制和装饰的模仿。较早的洛马斯·里什石窟、巴贾石窟以及阿旃陀石窟中,可以看到在石窟入口圆拱式(图4)和柱廊式(图5)的建筑形制。这种门楣装饰与后期出现的窟前建筑装饰是佛龛的样式雏形。

另一种比较常见的尖拱龛形制被称为三叶佛龛[9]25。这种龛形较多出现于中亚地区,犍陀罗地区的塔基遗址与雕刻艺术作品(图6)外观与印度和中亚地区的佛塔形象都极为相似,可以推断这种三叶式佛龛是一种模仿佛塔建筑样式的尖拱佛龛形制。

从柱廊式平顶龛(楣拱龛)中栏杆与柱子的形象不难看出,梯形平顶龛与尖拱龛一样为佛陀提供了不同建筑形制空间,均来源于当代建筑形制和建筑空间仿造与意象表达[3]96-102。由于外域文化对印度与犍陀罗地区文化的影响[4]15,印度与犍陀罗地区的佛教艺术在建筑与造像、纹饰方面都受波斯、希腊文化的影响,呈现出西方古典艺术装饰风格,如阿育王时代支提窟中的建筑装饰与石柱的样式,无不体现出希腊、波斯的风格。在犍陀罗地区出土的佛塔遗址(图7)与雕刻作品中的佛龛样式也表现出古典建筑廊柱式建筑的特色。

综上所述,佛龛作为承载佛陀形象的建筑空间,起初更多的是直接模仿印度、希腊和波斯地区原有的建筑形制,在佛教艺术东传的过程中,对我国的克孜尔石窟、云冈石窟、敦煌莫高窟等早期石窟产生较大影响,直接模仿当地建筑形制的柱廊式平顶龛和券拱柱式龛在我国各大石窟均有呈现,特别是新疆境内克孜尔石窟、柏孜克里克石窟以及山西的云冈石窟等更为突出。

图8　科林斯柱式圆拱龛(阿富汗法兹台出土犍陀罗浮雕)

图9　兽首科林斯柱式圆拱龛(阿富汗迦毕试出土犍陀罗浮雕)

图10　早期圆拱龛柱头样式(一)

图11　早期圆拱龛柱头样式(二)

图12　双口圆拱龛样式

1.3　佛龛建筑形制衍生与发展

佛教东传西渐的进程中，源于印度与中亚的佛龛形制也在不断地发生着变化，主要体现在佛龛的形制、外观、装饰、构件、功能、体量等方面。在继承古希腊券拱柱式和柱廊式建筑原有形制的基础上，形成了印度、中亚地区流行的圆拱龛和柱廊式平顶龛，佛教艺术佛龛形制初现雏形[9]27。两种佛龛作为基本建筑形制的缩影，受古希腊、古罗马和两河流域建筑影响，在印度、中亚乃至中国不同地区传承、融合渗透和创新发展过程中，衍生出不同类型的佛龛形制，特别是有柱式圆拱龛，它是西方券柱式建筑的变形体，主要由龛楣、龛梁、龛柱、柱头装饰和装饰图像等组成，受不同地域文化和建筑元素影响，大部分为龛楣、龛柱、柱头装饰变化衍生出的不同类型佛龛，后期随着佛龛建筑形制整体简化，龛楣、龛梁和龛柱多以绘画形制表达，随着佛教艺术发展和题材变化，其表达建筑空间构件的图案逐渐演变为空间边界和分割线。按照表达形式可分为建筑形制模仿的立体空间、装饰图样和意象空间三个阶段。

另外，佛塔正立面出现的柱廊式平顶龛随着佛寺活动功能需求、礼佛制度、审美情趣和地域环境的变化，有柱式平顶龛多以立柱形制和柱头样式变化而改变建筑形制，主要包括多立克柱式、爱奥尼亚柱式、科林斯柱式和八棱柱式、佛塔柱式等，柱头多为狮子、大象、牛、花草等西方元素和龙、凤、仙鹤、卷单等东方艺术元素的变化；同时龛楣多以西方柱廊式平顶、多跨连续平顶、梯形平顶为主，传入中国直接将汉代建筑中“阙”、梁枋斗拱结构、房屋建筑形制直接套用，形成了中国建筑形制特色鲜明的屋形龛，并在发展融合的过程中衍生出阙形龛、多形制龛、屋形龛、宝盖龛和盝顶帐形龛等多种形制，完美地实现了不同时期、不同环境条件和文化背景下的建筑空间艺术的创造，借助本土艺术风格极大地丰富和传播了佛教艺术和文化。

1.3.1　圆拱龛的类型与演化特征

1)圆拱龛的套用与模仿

佛龛是模仿建筑样式表现建筑中佛陀形象供人瞻仰与崇拜的承载空间。圆拱龛是对西方券拱柱式建筑的搬用与模仿，在佛教东传的过程中，为适应本土信众的礼拜与观赏需求，其形制与装饰艺术也发生了些许变化。圆拱龛在中亚、印度以科林斯柱式、爱奥尼亚柱式为主，大多饰以西方神兽、祥草的形象(图8、图9)，这深刻影响到我国早期圆拱龛的立柱样式，北朝时期佛龛龛梁、龛楣、龛柱为适应本土审美逐渐出现塔形、束帛式、莲花缠枝式，以及龙、凤、饕餮等样式柱头的龛柱(图10、图11)。

2)圆拱龛的借鉴与衍生

至公元7世纪，虽然有柱圆拱龛仍为主要形制在部分石窟中沿用，但龛梁、龛楣、龛柱作为佛龛的主要装饰也常以绘画的形式取代泥塑或雕刻，其装饰意味较早期更加明显。随着佛龛题材和内容的变化，建筑空间形制也随之改变，特别是从对佛陀崇拜至塑像逐渐增多，总体呈现较早期圆拱龛开间逐渐扩大，进深不断延伸，部分龛顶的剖面做成斜坡形，与龛壁面呈圆滑的弧线，呈现出斜顶圆拱龛的特征。另外，佛龛出现双开口的制式，即内外双层圆拱龛(图12)，外侧一般大于内侧佛龛，使佛龛的立体空间层次更加丰富、整体视觉冲击更加强烈，建筑空间的改变使佛龛作为石窟的视觉中心而容纳更多佛像与壁画内容。同时圆拱龛的龛楣体量较前期也逐渐加大，装饰更加繁复。

3)圆拱龛的传承与创新

圆拱龛建筑样式的构成元素随着时间推移逐渐削弱和简化，甚至部分佛龛已经无法清晰地辨认其主要构成部分，呈现出更丰富的装饰元素，减少对于龛楣、龛梁、龛柱等佛龛建筑构件的表达，强化了佛龛区域空间的划分、图案组合和装饰纹样的组合。逐渐由层次分明、形制多样的有柱有楣圆拱龛，衍生出无柱尖楣圆拱龛、无柱圆楣圆拱龛、无柱无楣圆拱龛等多种龛形。其中，无柱无楣龛由各种装饰带作为空间分界线，突出佛龛在石窟中的地位，不再以色彩鲜明的龛楣、龛柱、龛梁等建筑形制表达建筑立体空间，更多以装饰纹样、屏风画等补充展现佛本生、极乐世界的生活景象。随着联珠纹、卷草纹等在隋唐的广泛流行，也较多作为佛龛与壁面的分割线在石窟中出现[10]。

图13 犍陀罗浮雕装饰板

图14 图拉真广场入口(复原图)透视效果

图15 阿旃陀第17窟壁画(建筑透视)

图16 云冈石窟北魏中期楣拱龛龛楣

1.3.2 平顶龛的类型与演化特征

1)平顶龛的套用与模仿

柱廊式平顶龛是希腊柱廊式建筑空间体系模仿的成功案例，随之出现顶部龛楣为上窄下宽的梯形，龛尾端呈直线向两侧水平延伸，水野清一、长广敏雄在《云冈石窟》一书中称其为楣拱龛[3]94；梁思成先生指出“五边券形者，券面刻为若干梯形格，格内饰以飞仙，券下或垂幔帐或璎珞为饰”，称其为五边券形龛[11]；因其立面的形状与传统的覆斗顶建筑相似，不少学者称其为盝形龛[12]，马志强先生认为盝形龛以其形象命名欠妥，楣拱龛与圆拱龛都为结构命名，其之间的逻辑关系相对更加准确[13]。也有学者认为其龛楣中间呈梯形，两端呈水平方向延伸，构成曲尺形，故称其为曲尺形龛[14]。此龛形最早出现在犍陀罗的佛塔塔基遗址或浮雕装饰板石刻作品上(图13)[15]。犍陀罗地处亚欧交汇腹地，自古以来就是东西文明冲突与交融的中心，受古希腊、古罗马和两河流域文化冲击较大[16]，从中亚、古希腊、古罗马建筑遗址及我国西域壁画中可窥探柱廊式平顶龛(楣拱龛)的建筑原型，其结构形制和古希腊柱廊式建筑形制如出一辙，笔者以古罗马的标志性建筑Forum of Trajan(图拉真广场，公元1世纪)为例，对比犍陀罗塔基柱廊式平顶龛建筑形制，可以明确发现所呈现出的建筑形制即为古罗马时期大型公共建筑或宫殿的入口或柱廊部分的表现方式(图14)。印度阿旃陀石窟第17窟的壁画(图15)中也体现了柱廊式建筑的透视关系，较为清晰地反映出柱廊式平顶龛的建筑形制。

2)平顶龛的传承与发展

佛龛的建筑形制传入我国后，在云冈石窟、龙门石窟、巩县石窟等中原北方石窟流行(图16)，多是对于建筑形制的套用和模仿，最早普遍是对中亚或欧式柱廊式建筑透视的直观刻画，用二维平面的手法描绘三维建筑形制的透视空间[3]94，新疆、河西地区的壁画中出现的天宫栏墙的样式，形制与云冈石窟中平顶龛的风格与图案样式基本相同。龛形延承了西方造龛理念。同时在新疆、敦煌、麦积山、云冈等地出现了阙形龛、屋形龛、华盖等多种建筑，直接套用和模仿东方建筑。佛龛两侧有古典建筑风格多立克式、爱奥尼亚式或科林斯式的龛柱，传入中国后逐渐演变为八棱柱、方柱和圆柱，甚至云冈还出现了佛塔柱样式，佛龛出现三间式龛、两龛共用龛柱(双龛三柱式)或多开间连续龛形。中原北方石窟中出现的多种平顶龛装饰与组合形式，侧面体现了石窟艺术多样化的特点，展示了公元5世纪世界佛教石雕艺术形式在中国不同地区吸纳融合发展、创新演化脉络[12]。

2 佛龛分类与特征

佛龛是伴随佛教艺术发展演化的建筑空间艺术载体。随着时间推移和地域迁移，延续两千多年的佛龛集中承载着建筑形制、空间布局、建筑元素、图案组合和装饰艺术等诸多历史信息，衍生创造了造型独特、类型多样的建筑空间艺术。按照建筑空间艺术的

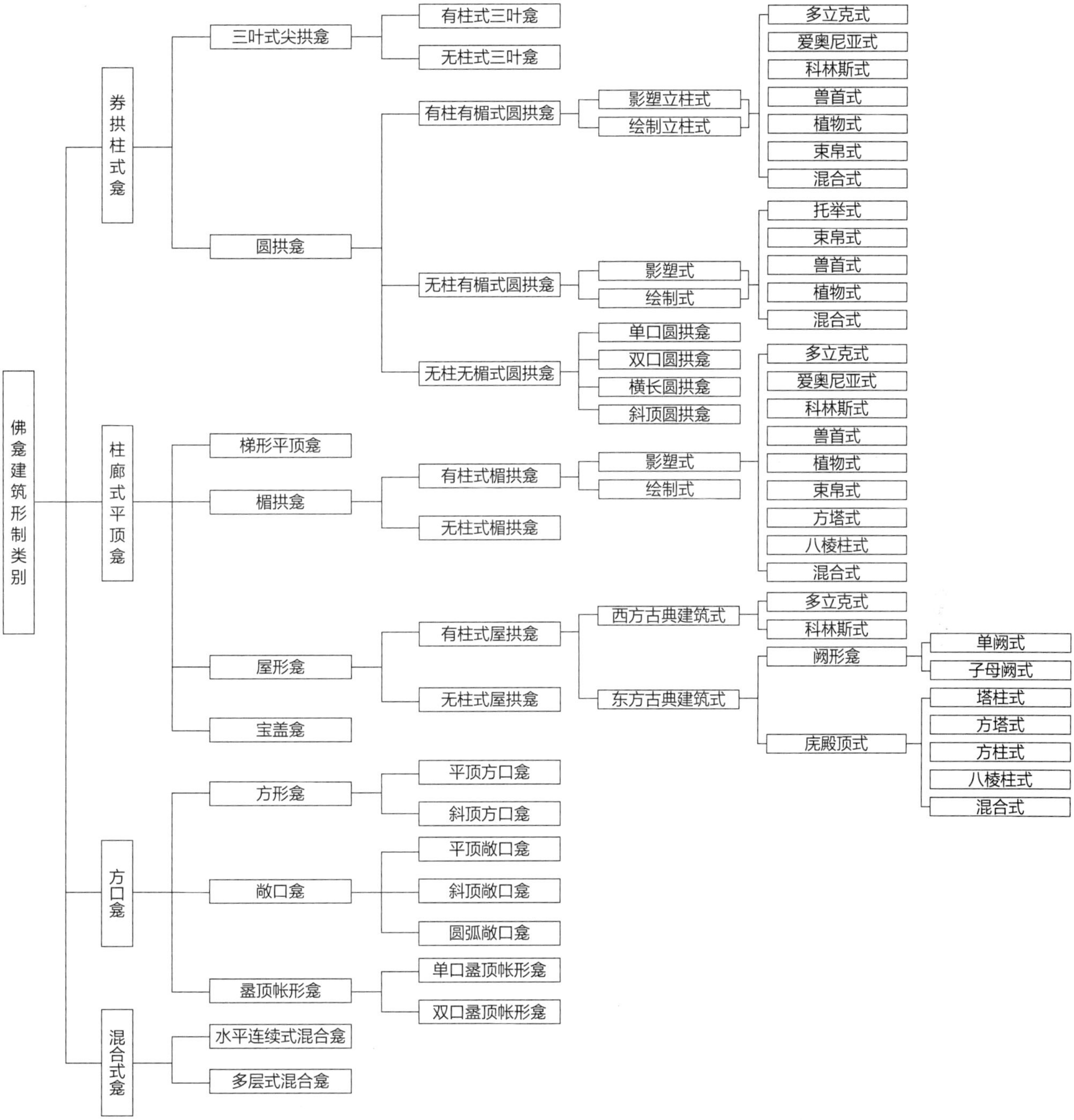

图17　佛龛建筑形制分类

基本形制，可分为券拱柱式龛、柱廊式平顶龛、方口龛和混合式龛4大类11个亚类（图17）。

2.1　券拱柱式龛形与特征

券拱柱式龛作为最早出现的基本形制之一，主要有三叶式尖拱龛和圆拱龛两种形制，早期三叶式尖拱龛和圆拱龛均沿用模仿券拱柱式龛建筑形制，其龛楣、龛柱和龛基下部结构鲜明清晰，逐渐简化为无柱有楣式和无柱无楣式（图18）。

2.1.1　三叶式尖拱龛

三叶式尖拱龛多为坐佛龛形象出现，佛龛三叶围绕坐佛轮廓装饰，主要有有柱式和无柱式两种类型。有柱式三叶式尖拱龛多为多立克柱式、爱奥尼亚柱式和科林斯柱式的缩影，主要以立柱形制和柱头雕刻瑞兽祥草组合区别样式，部分浮雕装饰板上部的三叶式尖拱龛装饰繁复，雕刻有卷草、房屋结构等。无柱式三叶龛早期出现在犍陀罗佛塔塔基部分，佛龛的三叶几乎是等比呈现，更多呈现表达建筑主次间的空间样式，轮廓以等腰三角形的特征承载迎合跏趺坐或半跏趺坐的造像，部分龛底饰有兽首、莲花、忍冬纹样。随着三叶龛的不断简化，三叶龛的下部两叶比例逐渐缩小或扩大，开始在立像或善跏趺坐（倚坐）、交脚坐等佛龛空间使用。为

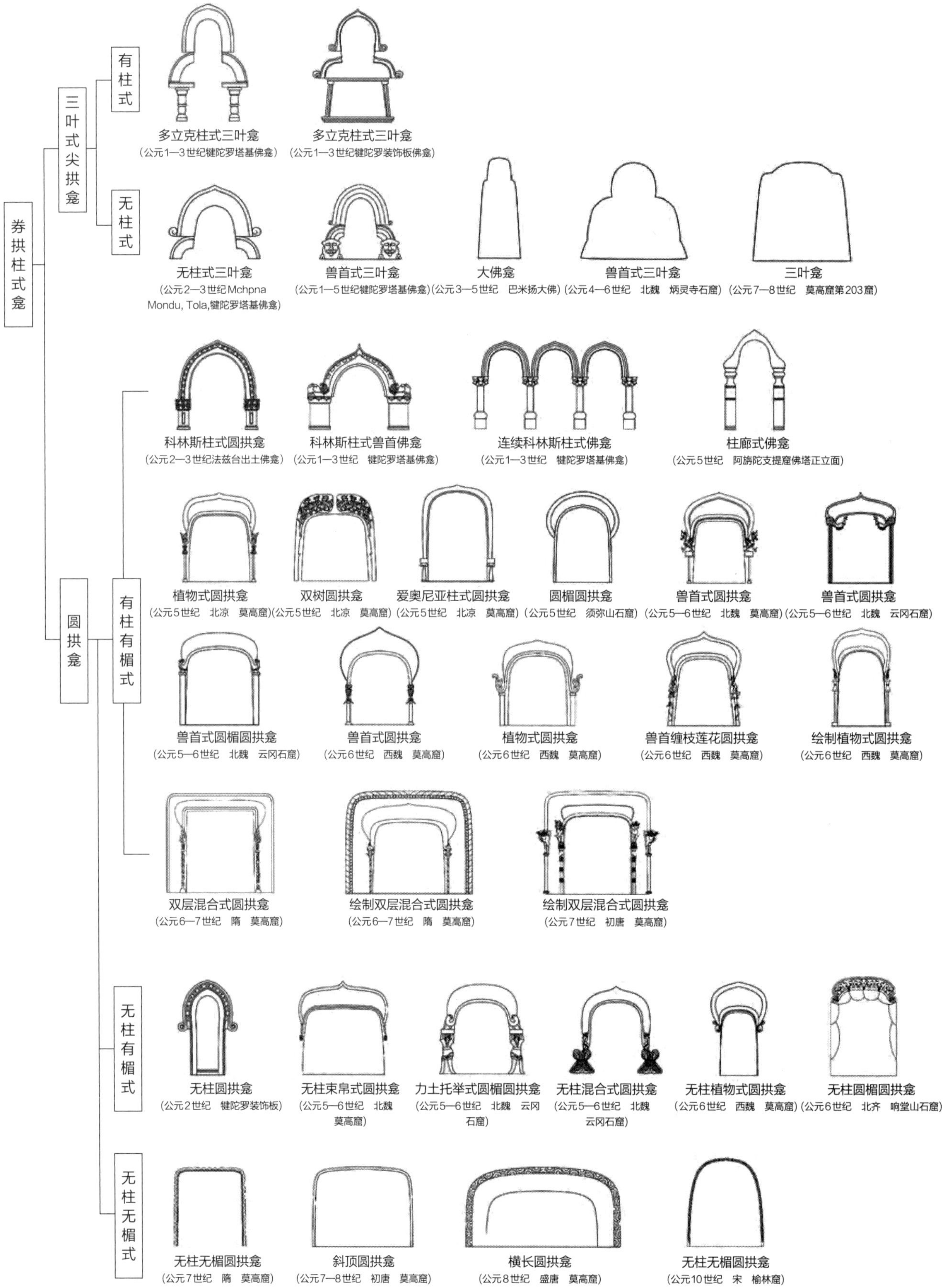
券拱柱式龛
三叶式尖拱龛
有柱式
无柱式
圆拱龛
有柱有楣式
无柱有楣式
无柱无楣式
多立克柱式三叶龛
(公元1—3世纪犍陀罗塔基佛龛)
多立克柱式三叶龛
(公元1—3世纪犍陀罗装饰板佛龛)
无柱式三叶龛
(公元2—3世纪 Mchpna Mondu, Tola,犍陀罗塔基佛龛)
兽首式三叶龛
(公元1—5世纪犍陀罗塔基佛龛)
大佛龛
(公元3—5世纪 巴米扬大佛)
兽首式三叶龛
(公元4—6世纪 北魏 炳灵寺石窟)
三叶龛
(公元7—8世纪 莫高窟第203窟)
科林斯柱式圆拱龛
(公元2—3世纪法兹台出土佛龛)
科林斯柱式兽首佛龛
(公元1—3世纪 犍陀罗塔基佛龛)
连续科林斯柱式佛龛
(公元1—3世纪 犍陀罗塔基佛龛)
柱廊式佛龛
(公元5世纪 阿旃陀支提窟佛塔正立面)
植物式圆拱龛
(公元5世纪 北凉 莫高窟)
双树圆拱龛
(公元5世纪 北凉 莫高窟)
爱奥尼亚柱式圆拱龛
(公元5世纪 北凉 莫高窟)
圆楣圆拱龛
(公元5世纪 须弥山石窟)
兽首式圆拱龛
(公元5—6世纪 北魏 莫高窟)
兽首式圆拱龛
(公元5—6世纪 北魏 云冈石窟)
兽首式圆楣圆拱龛
(公元5—6世纪 北魏 云冈石窟)
兽首式圆拱龛
(公元6世纪 西魏 莫高窟)
植物式圆拱龛
(公元6世纪 西魏 莫高窟)
兽首缠枝莲花圆拱龛
(公元6世纪 西魏 莫高窟)
绘制植物式圆拱龛
(公元6世纪 西魏 莫高窟)
双层混合式圆拱龛
(公元6—7世纪 隋 莫高窟)
绘制双层混合式圆拱龛
(公元6—7世纪 隋 莫高窟)
绘制双层混合式圆拱龛
(公元7世纪 初唐 莫高窟)
无柱圆拱龛
(公元2世纪 犍陀罗装饰板)
无柱束帛式圆拱龛
(公元5—6世纪 北魏 莫高窟)
力士托举式圆楣圆拱龛
(公元5—6世纪 北魏 云冈石窟)
无柱混合式圆拱龛
(公元5—6世纪 北魏 云冈石窟)
无柱植物式圆拱龛
(公元6世纪 西魏 莫高窟)
无柱圆楣圆拱龛
(公元6世纪 北齐 响堂山石窟)
无柱无楣圆拱龛
(公元7世纪 隋 莫高窟)
斜顶圆拱龛
(公元7—8世纪 初唐 莫高窟)
横长圆拱龛
(公元8世纪 盛唐 莫高窟)
无柱无楣圆拱龛
(公元10世纪 宋 榆林窟)

图18 券拱柱式龛分类

契合造像的空间需求，三叶比例关系逐渐发生变化。1—3世纪出现的犍陀罗佛塔塔基造型下部两叶逐渐缩小，甚至为意向性的表达；4—5世纪巴米扬大佛龛、炳灵寺大佛沿用三叶龛的形制，以立像和坐像空间需求呈现意象的三叶形制，下部两叶明显大于上部；甚至到初唐时期莫高窟第300窟的佛龛也沿用了这一龛形的基本形制，下部两叶明显扩大，三叶龛基本龛形已呈现简单建筑意象的表达方式。

2.1.2 早期圆拱龛

圆拱龛最早以犍陀罗地区浮雕装饰板最为典型，作为最主要的佛龛形制延续千年，衍生建筑形制和装饰方式丰富多样。早期圆拱龛多以有柱有楣式为主，公元1—2世纪犍陀罗地区，受古希腊、古罗马和印度早期建筑形制影响，印度和中亚地区以多立克柱式、爱奥尼亚柱式和科林斯柱式为主要形制出现，比例关系逐渐由长柱式向短柱式发展，更多突出龛楣图案和装饰艺术。公元4世纪，圆拱龛随着佛教东传进入我国境内。圆拱龛体量普遍较小，嵌入墙体部分较浅，多以圆拱浅龛为主。这一时期的圆拱龛多有雕刻或泥塑的龛楣、龛柱、龛梁等附属装饰，比较直观地模仿了印度或中亚建筑，佛龛的装饰题材继承了早期西方的植物和动物式，并衍生出忍冬纹式、莲花缠枝式、龙形柱头式、凤形柱头式、饕餮柱头式、束帛式等包含我国本土建筑元素的圆拱龛形制。出现于公元5世纪的树形龛，其形制不再局限于对建筑的模仿，龛楣装饰采用了双树样式，龛内塑像多以佛苦修像来表现佛陀修行的场景[9]27。龙门石窟隋代大业年间开凿的部分佛龛也有将菩提树作为装饰题材的[17]，可见佛龛装饰题材逐渐突破桎梏而不拘泥于对建筑的模仿。

总之，早期圆拱龛更多遵循券拱柱式建筑的构成要素，龛柱、龛楣、龛梁等装饰构件多以影塑和雕刻立体建筑结构表达，忠实地延承了佛陀在建筑中的修行场景，寻求和呈现慎重且更加亲切的活态场景。圆拱龛传入我国后，呈现出对本土建筑的模仿与汉化的趋势，其建筑构件繁复的雕刻、绘画与帷帐等装饰，更加生动地再现了佛陀修行、讲经和生活的场景，除龛楣、龛梁、龛柱等建筑构件演变为中式建筑元素和形制外，开始出现建筑空间艺术意象表达的大胆探索。

2.1.3 鼎盛期圆拱龛

直至公元7世纪，有柱式圆拱龛仍在部分石窟中出现，但龛梁、龛楣、龛柱作为建筑空间艺术的主要构成元素，多以绘画的形式取代泥塑或雕刻，其装饰意味较早期更加明显。佛龛的空间整体呈现建筑空间的扩大和延伸的特征，随着佛龛礼拜题材和内容的丰富，在空间延展不够的条件下，出现了双层龛口佛龛，立体空间层次更加丰富、整体视觉冲击更加强烈，承载内容的复杂化致使空间结构也逐渐繁杂，弱化了佛龛建筑形制的表达，更多以建筑空间予以体现。随着经变画的出现，为了突出佛龛内造像与壁画，东西方绘画艺术交融发展，绘制的佛龛装饰逐渐取代泥塑或雕刻的佛龛。随着绘画技艺的进步与立体绘画法的流行，立柱式的圆拱龛的龛梁、龛柱、龛楣等多以绘画形制呈现，同时期也通常以佛塔、方塔、供养人造像、力士造像、束帛等形象替代龛柱，充分体现石窟艺术传入我国后本土化和程式化的发展特点。

2.1.4 成熟期圆拱龛

随着佛龛建筑形制和建筑构件的逐渐简化，圆拱龛出现了无柱无楣龛，即龛楣、龛柱、龛梁等构件不再是圆拱龛的基本构件，取而代之的是以各种装饰带作为空间划分的边界。卷草纹、联珠纹、单色线条等均成为区域划分的佛龛边饰，为经变画、佛教故事题材以及与佛教内容相关的元素预留空间。同时期出现了斜顶圆拱龛、斜顶双口圆拱龛、方口圆拱混合式龛、横长圆拱龛等龛形，呈现出更多样结构特征和丰富的装饰元素。莫高窟、云冈石窟、响堂山石窟等石窟中的部分佛龛均出现了弱化龛柱建筑构件的现象，随着联珠纹在隋唐的广泛流行，多作为佛龛与壁面的分割边界出现。莫高窟隋代第420窟、初唐第329窟、隋代第401窟的圆拱龛均采用联珠纹装饰带界于龛檐，代替佛龛建筑龛柱、龛梁和龛楣空间划分。随着佛教故事和内容的逐渐丰富，佛龛同洞窟整体装饰一样，其建筑痕迹逐渐被弱化，更多地以空间划分的方式配合圆拱龛形成成熟的体系，为方口龛和敞口龛的创造奠定了基础。

综上所述，券拱柱式龛是对西方建筑的真实模仿，各时期的券拱柱式龛的形制基本不变，龛内为圆拱形；龛外装饰包含龛楣、龛梁、龛柱等建筑构件，装饰元素随时域、地域不断变化，龛楣不断加大，并以影塑或绘画的方式装饰禽鸟纹、植物纹、火焰纹、化生纹等图案；龛梁和龛柱部分由对西方爱奥尼亚柱式、多立克柱式的写实模仿到逐渐衍生出兽首、束帛、缠枝莲花等装饰。券拱柱式龛发展到后期，龛楣、龛梁、龛柱等建筑构件不断弱化直至消失，尽管券拱柱式龛由早期对西方建筑的写实模仿到传入我国后的艺术创作与改造，呈现出极强的装饰性，但整体营造了佛陀在券拱式建筑中修行的场景（图19）的意境始终沿袭。

图19 券拱柱式龛分析(莫高窟第432窟 北周)

2.2 柱廊式平顶龛形制与特征

柱廊式平顶龛作为最早出现的佛龛基本形制，印度早期的佛塔塔基装饰和佛龛建筑空间以梯形和方形为主，其佛龛以龛柱、龛梁和龛楣以及下部基座装饰组成，并逐渐衍生形成柱廊式平顶龛、楣拱龛、柱廊式楣拱龛、有柱式屋形龛、无柱式屋形龛、宝盖龛等多种形制（图20）。

2.2.1 柱廊式平顶龛的雏形与发展

阿旃陀石窟支提窟中心塔正面出现的柱廊式平顶龛是柱廊式建筑的缩影，佛龛两侧的龛柱以多立克柱式、爱奥尼亚柱式和科林斯柱式为主要形制，早期较为写实地描绘西方多立克柱式建筑外观[18]，刻画有明显的建筑构件，呈现出西方古典建筑艺术特征，三开间廊柱空间、顶部横梁和屋面的装饰为整体的模仿，部分顶部龛楣呈上窄下宽的梯形，龛尾端呈直线向两侧水平延伸，分为有柱式和无柱式。随着佛教的东传，柱廊式平顶龛在我国继承并发展，早期多模仿西方多立克柱式、爱奥尼亚柱式、科林斯柱式平顶龛（图21—图23），柱头以狮首、大象和瑞草为主装饰，北朝时期的敦煌莫高窟、麦积山石窟、云冈石窟中柱头已经开始出现龙、凤、仙鹤、束帛、缠枝莲花等，逐渐受地域文化和建筑形制的影响，开始出现八棱柱式、佛塔式、方柱、圆柱、盘龙珠等多种我国建筑艺术风格鲜明的柱式，柱头也开始以中国人更习惯的瑞兽祥草作为装饰，其空间构成也分为单开间、双开间和三开间，并在龛楣下饰有帐的形象，受东方文化、思维方式、建筑元素、审美情趣的影响逐渐趋于本土化和程式化。

另外，随着佛龛建筑形制和构件的逐渐弱化和形象化，开始出现无柱式楣拱龛，此类佛龛较早出现于北魏早期的云冈石窟，体量较大，通常一龛下有数尊造像，同时龛楣更多表达建筑屋顶和帷幔等软装饰，佛陀生活场景更加活现，甚至部分区域出现三开间和多开间形制，梯形平顶龛样式逐渐被弱化，梯形形制较为写实地描绘出透视条件下的建筑结构特征，更多地体现了建筑空间主次关系。

2.2.2 屋形龛形制与特征

屋形龛是科林斯柱式建筑发展和逐步中国化的典型佛龛形制，早期多以古希腊、古罗马和两河流域廊柱式建筑为主，集中体现了西方古典建筑艺术风格屋形龛佛陀说法或生活的场景。传入中国后，南北朝时期为了将佛陀承载于更加适合于中国人习惯的建筑环境，莫高窟第275窟出现的阙形龛就是营造理念和手法科学移植的具体表现。其基本形式为方形，两侧由母阙和子阙组成，阙身之间有稍低于双阙的大庑殿屋顶，屋顶上有泥塑的瓦垄、屋脊和鸱尾，檐下的椽、枋、斗拱等用土红色线条绘出，龛内与中原北方地区石窟中的平顶龛一样，多塑有交脚弥勒菩萨，用阙这种传统建筑形式来象征弥勒居住的兜率天宫。这应是早期石窟佛龛形式中国化探索阶段的产物[2]。两种文化背景下不同建筑形制和风格的组合具有明显的僵硬和局限性，随之代表东方建筑艺术形象的瓦屋面形制在石窟中大量创新出现，庑殿顶、攒尖、硬山屋顶或人字拱、多跳斗拱大木构架等建筑形制也有出现，部分突出东方木构建筑特征，大部分以形制多样的屋面为主要题材，形成了特征鲜明、体系完整的屋形龛。有柱式的佛龛以八棱柱式、方柱式、塔形柱式、方塔式等本土化元素为主，随着佛龛建筑艺术的简化，立柱逐渐消失，多以屋面形制意象表达（图24）。总之，阙形龛与屋形龛一样是佛龛艺术的创新，是柱廊式平顶龛在适应本土文化背景后衍生形成的中国化龛形的典型代表，是佛龛在中国石窟中的新创造和新发展。

2.2.3 宝盖龛

随着佛龛形制的逐渐弱化与中国化的发展，在佛像头顶上方雕出一个宝盖的龛式，称为宝盖龛。这在中亚、印度的造像与雕刻就有体现，多以僵硬的建筑构件形制意象表达，传至我国后为适应大众审美也有部分变化，开始在雕刻浮雕佛像头部出现皇家出行的华盖[19]。以宝盖作为佛龛龛楣的装饰题材与帐形龛饰的表现类似，同样起到了佛龛作为表现佛所处的环境的作用，更多以龙纹、凤、莲花、忍冬等装饰。

综上所述，早期柱廊式平顶龛是对西方柱廊式建筑的模仿，传入我国后，不断衍生出带有庑殿顶、攒尖、硬山屋顶或人字拱、多跳斗拱大木构架等建筑形制的本土化佛龛。柱廊式平顶龛自始至终都是对柱廊式建筑的模仿，体现在佛龛的龛楣、帐形龛饰、龛柱等装饰构件上，可分为楣拱龛、阙形龛、屋形龛等。龛楣部分的表现随着地域与时域不断变化，早期偏向于模仿西方平顶建筑的室内透视视角，传入我国后，运用庑殿顶、斗拱、脊兽等东方建筑元素进行装饰；龛柱部分亦同，呈现出由模仿西方爱奥尼亚柱式、科林斯柱式向模仿东方八棱柱式、方柱式、塔形柱式转变的特征。尽管随着佛龛建筑艺术的简化，立柱逐渐消失，多以屋面形制意象表达，柱廊式平顶龛是对房屋建筑的忠实模仿，较为直观地描绘了佛陀在建筑中修行的场景（图25）。

2.3 方口龛特征及其基本形制

随着券拱柱式龛与柱廊式平顶龛的不断简化，建筑构件逐渐由绘画开始采用分界边饰区分，聚焦于佛龛塑像组合和龛内建筑空间的装饰，开始出现了方口龛、敞口龛和盝顶帐形龛等形制（图26）。

2.3.1 方口龛

方口龛一般呈长方形，开口多为方口圆角，有单层龛和双层龛两种形式。随着佛教艺术成熟化和题材内容的不断丰富，建筑形制逐渐被弱化，佛龛内多佛并列，佛、弟子、菩萨、力士等组合频繁，需要更大建筑空间和艺术装饰陈列不同等次的佛教尊像，佛龛逐渐开始往长方向扩展和进深方向延伸，以迎合礼佛制度和功能需求。公元7世纪的隋代，随着佛陀造像与经变画在石窟中逐渐成为主要题材，佛龛的体量与进深开始成倍增大，逐渐出现了斜顶

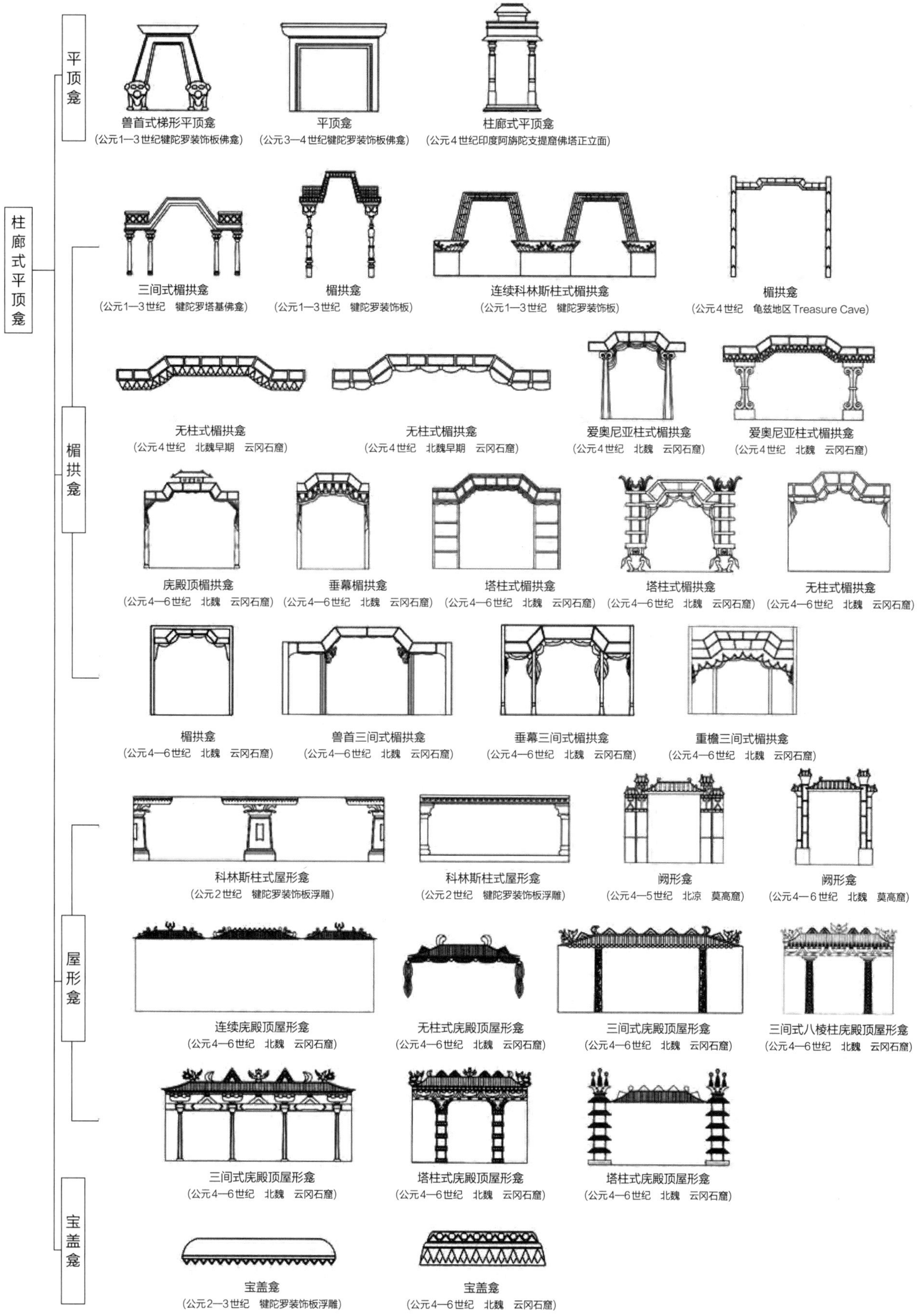

图20 柱廊式平顶龛分类

图21　公元2世纪犍陀罗地区片岩

图22　公元2—3世纪犍陀罗地区片岩

图23　公元3—4世纪斯瓦特地区绿泥岩

图24　云冈第11窟七佛屋形龛

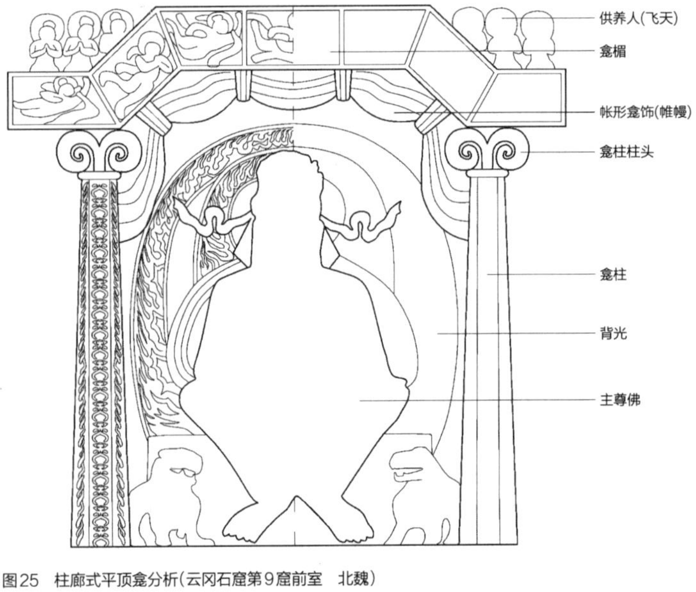

图25　柱廊式平顶龛分析(云冈石窟第9窟前室　北魏)

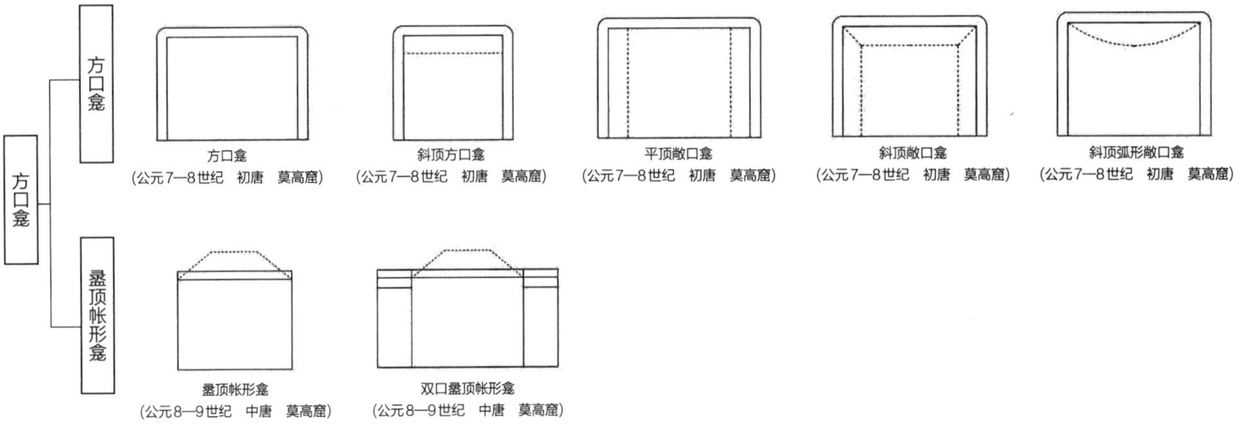

图26　方口龛分类

图27　方口龛边饰样式

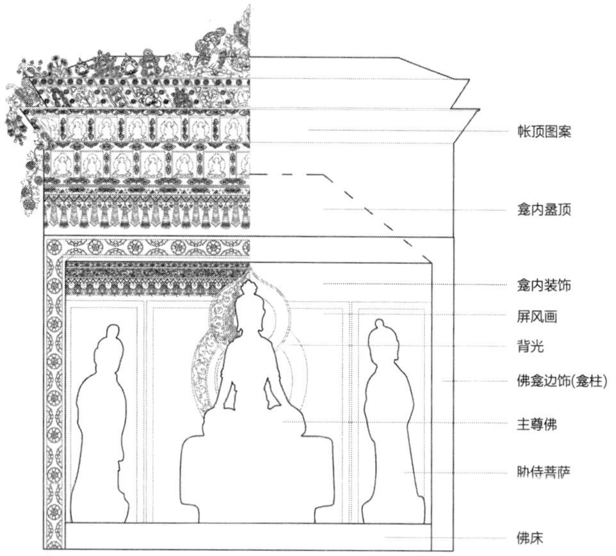

图28　方口龛分析(莫高窟第389窟　窟盝顶帐形龛　中唐)

圆拱龛、双龛圆拱龛和方口龛等龛形，多用联珠纹、团花图案、卷草纹或各种组合纹样形成佛龛分界边饰(图27)，形成特征鲜明的空间界线边饰。由于建筑形制构件的弱化，大量空缺的空间开始出现飞天、神兽、卷草、天佛等用来丰富佛陀所处场景，甚至部分开始出现屏风画。

2.3.2　敞口龛

随着佛龛建筑形制的进一步弱化，龛内造像从单身、2身、3身、5身至7身，甚至更多佛龛作为欣赏的视觉中心。如何使得多身塑像在有限空间能够得到无死角的观看，不被其他塑像遮挡，敞口龛成为公元7世纪以来满足佛龛功能需求的又一创新，并从唐代开始逐渐成为主流佛龛形制，以斜顶敞口龛为主，到盛唐时平顶敞口也逐渐开始出现并流行。敞口龛的平面呈梯形或半圆形，外侧大内侧小，部分学者也称为梯形龛。佛龛进深逐渐加大，并在龛外另设方台来适应逐渐增多的佛教造像。

2.3.3　盝顶帐形龛

盝顶帐形龛最早出现于隋代，盛行于中晚唐，并持续到宋、西夏，是莫高窟、麦积山石窟等最流行的龛形之一。其形制是模仿当时盛行于佛殿内的佛帐[20]315。平面为横长方形，龛沿呈长方形(类似于方口龛)，其中也有少量的双层龛口的盝顶帐形龛，平面呈“凸”字形，以中唐第361窟等吐蕃统治时期的龛形尤为典型，龛顶部为四面坡形的盝顶，盝顶中部的平面为棋格状的平綦，绘有团花图案，龛楣、龛梁、龛柱等建筑构件消失，帐形龛饰被绘画所取代，佛龛外左右沿绘帐柱，龛上画有山花蕉叶和垂铃、瓔珞装饰的覆斗式帐顶，整个佛龛形制类似一个小佛帐[20]315，与同时代维摩诘经变中的斗帐惊人相似[21]，中唐时期佛龛内还增加了放置佛像的马蹄形佛床，与圆拱龛相比，盝顶帐形龛较深，容纳佛像的空间更大，顺应了唐代塑像逐渐增多的趋势。

综上所述，方口龛整体呈现对中国寺院殿堂式建筑的模仿，是佛龛随佛教东传过程中本土化的体现。其建筑构件不断简化，聚焦于佛龛塑像组合和龛内建筑空间的装饰，按照形制和装饰可以分为方口龛、敞口龛和盝顶帐形龛等。在空间形制上，方口龛均为方形开口，或向两侧和进深方向扩展延伸，体量与进深逐渐增大，龛内佛像数量增多，并设置佛床，以迎合礼佛制度和满足功能需求。在装饰方面，随着龛内空间的增大，壁面开始绘制经变画、屏风画或胁侍像等多题材大型壁画，龛外沿由绘制的分界边饰进行区分，各式装饰带和柱式纹样取代了影塑的龛柱、龛梁和龛楣，以绘画的方式绘制帐饰或建筑屋顶，这些不但增大了佛龛体量，也烘托了佛龛整体宏大的场景，是对大型佛殿建筑的模仿(图28)。

2.4　混合式佛龛

佛龛自出现以来，作为建筑形制的缩影，多开间形制佛龛早在公元2世纪犍陀罗地区多有出现，早期以券拱柱式龛和柱廊式龛为主，逐渐出现两种结构形制的混搭，整体呈现出水平连续式混合龛和多层进深式混合龛两种排列组合方式。有明间为券拱柱式、梢间为柱廊式佛龛，或明间为柱廊式佛龛、梢间为券拱柱式的组合。犍陀罗出土的佛龛装饰板就有券拱柱式佛龛与柱廊式平顶龛的混合，且明间较梢间开间大得多。随着佛教东传，在我国境内多

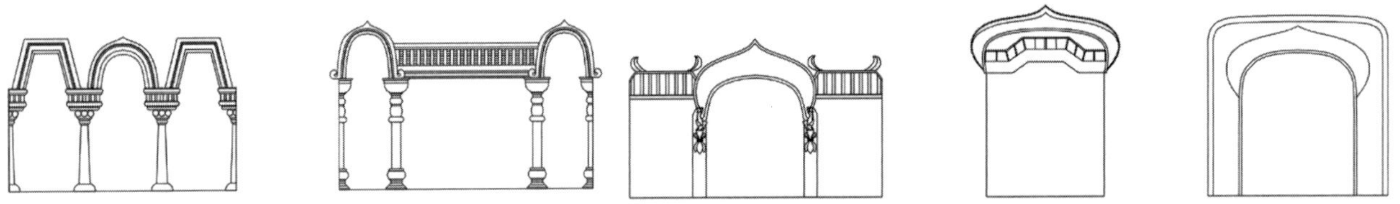

水平连续式混合龛
（公元2—3世纪　犍陀罗佛龛装饰板）

水平连续式混合龛
（公元2—3世纪　犍陀罗佛龛装饰板）

水平连续式混合龛
（公元5—6世纪　北魏　云冈石窟）

多层式混合龛
（公元5—6世纪　北魏　龙门石窟）

多层式混合龛
（公元8世纪　隋唐　莫高窟）

图29　混合式龛

开间混合搭配的形制更加丰富，有庑殿顶与券拱柱式、柱廊式平顶龛与屋形龛等多种组合。同时，随着多层龛口佛龛的出现，无柱楣拱龛与圆拱龛、券拱柱式龛与圆拱龛、柱廊式平顶龛与屋形龛的组合等，更加真实地描绘了完整的东、西方文化背景下建筑空间的创新融合，同时也大胆创造了多种形象的建筑空间和佛国世界，为佛教艺术的创作和建筑元素融合发展创造了不可替代的历史舞台，集中体现了对现实生活建筑形制的真实记录和大胆的创造意向，特别是佛龛空间建筑元素模仿、吸纳、借鉴和创作，极大地丰富了石窟寺建筑形制和装饰艺术的手法（图29）。

3　佛龛建筑形制演变与文化特征分析

佛龛伴随佛像崇拜出现，以真实描绘佛陀生活场景的建筑空间同时登上了历史的舞台，是佛教建筑艺术的缩影。早期受古希腊文明、古罗马文明和两河流域文化影响，以古典券拱柱式和柱廊式平顶建筑为主体，在佛教文化发展传播的过程中，一并传入中亚、西亚、东南亚和中国境内，受不同地域文明影响衍生出类型多样、建筑形制鲜明、结构特征丰富、装饰艺术多彩的庞杂体系，是人类文明和佛教艺术与文化发扬光大的重要承载体，集中体现了不同时代、不同地域文化、不同风俗习惯、不同审美情趣和技术进步背景下的发展脉络和嬗变规律。

3.1　佛龛形制与装饰艺术的多元性

佛龛与佛陀造像在印度佛教文化争取多元文化和社会大众的支持背景下产生，作为承载佛陀修行、讲经说法和生活场景的建筑空间，佛龛随着佛教文化的发展而发展。佛教萌生发展的印度文化背景，以及古希腊、古波斯、古罗马文化的渗透，成为佛教艺术和佛陀生活空间真实描绘，古典券拱柱式和柱廊式平顶建筑理所当然成为最重要的建筑艺术呈现。随着佛教文化的东传，两河流域色彩斑斓的装饰艺术和浮雕元素成为佛龛装饰艺术和纹样取之不竭的源泉，承载东方文明的汉阙、木构瓦屋面、斗拱、梁枋和绘画技艺，为佛龛建筑艺术空间创新提供了新的文化背景。中华文明开放包容、兼容并蓄的博大胸怀，将承载四大文明的佛教艺术在广袤的中华大地发扬光大，形成了佛龛多样化发展、多种元素混搭、多种形制并存和多种文明融合佛教艺术发展的最佳地域，创造形成了上百种成熟的佛龛建筑形制，装饰图案和艺术元素的组合更是复杂而多元，为佛教艺术、宗教文化、建筑艺术、历史学、考古学提供了丰富的实物资料。

3.2　佛龛形制阶段性特征与演化

3.2.1　佛龛萌生阶段

印度早期观念认为释迦牟尼进入了圆寂的境界，已不再转生人间，多以菩提树、法轮、佛足迹、宝座、伞盖、窣堵坡等象征佛陀，直至2世纪，贵霜王朝时期犍陀罗一带受希腊文化影响，逐渐开始雕刻佛像，佛龛作为佛陀形象的活动空间同期出现，更多是受古波斯、希腊文化影响，对西方古典建筑的模仿。《说文》记载，“龛”在古时并没有后来的含义，汉代扬雄著《方言》称：“龛，受也。”即容纳、盛受之意。佛教传入中国后，龛又指掘凿岩崖为室，安置佛像的空间。因此，早期直接借助成熟的券拱柱式和柱廊式平顶建筑承载佛像，更多是以图像形式传播弘扬佛法，模仿佛陀出生、修身、讲经说法、生活的诸多场景向社会大众直观地展现佛本身故事，建筑作为佛陀生活起居空间不可缺少，作为极乐世界美好意象表达必然来自生活才更具亲和力。

3.2.2　佛龛发展阶段

石窟建筑形制随佛教的东传受到不同文化影响而变化，佛龛形制也随文化背景不同而嬗变，特别是佛教艺术受古波斯、古希腊和古罗马多种文明影响，龛形作为不同文化背景建筑艺术的缩影呈现多种样式，随着佛教思想观念、礼佛功能、呈现方式的变化，佛龛建筑形制也不断交融创新，衍生形成三叶式尖拱龛、梯形龛、柱廊式平顶龛、圆拱龛、楣拱龛等多种形制。受两河流域色彩斑斓的绘画装饰艺术和细致入微雕刻艺术影响，佛龛建筑艺术造型不再是对建筑形制的搬用和模仿，逐步开始灵活使用色彩和艺术图案进一步装饰，特别是佛教传入中国后，受东方文化影响，佛龛形制不再以西方古典建筑艺术的表现方式呈现，早期圆拱龛与平顶龛形制传入我国并经历了借鉴、发展、创新的过程，更多地以东方木构建筑瓦屋面形制替代，出现了典型阙形龛、屋形龛等，并随着时代推移和佛教艺术的逐渐丰富，创造了符合本土文化的多种类型佛龛，为佛教艺术的发展与创新奠定了基础。随着造像数量的增多，佛龛进深也随之加大，佛龛内部由一开始的浅龛逐渐向空间更大的方口龛、敞口龛、盝顶帐形龛变化。

3.2.3　佛龛的成熟阶段

佛教自传入中国以来，在新疆、河西走廊、中原、南方和西藏地区依托多元文化背景和多民族艺术鉴赏，艺术的表现力得到了长足的发展，特别是佛教空间艺术的表达更加活灵活现，早期多为圆券浅龛，佛龛的建筑形制与装饰风格也逐渐由一开始的模仿西方到结合本土特色而设计的阙形龛、屋形龛、宝盖龛等形制，再到后来的方口龛、敞口龛以及盝顶帐形龛，每一种大类中形成了形制多样的建筑艺术表达形式。佛龛龛柱的忍冬纹、莲花缠枝纹、束帛、饕餮首、龙首、凤首以及多种元素混合的东方纹饰，随着佛教的东传，装饰也呈现出本土化特征，就像段文杰先生所说："佛教艺术传入中国后，在一开始就被赋予了更多的汉文化元素。"[22]特别是隋文帝和隋炀帝对佛教的大力推崇和支持，在全国范围内大兴佛事，短短三十几年的时间，仅在敦煌莫高窟开凿的洞窟就多达95个[23]，佛龛形制逐渐向适应我国本土环境的新式佛龛转变，出现了敞口龛、方口龛、盝顶帐形龛等本土化的佛龛形制。唐以后，佛龛复杂繁缛的龛楣、龛梁、龛柱等附属构件已经逐渐消失，取而代之的是繁缛华丽的装饰带，作为佛龛与壁面的空间分界线，特别是经变画和屏风画的出现，再次创造了极为丰富的佛国空间，装饰也呈现出本土化的特征。

总之，佛龛从早期古典的券拱柱式佛龛和廊柱式平顶龛发展形成了百种以上的佛龛形制，历经两千年，从对西方建筑形制的模仿再创造到东方建筑艺术套用再创造，随着佛教题材的丰富和内容程式化，佛龛建筑形制逐渐被弱化，出现的方口龛和敞口龛形更多以意象方式表达佛龛建筑形制，更多已体现佛本生、佛国世界、飞天、屏风画、神兽瑞草等，其分支情况也由最开始的多种多样的圆拱龛、屋形龛和楣拱龛向程式化的敞口龛和盝顶帐形龛转变，逐渐趋向稳定。

4 结论

综上所述，佛龛作为佛陀生活场景的活现必然离不开建筑，建筑作为人类文明、生产力水平和物化形态的载体再现了当时社会状态。因此，佛龛空间建筑艺术受不同文明、民族习俗、审美情趣和时代发展的影响呈现不同样式，且相互影响、渗透交融、创新发展形成了逻辑严密、脉络清晰的佛龛建筑形制和装饰艺术谱系。佛龛是作为空间载体伴随佛教尊像崇拜同期出现的历史产物，是印度佛教受犍陀罗造像与石刻装饰艺术影响在佛像崇拜背景下承载佛像的建筑空间。起初用于佛塔塔基与石窟立面装饰，逐渐作为主要崇拜对象成为石窟的重要组成部分与视觉观赏中心。按照建筑形制和艺术风格，将佛龛分为券拱柱式龛、柱廊式平顶龛、方口龛、混合型龛等4大类11个亚类16种形制，佛龛建筑形制与装饰艺术的变化充分体现了佛龛的形制受地域特色、文化背景、建筑艺术特征、审美情趣、经济实力和生产力水平等多方面影响，不断传承、渗透、发展和创新。佛龛大致经过萌生期、发展期和成熟期三个阶段，在古波斯、古希腊和古罗马文化的影响下，佛像崇拜催生了佛龛，作为建筑空间承载与佛像一同登上了历史舞台，犍陀罗艺术为佛像与佛龛建筑艺术表达提供了必要的艺术创作条件。两河流域精湛的装饰艺术和中华文明开放包容、兼容并蓄的思想，孕育了佛教艺术，推动了佛龛建筑形制的多元化发展，并逐渐形成成熟的建筑形制和装饰艺术风格。佛龛建筑形式一开始就是本土化建筑的缩影，在传播发展过程中，吸纳、融合了不同地区、民族和文化背景的本土文化元素和建筑意象，形成了根脉清晰、脉络完整、元素多样、形制独特的佛龛建筑艺术谱系，是佛教艺术、建筑史、考古学、历史学、宗教学等多学科研究的重要实物证据。简言之，随着佛教艺术研究的深入，佛龛作为石窟寺重要的组成部分，特别是石窟寺建筑艺术的集中承载体，必将成为相关领域专家学者最关注的课题。

（原载于《敦煌学辑刊》2022年第4期）

图片来源：

图1、图4：引自王云《印度早期佛教石窟》，《中国艺术》2017年第10期，第73、69页；

图2、图3：引自 en.wikipedia.org；

图5、图15：引自《古印度佛教艺术遗址——印度阿旃陀石窟全集》，www.sohu.com/a/362757979-466973；

图6、图7：引自 Marylin Martin Rhie 的 *Early Buddhist art of China and Central Asia*，Brill Academic Publishers，Inc.，1999，第11页；

图8、图9：引自郦宁宁的《北朝石窟佛龛与柱头图像及其渊源考察》，《石窟寺研究》2017年，第366页；

图10、图11、图12：引自孙毅华、孙儒僩《敦煌石窟全集·22：石窟建筑卷》，香港：商务印书馆，2003年，第79、92、98页；

图13：引自韦正《云冈石窟核心题材探源——云冈与犍陀罗之一》，《云冈研究》2021年第1期，第16页；

图16：引自李治国《中国石窟雕塑全集·第三卷：云冈》，重庆出版社，2001年，第138页；

图14、图17、图18、图19、图20、图25、图26、图27、图28、图29作者自绘；

图21、图22、图23：引自戒清、邓鑫《犍陀罗造像艺术之美》，杭州：西泠印社，2016年，第190、127、162页；

图24：引自张焯《云冈石窟的历史与艺术》，《中国文化遗产》2007年第5期，第20页。

参考文献：

[1] 杨赫赫．敦煌莫高窟石窟建筑形制演化与特征探析[J]．石河子大学学报(哲学社会科学版)，2017，31(3)：68-75.

[2] 宋莉．莫高窟佛龛形制概述[J]．丝绸之路，2010(20)：11-13.

[3] 长广敏雄，水野清一．云冈石窟装饰的意义[J]．王雁卿，译．文物，1997（2）：93-102.

[4] 约翰·马歇尔．犍陀罗佛教艺术[M]．王冀青，译．兰州：甘肃教育出版社，1989.

[5] 董玉祥．从印度到中国：石窟艺术的产生与东传[M]．台北：艺术家出版社，2012：45.

[6] 郑弌．印度佛教美术考察笔记：下篇：从桑吉到德干[J]．美术观察，2018(6)：145-151.

[7] 李崇峰．中印支提窟比较研究[J]．佛学研究，1997(0)：13-30.

[8] 马世长，丁明夷．中国佛教石窟考古概要[M]．北京：文物出版社，2009.

[9] 王洁，赵声良．敦煌北朝石窟佛龛形式初探[J]．敦煌研究，2006(5)：24-29，119-122.

[10] 张婉莉．莫高窟几何形装饰带图案研究[D]．西安：西安美术学院，2018.

[11] 梁思成．图像中国建筑史[M]．北京：生活·读书·新知三联书店，2011：71.

[12] 王恒．云冈石窟盝形龛的演变[J]．山西大同大学学报(社会科学版)，2008，22(2)：24-30.

[13] 马志强，王雁卿．云冈石窟尖拱龛形制探讨[J]．沧桑，2011(5)：52-53.

[14] 郦宁宁．北朝石窟佛龛与柱头图像及其渊源考察[J]．石窟寺研究，2017(1)：347-382.

[15] 韦正．云冈石窟核心题材探源：云冈与犍陀罗之一[J]．云冈研究，2021(1)：11-22.

[16] 赵艳．渗透与浸染：犍陀罗艺术中的希腊因素[J]．青海民族研究，2017，28(1)：208-212.

[17] 王振国．龙门隋代小龛初探[J]．华夏考古，1998(1)：70，72-79，81-88.

[18] 王其钧．西方建筑图解词典[M]．北京：机械工业出版社，2006：22.

[19] 朱素文．敦煌壁画中的华盖形制研究[C]//华南教育信息化研究经验交流会2021论文汇编：第3册.2021：283.

[20] 萧默．敦煌建筑研究[M]．北京：机械工业出版社，2003：315.

[21] 唐仲明．从帐形龛饰到帐形龛：北朝石窟中一个被忽视的问题[J]．敦煌研究，2004(1)：27-34，109.

[22] 段文杰．敦煌石窟艺术的特点[J]．敦煌研究，1995(2)：3-7.

[23] 杨赫赫．敦煌莫高窟石窟窟顶形制演变研究[D]．兰州：兰州大学，2017.

作者简介：

裴强强，博士，研究员，硕士生导师，主要从事石窟寺、古建筑和土遗址保护研究；

王广正，硕士研究生，主要从事石窟建筑与装饰艺术研究；

冉万里，教授，博士生导师，主要从事丝绸之路与佛教考古研究。

开放街区模式的传统与创新

张杰　张弓　胡建新　罗大坤　张冰冰

摘　要：文章回顾了中国与欧洲城市开放街区建设的传统，分析了现代主义对传统街区的解构及其带来的城市公共生活与场所精神缺失等问题。作者以福州连江魁龙坊和景德镇陶溪川项目为例，提出在新时代城市更新过程中，重新认识传统开放街区模式的价值，以人为中心，以传承城市文化、创造城市生活为目标，通过肌理织补、功能混合、遗产保护、开放空间激活、尺度控制、风貌塑造、环境营造等方法，营造具有中国文化特色与时代精神的当代开放街区。

关键词：开放街区；城市更新；城市设计；保护；风貌；景德镇陶溪川；连江魁龙坊

1　引言

2021年3月11日，十三届全国人大四次会议通过了《中华人民共和国国民经济和社会发展第十四个五年规划和2035年远景目标纲要》。"十四五"规划纲要明确提出：深入推进以人为核心的新型城镇化战略，全面提升城市品质；转变城市发展方式，实施城市更新行动，改造提升"三区一村"，即老旧小区、老旧厂区、老旧街区和城中村等存量片区功能。

新时代城市更新行动是在中国改革开放40多年来高速城镇化发展、城镇化率达到63.89%的背景下提出的[1]。对于新时代城市更新的重要对象——"三区一村"，尤其是其中的老旧街区、老旧厂区，我们应认识到，它们都曾经是城市生活的重要场所，承载着不同年龄、不同阶层人们的丰富记忆。但在上一轮的快速城镇化过程中，由于产权、区位等原因，它们却被主导城市开发的大型资本所遗忘，面临封闭、割裂、环境品质低下、灾害风险较高等问题。

老旧街区、老旧厂区在本轮城市更新中如何更新？2015年中央城市工作会议之后出台的一系列政府文件和技术标准，已经基本否定了大拆大建、行列式大型封闭街区的更新路径。在迈向新时代开放街区模式的更新之路时，我们该如何甄别老旧街区、老旧厂区值得保护和传承的要素？如何精心处理必须更新的部分？近年来，通过连江魁龙坊、景德镇陶溪川等项目实践，笔者越来越坚信，从传统开放街区模式中汲取智慧，创新运用，对新时代城市更新具有重要价值。

2　中国及欧洲开放街区模式的传统

2016年中共中央、国务院印发的《关于进一步加强城市规划建设管理工作的若干意见》针对现实中普遍存在的封闭住宅小区、单位大院等城市现象及问题，提出了"开放街区"这一概念，并提出了发展"开放便捷、尺度适宜、配套完善、邻里和谐的生活街区"，推广"街区制"，树立"窄马路、密路网"理念的指导意见①。在中国和欧洲，开放街区模式都有悠久的传统。它们规模较小，街道功能相对综合，交通组织比较开放[2]。

中国的街区制度在古代主要经历了闾里制、里坊制、街巷制、胡同/弄堂几个阶段，空间上呈现出"棋盘式街道—坊市分离—不设坊墙—小尺度街巷"的演变历程[3]。演变的关键发生于唐末至北宋。商业的迅速发展，最终带来了城市街道生活的繁荣，"开放街区"应运而生。宋代及后世的开放街区与唐代里坊制封闭街区相比，其功能是混合的，商业不再局限在规划划定的"市"中，而呈现出沿街道发展、与居住混合的状态；街区尺度缩小，街道界面呈现出开放、多元的特色；"边界消融""界域融合"，极大提升了城市活力[4-5]。

街区，同样是古典时期欧洲城市的特征。古希腊的米利都式规划确立了棋盘格规划的形式，后续被大规模运用到欧洲、北美等城市规划之中。围合的广场、广场四周连续的建筑，成为希腊化时期、罗马时期，直至中世纪城市的重要特征。中世纪城市蜿蜒的街道、合乎人体尺度的建筑及街区、步移景换的感受、统一而多样的风貌，令阿尔伯蒂（L. B. Leon Battista Alberti）[6]、卡米罗·西特（Camillo Sitte）[7]赞誉不已。19世纪奥斯曼对巴黎的改造（Haussmann's Renovation of Paris），则通过纪念性的林荫大道与大街的切口，在适度保留老肌理的同时，形成新的"奥斯曼街区"。到了近代，类似的街区模式也被引入中国城市（如租界区等）。然而，进入20世纪，具有丰富内涵的传统开放街区的空间结构在现代主义的

图1 连江魁龙坊街区全景

图2 景德镇陶溪川(一期)全景

攻势下，陷入被解体、废除的境地。勒·柯布西耶(Le Corbusier)的《光辉城市》(*La Ville Radieuse*)试图通过与传统决裂，以纪念性的现代建筑、高效率的交通体系、重归自然的开放空间塑造一个全新的“开放街区”体系。中国城市建设在中华人民共和国成立后学习苏联模式，虽然也产生过酒仙桥、百万庄等街坊式的小区，但大量兴建的封闭单位大院和工人新村，以及改革开放后土地财政支撑下的大尺度封闭式商品房小区，成为当代中国的“封闭街区”。它们与传统开放街区的区别，本质上讲，是单纯的工程技术导向与综合的人文关怀导向的区别。今天，我们反思当代大型“封闭街区”的小社会化、服务不均等化的种种问题，就应当从传统开放街区中汲取智慧，在新的社会、经济、文化条件下，创造性地弘扬传统，探索新时代开放街区的设计方法。

3 新时代城市更新的开放街区设计方法

经过40余年的高速城镇化发展，中国大部分城市已经按照现代主义思想建立了新的大网格城市结构。在图底关系方面，现代城市以“底”为主和传统城市以“图”为主的反差显得格外刺眼。值得庆幸的是，在不少城市，依然存在一定数量的老旧街区、老旧厂区。它们虽然因为种种原因呈现衰败态势，但走入其中，依然能感受到历史的气息、生活的氛围、富有魅力的传统空间。在新时代城市更新过程中，它们将给我们带来创新性复兴传统开放街区的最佳机遇。

近年来，我们参与了连江魁龙坊老街区、景德镇陶溪川老厂区等更新改造项目，工作以规划、建筑设计为主，部分工作拓展至策划、室内与景观、运营全过程。这些项目涉及的地段均是存留有一定数量历史文化遗存和特色的片区，但在我们介入设计之初，它们均不是法定意义上的历史文化街区。其中，连江魁龙坊是所在城市历史文化遗存相对丰富的老街区。20世纪90年代以来，因街区沿街“剥皮式”开发、内部不当加建、老建筑年久失修等，街区逐步衰败，政府决定对街区进行整体更新。景德镇陶溪川前身是1956年建成的景德镇宇宙瓷厂，见证了景德镇近现代陶瓷工业的辉煌，但在20世纪90年代国有企业改革浪潮中衰败，逐步废弃为封闭的老厂区。政府希望对其开展工业遗产保护利用(图1、图2)。

在设计过程中，我们探索了一套适应当代需求的开放街区设计方法。

3.1 织补城市街道界面与肌理

现代主义路网对传统城市肌理的切割，某种意义上是为了纠正衰退的、不适应现代交通及功能发展需求的总体城市结构，并赋予其一种全新的空间类型。中国大量历史城区的改造确实实现了一种基于全新空间类型的“纠正”，但这种以丁字尺为工具、以市政工程和小汽车为导向的“纠正”，对传统开放街区及赖以产生的多样化生活却是破坏性的——尤其是当现代城市路网完全与传统肌理脱节时。过去沿新建道路的“剥皮式”开发则进一步加剧了老旧街区、老旧厂区与现代城市的割裂及其自身的封闭。连江魁龙坊、景德镇陶溪川在保护改造前就面临这样的困境。

我们很难整体改变业已形成的现代主义城市整体结构与肌理，但在老旧街区、老旧厂区的保护更新过程中，可以通过肌理、界面织补来恢复其与城市街道的开放关系，提高传统肌理与现代主义路网边界的相容性，进而使二者从对抗关系转为和谐共处关系。这种做法与奥斯曼改造巴黎时新路网与现有肌理之间的完美并置有异曲同工之妙。

在连江魁龙坊更新项目中，街区南侧不协调的多层建筑割裂了街区与城市街道的空间关系，规划对其予以拆除；并以新建传统尺度、具有地域特色的商业建筑进行织补，以景观水系展示通城河历史水系信息，恢复化龙街尺度；同时于重要历史建筑前、历史街巷与城市街道连接处开辟广场，使街区恢复向城市街道开放关系。在景德镇陶溪川项目中，规划拆除老厂区围墙及将厂区与城市街道割裂的不协调住宅，将厂区道路延伸至城市街道，并于老厂区和城市街道间织补陶公寓、酒店等与厂区建筑肌理协调的新建筑，形成新的连续、积极的街道界面，使陶溪川重新融入城市(图3—图6)。

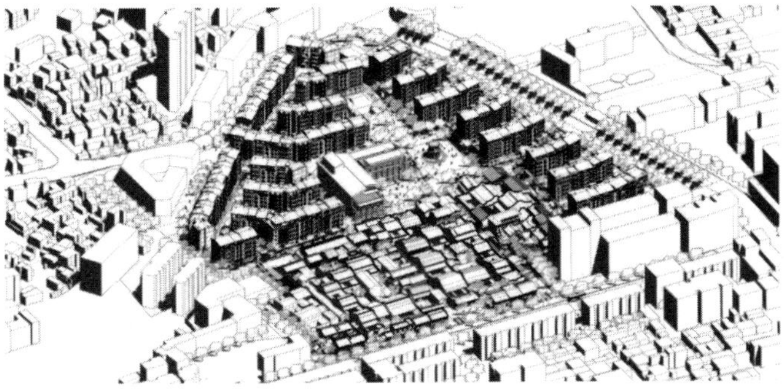

图3　连江魁龙坊街区保护改造设计轴测图

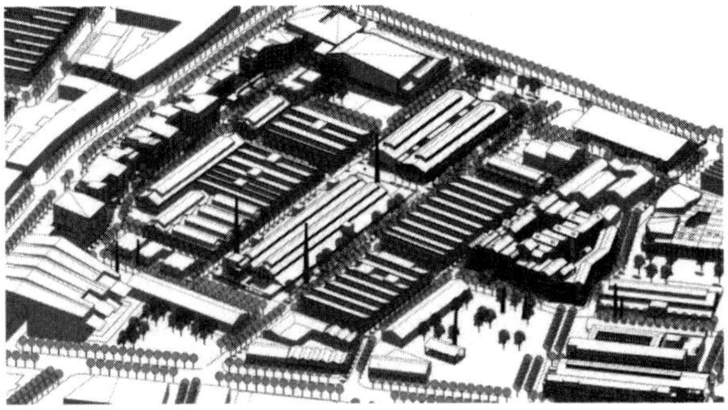

图4　景德镇陶溪川（一期）保护改造设计轴测图

图5　连江魁龙坊改造后肌理图

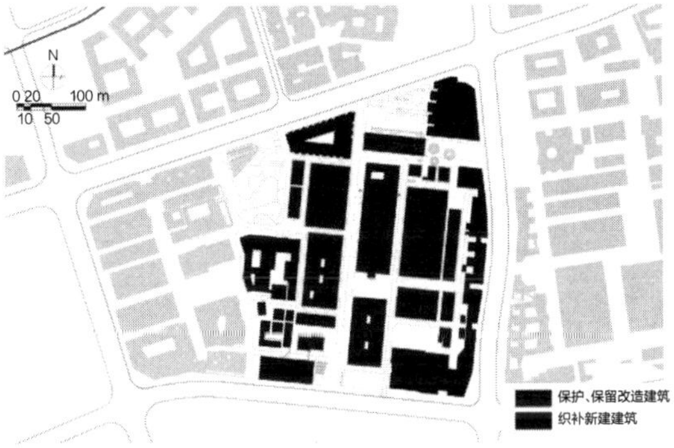

图6　景德镇陶溪川（一期）改造后肌理图

图7　连江魁龙坊街区功能空间分布图

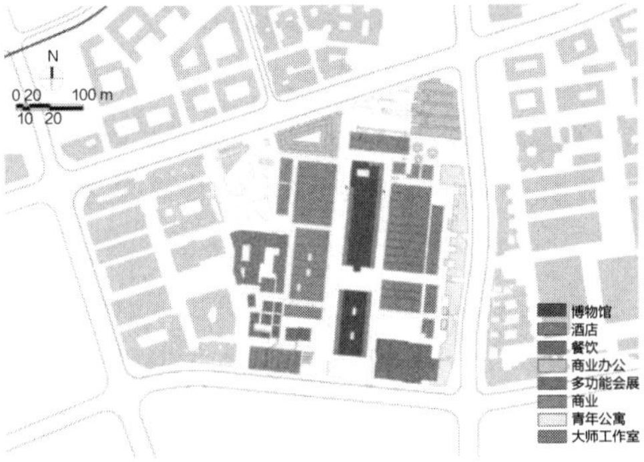

图8　景德镇陶溪川（一期）功能空间分布图

3.2　传承传统形态，植入多样功能

街区，首先不是一种建筑的形式，而是一组相互依赖的产权地块的集合。街道与地块的辩证关系奠定了城市肌理存在的基础，产权地块的面宽及进深限定了可能的建筑类型，小地块的合并或大地块的再分可以实现统合新建筑类型的历史需求[8]。由于地块与街道关系不同、产权面积不同、利益主体诉求不同，街区功能也是多样、混合的。传统开放街区之所以呈现出丰富而和谐的特点，就是因为其形态、功能均遵循了这一逻辑。老厂区内建筑遵循生产工艺逻辑，亦是此理。

今天非法定历史文化街区类的老旧街区、老旧厂区，由于其自身造血能力的匮乏，在更新实施模式上，不少仍采用整体更新模式，更新改造后呈现单一产权状态，功能被整体置换。这与传统开放街区的内在逻辑是完全相反的。在这种模式下，尤其要尊重原有的院落肌理，在功能植入时，应保持使用功能的传统单元尺度，并坚持功能的多样性。

连江魁龙坊更新院落均保持了原有院落边界，遵循了垂直街巷组织院落的原则。在街区北侧，织补多层高密度社会住宅，最终形成文化展示、商业、办公、居住、酒店、宗教等多元功能混合的开放街区。景德镇陶溪川则延续了原料、成型、烧炼、彩绘生产工艺逻辑支配下的厂房格局与形态；将中部锻造车间改造为博物馆；利用厂房自身的纵向跨度，沿主要街面设置了分散式的小型商业空间，植入商业、办公、酒店、公寓等功能，将原本封闭的厂区改造成为集陶瓷文化交流展示、创意研究、休闲文化等于一体的开放的城市客厅（图7、图8）。

3.3　依托历史文化遗存，激活公共空间体系

在城市更新中应保护、利用、传承好历史文化遗产基本已成为共识②。事实上，传统开放街区的一大魅力，正是保留着层层积淀、丰富的各时期历史文化遗存。在欧洲传统城市中，依托重要的公

图9　连江魁龙坊街区陈家大厝与巷柄桥广场

图10　连江魁龙坊井兜井广场与天王前街

图11　连江魁龙坊日军轰炸留下的残墙

图12　景德镇陶溪川保留、改造的烟囱、锻造车间与中心广场

图13　景德镇陶溪川于锻造车间改造的博物馆中保护的隧道窑

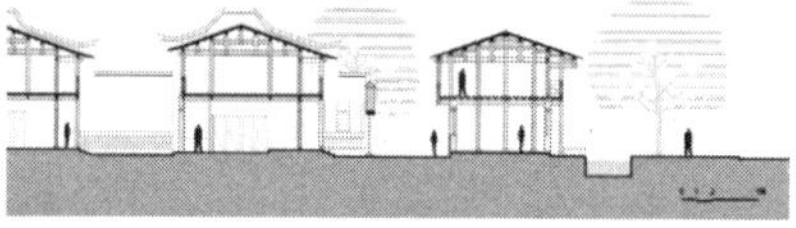

图14　连江魁龙坊南北剖面图

图15　景德镇陶溪川(一期)东西剖面图

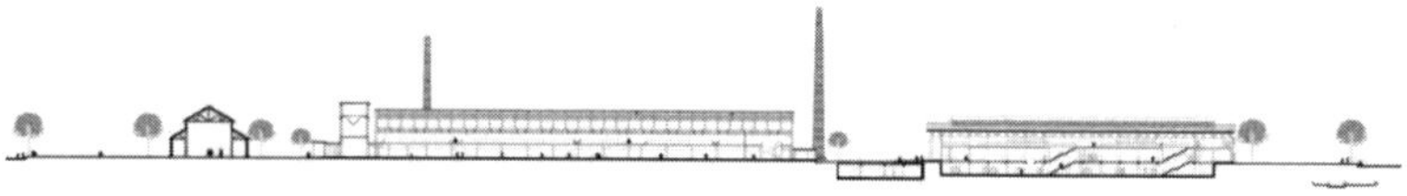

图16　景德镇陶溪川(一期)南北剖面图

共建筑(教堂、市政厅等)组织围合式的广场,通过街道将其连接,构筑起极具识别性的公共空间结构。

老旧街区、老旧厂区的更新,必须妥善保护各个历史时期的建构筑物、历史环境要素,用它们来讲述城市连续、丰富的历史。连江魁龙坊项目中,我们不仅保护了明、清古厝,对日军轰炸留下的残墙、中华人民共和国成立后建设的办公楼,以及老水井、大树等,也进行了妥善保护。景德镇陶溪川保护下来的老厂房、烟囱、隧道窑等,也成为这座瓷都当代工业记忆的最佳展示。

保护下来的大厝、厂房等,因其重要的历史文化价值,今天往往会成为街区、厂区的重要公共建筑。因此,利用历史文化遗存,创造性地布局尺度适宜的广场,通过街巷连接,可以形成新旧结合、充满历史文化氛围和活力的开放空间体系。在连江魁龙坊项目中,由历史街巷串起、结合历史文化遗存塑造的仙塔广场、金壁桥广场、巷柄桥广场等一系列城市空间,已成为今天市民、游客生活的重要场所。在景德镇陶溪川项目中,锻造车间博物馆、大烟囱与其下新设计的水面、广场已成为瓷都新的精神地标(图9—图13)。

3.4　坚持人本主义的空间与建筑尺度

人本主义的空间、建筑尺度是传统开放街区的重要特征。尺度的确定以人的步行速度、距离、视觉和听觉规律为基础,以促进人的交流为目的。北宋东京的开放街区因商业需求而产生的街道尺度,就远小于唐长安因政治、军事需求而产生的封闭里坊制街道尺度[9]。欧洲中世纪街区内建筑、广场、街道亦皆合乎人体尺度,尽管柯布西耶也精心研究人体尺度、模数,但现代主义城市却发展为大路网、大街块、大体量建筑。这一方面是屈从于对机动化效率的迷恋(宽马路、大街块实际并未达到高效的机动车交通目标),另一方面则是臣服于城市开发中的资本力量——资本追求自身空间的富丽堂皇令建筑尺度失真、外部空间冷漠。

新时代开放街区的塑造必须回归人本主义尺度。在连江魁龙坊项目中,所有尺度均以历史遗存要素的测绘数据作为重要参考。历史街巷的宽度皆保持原有的主街4~6 m、小巷1.5~3.5 m;广场则控制在25 m×35 m以内;两层建筑总的檐口高度控制在7 m以下,且二层层高应低于首层层高,首层控制在3.6~4.2 m。景德镇陶溪川的街道、中心广场亦维持了老厂区的传统空间尺度。为了在保持尺度的同时,满足现代功能使用及防灾要求,我们合理确定了狭窄街巷的管线综合方案,精心组织入户管线与检修井,与景观设计相结合,在保障维护便捷性的同时,将其对景观的影响降到最低。在消防方面,通过合理分区、加密消火栓、精心布置防火墙及高耐火等级建筑等措施保障街区防灾水平(图14—图16)。

3.5　塑造具有本土性、时代性特色、和而不同的建筑风貌

丰富多样的肌理或图底是传统城市的典型特色之一。传统街区中随机组织建立起的连续建筑场景,由于传统的公共立面(重要公共建筑)具有统领的稳定作用,所以可以更灵活地适应当地、当

图17　连江魁龙坊街区整体风貌

图18　连江魁龙坊街区织补新建建筑

图19　连江魁龙坊街区通城河水景

图20　景德镇陶溪川改造建筑的新旧结合

图21　景德镇陶溪川新建公寓建筑

图22　景德镇陶溪川老厂房沿街"灰空间"及大树

时的需求开展营建[10]。传统开放街区风貌的多元统一，来自古代技术制约下的本土性，来自多主体随机建设的多样性，也来自普通民宅在街区中对共有的文化习俗的服从性。因此，在当代开放街区的设计中，要注重对本土性的学习与挖掘。在保护好现存各历史时期本底的基础上，新建和改建建筑应真实、谦逊地体现时代特色，而不应将其恢复到某一特定时期的所谓整体风貌（这种做法自20世纪80年代初北京的琉璃厂建设以来很普遍）。

在魁龙坊的设计实践中，我们对连江全域传统建筑进行了采风研究，从形式、体量、材料、构造、构件、装饰等方面进行了提炼，在街区新建和改建建筑中创造性地进行了运用，既体现传统特征，又结合建筑使用功能，适度运用现代材料、手法，满足当代使用要求。在陶溪川设计实践中，景德镇传统陶瓷烧造相关的材料（窑砖等）、工艺、花式等也成为建筑、景观创作的重要参考，应用于酒店、公寓等新建建筑之中，最终实现街区既有各历史时期精心修复的真实遗存，又有体现地域特色与时代精神的新建建筑，整体风貌协调统一，单体建筑各具特色（图17—图21）。

3.6　营造宜人的环境，活化"灰空间"

提到传统开放街区，自然就能想到参天大树、迷人花香，以及沿街遮阳篷下热闹的外摆区域。这些特点在《清明上河图》描绘的北宋东京城街道上体现得淋漓尽致。现代城市街区则往往重建筑、轻环境，宽阔、步行不友好的机动化道路和全空调大型建筑将城市生活转到了建筑内部。建筑、景观专业的分离更加剧了这一趋势。

当代的开放街区，应当重新重视宜人环境的作用，重新认识"灰空间"对街道生活的重要性。陶溪川保留了老厂区全部的大树，并结合环境需求进行补植，水景的加入进一步优化了小气候。魁龙坊结合开放空间系统补植乔木，通城河水系为城市街道提供了极具特色的滨水空间，脱胎于当地传统的敞廊、精心设计的遮阳为外摆创造了条件，拥有宜人环境、可停留的街区让人流连忘返（图19、图22）。

4　结语

通过多年的研究与实践，笔者深深体会到，现代建筑的纯粹性使之越来越与使用者的参与和生活的复杂性脱节，甚至产生矛盾。缺乏生长性，空间与形体构成的原则排斥加法性的要素，这与传统建筑形成鲜明的对比。现代建筑的纯粹性来源于它对传统宗教建筑的继承，而传统开放街区则是由不同的建筑类型组成的聚落。

所以，要走出现代建筑的藩篱，就必须再次向传统建筑体系学习，建立适于当代的类型学，并使之与城市产生内在的联系。在时间维度，要意识到城市、场所在生长过程中所具有的时间性表征，主动地保留、利用好这些要素，在城市更新的过程中将其融入整体，反之亦然。

（除本文作者外，连江魁龙坊街区保护改造设计主要参与人还包括：张飚、金旖、范恩闯、宁昭伟、王成业等；景德镇陶溪川保护改造设计主要参与人还包括：刘岩、李婷、郝阳、李建国等。在此一并表示感谢。）

（原载于《时代建筑》2022年第1期）

注释：

①参见中华人民共和国国务院公报《中共中央　国务院印发〈关于

进一步加强城市规划建设管理工作的若干意见〉》，来自：http://www.gov.cn/gongbao/content/2016/content_5051277.htm.

②参见中华人民共和国国务院公报《中共中央办公厅 国务院办公厅印发〈关于在城乡建设中加强历史文化保护传承的意见〉》，来自：http://www.gov.cn/zhengce/2021-09/03/content_5635308.htm.

图片来源：

图1、图9—图11、图17—图19：是然建筑拍摄；

图2、图21：曹百强拍摄；

图3—图8、图14—图16：作者自绘；

图12、图13、图20、图22：姚力拍摄。

参考文献：

[1] 国家统计局，国务院第七次全国人口普查领导小组办公室．第七次全国人口普查公报：第七号：城乡人口和流动人口情况[J]. 中国统计，2021(5)：13.

[2] 杨保军．关于开放街区的讨论[J]. 城市规划，2016，40(12)：113-117.

[3] 杨元传，张玉坤，郑婕，等．中国街区改革的关键：空间尺度和层次体系[J]. 城市规划，2021，45(6)：9-18.

[4] 邓烨．北宋东京城市空间形态研究[D]. 北京：清华大学，2004.

[5] 张杨，何依．历史图景中的非正规城市形态及当代启示：基于对《清明上河图》的解读[J]. 城市规划，2021，45(9)：83-95.

[6] 刘易斯·芒福德．城市发展史：起源、演变和前景[M]. 宋俊岭，倪文彦，译．北京：中国建筑工业出版社，2005.

[7] 西特．城市建设艺术：遵循艺术原则进行城市建设[M]. 仲德崑，译．南京：东南大学出版社，1990.

[8] 菲利普·巴内翰，让·卡斯泰，让-夏尔·德保勒，等．城市街区的解体：从奥斯曼到勒·柯布西耶[M]. 魏羽力，许昊，译．北京：中国建筑工业出版社，2012.

[9] 李合群．北宋东京布局研究[D]. 郑州：郑州大学，2005.

[10] 柯林·罗，弗瑞德·科特．拼贴城市[M]. 童明，译．北京：中国建筑工业出版社，2003.

作者简介：

张杰，清华大学建筑学院教授，北京建筑大学建筑与城市规划学院院长，全国工程勘察设计大师；

张弓，北京清华同衡规划设计研究院副总规划师，正高级工程师，一级注册建筑师，注册规划师；

胡建新，北京华清安地建筑设计有限公司总建筑师，高级工程师；

罗大坤，北京清华同衡规划设计研究院遗产一所主任工程师，高级工程师；

张冰冰，北京华清安地建筑设计有限责任公司建筑创作设计所副所长，高级工程师。

德勒兹身体美学视阈下复杂性建筑的审美秩序建构

刘杨

摘　要：现代主义建筑的标准化建造，带来了人们对欧式几何空间审美感知的乏味。而复杂性建筑的非线性形式及矛盾、冲突、折叠、断裂等复杂的形态特征，强化并增强了人们对空间的实体感知。这一感知过程具有强烈的身体特征，同时也是对现代主义建筑视觉中心主义的一种反叛。本文以德勒兹身体美学为视角，建构复杂性建筑的审美秩序，以期为建筑突破工具理性向身体本源、知觉记忆和生活体验回归提供理论指导。

关键词：身体美学；复杂性；建筑；审美秩序

复杂性建筑的多元空间形态带来了非秩序性的无意识感知方式，将现代主义建筑的视觉格式塔感知形式转变为空间与身体的切实体验。基于欧氏几何空间的现代主义建筑工具理性的审美秩序被打破，现代主义建筑的结构性、秩序性、系统性被当代建筑的复杂性、矛盾性、不确定性所取代。建筑形式与感知方式的变化必然催生新的审美秩序。作为当代法国著名的哲学巨匠，吉尔·德勒兹的身体美学思想突破了笛卡尔主客二分哲学的视觉优先论，与当代复杂性建筑空间突破视觉中心主义的审美肌理相一致，为复杂性建筑审美秩序的建构提供了身体美学的崭新视阈。

1　德勒兹身体美学意蕴解析

关注身体问题是当代法国哲学思想的一个重要特征，萨特、福柯、梅洛-庞蒂等均以不同维度展开对身体问题的广泛讨论。而在德勒兹关于身体的论述中，艺术问题、美学向度是其研究的一个独特视角。德勒兹将哲学思索和艺术创造有机地结合起来，形成有关身体概念运动的开放空间，并贯穿于德勒兹哲学思想创造概念的全过程。德勒兹通过分析艺术作品的多元意象与身体各层次综合感知之间的关联，形成其创造性的哲学概念，这些概念不是精神的抽象和反思，而是意象直接作用于器官未分化的肉体（“无器官的身体”）而产生的整体效应。德勒兹哲学的概念创造与其所研究的身体经验层次涌现出的艺术意象的创造，具有相同的内在本质。德勒兹的身体经验体现了“身体—意象”的美学维度，这一维度将德勒兹的“经验”“意义”“感觉”“表现”等核心概念关联起来，形成一个开放、运动的身体美学空间，为我们重新思考复杂性建筑的审美与体验提供了身体本源的向度。

2　基于德勒兹身体美学的复杂性建筑审美图式转换

德勒兹关于身体层次的开放性运动与生成的美学意蕴，为我们创造了一个身体经验无限交织的复杂网络。身体体验的综合、身体层次的开放、身体强度的震颤，直接诉诸神经之波和生命的激动，建立了身体与经验世界的真实关联，为复杂性建筑空间及形象的审美感知提供了生命本真的力量。

2.1　“无器官的身体”的感知图式

“无器官的身体”是德勒兹关于身体的核心概念，德勒兹用“无器官的身体”阐释了弗兰西斯·培根关于“身体—意象”方面的绘画“实践”。“无器官的身体”反对器官之间固化的结构关联，在外在力的作用下，器官之间的联系及相对稳定的结构会发生变化，这种变化也形成了感觉的不同层次及感觉之间的运动。“无器官的身体”是身体自身的一种能动综合后的感知图式，是感觉的通感感知，它是不确定的。巴什拉提及过“多重感官的复调”——眼睛和身体还有其他感官共同合作，这种感官的交互，加强并清晰呈现了一个人的现实感。复杂性建筑本质上是自然、历史、文化等进入人造领域的延伸，它为感知提供基础，为体验和理解世界展开多元的眼界。它通过复杂的时空结构将我们的关注和存在体验引向更广阔的境界。这种境界或被称为建筑复杂时空的“意象”，作用于“无器官的身体”生成活生生的审美感觉。而复杂性建筑就成为激发这种纯粹的身体感觉的空间发生器，感觉在复杂性空间中聚合，在复杂性空间中转化与增值。

2.2　“逃脱的身体”的行为图式

我们的身体和运动无时无刻不与周围的环境相互作用，世界和身体不断地影响和审视着对方，身体是流动的身体，身体是运动的源泉，身体在努力地逃脱自身，或是在等待着逃脱自身。德勒兹通过分析培根的作品，清晰地阐述了身体的逃脱行为。在培根的画作里，身体以痉挛的形式试图通过自己的一个器官而逃脱。培根经常说，在形象的领域中，阴影与身体具有同样的在场感。但是，阴影之所以具有这一在场感，是因为它逃脱了身体，它是通过轮廓上某处的点而逃脱出来的身体。在复杂性建筑审美的过程中，“逃脱的身体”的行为图式展现了整个身体从内向外的推力，这一推力打破了身体器官与部位的形象，打破了感官的界限，整个身体成为客观的、不可区分的区域，成为“无器官的身体”。当身体与复杂性建筑非线性的、断裂的空间形式和时空关系以及由此引发的事件等外在的力量相遇时，有一种感觉就出现了，这一感觉不会被器官所限定，而是在力的作用下，在各个器官之间转移、流动、逃脱，形成审美感觉、记忆、体验和渴望。

3 基于德勒兹身体美学的复杂性建筑审美过程解析

与任何艺术作品的际遇都暗示着与身体的互动，所有建筑都作为一种潜在的运动刺激（真实的或是想象的）在起作用。一座复杂性建筑就是动作的刺激物，是运动和交感的舞台，它是与身体对话的伙伴。从某种意义上说，复杂性建筑的审美过程就是“无器官的身体”在复杂性建筑空间的自省、生成和运动。

3.1 身体在空间中的破碎与自省

在每个人生命的最初阶段都是以身体来测量和衡定世界万物的，身体在建筑的构成中担任着不可替代的角色。在现代主义建筑的笛卡儿空间体系中，身体本能的经验被思维概念性的规定所取代，并反作用于身体，形成身体感知的抽象化、模式化的认知惯性。而在复杂性建筑空间中，笛卡儿工具理性的空间秩序被打破，身体从抽象化、机体的固化结构关系中解放出来，身体不再以各感官的秩序、层次来认知并确定空间的位置，而是恢复到最原初的各官能未分化的混沌状态，作为感知空间情境意义的核心，以自身为焦点向经验世界展开复杂的关联网络，包括建筑物理时空的审美体验以及建筑空间所映射的生活情境中自省的身体能动的综合体验。此时，复杂性建筑不再是抽象的、无意义的建筑或美学构成，它是我们的身体、记忆、身份和头脑的延伸及庇护所。

3.2 身体在空间中的逃脱与相遇

建筑体验的真实性根植于建构的语言和我们的感官对建造活动的了解。我们是用整个身体来观看、触摸、聆听和度量世界的，而这经验的世界以我们的身体为中心，被很好地组织及清楚地表达。建筑和身体互为界定和补充。没有一种身体可以与它栖居的空间分离，同样也没有一个空间不与感知的身体相连。建筑中流露的任何情感，本质上是观看者自己被作品影响所激发的情感体验。或者可以说，我们在建筑作品中遇见了我们自己。这种遇见正是基于身体的世界经验。复杂性建筑是我们开放身体获得经验的精神世界的投射和隐喻，它创造了一个高度复杂的空间与时间的关系模式，并主要通过身体的运动来体验。复杂的空间秩序使开放的身体形成潜在的方向上的迷惑，身体在逃脱这种空间秩序的迷惑过程中，综合感知并意识到自己的运动以及与空间环境的关系。身体在复杂空间中的迷失进一步激发了身体的开放性，身体成为“无器官的身体”，并能对周围的空间环境、情形作出积极的反应，成为更丰富、更开放的身体。

4 基于德勒兹身体美学的复杂性建筑审美秩序生成

4.1 形态审美的“解构—聚生”秩序

复杂性建筑形态的图像，滋生了身体感官形式的多重意象，解构的复杂形态引发了人们记忆、想象和梦境般图像聚生的审美秩序。正如巴什拉所说，“梦想的家宅、未来的家宅比所有过去的家宅更坚固，更清晰，更宽敞”。复杂的建筑形象聚生了生命的梦想，被印记在身体里，与建筑相互投射。复杂性建筑流动、断裂、异质、破碎的形态展示了一种身体运动感与身体行为的存在。它包括错位与倾斜的对峙，以及解构、不规则与多重节奏和反视觉中心，以唤起无器官的身体、肌肉、触觉等多重体验的聚生与审美感知。在复杂性建筑的形态体验中，身体的综合感知与实际的物质、形态相遇，聚生出生命的审美力量，使身体经验扎根于生活世界的“肉身”里，而不是理想视觉的构造中，生成了多元而增值的审美秩序。

4.2 空间审美的“混沌—交融”秩序

当代建筑复杂性的时空结构、城市的整体文脉、自然景观的意象被建筑师投射成为建筑物化的形式：运动、折叠、断裂、复杂等通过身体被无意识地感知，就好像肌肉系统和骨骼与内在器官之间存在张力一样。复杂性建筑是身体与世界经验交融的体验，是直接流向亲临这一建筑的体验者的交流，这种交流升华了体验者的审美经验。当我们在欣赏一座复杂性建筑时，一个奇妙的置换在发生：复杂性建筑时空交融的空间形式投射出它内在混沌、复杂、非线性的审美特征和气氛，而我们通过身体感官的综合和行为图示，向建筑传达了我们的情感认知。“混沌—交融”的秩序超越了建筑的终极意义，它指引我们的意识回归世界和自身存在的感知。时空交融的空间节奏让我们将自身体验为完整的、交融的、开放的、既是具体的又是精神的人。复杂性建筑的精神任务是感知与融合，并将开放的、运动的身体尺度投入到无限的自然空间中，形成关照身体内在的秩序感。

当代建筑与城市的人性缺失，可以被理解为对身体与感觉的忽视，以及我们感知系统的不平衡发展，在过去的很长一段时期里，眼睛的统治以及对其他感官的压迫使我们分离与置身事外，以视觉为中心无可厚非地产生了引人注目和令人深思的诸多当代建筑，这让我们的身体、感官，乃至记忆与情感变得无家可归。而德勒兹的身体美学图示为我们构建了本真、开放的身体与经验世界之间综合能动的关联网络，形成身体生命力量流动的“千高原”。这是对视觉中心主义的直接反叛。复杂性建筑的审美不是一种超然孤立的美学特质，我们对复杂性建筑空间的审美感受是来自身体经验对生活世界毋庸置疑的依赖、交融关系的探寻及反映。复杂性建筑将我们的身体与生活世界相连，与天地相连，让我们居于其中，满足身体中心的需求，这与现代主义建筑身体中心的缺失形成强烈的反差。

（原载于《美术观察》2022年第11期）

作者简介：

刘杨，浙江理工大学艺术与设计学院教授。

基于“中介”理念下凡·艾克的建筑观解读

许娟　朱渊

摘　要："中介"理念是凡·艾克建筑与城市实践中的重要观念，该文围绕"中介"这一关键词展开。首先简要概述了凡·艾克及"中介"现象，并结合历史背景、艺术作品和传统文化三个方面探究了"中介"理念形成与发展的原因，其次对凡·艾克的重要作品进行了解读，从孤儿院建筑、"清晰的迷宫"的装置、城市中的游戏场三个作品中阐述凡·艾克关于"中介"理念的表达与诠释，最后尝试对"中介"理念进行特征分类以及再解读。

关键词："中介"；凡·艾克；领域感；人类学；建筑与城市

二战之后，建筑界呈现一种多元混杂的新旧杂糅状态，一批年轻学者因反对早期现代主义对城市机械功能式的划分，开始追寻建筑与城市新的可能性。"十次小组"就是一批活跃于20世纪50—80年代的建筑师，他们试图恢复一种人与人之间的交往来对抗单调而冰冷的城市功能划分。其中，凡·艾克作为"十次小组"的核心人物，在现实的诸多矛盾之中，他从人类学的视角出发，在传统与现代之间，在个人与社会之间，在建筑与城市之间，在种种看似相对立的要素之间寻求一种协调与平衡，以一种日常微观的视角去建立事物之间的关联，以达成要素之间的相互交融与渗透，即所谓"中介"理念。

1　凡·艾克及“中介”理念

"中介"理念是基于拉尔夫·古特曼和居·曼滋"门阶"概念提出的。"门阶"也可称为"门槛"，是一个重要的建筑构件，联系内外、动静与私密，标志着一种领域感，建立起空间的隐性联系①。史密斯夫妇在CIAM9会议中解释，它是对人们瞬间的穿越行为加以慢镜头的重现。但是凡·艾克认为，建筑需扩展它狭窄的边界，将其围合成一个领域，一种连接的中间地带。因此，它以"中介"理念代替对"门槛"理论的讨论。这是一种非"内"非"外"，既"内"又"外"的特殊状态，它与视线相关，与人的行为体验相关，强调以日常微小空间产生丰富的感知体验和活动可能性，是其功能价值所在。

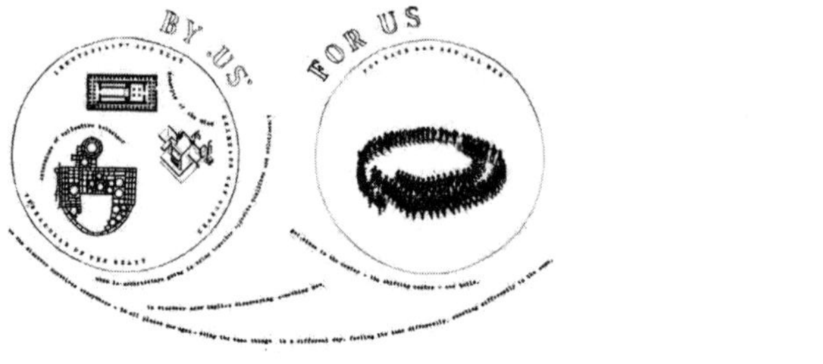

图1　奥特洛圈

凡·艾克曾用沙滩隐喻"中间态"，沙滩既不是陆地也不是海洋，但是能感受到浪潮带来的湿润。从抽象意义上看，"中介"让两个具有不同属性的要素之间进行对话，并产生相互之间的影响，因此其不仅仅是物理层面的连接，更是具有不同时空属性的多层次联系。如凡·艾克在奥特洛圈（图1）中，第一个圈以三种经典建筑范式表现了三种相互对立的属性，范·杜斯堡的构成表达现代和变化，帕提农神庙表达经典和永恒，普韦布洛村庄表达地方和传统。"现代"、"经典"和"地方"，凡·艾克认为建筑的意义正是融合这些看似不相关的要素，统一对立要素之间的关系，将其变成和谐统一的整体。探究不同要素的微差与个性，从而找寻到一种中间态，建立要素之间的协调与对话，形成一种新的整体统一[1]。凡·艾克在划分两级概念的同时，也在积极建立起两者的联系，从原本孤立隔绝的单一事物状态中抽离。中间状态也可以被称为"适度美学"，旨在在两个看似极端对立的要素之间建立"中介"平衡，强调要素之间的共生共融，以发挥其更大的价值意义。

2　“中介”理念形成因素探究

"中介"理念深刻影响着凡·艾克的建筑观和城市观，以下将在历史中追溯"中介"理念的形成与发展，从社会文化事实和历史文化背景中探究其影响介质。

2.1　历史背景

二战之后，CIAM的理念受到冲击和挑战，一批年轻建筑师提出对快速城市化状况的不满，认为城市不应仅仅满足"量"的建设而忽视"质"的提升，不应仅是机械式的功能划分，城市的各功能区

图2　孤儿院的穹顶

之间不应被孤立地隔绝和发展。相反，城市应当积极建立起人与人之间的交往，提供一种社会空间网络来让人与人之间进行互动。在这种割裂的城市生活背景下，兴起了对结构美学[2]的讨论，它关注整体社会结构，希望连接建筑和城市，从一种“中介”的角度思考要素的关联。凡·艾克作为结构主义的代表人物，他从人类学的视角出发，更多地融入了人文性思考，认为城市一方面应延续原有的城市肌理，充分尊重城市既有的历史文脉；另一方面，城市应提供给生活在其中的人们更多人性化的场所，满足他们的日常生活需求。他从时代背景出发，提出了一种基于城市宏观模型下的结构主义构型原则，以“中介”理念试图融合地域和时代特征，连接建筑和城市。

2.2　艺术作品

在剧烈变化的时代，艺术也呈现出多元化的发展。该阶段，艺术家们所创造出的丰富作品，常常是基于对日常事物的细微观察，源于对生活的深刻认知。如“asfound”美学，在日常生活中去“发现”，将平常而微观的事物进行创造性的转化。艺术作品表现出的大多是对材料、色彩的直观表达，其意义不在于表象的形式，而在于形式美背后关于生活的特定理解，对人性空间的关心。1951年在英国霍兹登举办的主题为“综合艺术”的展览，号召艺术家从个体的感知中走出来，与社会、空间融合[3]。该时期的展览，大多包含了设计师在矛盾现实中对城市生活的关心和包容，强调艺术与空间、与建筑、与城市的多维度转化与融合，而不是单纯地表达艺术本身，这种跨界的多元思考也与“中介”理念相符合，企图用艺术尝试更深层次的表达，以艺术为媒介建立起与社会、与城市更广阔的连接。

2.3　传统文化

“中介”理念的形成与发展也与凡·艾克早期的个人经历有关。他于1940年开始去非洲旅行，1950—1960年间，他对非洲多贡部落进行了研究。相对闭塞的环境让非洲保留了原始的文明，受制于环境也发展于环境，多贡部落保存着较为完整和有机的聚落系统与自发生长的村落肌理。凡·艾克试图去重新发现和挖掘传统文明和人类价值，正如他所认为的，人的本性都是相似的，以此可以探究人与人之间的关系网络。他说：“我们要重新发现人类那些永恒的古老的品质，将其转化为新的建筑语言，也就是当代建筑的语言，建筑是人类的本质转译成空间的表现，然而现代建筑师一直在致力于去发现时代的不同，而不是去研究建筑与时代的共性。”[4]凡·艾克正是希望通过类比的方法，在种种同与不同之间，以一种“中介”状态将看似二元对立的要素建立起相互关联。

3　代表作品解读

3.1　阿姆斯特丹孤儿院

3.1.1　单元与整体

凡·艾克曾说：“如果一座房子要成为一座真正的房子，它就必须像一座小城市；如果一座城市要成为一座真正的城市，它就必须像一座大房子。”在孤儿院的设计中，他试图将其设计成一个小型城镇，让不同年龄阶段的孩子可以感受到空间的丰富变化，与人交往，探索自然，而不是一个封闭内向式的单体建筑。这与他对传统聚落的关注有关，聚落具有一种自然生长而成的内生秩序感，从单元到整体遵循统一的生长法则，呈现出较为清晰的平面架构关系，具有一种内在牵引的力量。凡·艾克从人类学的视角出发，希望在现代建筑中重现原始聚落中人与人之间亲密的关系，区别于当代城市中陌生人的社会关系，以“中介”理念构建一种个人与社会的连接[5]。

孤儿院的设计以3.6 m×3.6 m为基本模块单元，并以街巷的形式将这些单元联系。街巷多呈“L”形的支状路，避免视线的直接穿透，增加空间层次感的同时给予孩子更丰富的行为体验和空间感知。同时单元之间呈现凹凸进退的关系，增加庭院，用以通风采光。“实”的功能空间和“虚”的外部空间以同样大小的单元模块组成，整体呈现出一个有机的系统，体现出凡·艾克所说的“可识别的社会模式”。

从整体外观看，连续成片的穹顶(图2)，看似是毫无特征的单调重复，但因为局部某些特征性的场所又使其呈现一种特殊性，在一种秩序框架下，不断形成领域感②。其中，穹顶的形式与凡·艾克曾多次到访的北非圆顶之城阿尔及利亚的瓦德聚落有关，既隐喻一种原始村落意向，形成一个小型城镇，同时又使穹顶这种形式在

图3 建筑要素限定的领域感

图4 穹顶下的特殊领域感

图5 “清晰的迷宫”的装置

现代建筑中焕发生机。穹顶之下，使人感受到一种身体的包裹感和一种场所氛围。

3.1.2 建筑元素

孤儿院建筑内部处处体现出“中介”领域的特征。建筑的主入口位于城市道路后退的广场内，人们要先从街道进入广场，之后再进入建筑内部。由此，广场形成了一个过渡空间，联系建筑与城市。“中介”空间往往具有多义的性质，私密与公共、内与外、阳光与阴影，多重要素在此相互叠合。广场既可以为城市中的市民提供休闲公共空间，体现出城市的人本主义，同时也是孤儿院建筑外部空间的延续，以此创造出多元共享的价值。

不同建筑要素之间限定出不同的空间领域感。以单个柱子围合限定出一个弱空间(图3)，地面的圆形是一个聚集的形态，既暗示它是一个封闭围合的空间，同时它又处于一个开放动态的环境之中，形成一种特殊的领域感。具有象征性的门与窗，代表不同时空的交汇，人们坐在窗台上闲聊，一半处于室内一半处于室外，处于光与影的动态和谐之中。室内空间覆盖于连续的穹顶之下，似乎呈现出一种相似的领域特征。但由于梁柱之间围护形式的差异(图4)，使得室内空间呈现局部领域感的扩大和整体领域感的模糊，呈现出结构的稳定性与空间不断变化的特点。梁柱之间的三种围护形式——玻璃、玻璃砖和双层厚度的砖墙，使得局部空间呈现透明与实体、围合与开放、虚与实的微差与对比，空间呈现差异与融合。其次，建筑内还有各种下沉台阶的圆形空间，开敞的庭院，充当着交流与交往的场所。整个建筑就像一座微型城市，以整体清晰的空间结构和处处充满变化的差异性场所，搭建起人与人沟通的桥梁，融合不同年龄阶段的孩子，为他们创造一个亲切舒适的人性化空间。

3.2 清晰的迷宫

3.2.1 清晰与迷宫

“清晰”与“迷宫”是一个二元对立的状态，似乎不能共融，但它却真实地存在于城市、建筑和装置中。比如威尼斯，往往让身处其中的人处于一种迷路状态，而同时城市中存在的一些具有强烈特征感的场所又为人指明方向，这样一种清晰与迷宫共存的状态，在城市中建立起多重领域感，增加城市空间的可识别性。“清晰的迷宫”，它意味着重复体验的连续印象，这种体验具备一定历时性，需要时间的累积。它不同于瞬时感知的清晰，需要与个人的场所感知和记忆相连。在威尼斯巷道中，凡·艾克认为，对路径的反复经历与逐渐清晰不断改变人们心中的认知状态，使人们在感知一个状态的同时，参与到另一个状态的进程之中。“清晰的迷宫”是混合着个人认知经历的复杂体验，如凡·艾克在孤儿院建筑中所设想的，将一种整体清晰的结构与丰富多元的生活场景混合，让孩子在不同的空间中自发地探索，形成自己特有的场所体验，将社会秩序与空间秩序融合。这种融合个体多样行为的探讨一定程度上也是对现代一味强调效率功能至上的城市交通空间的批判，其缺乏人文性和自主性，缺少了“清晰的迷宫”中对空间和时间的探讨，现代空间一定程度上让人的行为体验变得单调而无趣。

3.2.2 一组装置

在一组装置的设计中，凡·艾克深入探讨了“清晰的迷宫”的话题。这组装置(图5)中处处充满着对比，统一均质的屋顶形成强

图6 “门阶”空间

烈的领域感，平面中规则又处于变化中的弯曲墙体构筑着另一种领域感。均质的屋顶方格与变化的曲面墙体，逻辑秩序与动态变化，让人产生多重的领域感，既清晰又复杂，人们在不断地迷失，又在不断地建立着新的领域感。在材质选用中，轻盈的玻璃顶代表着当代，厚重的石材代表着传统，粗糙和精致，传统和当代，种种要素之间彼此对峙。“清晰的迷宫”正是对这种矛盾性的探索，激发起人们内在的记忆。这是一种错综复杂的清晰，让过程之中不断地与个体的想象和自身的经历联结。一个装置如一个聚落和一座城市，无法被短暂地感知和体验，需要建立在个人的探索与实践之中，建立一种“中介”平衡。

3.3 城市中的游戏场

凡·艾克在阿姆斯特丹建立了800多处游戏场，以一种针灸式的方法对城市进行自下而上的更新。游戏场看似是从儿童的视角出发，为孩子建立日常玩乐的空间，体现一种人性化的城市设计，实质是凡·艾克以小型而日常的空间视角去缝合和织补空荡而单调的城市功能，以一种渐进式的多元日常空间抵抗战前机械式的功能主义划分[6]。游戏场的设计，是从艺术的实验性视角出发，以一种面向未来探索的开放性，对城市空间的再反思③。在一个个看似不相关的游戏场地中，凡·艾克试图找寻场地局部更新和城市整体系统关联的可能性，以城市中分散的弹性空间适应城市生长。通过对城市空间中不被发掘的微空间的不断开发，激发起局部城市空间活力，与周边城市环境进行沟通与对话。同时，以这种具体化的城市策略，以点带面，形成城市另一种自我更新和生长的内生秩序，以促进城市的整体化发展。这样一种具有自组织规律和动态生长的循环系统，形成一种“中介”空间，连接建筑与城市、个人与社会。游戏场作为“中介”理念的表达，同时连接着艺术与建筑、理想与现实、理论与实践，融合着城市生活和社会的发展。

4 总结

“中介”理念在于让不同事物之间建立联系，但是彼此之间的区别仍然存在，包括联系实体的建筑空间和抽象的理念空间，从而产生一种新的兼有两者特征的空间形式，彼此区别又共生共融。

4.1 实体空间

建筑实体空间中产生的“中介”空间，主要是指具备某些特殊领域感的空间。如屋顶覆盖的空间、柱子围合的空间、地面高差限定的空间，这些具有特征性的场所空间区别于大量的一般性空间，使领域感扩大，建筑的意义增值。同时“中介”空间也是不同空间属性的过渡空间，如内与外、公共与私密、动与静，往往被称为灰度空间，具有模糊性的特征，使空间具有多义性，同时也增加人的感知体验。“中介”空间在复杂与矛盾中寻求和谐统一，允许统一性和差异性，均质和特殊，重复和变化，不同尺寸、材质、光与影的变化。如一张著名的照片中展示的是一个小男孩坐在一个台阶上(图6)。台阶空间既属于城市外部空间，又是建筑内部空间的延续，既公共又私密，一定程度上消解了建筑与城市的边界，是空间中的空间，在原本对立割裂的空间之间建立一种新的平衡，达成“中介”空间的价值和意义。

4.2 抽象空间

凡·艾克从人类学的视角出发，关注生活在城市中的个体，强调人与人之间的交往，个体与集体之间的关联。凡·艾克基于对现实状况的认知，对世界大战以及人与人之间割裂状况的反思，他希望重新建立起人与人之间的亲密关系。在孤儿院建筑中，他通过一个整体系统的关联和多元的模块化组织建立了一套空间秩序和社会秩序，让孩子可以感受到亲切、集体和关爱。在城市中，他以游戏场的实验，表面从孩童的视角，在破碎的城市空间中建立多样的游戏空间，为孩子提供玩乐场所，实质他希望通过这些日常化的空间去建立另一种新的秩序，缝合原本被割裂的城市空间，创造更多元的价值。他关注一种社会的整体结构，追求一种人性化的空间，希望加强人在空间中的体验感，形成一种持续的互动。

4.3 类比和转化

凡·艾克认为人根本上是相似的，但也呈现着差异性，希望在共性和个性之间建立一种“中介”平衡，加强个体之间的交往。因此，他去往非洲原始的村落，去重新发现人类的价值，找寻某些永恒的特质，从传统中发现进而进行当代的转译。凡·艾克强调用类比的手法去看待生活中的相同与变化，人与事物的关系比事物本身更重要，从根本上而言，事物本身存在着共性，因此具有类比和转化的可能性。以“中介”的理念去沟通事物之间不同的状态，使它们共存于一体，强调一种新生与融合。个人、社会、集体之间，能建立更紧密的联系，在要素的差异性中寻求一种统一和谐[7]。一定程度上，“中介”理念是凡·艾克对当下社会发展的反思和尝试，包含着他对世界状况和人类状况的理解，并希望找到联系事物之间的媒介。

（感谢“建筑设计理论前沿课”教授戴维·莱塞巴罗的启发）

（原载于《华中建筑》2022年第3期）

注释：

①此处隐性联系是和显性联系相对的，意指相对不易察觉的要素。

②文中关于领域感的概念，引自东南大学葛明老师“现代建筑理论课”。

③此处引自朱渊《游戏的人：从游戏广场到新巴比伦》一文。

图片来源：

图1—图3：引自https://www.archdaily.cn/cn/900906/adjing-dian-a-mu-si-te-dan-gu-er-yuan-a-er-duo-star-fan-star-ai-ke;

图4：引自wikiarquitectura；

图5、图6：引自http://hicarquitectura.com/2015/10/aldo-van-eyck-sculpture-pavilion-sonsbeek-exhibition/。

参考文献：

[1] 朱振骅，刘子吟．阿尔多·凡·艾克的构型原则[J]．室内设计，2012(2)：3-8.

[2] 张扬，徐聪．浅议结构主义建筑的空间特性：以凡·艾克的阿姆斯特丹孤儿院设计为例[J]．华中建筑，2019，37(1)：54-56.

[3] 亚历山大·佐尼斯，利亚纳·勒费夫尔，黄卿云．一捧“彩虹般的花束”：纪念阿尔多·凡·艾克诞辰100周年[J]．建筑师，2018(4)：100-107.

[4] 卜晔婷．建筑，若城市：凡·艾克的建筑观[J]．华中建筑，2019，37(5)：19-22.

[5] 姚冬晖，卢永毅．先锋派的“乡土本心”：重读阿姆斯特丹孤儿院[J]．建筑学报，2018(12)：63-70.

[6] 朱渊，孙磊磊．游戏的人：从游戏广场到“新巴比伦”[J]．建筑师，2020(1)：40-46.

[7] 朱渊，王建国．基于“中介”特性之“十次小组”研究[J]．建筑师，2011(2)：25-36.

作者简介：

许娟，东南大学建筑学院硕士研究生；

朱渊，东南大学建筑学院副教授。

大运河山东段水利系统与沿运聚落景观体系特征研究
——以德州、聊城段为例

王越　宋凤　任震

摘　要：大运河山东段是运河的中枢河段，其中德州、聊城段地处黄河以北，为著名闸河，解决了运河通航的关键技术问题，也承担漕粮仓储、盐运等重要职能。以水利景观的复合属性为切入点，选取大运河德州、聊城段为研究区段，从水利系统和聚落景观体系两方面探讨其主要特征。首先从运河水系、阻滞单元、调控单元和传输单元四个方面研究水利系统构成与运行机制，梳理了以弯代闸、龙形水势的德州段与闸河聊城段的水利景观特征；再从聚落类型、城水关系、支撑体系、空间格局与园林景观五个方面探讨水利建设影响下的聚落景观体系特征，从而挖掘运河水利景观的组成、特征、运行机制与风景营建智慧，为运河文脉传承、风景保护与再创造提供一定理论基础。

关键词：风景园林；大运河山东段；水利系统；运河聚落；景观特征

水利系统是古人在梳理、利用、改造水环境的过程中，将水利功能体系与所在区域的原生环境相融合，形成的具有代表性和可识别性的功能系统与风景范型。它包含水利工程体系及其影响下的人居环境风貌营建，兼具功能上的营建逻辑与审美的人文底蕴，体现出宏观水利营建过程中的整体环境观与风景观。研究区段为大运河德州段与聊城段，包含南运河、卫运河、会通河段。德州历史上是重要的军事堡垒与漕粮驿站，素有"九达天衢""神京门户"之称；聊城段为运河重要的闸河，解决运河航运的关键技术难题，因水而兴的聚落格局独具特色。对于大运河山东段的研究，主要集中在建筑遗产[1]、水利遗产[2]及水利营建智慧[3]、沿运典型城镇风景格局[4]与保护规划[5]的研究，较少着眼于运河水利系统视角梳理景观特征。综上，本研究以运河水利景观的复合属性为切入点，从水利体系和运河影响下的沿运聚落景观两个方面探讨研究区段景观特征，从而梳理运河水利景观的系统构成、运行机制与风景营建智慧，为大运河国家文化公园建设与运河文脉传承提供一定的理论依据。

1　运河水利系统营建

运河水利系统包括运河水系、阻滞单元、调控单元和传输单元。其中：阻滞单元指控制水流、挡水或防水溢散的水利工程措施；调控单元是指控制水蓄泄的人工设施，包括闸、坝、月涵等；传输单元指将运河与周围水系相连，用于水传输的渠道。通过阻滞、调控和传输单元的协同运作，实现控制水流和防止漫溢、蓄泄调控和分级提水、供水泄水和水源传输的水利体系（图1）。

1.1　运河水系

京杭大运河德州、聊城段主要包括南运河、卫运河、会通河三个河段，其中德州段居北，聊城段居南，两段紧密相接，为山东段的重要组成。运河德州段含南运河段和卫运河段。南运河德州段南起四女寺枢纽，北端至德城区二屯镇第三店村入河北省。自四女寺枢纽以南，至馆陶县徐万仓出山东的一段河道为卫运河。自聊城市临清起为会通河河段，其中自临清闸入卫河处至鳌头矶一段为会通河最北端，是元会通河唯一保持历史形态的河道遗存。

研究区段德州段地处大德平原，地势平坦；聊城段地势高差较大，自北向南逐步抬升，为运河通航带来较大困难（图2）。如何解决运河水源不足、地势高差与洪涝威胁等难题，是区段水利体系营建的关键。

1.2　阻滞单元

《皇朝经世文编》载："舟行御河十三站，道最迂曲。德州次

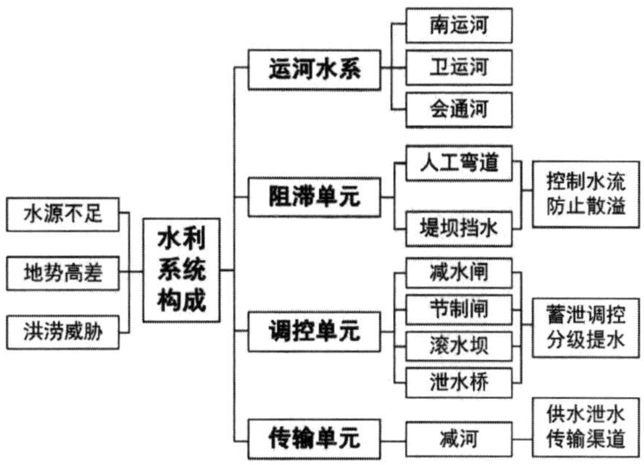

图1　运河水利系统构成与作用机制

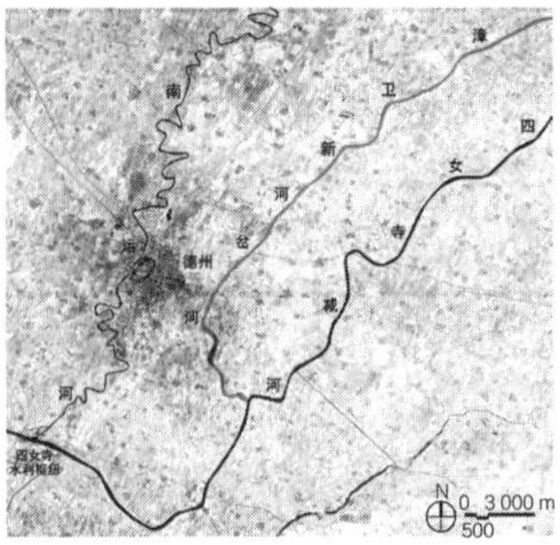

图2 京杭运河纵剖面图

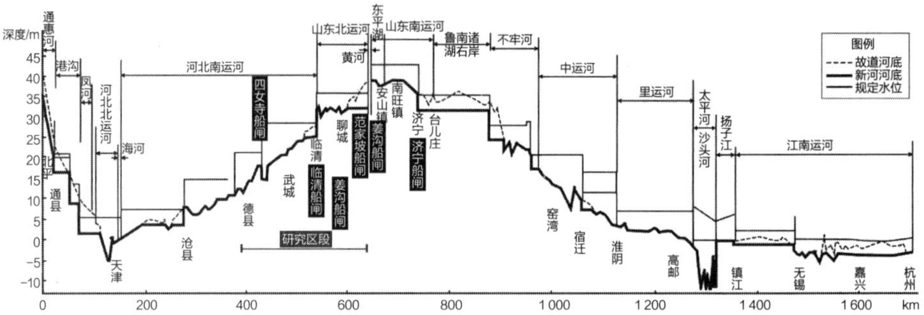

图3 南运河九曲十八弯水势

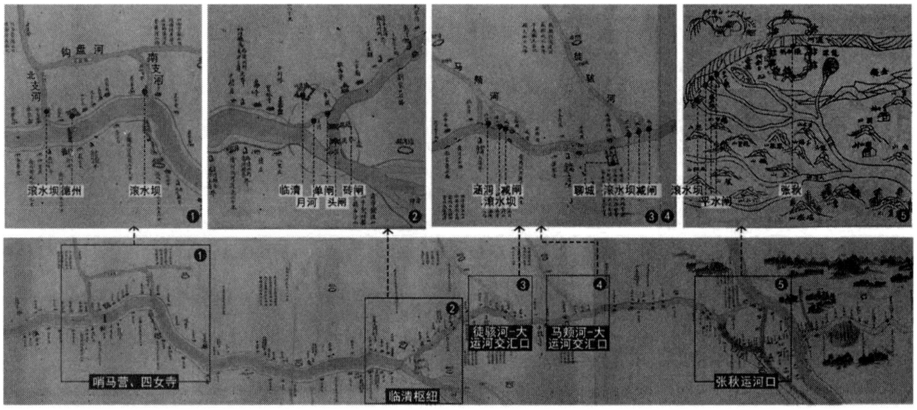

图4 研究区段主要调蓄单元

之，故城为甚。水性直下，则上流易涸，曲则迟留，故谚谓三湾抵一闸。开河者因地形之曲以代闸也。”德州地处北部大德平原，通过设置人工弯道，减小河道纵比降，降低流速，从而保证航船平稳，增强航运能力。南运河德州段具有“九曲十八弯”的龙形走势，构成“九望德州”的独特景观（图3）。

1.3 调控单元

研究区段地势南高北低，“会通河地高平则水疾泄，故为堨（堰坝）以蓄之；水积则立机引绳以挽其舟之下上，谓之坝。地下迤则水疾涸，故为防以节之；水溢则绳其悬板以通其舟之往来，谓之闸”[6]（图4）。

1.3.1 减水闸、滚水坝与泄水桥

减水闸与滚水坝皆为河道溢流的水工构筑，从而更好地“分杀水势，稍消即归正漕”[7]。

德州段主要有哨马营滚水坝与四女寺滚水坝。哨马营滚水坝于清雍正十三年（1735年）建成，四女寺滚水坝前身是明代修筑的减水闸，雍正八年（1730年）始建石滚坝[8]343-344。滚水坝、减水闸与哨马营、四女寺减河一起，共同解决卫河绝溢问题。现在德州闸子村南运河之上，仍有哨马营减河滚水坝遗址。

明前期，聊城段设有裴家口、米家口、官窑口、方家口及刘家口5个减水闸，明万历时期，废米家口、刘家口，新增李家口、耿家口；清废官窑口，余裴家口、方家口、李家口及耿家口4个减水闸。临清设有沙湾、潘官屯、观音嘴减水闸，清初已废。清时马颊河与会通河交汇处设有2处减水闸、1个滚水坝和1处涵洞，徒骇河与会通河交汇处有2处减水闸、1处进水闸和1个滚水坝，泄水分别自马颊河与徒骇河入海[8]343-344。

1.3.2 节制闸

大运河聊城河段节制闸是河段之上为数最多、最重要的类型，现存16座（图5、图6，表1）。通过连续的节制闸设置，进行分级提水，逐步消解闸口两侧的水位高差，保证运河通航。

临清段为聊城河段的关键区段，为节制水势、控制蓄泄，沿河建闸31座。会通河在临清城内初经鳌头矶西北流，在问津桥处入卫运河。该河道为会通河北支，称北河。元代于矶北城西南3里（1.5 km）建会通闸。因会通河初开，河道窄狭，水源不足，过往船只易搁浅导致运道阻塞。元朝廷在会通河南北两端建金沟、沽头、临清3座“隘船闸”，三闸相互联运制约，被称为“环城闸”。因北支河道“中缩而尾回，数坏舟”[9]112-115，因此于永乐十五年（1417年）开挖南支，由鳌头矶西南流入卫运河，隘船闸遂废。南河之上建砖、板二闸，后称南板闸、新开闸，今称头闸、二闸。头闸“为北接卫河之口。闸河至此，势弱流缓而卫河流浊势盛，故于其间，栉比置闸，以防闸河之北出，又以防卫河之南溢”[10]（图4）。

1.4 传输单元

传输单元主要指传输水的渠道，是保证用水与洪涝安全的重要措施，大运河德州段开挖的减河是重要的传输单元。减河通常选在河岸一侧的天然河道和低洼地带，用以将下游洪水引入分洪

表1　区段主要船闸概况

位置	名称	兴建年代	现状
临清段	临清闸	元元贞二年(1296年)	尚存
	会通闸	元至元三十年(1293年)	尚存
	隘桥闸	元延祐元年(1314年)	无
	头闸(南板闸)	明永乐十五年(1417年)	运河停运后改建为桥,现已重修
	砖闸(新开上闸)	明永乐十五年(1417年)	改建为桥
	戴湾闸	明成化元年(1465年)	重修,尚存
	土桥闸	明成化七年(1471年)	重修,尚存
	梁家乡闸	明宣德四年(1429年)	重修,尚存
聊城段	永通闸	明永乐十六年(1418年)	重修,尚存
	通济桥闸	明永乐十六年(1418年)	桥闸已拆除,现聊城东关桥为旧址所在
	李海务闸	元元贞二年(1296年)	无
	周家店船闸	元大德四年(1300年)	南闸仍保存民国二十五年(1936年)重修的形制,北闸为新修
聊城市 阳谷县段	七级上闸	元元贞元年(1295年)	仅存闸底基石淤埋河床下
	七级下闸	元大德元年(1297年)	20世纪60年代改建为交通桥
	阿城上闸	元大德二年(1298年)	重修,尚存
	阿城下闸	元大德三年(1299年)	重修,尚存
	荆门上闸	元大德六年(1302年)	重修,尚存
	荆门下闸	元大德三年(1299年)	重修,尚存
	陶城铺闸	清光绪七年(1881年)	重修,尚存

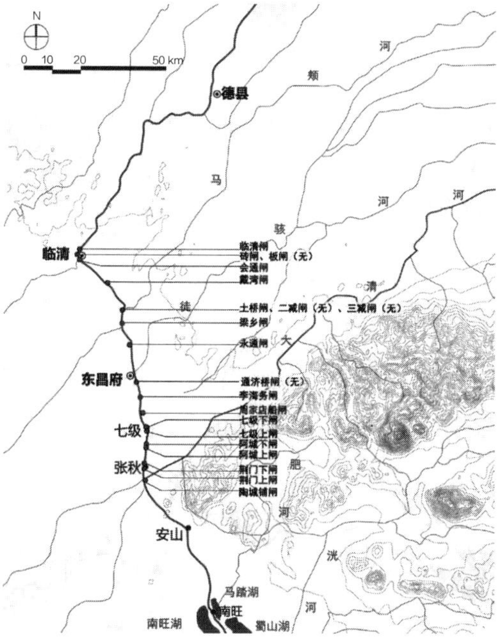

图5　研究区域主要船闸分布

图6　部分闸现状

区或入海[11]。南运河共开5条减河,其中四女寺减河、哨马营减河位于今德州境内,又称南、北支河。

1.4.1　哨马营减河

明永乐十年(1412年),工部尚书宋礼为治理南运河洪涝问题,于德州西北、运河右岸弯道挑挖哨马营减河,引水口为滚水坝水源,至海丰(今无棣)入海[11]。由于水势较缓,易堆积泥沙,引水口与减河河道很快淤废,于明弘治三年(1490年)上移至地势较高、河身宽浅的四女寺。清嘉庆二十五年(1820年),“河身尽成民用竹(芦苇)”。民国初年(1912年),北支河之上已为平地,上植民田,哨马营减河至此彻底废弃。

1.4.2　四女寺减河

明弘治三年(1490年),哨马营减河引水口移至四女寺,并重新开挖四女寺至曹村的一段为四女寺减河,曹村以下河道仍循哨马营减河河道。清乾隆二十七年(1762年),四女寺减河“泄水坝展宽至九龙庙入老黄河”,此段亦称为南支河(图7)。至此,四女寺减河行水路线摆脱哨马营减河故道,此后行水路线未有大的变

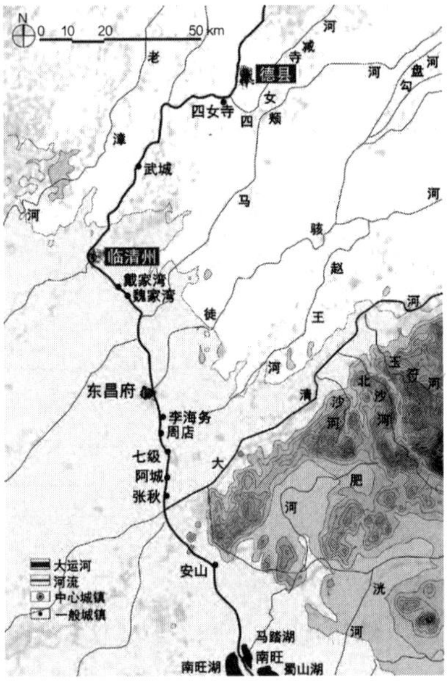

图7 研究区域聚落分布

图8 四女寺水利枢纽景观风貌

动[13]。中华人民共和国成立以后，为加强南运河防洪能力，于1955—1971年进行3次疏浚和扩张；1971—1976年，又对曾经行水的四女寺至曹村并入钩盘河一线进行疏浚，命名岔河。如今在四女寺水利枢纽下，分南运河、漳卫新河岔河、四女寺老减河3条河道，构成德州城核心水系网络（图8）。

大运河德州段由南运河、卫运河构成，哨马营减河、四女寺减河出运河右岸，共同构成德州运河水网。因德州地处大德平原，通过设置人工弯道提高航运能力，形成“九曲十八弯”的龙形走势，以弯代闸，形成独特的景观风貌。大运河聊城段地势南高北低，为著名闸河。区段曾设30余处节制闸，用以分级提水，保证通航。由此，形成德州段平原弯道与临清段闸河两段不同的水利景观风貌特征。

2 研究区段沿运聚落类型

根据聚落职能，可将研究区段聚落分为3种类型。第一类：粮仓聚落。因地处交通要冲，成为南粮北运的重要仓储中转站。为保粮仓安全，设城以防御，形成以粮仓为主的聚落格局，如临清、德县（今山东省德州市）。第二类：码头聚落。因运而兴的漕运重镇，设有古渡、码头及水次仓，用于粮、盐的储存与转运，还特别设有盐运司等管理机构，如东昌府、粮码头七级、盐码头阿城等。第三类：水工相关聚落。在运河水利工程的关键技术区段，由于闸、坝、堰的设置，催生出管理河道及交通转乘的聚落类型，如四女寺、戴家湾、魏家湾、李海务、周店等（图7）。

3 典型沿运聚落景观特征研究

选取德县和临清作为典型聚落样本，从城水关系、支撑体系、空间格局和园林景观四个方面分析运河影响下聚落景观特征。

3.1 城水相依，随势筑城

金天会七年（1129年），在德县北3里、运河西岸的将陵设陵仓。明洪武三十年（1397年），元陵州城毁于洪水，为保漕粮，德州卫兵于原址筑砖城。此时城内皆军户，无州民。城邑随运河走势而呈“靴子城”之态，开5门，城周“十里一百八十步，池阔五丈”[12]98-99。明永乐十三年（1415年），于元陵州仓旧址建广次仓。广次仓为沿运的四大粮仓之一，德州成为漕粮转运和民航交易的繁忙区段。明正德五年（1510年），筑外罗城，开始进行“州卫同治”，“城”“市”结合，形成军民共居的局面。清顺治十一年（1654年），于德城东北角设满城。至此，德州形成满城、州城、罗城并置的格局（图9）。

临清地处南北往来咽喉之处，明洪武时期置3仓，储粮量为诸地之冠。为保仓廪安全，于明正统十四年（1449年）择地势高亢之处筑城，城周9里100步，开4门，护城河广9尺，绕城一周。景泰元年（1450年），临清砖城筑成。但砖城离卫河较远，取水不便，且城中仓廪占1/4有余，因此于明成化十一年（1475年），在砖城外形成新的居住区。至嘉靖二十一年（1542年），砖城外土城筑成，跨卫河、会通河，开24门，就此形成了砖城、土城并置的双城格局，也称连城，绵延周长29里（14.5 km）（图10）。

3.2 水门通楫，河塘并蓄

德州城门中，小西门广川门为城内从运河取水的水门，由此形成水市街。德州城内因筑城、修堤取土而形成地势低洼地，后因水

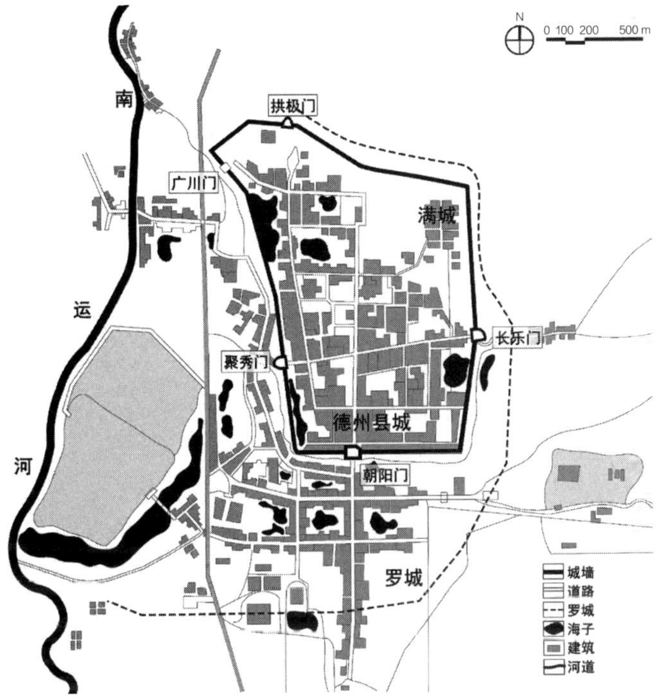

图9 德县图

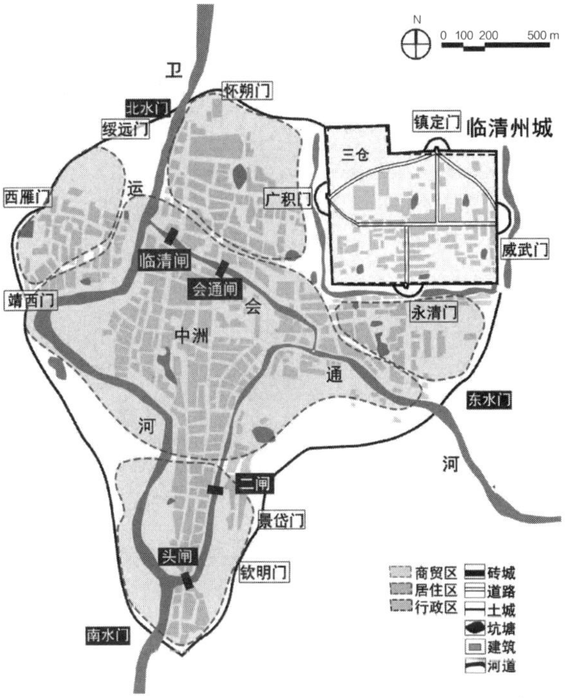

图10 临清城功能分区

系决口、改道及洪水漫溢而形成"海子",如北海子、马家海子、明代德州八景之一"高海朝烟"描绘的鬲津河岸边的大"海子"等。城邑内外数百处"海子"、护城河及运河共同构成德州的调蓄系统(图9)。

临清土城辟三水门,分别是会通河之上的东水门和卫运河之上的南、北水门。土城"跨河为城,两际各为水门,以通舟楫,而包围巨闸于其中,设官以司启闭"[13]。明清时期,为保证漕运便利,于临清广积仓东南开月河,河上筑坝,建广济桥,因此仓廒与护城河之间留下西北—东南走向的系列水坑,将护城河与运河连接[10]。临清城邑内外坑塘、护城河、月河及运河相连,形成兼具蓄泄与漕运功能的水系脉络(图10)。

3.3 沿运兴"市","城""市"交融

德州城形成城内仓储、居住、行政及城外商贸职能的发展格局。城内因置粮仓而设相关管理机构,包括官仓、营屯等。借漕运之便,德州城沿运河自然形成了米市街、桥口街、小锅街、北厂街、顺城街等综合的行政和商业服务区域,城外设市,包括羊市、米市、柴市、锅市、绸缎市等。至乾隆年间,德州已建商号有400余家,成为全国著名的商贸集散地[9]139-140。

临清土城内有3条水道与1座砖城,在运河影响下形成4个功能区。仓储与行政区位于砖城,设置临清三仓及察院行台、牧马所、州同署等行政机构;工商核心区位于会通河北支、南支与卫河之间的中洲。区域内以天桥胡同为起点,南经锅市街、马市街、会通街,西起大寺街,向东经考棚街、吉市口,直至鳌头矶,结合竹竿巷、箍桶巷等数十条商业街巷组成临清商贸最繁荣的片区;次级商贸居住区位于会通河北支以北,卫河以东,因漕运兴起了汉回共居的商贸居住区;农货与杂货区位于河东、河南、河西片区,借航运、渡口之利进行农货与日用品交易[14]。由此可见,航运、渡口、桥梁等水陆交通成为城邑商贸发展的核心驱动,围绕会通河、卫运河集中形成了商贸核心区,砖城内则以仓储与行政区域为主,会通河北支周边还形成了特色汉回混居区(图10)。

3.4 山水成景,北国江南

明清时期,在德州城邑西、北关距离运河较近的位置营建多处私家园林。如位于西门内的尊水园、澄碧园、罗朴园、止园、汲灌草堂、松雨楼,西门外的数帆亭,北关附近的濯锦园、望云阁,城南门东的偶园、雅雨堂等[12]118-119(图11)。明清时期因沿运形成诸多园林,规模不大,体现出中和含蓄而又绰约多姿的江南园林特色(表2)。但现今德州城内,除重建的澄碧园、见可园外,其余园林均已不复存在,而重建的园林也已不复当年景致,不禁令人唏嘘。

临清因运河形成独特的山水空间与标志景观建筑,构成山环水抱的自然基底特征与小桥流水的水乡风貌。因开凿疏通运河堆土成山,分别为城北土山、城南龙山和凤凰岭,成为难得的登高处。城北土山林木葱郁、山环水绕,为城邑十景之一"土山远眺"[9]90。城南龙山之上立观化亭,登临亭上,临清城景色尽收眼底,呈十景之一"南亭观化"。运河穿城而过,会通河北支的月径桥、会通桥、问津桥并称"玉带三桥",呈现江南水乡的景观意象。城池形态似"葫芦含丹系玉带",因此也被称作"玉带城"(图12)。

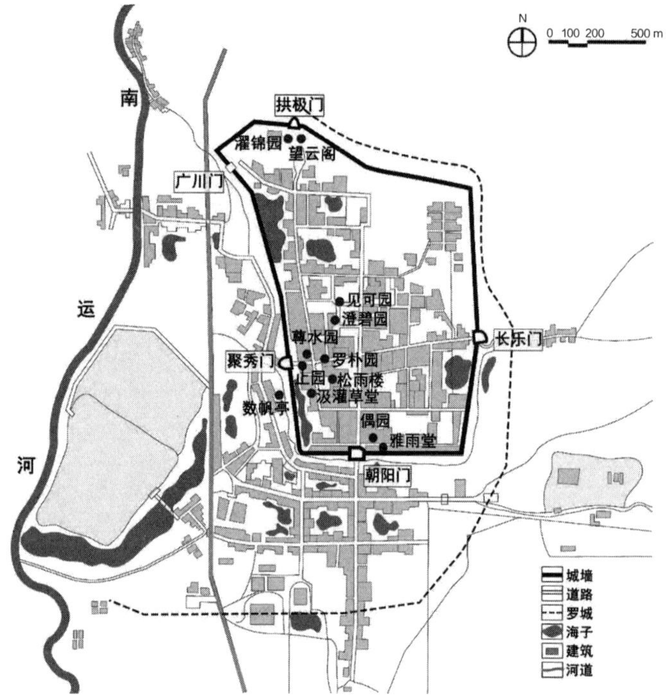

图11 德州主要园林景观分布

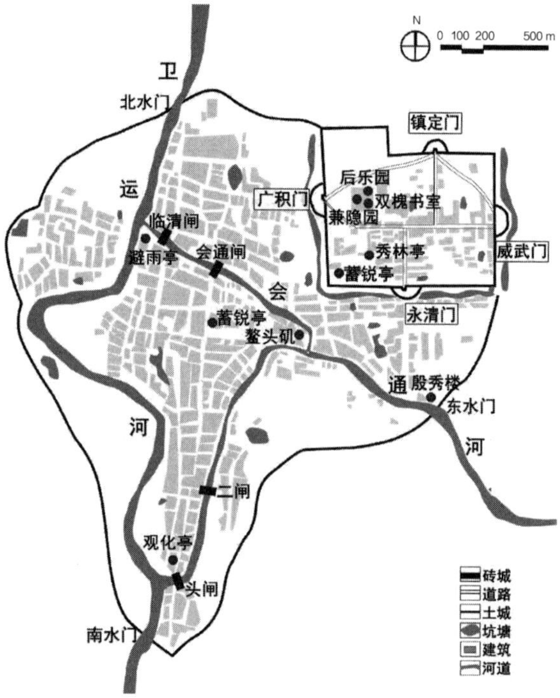

图12 临清主要园林景观分布

表2 德州重点园林特征及现状概述

名称	类型	位置	时间	特征	发展
澄碧园	衙署园林	今德州市检察院	明正统十四年（1449年）	以“笠瓢春晓”等十二景闻名；园内荷花池一方，北岸有一庭院名繁露堂，清幽雅静，别具风格	光绪年间荒废，后重建，已不复当年
见可园	私家园林	今天衢路与解放路交会处	明万历元年（1573年）	举人李大华所建，苍松古槐绿荫蔽日；园内四清馆前建矩亭，四周植嘉卉翠柳，是会友觞咏的雅集之地	已重建，景致不复当年
濯锦园	私家园林	城北郊	明万历年间	工部右侍郎程绍的花园，园内叠石成峰、林木葱郁，入园石构牌坊与八角亭点缀其中；对德州书坛影响深远	康熙年间已废
尊水园	私家园林	今吕家街路西	明天启年间	德州官都御史卢世潅的别墅，系砖木结构的大四合院；院内浓荫蔽日，点缀一四角小亭，杜甫名为杜亭	已荒废

龙山、舍利塔和启秀楼鼎峙而立，镇守水关。舍利塔屹立于卫河河畔，为9层楼阁砖塔。漕运盛时，水陆船只瞻仰流连，呈现“扼塞两河水口，弘开万里天关”的恢宏景象，构成“塔岸闻声”的景观意象。土城东水门内的启秀楼高百尺，南枕运河，北控砖城，“津关连夜雨，灯火万家秋”展现了启秀楼“津楼夜雨”的美妙景色[9]91。此外，鳌头矶是临清城内与运河关系最为密切的古建筑群，位于会通河南、北支交汇处，系为防止洪水冲刷堤岸而建。“如鳌头突出，旧闸二，新闸二，左右如足，广济桥尾其后”，鳌头矶的名字由此而来。鳌头矶尚存观音阁，为历代文人墨客登临吟咏的名胜，为城邑十景之一“鳌矶凝秀”[9]90。此外，临清城的园林景观还有卫运河东岸南湾子渡口的避雨亭、砖城内西南隅的蓄锐亭、砖城内秀林亭、砖城仓部署内的后乐园、双槐书室、兼隐园、红螺馆、锅市街东乱石园等。结合运河水工设施、围绕运河沿线筑有多处园林及景观建筑，形成临清城内沿运的景观风貌带（图12）。但目前所有园林皆已不复存在。

4 结语

综上所述，京杭大运河山东段德州、聊城区段的水利景观由水利系统与沿运聚落风貌构成。水利系统包含运河水系、阻滞单元、调控单元与传输单元，分别通过“三弯抵一闸”阻滞、设置闸坝体系蓄泄及开通减河传输等水利工程措施进行水流控制、蓄泄调控与分级提水，实现运河水量的动态调控，消解区段运河水位高差，保证通航，形成德州段“九曲十八弯”、以弯代闸的水利景观风貌，以及聊城段闸河的水利景观特征。沿运聚落主要包含粮仓聚落、码头聚落和水工相关聚落3种类型，以典型粮仓聚落德州、临清为例，梳理了运河影响下城水相依、随势筑城的城水关系，水门通榻、河塘并蓄的支撑体系，沿运兴"市"，"城""市"交融的空间格局，以及山水成景、北国江南的园林景观风貌，深入探讨了不同职能沿运聚落因水而兴的城邑景观特征。

水利景观反映了一定时期、一定地域范围内人对水系的梳理与改造，呈现出包含功能性与审美特性的营建智慧。通过水利体系构成、运行机制的研究，能够挖掘水利营建智慧及水利风景特征，在此基础上，进一步剖析沿运景观体系特征，形成了水利体系及风景营建复合系统研究的理论框架。在大运河国家文化公园建设的大背景下，能够为水利遗产保护、风景保护、文脉传承及再创造提供一定的理论依据。

（原载于《中国园林》2022年第6期）

图表来源：

图2：引自参考文献[8]767页；

图3：引自美国地质勘探局《20世纪70年代全球卫星影像》，参见 http://glovis.usgs.gov；

图4：《数位方舆：光绪三年（1877年）至光绪十二年（1886年）山东运河全图》，参见 https://digitalatlas.asdc.sinica.edu.tw/map.jsp?id=A103000014；

图5：引自参考文献[8]114页；

图8：谭其骧《中国历史地图集：第八册：清时期》地图出版社，1982年，第22-23页；

图9：引自参考文献[12]15页；

图10：引自参考文献[9]2页；

其他图片均由作者绘制或拍摄。

表1：资料来源于参考文献[8]160—162页、张秋陈氏民居运河展览馆、聊城运河博物馆。

参考文献：

[1] 付昊．大运河山东段传统城镇民居的景观基因及其传承途径研究[D]．济南：山东大学，2021.

[2] 赵静．山东运河沿线城市空间形态解析及济宁运河遗产活化研究[D]．天津：天津大学，2017.

[3] 肖华斌，王梦颖，安淇，等．京杭大运河"运河之脊"南旺分水枢纽生态智慧探析[J]．风景园林，2019，26（6）：41-46.

[4] 王越，仝晖．鲁运河影响下济宁古城风景体系特征解析[J]．中国园林，2021，37（1）：62-67.

[5] 刘畅．基于发生学视角的传统聚落水适应性空间格局研究：以台儿庄古城为例[D]．北京：北京建筑大学，2017.

[6] 揭傒斯．揭傒斯全集：卷五：建都水分监记[M]．李梦生，标校．上海：上海古籍出版社，1985：34.

[7] 郭涛．中国古代水利科学技术史[M]．北京：中国建筑工业出版社，2013：67-70.

[8] 姚汉源．京杭运河史[M]．北京：中国水利水电出版社，1998.

[9] 王贵笙，张树梅．民国临清县志[M]．张自清，修．南京：凤凰出版社，2004.

[10] 高志超．运河名城临清[M]．济南：山东友谊书社，1990：125-128.

[11] 郭恒茂．哨马营减河挑挖年代及相关问题的探讨[J]．浙江水利水电学院学报，2018，30（3）：1-7.

[12] 董瑶林．民国德县志[M]．李树德，修．南京：凤凰出版社，2004.

[13] 临清市人民政府．临清州志[M]．济南：山东省地图出版社，2001：67-69.

[14] 王银海．明清时期山东临清城市建设与运河关系研究[D]．郑州：河南大学，2020.

作者简介：

王越，博士，山东建筑大学建筑城规学院副教授，硕士生导师，研究方向为风景园林规划与设计、传统地域景观；

宋凤，博士，山东建筑大学建筑城规学院副教授，硕士生导师，研究方向为风景园林规划与理论、地域景观与生态实践智慧；

任震，硕士，山东建筑大学建筑城规学院风景园林专业负责人，教授，副院长，研究方向为城市设计与公共空间景观特色、风景园林规划与设计。

凝视的快感：空间审美的具身化转向

伍端

摘　要：文章梳理了具身论范式对建筑学审美的影响及作用，从根本上论述了空间句法中的一系列分析方法可以被重新定义为具身化图示。以卡洛·斯卡帕设计的卡诺瓦博物馆为例，阐释了空间的认知和审美何以通过空间句法的具身图示分析，并提出了一种审视和分析建筑的动觉、感知和心理维度的具身化方法论。

关键词：具身图示；空间句法；审美；凝视

卡洛·斯卡帕(Carlo Scarpa)是为数不多的关注场所和空间体验的现代主义建筑师。坐落在波萨尼奥的卡诺瓦博物馆(Museo Canoviana，1955—1957)是集中体现斯卡帕如何将建筑空间、身体的运动、视线的变化、展品的位置和蕴含的意义整合为超越抽象的现代主义美学的具身化场所。于斯卡帕而言，这座博物馆与其说是房子，不如说是一个视觉装置：可见与不可见、空间路径和观察方式、展品与建筑的意义融进了每一个凝视的空间中。凝视(gaze)在西方的语境中不仅仅是“看”(look，watch)这个行为，或“看到”“明白”(see)的程度，而是由主体的看所引发的他者(Other)的目光对自己的审视，以完成自我理想的想象性建构或者是欲望主体对自身匮乏的弥合[1-2]。如果说主体的看是眼睛的行为，那么主体让自身被看就是凝视的行为。斯卡帕的设计从本质上是在营造一种从身体和精神层面将观者与雕像相结合的行为方式。通过相互的视觉互动，观者将自己的身体放进由雕像激活的情感和想象的世界中，对雕像所表达的宗教性或象征性进行更深程度上的理解和共情。这在相当大程度上打破了传统建筑学在空间意义问题上的二元分化的固定模式，按照这种特定的模式，建筑的意义被拆分并存在于物质与精神、形式与功能、存在与生成等对立的维度中。在二分论范式下，身体和思维分属两个不同的维度：身体属于物质维度，而思维存在于非物质性的维度。人的身体，如果说参与了建筑意义的构建，仅仅是被抽象为字面意义的和谐体系或者某种隐喻，通过精确几何关系建构出和谐、比例、对称和秩序的空间美学。(图1)这种超验抽象的建筑美学由上帝视角呈现在设计图纸上，建筑师通过从无限远的中心视点思考建筑的形式和意义。由此，空间经验被切分为几个主要中心视点的固定视觉片段(平、立、剖面)，通过观者的想象，将这些重要的片段联系在一起，形成一个理想的、整体的、自治的、统一的整体，表达某种象征性的、永恒的意义。与此相对，功能主义则将空间视为客观的物理容器，它外在于我们的思维和身体，目的是容纳抽象的功能，即基于抽象化的行为和经济性原则所得出的需求。因此，建筑的意义被割裂在两个不同维度当中，其各自表述“形式”意义和“功能”的需求，而空间美学中最基本的组成部分——连续性的空间身体体验在很大程度上被忽略了。这导致了建筑学的审美研究常常集中在建筑的形式和风格上，鲜少对建筑的空间经验进行更精确、深入的探讨。

在哲学、认知学和心理学等领域发展的具身论(Embodied Theory)为我们提供了一个新的理论范式[3-8]，这将大大减少(如果不能克服)上文中提到的在建筑学理论和方法上的困难。具身论提出，我们的身体和思维是一个统一的整体，不存在所谓的认知的主体和外在的客体。我们的空间经验和感知并不是主体大脑对外部世界的一种再现(representation)，相反，思维和感知就镶嵌于整个外部环境中，我们所认知到的外部环境则由身体的认知系统筛选和过滤出来。一方面，认知到的外部环境由我们的认知系统选择性地通过运动、感知、思维“雕刻”出来，并同时存在于外部和我们的认知系统之中。由此，我们对环境(包括身体)的认知或经验和外部环境都同属一种物质，没有质的区分，只有量的差异。另一方面，外部环境于主体而言，其意义在于帮助建立认知的空间架构，提供更多的信息，以及减少认知系统内部纯抽象思维的运作成本，等等。众多的具身理论不仅从认知和生理方面客观地论证了具身的物质基础[9-12]，也从社会文化角度阐释了具身的人文特性[13-17]。同时，科技的发展、学科的细分、媒体传播的方式极大地改变了人们的时空观念和视觉机制。人们的空间认知主要在三个维度上发生了演变[18]，而这些变化直接或间接影响了建筑学的审美标准和基础，客观上加速了从原来的二元论范式转向具身论范式。人们对空间的认知从二元论范式下的抽象客体中逐渐解放出来，转化为更为具身化的动觉维度、感知维度和心理维度。如果说，欧几里得几何学能精确绘制二元论范式下客观的、外在的建筑空间，并提供其审美的标准，那么更为复杂和多元的身体的、认知

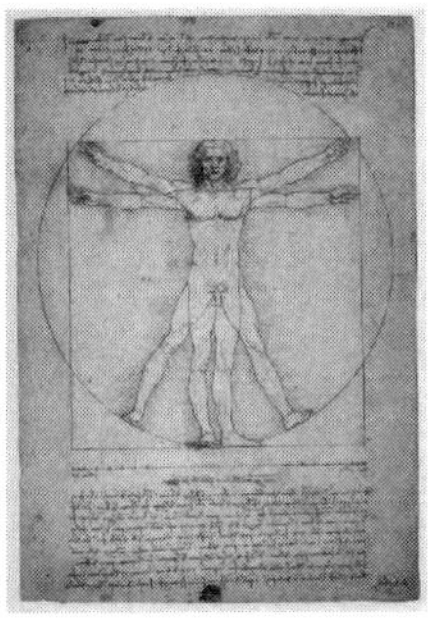

图1　利奥纳多·达·芬奇(《维特鲁威人》,约1487年)

图2　卡诺瓦博物馆扩建外景

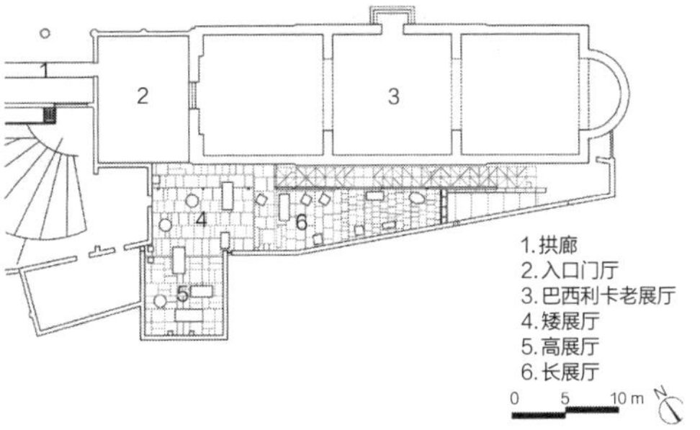

图3　卡诺瓦雕塑博物馆平面图

图4　第一部分空间

图5　第二部分空间

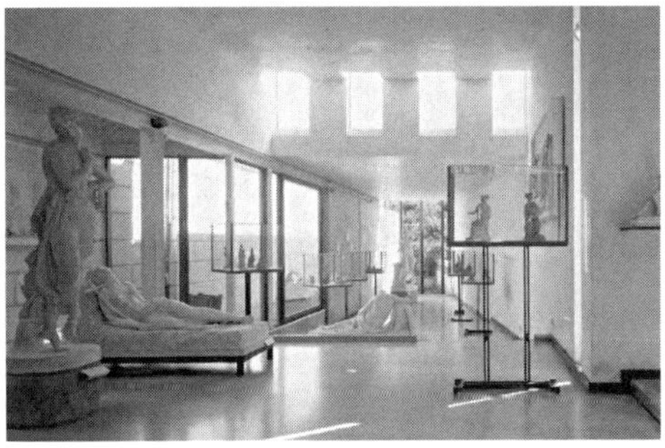

图6　第三部分体型平面空间

的空间形式应该如何被绘制和评估呢？经过几十年发展，空间句法理论发现并证明了建成环境空间本质上具有社会性，人在空间中的运动是空间社会逻辑的最佳指标之一，空间形态与人的运动形态之间的关系高度契合。通过空间之间的组合关系或关联度，空间的认知形式可以被绘制和测量。笔者在英国剑桥大学数字实验室做了大量的空间认知测试，证明了人的空间认知与空间句法学分析结果的一致性。可以认为，空间句法学中的一系列关系（拓扑、视觉、运动、几何等关联性）可以作为具身图示（Embodied Diagram）绘制并剖析具身空间的形式和意义。本文尝试用空间句法学中的具身图示剖析斯卡帕建筑的认知空间和知觉结构及其所蕴含的意义，并以此揭示建筑的意义不仅仅存在于抽象的物质功能或形而上学的特殊视角所铸就的形式，人的空间经验为此提供了更为广阔的视野和维度。

1　卡诺瓦博物馆扩建

卡诺瓦博物馆扩建是为了纪念安东尼奥·卡诺瓦诞辰200周年的项目。斯卡帕接受委托为一座19世纪的教堂设计一个侧翼，目的是展示卡诺瓦生前的石膏原件、复制品，以及一些大理石和陶土制品。该场地原本是一个狭长的三角形下降地块，一边是一条小路，另一边是教堂的西墙。设计的高明之处在于，斯卡帕在保存现有建筑完整性的前提下对历史遗址进行了彻底的修改。新馆有效地融入了原址的肌理，毫不费力而巧妙地编织进中世纪山城现存的街道中。它让旁边的建筑被密集地围拢在一起，从而呼应了村庄中原本分散房子之间的更传统的紧密关系。在新馆和老馆之间新增的边界围墙重新界定了建筑与街道的关系，这个简单的装置通过呼应自身内在的不规则性，低调地将自己与周边的建筑环境结合起来，将“新”完全融入城市景观中（图2）。

斯卡帕设计了一个不规则的“L”形新馆（图3），毗邻现存的19世纪巴西利卡教堂（老馆）。根据复杂的地形和现有的结构，它由三个相连但高度不同的部分组成。第一部分与老馆门厅相接（图4），该区域作为新旧之间的过渡空间。这是一个略显不规则的长方形的、低矮的画廊。一面斜墙紧靠老馆，是新馆唯一的被锚固在老馆结构上的部分。这部分空间的地坪比老馆高两级台阶，而天花高度被压低，并与一条纵贯新馆的工字钢梁齐平。从门厅看过去，悬浮的台阶、低矮的天花、白色的工字钢梁与老馆的新古典主义的宏大风格形成了强烈的对比和欲扬先抑的视觉效果。在进入展厅的门槛处，观者可以看到部分雕塑的概貌，但看不到雕像的正面。整个空间的整体布局引导观者进入展厅，改变方向，四处走动，以便可以正面观赏雕像。第二部分是“L”形中的短边（图5），如果说前一个空间是进入新馆的序曲，那么这个空间则为整个序列的高潮。该立方体空间高度是第一部分的两倍，除高度的变化之外，整个空间的光线来源于立方体空间的每个上角，四个透明玻璃角窗照亮了展厅四周的墙壁，创造出一种柔和的感觉，光线抚摸着雕像，使卡诺瓦创作的石膏造型栩栩如生。随着一天中太阳的移动，角窗折射出的阳光光柱沿着墙壁舞动。第三部分是“L”形的长边，功能上为一楔形展厅（图6）。它的体积在宽度上逐渐减小，因为它从旧建筑中退去，一侧沿着长方形的巴西利卡教堂的墙壁形成一个狭窄的外部通道，另一侧形成梯形的下沉空间。展厅最远最窄一端的落地玻璃使室外景观尽收眼底。窗边俏立着卡

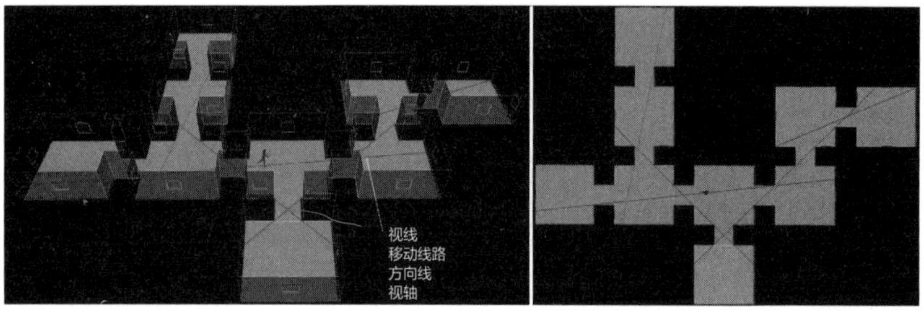

图7　凸空间的具身形式

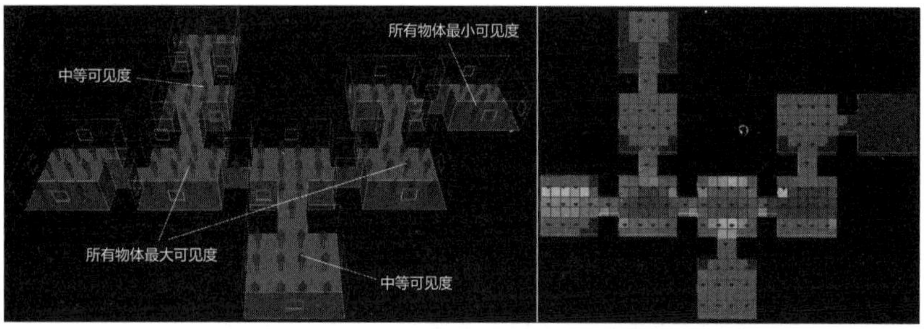

图8　VGA的具身形式(原图为彩色，在本书中无法展示其色彩变化，仅作示意图，后同)

诺瓦的力作《美惠三女神》，窗外的水池在阳光的照射下，粼粼波光反射到雕像婀娜多姿的身体上，仿佛为她们注入了灵动的力量。在这里，建筑的结构、天空、树木和雕像被并置在一起，视觉的空间也从室内向外面世界延伸消解。

2　认知空间的重构(宏观)

具身论认为，审美体验不仅仅从观者的主观联想、思考和移情中产生，更是建立在知觉对象的结构的基础上，由空间的布置、位置、强度、方向等因素和与观者互动所产生的整体性情感和意义。新扩建的展厅是为了陈列和展示卡诺瓦的许多原始石膏模型，这些模型所呈现的艺术力量不同寻常，而这些原始的力量通常会在最终抛光的大理石雕像中消失。此外还有一些较小的作品，它们是用陶土制作的或用大理石雕刻的实验性小模型。因此，在空间设计和雕塑摆放上并非按照时间顺序传达艺术品的历史或某种线性叙事。相反，斯卡帕更关注观者的视觉、流线和雕像的位置关系。换句话说，观者不是被引导去阅读一个关于艺术品自身的历史和叙事，而是被引导进入到构成它的观看方式，即由空间布局、展品的位置以及观者的视觉行为共同产生的凝视投射方式。为了更清晰地剖析，我们采用对比分析的方式，先把新馆展厅视为一个空的容器(没有雕像)进行分析，然后再分析加入雕像后的空间，通过对比分析结果去剖析斯卡帕的设计的空间结构、展示方式、行动边界、顺序和节奏的内在规律。分析方法则采用空间句法学的理论基础，先论证空间句法学中蕴含的与具身认知相关的图示和概念，并在此基础上对卡诺瓦博物馆进行具身化空间分析。

在空间句法学中，凸空间(Convex Space)的数学定义为：空间中的任何两点都可以通过一条不与空间边界相交的线连接起来。如将此数学概念转化为具身化的说法，则意味着空间中任何两个人或位置是相互可见的。图中显示，两个人占用的凸空间与第三个人不在一个凸空间内(图7)。在走廊中的第三个人不能与前两人共享一个凸空间，说明他在前两人定义的凸空间之外。因此，凸空间的具身化意义可被理解为“共享”“可见”“相互”等，即社会交往与相遇的空间。凸面空间具有身体的可视性、互知性、共现性和社会互动潜力等具身化特点，相反，在该凸面空间以外的空间位置与此的具身关系则表现为排斥、隔离和隐蔽。

如果将视域理解为单点在空间中的视线范围，视域网络分析(visibility graph analysis，VGA)则表示空间中平均分布的若干网格点的视域(Isovist)的叠加。空间句法的计算方式是将这些点组成一个图表，其中每个点都与它能看到的其他点相连。点的可视化集成基于从该点到空间系统中任何其他点所需的可视化步骤数。在空间句法学中，VGA的表示方式为：通过建立一个均质网格，在每个位置生成一个视域(Isovist)，记录它的属性并通过该“点”的颜色表示其属性值，空间中红色区域为整合度最高，蓝色区域为整合度最低。从具身化的角度来看，网格中的点代表的每一个人、每一个视域范围、每一个物体都是一个等深线的位置，一个视场。VGA可以很好地说明人们在空间中的视域关系，以红色呈现的区域，表示该位置的人相比蓝绿色位置的人有更大的可视性/可接近性(图8)。

空间句法学以一种更为动态的具身化生成方式展示人体在空间中移动或游览的情况，即通过输入一些具身化的参数，空间中人的数量、眼睛视角的方向、视角的广度，或一系列人行走的模式、计算权重的方式等，绘制人工智能人在预设空间中持续运动的轨迹

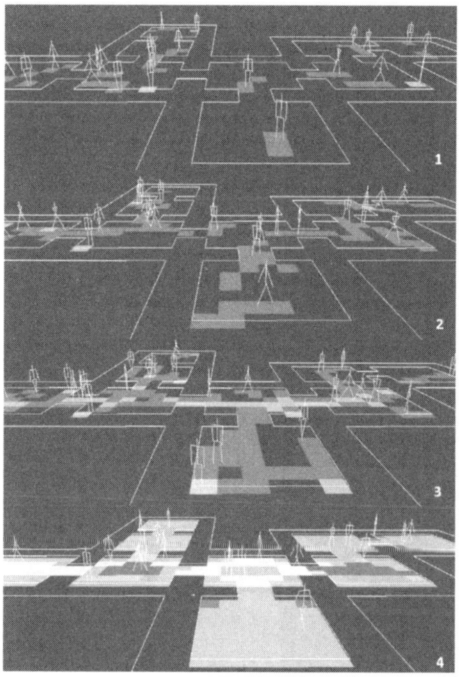

图9　人工智能人在空间中的运动轨迹图示

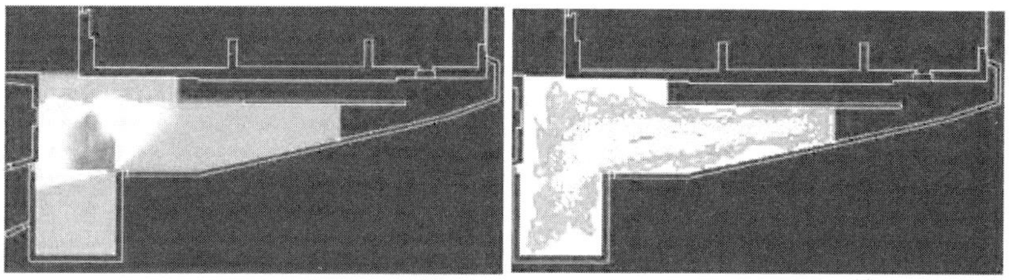

图10　显示没有雕像的具身图示

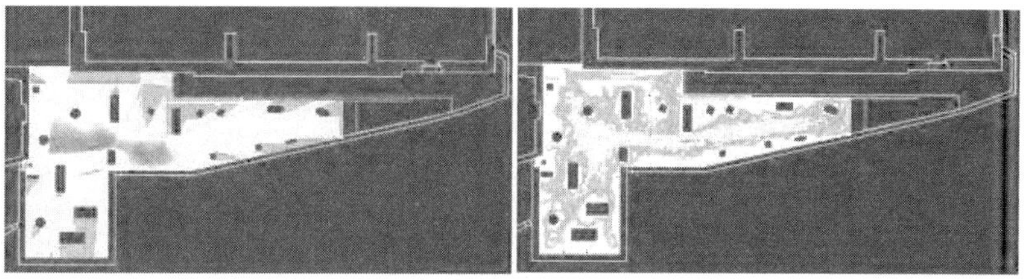

图11　显示放置了雕像的具身图示

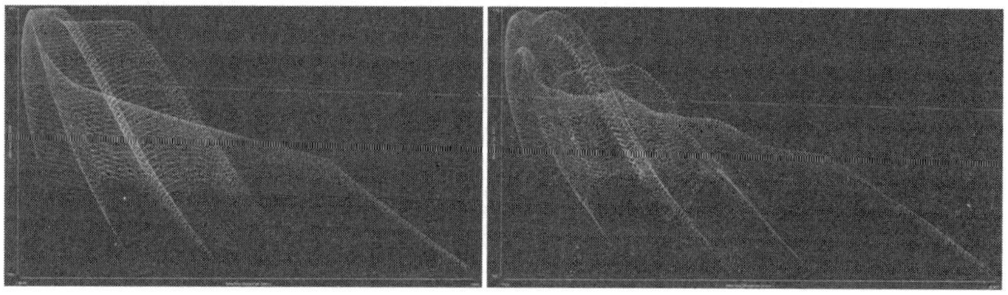

图12　左图显示没有雕像的图示，右图显示有雕像的具身图示

积累生成的图示，从暖色到冷色表示从高到低的整合度(图9)。空间句法之所以如此有效，是因为从本质上这些图示是具身化的，它们对空间的绘制和描述与人们的空间认知和心理地图相符合。这些具身图示在相当程度上捕捉到了空间认知多个方面，相当精确地映射了人们如何理解周围的空间环境的各个方面。从这种层面上而言，空间句法学的一系列具身图示不是对抽象的物理空间的测量和描述，而是对人的认知空间的表达，包含了与空间体验相关的多种意义。从认知科学的角度来看，多样性的意义可以是身体的、认知的和社会的。

回到卡诺瓦博物馆，先把展厅作为一个空的容器(没有雕像)进行分析，然后对比加入雕像后的分析结果，可以看出，没有雕像的空间结构完全契合斯卡帕对于整个建筑的三部分“L”形布局：中间过渡展厅为整合度最高的区域；“L”形空间的两个侧翼泾渭分明地和第一部分空间有所区分，整合度非常低。人流分析也呈现一种相对均质，布满整个空间的状态(图10)。这说明新馆虽然从几何关系上是一个通透的、无隔断的空间，但完全符合斯卡帕对该展厅设置的一个设想，即从人的视觉和心理上由三部分构成，而这三部分的关系也是从整合度高到低逐步递减。从在空间中加入雕像后的分析结果可以看出，散落的雕像将展厅分成了更细碎的凸空间，这种布置方式搅乱了传统美术馆单向流线方式，形成了更微妙的流线。由于雕像在空间中的位置，空间之间的严格区分变得模糊不清，在相当程度上切分了纯粹空间上清晰的格局，人流活动也由原本的均质化模式，分流为更细微分散的模式(图11)。

研究显示，空间认知的脉动图示可以用句法学中的平均度量深度(MMD)和节点数量度量(MNC)来测试。从卡诺瓦博物馆的空间脉动图示(图12)可以看到，空置展厅空间的空间经验的丰富程度要远低于放置了雕像的空间。雕像的布置为平滑和空洞的空间增添了细微的变化，空间叙事多了微妙的起承转合。观者在行走、停顿、转身、回眸的瞬间阅读到空间的意义。

3　知觉结构的张力(微观)

具身论认为，知觉结构是审美的基础，是空间的物理属性，如尺度、大小、距离、光线等与观者的知觉产生互动，以生成刺激并生成情感的体验，是一种由审美对象和观者共同产生的力场。展厅中精心布置的雕像的位置、方向、视域和空间的体积、形状、高矮、光线等共同形成一个凝视的场所，观者从一个点到另一个点移动和观看，并非在一个均质的、抽象的空间中游走，而是通过进入不同的凝视场域，去发现和探索在不同视角、距离、光线下，展品从视觉到触觉、从抽象到具身的多重意义。空间句法学的具身图示分析可以更清晰地呈现斯卡帕隐藏在空间中凝视的张力。为了深入解读上文提及的宏观空间结构如何过渡到微观的空间体验，我们将分析转为更微观的具身空间分析。展厅中有23尊雕像，12尊面对强烈的主轴，3尊背离它，8尊和它平行，雕像在空间中有32个

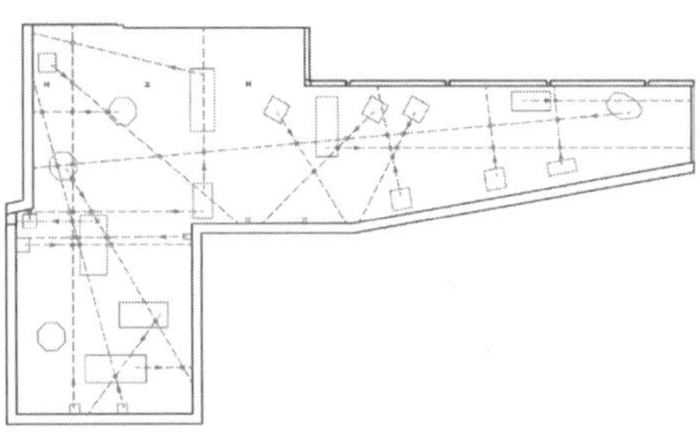

图13 雕像视线图分析

图14 观者在雕像凝视区域

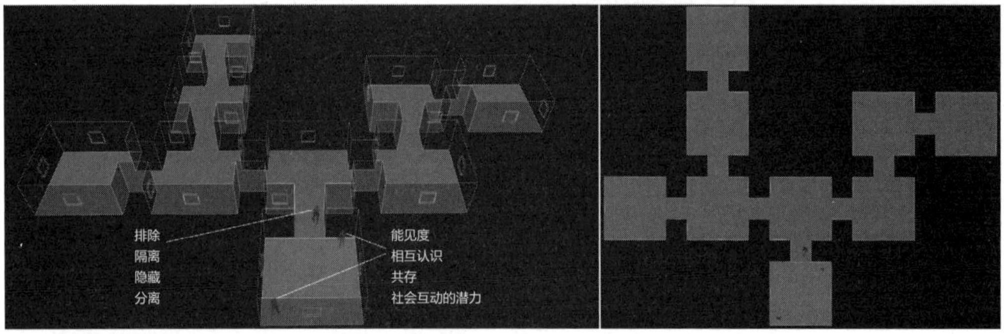

图15 轴线的具身形式

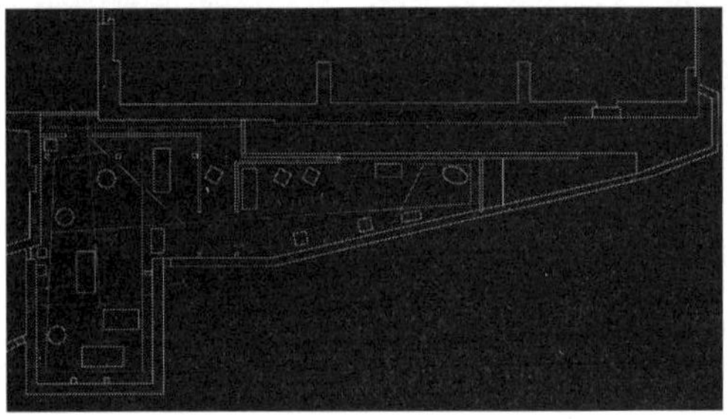

图16 全局性主轴贯穿整个展厅

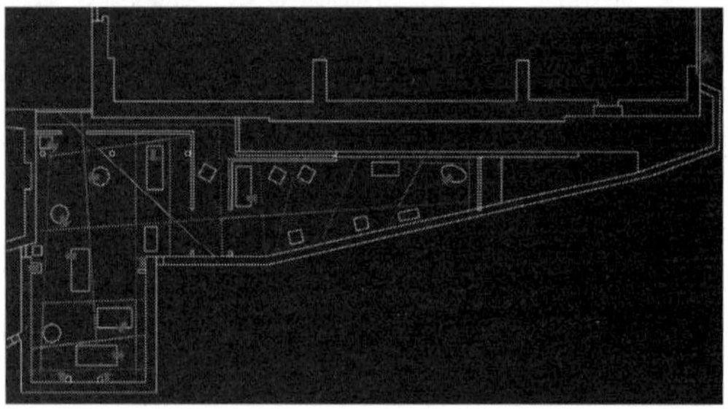

图17 局部性整合度高的轴线围绕几个主要雕像

视线交点(图13)。这些视线形成了密集的凝视的网络,观者在游览过程中,会穿越雕像们的凝视方向。一种情况是一尊雕像的视线指向其他雕像,既是一种视觉的引导,也是一种介绍;另一种情况是两个甚至多个雕像的视线相交于空间中的一点,观者在这个点上处于被凝视的状态(图14)。在斯卡帕深思熟虑的布局下,观者在卡诺瓦博物馆的体验是一种从客观抽象到主观具身经验的转变。

由于城市或者建筑通常由一系列不规则的空间构成,这些空间可以是街道、房间、走廊等。空间句法学采用一系列轴线网络代表整个空间体系。从数学的角度,须用数量最少且最长的轴线穿越整个空间系统中所有的凸空间,根据这些轴线的交接关系来代表空间认知图解,并计算和分析各种空间句法变量。如从具身化的观察者的角度来看,轴线可以被视为视线或运动方向,它显示了人在空间中活动的可能性,代表着身体前进的路线、认知的范围和观看方向等多重具身化含义(图15)。空间句法学的轴线分析显示,全局性的空间主轴线贯穿"L"形空间长翼,是全局整合度最高的轴线,也是绝大部分观者在众多游览动线中选择度最高的路线(图16)。但如果我们将分析范围从全局缩小到9 m半径范围,会发现在局部的片段轴线整合度分析中,整合度高的轴线集中在几个主要雕像之间(图17)。这也从另一个角度说明了,局部整合度高的区域更有助于观者与雕像的凝视接触。当观者朝向具有最高局部选择价值的空间时,他们更容易移动到最佳位置,以便捕捉雕像的正面和其目光。根据分析可以看到,斯卡帕在空间的设计上为观者暗示了两种不同的视觉体验路线:一条是全局的线性模式,贯穿整个新馆的长边布置(图18);另一条是局部的风车模式,所有动线都是短暂和片段的,围绕着雕像旋转(图19)。从这个角度而言,观者的运动是对不断变化的空间关系的探索,而不仅仅是对不断变化的视角的探索。变化关系和变化视角之间的区别体现了密集和离散的知觉阈值之间的区别。运动总涉及视角的连续变化,同时也涉及不连续的阈值。雕像的位置决定了它们的视线是作为一个离散的空间元素向前延伸的,离散的感知阈值包括观者进出由凝视所投射的区域。观者的运动和观看成为一个发现凝视空间结构的过程。

在空间句法学中,视域指从空间中的一个点生成的360度视野的二维平面切片,即一个尽可能大的无障碍视觉空间,表现多为多边形。从具身化空间感知的视角可被理解为:观者周围的空间

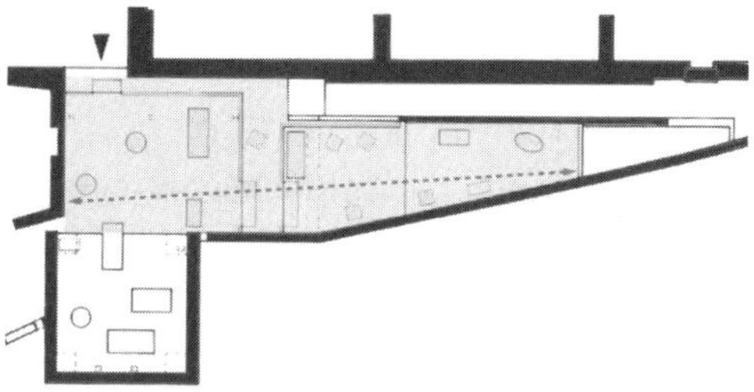

图18　全局性人流移动方向

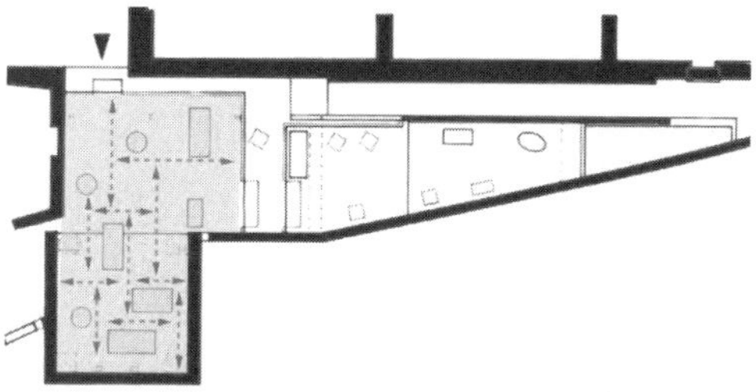

图19　局部性人流移动方向

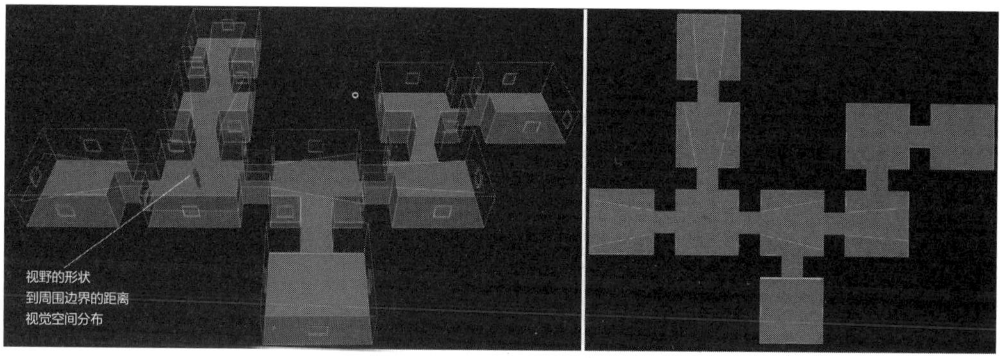

图20　具身视域形式

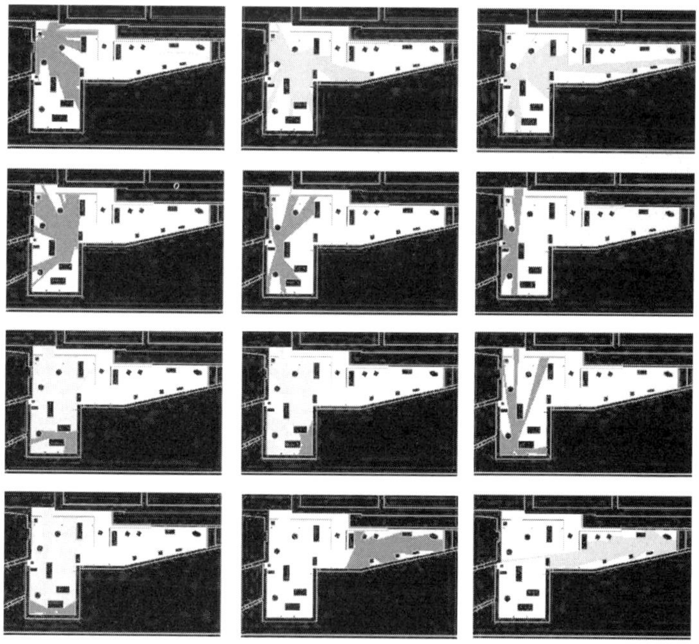

图21　12个主要雕像凝视的视域分析图示

如何分布？观者周围空间为何种形状？视域产生的多边形中的最大径向长度和最小径向长度也同时暗示了更具身化的衡量指标，即我能从这看到多远？我距离最近空间界面的距离是多少？（图20）

空间句法学的视域分析更精确地呈现了空间中各个雕像的视域范围所覆盖的区域，通过使用灰度来索引数值，可以直观地看到视域在空间中的分布模式：深灰色最密集，而浅灰色是最稀疏的（图21）。分析显示，观者对展厅的探索不仅提供了一种展示雕像的角度，而且也提供了观者在凝视中反观自身的一种具身体验。观者的具身体验是对雕像空间关系的确认，观者和雕像的视域成为空间结构的一部分。看与被看、可见与不可见、凝视与逃脱，在空间的游走中不断转换。通过暗示，观者与雕像在同一个视线编织的网中，在相同的空间中被引导或交叉凝视。雕像不仅仅是被观看的对象，更多地，观者从这些雕像的宗教性或象征性的凝视中找到了观照自我的窗口。

斯卡帕作品的诗意产生于空间的视觉构成形式，身体与空间的结合获得了近乎触觉的维度，感知的经验被整合到复杂交错的叙事组织中。空间句法学的具身图示分析显示，斯卡帕的建筑超越了二元论的范式，即不是柏拉图式的、反感官的对象，而是一种认知的、具身的实体。空间并非某种超验的几何再现，它超越了抽象的理想原型，在建筑的结构、体积、光线、展品、观者之间建立了多维度的、强烈的互动关系。建筑不再是冷漠的、惰性的容器，相反，它成了一个具身化的装置，在与观者的身体、感知和思想的互动过程中营造出一个个凝视的空间与一段段鲜活的时间。

（原载于《装饰》2022 年第 6 期）

图片来源：

图 1：引自 https://en.m.wikipedia.org；

图 4—图 6：由 Richard Bryant 提供，Opus 22，*Carlo Scarpa*，*Museo Canoviano*，*Possagno*，Gazelle Book Services，White Cross Mills，Hightown，UK；

图 14：引自 https://www.museocanova.it；

其他图均由作者拍摄或绘制。

参考文献：

[1] MERLEAU- PONTY M .The visible and invisible[M]. Northwestern University Press，1969：8-12.

[2] LACAN J.The four fundamental concepts of psycho- analysis[M]. MILLER J A，ed. SHERIDAN A，trans. SHERIDAN A intro.London：Penguin Books，1994：72-112.

[3] BERGSON H.Matter and memory[M].PAUL N M，PALMER W S，trans. New York：Urzone Inc，2002：1-7.

[4] WILLIAM J.Psychology：briefer course[M]//American science series. New York：Henry Holt and Co，1890：193.

[5] DEWEY J. The reflex arc concept in psychology[J]. Psychological Review，1896，3(4)：357-370.

[6] TURING A M. Computing machinery and intelligence[J]. Mind，1950，59(236)：433-460.

[7] DREYFUS H L. What computers can't do：a critique of artificial reason[M]. New York：Harper & Row，1979：285-300.

[8] DELEUZE G.Cinema 1：the movement image[M].TOMLINSON H，HABBERJAM B，trans.London：Continuum International Publishing Group，2001：59.

[9] MERLEAU- PONTY M.Phenomenology of perception[M].SMITH C，Trans.New York：Routledge，2003：183.

[10] GIBSON J J.The ecological approach to visual perception[M]. Boston：Houghton Mifflin，1979：143.

[11] LAKOFF G，JOHNSON M. Philosophy in the flesh：the embodied mind and its challenge to western thought[M]. New York：Basic Books，1999：16.

[12] TVERSKY B.Structures of mental spaces：how people think about space[J]. Environment and Behavior，35(1)，66-80.

[13] THOMAS C.Embodiment and experience[M]. Cambridge：Cambridge University Press，1994：1-20.

[14] LEFEBVRE H.The production of space[M].NICHOLSON-SMITH D trans. Oxford：Blackwell，2001：361.

[15] De CERTEAU M.1984.The practice of everyday life[M].RENDALL S，trans.Oakland，California：University of California Press，1984：94.

[16] HILLIER B，HANSON J.The social logic of space[M]. Cambridge: Cambridge University Press，1997：259-261.

[17] LOW S M，LAWRENCE-ZÚÑIGA D.Locating culture[M]//The anthropology of space and place.Malden，Mas.：Blackwell Publishing.2003：1-47.

[18] 伍端. 空间情景美学及其图绘探索[J]. 世界建筑，2013(6)：110-113.

作者简介：

伍端，广州美术学院建筑艺术设计学院教授。

艺术介入：一种批判性的环境设计策略

沈康

摘　要：在发展愈发快速的今天，来自社会、生产和生活的剧烈变化给城市环境和公共空间带来了极大的挑战，需要新的设计方法和理论去应对和处理这些现实问题。城市与建筑设计领域需要新的思维来超越狭隘的专业视域，而跨专业思维、交叉学科合作已经是一项共识。深入问题、开放选项、多方位尝试和检验，以更开放的设计探索关注实现建成环境的改善。艺术一直以其独特的方式持续地影响着人居环境，“艺术介入”作为一项实验性的探索，可以为社会转型、城市更新背景下的多样性人居环境实践提供新的角度和路径参考。

关键词：艺术介入；公共空间；城市规划；环境设计

当代中国的城市化进程在经过了近40年高速发展之后，人居环境的品质提升已然成为“存量时代”的现实挑战与重要学术命题。这一转向亟须对矛盾交织的复杂现实以批判性的思维展开直面问题、探索理想模型与路径，又不乏务实的学术实验。一直以来，广州美术学院建筑艺术设计学院坚持将“地方”视为观察场域与研究议题，围绕公共空间的“艺术介入”开展了从研究到实践的系列学术实验。其基本的学术立场和出发点可以概括为：环境品质提升的核心任务是对各种公共空间资源进行优化配置，公共性是其根本属性。图纸上设计出来的属于“公共”的空间并不代表真实意义上的公共空间，空间的“公共性”才是值得关注的重要指标，其中也包括公共空间的组织方式。而空间的“公共性”又以积极、活跃的公共生活为判断依据。本文希望提出具有批判思维的工作模式来促成和优化上述空间的“公共性”，探索化解“约定俗成”的可能性。

1　缘起

2006年开始，广州美术学院与华南理工大学建筑学院及意大利费拉拉大学等几所高校持续开展了城市设计工作坊形式的交流合作。从一开始，这项合作就强调了基于不同专业背景一起工作的兴趣所在，希望通过专业交叉、混合团队的形式开展研究。广州美术学院的工作团队进一步强化了这一合作模式，团队中不仅有环境设计专业人员，还特别将视觉、产品设计等专业的老师和同学组织进来一起工作。

在面对广州小洲村这类城中村改造的议题时，非空间专业的老师和同学由于不熟悉专业性术语和专业工具，一度产生了极大的困惑和交流障碍，但他们独有的观察视角和工作方式仍然受到了鼓励。在经历了初期的摇摆之后，一些别样的成果反而给了大家意外的惊喜：跳出空间视角的观察往往使得基地的其他面貌和气质得到挖掘和呈现。这也从一个侧面作出了提醒：某些习惯性的专业判断反而容易使人忽略一些富有质感的细节和内容；那些图上操作的分析和空间组织，事实上和小洲村基地真实的状况有着不小的出入。此外，在设计成果上，非空间专业的同学提出了完全不同的设计思路，或通过品牌视觉设计，或通过公共设施的局部改造来达成环境改良的目标（图1），甚至是设计了一些行为活动来促进地方生活的丰富和生动。将这些偏离常规技术路径的设计想法纳入现实的维度，不仅具有可行性，其有效性也引发了大家的思考，成为其后持续开展的一些研究与实践的起点。2009年夏天，本人在意大利卡拉布里亚大学做了一场演讲，分享了一些工作和设计的观点，题目即“微小且柔软的介入”（Micro and Soft Intervention）。“介入”作为一种工作方式开始被提出，指向积极但又

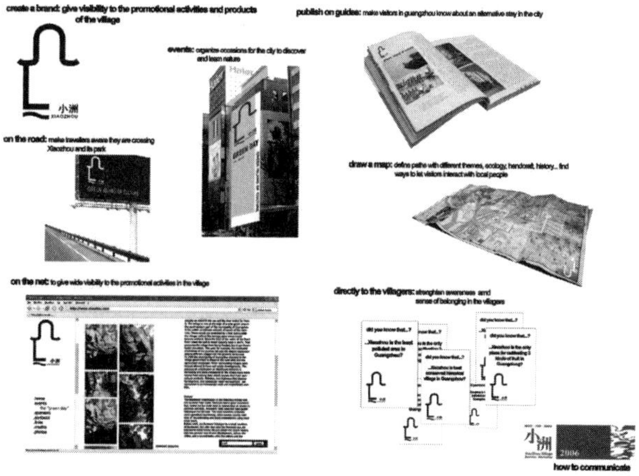

图1　为小洲村提出的品牌设计思路

图2 从自然地理和历史概括的黄埔村空间结构

图3 黄埔村拍摄计划

图4 Assemble和他们的实践

不大动干戈地干预环境的设计姿态。

2 介入空间的“艺术”

“介入”另一次具有典型意义的尝试体现在“古黄埔港历史风貌区环境综合整治规划和景观节点设计”这个项目中[1]。设计团队在总结过往积累的基础上提出了新的设计思路，并没有如往常一样开展直接的专业技术操作，而是回顾了这个地方之前所有的设计内容与成果，将“规划”这样一个针对具体地方开展的各项技术性工作视为一系列时间维度上的事件。我们对前几次规划设计的“无疾而终”进行了比较，发现了原有技术路径的局限性，特别是黄埔古村内部的实际情况，真实的生活诉求难以通过标准的“规划设计”得到响应。因此，最终采取的“规划”设计思路也较为“轻柔”，并没有提出明确、刚性的环境整治计划，而是挖掘和梳理了原来的自然地理空间关系和基于宗族血缘的空间结构（图2），以顺应这一既有结构的姿态进行策略性的空间整理，并辅以从现有的生活智慧中挖掘可实施更新改造的参考性指引。这样一来，设计工作转向为提供一个具有弹性的指引，以实现黄埔古村环境改善计划的“顺势而为”。究其原委，在于东亚地区营造的木构体系坚固性缺失，而聚落空间内在的结构性反而更具内涵。阵内秀信曾经这样阐述了他的理解：“东京尽管已经没有多少历史建筑的遗存，但400多年前江户时代城下町的气质与特征，仍穿越历史，与今日的东京保持着某种关联，空间结构的内在力量持续不断地影响和塑造着现代的东京。”[2]这或许代表了当下亚洲城市的普遍面貌，其活力与魅力更多来自内在独特的空间结构，而不是视线所及的建筑单体及其整体环境的形态。在时间的流变中，仅仅着力于环境物理空间层面的干预可能导致不得要领、南辕北辙，“介入”或许是比整体性的规划干预更具东方思维的一项积极策略。

正是由于采取了这样一种“柔性”的设计策略，需要努力回溯、接近并试图恢复黄埔古港风貌保护区在漫长历史时间中沉淀下来的自然与人文地理意义上的空间结构，设计团队开展了比以往更为细致的收集资料和了解现场的工作，其中包括有关空间记录和村民访谈的拍摄计划（图3）。在拍摄后期的剪辑过程中，设计团队意识到，这些村民自己讲述的故事就是这个地方最深处的记忆与特质，影像剪辑就像一个更主动的透视行为，勾勒出发生在此时此地、隐形但又明确的各种时空关联。作为与设计同步的研究性实践，设计团队选取了村里的一间祠堂，邀请村民们来观看他们自己的故事。出乎意料的是，屏幕上的故事在已经有些疏离的社群中获得了强烈而生动的回应，进一步引发了整个社群环境意识的觉醒，以及在后期工作中的主动性参与。他们不仅提出了一些非常有建设性的建议，也积极为政府的环境整治计划奔走协调。这一过程收获了意料之外的启发：如果规划设计在最终的目的上仍是希望黄埔古港的风貌得到保护，恢复该地区的活力，虽然从规划到实施还有漫长的时间，但这些具体设计之外的行为却无意间部分促成了规划设计期望达成的目标。影像计划让我们以“介入”开始的设计工作多了一个“艺术”的维度，无论拍摄本身还是组织放映都受到了当代艺术实践从观念到形式层面的启发。正如法特琳·格鲁在《艺术介入空间：都会里的艺术创作》一书中分享的诸多案例那样，“艺术已经不再总是与日常生活相互区隔；艺术可以直接为我们日常生活做点什么，我们也需要艺术为我们的日常生活做些什么”[3]。当代艺术转向社会批判与干预已然是普遍性的实践，从杜尚到博伊斯，当代艺术不再是一种自我的视域，而倾向于在具有整体性的社会环境中进行实践，艺术家使用各种艺术形式进入城市、社会空间中进行表达和互动。今天的卡塞尔，博伊斯当年种下的橡树已经枝叶繁茂——那件名为《7 000棵橡树，城市造林替代城市管理》的作品改变了人们对艺术作品的认知，博伊斯精心设计的持续性公众行为创造了一座城市的空间记忆。2015年的第31届特纳奖（Turner Prize）颁授给了建筑设计团队Assemble，他们的作品不是装置，也不是行为艺术，而是对城市的老街区进行街道和房屋的改造设计（图4）。颁奖词给予他们的肯定是：展示了艺术实践在引导和应对当下迫切的社会议题中所能发挥的重要性。于是，将“艺术”作为“介入”一词的前缀，被我们视为媒介多样性的一种选择，从芝加哥千禧广场到日本的越后妻有，当代艺术家们对“公共空间”的兴趣为环境设计提供了更宽广的观察维度，公共艺术作品为人与社会，人与空间、时间的相遇及互动创造了更为生动的媒介。通过“介入日常生活”的艺术行动，可以更开放地

图5　工作团队与石寨村村民交流

讨论什么是公共空间、是什么承载了我们的记忆、如何在时间的线索中把握空间的含义，以及艺术如何促成“公共空间”的出现和人们相互间的交流。

那么，艺术究竟能为我们的城市与建筑带来什么呢？简·雅各布斯在《美国大城市的死与生》这部经典著作中这样指出：“当我们面对城市时，我们面对的是一种生命，一种最为复杂、最为旺盛的生命。在处理城市问题时，我们会遇到一种基本的审美局限：城市不能成为一件艺术品。”[4]她批判了将空间的视觉秩序狭义地理解为艺术的观点，艺术之于城市的意义并不是将城市按照某些视觉法则变成“艺术品”，而是“在城市布局以及其他城市生活领域，我们需要艺术，需要用艺术的手法来使我们理解生活，看到生活的意义，阐释每个城市居民的生活本身和其周围生活的关系。也许我们最需要艺术的地方是艺术可以让我们感受到人性的本质”[4]。她强烈建议建筑师和规划师扮演好社会生活观察者和体验者的角色，充分理解邻里生活和多样性才是维持城市活力的重要因素。她的主张和前面讨论的艺术转向无疑是一致的。或者说，她的论述已然和当代公共艺术实践者的观念、视角和工作方法有着某种程度的呼应。雅各布斯以其批判性的思考改变了人们看待城市的方式，其中许多观点已经成为建筑师、规划师们的共识，尤其是她对城市生活细致入微的观察给了城市规划和建筑设计师们极大的启发。因此，人居环境设计领域有必要从当代艺术、公共艺术的思想观念和实践路径中汲取智慧和经验。艺术在观念和工具的层面，创造积极的社会关系，进而维系和激发生活的多样性、本土性、活力与意义等，是可以作为一个新的维度发挥其独特的建设性作用的。

3　“艺术介入”的五个关键词

在前述部分，从缘起的角度，我们介绍了为何选择“艺术”和“介入”这一组词汇来概括一种批判性思维的环境设计工作方式。那么，以下一组关键词则进一步解释了将公共空间的艺术介入作为一种批判性环境设计策略的立场、观念和具体方法，这些彼此关联和紧密联动的要素和环节，构成了“艺术介入”这一学术主张的结构性表述。

3.1　日常生活

对日常生活的关注、着眼于社会关系的建构是该项主张与实践出发的起点。从胡塞尔到列斐伏尔，虽然“日常生活”是一个不断被解释的哲学概念，但核心的思想仍是围绕现代性的批判，希望通过鲜活的日常生活抵抗现代世界的符号化，抵抗异化的现实。其中最为经典的是列斐伏尔的日常生活批判理论，他以《日常生活批判》《让日常生活成为艺术品》等一系列著作开启了通过日常生活实现审美解放的议题。其主张关注愉悦、自由和日常生活社区感的显示，主张“卑贱的、平常的、鲜活的和可接近的艺术”[5]，对国际情境主义和建筑现象学的发展都产生了深刻的影响。这一影响从居伊·德波到康斯坦特，并一直延伸到库哈斯。并且，列斐伏尔认为日常生活具有潜在的能动性，既是生产方式的基础性要素，也参与生产方式对日常生活的建构，这亦成为其空间生产理论的核心内容，其后在大卫·哈维的城市空间理论中获得了回响。批判的立场来自以下反思：当专业性的操作成为一种惯性，设计就将一步步远离生活；只有极力抵近日常生活，建立更为感性的观察角度和体验方式，才能接触到现实生活被专业术语抽象化处理的生活截面，才能真实地接触到遗漏和消隐的各种细节和本质。这也解释了现有规划设计技术路径部分失效的缘由。

小洲村工作坊所采取的挣脱专业惯性的操作，事实上是为“设计”创造了一次接近“日常生活”真实状态的机会。在梅州蕉岭石寨村的乡村营造实践中，我们面对的亦是极其普遍的真实现状：虽然当地仍保留了相对完整的客家土楼，但是以当地的经济条件而言，按照现有的工程技术路径进行改造显然是不太现实的任务，如何在承续传统、改善环境和现实可行之间取得某种平衡是设计的核心工作。设计团队和当地居民开展了十分细致的交流与沟通（图5），从牲畜的养殖方式聊到地方民俗、节庆仪式。清理、整顿废弃的边角空间成为改造的工作内容，并使之成为容纳具有典型意义生活内容的公共空间：生产与生活共处的平台空间、衔接老屋舍的小花园、服务卫生要求的公共厕所，以揭示适合当地的建造方式，以及维护空间完整与连续的重要性。希望居民能从日常生活中唤起对空间改造与更新的认知与可持续的力量，以促成乡村建

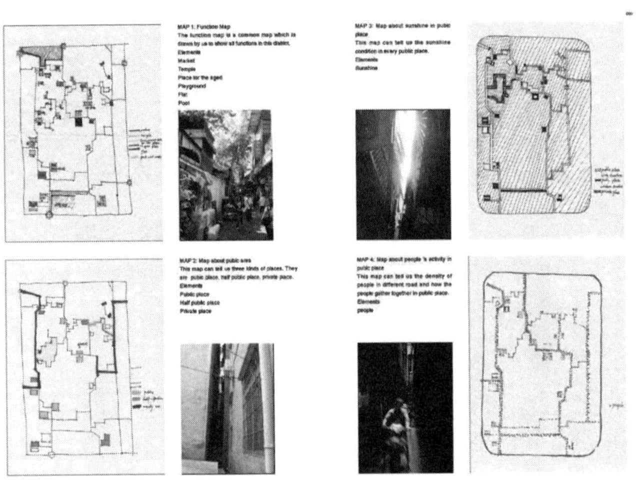

图6　空间素描：记录与手绘

图7　参与式设计：居民意见征集与交流

设内在的自发性。所以，“艺术介入”的环境设计策略始终要求从一开始就对“生活现场”进行“抵近观察”，不带偏见地以“同理心”追求换位思考，全力以赴地倾听和感受，并据此提炼关键性的设计条件与要素。

3.2　微观

如果说“日常生活”的概念仍较为抽象的话，那么“微观”则是具有可操作性的姿态与角度。在规划设计工作中，我们其实较为习惯从整体性的角度开展观察与行动，若转为如显微镜一般的观察方式需要作诸多的调整，但这恰恰是进入日常生活最为有效的方式。文化人类学的工作方法提供了极为有益的参考——通过素描式的空间现场与生活细节记录和分析（图6），可以窥探到社会的内部生态与结构。此外，“微观”这一概念还提供了内涵丰富的另一层思考，正如宏观经济学与微观经济学的有趣比较，是一系列从基本假设、研究方法到寻求解决问题办法等完全不同的选项，但二者互为补充地构成了现代经济学的整体框架。“微观”提供了更为清晰的观察现实的角度与立场，也提出了不尽相同的解决问题线路。与社会运作常态的“自上而下”形式相比，“艺术介入”倾向于“自下而上”的行动，强化地方居民参与、多方参与、自组织力量在这项工作中的比重（就整体效果与社会治理的现实情况而言，实施“自下而上”与“自上而下”相结合的双向协同，对当下的建成环境改良是非常必要的）。“微观”也意味着对症下药的环境策略可能是局部而精准的，犹如以微创引导的“介入医疗”，以最微小的干预程度和精微、精巧、精准的设计来实现环境改良的目的。

在黄埔村影像计划的启发下，“介入”建成环境行动的前期工作内容有了不一样的方式。每次都是从与生活细节相关的空间“速写”开始，关注局部先于关注整体，尽量记录生活各个空间断面上的尺寸、尺度，人们为应对各种复杂难题所采取的空间策略，如对空间的共享与分时使用，有关空间使用权的种种博弈及对应的权利关系，记录的方式包含影像、文字记述和“速写”式的空间描绘。在深圳南头古城，聚焦局部的观察让我们留意到流动摊贩在某个空间的经营时间与城管的巡查形成了有趣的互动关系，所以，在不同的时间段，这个空间拥有完全不同的定义。设计的“介入”因此选择了在微尺度层面进行空间标注、场所识别性设计等方式，以生动的形式暗示空间、时间的边界关系，以促成空间的混合使用及多样化生活场景的建构。

3.3　公共性

事实上，无论在土地还是资金上，当下的城市建设在公共空间的营建上已经进行了相当大的投入，然而现实的情况却未必如意。值得思考的是，除权属上的公共属性之外，在设计层面一般是将开放性、可达性和功能的复合性作为评价公共空间的依据，这些依据虽然已经超越了对物质空间的量化评估，但现实的尴尬仍然显而易见。上述空间特征可能与生活本身的复杂性、多样性以及动态特征存在着错位。成功的公共空间应该是开放性、可达性等空间特征能够与生动、丰富的公共生活充分融合，互相促进，相得益彰。

尽管学术界对“公共性”有着不尽相同的定义和解释，但作为判断“公共空间”之为“公共”的重要内涵，公共生活的质量是对“公共性”最直接的观察指标。公共生活由各种形式的交往活动构成，这是一些由于共同信仰、共同话题、共同利益，以及公共契约、地方身份认同产生的生活交集，或主动或被动。当下公共生活的危机事实上来自一系列社会转型带来的现实问题，不论是传统社区的空心化与衰败，立足于熟人社会的公共生活日渐消退和解体，还是数量庞大的人口流动带来的本土性流失和文化碰撞，以及时代性的快速转变带来的代际鸿沟。“公共性”的再造事实上也可以理解为多元与包容的公共生活的再造。

由于将关注的重点更多地投放在那些城建力量不能完全抵达的地方，因此，“艺术介入”也特别侧重于如何激发积极的公共生活、创造良性的社会互动（图7）。艺术是促成共识、推动交往极好

图8　利用地形设计的儿童游戏

图9　深圳南头古城“东二门”设计

的媒介。与环境空间紧密关联、相互作用的艺术实践，促进生活与空间进行“公共性”的同步引导，将重拾地方生活的自信和彼此的信任。黄埔村的影像计划事实上是某种程度上对“公共生活”的触动，类似的工作也体现在韶关车湾村的乡村帮扶行动中。我们发现，由于与日常生活相关的大部分公共服务配套都集中在仁化县城，从孩子们的就读到人们的就医、购物，这不可避免地削弱了地方性的“公共生活”。由此，重建具有现实意义的公共生活及其对应的空间场所就成为“介入”行动的关键。基于大部分家庭从事柑橘生产这一现实，设计团队借助“可视化”的艺术表现手段将“公共利益”这一议题在全体村民层面进行交流、组织，将从农产品交易出发的社交空间这一共识转换为对设计条件的梳理与整合，并进一步推导出对应的空间解决方案。

3.4　身体力行

之所以引入“身体力行”这个具有行动意义的关键词，除了说明“艺术介入”的工作方法提倡亲身体验、努力实践，同时也是进一步明确“艺术介入”强调超越眼睛与视觉的感知与知觉，强调用身体去丈量空间、用身体去感测生活的温度。“身体力行”包含以下两项十分具体的行动准则：其一是对日常生活的观察需要亲身进入实地实景，除了观察与记录，还必须打开更为敏锐的感知，尽力以全方位的知觉捕捉环境中微妙的情绪与质感，及其所对应的空间性要素；其二，是指尽可能开展在现实层面可实现、实施的各项行动计划，包括现场搭建、社交活动设计等，哪怕这些行动和措施非常微不足道，但至关重要的是，设计者可以通过亲身实践、与使用者的直接互动来获取来自现实的真实反馈。

黄埔村影像计划对各方参与的调动从一个侧面体现了“身体力行”的积极作用，深圳南头古城的设计介入也收获了一份十分生动的注释。为了了解和改善当地孩子们课后的活动空间，团队成员和孩子们交朋友、玩游戏，创造性地发明了“春景街保龄球”游戏（图8）。这一游戏利用了春景街独特的倾斜地形，将废弃的饮料瓶制作成保龄球，制定了一套属于“这个地方”的游戏规则。孩子们的身体运动与春景街地形之间有趣的互动将这段街道塑造成为属于当地孩子们的“独有的”游戏空间。可以预见的是：伴随孩子们的成长，这里又或将成为他们成长过程中的空间记忆。这一案例是从“身体”感知到行动设计、从多方共同参与出发谋求设计策略的体现，从而获取根植于日常生活的建设性成果。

3.5　策略

既然将日常生活视为观察的起点，将微观的角度和身体力行视为一种工作方法，将空间公共性作为促进环境提升的目标，那么设计的成果就未必是某个具体的空间设计。“设计”这项常规意义上的技术性工作在这里演变为一种策略性的力量，以促成环境的改良、完善与发展，而不仅仅着力于物理层面的空间干预。设计即策略，意味着设计的思维从造物转向了谋事，是对现实环境中一切资源的分析、研判与整合路径的考量。这些资源既包括位置、规模与物理层面的具体化参数，也包括历史遗产、人文、地理方面的潜在要素；既包括生产生活方式、消费模式的方方面面，也指向深层的社会结构与价值判断。设计的干预可能是创造新的邻里关系、新的社会组织方式，设计新的经济活动形式、生产和运转系统，以及提出新的价值评判标准，当然也包括与之匹配的具体空间、设施的形态、规模与尺度的设计。因此，设计的成果可能是非直接目标性、多方案、微尺度、柔软、策略性和局部的。在设计工具的层面，一切有利于研究的手段都可以运用，包括影像、问卷，而不仅仅是图纸和模型。设计成果不再仅仅局限于图纸和建造，可能是规划、景观、建筑、室内设计，抑或某些装置和设施，或者某些与空间有关的行为管理与设计。

前述小洲村和黄埔村的案例或许可以看作一种“策略性”的设计，那么，深圳南头古城“东二门”的设计本身就是一种策略（图9）。这个宛如城中村的“新安故城”作为曾经宝安县府的所在地，虽然修缮了两处旧的城门，但其与日常生活的关联性不足以支撑地方性的认同感。我们的设计是发现、挖掘了一处现实生活中使用程度很高，但又隐蔽的出入口，围绕该处丰富的生活场景，以命名的方式杜撰，并以空间设计及视觉设计等综合手段重新定义了一处“东二门”，希望以此来重建地方特征与空间记忆。

4 结语

之所以提出“艺术介入”作为一种批判性的环境设计策略，是希望摆脱规划与建筑设计中习惯性的宏观角度，从微观出发开展建成环境的研究与实践。这一策略更侧重于细节与体验，提倡通过跨界的艺术与设计实践，共同面对当下复杂的环境议题，实现环境改良等更具善意的设计目标。在开展相关研究和实践十余年之后，我们欣喜地看到各地的城市更新也在发生同样的转向，立足微观层面的“微更新”“微改造”正成为城市更新的重要路径，“社会创新”或“社会设计”亦成为当下广泛讨论的概念与思想。艺术将在环境提升发展中扮演不可或缺的力量，已是广泛的共识，设计亦将在观念和方法层面做出巨大的改变。“（设计）这种转型是一个广泛的、复杂的社会学习过程……为了实现这一目标，我们要将整个社会视为一个巨大的社会技术实验室，而实验室又需要创造和传播设计知识，使个人、社区、机构和公司有能力发明并强化生存以及做事的原创方法。”[6]在这个意义上，艺术介入与其说是一种工作方法，不如理解为一种姿态更为合适，这意味着观念和方法更为开放的另一选项。

（原载于《装饰》2022年第5期）

参考文献：

[1] 沈康，冯江．历史环境保护更新规划的另一种策略：广州黄埔村（港）规划设计事件样板研究[J]. 建筑学报，2010（6）：32-36.

[2] 阵内秀信．东京的空间人类学[M]. 刘东洋，郭屹民，译．北京：中国建筑工业出版社，2019.

[3] 法特琳·格鲁．艺术介入空间：都会里的艺术创作[M]. 姚孟吟，译．桂林：广西师范大学出版社，2005：7.

[4] 简·雅各布斯．美国大城市的死与生[M]. 金衡山，译．南京：译林出版社，2006：341.

[5] 汪原．亨利·列斐伏尔研究[J]. 建筑师，2005（5）：42-50.

[6] 埃佐·曼奇尼．设计，在人人设计的时代：社会创新设计导论[M]. 钟芳，马谨，译．北京：电子工业出版社，2016：61.

作者简介：

沈康，广州美术学院建筑艺术设计学院。

海外掠影

以人为本的绿色建筑设计探索
——以新加坡的绿色建筑实践为例

许美珊

摘　要：新加坡绿色建筑的成功很大一部分得益于在实践中处处体现"以人为本"，高度重视人的健康与福祉，获得了公众的认可和广泛参与。文章对新加坡绿色建筑实践进行调研和梳理总结，分析其如何通过设计体现人性关怀并有效引导全民参与绿色运动，为以人为本的绿色建筑实践提供有力参考。

关键词：绿色建筑；以人为本；新加坡；公众参与

"绿色建筑"及其他相关概念如"生态建筑"、"可持续建筑"和"低碳建筑"等都是针对环境问题、资源紧缺而提出的建筑应对策略。长期以来，建筑的节能始终是绿色建筑的核心内容，人的健康与福祉则居于边缘地位。这导致了作为建筑的使用者——普通大众不能切实体会到绿色建筑所带来的种种益处，绿色建筑因此无法得到公共认知和有效的推广。新加坡绿色建筑委员会主席戴礼翔也曾指出，专家对于绿色建筑的解释过于深奥，使得民众了解有限而失去兴趣，绿色建筑便无法吸引开发商的投资[1]。另外也有调查表明，缺乏公众认知已成为阻碍绿色建筑发展的重要原因之一[2]。因此，绿色建筑"以人为本"的重要性逐渐显现。

1　绿色建筑"以人为本"的价值要求

以人为本，简单来说就是把人的生存作为根本要求。同理，绿色建筑的"以人为本"就是要首先考虑人，为人提供良好的生存环境。其价值取向是人，并且是所有公民。它的价值要求可以概括为：全民共享——应满足全体人民健康、舒适、便捷的基本生活需求，并保证全体人民共享绿色建筑；全民参与——绿色建筑的实践需要全体人民共同参与。

2　基于以人为本理念的新加坡绿色建筑探索

新加坡在绿色建筑领域取得了世界瞩目的成就，它的成功很大一部分得益于在绿色建筑实践中处处体现"以人为本"，努力营造理想的人居环境，获得了民众的认可以及广泛参与。在一次调查中，有高达80%的居民认为新加坡适宜居住并且是一个可持续发展的国家[3]。下文对新加坡绿色建筑实践进行调研和梳理总结，具体分析其如何通过设计体现人性关怀并有效引导全民参与绿色运动，为以人为本的绿色建筑实践提供参考。

2.1　共享建筑提供便利生活

在建筑中引入"共享"的设计，可以提升建筑的使用效率、最大化利用城市资源，也有助于引导民众选择绿色的生活方式、增进人们日常的交往联系。"共享"益处之多，使其已成为解决众多城市问题的重要途径之一[4]。

新加坡资源十分匮乏，因此特别重视提升资源的利用效率，在绿色建筑实践中积极响应共享理念。

2.1.1　开放的建筑

为了实现共享，新加坡大部分建筑不设围墙，而是对外开放。一些公共建筑更是探索出一种多功能复合、社区友好的共享建筑模式。以邱德拔医院为例，建筑师将首层和地下一层的零售、医疗宣传等以及屋顶农场、花园庭院向公众开放。附近健康的居民也乐于使用医院内的各类配套设施，医院50%的来访者是出于社交和娱乐目的[5]。在这种共享模式下，邱德拔医院成为社区的中心，为附近的居民提供了生活便利，医院资源得到最大化利用，患者也在一定程度上因活跃的建筑空间氛围而得到心灵的疗愈。

2.1.2　便利的交通系统

新加坡政府大力发展绿色出行系统，其实现主要得益于随处可见的风雨廊。新加坡夏季炎热多雨，风雨廊的设计为居民的日常出行提供了极大的便利。风雨廊将建筑与建筑、建筑与公交站等重要交通枢纽联系在一起，形成一个便捷的交通系统，大幅度提升了居民选择绿色出行的积极性，从而达到节能减排的效果。黄廷芳医院即采取了空中风雨廊的形式，与周边地铁站、商业区相连接，此举方便了乘坐地铁而来的患者快速进入医院就诊，也吸引了周边商场的健康人群来到医院二层的开放空间购买和享用健康产品[6]。

图1 OASIA 酒店

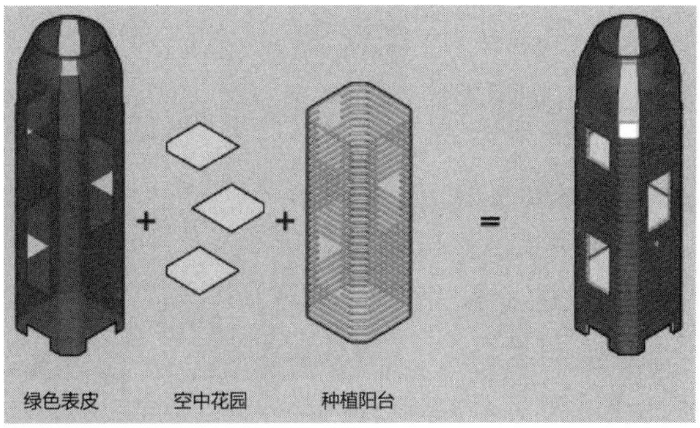

图2 多维度、全方位的绿化体系

图3 丰富多样的立体绿化

2.2 生态元素提升空间品质

随着生活水平的提高，人们对于建筑空间品质的关注度与要求也越来越高。建筑的空间品质通常是指通过合理的设计为使用者带来建筑物理环境和精神层面的舒适体验。引入绿化、水体等生态元素是提升空间品质的有效手段之一。它们是新加坡绿色建筑体系中重要的一环，可辅助建筑节能设计，同时减轻人工环境所带来的压迫感，改善生活环境品质。新加坡在建国之时就将建设“花园城市”作为基本国策，积极开展“绿化”与“蓝化”运动。时任总理李光耀回忆道：“打造‘花园城市’的推动力，首先是为了增强国人的士气。”[7]“花园城市”的建设成果给予了新加坡居民生活幸福感和城市自信感，他们对建筑使用“蓝绿”元素——蓝化(水体)、绿化也有着高度的认同感。邱德拔医院在2016年开展了使用后评估，评估显示超过80%的受访者认为医院应对“蓝绿”元素进行投资以优化使用体验[5]。

2.2.1 绿化

新加坡将立体绿化作为绿色建筑的重要评价指标。2009年，政府又提出“打造绿色都市和空中绿化”计划，对一些重要区域的建筑作出立体绿化的强制性要求。

1)辅助节能设计

建筑师利用植物蒸腾的特点为环境降温，减少人对空调设备的依赖。如新加坡OASIA酒店将整个建筑的最外层表皮设计为植物的爬架，植物大幅度减弱了阳光强度，为人们营造出阴凉的活动空间(图1)。

2)多维度、全方位的绿化

建筑师以“见缝插绿”的方式进行绿化设计，形成了由绿色表皮、空中花园、种植阳台组成的多维度、全方位的绿化体系(图2)，提升了建筑的绿化率。植物全方位的分布让人们能够随时随地接触自然，从而获得置身于自然的舒适体验[8]。

3)立体绿化营造活力场所

建筑师将绿色空间的设计与人的活动需求紧密结合，并使之开放，便于到达，为长期生活在室内的人们营造了富有活力的室外活动场所。在连廊、中庭、屋顶平台等各类绿色空间的设计上，采用丰富的形式吸引民众前往活动(图3)。

2.2.2 水体(蓝化)

2006年新加坡启动ABC水计划，以活力、美丽、清洁、全民共享作为设计导则。ABC水计划提升了新加坡人对水资源的保护意识，成功地使整个城市成为一个关于水资源教育的室外课堂[9]。

1)辅助节能设计

新加坡通过建造雨水花园进行雨洪管理，使水质得到改善并可持续利用。另外，水体蒸发吸热，还具有冷却功能。例如，新加坡国家图书馆庭院中的喷泉景观被用于蒸发冷却进入房屋的自然风。

2)多维度、全方位的雨水花园

建筑师、景观设计师在城市区域建造雨水花园、人工湿地，在

图4 反转天际线

图5 大屋面遮阳

图6 形式丰富的立面遮阳

建筑上结合屋顶绿化设计雨水花园。许多居住区都采用了这种方式以打造亲水型的环境友好社区，获得了民众的喜爱。

3）雨水花园营造活力场所

ABC水计划中的“A”代表“active（活力）”，指将那些不够美观且功能单一的水渠、河道，结合城市景观，改造为充满活力的滨水休闲空间。休闲空间积极地与周边社区及其他配套设施相联动，为人们提供更便利的社区生活。经过修复性设计改造的碧山公园成为当地居民日常生活的重要部分，富有创造力的活动空间设计让居民在与水的友好互动中意识到水资源的珍贵。

2.3 建筑美学满足审美追求

早在2000多年前，建筑的“美观”就作为三要素之一被提出。因此，美观也是绿色建筑的基本要求，只有符合人的审美取向的绿色建筑才能被更多的人所接受、被市场所喜爱。绿色建筑的人本理念，不仅仅指向建筑的生态性与科学性，也指向了建筑美学的精神追求。新加坡绿色建筑的美是绿色技术与建筑美学的完美结合，它符合基础的美学规律，与长期形成的地域建筑审美相结合，并在实践中发挥建筑师特有的创造力。

2.3.1 传统建筑美学

传统建筑中所蕴含的丰富的生态智慧及长期形成的建筑审美取向，能够为当代绿色建筑的创作提供启发，更重要的是能带给当地居民关于传统建筑的记忆。

新加坡传统建筑的主要特征为：①建筑底部全架空或局部架空以通风散热；②大坡屋面，屋檐出挑深远，利于遮阳、排雨。新加坡当代绿色建筑的实践在传承传统建筑生态智慧的基础上，用现代建筑的语汇结合现实的功能需求进行转译，呈现出鲜明的地域特色[10]。

1）底层架空

建筑师将传统建筑底层架空的方式在现代建筑中呈现得更为精彩极致——将建筑底座部分反转成产能屋顶为建筑供能，将建筑上部反转成架空的绿色的开放地面，力图“反转天际线”[11]（图4）。以WOHA为代表的建筑师事务所将其作为在新加坡高密度城市环境下提高人们生活品质的设计策略之一。建筑底层因此被解放出来，为人们提供便捷的穿行路径，阴凉的架空空间也成了日常交流、休闲娱乐的理想之地。

2）屋面、立面遮阳

建筑师在小体量的建筑中，仍采用了传统建筑大屋面遮阳的形式（图5）。而在高层建筑中，大屋面遮阳则转译成为形式丰富的立面遮阳（图6），以减少现代高层建筑立面接受的热辐射。建筑遮阳构件自身的韵律变化及其所产生的立面上丰富的阴影变化符合基本的美学规律，给人带来赏心悦目的视觉享受。

2.3.2 以立体绿化为主的绿色美学

以立体绿化为主的绿色美学已经成为新加坡作为花园城市的名片。新加坡绿色建筑采用充满生命力的植物装点，减少钢筋水泥等现代材料的单调与冰冷之感，建筑变得柔软灵动，给人带来舒适感与亲近感。

1）表现植物自身的美

植物是动态生长的，能够与建筑静态的材质形成强烈的视觉反差（图1）。建筑形体作为背景不作过多的变化，反衬植物本身自然生长的优美形态和随季节不断改变的丰富色彩。建筑也因此被赋予了生命，随着植物的变化而变化。

2）以建筑形态构建自然之意

建筑师通过丰富的想象力以建筑的形态来构建自然之意，建筑形体与立体绿化结合得更有机。例如皮克林宾乐雅酒店[图3（b）]以建筑间层层叠叠的曲线型露台与植物相结合，表达“梯田”的自然意象。

2.4 其他人性化设计

2.4.1 智能化设计

在新加坡最新推行的2015版Green Mark中新增了“健康与智能建筑”指标，表明智能化成为新加坡未来绿色建筑发展的重要目标之一。新加坡绿色建筑采用先进的智能技术，一方面进行能源管控，另一方面实现建筑的个性化和人性化管理，以提高公众对智能服务的获得感[12]。例如在新加坡榜鹅北岸社区，居民们可以通过移动应用设备随时随地控制家中大部分的电器。

2.4.2 个性化设计

新加坡建筑师希望通过建立建筑体系、居民们自由选择并实施细节的开放式设计，来充分调动居民共同构建美好家园的积极性，同时满足个人的喜好表达与现实生活需求，建立生活归属感。在一些高层组屋中已经实现了这种模式。建筑师利用现代预制装配技术，提供灵活的室内空间，由居民自己规划生活区域，或让居民自主选择部分的建筑构件，例如立面上的种植箱、遮阳设施等。这样构成的建筑外观更生动有趣、更有辨识度[13]。

2.5 强调全民参与、绿色教育

进入21世纪以来，新加坡的生态环境建设开始从环境威权主义向环境民主转变，在各项政策的制定与实施过程中都十分强调公众参与，以应对生态环境建设的艰巨性与持久性[14]。在建设“花园城市”的运动中，政府每年举行植树活动，并向公众推广绿色知识；在实施“绿色都市和空中绿化”计划中，鼓励居民参与美化家园的各项活动；在实施“ABC全民共享水计划”中，发起亲水娱乐及环保教育活动，培养民众主人翁意识，保护水资源……

作为绿色建筑设计师，通过设计引导更为绿色、健康的日常生活方式是其重要的责任之一。事实上，新加坡建筑师通过滨水景观、健身步道、空中花园等丰富的活动空间增进民众与自然的距离，提供舒适的生活体验，使广大公众都充分认识到良好生态环境的重要性，引导居民积极响应，共同维护生态环境事业，为实现真正的绿色建筑做出了不可或缺的贡献。

3 结语

随着时代的发展与现实需求的改变，绿色建筑的概念也在不断地扩大其深度与广度。事实上，我们已经赋予了绿色建筑更为深刻的含义，它区别于低碳建筑、可持续建筑所描绘的“建筑—自然”的单向关系，更加重视“人”“建筑”“自然”三者之间的紧密联系。“以人为本”则是呼唤在绿色建筑过去的实践中，曾一度被忽视的“人”的重要地位。

新加坡绿色建筑的“以人为本”实践强调关注人的身心健康。前文提到的“蓝绿”生态元素提升空间品质、多样的室外活动空间……有益于人“身”的健康；而便利的生活、友好的社会交往、良好的视觉体验……这些体现在关注人“心”的健康。新加坡绿色建筑的“以人为本”实践还特别强调作为使用主体——“人”的感知度和参与度。其设计策略包括了独特、新颖且美观的建筑造型，满足人们对于美的追求；人性化与个性化的设计使绿色建筑更能深入人心；多渠道鼓励全民共同构建美好家园……这些都有利于绿色建筑在民众中、在市场中推广，从而良性与永续地发展。

（原载于《建筑与文化》2022年第8期）

图片来源：

图1、图3、图4、图6：引自参考文献[11]；

图2：作者根据新加坡OASIA酒店绘制；

图5：引自参考文献[10]。

参考文献：

[1] 戴礼翔. 绿色建筑与绿色城市新定义[J]. 建设科技，2011(7)：28-29.

[2] Dodge Data & Analytics，United Technologies.2016全球绿色建筑趋势报告[J]. 城市住宅，2017，24(5)：90-92.

[3] 于丽娜，郭琳琳，黄艳丽，等. 新加坡可持续发展经验[J]. 世界环境，2018(6)：83-85.

[4] 李振宇，朱怡晨. 迈向共享建筑学[J]. 建筑学报，2017(12)：60-65.

[5] 包哲韬，周林. 人性化设计视角下的社区友好型花园医院模式：以新加坡邱德拔医院为例[J]. 建筑与文化，2021(5)：63-65.

[6] 侯彦婷，王心玥. 新加坡的社区友好型医院：创造一种社区与医院共享的公共空间[J]. 城市建筑，2018(14)：65-66.

[7] 谢新松. 新加坡建设“花园城市”的经验及启示[J]. 东南亚南亚研究，2009(1)：52-55.

[8] TAN P Y，WANG J，SIA A.Perspectives on five decades of the urban greening of Singapore[J].Cities，2013，32：24-32.

[9] 沙永杰，纪雁. 新加坡ABC水计划：可持续的城市水资源管理策略[J]. 国际城市规划，2021，36(4)：154-158.

[10] 郑媛，王竹，钱振澜，等. 基于地区气候的绿色建筑“原型—转译”营建策略：以新加坡绿色建筑为例[J]. 南方建筑，2020(1)：28-34.

[11] 高明明. 像树一样存在：WOHA事务所设计策略研究[J]. 华中建筑，2019，37(10)：8-12.

[12] 符志远. 论新加坡绿色建筑标准推进与绿色建筑技术方向[J]. 中国名城，2020(8)：12-19.

[13] 张天洁，李泽. 新加坡高层公共住宅的社区营造[J]. 建筑学报，2015(6)：52-57.

[14] 陈嘉龙. 从“环境威权主义”到“环境民主”：新加坡生态环境建设经验探究[D]. 武汉：华中师范大学，2018.

作者简介：

许美珊，福州大学建筑与城乡规划学院硕士研究生。

温热现代主义：昆士兰亚热带建筑特征与思想初探

赵潇欣　韩艺宽

摘　要：温热现代主义是对二战后20世纪40年代至70年代中期澳大利亚昆士兰州建筑实践特征的概括。其以亚热带气候和文化特征为基础，对现代主义建筑进行地域化改良，发展出具有昆士兰特征的现代建筑，具有重要的理论意义和实践价值。本文介绍了温热现代主义的特征与建筑实践，并进一步从昆士兰现代建筑教育、昆士兰建筑的亚热带反思等方面来追溯温热现代主义思想来源。在此基础上，本文将温热现代主义置入国际现代主义地域性反思的语境中，指出其地域化现代建筑的生成路径和对现代主义建筑的贡献，并讨论其对中国现代建筑发展的启示。

关键词：澳大利亚；昆士兰；亚热带；温热现代主义；批判的地域主义

二战之后，世界经济逐步繁荣，引发了对政治、金融和社会结构现代化的强烈渴望。与此同时，世界范围内的民族主义情绪强烈，人们渴望通过现代建筑使自己所属的国家与民族性得到强化与认可。澳大利亚的建筑设计也像当时世界上许多国家一样，在追求现代性的同时，也开始注重其地域性。昆士兰州位于澳大利亚东北部，气候宜人，被称为“阳光之州”，其特殊的亚热带气候为现代主义建筑的地域性适应与融合提供了条件，然而该地区的现代建筑思想与实践却鲜为国内建筑界所知晓。1984年《世界建筑》发表的《昆士兰美术馆，澳大利亚》一文是已知最早的昆士兰现代建筑介绍[1]。随着1988年世博会在布里斯班南岸召开，南岸公园改造工程受到了国内关注[2-3]。2010年，薛求理[4]与张晓春[5]两位老师结合自身在昆士兰的体验，分享了对昆士兰现代建筑关注地域与气候特征的初步印象。除此之外，国内几乎没有对昆士兰现代建筑思想与实践的深入讨论。

当许多国际主义建筑师为了追求形式与风格，利用机械通风等手段满足室内舒适度的需求的时候，昆士兰建筑师从一开始就关注了地域性，思考如何将本土建筑现代化，产生了以亚热带气候和社会文化特征为内核的现代建筑思想与实践。昆士兰大学建筑史学家与理论家约翰·麦克阿瑟（John Macarthur）教授将二战后

图1　*Hot Modernism:Queensland Architecture 1945—1975*

这一时期（1945—1975）兼顾地域性与现代性的昆士兰现代建筑命名为“温热现代主义”（Hot Modernism），于2015年举办了同名展览，并出版了同名著作①（图1）。

本文介绍了以昆士兰为主要地区的温热现代主义建筑实践和思想。文章第一部分介绍了温热现代主义的背景与特征；第二部分通过罗宾·吉布森（Robin Gibson）的实践作品，进一步阐释了温热现代主义的特征；第三部分通过追溯昆士兰州早期建筑教育及国际交流等相关内容，以了解温热现代主义的思想起源；第四部分将温热现代主义置入国际现代主义的地域性反思语境中，指出其对现代建筑的贡献、对中国现代建筑发展的启示及对世界建筑发展的贡献。

1　温热现代主义

1.1　温热现代主义的背景

现代建筑起源于欧洲，发展于美国。由于澳洲在政治、经济、文化等方面长期追随英美，澳洲的现代建筑可能也是最靠近现代主义建筑主流的一支。20世纪30年代起，伴随着工业化、移民潮与商人阶级的兴起，形成了以大众消费和中产阶级为基础的社会结构，使住房以及公共建筑的需求量激增[6]。在这样的背景下，澳洲建筑师们没有盲目地信奉现代主义准则，对英美的建筑经验采取了学习的方式而非照搬式模仿，将英美的现代主义经验与本土的材料、气候和建造特点结合，发掘本土建筑的现代性，发展出澳洲现代建筑的独特身份认同[7]。

早期欧洲移民采用当地廉价、耐久的木材，以底层架空的形式

图2　昆士兰州民居Queenslander

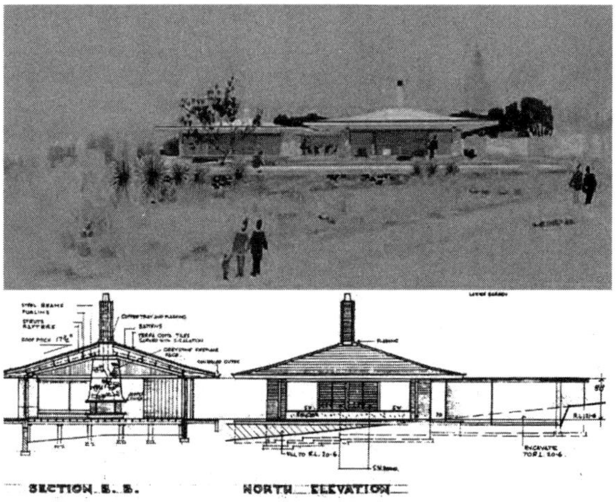

图3　马瑟斯住宅(Mathers House)

解决积水问题并保证通风，创造了适应昆士兰亚热带湿热气候的特色民居 Queenslander（图 2）。Queenslander 采用了深远的出檐以遮挡强烈的直射阳光，形成了半开敞的活动空间，称为游廊（verandah），孕育了独特的社会生活习惯。

一批昆士兰青年建筑师将现代主义思想应用于昆士兰亚热带气候区，设计了一批具有分层屋顶系统、墙壁通风以及游廊的气候性实验住宅，而在形式上却摒弃了所谓的 Queenslander 风格。其中最典型的代表是建筑师约翰·道尔顿（John Dalton）通过控制建筑剖面形式形成气压梯度，让空气流动最大化，设计了适宜亚热带气候的分离式单坡屋顶住宅[8,9]；以及斯蒂夫·卓特（Steve Trotter）设计的马瑟斯住宅（Mathers House）通过对屋面气候响应原理的关注，以烟囱式的屋面（图 3），加速了室内湿热空气的流动[10]。昆士兰建筑师以兼顾地域性与时代精神的昆士兰现代住宅为起点，结合当地条件（尤其是地理和气候环境条件）与身份认同，为澳洲现代建筑的地域性奠定了基础，发展出温热现代主义建筑，反过来又丰富了现代主义的地域化实践。

1.2　温热现代主义的特征

温热现代主义反映了澳洲东部，尤其是昆士兰州，在二战后的地域性现代主义建筑实践。由于亚热带气候文化与社会生活经验无法被行政辖区边界生硬地割裂，温热现代主义建筑的分布范围也无法与昆士兰州的边界完全重合。因此，尽管昆士兰地区作为温热现代主义建筑的代表地区，但温热现代主义实践并非仅存在于昆士兰州，还包括了新南威尔士州的北部地区。

温热现代主义摆脱了以形式符号来抵抗国际风格的浪漫式地域主义，而是在设计中充分利用当地的地形、语境、气候、光线，以及建构形式，将其内化为本土建筑的设计动力，其内核是基于昆士兰本土气候与社会文化的地域性反思，符合建筑理论家肯尼思·弗兰姆普敦（Kenneth Frampton）提出的“批判的地域主义”（Critical Regionalism）的特征和原则[11]。因此，可以说温热现代主义是批判的地域主义在地理空间上的澳洲实践。

尽管目前对温热现代主义尚无统一的定义，但仍可归纳出以下几个特征：

1）气候的舒适性

基于对昆士兰亚热带气候的理解，恰当地使用遮阳、架空、设置游廊等方法促进室内空气流动。

2）环境的适应性

不局限于气候环境的适应，更有对社会环境的适应，尊重了与当地气候相适应的地方社交文化与生活体验，以及对建成环境的适应，尊重建成环境的氛围。

3）空间的流动性

受密斯等现代建筑先驱影响，在建筑平面中表现出现代主义建筑空间的自由渗透与流动性。

4）材料的现代性

从本土建筑的石材、木材逐渐转向使用可塑性强的混凝土材料。

5）建造的便利性

充分利用现代建筑的模数化思想，以模块化的建筑材料完成建筑的设计与建造。

2　温热现代主义实践——以吉布森的建筑实践为例

昆士兰建筑师罗宾·吉布森（1930—2014）生于澳大利亚昆士兰州首府布里斯班，是温热现代主义的主要建筑师代表之一（图 4）。他于 1948—1954 年就读于昆士兰大学建筑系，接受了现代主义建筑教育，毕业后前往伦敦工作并游历欧洲大陆，广泛考察欧洲现代建筑，后又回到布里斯班建立了自己的事务所[12]。吉布森一生实践众多，并大多分布于昆士兰州，成了昆士兰州宝贵的建筑遗产。下面将通过解读其建筑作品，以进一步理解温热现代主义的特点。

图4 罗宾·吉布森

图5 佩林斯住宅(Perrins House,1963年)

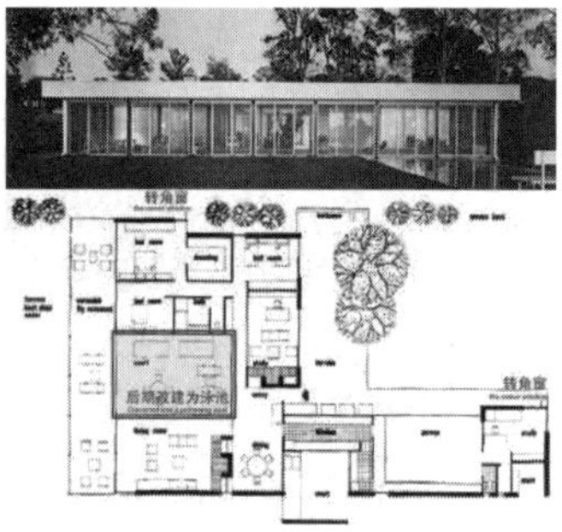

图6 莫卡塔住宅(Mocatta House,1966年)

图7 昆士兰大学中央图书馆(左)和梅恩礼堂(右)

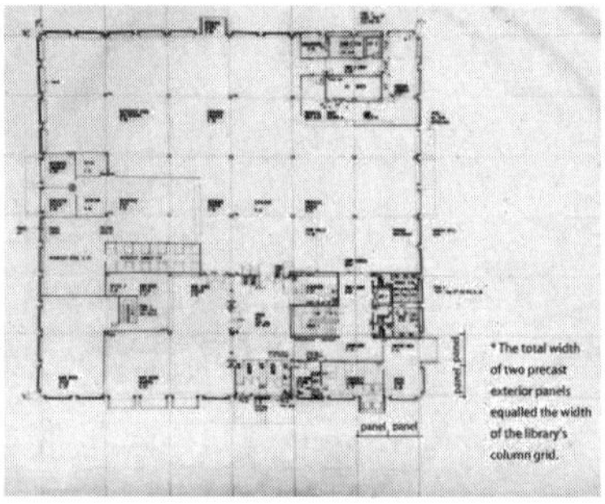

图8 昆士兰大学中央图书馆平面图

2.1 现代住宅的亚热带变体

和许多建筑师的执业之路类似，吉布森早期的项目主要是一些住宅以及零售商店的设计。其中，吉布森的住宅设计则潜移默化地受到昆士兰民居 Queenslander 的影响。不同于 Queenslander 在视觉上的临时性，吉布森的温热现代主义住宅看起来更加精致，有着永恒的稳定感与现代性。其中，最有代表性的是位于 Ascot 地区的佩林斯住宅（Perrins House）和位于 Yeronga 地区的莫卡塔住宅（Mocatta House），二者分别获得了1963年和1966年的住宅设计奖[13]28。

作为吉布森早期温热现代主义实践的代表，佩林斯住宅（图5）采用了深远的出檐、扁平的钢板层屋面形式、严格的网格化开窗法，以及在 Queenslander 中较为少见的内庭院，使得阳光可以洒进每一间房间。内庭院将入户门进行消隐，隔绝临街的吵闹，同时吉布森在对庭院的处理上，将其屋面框架围合起来，使得庭院对天空的裁剪维持了一种几何完整性。佩林斯住宅的意义在于它基于本土民居的热舒适性需求，在昆士兰地区创造了一种包含微气候环境的新的内庭院平面模式。

莫卡塔住宅（图6）建于一块紧邻布里斯班河的场地，延续了内庭院模式的新平面类型（内院后来被改成一个泳池）。吉布森在面对河景的一侧设置了宽阔的游廊，满足澳洲人热爱室外活动的需求。扁平的屋面出檐深刻反映了吉布森对昆士兰亚热带气候的考虑以及对 Queenslander 在热舒适性上的继承，也展现了现代主义对澳洲住宅的影响。此外，莫卡塔住宅中的现代建筑语汇也有着向格罗皮乌斯和密斯致敬的局部处理，比如工作间的转角窗让人联想到法古斯工厂的转角处理，入户平台（terrace）则看得出受范斯沃斯住宅的影响，而公共空间部分隔墙的处理又显示出流动空间的影子②。

2.2 向欧美现代主义致敬

住宅作品的成功也很快为吉布森在20世纪70年代赢得了一系列机构的委托项目。其中，最有代表性的作品便是为其母校昆士兰大学设计的中央图书馆（Central Library）和梅恩礼堂（Mayne Hall）。两座建筑分列昆士兰大学校园轴线两侧，是温热现代主义在昆士兰州的标志性作品（图7）。这一阶段的温热现代主义融合了现代主义建筑最前沿的思想，更多展现了对欧美现代主义的理解与内化，体现了密斯的精致纯粹性、柯布西耶的模数思想，以及路易斯·康的服务与被服务空间思想。

20世纪60年代末期，昆士兰大学决定建造新的中央图书馆，用于容纳社会和人文学科方面的研究收藏，同时也为图书馆工作人员和行政人员提供住宿[14]21。新中央图书馆于1973年初启用，其设计与建造充分体现了模块化预制件的思想。预制的外墙构件与建筑的柱网尺寸呈现1∶2的模数关系，即每两块预制外墙总尺寸等于一个单位柱网尺寸（图8）。预制的外墙构件设计为可拆卸和重复使用的两面，提高了建造效率，为了保持最大的灵活性，除两个服务核心外没有其他的内部承重墙[15]。从材料外观上来看，混凝土预制件表面由于砂石配比关系，呈现出毛糙、沉重与磨砂质感。然而，与现场浇筑留下生硬的模具痕迹相比，其预制构件的每一个模块边缘都有倒角处理，显得格外精致。

1973年，与中央图书馆同时开放的还有位于校园主轴线西侧的梅恩礼堂③。在空间设计上，吉布森将具有服务功能的楼梯间等空间置于主体空间之外的做法，使得被服务的主体礼堂获得完形，

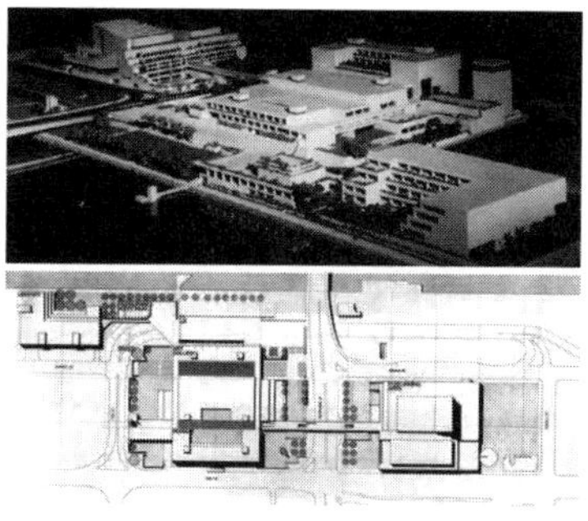

图9　昆士兰文化中心模型与总平面图

(a)昆士兰美术馆

(b)旧金山奥克兰博物馆

图10　昆士兰美术馆与旧金山奥克兰博物馆比较

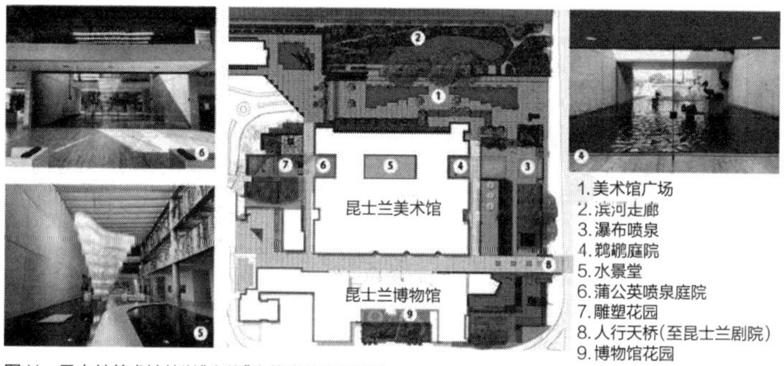

图11　昆士兰美术馆的以"水体"为线索的空间建构

图12　昆士兰图书馆扩建部分的出挑阳台Queensland Terrace(由多诺万·希尔与佩德·索普事务所设计)

显然有学习路易斯·康的空间处理手法的意思。此外，为了实现大型集会的无柱大跨空间，礼堂采用了钢结构，并向外悬挑6～7 m，以抵消部分柱跨间的弯矩，同时在形式上也形成了类似Queenslander的深远出檐(图7右)。从地域气候方面考虑，该方案在向阳的北侧(南半球)采用了厚实的混凝土材料以遮挡灼热的直射阳光，而背阴的南侧为透明落地玻璃的设计，在室内可以直接看见毗邻的昆士兰大学标志性主楼。钢结构框架支撑着出檐深远的屋面，配合南侧大面积整齐分割的落地玻璃，处处显示出密斯20世纪60年代末期完工的柏林新国家美术馆的影子。

2.3　具有人文关怀的城市设计

经历了住宅、教堂、校园文化建筑的设计，吉布森的温热现代主义设计思想日趋成熟。1973年，吉布森赢得了设计昆士兰美术馆的竞赛。基于对昆士兰州文化建筑需求的考虑，州政府在1975年决定将昆士兰美术馆项目进一步扩充为昆士兰文化中心建筑群，成为最具规模的温热现代主义作品④(图9)。

吉布森对文化中心的设计方法依然是基于严格的模数与几何规则⑤。不同的是，昆士兰文化中心已经从建筑设计发展为一个城市设计。该项目深受旧金山奥克兰博物馆⑥将景观与建筑形式融合的概念启发和影响(图10)[16]，以亚热带气候景观和城市公共空间的整合作为指导思想，利用植物公园与河流景观创造一种适应昆士兰的柔和氛围与微气候环境。从景观上来说，吉布森敏锐地捕捉到场地视觉范围内更广阔的亚热带城市景观，并通过在斯坦利街(Stanley Street)的上方建造一个广场，以联系美术馆与布里斯班河，使河岸与对岸城市景观在场地内的重要性得到了加强。此外，水元素串联了美术馆建筑内外景观，使其统一性得到加强。美术馆内有一处带有水面的大厅，名为水景堂(Water Mall)。水景堂的水面一直延伸至室外空间成了一个空间线索(图11)。广场上的瀑布喷泉不仅是前院的建筑元素，而且跌落的水花声起到了弱化墨尔本街(Melbourne Street)交通噪声的作用。水景的加入带来了声音、湿度与动感，将城市空间从静态转向动态，创造了城市声景(soundscape)，促进了馆内外的互动，丰富了美术馆作为城市公共空间的建筑体验。

吉布森围绕美术馆设置了开敞的游廊，串联了文化中心的各附属建筑与外部环境，尽可能地让人们享受室外的阳光与气候环境；而在图书馆的设计上则采用了退台式设计，以提供更多室外交流空间，满足亚热带气候下的社交文化。2006年的图书馆扩建工程⑦继承了温热现代主义思想，面向外部场地设置了出挑阳台(称为Queensland Terrace，图12)。这样的空间处理与Queenslander的游廊有异曲同工之妙。当面向街道时，Queenslander总会将游廊转向临街的一面，创造一个介于室内外之间的积极空间以促进屋主和路人的社会性交流。这种优先将游廊设置在临街位置的惯例表明，其社交因素比气候因素更具有决定性[17]14。因此，从某种程度上来说，游廊空间和出挑平台也可以被看作对Queenslander游廊的气候与社交属性的现代化转译。

作为一个城市综合体，文化中心各建筑基地的人行交通设计是至关重要的。吉布森参照其早年设计的皮恩坎巴谷仓(Pinken-

图13 皮恩坎巴谷物传送装置与昆士兰文化中心天桥

ba wheat silos，图 13)，根据谷物在厂房的各部分间运送的原理，在不同高度设计了人行天桥与架空平台，以确保行人能够在文化中心建筑群之间安全、舒适地穿梭[18]。其中最重要的一个关键元素是墨尔本街上方的步行天桥。天桥克服了墨尔本街对场地的分隔，将建筑群联系起来。此外，文化中心还通过搭建平台广场，预留出广场下方的停车场与车行道，将人车分流，进一步影响了整个布里斯班主城区的公共交通体系。可以说，文化中心更像是一个城市设计，而非仅仅是建筑设计。人性化的人行交通设计将文化中心塑造为一个充满人文关怀的"城市巨构"，也是温热现代主义区别于现代主义的"温热"所在。

以吉布森为代表的昆士兰青年建筑师，结合对亚热带气候舒适性与社会生活的适应性考虑，吸收现代建筑空间的流动性，采用了预制化、模数化的思想，确保了建造的便利性，完成了温热现代主义建筑实践，并塑造了独特的温热现代主义城市景观。

3 温热现代主义思想溯源

3.1 罗伯特·卡明斯与昆士兰早期现代建筑教育

温热现代主义的思想起源可以追溯到二战之前，尤其是昆士兰的早期建筑教育。1918 年，布里斯班中央技术学院(CTC)⑧成为昆士兰第一所颁发建筑学文凭的学校。随后，昆士兰州最负盛名的砂岩学府昆士兰大学成立建筑学专业，并于 1937 年首次颁发其建筑学文凭。得益于一批早期在欧洲学习的澳籍建筑师与一批从欧洲本土移居昆士兰州的建筑师在这两所教学机构中担任教职，欧洲现代建筑逐渐成为建筑教育的重点，也使欧洲成为昆士兰的主要建筑文化参照点。当然，欧洲并不是昆士兰现代建筑发展的唯一影响来源。由于澳洲独特的地缘政治情况，昆士兰的建筑师有机会同时接触多个国家的建筑思想。20 世纪 30 年代末，澳洲建筑师已经对一系列美国现代住宅产生了浓厚的兴趣，尤其是美国加州住宅；20 世纪 50 年代，澳洲建筑师对日本传统建筑的研究转向，则反映了亚洲建筑的影响[19]118。多元的建筑思想在昆士兰建筑教育界交汇融合并促进了昆士兰本土的建筑反思。

罗伯特·卡明斯(Robert Cummings)被认为是昆士兰现代建筑教育的奠基人。罗伯特·卡明斯出生于布里斯班，1916 年进入 CTC 夜校学习，于 1924 年获得了奖学金前往伦敦建筑协会进行深造，并于 1930 年回到布里斯班，在 1931 年成为注册建筑师。卡明斯热衷于建筑知识的传播，不仅在媒体向公众传播建筑知识，还兼任了母校 CTC 的建筑学教师的职务[20]。在 1937 年昆士兰大学成立了建筑学专业后，卡明斯辞去了原本在 CTC 的职位，成为昆士兰大学建筑学专业首任教师，并亲自教授建筑史与建筑技术课程[21]。

卡明斯不仅是一名出色的建筑师，更是一位善于社交的建筑教育家。相比于 CTC 职业建筑师模式的培训，卡明斯致力于将先进的现代建筑思想进行系统性传播。他曾学习于伦敦建筑协会，了解英国建筑教育，同时也与欧洲其他国家建筑师与学者有密切关系。基于此，他为昆士兰大学的建筑教育的发展做了长期规划，邀请了一批深受现代主义思潮影响的建筑师来共建昆士兰大学建筑系⑨。在卡明斯的努力下，卡尔·兰格(Karl Langer)、约翰·希契(John Hitch)等欧洲建筑师加入了昆士兰大学，使得昆士兰大学的建筑教育体系不断壮大。

3.2 卡尔·兰格对现代建筑的"亚热带化"反思

昆士兰大学的现代建筑教育初步塑造了温热现代主义的雏形，尤其是建筑系教师卡尔·兰格(Karl Langer)巩固了现代主义对昆士兰的影响⑩。1940 年，在卡明斯的邀请下，奥地利移民建筑师卡尔·兰格开始执教昆士兰大学建筑系，并将多元化的想法引入昆士兰大学的现代建筑教育。卡明斯创立昆士兰大学建筑系初期的教学课程大纲主要是仿效其在伦敦建筑协会访问时的布扎(Beaux-art)课程体系，即关注设计中的比例与组合训练。随着兰格的加入，课程体系逐步多元化。兰格向彼得·贝伦斯等现代主义建筑师学习来的经验，直接促进了二战后昆士兰现代建筑与教育的发展。他对柯布西耶的项目和出版物的兴趣促使他对模数与黄金分割的研究，并进一步对日本传统建筑的模数关系产生了兴趣，继而对温热现代主义中的模数化与预制化有着潜移默化的影响。

兰格最重要的贡献在于他对现代主义的地域性批判反思。他的建筑实践中带有当时最前沿的现代建筑思想以及对现代建筑的反思，并对昆士兰独特的地域性气候有着深刻理解，对昆士兰现代

图14 昆士兰气候影响下的建筑学研究成果

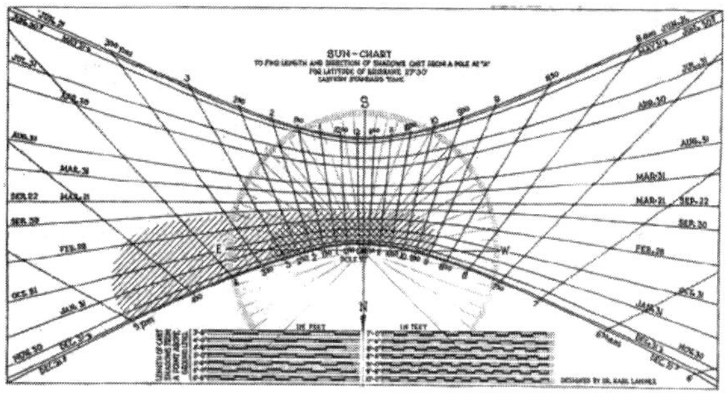

图15 布里斯班日照图

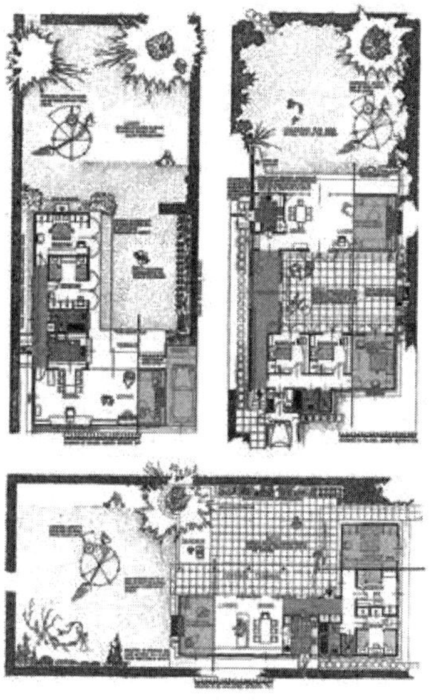

图16 卡尔·兰格的昆士兰亚热带现代住宅模式

建筑的“亚热带化”有着决定性作用，启蒙了温热现代主义的思想。当欧美建筑师不断扩大现代建筑的影响，并在20世纪30年代掀起“国际式”的同时，澳大利亚却由于其独特的地缘条件以及战后的经济发展与有限的人口情况，并未盲目跟从国际式建筑风格。兰格以及当时一批昆士兰建筑师与学者对现代主义建筑地方化的共识，可以作为欧洲现代主义的延伸，通过科学（定量）和人文（定性）的方法来研究热带、亚热带地区的建筑问题，并基于昆士兰地区的日照与气候特征产出了一系列研究成果（图14）。他们关注功能实用及与昆士兰地区独特气候的关系，以及如何将其与现代建筑设计融合。相比于欧美大陆主要地处温带地区，昆士兰位于南太平洋的亚热带地区，因此昆士兰州的建筑师已经意识到国际式并不能适应国际上所有地区的建筑设计，并在欧美建筑界于20世纪70年代提出“批判的地域主义”之前就已经意识到地域性，尤其是地域的气候性在现代主义建筑设计中的决定性作用[22]113。因此，现代主义和气候响应式设计（climate responsive design）这两个概念被糅合在一起[23]。

兰格在其所著的*Subtropical Housing*（1944年）手册中采用定量研究方法，讨论了住区规划、经济、采光、通风等问题，提出了将“布里斯班日照图”（图15）作为当地新住宅区规划与住宅设计的依据[24]。兰格将气候问题、室内外生活方式和花园作为住宅的“小气候”与欧洲理论结合在一起，创造了独特的昆士兰亚热带现代住宅模式[25]。这种住宅模式吸收了昆士兰民居Queenslander的游廊空间，将其用于调节西晒气候，以及分隔公共与私密空间，并提供了可扩建空间（图16），可以说是温热现代主义的早期原型，对昆士兰早期现代住宅设计有明显的影响，也是吉布森内庭院住宅模式的雏形。

3.3 建筑期刊与事务所实习工作

在昆士兰早期现代建筑教育中，国际建筑期刊与建筑事务所实习也加深了昆士兰青年建筑师对温热现代主义思想的理解。当时的昆士兰建筑学子渴望最前卫的建筑书籍和杂志，以跟上国际趋势。在20世纪50年代至70年代，国际建筑期刊对昆士兰年轻建筑师的当代实践产生了巨大的影响①。对同为昆士兰大学校友的温热现代主义建筑师斯蒂夫·卓特来说，英国的*Architectural Review*和美国的*Architectural Record*两本杂志对其影响较深。卓特解释道：“由于二战期间，美国表现出的先进性，使得很多建筑系学生都向美国现代建筑寻求灵感……而美国的建筑期刊上又刊载了很多关于日本园林和建筑的文章。”[26]这也解释了为何卓特早期的设计受美国加利福尼亚住宅与日本庭院风格的影响。

此外，据当时许多建筑师回忆，尽管学校给了他们建筑学启蒙教育，但是实习工作中的收获似乎更加明显[12]13。其中，许多温热现代主义青年建筑师代表（包括吉布森、道尔顿等人）的简历中都注明了曾在海耶斯和斯科特（Hayes & Scott）建筑事务所和西奥·希恩及其合伙人事务所（Theo Thynne and Associates）的工作实习经历，可见影响之大。

海耶斯和斯科特是昆士兰大学建筑系的早期毕业生，也是二战后布里斯班“二十世纪亚热带”温热现代主义的早期代表。国际建筑师对海耶斯和斯科特的影响深远，这主要是由于卡明斯、兰格等建筑师在昆士兰大学的教学，将柯布西耶、密斯和阿尔托等国际建筑师的设计思想传递给他们。海耶斯和斯科特在工作期间的指导交流以及事务所丰富的馆藏书籍和期刊为温热现代主义的发展提供了土壤[19]123，直接影响了包括吉布森在内的许多在昆士兰工作的青年雇员建筑师。

图17　梅恩礼堂北侧、伦敦动物园象馆与耶鲁大学鲁道夫楼的材料比较

图18　*Cities in the Sun*

3.4　海外旅行与实践的影响

海外旅行与实践也影响并塑造了昆士兰青年建筑师的温热现代主义思想。欧洲之旅是一个重要的机会来补充、整合和巩固所学知识，并以此为契机开阔了他们的国际建筑视野。英国是澳洲人最有血缘情结的欧洲国家，是通往欧洲大陆的门户，也是多数昆士兰建筑学子融入世界现代建筑话语体系的第一站。

1956年，吉布森毕业后前往伦敦的休·卡森爵士和内维尔·康德（Sir Hugh Casson and Neville Conder）事务所工作。彼时，事务所正负责伦敦动物园象馆的设计[27]。对比象馆项目，20世纪70年代完工的昆士兰大学中央图书馆、梅恩礼堂在材料使用上具有近似性。另外，这不由得使人联系到1963年完工的"粗野主义"代表作品耶鲁大学鲁道夫楼的"灯芯绒混凝土"表面（图17）。从时间节点上来看，紧跟欧美现代建筑思想的吉布森在设计这些温热现代主义校园建筑时，显然也受到了粗野主义的相关影响，也侧面验证了期刊媒体的传播力。

1955年起，澳洲皇家建筑师协会设立了西萨克拉夫特奖金（Sisalkraft Scholarship），旨在为年轻建筑师提供旅行与学习建筑和建筑行业实践的机会，促进了温热现代主义的发展。昆士兰建筑师詹姆斯·博雷尔（James Birrell）和斯蒂夫·卓特分别于1961年和1963年获得该奖金资助，考察了现代主义对规划和建筑实践的影响，并以出版物的形式记录了旅行成果。

博雷尔的足迹遍布欧美、印度和东南亚，考察了许多独立建筑师的工作，对其在日后的建筑构造设计方面产生了直接的影响。比如，他将在伦敦和米兰学习到的遮阳、预制混凝土和双层玻璃构造适应性地运用在昆士兰大学JD Story大楼的设计中[26]。同时，这次旅行也使博雷尔建立了对美国建筑师沃尔特·伯利·格里芬（Walter Burley Griffin）的崇拜，为这位伟大建筑师撰写了享誉国际的传记，阐述了格里芬在澳大利亚首都堪培拉的规划方法[28]。

卓特基于旅行中对地域气候和场地的理解，出版了游记*Cities in the Sun*（图18），分析了干热和湿热地区的城市中现代建筑设计的原则。旅行使卓特深刻意识到气候对建筑的影响，并指出"印度和美国的原始建筑……虽然有相似的组织模式，却呈现出完全不同的建筑"[29]。正是基于这种对地域的理解以及对气候和场地的尊重，昆士兰建筑界对世界各地建筑的兴趣提高了，特别是亚洲建筑形式与多元文化的支持[26]，为昆士兰独特的温热现代主义设计思想做出了贡献。

可以说，新一代的青年建筑师通过国际工作经历与旅行完成融入世界建筑文化的仪式，带着战后国际现代建筑的第一手经验回到昆士兰，将新建筑语言和技术融入亚热带的建筑实践中，进一步影响了自20世纪60年代起的温热现代主义建筑思想。

4　温热现代主义与现代建筑的地域性讨论

4.1　国际现代主义的地域性反思

昆士兰大学于20世纪30年代末期引入欧洲建筑师进行现代建筑的教学与地域性反思，并从20世纪50年代真正奠定了温热现代主义思想。实际上不只是昆士兰，对比同时期现代主义在世界范围内传播，许多非欧美国家的建筑师都对现代主义进行了一些地域性的反思。印度建筑师巴克里希纳·多西（Balkrishna Doshi）曾与勒·柯布西耶和路易斯·康共事，影响了其早期作品，出现强有力的混凝土形式。凭着对印度建筑文化的理解，他的设计逐渐朴素、务实化，除了尊重印度的气候条件，更表现出尊重社会与经济现实的地域现实主义，而非符号化的"伪地域主义"，发展出与印度历史文化和时代变迁相和谐的建筑语汇[30]。孟加拉国建筑师穆扎鲁尔·伊斯兰姆（Muzharul Islam）摒弃了"国际式"，结合当地的气候与人文环境，对现代建筑进行了地域性改造，尝试建构具有"民族精神"的本土现代建筑。他的作品可以归纳为采用现有材料与技术条件下的地域性建筑，体现了对场地与热带气候环境的应对，具有相似的空间特点与组织形式，形成了气候适应性的建筑语言[31]。

现代建筑的地域性表达在国际产生了两种思路：通过既有传统建筑文化符号展示地域文化，又通过对地域气候以及社会经济条件的应对来形成新建筑文化。不同于20世纪中国"固有式"现代建筑的符号化地域表达[32]，昆士兰温热现代主义建筑师们与印度、孟加拉国等国家建筑师都选择了后者，并几乎有着相同的设计发展路径，即融合了现代主义与当地的气候、文化、社会经济等特征，并最终期望借由建筑创造更美好的社会环境，走向了人本主义的设计思想。

4.2 温热现代主义对我国建筑学的启示

现代主义建筑之于中国也是外来事物，温热现代主义的经验告诉我们，现代主义建筑要在中国生根，必然也需要结合中国条件，发展出中国特色。与温热现代主义不同的是，中国的建筑传统使文化符号（而非地理、气候要素）成为近代以来中国建筑师考虑的优先项。此外，现代主义盛期的交流停滞和后现代思潮在改革开放后的涌入，使得现代主义在中国的传播显得支离破碎，现代主义的地域化（中国化）发展也表现为中国建筑元素的形式化、装饰化表达，如大屋顶、斗拱及各种纹样装饰，并没有如温热现代主义那般发展出以气候、社会文化与经济特征为核心的建筑思想。

时至今日，温热现代主义仍给我国现代建筑实践以启发，尤其是与澳洲亚热带气候特征类似的广东、广西以及云南地区。温热现代主义展现了亚热带地区以空间的开放性和渗透性，多样且精致的遮阳设计、经济适用的形式语言以及与自然景观的联系，作为设计中的基本元素。同时，温热现代主义建筑实践提供了一种从普适化到地域化的现代建筑操作方法，即基于本地的地理、气候与文化特征的内核，引入新材料、结构与构造技术，并进行适应性空间关系调整，从基本的使用原理出发，而非风格与形式特征出发，从而创造属于本地的建筑文化。

5 结语

二战后初期，一批欧洲移民或归国建筑师带来的建筑思潮开启了昆士兰现代主义建筑实践，并从一开始就关注了昆士兰的亚热带气候特征，促成了温热现代主义建筑思想的萌芽。可以说温热现代主义从萌芽时便是在地域性的基础之上引入了现代主义特征，而非地域主义般在现代主义上叠加了地域性元素。这种先后关系决定了温热现代主义从一开始就对现代主义带有批判性精神。随后，在他们培养下成长起来的一批青年建筑师反思二战后国际现代建筑普遍存在的问题，结合昆士兰的亚热带地域性与气候性，探索了昆士兰建筑的地域性与现代性表达，将昆士兰以一种"温热现代主义"的建筑与城市景观呈现给世界。

现代建筑在世界范围内面临着不同的风景、气候和建筑传统，而昆士兰的温热现代主义建筑无疑是具有代表性的。温热现代主义体现了受气候因素影响的地域建筑表达模式，并融入了现代主义的前沿思想，提供了舒适的建筑体验，包括了空间性舒适与气候性舒适。此外，温热现代主义表达了超越国际现代主义的人文关怀，展现了具有温度的人性化设计原则，提升了对建筑场所性的感知，展示了国际现代主义遇到昆士兰地域文化认同产生的新发展。

［声明：感谢昆士兰州立图书馆、昆士兰大学图书馆、昆士兰大学建筑学院以及约翰·麦克阿瑟（John Macarthur）教授提供的相关资料。感谢昆士兰大学建筑学院博士研究生洛伊德·琼斯（Lloyd Jones）对文中吉布森作品的介绍与指正。感谢研究中得到南京大学建筑与城市规划学院赵辰教授和南京大学图书馆馆长、地理与海洋科学学院黄贤金教授的帮助。同时，感谢南京大学毓秀博士后学院的资助。］

（原载于《建筑师》2022年第6期）

注释：

①该书封面建筑为温热现代主义建筑师詹姆斯·博雷尔（James Birrell）设计的世纪泳池（Centenary Pool）。该建筑符合勒·柯布西耶新建筑五点的要求，并通过混凝土的可塑性诠释了昆士兰亚热带气候条件下的生活方式，使建筑具备了南半球亚热带气候影响下更加自由和开放的形式。

②类似的，吉布森的校友和雇员建筑师杰弗里·派（Geoffrey Pie）设计的母亲住宅 Ravenscraig Ⅱ，以十字形柱支撑着悬挑的混凝土天花板[33]，证明了密斯的作品在当时昆士兰州有着广泛的影响。

③昆士兰大学为了梅恩礼堂项目举办了一场设计竞赛，最初由斯图亚特·麦金托什（Stuart McIntosh）赢得了竞赛。然而，由于预算有限，该设计无法完成。副校长泽尔曼·考恩（Zelman Cowan）后来重新委派吉布森为梅恩礼堂项目准备一份设计方案[34]125。这栋建筑后来在2004年被Wilson建筑事务所改造成学校的艺术画廊。

④昆士兰文化中心项目在2004年获得了RAIA颁发的不朽建筑奖（Award for Enduring Architecture），包括美术馆（1982年）、表演艺术中心（1985年）、博物馆（1986年）、图书馆（1988年）和剧院（1998年）等多个文化建筑组成的建筑群。由于昆士兰文化中心对于昆士兰州的重要意义，该建筑群于2015年获得了昆士兰遗产委员会的文化遗产认证，被列入昆士兰州遗产名录。

⑤在平面上，文化中心以一个3 m的网格为模数基础。平面中的空间和元素的尺寸都是1.5的倍数。例如，整个基地广泛使用的混凝土路面块为1.5 m×3 m。在剖面上，基本模数为3.3 m，但为了便于细分使用，基本模数又被分成1/2模数和1/4模数。

⑥奥克兰博物馆是一栋带有屋顶花园的三层后退阶梯式建筑，并体现了"景观优先于建筑"的概念。著名的建筑评论家赫克斯特

布尔（Ada Louise Huxtable）称它是“世界上最具革命性的建筑之一”[35]。

⑦由多诺万·希尔与佩德·索普事务所（Donovan Hill+Peddle Thorp Architects）设计。

⑧布里斯班中央技术学院（CTC）后来发展并更名为昆士兰理工学院（QIT），如今为昆士兰科技大学（QUT）。

⑨前昆士兰大学建筑系巴尔万特·辛格·塞尼教授（Balwant Singh Saini）回忆说：“昆士兰大学的建筑系课程改革很大程度上是受包豪斯的启发。我们有像路德维克·赫希菲尔德·马克（Ludwig Hirschfeld Mack）这样的包豪斯学派教师移民到了澳洲。当然，一方面我们经常谈论包豪斯；另一方面，我们也经常谈论赖特和柯布西耶等人。我曾经在柯布西耶的印度项目办公室工作，他当时正在设计昌迪加尔新城……这是我生命中很有趣的一段时期，我很自然地受到柯布西耶的启发。”

⑩卡尔·兰格曾在维也纳美术学院（the Academy of Fine Arts Vienna）接受教育，在那里他受教于齐格弗里德·希特（Siegfried Sitte，奥地利著名建筑家和城市规划理论家卡米洛·希特 Camillo Sitte 之子）以及著名现代主义建筑师彼得·贝伦斯（Peter Behrens），并在维也纳大学获得博士学位[36]。他的建筑实践经验则来自维也纳现代主义建筑师海因里希·施密德（Heinrich Schmid）和赫尔曼·艾兴格（Hermann Aichinger），而这些建筑师都曾受教于现代建筑先锋、“维也纳分离派”的代表人物奥托·瓦格纳教授[19]。因此，兰格对现代主义建筑有着深刻的理解。

⑪当时在澳洲流行的期刊，如 *Architecture in Australia*，*Architectural Review*，*Architectural Record*，*Architecture Design*，*Architectural Forum*，*Architecture and Art* 等为澳洲建筑师了解最新的外国建筑提供了一种途径。

图片来源：

图 1：*Hot Modernism* 封面；

图 2：引自 Museums Victoria 网站；

图 3：来自富顿-卓特建筑事务所档案；

图 4、图 7—图 9、图 13、图 14：来自昆士兰大学图书馆；

图 5：来自 Digital Archive of Queensland Architecture 网站；

图 6：引自 GIBSON R.House[J].Architecture in Australia，1966（11）：95；

图 10：昆士兰美术馆由作者拍摄，奥克兰博物馆来自网络；

图 11：由作者拍摄并基于昆士兰美术馆平面图绘制；

图 12：昆士兰图书馆扩建项目由作者拍摄；

图 15、图 16：引自参考文献[24]；

图 17：其中梅恩礼堂与鲁道夫楼由作者拍摄，伦敦动物园象馆源自 RIBA 图书馆照片集网站；

图 18：*Cities in the Sun* 封面。

参考文献：

[1] 施南．昆士兰美术馆，澳大利亚[J]. 世界建筑，1984（2）：92-93.

[2] 杨春侠．滨水世博园建设与后续开发：解析澳大利亚布里斯班南岸公园[J]. 时代建筑，2003（4）：54-57.

[3] 彼得·斯金纳，李丹锋．向南岸学习：1988 年布里斯班世博会，澳大利亚[J]. 时代建筑，2011（1）：58-61.

[4] 薛求理．昆士兰的建筑精神[J]. 建筑创作，2010（10）：192-197.

[5] 张晓春．一种适应性的现代主义：从 5 个案例解读澳大利亚昆士兰当代建筑[J]. 时代建筑，2010（4）：144-151.

[6] 艾侠．百年视野中的 PTW 与澳洲现代建筑[J]. 世界建筑，2018（12）：12-17.

[7] BOYD R.The state of Australian architecture[J].Architecture in Australia，1967，56（3）：454-475.

[8] MUSGRAVE E，LU A D，LEI D X. Climate + comfort：fifty years of the split skillion roof in Queensland[J].Architectural Journal，2017（7）：1-7.

[9] DALTON J. Houses in the hot，humid zones[J].Architecture in Australia，1963（3）：73-79.

[10] DAUNT L M. Brisbane church architecture of the 1960s：Creating modern，climatic and regional responses to liturgical change[J]. Queensland Review，2016，23（2）：224-245.

[11] FRAMPTON K.Towards a critical regionalism：six points for an architecture of resistance[M]//FOSTER H.The anti- aesthetic：Essays on postmodern culture.Port Townsend，Washington：Bay Press，1993：16-30.

[12] DENNIS P，AVERY T，WHITMAN P.Cool：the 60s Brisbane house [M].Brisbane，Australia：School of Design & Built Environment，Queensland University of Technology，2004.

[13] GRUCHY G De.Architecture in Brisbane：vol. 1[M]. Brisbane，Australia：Boolarong Press，2012.

[14] EAST J.The university of Queensland library a centenary history，1910- 2010[M].Brisbane，Australia：The University of Queensland Library，2010.

[15] GOAD P，LEWI H，MURRAY A.Overdue for Change：Australian university libraries after World War Ⅱ[C]//Proceedings of the 35th Annual Conference of the Society of Architectural Historians of Australia and New Zealand.Wellington. New Zealand：Victoria University of Wellington，2018：4-7.

[16] RIDDEL R. Brisbane's Gold Medal Modernist：Robin Gibson：1930-2014[J]. Fryer Folios，2017，11（1）：22-25.

[17] BELL P. A history of the Queensland house[R/OL].[2021-06-28]. https://s3.amazonaws.com/academia.edu.documents/41388423/Qld_Ho

uses.pdf?response-content-disposition=inline%253Bfilename%253DA_History_of_the_Queensland_House.pdf&X- Amz- Algorithm=AWS4-HMAC-SHA256&X-Amz-Credential=ASIATUSBJ6BAEW4WIBNP%252F20200508%252Fus-.

[18] JONES L.Engrained modernity: Robin Gibson's Pinkenba rain levator[C]//2018 SAHANZ Conference Proceedings. Wellington, Newzealand: Victoria University of Wellington, 2018: 272-284.

[19] MICHELI S, WILSON A C.International influences in post- war Queensland: protagonists, destinations and models[M]//MACARTHUR J, VAN DER PLAAT D, GOSSEYE J, et al.Hot modernism: Queensland architecture 1945- 1975.London: Artifice Books, 2015: 117-133.DOI: 10.1080/10331867.2017.1310013.

[20] LAWRENCE-DREW M.Lucas & Cummings architects[D].St Lucia, Brisbane: University of Queensland, 1986.

[21] GOSSEYE J, MACARTHUR J. Angry young architects: counterculture and the critique of modernism in Brisbane, 1967- 72[C]// SCHNOOR C.Proceedings of the society of architectural historians, Australia and New Zealand.Auckland, New Zealand: SAHANZ and Unitec ePress, 2014: 263-275.

[22] RIDDEL R.The discovery of Queensland's architectural history[M]// Hot modernism: Queensland architecture 1945- 1975.London: Artifice Books, 2015: 106-116.

[23] MUSGRAVE E. "Hot?" and "cool": perceptions of subtropical modernism in post-war Queensland[J].Fabrications, 2017, 27(2): 200-230.

[24] LANGER K.Subtropical housing[M].Brisbane, Australia: The University of Queensland, 1944.

[25] WILSON A.Karl Langer's subtropical housing[M]//MCNAMARA A. Sweat: the subtropical imaginary.Brisbane, Australia: Institute of Modern Art, 2011: 129-144.

[26] LINDQUIST M, SANDERS P.Sub- tropical modernism, featurism and building innovation[C]//MUSGRAVE E, GUEDES P, RANN L. The 7th international Network of Tropical Architecture(iNTA). Brisbane, Australia: The University of Queensland, 2019: 259-278.

[27] SAMBROOK J.London zoo elephant house[EB/ OL].[2021- 11- 15]. https: //www.ribaj.com/culture/hugh-casson-london-zoo-elephant-house.

[28] BIRRELL J. Walter Burley Griffin[M].Brisbane: University of Queensland Press, 1964.

[29] TROTTER S.Cities in the sun[M]. Brisbane: St. Regis- A.C.I. Pty Ltd., 1964.

[30] 亚历山大·佐尼斯，利亚纳·勒费夫尔，黄卿云."那么，为什么是多西？"[J]. 建筑师，2018(2): 26-32.

[31] 宫聪，卢峰，孟阳，等. 民族的现代性：孟加拉国现代建筑之父穆扎鲁尔·伊斯兰姆作品与思想探究[J]. 建筑师，2021(2): 90-99.

[32] 常青. 回眸一瞥：中国20世纪建筑遗产的范型及其脉络[J]. 建筑遗产，2019(3): 1-10.

[33] WATSON D. Vale Geoffrey Pie, 1938-2018[J/OL].Architecture Australia, 2019, 108(6): 106-107[2020-06-27].https: //architectureau.com/articles/vale-geoffrey-pie-19382018/.

[34] TROIANI I. Architectural history, friendship and filmed conversations [M]//RENDELL J, HILL J, FRASER M, et al.Critical Architecture. New York: Routledge, 2007: 124-128.

[35] A MELAR S. Oakland museum of California renovation[J]. Architectural Record, 2010, 198(12): 88.

[36] NEALE D. Karl Langer[M]// GOAD P, WILLIS J.The encyclopedia of Australian architecture.Melbourne, Australia: Cambridge University Press, 2011: 400-401.

作者简介：

赵潇欣，博士后，南京大学建筑与城市规划学院研究员；

韩艺宽，博士后，重庆大学建筑城规学院助理研究员。

走向可持续的工业遗产景观保护
——英国布莱纳文工业景观保护实践

唐斌　阳建强

摘　要：对可持续发展理论、工业遗产保护可持续发展原则进行了分析。从景观概况、运营、范围、目标、策略、经济和评估可持续方面对英国布莱纳文工业景观保护实践的经验、教训进行了剖析。在此基础上，结合中国的国情、国策和现实问题，从工业遗产景观保护的理论、制度、层级、目标、模式和主体等方面对我国可持续的工业遗产景观保护路径进行了思考，提出了在我国建立面向可持续的地区发展综合目标、整体系统规划管理、多元伙伴机制耦合的工业遗产景观保护新格局的建议。

关键词：风景园林；工业遗产；景观保护；行动计划；可持续发展；布莱纳文工业景观

随着各国政府对世界遗产重要性认识的加深，针对工业遗产的多视角和多学科研究已在国际上广泛展开。目前，发达国家已在工业遗产考古、旅游和可持续发展等方面积累了丰厚的成果，其遗产保护的理念也已发生了重大的转变，突出表现在：保护层级转向整体的工业建筑群或更大尺度的文化景观；保护目标强调对地区经济、社会、环境等问题的关注；保护模式注重整体系统的规划管理；保护主体倾向于多元伙伴协作。

自2006年《无锡建议》以来，中国已在工业遗产保护方面取得了丰硕的成就，并兴起了从工业遗产景观[1]、景观文化遗产[2]、遗产区域[3]、工业景观遗产[4]、遗产廊道[5]、城市工业景观[6]、城市工业遗产地[7]、工业文化景观[8]等景观视域对工业遗产进行整体性保护的探索。然而，现有的研究与实践还主要停留在建筑遗产的孤立层面，缺乏对可持续性遗产保护的系统化探讨。在国家生态文明建设和强调以人民为中心、高质量发展的新阶段下，有必要引入国际先进理念和加强可持续发展方面的研究，以此构建我国工业遗产保护的新格局。

作为最早经历工业化的国家，英国的工业遗产和文化景观数量都位居全球首列，且从20世纪70年代起就给予了工业遗产保护与更新的极大关注，经过近半世纪的发展，现已积累了丰富的经验。在全球为数不多的世界文化景观中，布莱纳文工业景观是其中的佼佼者。针对其实行的以景观保护行动计划（landscape conservation action plan，LCAP）为核心的保护工作在多维价值目标设定、整体和系统规划、伙伴关系构建方面取得了巨大的成功，并被引为可持续发展良好实践的典范。针对该案例的研究将有助于推动我国工业遗产保护理论的认知和实践创新，进而促进我国工业遗产的可持续发展。

1　工业遗产景观可持续保护的源与流

作为工业遗产的重要组成部分，可持续的工业遗产景观保护须基于三项核心的范式原则：一是制定地区经济、社会、环境等的可持续发展综合目标；二是实行整体、系统的可持续发展规划管理；三是构建多元利益相关者的可持续发展伙伴机制。

1.1　可持续发展的一般性理论

可持续发展是一项涉及经济、社会和环境等复杂要素的综合议题，不同的利益偏见都可能产生不同的释义，因此虽历经30余年的讨论，其定义和策略仍未形成共识。尽管如此，两项关键和有效的可持续发展原则仍然可以从主流的研究结论中确立，即长期、整体规划过程的运用和多元利益相关者在该规划过程中的积极参与。其理论依据在于：规划过程目标导向属性可具体界定复杂的社会问题，并为有效利益相关者的确立提供必要的方法；由于需要深入考虑规划决策对未来的综合影响和应对多情境的动态干预，因此长期和整体的规划过程同样更适应于复杂的环境和不同的冲突观点；利益相关者的积极参与是全面理解复杂问题的前提条件，并能够在规划决策中就集体的愿景进行谈判和实施均衡；伙伴关系的综合权利也可以协调和应对任何可能的影响和干预，从而实现资源的可持续发展[9]。

1.2　工业遗产保护的可持续发展原则

自1972年《世界遗产公约》（*World Heritage Convention*）问世以来，工业遗产领域就一直在努力地接受可持续发展的概念。20世纪80年代末，随着可持续发展是世界遗产系统基本准则共识的达成，国际社会加大了对可持续发展的研讨。1992年，文化景观被纳入世界遗产名录，至此工业遗产景观成为世界遗产的重要组成内容。随着各国政府的重视、公众参与意识的觉醒和多学科研究体系的完善，工业遗产开始注重多元利益协调，物质遗存与非物质文化的整体性保护，并且将更新与城市经济、社会、环境等目标相结合，以追求可持续发展[10]。此间，各级政府、非政府组织、管理人员、志愿者联盟、协会、社区等利益相关者，公众的识别、提名、协商、保护、管理等工作，提升公众参与的培训和研究参与等方法，以及工业遗产保护、综合价值目标、整体系统规划管理、多元伙伴机制与可持续发展之间的耦合关系等都变得愈加明晰。

具体而言，1987年《华盛顿宪章》(*Washington Charter*)强调工业遗产保护在社会、经济等政策中的重要地位，倡导将保护纳入各级城市规划和管理计划，并坚持以人为本的保护原则[11]。1996年《实施"世界遗产公约"操作指南》首次提到文化遗产完整性和利益相关者参与世界遗产保护决策。2002年《布达佩斯宣言》(*Budapest Declaration*)指出世界遗产"是促进社会可持续发展的工具"，"应确保社区积极参与世界遗产的识别、保护和管理工作"。随后的"阿姆斯特丹会议"(Amsterdam Conference)提出"应承认世界遗产是文化和社会价值不断演化的动态实体，两者的连续性应当被纳入管理系统，以适应可持续变化的可能性和确保地方价值演变不受损害"。2003年《下塔吉尔宪章》(*Nizhny Tagil Charter*)明确了工业遗产"历史、科技、美学、稀缺性和独特性"的物质遗存完整性价值[12]，提出"应尽量保证居民在保护本地工业遗产中的协商和参与活动"，"发挥志愿者联盟、协会在遗址识别，促进公众参与保护、信息传播和研究方面的重要作用"[13]。

此外，联合国教科文组织在《执行世界遗产公约的实施准则》中也鼓励各国"确保本地社区等多元利益相关者参与，以实现可持续发展"[14]。2005年《世界遗产公约》再次强调"保护自然和文化遗产是对可持续发展的重大贡献"，并继续"鼓励各缔约国确保现场管理人员、地方和区域政府、社区、非政府组织和有关团体，以及其他合作伙伴广泛参与世界遗产的识别、提名和保护工作"。同年，《实施"世界遗产公约"操作指南》将完整性作为世界遗产评定的核心标准，此后的《西安宣言》和《北京文件》也都强调环境对于完整性的重要意义。2011年《都柏林原则》(*Dublin Principles*)开始倡导物质遗存、环境与非物质文化遗产在工业遗产保护中的统一，以及针对整体价值的交流、培训和研究[15]。2012年的《台北宣言》进一步鼓励公众参与[16]。

2 走向可持续的布莱纳文工业景观保护

2.1 景观概况

本案位于资源富饶的布莱纳文镇，工业革命促使当地的工业和社区规模不断扩大。1938年后，世界钢铁技术的提高和煤炭行业的整体萧条使小镇迅速衰落。1997年，为解决高失业率、人口减少、建筑衰败等问题，政府建立了"布莱纳文伙伴关系"。2000年，由于"证明了威尔士南部作为19世纪世界主要钢铁和煤炭生产地的卓越地位，并可以看到煤炭、矿坑、采石场、铁路、熔炉、住房和设施等证据"[17]，该遗址成为英国第一个被联合国教科文组织认可的文化景观和第二个入选世界遗产名录的工业遗产。然而，被工业开发破坏的土地在恢复农用之后，又面临野生动植物栖息地破坏、公地①管理缺乏、气候变化、旅游和娱乐压力等新一轮经济、社会、环境等的严峻挑战[18]。

2.2 可持续发展理念在布莱纳文工业景观保护中的实践

2.2.1 运营可持续

2007年遗产彩票基金(HLF)②设立了"景观伙伴计划"③。随后"被遗忘的景观项目"(the forgotten landscapes project，FLP)建立，以回应"景观与建筑遗产同样重要，但景观却被忽略"的担忧。FLP组建了一个由威尔士政府、地方议会组成的"指导小组"和一支包含景观、地质、生物、考古、教育、社区和管理等专业的"技术小组"，以期通过广泛的公众咨询、研讨会、桌面研究④、实地调查、志愿者参与等方式开展景观特色研究、咨询协商等基础项目。2008年和2009年，FLP先后向HLF提交了"景观合作计划"。2010年，HLF批准了3年的赞助资金。同年10月，在"布莱纳文伙伴关系"和"指导小组"的领导下，组建了一支由"项目经理"总负责，包含"技术支持与预算控制、公地管理、教育与讲解、志愿者招募与培训、警务"，以及由威尔士其他政府机构、非政府组织、大学、本地社区团体等协助的实施和管理团队，LCAP正式启动。

2.2.2 范围可持续

此前，世界遗产保护边界依据与钢铁厂紧密相关的土地划定，首轮"景观合作计划"描绘了一幅以世界遗产为中心，由丰富地质地貌和新旧人类活动在此形成戏剧性对比的新遗产景观(图1)。基于可持续发展原则，LCAP对建议的边界进行了适宜性审查：居民认为工业景观与建筑遗产具有紧密的历史文化联系，且包含丰富的野生动植物，能为娱乐、教育等活动提供机会；技术小组赞同新边界将有利于全面展示和整体管理遗产景观的观点；指导小组基于地形连续、历史连贯、生态保护、特色鲜明，具有规划、实施和管理可操作性，财源充足等准则，对建议可靠性进行了测试，并就更广泛的潜在利益和新范围在国家和区域政策中的战略优势进行了综合审议[18]，其结果都证实了新边界的可行性。因此，LCAP保护范围是以世界遗产为核心，延伸至周围公地和峡谷地区，主要隶属托法恩郡自治委员会(TCBC)管辖(图2)。

2.2.3 目标可持续

LCAP的目标包括：保护和促进世界遗产及其景观环境，提升地区经济、社会、环境等综合发展水平；鼓励和动员社区参与；提高人们对遗产景观访问、欣赏和理解的能力；为民众提供遗产景观保护技能；通过整体管理办法促使地区拥有可持续的未来，并为世界

图1　布莱纳文工业景观

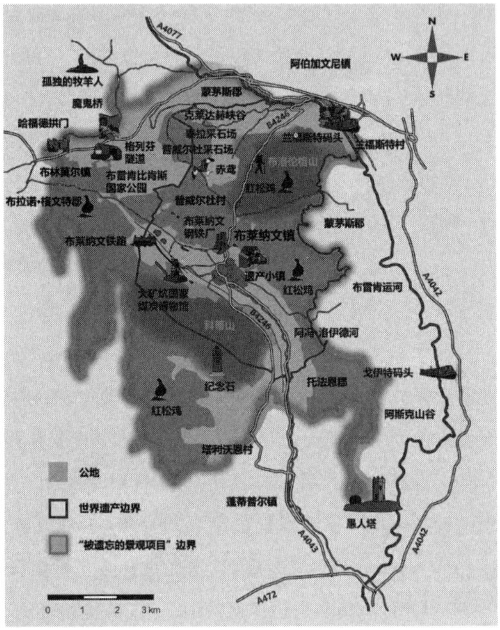

图2　保护范围图

一流遗产的打造形成铺垫和为全社会提供学习、体验和享受的场所[19]。

2.2.4　策略可持续

为实现可持续发展目标，LCAP制订了整体系统的项目建设计划、项目和交付计划，并通过多元伙伴关系打造了系列遗产景观节点。

1）项目建设计划A：保护和气候变化

通过专业承建商、志愿者、居民的伙伴关系和整体系统的保护及气候管理监控计划，提升遗产景观的吸引力和促进人与自然的和谐共处，并带动地区的整体复兴：修复和展示露天浇筑地、采石场等多元地质构造；改善和凸显由原料提取、产品加工和运输形成的特色景观风貌；恢复公地等的动植物栖息地和生物多样性；设置环绕遗产景观的旅游路线；鼓励减少碳足迹的步行或骑行游览方式；安装改善不利天气的微型水力发电系统[20]。

2）项目建设计划B：社区参与、教育和培训

培育以社区为核心的本地团体、企业、志愿者等多元基础伙伴力量，实施系列旨在促进遗产景观系统保护和地区财富整体提升的管理计划：支持历史小组出版历史著作；帮助村民协会建立遗产中心；协助养蜂协会复兴养蜂传统；通过自行车计划吸引年轻人参与煤矿管理；举办年度艺术节和规划成就展；社区参与景观调查，帮助构建景观知识库和增加社区与志愿者的景观技能；鼓励社企合作开发文创产品和动员生产商建立遗产景观品牌；借助课堂和户外教学、导游培训、讲座和研讨会等方式，为学生、成人、社区等不同类别和年龄段的伙伴成员设计持续且富有针对性的遗产景观教育计划[21]。

3）项目建设计划C：访客管理和讲解

针对不同访客执行多场地、多形式的管理讲解计划，鼓励多元利益相关者合力探索和维护遗产景观，以获取最优的展示效果和整体效益：开发远程访客互动网站；通过广播、社交媒体、实地导览等方式提高人们对遗产景观的价值、敏感性和自身职责的认识，促使访客遵循必要的行为准则；丰富世界遗产中心展示资源，在露台设置遗产模型和利用内部数字档案、视听演示等工具介绍各历史时期的景观风貌；在入口和关键景点提供讲解和游线信息；在重要地区设置方便访客获取景观资讯的蓝牙站点[22]。

2.2.5　经济可持续

LCAP收入包含现金和服务捐助，其中HLF是主要的现金来源，占比62%。伙伴关系增加了LCAP的收入，额外的资金几乎全部来自威尔士政府（16%）和相关政府机构（8%），欧洲区域发展基金⑤也提供了12%的现金支持，地方政府和志愿者（各占比1%）贡献了少量捐款，但志愿者服务总价值约8.3万英镑（图3）。LCAP基本实现了收支平衡，交付期的延后（1年半）致使少量的超支。其中，员工和项目管理费用占比最大，达到41%，其次是用于保护和气候变化的费用，达到29%；社区参与、教育和培训的支出最少，仅占比13%；其余17%为访客管理和讲解支出[23]（图4）。

2.2.6　评估可持续

LCAP制定了一套由专家和志愿者主导，从受益人角度审视每项交付计划目标是否实现的系统评估方案，其内容主要包括：明确计划需求、机遇和领导者；确立计划团队、总体和具体目标、预期产出及其实现手段；确定受益人及其影响；基于指标重要性和让受益人参与指标选取；制定指标信息获取路径；对受益人进行采访（计

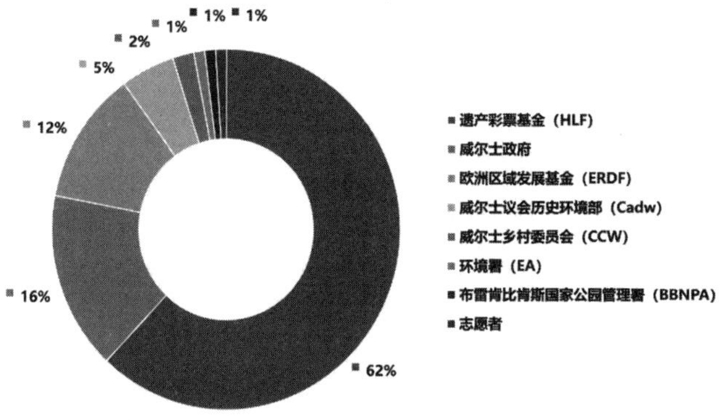

图3 现金来源饼状图

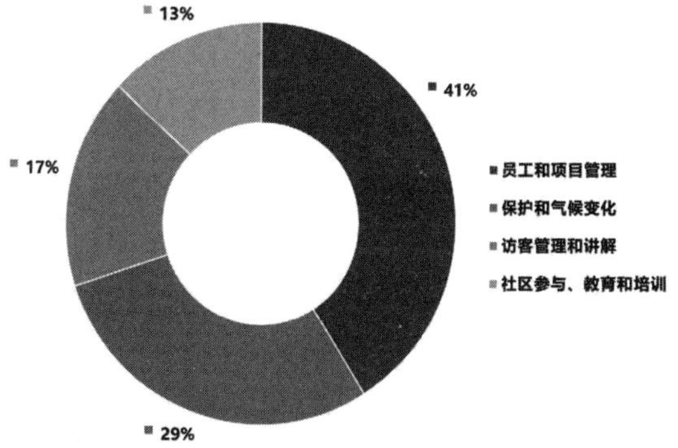

图4 现金支出饼状图

划前、期间和竣工后）；收集问卷信息，并借助电子表格进行整理；分析信息和将结果作为计划改进的依据；向受益人展示分析结果，并让其参与制定优化方案和进行经验分享[24]。

3 结论与启示

3.1 结论

LCAP此前的广泛协商和系统计划，奠定了可持续景观保护的基础。基于伙伴关系选定的管理范围使遗产与景观的关系得到了妥善处理，不仅保护和凸显了景观价值，同时丰富且紧密的景观资源也成为指定文化遗产的良好补充，从而通过多级且统一的空间、时间、功能和文化结构，保存了工业遗产的完整性。LCAP围绕人与遗产景观制定了综合发展目标，并以项目建设计划、项目、交付计划为脉络，构建了层次清晰的计划管理体系。相关成就离不开以各级政府、专业团队、志愿者和本地社区为主体的伙伴关系，各成员分工明确、团结协作，总体形成了“自上而下”与“自下而上”相协调的保护实施和管理体系。其中，威尔士政府主要提供了财力支持，地方当局承当了关键的领导责任，HLF与布莱纳文伙伴关系则充当了监察角色。伙伴关系也确保了资金的充足，特别是本地社区的全程参与有效降低了保护成本，填补了资金空缺⑥。从受益人角度并依据指标重要性原则建构的保护评估系统，使各项交付计划得到了切实的监控和改进，提升了受益人，特别是居民的决策地位。总之，布莱纳文景观保护诠释了如何在世界遗产价值的基础上通过综合价值目标，整体系统规划管理，广泛合作伙伴机制实现人与遗产景观的多重效益和可持续发展（图5）。

3.2 布莱纳文工业景观保护经验对我国的启示

工业遗产是见证我国工业文明进程的重要载体。目前，在国家产业、文化等政策导向下，我国的遗产保护正发生从单一功能向城市综合体，从单体改造向城市整体规划，从政府主导向多方参与的深刻转型。近期的《国家工业遗产管理暂行办法》（2018年）和《推动老工业城市工业遗产保护利用实施方案》（2020年）又对工业遗产的多维价值、规划管理、多方参与等作了战略性的指引，并倡导可持续发展。国内认识的提升促进了保护实践的创新，例如：《南京工业遗产保护规划》在遗产普查、价值评估、保护策略等环节建构了多元伙伴机制和凸显了整体保护的可持续发展价值观；《南通唐闸近代工业城镇保护利用规划》建立了综合的遗产价值评估体系和基于文脉的完整规划体系框架，并通过多类型的公众参与尊重和平衡各方利益。然而，在取得成就的同时也应认识到，我国的工业遗产管理整体薄弱，保护理论滞后；保护政策偏原则性，实际指导性不强；保护层级多维价值导向偏离，总体还停留在初级、微观、封闭和离散的建筑层面，大量非文保遗迹和景观结构存续艰难；保护目标综合效益欠佳；保护模式缺乏整体管理思维和成熟、系统的规划指导；保护主体囿于政府资源，多元合力缺位。上述问题与我国政策法规不完善；经济利益驱使和传统模式易组织、节约土地和成本；土地产权复杂，行政协作不足；民众文化自觉性不高和多元治理机制不完善等实际相关。

在综合实力显著提升、“五位一体”总体布局、治理能力现代化和鼓励工业遗产可持续发展的国情、国策下，我们亟须打破思维定式，符合国际趋向和结合实际问题，努力推动我国理论与实践的转型升级。尽管布莱纳文工业景观尚存在管理灵活性不足和公众参与效果不够显著等缺憾⑦，但其所传达的可持续性保护逻辑和缺憾本身皆可为我国提供一定的启示。

①保护理论：树立可持续发展价值观，强化学界与业界跨学科跨部门的交流融合，建立可持续发展基础理论和方法体系，构建地区发展综合目标、整体系统规划管理、多元伙伴机制耦合的工业遗产景观保护新范式。

②保护制度：完善法规政策体系，提供可持续发展详细指引。

③保护层级：建立政府经济社会发展综合评价体系和完善工业遗产价值评估体系，基于伙伴关系和空间、时间、功能、文化等的结构完整性开展建筑与景观、物质与非物质的全面系统调查与评价，理顺各要素的土地、行政权属关系和完善协作管理制度。

④保护目标：结合城市整体发展愿景，确立人与遗产景观多维

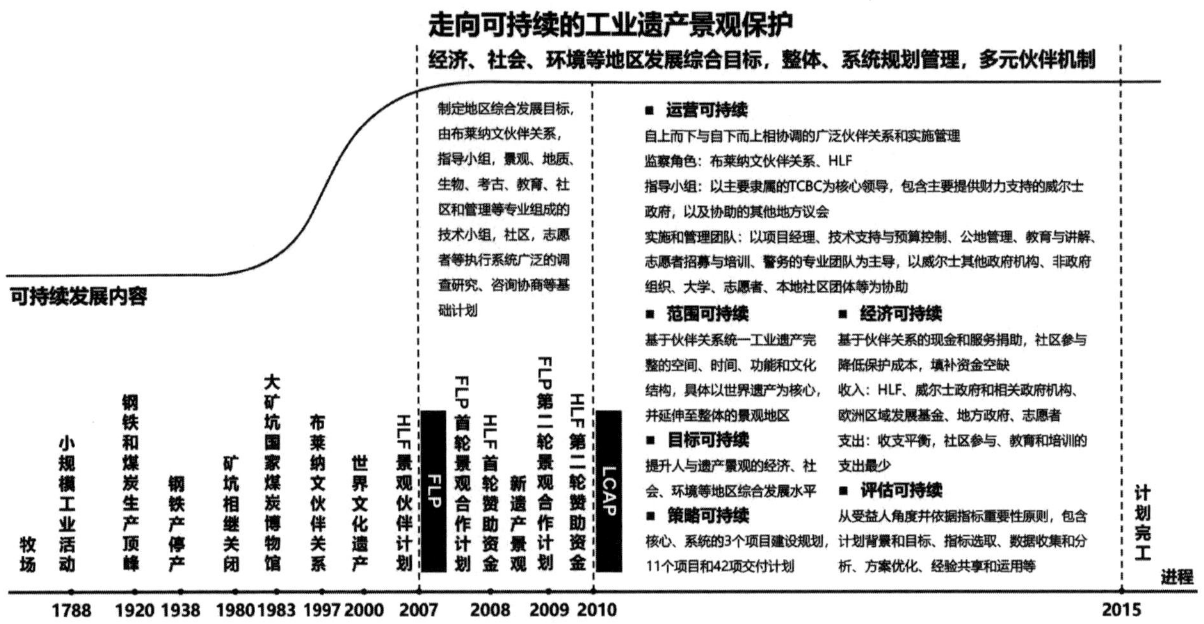

图5 保护历程与可持续发展内容图

发展目标，兼顾工业遗产保护的综合效益。

⑤保护模式：创新工业遗产保护规划，探索围绕行动计划的系统管理办法，如借鉴英国FLP、LCAP，以及项目建设计划、项目、交付计划的实施策略和建立弹性的预算及计划应对方案。

⑥保护主体：明确责任主体和各自职权，创建和完善由全民共建共享，“自上而下”和“自下而上”相协调的工业遗产保护协作体系。建立健全以各级政府、部门、专业团队、志愿者和本地社区为主体的合作伙伴关系及机制，并贯通至工业遗产普查、研究、咨询、规划、运营、监督、评估等的完整周期。强化政府领导和资金投入，重视公众参与在减少保护成本方面的重要价值，并通过加大宣传、提供教育与培训、激励政策和社区赋权等措施增进社会参与。

此外，还须建立基于伙伴关系的融资机制，鼓励非官方慈善基金的建立和志愿者的非现金捐助，重视从受益人角度和遵循指标重要性原则建构系统、全面、动态的保护评估机制，同时注重数据的收集与分析、经验的共享与运用。

（原载于《中国园林》2022年第4期）

注释：

①英国古代土地制度，归领主所有。

②英国最大非法定基金国家彩票（National Lottery）的子基金，用以支持遗产项目。

③资金需通过提交申请计划、HLF审批的方式获得。

④详细实物调查之前的初步研究，含可行性研究和生态评估等。

⑤由欧盟划拨，通过较富裕地区的转移资金支持欠发达地区的基础设施建设。

⑥实际与预期支出存在普遍差异，只有计划A与原预算基本持平，计划B、C分别少支出34%、17%，运营等多支出22%。

⑦HLF资金仅在固定期内提供，LCAP期限延长仅为特例。尽管制订了详细的计划策略和预算，但变化的伙伴资源和交付期使预期与实际的产出、预算存在差异。此外，文化、兴趣等使公众参与效果不够显著。

图片来源：

图1(a)：引自https://www.visitblaenavon.co.uk/en/Publications/WorldHeritageSite/ForgottenLandscapes/FL-Landscape-Character-Study.pdf;

图1(b)：引自https://www.visitblaenavon.co.uk/en/Publications/WorldHeritageSite/ForgottenLandscapes/FL-Landscape-Character-Study.pdf;

图1(c)：引自https://www.visitblaenavon.co.uk/en/Publications/WorldHeritageSite/ForgottenLandscapes/FL-Landscape-Character-Study.pdf;

图1(d)：引自https://www.visitblaenavon.co.uk/en/Publications/WorldHeritageSite/ForgottenLandscapes/FL-Landscape-Character-Study.pdf;

图1(e)：引自https://www.blaenavontowncouncil.co.uk/industriallandscape?lightbox=dataItem-kazrphwh4;

图1(f)：引自https://www.yha.org.uk/camping-wye-valley;

图1(g)：引自https://blaenavon.wordpress.com/page/2/;

图1(h)：引自https://blaenavon.wordpress.com/page/2/;

图1(i)：引自https://blaenavon.wordpress.com/page/2/;

图2：作者改绘自https://www.visitblaenavon.co.uk/en/Publications/World-

HeritageSite/ForgottenLandscapes/CommonSense.pdf;

图3：作者改绘自 https://www.visitblaenavon.co.uk/en/Publications/World-HeritageSite/ForgottenLandscapes/FLP-Scheme-Evaluation-Full-Report.pdf.

其他图片均由作者绘制。

参考文献：

[1] 佟玉权，韩福文.工业遗产景观的内涵及整体性特征[J].城市问题，2009(11)：14-17.

[2] 佟玉权，韩福文，邓光玉.景观：文化遗产整体性保护的新视角[J].经济地理，2010，30(11)：1932-1936.

[3] 吴佳雨，徐敏，刘伟国，等.遗产区域视野下工业遗产保护与利用研究：以黄石矿冶工业遗产为例[J].城市发展研究，2014，21(11)：73-80.

[4] 佟玉权.工业景观遗产及其结构性保护的路径探索[J].城市发展研究，2015，22(8)：107-111.

[5] 张定青，冯涂强，张捷.大西安渭河水系遗产廊道系统构建[J].中国园林，2016，32(1)：52-56.

[6] 宫一路，黄磊昌.城市工业景观系统规划初探：以大连市为例[J].生态经济，2017，33(1)：190-193.

[7] 邓元媛，卓轩，常江.景观视域下城市工业遗产地价值评估研究[J].中国园林，2017，33(11)：93-98.

[8] 江畔，邵龙.中东铁路工业文化景观体系保护规划研究[J].城市发展研究，2019，26(5)：40-46.

[9] LANDORF C. A framework for sustainable heritage management：a study of UK industrial heritage sites[J]. International Journal of Heritage Studies，2009，15(6)：494-510.

[10] 谢明阳.城市更新视角下的煤矿废弃地工业遗产保护与再利用研究[D].合肥：合肥工业大学，2019.

[11] 喻妍.城市更新背景下的工业遗产保护与更新研究[D].武汉：华中科技大学，2016.

[12] 季宏.近代工业遗产的完整性探析：从《下塔吉尔宪章》与《都柏林原则》谈起[J].新建筑，2019(1)：92-95.

[13] 王婉娟.我国工业遗产的"政府+社会"保护模式初探[J].湖北工业大学学报，2013，28(3)：67-70.

[14] 陈硕.公众参与下的工业遗产保护性再利用：以谢菲尔德波特兰工场为例[D].南京：南京大学，2019.

[15] The International Committee for the Conservation of the Industrial Heritage. Dublin Principles[EB/OL].[2020-10-18].https://ticcih.org/about/about-ticcih/dublin-principles/.

[16] 季宏.《下塔吉尔宪章》之后国际工业遗产保护理念的嬗变：以《都柏林原则》与《台北亚洲工业遗产宣言》为例[J].新建筑，2017(5)：74-77.

[17] UNESCO.Blaenavon industrial landscape[EB/OL]. [2020-06-20]. https://whc.unesco.org/en/list/984/.

[18] The National Lottery.Landscape character study [EB/OL].[2020-12-20]. https://www.visitblaenavon.co.uk/en/Publications/WorldHeritageSite/ForgottenLandscapes/FL-Landscape-Character-Study.pdf.

[19] The National Lottery.Introduction[EB/OL].[2020-03-10].https://www.visitblaenavon.co.uk/en/Publications/WorldHeritageSite/LookingAfterBlaenavon/Introduction.pdf.

[20] The National Lottery.Implementation programme A：conservation and climate change[EB/OL].[2020-03-10].https://www.visitblaenavon.co.uk/en/Publications/WorldHeritage-ite/LookingAfterBlaenavon/Sec52ProgAIntro.pdf.

[21] The National Lottery.Implementation programme B：community engagement，education and training[EB/OL].[2020-03-10].https://www.visitblaenavon.co.uk/en/Publications/WorldHeritageSite/LookingAfter-Blaenavon/Sec511ProgBIntro.pdf.

[22] The National Lottery.Implementation programme C：visitor management and interpretation[EB/OL].[2020-03-10].https://www.visitblaenavon.co.uk/en/Publications/WorldHeritageSite/LookingAfterBlaenavon/Sec518IntroImplementation.pdf.

[23] The National Lottery.Forgotten landscapes partnership evaluation[EB/OL].[2020-03-10].https://www.visitblaenavon.co.uk/en/Publications/WorldHeritageSite/ForgottenLandscapes/FLP-Scheme-Evaluation-Full-Report.pdf.

[24] The National Lottery. Evaluation[EB/OL].[2020-03-10]. https://www.visitblaenavon.co.uk/en/Publications/World HeritageSite/LookingAfter-Blaenavon/Sec7Evaluation.pdf.

作者简介：

唐斌，东南大学建筑学院、英国卡迪夫大学地理与规划学院联合培养在读博士研究生，研究方向为城市更新、风景园林规划与设计、城市规划与设计；

阳建强，博士，东南大学建筑学院教授，博士生导师，中国城市规划学会城市更新学术委员会主任委员，研究方向为城市更新、城乡文化遗产保护、城市规划与设计。

日本书院造园林造园艺术研究

秦佳文　宋天明　马雪梅

摘　要：日本书院造园林起源于寝殿造园林，但随着时代的发展，书院造园林逐渐走向成熟，因此书院造园林逐渐成为日本三大主流园林形式之一。本文介绍了日本书院造园林和寝殿造园林的关系，对其成因进行了详细的阐述，并从园林选址及总体布局、建筑营建、造园手法和文化思想四个方面分析，深入探究日本书院造园林的特点，从而帮助我们更好地理解日本书院造园林的造园艺术。

关键词：书院造园林；寝殿造园林；造园艺术

1　书院造园林的起源

书院造园林即以书院建筑作为日本庭园主体建筑的日本园林，其园林发展初期依托日本池泉园而生，建筑则起源于平安时代贵族住宅的建筑样式寝殿造。在镰仓时代，由于当时的日本时局动荡，国家的权力逐渐转移到武士阶层，战争因素推动着住宅在功能上发生了巨大的变革：原本仅仅具有满足基本生活功能的武士住宅已经不能很好地为武士阶层服务，住宅中涵盖接待空间的重要性日益突出，住宅中需要为武士提供协商战事、交换情报、研究军情等空间。因此，书院造建筑应运而生，在空间布局上由原来单纯为满足日常生活需求所具备的生活空间逐渐转变为具有接待来宾的迎接交流空间。在中世纪末期，书院造园林开始大幅度发展，于近世初期完成转变，成为武家样式的书院造建筑。

2　书院造园林特点

2.1　选址及总体布局

中国风水思想自日本平安时代传入日本，对日本的园林产生了巨大的影响，风水学说中的五行相生相克、吉凶占卜等在园林中，特别是选址与布局方面影响深远。

自然风景式庭院的选址无论是书院造园林还是寝殿造园林，其选址与总体布局大多都考虑风水因素，选择背山临水的风水宝地建园。

寝殿造园林中的庭园东侧设遣水、西侧为走廊、庭院中轴线上设寝殿、寝殿南侧为水池，由此构成了寝殿造园林中的基本风水格局（图1）[1]。但随着时代的发展，寝殿造园林严格的对称式平面布局形式逐渐被自由式布局方式所取代，但将“寝殿”和“钓殿”保留下来，成为寝殿造园林的标志性建筑。

早期呈严谨的中轴对称式的寝殿造园林（如高阳院庭园、东三条殿庭园、堀河殿庭园等）由于历史因素，很少有被保留下来。后期发展为自由式平面布局的寝殿造园林，如神泉苑、大觉寺嵯峨院、金阁寺（鹿苑寺）、仁和寺寝殿等，多存在于私家园林中。由于寝殿造园林的园林风格特点明确，因此对寺院园林等日本其他类型的园林有着深远的影响，由此形成了与寝殿造园林格局相似的净土式园林，如平安时代的平等院凤凰堂、毛越寺、河原院址涉成园等。

书院造园林中的总体布局为两种，一种是建筑单体分散在庭园各处呈自由式布局（图2）[2]；另一种为庭园中出现体量较大的建筑群体[1]，且建筑群面向水池而建，位于庭园一侧，形成侧园式布局（图3）。在后期书院造园林的发展过程中，逐渐融合了枯山水和

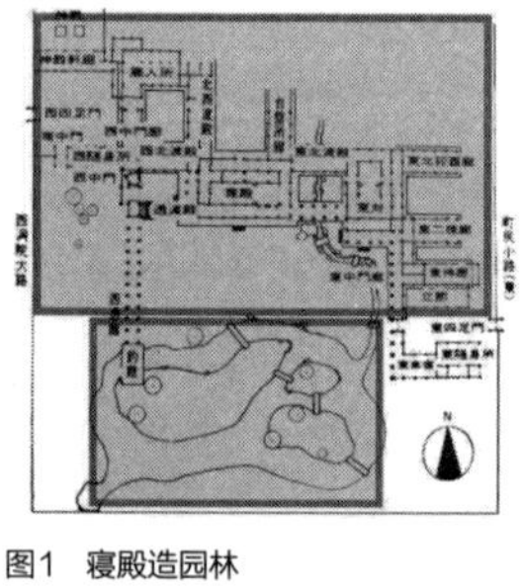

图1　寝殿造园林

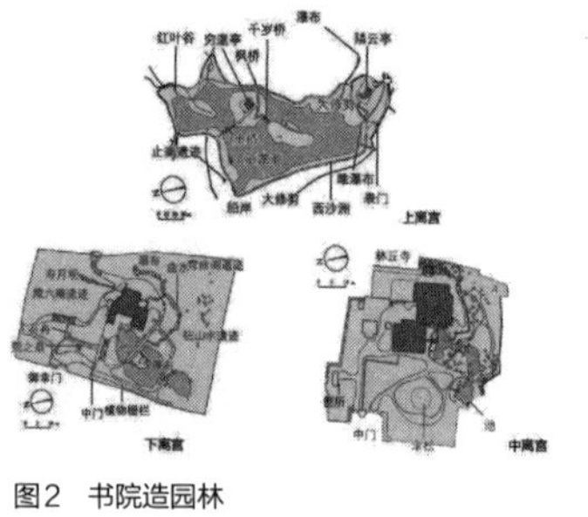

图2　书院造园林

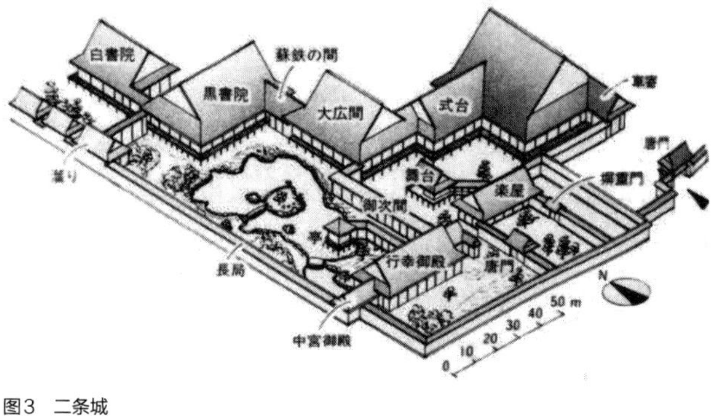

图3　二条城

图4　东三殿复原图

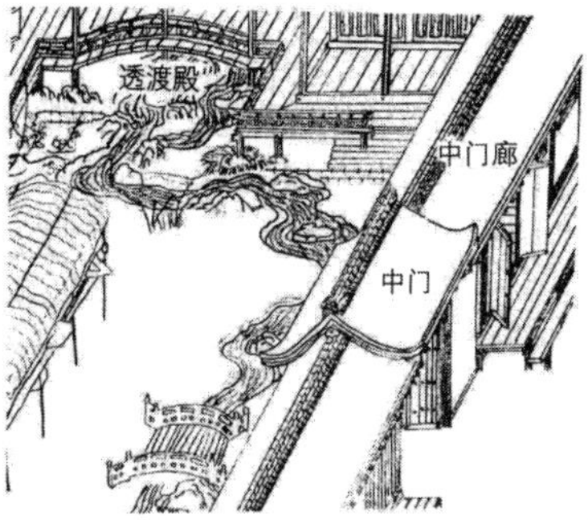

图5　寝殿造园林遣水

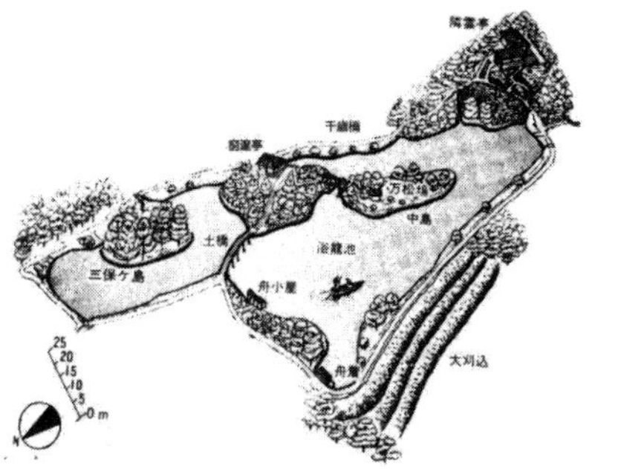

图6　修学院离宫湛水

露地的特点，不断创新，产生了形式变化多样的书院造园林总体布局[3-6]。

2.2　建筑营建

在日本众多园林样式中，以寝殿造园林、书院造园林和净土式园林共同构成日本三大主流园林样式，其园林中的建筑风格明显是区别园林类型的主要判断依据。平安时代产生的寝殿造园林被称为日本庭园建筑的起点[7]。但是随着佛教从中国传入日本，佛教中的净土宗思想逐渐影响到日本园林的造园思想，在庭园样式中开创了新的样式——净土式庭园，并在庭园风景中向世人暗示其中蕴含的世界观。从镰仓时代到室町时代，枯山水，以颠覆常理的形式出现在日本庭园中，园林中的水被白沙所替代，用白沙描绘出的不同纹理象征着水波纹，这一手法成为当时园林中的主流表现形式。到了桃山时代，由于上层武士成为统治阶层，他们的住宅多具有书房兼卧室功能，因此书院造住宅样式广为流传。

寝殿造园林（图4），园林的主体建筑为“寝殿”（正殿）用于休息和办公，常常位于轴线的中部偏北一侧，坐北朝南，体量巨大，采用歇山顶或庑殿顶，处园林中地势较高的位置，俯瞰轴线上所有的景观。寝殿的东、西两侧设置“对屋”，被称为“东对”“西对”。“寝殿”的南侧为庭院，院中遣水经“寝殿”和“东对”引入池中，池中设中岛，用“土桥”或“反桥”将二者连接。寝殿造园林中还会设有横跨在水面上的建筑，被称为“渡殿”，若其建筑形式为走廊样式则被称为“渡廊”，而临近水面用于垂钓、泊舟、赏月和纳凉的建筑则被称为“钓殿”，由此构成了寝殿造园林中主要的建筑。

书院造园林为武士的住宅庭园，由于绝大多数武士都是农民出身，因此无论是庭园还是建筑的营建多以简单朴素的风格为主，但书院造建筑起源于寝殿造建筑，因此在布局模式与装饰风格上与寝殿造建筑有相似之处。

从兴起时间来看，寝殿造建筑出现的时间要早于书院造建筑，书院造建筑又是基于寝殿造建筑形式基础上发展演变而来，两者有着一定的关联性。但是每个阶层的人对于住宅细节的关注点不同，使用人群的差异赋予了两种建筑全新的内容：出身贵族的人们由于身份高贵又拥有一定的财力，更加注重住宅内细节的刻画；而武士阶层的人绝大多数都是农民出身，因此对建筑的细节要求并不高，而对等级制度在建筑中的体现更加关注。由于当时武士们所处时局动荡，因此对于建筑在功能上的要求逐渐增多。武士出身的将军需要在住宅内与各自的家臣大名们商讨战事，所以书院造建筑的功能主要体现在接待方面；而寝殿造建筑多为私人住宅，只需满足生活基本需求即可，因此寝殿造建筑以居住功能为主。

2.3　造园手法

寝殿造园林通常采用缩景的手法，用以小见大的方式将本国的各种山水名胜融于同一园林中。寝殿造园林中设遣水（图5）[8]，池中设中岛，岛屿大小各不相同，靠近池北岸中央部分用“反桥”连接两岸，而下一个中岛则用“平桥”连接。“中门廊”的尽头是伸入水面的庭园建筑“钓殿”，人们可以在此纳凉赏月、品酒赏雪、停舟休息，在中岛的后面设因舟游式观赏方式兴起的“乐屋”。池庭中的水大多顺应地势，而京都东北部地势较高，因此池中池水多由东北方经“寝殿”和“东对屋”流向南方。

受东方的五行阴阳思想影响，寝殿造园林中的遣水多为婉转曲折的样式，水中设步石，供人穿行。若在水源丰富的地方则会设置瀑布或泉水，水从高处坠落或气势恢宏或婉转动听，在夏天具有消暑降温的作用，如东三条殿寝殿造园林中的“千贯泉”。“寝殿”与“对屋”中间的草坪上仿照“嵯峨野”或者“紫野”等山形以体现丛林野趣。

书院造园林中多用借景的手法假借园外的景观将其收入园内，无形中扩大了园景。如桂离宫借四面之景[9]，修学院离宫借北山、爱宕山、西山景色，水户偕乐园借筑波山、千波沼之景等。而庭园中的埋水方式则多以湛水为主（图6），起水形多呈心字形、葫芦形、云字形。书院造建筑布局相对灵活，或居于庭园的一侧，或位于庭园中央，或围绕水池布置。书院造园林中的植物栽植以表现自然形态为主，修剪时以水景为母题，多呈海浪形。书院造园林与寝殿造园林的比较总结见表1。

2.4　文化思想

中国道教中的蓬莱思想在秦汉时期传入日本，迅速融入日本古层文化中的神道体系，形成神道文化并在园林中演变为日本式神仙思想，通过一池三山、龟岛与鹤岛等表现形式出现在日本园林中。在日本园林的布局选址方面，同样受中国传统的风水思想影

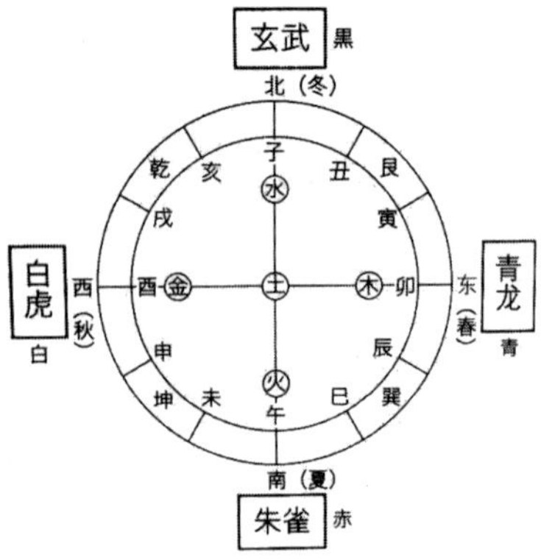

图7 四神相应

表1 书院造园林与寝殿造园林比较总结

类别	书院造园林	寝殿造园林
园林类别	自然风景式园林	
平面布局	自由式、侧园式	对称式、侧园式
造景手法	借景为主	缩景为主
功能	接待	居住
建筑布局	呈“雁形”延伸	轴对称
植物剪形	自然式	自然式
造园思想	武家思想	儒家思想
特点	体现等级制度	注重居住细节
建筑类型	住宅、接待	住宅建筑
兴起时期	镰仓时代	平安时代
使用人群	武士阶层	贵族阶层
代表作	西本愿寺白书院、二条城二之丸御殿、桂离宫书院群、修学院离宫茶屋	平等院凤凰堂、京都御所紫辰殿、中尊寺金色堂、仁和寺寝殿

响，产生了四神相应学说以指导日本园林布局、选址（图7）[10]。

自公元3世纪儒教传入日本后，日本的儒家思想在园林中迅速蔓延，对园林的格局，特别是寝殿造园林产生了深远的影响。儒家思想以严谨的礼制秩序、中轴对称式布局与天子朝南思想在寝殿造园林中表现得最为突出：寝殿位于庭园中轴线的南端，表现君子面南，庭前中岛坐落于水池中央，被水环抱，中岛代表君，水代表臣，陆地为民，层层环抱，是君臣思想的集中体现。

平安时代末期，在公卿的源平之争结束后，日本的武士成为实际掌权的统治阶级，而武士所代表的武士文化也成了这个时期的主流思想。在武家的统治下，制定了严格的社会等级制度，并且逐渐影响到起源武士阶层的书院造园林。在书院造建筑中，主人会根据被接待人群的等级、地位、身份的不同设置相应的房间，而每个房间中的装饰壁画也暗示着房间的等级。后期随着禅宗思想的涌入，与茶道结合形成的露地逐渐与书院造园林相结合，形成了如今风格特征明显的书院造园林。

3 结语

书院造园林作为日本园林中的一部分，在历史中占有极其重要的地位。日本书院造园林虽然起源于寝殿造园林，但是随着后期发展，书院造园林在诸多方面与寝殿造园林产生了诸多差异，形成了风格特征明显的园林类型。书院造园林的选址则受中国风水思想影响甚深，园林中多采用自然式布局方式，后期融入茶庭、枯山水要素进行园林组景，由池泉、中岛、石景等作为基本的造园要素构成庭园主体，常采用借景的手法营造园林景观。园林中的书院造建筑以接待功能为主，根据被接待者的等级设置规模、装饰等均有所差异的房间，以应对不同的需求、体现等级制度，由此形成了独具特色的日本书院造园林。

（原载于《古建园林技术》2021年第3期）

图片来源：

图1：作者改绘，原图出自参考文献[1]；

图2：作者改绘，原图出自参考文献[2]；

图3、图4、图6：引自参考文献[1]；

图5：引自参考文献[9]；

图7：引自参考文献[10]。

参考文献：

[1] 宮元健次．図説日本庭園のみかた[M]．京都：学芸出版社，2011.

[2] 木升野俊明·日本造园心得[M]．康恒，译．北京：中国建筑工业出版社，2014.

[3] 進士五十八．日本の庭園：造景の技術とこころ[M]．東京：中央公論新社，2005.

[4] 重森三玲，重森完途．日本庭園史大系[M]．東京：社会思想社，1979.

[5] 田中昭三．深度解析日本庭园[M]．東京：JTB，1999.

[6] 森蘊·桂離宮と修学院[M]．東京都：岩波書店，1951.

[7] 刘庭风．日本园林教程[M]．天津：天津大学出版社，2005.

[8] 欧颖．桂离宫庭园艺术与建筑艺术浅析[D]．北京：北京林业大学，2009.

[9] 小松茂美．年中行事絵巻[M]．東京：中央公論新社，1978.

[10] 小埜雅章．图解作庭记·山水并野形图[M]．盛洋，译．武汉：华中科技大学出版社，2019.

作者简介：

秦佳文，沈阳建筑大学建筑与规划学院；

宋天明，沈阳建筑大学建筑与规划学院；

马雪梅，沈阳建筑大学建筑与规划学院教授。

建筑艺术论文摘要

新乡土主义建筑美学对窑洞建筑现代设计创新的启示

艾丹　张倩

该文分析乡土建筑的历史背景和新乡土主义建筑美学的概念，通过探索传统窑洞建筑设计中的地域自然形态、文化传统的优势及局限等内容，继承和发扬绿色环保的建造技术、建造材料等优点，以推动窑洞建筑与现代建筑设计元素结合的可持续发展。

（原载于《美术教育研究》2022年第12期）

民族艺术在建筑设计中的应用

兰晓娜

伴随着现代化科学技术的进步，建筑设计中广泛地使用国际化信息化的建筑语言和建筑艺术，其在国内的建筑行业中也被高效使用。但由于常常受到西方元素的影响，部分设计人员在实际的设计中往往会考虑将东方元素与西方元素进行结合与再创新，综合考虑设计风格以及业主的需求，在建筑设计中有针对性地融入一些民族元素。

在文化多元化的今天，对民族传统的传承很有必要，主要源于任何的新事物都是建立在传统的前提下的。国内的建筑设计要实现创新，比如要继承优质建筑传统设计元素，取其精华，从几千年的建筑历史中学习，但不可一味沉迷于传统城堡里，不对其进行创新则容易导致民族艺术出现一定程度上的断层，甚至难以传承国内优质的民间建筑设计艺术。对此，如何确保建筑艺术体现鲜明的民族特色，又能避免拘泥，从现实中获取素材进行创新是一条重要路径。对此，我们要了解艺术创新的源头，寻找属于我们民族文化的思维优势和风采。

（原载于《工业建筑》2022年第12期）

北京中轴线：生长的建筑艺术博物馆

姚珊珊

从最初的封建王朝中心，到中华人民共和国成立后不断建设的现代化首都城市，北京中轴线上的建筑述说着城市建设的历史，也沉淀着城市内在文化发展的故事。从功能和内涵的角度来看，可将北京中轴线视为城市中的一座建筑艺术博物馆，它既是城市历史和文化记忆的存储空间，也是家国历史和家庭生活的记忆空间，还从展示文化、吸纳公共参与等层面与发展中的社会生活保持着互动，本身具有弹性和可持续性，并作为一种中介空间参与着城市文化记忆的传承与续写。

（原载于《油画艺术》2022年第4期）

八一南昌起义总指挥部旧址的建筑艺术和保护利用探究——纪念八一南昌起义95周年

熊艳燕　段亚鹏

八一南昌起义总指挥部原为正西大旅社，始建于1922年，于1924年建成，是20世纪20年代南昌城内最高、最豪华的建筑。该处革命旧址体现了民国建筑艺术之美，是研究我国民国建筑艺术特点的代表建筑之一，也是伟大的八一南昌起义的见证物之一。南昌八一起义纪念馆因地制宜，将历史和现实结合，在科学研究民国建筑艺术和相关历史史料的基础上，不断探索保护利用革命文物新路径、新方式，达到发挥革命纪念馆社会教育功能的目的。

（原载于《南方文物》2022年第5期）

建筑遗产价值认知与审思——以哈尔滨圣尼古拉大教堂(1900—1966)建筑艺术为例

朱莹　李心怡　叶丽尼亚

圣尼古拉大教堂是哈尔滨1900—1966年的地标性建筑，曾见证了哈尔滨城市的诸多过往。本研究从圣尼古拉大教堂建设入手，通过教堂与俄罗斯教堂的对比，论述其历史与艺术价值，揭示圣尼古拉大教堂与哈尔滨的城市文化渊源。最后，文章将历史建筑与城市未来发展联系起来，提出如何认知与审思这类已消失的建筑遗产的价值及其对城市发展的作用。

（原载于《城市建筑》2022年第17期）

影响的欣悦：道家思想与西方现代艺术的跨时空对话——以老子与赖特为例

宋伟　柳思如

20世纪以来，伴随与日俱增的西方文化危机意识，以道家哲学为代表的东方思想引起西方学界的广泛关注。西方学者在“发现东方”的过程中，看到了克服危机的可能性和希望，积极探寻解决现代性危机的替代性方案，由此形成了“东方转向”的文化思想潮流。作为西方现代建筑艺术美学的开拓者，赖特深受老子及其道家哲学思想的影响，构建其独具特色的有机建筑论，成为“东风西渐”的重要文化事件和典型范例。勘察与回溯“老子与赖特”之间的跨时空文化交流互鉴，对于拓展跨文化艺术史的研究视野，将具有特殊的学术意义和当代价值。

（原载于《民族艺术研究》2022年第4期）

从建筑图像到设计意图：南京“中国国际建筑艺术实践展”客房中心的设计探析

张振辉

南京“中国国际建筑艺术实践展”客房中心是一个2003年至2004年设计、2017年方才建成的项目，历时漫长。主要借助图像与访谈来探究家琨老师设计构想的过程，就像在侦探一个案子。家琨老师在以往文献中多会谈及“一分为二、化整为零”的设计策略：一分为二，是把客房中心的公区处理为跟水坝坡面结合并延伸出去的几个地台，客房则放在地台以上而位居一侧；化整为零，是把客房再打散为一系列单元组合、形态错落的聚落群体。这个策略表述的概括力极强，但背后究竟包含着哪些意图和多少功夫则需要继续追问下去。

（原载于《城市环境设计》2022年第4期）

“丝绸之路”甘肃段兰州“柳合山堂”四合院建筑艺术分析

宋文靓　李瑛君

甘肃是古丝绸之路必经之地，在本地区仍保留有许多明清时期的民居建筑，这些建筑记载着古丝绸之路的历史、经济和文化的变迁。兰州作为丝绸之路上的重镇，也是传统四合院民居较为集中的古城。这些传统四合院不仅体现西北地区空间地域特征，而且反映陇中地区合院民居的建筑形制特点，以及当地民俗文化对建筑的影响，同样也是居住者的精神内涵在建筑上的外化体现。这些传统四合院是当地民居建筑艺术的典型代表，也反映出当时兰州作为"丝绸之路"重要节点城市的城市面貌。以兰州"柳合山堂"四合院为例，在实地调研的基础上，探索这座四合院背后柳氏家族的兴衰史，分析这座百年院落的形制及装饰艺术特色，旨在为研究陕西儒商民居和甘肃陇中兰州地区的传统民居建筑特色提供参考。

（原载于《西安建筑科技大学学报（社会科学版）》2022年第4期）

江南园林建筑在油画中的表达

谢应春

江南园林建筑是中国园林建筑艺术的重要组成部分，在园林建筑艺术史上享有较高的地位。园林建筑的布局规划安排和园林建筑在油画作品中的表达，主要集中在现实空间艺术、精神空间艺术上，通过视觉效果呈现，给人们诗意性的意境，彰显园林建筑的特有风格与艺术内涵。为了更好地传承与发展我国江南园林建筑艺术，本文对江南园林建筑在油画中的表达维度进行浅析，从而了解到江南园林建筑的艺术本质。

（原载于《工业建筑》2022年第7期）

论美学视角下的建筑艺术传播

周萍

建筑艺术贯穿人类历史发展和文明发展的各个阶段，是人类文明的重要形式。纵观人类建筑史，从远古简陋的山洞到今天形式风格多样的建筑，满足了人类更高层次的需求。建筑艺术是在美学视角下通过建筑的语言表达其背后特有的传统文化、社会思潮以及民风民俗。建筑艺术的传播不仅能使人们从不同角度欣赏、鉴别古代建筑和现代建筑，通过建筑的"形"体会建筑内在的"意"，不断提高自身的审美能力，领略建筑形象背后的文化价值，形成热爱本民族文化、尊重世界多元文化的情感和态度，而且有利于我国建筑行业的传承和创新发展，从传统的古建筑中体会各国人民的文明和智慧，发掘与传承丰富的建筑文化资源，从中寻找新的灵感和思路。《建筑艺术欣赏》一书从建筑的构成要素、建筑艺术的美学规律、各种欣赏方法、东西方建筑艺术的特点和建筑的发展方向等多个角度深入研究了建筑艺术的美，为建筑艺术传播和发展提供了参考和指导。

（原载于《工业建筑》2022年第7期）

当代中国建筑城市评奖中"社会性"的发生（1989—2020）

张晓艺

随着当代中国建筑批评传播图景的流变，建筑文化逐渐走向大众，其社会价值也开始被频繁提及。文章注意到了这一趋势，以当代中国建筑/城市评奖为研究对象，借助文本-话语分析的研究方法，从评奖流程和评选章程两个角度，探索当代中国建筑/城市评奖中大众化参与趋势以及建筑社会价值（文章统称为"社会性"）的具体体现，并对"社会性"建筑评奖的意义与局限作出评论。

（原载于《建筑与文化》2022年第6期）

福建省宁德市霞浦县畲乡半月里村

袁菲　葛亮

半月里村是福建省宁德市霞浦县溪南镇白露坑行政村下辖的一个畲族自然村。本文首先对村落布局与公共建筑进行特点分析，再对乡村建筑艺术作总结，最后提出现状与保护建议。

（原载于《城市规划》2022年第5期）

周湘华：打造完整建筑，创建数智转型

周湘华　黄媛媛

欣闻周湘华院长荣获2021年度"科创中国"湖南省企业"创新达人"称号，并在同年度湖南省优秀工程勘察设计中获得一等奖，故本次访谈拟从设计哲学、主要作品以及新技术运用等方面对周湘华进行采访。

（原载于《中外建筑》2022年第4期）

大美之道——建筑是包裹生命的容器

周琦

本文从四个方面对建筑的大美之道进行深入解读，说明建筑美学是研究建筑艺术的哲学，分别为：真实与诗意、形式与空间、人文与匠造、当下与未来。

（原载于《建筑与文化》2022年第4期）

《建筑折叠：空间、结构和组织图解》空间"折叠"的形式生成与美学探索

李玥　叶辉

在中国的传统文化中，"折叠"可以作为折纸艺术的构成与手段，在近年来，"折叠"（fold）的方式与语汇不断延展化，同时引申出"建筑折叠"（Architectural folding）概念，未来会逐渐应用于建筑、展馆、空间领域的材料结构、艺术呈现、模型制作、教学实践中。折叠也是在随机性与不定向当中挖掘生成形态的多维可能，乃至于揭示数字化设计缺陷。在设计教学中，可以将"折叠"与"折纸"作为一种思维训练方式，在结构化、体量化、秩序化的折纸步骤中，提升其全局意识与创新思维。以折叠为基础，透过建筑之表象，图解与拆解案例背后的生成路径，探析建筑设计中的空间逻辑与理性架构。

（原载于《建筑学报》2022年第4期）

从场所精神到日常生活美学的建筑理念研究——以秦厂村党群活动中心改造为例

汤朝晖　郑赛

我国建筑行业正处于从大量新建过渡到存量更新的转型期，老旧建筑的改扩建项目开始增多，且涉及社会生活中的多种类型建筑。既有建筑改

造研究的现有文献中,有关社区活动中心建筑改造策略的研究还较为欠缺。位于河南省修武县的秦厂村党群活动中心改造,是这方面的一个成功案例。该文基于场所精神理论,从改造目标、功能拓展、空间操作策略三个方面对案例进行解读,探讨建筑空间的场所精神是如何落实到使用者的日常生活美学之中的,可为既有社区中心建筑改造这一课题的研究提供参考。

(原载于《重庆建筑》2022年第3期)

废墟美学——浅议中国城市废弃建筑空间中的当代艺术创作

叶洪图　刘雨薇　申大鹏

在中国当代城市化进程如此迅速的背景之下,废墟主题的当代艺术作品逐渐走入了大众视野。废墟美学作为在城市遗骸、文明废墟之上生成的一种介于新与旧、过去与未来之间的独特的审美经验,于哀伤、颓败、荒芜之中蕴含着人类重生的激情和热望。当代艺术家通过对废墟的感知与巧思,以艺术的方式将城市过往的真实从废墟中抽离再融合,进行着丰富的演绎,观者在艺术家重新构建的空间下体味着过去的记忆与未来的狂想。追思与缅怀,破坏与建立,异质同体。通过对当代艺术家的此类典型作品进行分析解读,有助于更好地理解以城市废弃建筑为场域和媒介的当代艺术的创作,从而对当代废墟美学有更深的理解与认知。

(原载于《建筑与文化》2022年第1期)

卫辉熔金耐火材料大厅:工业建筑空间的立体设计

杜大龙

立体设计是一种研究三维或四维空间立体造型和形态元素构成法则的艺术造型活动,也是建筑设计的基石。其以建筑材料和视觉感受为基础,以穿插、组合、搭建、均衡为方法,按照一定的美学原则,能够将点、线、面、对称、肌理等元素转化为具有空间感的形体。在进行立体构成设计中,卫辉熔金耐火材料大厅始终遵循两条平行路径:一是从材料形式入手,走访当地传统工匠,整理当地材料与工法谱系,探究材料的强度、色彩、纹样、肌理的视觉美感与艺术内涵,使其作为之后空间形制和建造特征设计的参照基础;二是遵循常规的立体构成设计,将空间尺度、装饰实体、视觉边界、色彩、线条、游线、质地、动态景象等基本元素按照一定的构成原则进行组合,打造具有工业建筑特色的立体空间。

(原载于《建筑学报》2022年第1期)

卫辉和谐公园　现代室内设计中美术元素的融入

蒋北汉　刘帅克

空间如同一方容器,承载着生活与生存的休憩场所,也容纳着居住者心中对惊喜与浪漫的向往,不染尘埃,亦不夸张造作。在这里,可以看夕阳、看黄昏、看花、听雨,在和空间不断融合的过程中,重新思考人生的价值与意义,迎来直指内心的深思,建立起源于心中渴望以及空间世界的哲学与秩序。美术元素是室内设计装饰的重要组成,也是人与自然的情绪表达,无论是以具象、理性、自由为典型代表的西方美术元素,还是以浪漫、温良、诗意为主要特征的中式美术元素,都能够毫不掩饰地展示室内空间设计的真实状态,在不同风格氛围下捕捉空间与艺术之间的微妙气场,彰显空间清晰的审美主张与生活追求。

(原载于《建筑学报》2022年第8期)

“在地性”保护:特色村镇保护与改造的认知转向、实施路径和制度建议

段进　殷铭　陶岸君　姜莹　范拯熙

面广量大、内涵丰富、类型多样的特色村镇是中华文明的重要载体。随着城镇化进程的深入,大量特色村镇快速消亡,进行特色村镇保护迫在眉睫。认知转向、实施路径和制度建设是其关键。本文系统梳理了我国村镇规划和建设的政策法规和技术标准,指出我国“特色类”村镇的制度化保护与改造体系面临多要素有机结合的关联性挑战、多层次整体保护的层次性挑战和地域特色彰显的地域性挑战。在生态文明发展理念下,特色村镇的认知方法要实现从“要素—类型”向“地区—基因”的“在地性”转变。基于此,在操作层面上,提出“特色村镇地区”这一关键概念,结合特色村镇的理论内涵,从对象、价值、技术、目标等层面提出具体的实施路径,最后结合我国国土空间规划改革和国家治理体系现代化提出制度建议。

(原载于《城市规划学刊》2021年第2期)

公众感知导向的城市空间特色评价模型及实证——以武汉市主城区为例

兰文龙　段进　杨柏榆　李佳宇　姜莹

针对以往城市空间特色研究以专家精英视角为主导的状况,强调公众才是城市空间特色的感知主体。通过城市空间特色公众感知机制的分析,构建了以可识别性、审美属性、可意性、活力、活动支持为核心的评价指标体系,以及环境属性量化解析、公众行为数据采集、环境-行为耦合分析的指标量化途径,建立了公众感知导向的城市空间特色评价基本模型。结合武汉市主城区案例的应用,有效解决了以往城市空间特色评价中公众感知因素缺位且难以指导规划设计决策的瓶颈性问题,为应对我国快速城镇化进程中的特色危机提供了新的思路。

(原载于《城市规划》2021年第12期)

北宋洛阳士人园林景观中野趣的经营

余知衡　王丽方

“野趣”是宋代士人园林景观经营时主要追求的情趣之一,生发机制可以理解为景观环境与内心情志在“野”这一点上具有异质同构的相似性,而其内涵受到中国古典文艺美学范畴“野”的影响。北宋洛阳的政治生态和自然环境是士人园林“野趣”熔铸的重要背景。通过对司马光、王安之、文彦博、李清臣等士大夫家园的景观面貌、园居生活等方面进行较为深入的考评,辨析各园不同的“野趣”意匠内涵,分析景观环境塑造的手法及畅达内心情志的行为方式,并总结了其中的共性与个性。

(原载于《建筑学报》2022年第S2期)

基于风貌保护的南京老城城市设计高度研究

王建国　高源　张愚　杨志　李京津

为落实南京历史文化名城的风貌传承要求，实现高度控制的法定化，研究以老城40 km^2内的5 569个权属地块为研究对象，采用了法定规划高度控制整合基础上的城市设计控制与赋值计算双向校核的技术方法。其中“法定控高整合”实现了各种相关法规、条例和已批规划设计的高度控制成果整合；“城市设计控制”依据经典美学原理，着眼老城特色风貌结构与感知意象进行重点管控，形成环境品质改善中“管好”的核心内容；“赋值计算”着眼用地高度差异的影响因素与互动，建立基准性数字平台，解决具有基本品质的海量城市高度形态管控基准。“双向校核”以法定控高整合为基准，参照风貌结构意象，会同控详编制单位和规划管理部门共同完成赋值结果的调整与优化，并围绕设计目标和现实问题提出形态协调的措施建议。

（原载于《世界建筑》2021年第10期）

“新时期城市建筑评论：当代中国城市风貌座谈会”会议实录

李存东　修龙　何镜堂　刘力　时匡　汪孝安　曹嘉明　周恺　宋春华

2020年9月10日，“新时期城市建筑评论：当代中国城市风貌座谈会”在山城重庆施光南大剧院会议室举行。本次座谈会由中国住房和城乡建设部建筑节能与科技司指导，中国建筑学会主办，重庆市住房和城乡建设委员会、重庆市规划和自然资源局支持，中国建筑学会《建筑实践》杂志社协办。本次座谈会以“结合《国家发展改革委关于进一步加强城市与建筑风貌管理的通知》精神，讨论如何塑造和管控中国城市风貌”为题，邀请业界知名专家学者共同探讨。

（原载于《建筑实践》2021年第6期）

建筑艺术书目

空间的内向性与外向性

作者：车飞

出版社：中国建筑工业出版社

出版时间：2022年2月

【内容简介】

本书是一部关于城市空间的结构形态学的基础性理论专著。全书在结构上可以分为三个部分：第一部分是导言，从认识论的角度阐述了17世纪科学革命以来对空间形态的认识及其历史性的问题；第二部分重点讲述了城市空间形态的起源以及内向与外向的生长结构；第三部分着重讨论了城市空间形态伴随着人类城市发展的历史性形态演变以及结构性变化。

中国“站城融合发展”研究丛书：站城融合之综合规划

作者：李晓江　蔡润林　尹维娜　葛春晖　等

出版社：中国建筑工业出版社

出版时间：2022年8月

【内容简介】

站城融合发展，需要建立顶层逻辑和重视规划引领。本书从铁路和城市的相互关系研究出发，重点分析了城市视角下铁路客站的演变和未来发展趋势；明确了站城融合发展的三大动力，即区域一体化、城际客群需求、城市结构优化及功能集聚，进一步从人的视角确立了站城融合发展的内涵，辨析了“逢站必城”的发展误区、站城融合与TOD发展的异同等；强化实证研究，论证了站城融合的影响因素和发展条件，指出了国内实践中面临的若干问题。

存量更新与乡土传承

作者：郭海鞍

出版社：中国城市出版社

出版时间：2022年10月

【内容简介】

本书以中国建筑设计研究院有限公司在城乡存量更新中部分实践和研究工作为基础，论述在城市更新建设中应当尽可能地立足存量、保护和利用具有乡土特色的既有建筑，并提出“谨小慎微”的原则。全文以中国人的建筑文化背景破题，论证了农耕文明与中国建筑的乡土性、代居伦理与营建的自然观，然后从“功能策划、安全加固、品质提升、运营维护”四个维度总结了实际更新过程中遇到的难点、痛点及解决策略，从经济、技术角度加以概括总结，并介绍了近几年在轻建筑、轻介入改造方面进行的实验与探索。

公共艺术与区域发展：理论和案例

作者：乔迁

出版社：中国建筑工业出版社

出版时间：2022年11月

【内容简介】

公共艺术是塑造一个区域人文形象的重要因素，同时又对其经济发展起到一定的促进作用，二者是相辅相成的。本书所选的案例是公共艺术在区域发展当中以不同的角度和层面参与公共区域发展的典型。这些案例为公共艺术参与者在公共艺术规划、设计、建设中提供了可借鉴的经验。当然，城市的发展是多元化的，在人文和技术不断拓展之下，公共艺术的形式语言衍生了多种可能性，与区域发展的关联方式和对区域发展的作用也出现了多种可能性，这些需要我们不断地探索。

海上华章：近代中国建筑师在上海

作者：上海市规划和自然资源局

出版社：上海科学技术文献出版社

出版时间：2022年6月

【内容简介】

本书以图文并茂的形式介绍了20世纪20年代开始，中国建筑师在上海建筑舞台上所取得的卓然成绩，他们的作品成为海派文化、海派精神不可或缺的重要组成部分。全书分为2个部分，第一部分以概述的方式，介绍了一百多年上海现代建筑的发源、设计、兴建以及对现代城市功能的影响和再造。第二部分为上海有名的建筑事务所，如周惠南打样间、华信测绘、范文照建筑师事务所、华盖建筑事务所等。每个事务所分为三部分内容，分别为内容简介、所史简介、重点项目展示、一般项目说明等。全书中英文对照，并收录大量从未公开出版的建筑手稿，史料弥足珍贵。

童寯建筑写作：文本阅读与话语分析

作者：韩艺宽

出版社：中国建筑工业出版社

出版时间：2022年9月

【内容简介】

童寯(1900—1983)是中国近代建筑史研究无法回避的重要人物，因此也是很多学者的研究对象。然而目前研究大多针对其工程设计实践，本书通过对现有研究成果的梳理、思考和借鉴，关注其长期被忽略的建筑写作文本，具体包括其建筑评论、建筑史写作和园林史写作三种写作产品类型。本书反思了以往研究中过度关注作者生平本身的历史研究范式，转而决定采用多文本阅读和话语分析的研究方法，将童寯的写作文本与其他建筑学者及建筑师的文本并置，关注它们之间的意义重叠、冲突和交织，进而深入理解童寯建筑思想的基本特征。同时对童寯建筑写作的知识建构与知识生产过程进行理论分析，关注其写作背后的本体论、认识论、方法论、实践观等理论预设，对其历史思考的方式提出发问。并将这种多文本阅读和话语分析放在中国社会现代转型的特殊脉络下予以解读。

华厦基石：毕业于宾夕法尼亚大学的中国第一代建筑师

作者：童明

出版社:中国建筑工业出版社

出版时间:2022年12月

【内容简介】

中国现代的城市发展与建筑事业发轫于20世纪初,同时也带动了中国近现代建筑学科与建筑教育的建立和发展。在这一时期,第一代建筑学家崭露头角,群星璀璨,为中国建筑的现代化发展做出了很大贡献。他们其中一批为杰出的代表,如范文照、杨廷宝、梁思成、童寯、陈植等,都毕业于美国宾夕法尼亚大学艺术学院(以下简称"宾大"),并且在归国之后,积极活跃在建筑设计、建筑研究、建筑教育以及建筑管理等诸多领域,构成了中国近现代建筑运动的重要内容,对中国现代建筑学的奠基和发展产生了深远的影响。本书主要基于由东南大学与江苏省文化和旅游厅联合举办的"基石——毕业于宾夕法尼亚大学的中国第一代建筑师"展览,以专业性视角,图文并茂地呈现了毕业于美国宾夕法尼亚大学的中国第一代建筑师的学习经历和学业成就,以记录前辈的创业之功,相应展示我国现代建筑事业的前进之路,以期对于未来中国建筑事业的发展有所启示。

中国古代宫殿

作者:傅熹年

出版社:中国建筑工业出版社

出版时间:2022年11月

【内容简介】

傅熹年先生通过对中国古代城市规划、建筑群布局及建筑设计方法的系统研究,发现并向世人展示出"中国古代建筑确有一套规划设计原则、方法和艺术构图规律"。这些规律随着时代前进不断发展完善,正是由于有这些原则、方法和规律控制,中国古代建筑才能在不断发展、推陈出新的同时做到承前启后、一脉相承,保持这一独特建筑体系的独立性和延续性。

造园记:与古为新方塔园

作者:冯纪忠

出版社:湖南美术出版社

出版时间:2022年11月

【内容简介】

方塔园是一座位于上海市松江区的"与古为新"式的园林(公园),被普利兹克奖获得者王澍誉为"近几十年来,中国好的现代建筑"。本书是根据冯纪忠先生晚年有关设计建造方塔园的口述回忆整理而成的,从初建造背景、设计理念、总体思路、构思布局、色彩运用,再到具体的每一处景致(塔院、北门、水岸、湖沼、堑道),尤其是园中的点睛之笔——何陋轩,都做了详细而深入浅出的说明和介绍,可谓是把自己心中的"方塔园"和盘托出。不难想见,本书出版后,读者手拿这本书,犹如跟随冯纪忠先生走进方塔园,轻松自然中,聆听他娓娓道来,欣赏方塔园这座中国建筑的"无上妙品"。

中日建筑意象差异比较研究

作者:刘灵芝

出版社:中国建筑工业出版社

出版时间:2022年12月

【内容简介】

本书共由8章构成,主要分作两个部分。第一部分以理论为主,主要探究异文化间建筑外观意象以及该意象的认知和评价方法;第二部分以实践为主,对中日建筑外观特征的差异进行了比较与分析。

大美中国系列丛书:名山建筑

作者:张剑葳　等

出版社:中国建筑工业出版社　中国城市出版社

出版时间:2022年12月

【内容简介】

山是自然力量的见证,山上的建筑则体现了人的智慧。而认识山,在山上郑重地建筑,或许也可以成为中国建筑传统中一项引以为傲的成就。名山建筑,本身常常就是浪漫地理学所追寻的崇高景观。本书共分为三章。第一章"太山"高古:五岳建筑景观;第二章洞天福地:名山建筑景观;第三章人间梵境:佛教名山建筑景观。

中国古代界画研究

作者:王贵祥　李菁

出版社:中国城市出版社

出版时间:2022年3月

【内容简介】

界画是中国画中一个独特的画种,是借鉴建筑绘图里界划的方法,用毛笔借助界尺所绘,多用以表现宫室、楼台、屋宇或舟桥等。本书对中国古代界画进行研究,具有重要的科研价值和应用价值。

中国古建筑测绘大系·坛庙建筑:庙和社稷坛

作者:王其亨

出版社:中国建筑工业出版社

出版时间:2022年3月

【内容简介】

本书所收录的图纸从这一批测绘成果中精选约150幅代表图纸,涵盖太庙所有古建筑及金水桥、焚帛炉等设施,以及社稷坛戟门、拜殿和坛门等附属建筑。依太庙和社稷坛建筑组群使用功能的空间顺序编排各个建筑的图纸。"左祖右社"各核心历史建筑的图纸系统完整,能够充分体现太庙与社稷坛的历史建筑全貌。

中国古建筑测绘大系·祠庙建筑与园林建筑:上海庙园

作者:同济大学建筑与城规学院编写　常青　朱宇晖　主编

出版社:中国建筑工业出版社

出版时间:2022年4月

【内容简介】
本书为海派园林古建筑测绘成果，由同济大学组织编写。作者从相关测绘研究成果中精选了数幅图纸，包括平面、立面、剖面、大样详图等方面测绘图纸，将这些资料奉献给公众，祈望能够裨益于这一文化遗产的保护、继承、弘扬和借鉴。

中国传统建筑与中国文化大系：礼制建筑体系文化艺术史论

作者：赵玉春

出版社：中国建材工业出版社

出版时间：2022年6月

【内容简介】
中国建筑文化可以同时表现为精神文化与物质文化两种形态，并存于典章制度、思想观念、物化形态和现实生活当中，也可以表现为精英文化与草根文化，前者光耀乎庙堂，后者植根于民间，二者相互依存、交融，都是中华文化的重要组成部分，是中华文化的血脉和基因，共同构成了中国建筑文化的整体。本书主要是以文化艺术史论的形式，对中国传统建筑相关的文化内容等较全面地进行阐释。

中国传统建筑与中国文化大系：古代寺院建筑与中国文化

作者：杨荇华

出版社：中国建材工业出版社

出版时间：2022年8月

【内容简介】
寺院建筑作为一种文化景观，是人文和自然地理综合作用下的地域表现，反映了历史剖面上的佛教文化的生态体系。《古代寺院建筑与中国文化》以寺院建筑及其文化环境为对象，借助文化及地理学的视角和方法，发现其演变、分布和扩散的规律以及这些现象背后的成因；在文化分区和文化生态的体系中，勾勒出中国古代寺院建筑群体的空间模型或者图景。

仪式空间：隋唐宫廷建筑制度流变与影响

作者：齐莹

出版社：中国建筑工业出版社

出版时间：2022年8月

【内容简介】
中国古代宫室通常被理解为是以静态的艺术效果作为彰示权威的工具，因此已进行了大量关于宫室本体兴造的方法论研究，而对于其空间运行角度的探究尚有空白。本书通过对唐宫殿的研究，从仪式行为的角度进行宫室认识论层面的探索，从空间的使用即政治运行和仪式行为的角度，解读中国古代宫廷——特别是外朝区的建筑空间格局。建立空间塑形与权力发展、政治实践、仪式活动之间的联系，形成仪式空间的理论体系，为中国古代宫殿和都城的空间模式研究提供新的方法思路，结合新的遗址考古发掘，从权力空间使用的角度丰富对官式建筑的认识研究，对历代宫廷空间生成和发展的问题进行系统解析。

一堂二内：中国古代的平民住宅及其演变

作者：鲁西奇

出版社：巴蜀书社

出版时间：2022年8月

【内容简介】
本书考察中国古代平民（普通民户）住宅的建筑、用地、形制、基本结构及其演变过程，特别是平民住宅的基本形式“一堂二内”（“一宇二内”“一明二暗”）与院落的形成、演变，着意观察平民住宅的区域差异与贫富差别，在此基础上对中国古代平民百姓住宅的基本形式、居住条件及其变化进行总结归纳。目的在于分析地理环境、经济发展、政治变动，特别是王朝的政策变动、文化传统等因素对于民众居住方式的影响或制约，探究居住空间及其变化的社会根源与影响。

苏州历史建筑建造技艺

作者：苏州市住房和城乡建设局

出版社：文汇出版社

出版时间：2022年8月

【内容简介】
全书分为“构造与技术篇”和“材料与工艺篇”，从基础、墙体、木作、楼地面、楼梯、屋面、门窗、装修、亭台楼阁榭舫廊，到砖、木、灰、瓦、石、漆、装饰、杂项，凡十七章，条分缕析，全面而细致地介绍了苏州历史建筑的建造技艺。本书站在文化传承的角度上，主张保护历史建筑就是保护活化基因，将历史建筑的建造技艺定义为技术基因。不仅重视保护历史建筑的物质层面，也非常重视非物质层面和工匠技艺的保护和传承，对苏州及江南地区历史建筑的保护、修缮和施工具有重要的技术指导和实践意义。

广西壮族干栏木构建筑技艺再造价值研究

作者：韦自力

出版社：中国建筑工业出版社

出版时间：2022年10月

【内容简介】
本书包括了广西壮族传统村落主要分布区域的自然环境和人文环境特点、广西壮族干栏木构建筑的形制、广西壮族干栏木构建筑的发展过程以及广西壮族干栏木构建筑技艺传承与创新等四个部分，从多角度分析壮族传统村落现阶段存在的问题以及未来创新发展的手段和模式。

中国古建筑测绘大系·祠庙建筑：曲阜孔庙

作者：王其亨

出版社：中国建筑工业出版社

出版时间：2022年10月

【内容简介】
从2001年至2004年，曲阜市文物管理委员会（文物局前身）与天津大学建筑学院通力合作，开展了对曲阜孔庙、孔府、孔林、周公庙、颜庙、少昊陵、洙泗书院、尼山孔庙、尼山书院等文物保护单位的古建筑进行测绘记录的项目，曲阜孔庙古建筑的测绘是其中的首个项目。2001年，结合天津大学“中国古建筑测绘”教学实践(后被评为国家精品课程)，在王其亨教授的领导下，由多名教师和研究生组成教学指导组，以1999级建筑学、城市规划专业全体本科生为主力，吸收部分1996级、1998级本科生开展了声势浩大的曲阜孔庙的测绘工作。部分2000级本科生参与了次年的补测工作。作者从相关测绘研究成果中精选了数幅图纸，包括平面、立面、剖面、大样详图等方面测绘图纸，将这些资料奉献给公众，希望能够裨益于这一优秀文化遗产的保护、继承、弘扬和借鉴，非常有价值。

宋代州县衙署建筑空间与社会秩序

作者：陈凌

出版社：中国建筑工业出版社

出版时间：2022年11月

【内容简介】

本书以宋代的州、县衙署建筑空间为视角，探究地方官吏的各种“活动”轨迹，及其对地方政治运转和社会秩序稳定的影响。本书分为5章，分别从宋代州县衙署建筑本身、宋代州县衙署空间布局与文化内涵、宋代州县衙署建筑的政务空间与地方治理、宋代州县衙署建筑宴息空间与情感共鸣、宋代衙署建筑的礼仪空间与地方认同等几个方面来梳理宋代州县衙署建筑空间与社会秩序之间的底层逻辑和各方面关系。

明代官式建筑大木作(第2版)

作者：郭华瑜

出版社：东南大学出版社

出版时间：2022年12月

【内容简介】

本书在考察、测绘了大量明代官式建筑遗构的基础上，通过对原始资料与数据的分析及其与宋、元、清各代官式建筑做法的比较，对明代大木构架的构成及各部分的具体做法与演变进行了详细分析与总结。以构筑方式为研究主体，配以大量图片作为参照，增加了大量精细测绘图及实例，并补充名词解释及细节内文，例如对柱子和铺作层的连接以及一些梁桁的连接做法进行补图深化，并调整了图书版式，更方便读者阅读。

中国建筑要素溯源：庭院、斗拱和藻井

作者：谢景

出版社：清华大学出版社

出版时间：2022年12月

【内容简介】

庭院、斗拱和藻井作为中国古建筑的三大重要元素，其源远流长。学术界对于它们的探讨一直以来没有停息过。建筑实践更是受到了这些中国元素的影响，在重要公共文化建筑中，它们一直被创新地诠释。但是，目前绝大多数的学术研究对于这些建筑元素都是围绕在其类型学和节能方面进行的，在人文上的研究甚少。或许正是因为缺少人文上的基础研究，导致了现代建筑实践中把庭院、斗拱和藻井仅仅作为一种空间、结构和视觉元素。本书追溯庭院、斗拱和藻井在早期中国的渊源，以及它们在汉代一系列与天国和升天主题相关的演绎。本研究的基础材料主要为考古发现的新石器时代遗址，商周青铜器和宫殿庙宇遗址，汉代石墓、画像石和铜镜等，以及古文字和文献资料。通过研究可以看到庭院、斗拱和藻井在早期有效地表达了中国古人的宇宙观、世界观和人生观。在建筑艺术上，它们体现了超越理性的、充满想象力的、富有神秘感的内涵和品质。

明清广州府传统村落空间审美维度

作者：王东

出版社：中国建筑工业出版社

出版时间：2022年5月

【内容简介】

本书是关于建筑美学在中国传统村落领域的研究。在立足建筑美学的前提下，综合审美文化学、文化地理学、建筑人类学等多学科的研究方法，以明清广州府传统村落为研究对象，针对长期以来偏重村落物质形态的研究现状，将村落的空间形态、社会内涵、审美品格结合在一起，对明清广州府传统村落空间审美维度进行系统、深入的研究。

中国传统聚落空间层次结构解析

作者：王飒

出版社：中国建筑工业出版社

出版时间：2022年8月

【内容简介】

本书以传统聚落(城市和乡村)体系为研究对象，通过体系的层次结构进行空间特征的研究，对传统聚落体系的构成进行研究。书中对于中国传统空间特征的提炼具有一定的现实意义。

传统村落的适应性保护与发展

作者：徐峰

出版社：中国建筑工业出版社

出版时间：2022年9月

【内容简介】

书中描述了传统村落的分布、分类，提出了传统村落价值综合评估方法，针对传统村落的生态系统、产业结构、社会组织、空间形态以及传统民居的建筑风貌、保护与修复、综合功能提升作了详细解析。

中国民居建筑丛书·山东民居

作者：仝晖　高宜生　等

出版社：中国建筑工业出版社

出版时间：2022年12月

【内容简介】

民居源于先民趋利避害、谋取生存空间的原生建造活动。从地理环境来看，山东全省地形包括十四种基本类型，是我国地形地貌类别最丰富的

省份之一。从历史与文化来看，齐鲁先民在创造古代灿烂文明的同时，也形成了丰厚的传统民居建筑文化积淀，“礼”成为山东传统民居及其人文内涵的核心。本书在乡土文化遗产保护国家文物局重点科研基地（山东建筑大学）基本厘清山东地域传统民居资源类型特点与区系分布的基础上，从城乡规划、建筑学专业视角入手，以地域空间、民居特色、营造技艺等内容作为重点，力求以多元文化交融视野去理解探究山东传统民居所蕴含的地域文化演进模式、地方历史记忆以及山东先民营建智慧。

中国传统聚落保护研究丛书：河北聚落

作者：范霄鹏

出版社：中国建筑工业出版社

出版时间：2022年12月

【内容简介】

“中国传统聚落保护研究丛书”是“十三五”国家重点图书、国家重大出版工程项目、国家出版基金项目。作为分册之一的《河北聚落》，将河北省域范围内传统聚落分为城镇聚落和乡村聚落两大类，并分别依据聚落在区域中所具有的功能类型、在空间上所呈现的结构类型进行分类讨论。从“城镇与乡村聚落”、“乡村聚落功能形态”、“聚落群体到单体”及“河北传统聚落保护理论与发展”等方面进行研究，侧重从聚落对象，到成因梳理，到规律凝练，再到保护发展，形成历史上的地域萌发到当代地域建造的贯通研究。

中国传统聚落保护研究丛书：甘肃聚落

作者：刘奔腾　叶莉莎　段嘉元

出版社：中国建筑工业出版社

出版时间：2022年12月

【内容简介】

“中国传统聚落保护研究丛书”是“十三五”国家重点图书、国家重大出版工程项目、国家出版基金项目。本书以地域文化视角对甘肃传统聚落进行了梳理、归纳和总结。从地理环境、历史文化及民族风俗入手，探索了河西走廊、陇东、陇南、陇中、甘南等五个地区的传统聚落的风貌特征、生成因素和构成规律。依照市、镇和村三种聚落类型的差异，分别遴选五个地区的典型聚落展开案例研究。挖掘了甘肃不同地域传统聚落建造技艺的典型性与差异性，揭示了传统聚落物质空间与非物质文化的关联性。基于传统聚落的保存状况和发展情况，提出了甘肃传统聚落保护与传承的策略建议。

江浙乡村人居环境

作者：郑皓　潘斌　王雨村

出版社：同济大学出版社

出版时间：2022年12月

【内容简介】

本书为“中国乡村人居环境研究丛书”分册，以对我国13个省（自治区、直辖市）、480个村的大量一手调查资料和城乡统计数据分析为基础，建构了本土乡村人居环境分析的理论框架；具体的研究工作涉及乡村人口流动与安居、公共服务设施、基础设施、生态环境保护以及乡村治理和运作机理等诸多方面。这些内容均关系到对社会主义新农村建设的现实状况的认知，以及对我国城乡关系的历史性变革和转型的深刻把握。

京畿地区明清运河城市

作者：张曼

出版社：中国建材工业出版社

出版时间：2022年4月

【内容简介】

本书着重探讨如何将片段式、零散的运河遗产点与北京城市建设及城市历史建立关系，如何更好地展现其突出的普遍价值。

人居香港：活化历史建筑

作者：单霁翔

出版社：中国大百科出版社

出版时间：2022年4月

【内容简介】

8 000多栋历史建筑见证了香港城市发展，也承载着港人的集体记忆，在寸土寸金的紧凑型都市中，却面临着夹缝中求生存的尴尬境遇。创建伙伴关系，让政府、非营利组织和公众共同参与进来，尘封的历史建筑在“伙伴计划”中鲜活了起来……本书回顾了香港历史建筑保护的历程，着重介绍了“活化历史建筑伙伴计划”的创新成就和香港故宫文化博物馆的筹建始末。其中既有对香港城市规划的解读，又以近百个历史建筑为线索，讲述了文化遗产保护工作中的香港经验和香港故事，是一部文博视角下的香港城市百科全书。

丛华集：多维视角与多重价值中的中国遗产保护

作者：沈旸

出版社：同济大学出版社

出版时间：2022年7月

【内容简介】

建筑遗产构成了一个城市独特的风景，建筑遗产在当今时代以什么样的面貌呈现，功用为何，遗产保护经历过哪些阶段——不仅仅是思想认知方面，还涉及具体的建造技术等要求，遗址构成甚至带动的旅游文化可能的存在方式和发展状态如何，本书都有涉及。全书分为7个专题，专题内以个案研究为点，构成类型的思考，从多维视角看待遗产的价值评估，进而对当代的中国遗产保护提出新的思路和方法。

院落社会：北京历史文化街区的生活空间衍化与再生

作者：石炀

出版社：清华大学出版社

出版时间：2022年8月

【内容简介】

本书以平实、生动的文字及大量实地拍摄的珍贵图片，系统分析北京历史文化街区生活空间的更新改造历程和面临的复杂困境，以街区碎化、邻里碎化与院落碎化阐释不同空间层次中的社会与空间问题，论述保护实践的成效与局限，提出适宜的保护理念和路径，并介绍了若干地区的经验总结和规划构想。

上海建筑遗产保护再利用研究

作者：张磊

出版社：上海人民出版社

出版时间：2022年9月

【内容简介】

本书为上海艺术研究中心推出的“海派文化艺术研究”系列丛书之一。近年来，随着各地历史建筑保护再利用工作的深入推进，大众对建筑文化旅游的兴趣渐浓，建筑文化旅游已成为一个新兴业态。在保护好这些历史建筑的前提下，重塑建筑遗产使其“活”过来成为一大趋势。面对上海建设城市的新愿景，有必要全面梳理目前上海历史建筑保护再利用面临的主要难点和突出瓶颈，加快补短板，突出城市个性，打造文化大都市。本书对上海历史建筑按照工业遗产、红色遗产、石库门等不同类别，研究在大规模城市基础设施建设中如何处理好城市建设与历史建筑保护的关系，如何根据不同类别采取不同的保护再利用方案，以及如何充分利用上海历史建筑，梳理挖掘海派元素，开发好上海文旅融合资源。

文物建筑保护利用案例解读

编者：国家文物局文物建筑保护利用案例解读课题组

出版社：中国建筑工业出版社

出版时间：2022年10月

【内容简介】

本次研究内容的重点是探讨文物建筑维修工程与开放利用深度结合的方法与模式，收集整理一批有代表性的典型的案例，通过对案例详细地剖析和深度地解读，为文物保护管理和相关工作人员提供有益的参考。从而有效推动各级政府，特别是基层文物部门乃至社会更加深入地开展文物建筑保护利用工作，助力文物保护事业的发展。

大运河文化遗产景观审美体验设计

作者：吕勤智

出版社：中国建筑工业出版社

出版时间：2022年11月

【内容简介】

本书以环境美学及其相关理论为基础，以大运河文化遗产景观审美体验设计研究为切入点，针对大运河浙江段保护现状和遗产资源，依据国家关于大运河文化公园建设目标与要求，探索了大运河在保护与传承前提下运用美学原理与方法，对大运河文化公园建设进行基础理论与实践相结合的研究。

历史城镇到世界遗产：古城形态与建筑遗产研究

作者：李冰　苗力

出版社：东南大学出版社

出版时间：2022年12月

【内容简介】

本书是作者及研究团队在历史城镇方面十多年的研究成果集成，作者在法国留学期间接触了城市形态类型学的分析方法，并将其应用于中国历史城镇研究实践，从中总结出适应中国国情的本土化研究方法。本书的研究对象包括世界文化遗产丽江古城、国家历史文化名城山西昭馀古城以及辽宁省境内的系列历史城镇，包括青堆子古镇、盖州古城、开原古城等。研究内容涵盖历史城镇形态、演变特征及其内在根源，以及历史建筑的改造与保护。本书内容归属于城乡规划学和建筑学，其学术价值在于将国内的宏观城乡规划学和微观建筑学建立起紧密的联系，借鉴欧洲的城市形态学方法，对中国的历史城市形态肌理进行不同层级要素的梳理分析，尽可能地挖掘现有史料和实物的历史信息，梳理城镇的历史演变脉络，并总结其形态背后的社会学动因。

杭嘉湖地区近现代丝绸工业遗产

作者：刘抚英

出版社：中国建筑工业出版社

出版时间：2022年12月

【内容简介】

本书主要介绍杭嘉湖地区近现代丝绸工业遗产，分为上、中、下三篇。上篇为杭嘉湖地区近现代丝绸工业遗产保护理论研究，介绍了杭嘉湖地区近现代丝绸工业遗产研究背景与研究样本调查情况，构建了与之相关的综合信息数据库，并利用GIS对其空间分布特征进行了解析，从而得出了杭嘉湖地区近现代丝绸工业遗产的“基因图谱”。中篇为案例研究，选取了茧站、相关生产设施、茧仓等相关设施作为案例。下篇为国内外丝绸工业遗产保护相关案例，分别选取了美国马萨诸塞州的布特工厂、日本横滨的红砖仓库、无锡的永泰丝厂旧址等作为研究案例。

大型公共空间建筑的低碳设计原理与方法

作者：刘科　冷嘉伟

出版社：中国建筑工业出版社

出版时间：2022年3月

【内容简介】

本书基于地域性特征，针对夏热冬冷地区大型公共空间建筑展开了具体的低碳设计研究，为大型公共空间建筑的低碳化发展提供了包含设计策略与技术措施的低碳设计指导。

当代视角下的中国传统建筑形态特征与发展演变

作者：唐魁　潘国刚

出版社：科学出版社

出版时间：2022年4月

【内容简介】

本书梳理了中国传统建筑在“面”上的形态特征和在“线”上的发展演变，

并对当代中国建筑创作进行了反思，针对中国建筑师的本土实践进行“点”上的深入剖析，讨论了如何在坚守文化内核的同时，对传统建筑的空间布局、构造做法等进行创新，阐明了传统建筑对当代创作的启示。

绿色建筑设计原理

作者：俞天琦

出版社：中国建筑工业出版社

出版时间：2022年8月

【内容简介】

本书内容包括可持续发展路径、绿色建筑风环境、光环境、热环境优化、遮阳系统、节水系统设计，以及绿色建筑材料应用等，内容翔实，具有一定的理论价值。

现代建筑创作的文化传承思维

作者：许悦

出版社：中国建筑工业出版社

出版时间：2022年9月

【内容简介】

本书主要研究建筑创作与文化传承之间的关系，旨在走出单纯的传统形式模仿和具象的隐喻类比的创作思路，从当代建筑的本质需求和基本规律出发，去思考优秀建筑传统的核心价值所在。经过对建筑文化传统的深入思考和大量的案例分析，作者结合当前的国情，提出建筑创作中传承中国传统文化的原则、路径和策略，以此实现在创作实践中呼应文脉、延续文化、发展传统的目标。

设计可持续的未来（从水立方到冰丝带）

作者：郑方

出版社：中国建筑工业出版社

出版时间：2022年3月

【内容简介】

本书详细分析了北京冬奥会的建筑设计，深入探讨了绿色建筑和可持续发展战略，可持续设计将全面地影响我们的生活、我们的社会、我们未来的建造方式。

建筑中国（上、下）

编者：ARCHINA建筑中国

出版社：广西师范大学出版社

出版时间：2022年5月

【内容简介】

《建筑中国》汇集了近两年中国建筑设计的很多作品，这些建筑将立于城市，成为文化、情感与精神的空间载体。作为建筑师，需要思考如何从生态、文化、人本、科技等四个维度认识我们的城市，构建对城市价值的评价，寻求与之相适应的设计策略，从而创作出符合时代精神的建筑，进一步提升城市的品质，提高人民群众在城市中的幸福感和归属感。以生态为本底，以文化为灵魂，以人本为核心，以科技为手段，这是当今建筑师应该践行的设计理念。

大舍2001—2020

作者：柳亦春　陈屹峰

出版社：中国建筑工业出版社

出版时间：2022年9月

【内容简介】

本书主要介绍了大舍建筑20年来的建筑实践，选取了24件最具代表性的作品，积淀了大舍多年的设计思考和理念。本书由张永和作序，李士桥、李翔宁撰写评论文章，并收录了柳亦春和陈屹峰的对谈文章《即物即境》。

败壁与废墟：建筑与庭园　红砖美术馆（增订版）

作者：董豫赣

出版社：同济大学出版社

出版时间：2022年11月

【内容简介】

作为“北大园林”系列丛书的一册，《败壁与废墟》主要以红砖美术馆建筑和庭园的设计和建造，呈现作者对建筑设计的思考，对中国园林的研究和实践，所涉及的讨论话题包括建筑与庭园的关系，可以上升到哲学高度的“大巧若拙”“因物不改”等设计理念、“宛自天开”的造园步骤等，以及一篇由专业内建筑师和建筑评论家共同参与的论坛实录。这本书延续了作者一贯的思想轨迹，在日常和传统文化中找寻非常基本的东西，并用一种朴素的关联性，在实践中表达出来。增订版新增的“补园后记”部分几乎构成了全新的一章，呈现了红砖美术馆后续的加建和改建部分的设计意匠，补充了一些将近10年后的庭园部分的图片，呈现了园林经过时间晕染后的韵味。

故园画境——基于文本分析和画意建构的传统园林空间复原

作者：潜洋

出版社：中国建筑工业出版社

出版时间：2022年3月

【内容简介】

本书以“画境”作为切入点，通过对已消失的洛阳金谷园、吴郡甫里梅花墅、苏州乐郊园、苏州紫芝园等11处园林文献资料的详细整理，通过绘画的方式和意境建构对其进行空间复原，力图还原文人精神世界中的理想园林图景。

中国对欧洲园林建筑的影响

作者：埃莉诺·凡·埃德伯格（Eleanor von Erdberg）

出版社：华中科技大学出版社

出版时间：2022年5月

【内容简介】

本书是海外中国园林研究的重要代表作。书中介绍了中国艺术风格的发展历史与风格特征，中国和欧洲园林的对比，以及欧洲园林和建筑的中国风设计。埃莉诺·凡·埃德伯格将中国对欧洲园林建筑的影响分为以下三个阶段：异国风格、怪诞风格和模仿风格。书中还有大量18世纪欧洲的中国风园林的图片，实物所存无几，弥足珍贵。

从公园绿地到公共健康——基于小微公园绿地的关联路径研究

作者：郭庭鸿　蔡贤云

出版社：中国建筑工业出版社

出版时间：2022年8月

【内容简介】

本书提出了自然与健康现实关联路径概念模型，实证了小微公园绿地的健康促进作用及其社会分异性，在设计层面提出了“可供性理论+循证设计”的调节因素控制方法。

北宋洛阳城园林

作者：姚晓军

出版社：中国建筑工业出版社

出版时间：2022年9月

【内容简介】

本书以北宋洛阳城园林的历史发展、兴盛原因为研究基础，选取洛阳城内代表性的园林类型，以史料文献、绘画图像、考古报告、建筑规范和现存遗迹等资料为参考依据；进而对北宋洛阳宫城的建筑布局进行复原，推测出大内后苑的范围；重点对宫城大内后苑和东城衙署庭园遗址进行总体布局和单体建筑的复原设计，总结出各自的造园意匠，弥补了目前这一研究的缺憾；然后重新考证私家园林，并将私家园林分为北宋前后两个时期进行园林景象特征的异同探讨；整体探讨北宋洛阳城内这三大主要园林类型的区别和联系，梳理北宋洛阳城园林的营建理念和造园意匠。

宋代山水画点景建筑与造境关系研究

作者：邱佳铭

出版社：文化艺术出版社

出版时间：2022年12月

【内容简介】

本书以宋代山水画点景建筑为切入点，提出山水画元素与意境营造的双向关系，山水画造境过程反过来又对点景建筑在文化品格、精神内涵等方面产生制约，这一研究对当下的山水画实践和理论探索具有一定的美学研究价值和创作实践的指导意义。

2022年中国建筑艺术大事记

1月25日	住房和城乡建设部印发《"十四五"建筑业发展规划》，阐明"十四五"时期建筑业发展的战略方向，明确发展目标和主要任务，提出了加快智能建造与新型建筑工业化协同发展等任务。
2月22日	《中共中央　国务院关于做好2022年全面推进乡村振兴重点工作的意见》，即2022年中央一号文件发布。文件要求扎实稳妥推进乡村建设，接续实施农村人居环境整治提升五年行动，扎实开展重点领域农村基础设施建设。
3月31日	ArchDaily公布了2022年中国年度建筑大奖的获奖名单，令人感兴趣的是三个获奖项目都聚焦于公共空间与城市更新，LLA建筑设计公司的深圳宝安欢乐港湾东岸、浙江大学建筑设计研究院的徐渭艺术馆及青藤广场、刘宇扬建筑事务所的上海杨树浦六厂滨江公共空间更新获得前三名。
4月23日	第59届国际艺术展威尼斯双年展开幕。2022年的展览由Cecilia Alemani策划，展览主题"梦之乳"基于Leonora Carrington的同名作品，通过作品探讨这个时代人与人连接的可能、爱的可能、理解的可能、与自然和谐相处的可能。其中，中国馆以"元境"(Meta-Scape)主题，从中国文艺传统中的"境(jing)"出发，以这种生态或系统形象，讨论当下的"人—技术—自然"的境况，回应威尼斯双年展的主题。
6月	由同济大学和DigitalFUTURES主办的***Architectural Intelligence***创刊，作为一本聚焦土木建筑新兴领域的英文期刊，***Architectural Intelligence***期刊以建筑设计思维为引领，专注于贯穿建筑全生命周期的人工智能及新兴技术研究，致力于以科学实证为支撑的建筑学研究方法，重构建筑科学知识体系，打造学科交叉的国际学术平台，建立可持续发展的新范式。
6月11日	2022年"文化和自然遗产日"非遗宣传展示活动的主题为"连接现代生活，绽放迷人光彩"，口号为"人民的非遗，人民共享；激发非遗活力，创造美好生活；乡村振兴，非遗同行"，以线上、线下相结合的方式集中呈现党的十八大以来我国非遗保护与传承的丰硕成果，推动非遗融入现代生活，促进非遗在现代社会的传承和发展。
7月15—17日	2021—2022年中国建筑学会建筑史学分会年会暨学术研讨会在厦门召开，研讨会主题为"发展中的建筑史研究与遗产保护"，从不同的角度观察和认识建筑史学的发展演变，以期对未来中国建筑史学研究的深化与拓展提供借鉴，相关研究成果汇集成《发展中的建筑史研究与遗产保护——中国建筑学会建筑史学分会年会暨学术研讨会2022论文集》。
8月6日	"2022(第四届)健康建筑大会"在北京隆重召开。本届健康大会主题为"推动健康建筑协同创新，加快健康人居迭代升级"。
9月17—18日	中国建筑文化论坛2022暨中国建筑学会建筑文化学术委员会学术年会在南京召开，会议以"当代中国建筑文化学术体系建构"为主题。
9月23日	第十一届梁思成建筑评奖活动在上海举行，受疫情影响，与第十届(2020年)评奖合并进行。日本建筑师矶崎新(Arata Isozaki)、中国建筑师李兴钢荣获2020(第十届)梁思成建筑奖，中国建筑师张利和胡越荣获2022(第十一届)梁思成建筑奖。
10月18日	由上海市绿色建筑协会主办的"2022上海绿色建筑国际论坛"在上海召开，来自政府主管部门以及国内外知名专家学者、企业家围绕"城市更新、绿色智慧"主题，分享了城市更新的绿色案例，探讨更新改造中的绿色智慧。
11月15—16日	"2022全球智慧城市大会·成都"召开，大会以"人民·激活·城市"为主题，采用线上+线下的形式在巴塞罗那和成都同期举行，围绕创新经济和产业转型、宜居城市与高质量生活、城市治理、城市可持续性、智能技术赋能智慧城市、智能出行等主线展开，邀请来自全球智慧城市建设先进地区的代表参与国际连线会议，分享各自在智慧城市建设方面的案例和

经验,探讨智慧城市建设新机遇和新挑战。

11月24日　“北京近现代建筑保护实践”论坛召开,这是中国艺术研究院建筑与公共艺术研究所主办的“中国建筑艺术与遗产保护系列论坛”,建筑与公共艺术研究所与北京市文物建筑保护设计所、中国文物保护基金会罗哲文基金管理委员会就北京近现代建筑的问题展开探讨,结合通州富育女校、北京电影制片厂等近现代建筑修缮保护实例,探索北京近现代建筑的价值评估方法、保护修缮措施与策略,为我国相关领域的研究提供借鉴。

11月26—27日　2022计算性设计学术论坛暨中国建筑学会计算性设计学术委员会年会在东南大学无锡校区举办,论坛以“智能设计·数字建造·智慧运维”为主题,展示了中国当前在生成设计、数字建造、智慧运维及建筑设计实践领域的最新动态,推动了计算性设计理论体系、方法策略、技术工具和工程实践的可持续发展。

12月3日　2022年中国城市规划学会详细规划学术委员会年会在广州召开,年会主题为“实践·学理·创新:中国式现代化目标下详细规划探索”,从“详细规划的多维度实践”“详细规划中的技术与创新支持”“详细规划探讨与地方治理创新”三个议题开展理论与实践领域的学术活动。

12月10日　第九届深港城市\建筑双城双年展(深圳)(以下简称“深双”)开幕,主题为“城市生息”(Urban Cosmologies)。本届深双主展场首次选址罗湖,以主展场深圳粤海城·金啤坊文化艺术街区(原金威啤酒厂)为载体,延续深双“城市即展场,展览是实践”的原则,设置“何以共栖”“物灵之旅”“寰宇对话”“未来聚居”“共同行动”五大主题板块,将深圳奋斗精神与罗湖生活记忆串联,向各界展示未来文化艺术生产地的全新面貌。

12月17日　2022年中国城市规划学会城市生态规划学术委员会年会在线上成功召开,会议主题聚焦“双碳引领·生态规划”。双碳引领是当下实现可持续发展一个重要路径。

12月25日　以“以人为核心的小城镇发展与规划”为主题的2022年中国城市规划学会小城镇规划学术委员会年会在同济大学召开,探讨了在新阶段、新理念、新格局,以及高质量发展的战略格局下如何全面推进以人为核心的城镇化,关注小城镇在其中的作用以及未来的发展方向。

12月27日　由民间机构发起、大众投票参与、行业专家评审的2022年“第十三届中国十大丑陋建筑”评选结果揭晓,托马斯·赫斯维克设计的上海“天安千树”购物中心被评选为第一名。评委们给出的上榜理由是“片面追求城市消费性的视觉奇观,但建筑师缺乏对中国文化常识的基本理解,导致整体设计意象难以与本土社会习俗和审美心理形成适配”。

中国艺术研究院建筑与公共艺术研究所

中国艺术研究院是全国唯一一所集艺术科研、艺术教育和艺术创作为一体的国家级综合性学术机构。中国艺术研究院建筑与公共艺术研究所是从事建筑艺术与建筑文化理论研究的专门科研机构，建筑与公共艺术研究所原称建筑艺术研究室，组建于1988年7月；2001年8月，机构调整改革改为建筑艺术研究所；2019年9月，机构调整改革改为现名。

建筑与公共艺术研究所侧重于以史论为主的基础理论建设工作，并关注创作现状，尤其侧重于从文化与艺术角度，研究中外建筑艺术创作的成就与规律；实行开门办所，从学术层面和设计实践两方面积极参与社会上建筑艺术、建筑规划等工作，20多年来，建筑与公共艺术研究所已完成20多个建筑规划、设计项目，出版了多部重要著作。

近年来，建筑与公共艺术研究所完成和正在进行的集体项目主要有：承担国家科研项目“西部人文资源调查及数据库”“中国传统建筑营造技艺三维数据库”“中国建筑艺术年度发展研究报告”“中国传统建筑与中国文化大系”；编辑出版《中国建筑艺术年鉴》《中国世界文化遗产丛书》《中国传统营造技艺丛书》；由建筑与公共艺术研究所申报的“中国传统木结构建筑营造技艺”被成功列入联合国教科文组织人类非物质文化遗产代表作名录，由建筑与公共艺术研究所申报的“北京传统四合院营造技艺”被成功列入国家级非物质文化遗产代表性项目名录。2020年底至今，已举办六次“中国建筑艺术与遗产保护论坛”，产生了积极的影响。2021年由建筑与公共艺术研究所牵线，中国艺术研究院与北京市文物局达成战略合作，共建“大运河文化研究中心”。

编　后

《中国建筑艺术年鉴》是全面记载中国建筑艺术发展状况的综合性年刊，由中国艺术研究院建筑与公共艺术研究所主编，组织建筑界、城市规划界、艺术界、文化界等多方面专家共同编辑完成。

《2021—2022中国建筑艺术年鉴》客观地记录了年度中国建筑艺术创作与研究的主要成果，系统反映了我国城市和建筑发展中的新成就、新问题、新趋势。主要栏目有特载、优秀建筑作品、建筑焦点、建筑艺术论文、海外掠影、建筑艺术论文摘要、建筑艺术书目和中国建筑艺术大事记等，为全面了解建筑界年度情况提供全方位的信息。

《2021—2022中国建筑艺术年鉴》是我们编辑的第15部《中国建筑艺术年鉴》。有了前几部的经验，这本年鉴在组稿、确定入选作品或稿件等项工作上，都在之前经验积累的基础上有了较大改进与提高。在编辑过程中，我们得到各位顾问和建筑学界的众多朋友给予的帮助和支持，这些都会推动我们努力将这本年鉴编成记录我国当代建筑艺术发展面貌的权威性年鉴。

《2021—2022中国建筑艺术年鉴》各有关栏目的编辑工作，由中国艺术研究院建筑与公共艺术研究所全体同人与北京及国内外建筑界专家、学者共同完成。其中：优秀建筑作品栏目由程霏和杨莽华负责编辑；特载、建筑焦点、建筑艺术论文、海外掠影、建筑艺术论文摘要、建筑艺术书目、中国建筑艺术大事记栏目由黄续和程霏负责编辑。

我们希望《2021—2022中国建筑艺术年鉴》能反映出中国当代建筑艺术的发展历程，集学术性、史料性于一体，成为我国建筑艺术及建筑文化领域的权威性年度总结。由于时间、水平有限，又由于技术方面的原因，可能会出现一些有价值的图片未能全部刊登的情况，敬请作者谅解。

本书的出版得到多方单位的帮助与协作，不一一列举，在此一并致谢。

《中国建筑艺术年鉴》编辑部

2023年12月